电子科学与工程系列图书

电力电子变换器的建模和控制

[法] 赛迪克·巴查（Seddik Bacha）
尤利安·蒙特安努（Iulian Munteanu）著
安东内拉·尤利安娜·布拉特库（Antoneta Iuliana Bratcu）
袁敞　翟茜　等译

机械工业出版社

本书内容立足于电力电子、控制系统和信号处理的学科交叉，覆盖部分工业电子领域。本书分为两部分：第一部分是电力电子变换器建模，涵盖电力电子变换器建模的主要主题，包括开关模型、典型和通用平均模型及降阶模型；第二部分是电力电子变换器控制，探讨电力电子变换器控制方法，涵盖线性和非线性控制方法。书中关于每个问题都将理论和实践相结合，并给出直观的案例。书中案例研究问题源于工程实际，并给出完整的求解过程。本书应用 MATLAB®- Simulink® 软件，给出了必要的仿真和注解，以便读者深刻理解控制结构运行的要点。

本书可作为电力电子领域硕士研究生教材使用，也可供从事电力电子技术领域研究工作的研究者和专业人士参考。

图书在版编目（CIP）数据

电力电子变换器的建模和控制/（法）赛迪克·巴查（Seddik Bacha）等著；袁敞等译．—北京：机械工业出版社，2017.6（2024.8 重印）
（电子科学与工程系列图书）
书名原文：Power Electronic Converters Modeling and Control
ISBN 978-7-111-56915-2

Ⅰ.①电… Ⅱ.①赛…②袁… Ⅲ.①变换器 Ⅳ.①TN624

中国版本图书馆 CIP 数据核字（2017）第 114323 号

机械工业出版社（北京市百万庄大街 22 号 邮政编码 100037）
策划编辑：刘星宁 责任编辑：刘星宁
责任校对：杜雨霏 封面设计：马精明
责任印制：邓 博
北京盛通数码印刷有限公司印刷
2024 年 8 月第 1 版第 6 次印刷
169mm×239mm · 23.5 印张 · 469 千字
标准书号：ISBN 978-7-111-56915-2
定价：99.00 元

凡购本书，如有缺页、倒页、脱页，由本社发行部调换

电话服务	网络服务
服务咨询热线：010-88361066	机 工 官 网：www.cmpbook.com
读者购书热线：010-68326294	机 工 官 博：weibo.com/cmp1952
010-88379203	金 书 网：www.golden-book.com
封面无防伪标均为盗版	教育服务网：www.cmpedu.com

译 者 序

随着科技的快速进步，影响人类社会的能源系统也在发生深刻变革。从太阳能、风能的高效利用，到电动汽车的快速发展，新型电源和新型负载层出不穷。而电力电子变换器作为新型电源、负载的必要功率处理接口，其重要性日益凸显。为了满足电力电子变换器系统的稳定性、可控性和其他卓越性能指标，国内外相关领域的专家学者投入了大量的时间精力开展深入研究，并获得了系统性的成果。

在这一轮电力电子技术快速发展的浪潮中，中国扮演了一个极其特殊的角色。当前，中国已经成为世界范围内的电力电子装备制造中心，在珠三角、长三角等区域汇聚了大量优秀电力电子装备制造企业和相关上下游供应商。同时，中国还拥有最大的电力电子装备应用市场，无论是快速发展的高速铁路还是蓬勃建设的特高压电网，都对于高性能电力电子装备有着强烈的需求。现阶段，中国正处于从全球制造中心向全球设计中心转变的关键阶段，而这“惊险一跃”并不容易，其中的艰辛、困难不言而喻。

控制是电力电子变换器设计的核心问题，而数学模型是实现精确控制的基础。国内现有关于电力电子变换器的著作偏应用较多，而关于基础理论的讨论较少。这种现象本身与国内电力电子行业应用的快速发展相关，具有其合理性。但是，关于基础理论的思考和研究才是支撑应用发展的动力源泉。知行合一，方得始终。这也是译者考虑翻译本书的初衷。

本书主要作者在电力电子及其相关领域工作30余年，理论与实践均积累深厚。书中内容立足于电力电子、控制系统和信号处理的学科交叉，覆盖部分工业电子领域。本书涵盖了电力电子变换器建模的绝大多数方面，以及已经证明有效并广泛使用的控制方法。书中关于每个问题都将理论和实践相结合，并给出直观的案例。书中案例研究问题源于工程实际，并给出完整的求解过程。本书应用 MATLAB® – Simulink®软件，给出了必要的仿真和注解，以便读者深刻理解控制结构运行的要点。

本书可作为电力电子领域硕士研究生教材使用，也可供从事电力电子技术领域研究工作的研究者和专业人士参考。

本书的翻译工作主要由袁敞、翟茜等完成，在翻译过程中肖湘宁教授给予了许多技术指导和支持，研究生赵天扬、丁雨霏、谢佩琳、郝毅等参与了部分章节的翻译工作，特别是赵天扬在文字校正方面投入了大量精力，在此向他们表示感谢。还要特别感谢机械工业出版社刘星宁编辑，没有他的辛劳付出就没有本书的顺利出版。

由于时间紧迫，加之译者水平有限，翻译难免存在许多不妥之处，恳请读者批评指正。

译者

原书序一

过去的30年，在关于功率变换器领域的研究过程中，我见证了人们对于电力电子领域产业的日益关注，并看到相应功率变换器的应用呈现指数增长。因此，当前我们可以找到功率变换器林林总总的应用，如移动设备、电池充电器、先进照明系统、交通运输（纯电动或混合动力汽车，火车或飞机）、储能系统，以及可再生能源、电能质量与配电网的融合。

而且，我们可以说上述也仅是少数几个例子，表明功率变换器对于提高系统性能、开拓新兴市场的重要性。而功率变换器对于系统性能的提高涵盖了效率、鲁棒性、通用性、减小体积、易维护和低成本等方方面面。今天的功率变换器是无处不在的，已经渗透到大多数现代工业的战略部分。

功率变换器的发展需要多领域的专业知识，如半导体、电路设计、高等数学、建模和变换器之间的控制。新兴市场中经常需要应对具有复杂行为的非线性负载，因此需要设计人员对先进技术有深刻的认识，以满足竞争激烈的市场所要求的系统稳定性、可控性和新的性能指标。赢得新兴市场中的挑战，只能通过对于变换器深刻的理解，其中数学模型是实现精确控制的基础。从这个意义上说，我认为编写本书重要而且及时，它能够帮助工程师实现这些目标。本书提供了包含现有建模方法和控制设计技术的全面视角，对新手和专家都很有帮助。同时，本书可以认为是独立完整的，从最基本的技术过渡到最先进的，并给出了许多应用实例，有助于复杂概念的澄清。

本书涵盖了功率变换器建模的绝大多数方面，以及已经证明有效并广泛使用的控制方法。

考虑教学目的，本书提供了从无到有的视角，始于电力基础定律、开关行为，直到可用于控制目的的变换器的动力学模型。同时，它也为读者提供了设计工具，用于设计许多类型开关变换器的各种控制结构（具有直流和交流环节）。

本书另外一个特点是，首先介绍理论方法，然后给出实际情况下每种建模和控制的方法。每章（除了导言章节外）至少包含一个案例研究，来说明该章节所述的概念。

本书的主要读者是硕士研究生，但它仍然适用于从学术界到工业界相关领域的专家。本书分为两部分，分别致力于电力电子变换器的建模与控制。

第一部分从建模主题的介绍性章节开始。第3章中描述了开关（拓扑）模型——基于微分方程的物理描述和关于理想开关的经典假设。模型成功地捕捉了系统的时变特性，可用于建立其他模型（例如，平均或采样数据模型）或直接用于仿真和/或电磁兼容性分析（例如，开关谐波）。它也可以用于滑模控制律设计。第4章研究了DC-DC变换器经典（状态空间）平均模型的大、小信号行为并评估了其局限性。已知经典模型的局限性之后，继续探索有两种选择：首先，广义平均建模，这拓展到了高阶分量动力学行为（如具有交流环节的功率变换器）；第二，基于模态分离的降阶模型，适用于描述断续导通模式下的变换器，或者也可用于降阶建模以降低系统复杂度（分别在第5章、第6章论述）。

本书第二部分的论述采用了第一部分获得的结果，即说明不同模型如何应用于控制。在回顾了一些前提条件后，分别在第7章和第10章给出了线性和非线性控制的基础知识。

用于DC-DC功率变换器和具有交流环节的变换器的线性控制方法是分别展开论述的。而对于DC-DC变换器的控制设计主要依赖于第8章的比例-积分和超前滞后控制，对于包含交流环节的变换器，有必要采用一些更复杂的方法，如*dq*或复合*dq*静止坐标系或谐振控制器，详细论述在第9章给出。

非线性控制应用于电力电子变换器则相对较新（20世纪90年代初）。电气工程师不熟悉这些方面有以下几个原因，其中第一个也是最重要的一个是相关方法难以理解。作者们努力以直观的方式来实现这种控制律，同时也给出了相关理论推导，以支撑这种直观的方法。相关非线性控制方法已被分为两大类：连续和不连续。第一类连续非线性控制方法以反馈线性化控制为代表，在第11章论述；还有基于能量的控制方法、稳定控制和无源控制，在第12章讲解。这两类方法的组合显然是可能的。第二类包括变结构控制，也称为滑模控制，在第13章详细介绍。这种控制被广泛使用在电力电子电路以确保系统内在鲁棒性。其局限性主要是由于结构限制、内部动态和开关频率不确定，书中也给出了相关论述。

总之，本书给出了一系列的概念，以协同的方式排布所有内容，借此来帮助读者更好地理解控制设计。本书通过给出有价值、广泛应用的控制策略的有效整合，致力于完善已有的文献。

Leopoldo García Franquelo
西班牙塞维利亚

原 书 序 二

电力电子系统的建模和控制问题的困难之处在于，它们的电路拓扑中包含连续时间元件（如电阻、电感、电容）和具有电子器件接口的电压源、电流源（电子器件包含二极管和电子开关，典型的如晶闸管、晶体管和MOSFET）。这样便形成了同时涉及连续和离散行为的系统类型。与大多数技术分支一样，对于使用计算机仿真力量的期望首先促成了一系列数学模型的发展。然而，这些设备用于其他系统的控制，已经存在经典的控制解决方案。因此，使用新模型评估并进一步拓展经典控制解决方案，然后尝试在设计中使用先进的控制方法，这些仅只是一小步；关键的挑战是引入更多的解析方法和基于计算机的方法，同时确保不忽视实际的应用和实际工程的局限性以及出现的约束。由 Seddik Bacha、Iulian Munteanu 和 Antoneta Iuliana Bratcu 编写的《电力电子变换器的建模和控制》非常好地实现了这些目标。

本书由两部分构成：

- 第一部分，建模，共5章，从最简单的问题："什么是模型?"开始，通过4章专门介绍开关模型、经典平均模型、等效平均电源模型和通用平均模型。建模方法使用状态空间模型的形式，在实际应用和教学时具备许多优点，例如便于直接构建 MATLAB 仿真模型。

- 第二部分，控制，共7章。这部分开篇的章节给出了电力电子控制的一般概述。接着的两个章节是关于线性系统控制方法的。这些线性控制章节的第二部分特别关注了DC－AC和AC－DC功率变换器的控制。然后在4章的基础上给出更先进控制与非线性方法。与线性控制章节一样，本组章节从相关的数学方法的一般概述开始，其余3章给出具体的非线性控制方法：分别是反馈线性化、基于能量的方法和变结构（滑模）控制设计。

本书的一个显著特点是在每一章中都经常使用案例研究材料。在全书中，不断给出相关实际应用的参考文献，以及所描述的建模和控制方法的优缺点。对于学生读者来说，每一个重要的研究章节都提供了思考题，前几个问题给出了解答，然后读者被邀请去求解一些待解决的问题。

本书的作者已经在一起工作了10年左右，有电力电子及相关专业的工作经验。Bacha 教授从1990年以来一直从事相关领域的教学和研究工作。最重要的是，他已经为硕士研究生教授了这门高级课程若干年。Munteanu 博士和 Bratcu 博士曾在控制工程领域工作，并且对风能系统进行研究。事实上，他们关于这个话题合著了（与 N－A. Cutululis 和 E. Ceangă）《风能系统优化控制》（书号 978－1－84800－079－7，2008）。

M. J. Grimble

M. A. Johnson

英国，苏格兰，格拉斯哥

原书前言

现代电力电子学开启了电能处理的新时代。在这种背景下，对于正常运行的电力系统，电力电子控制系统已经成为不可或缺的。在过去的几十年，控制系统理论和信号处理技术在电力电子领域中成为了技术创新的前沿。随着这个趋势，本书将控制系统理论应用于电力电子领域，可供从事电力系统领域研究工作的在校学生和专业人士参考。本书为读者提供了工具，可以获取多种类型开关变换器的不同模型和控制结构（直流和交流电路）。这些主题不仅涵盖线性控制技术（该技术源于20世纪80年代，普遍采用比例积分控制器），而且还涵盖了现代非线性连续或变结构控制。

本书来源于Seddik Bacha教授1994年来为法国格勒诺布尔理工学院和约瑟夫傅里叶大学电气工程硕士和本科生开设的课程——“电力电子拓扑的建模和控制”。法国格勒诺布尔电气工程实验室在开关变换器和可再生能源转换控制方面的研究工作也丰富了本书的内容和案例研究。本书的编写得到法国国立高等工艺学校前校长Jean - Paul Hautier教授的支持鼓励。

本书的编写方式与主要内容相呼应，立足于电力电子、控制系统和信号处理的学科交叉，覆盖部分工业电子领域。本书编写时假设读者具备上述学科的基本知识。在书中，每个问题都有理论和实践的方法，并且给出直观的案例。案例研究问题源于实际，并给出最完整的解决途径。本书给出了必要的仿真和注解，以便读者深刻理解开关变换器控制结构闭环运行的要点。

为了便于电力工程师和控制工程师理解，本书做了许多努力，包括丰富的参考书目以提供成熟领域的综合信息、关键术语的归并、完备的案例研究以及统一的表述符号和风格。

本书作者Iulian Munteanu博士和Antoneta Iuliana Bratcu博士，在罗马尼亚多瑙河下游大学Emil Ceangă教授处的求学和共同的工作经历对于本书的论述影响重大。我们感谢Emil Ceangă教授提供的宝贵建议，这些建议对于本书许多控制方法的教学演示颇具启发意义。

感谢西班牙塞维利亚大学的Leopoldo García Franquelo教授对我们工作的评价和对本书的认可。还要感谢法国格勒诺布尔理工学院的Jean - Pierre Rognon教授为提高本书的质量提供的有益意见和建议。

Seddik Bacha
Iulian Munteanu
Antoneta Iuliana Bratcu
法国格勒诺布尔

目 录

第二部分 电力电子变换器控制

第1章 简 介

简介部分给出本书在电力电子和控制系统学科交叉领域的定位。概述了电力电子变换器作为电力系统功率处理单元的功能和目标，并强调了其中控制系统的重要性；之后，对开关变换器建模和仿真的必要性进行了评估；最后阐述了本书涉及的范畴及内容组织方式，并给出了内容概要。

1.1 电力系统中电力电子变换器的功能和目标

电力电子领域主要关注通过可控电子器件对电能进行处理。其核心是采用电力电子（开关）变换器来控制功率结构内的电能流动，总的目的是结合应用需求进行输出功率调节，这个目标显然决定了原始输入功率的处理方式。考虑其具体实现时，一种控制结构随之产生：生成相应的控制输入，有效地作用于变换器，从而改变其行为（Erikson 和 Maksimović，2001）。

功率结构和变换器之间的密切联系，催生了新的电力环境，使功率结构变得更加多样、灵活、高效。基于微处理器的控制设备和高品质开关设备的有力结合，显著提高的功率处理能力和输出电能质量，均有力促进了上述变革的发展（Bose，2001）。

电力电子变换器可以实现各种基本功能。DC - DC 变换器输入侧为直流电压，可以输出不同幅值和极性的直流电压。DC - AC 变换器（逆变器）将直流电压转换为幅值和频率可变的双极性交流电压。AC - DC 变换器整流交流电压，输出主要包含直流分量的单极电压。上述设备的输入电流波形和输出电压直流值都是可控的。流经这些系统的功率是可逆的，也就是说，变换器是双向的——因此输入端口和输出端口可以互换（Mohan 等，2002）。同时，对应于实际应用需求，某些情况下需要增加滤波环节及输入和输出间的隔离。

电力电子变换器有大量的应用，如电机运动控制、开关电源（SMPS）、照明驱动、储能、分布式发电、有源电力滤波器、柔性交流输电系统（FACTS）、可再生能源变换、车辆应用和嵌入式技术。

在这些系统中，功率变换器的控制是无处不在的，它负责系统的正常运行（Kassakian 等，1991）。从变换器的作用来看，控制目标可能包括众多功能目标，导致控制结构相应复杂，但又不能对变换器功率效率和输出电能质量产生不利影响。由于硬开关过程和高频调制，变换器控制系统可能在污染最严重的（噪声）环境中工作（Tan 等，2011）。本质上的非线性、边界性、参数和负载变化（后者在大多数情况下是随机变化）让变换器运行控制变得复杂（Sira – Ramírez 和 Silva – Ortigoza，2006）。然而，控制总是可以让功率变换器运行在更优状态下。

因此，为确保电力电子变换器合理运行，其控制至关重要，需要针对每个应用进行细致分析，精心选择最合适的系统参数和最恰当的控制设计方法。

1.2 电力电子变换器建模、仿真和控制需求分析

由于要实现多个控制目标，开关变换器的设计是一项重要的任务。在设计过程中确定优化目标时，成本、规格、效率、电能质量和整体可靠性都必须考虑。运行和能源效率的良好表现取决于选择合适的拓扑结构和器件类型、电压和电流处理能力所决定的尺寸以及开关频率。电压和电流滤波器是影响电能质量和变换器响应时间的关键。门级驱动的选择和设计，包括调制（如 PWM）环节、电气绝缘等，这些都影响控制输入传递的准确性。传感器的插入增加了功率转换结构的复杂性并会对可靠性产生负面影响。

对于一组给定规格的变换器，设计工程师必须执行上述操作，还需要考虑在整个功率变换器运行中控制器和控制回路的存在和影响，这通常增加了设计过程的迭代次数。

总之，电力电子变换器的分析和设计存在重大挑战（Maksimović等，2001）。电力电子变换器的建模与仿真及其相关的控制结构可以减轻困难，并且帮助设计工程师更好地理解变换器的运行。有了这些知识，设计师可能预测电路的性能指标在变化的运行条件下是否满足规格要求。

电路工作在高频开关状态，通过仿真获得电路行为所需的计算能力是重要的。在这方面，电路模型的类型和精度在仿真和计算机辅助设计中至关重要。过于简单的模型可能无法表现正确的变换器行为；相反地，模型过于复杂可能导致仿真太过缓慢，以至于不具实用价值。

建模是变换器控制设计中的一个重要步骤。传统的控制方法总是使用某种形式的模型，以操纵变换器低频（平均）特性，使之符合设定的动态性能要求（Sun 和 Grotstollen，1992；Blasko 和 Kaura，1997）。用于控制目的的模型和用于电路设计或者仿真的模型可以是不同的（通常更简单）。

根据变换器在特定应用中的作用设置控制目标，整合控制方法，确定所使用模型的合理性。一般来说，良好的设计与输出电能质量相关，必须满足特定标准。以开关电源为例，控制的目的在于给直流负载提供恒定的直流电压（电压变化必须限定在围绕额定值的一定范围内），而不受负载变化的影响。对于整流器，可能会强调双重目标：调节输出电压，同时控制吸收的无功功率。独立运行的逆变器必须输出与负载无关的恒压恒频电压波形。有源电力滤波器处理电能质量问题，控制的目标是减少高阶谐波，同时维持功率结构各部分之间的功率平衡（Kannan 和 Al –

Haddad，2012）。在可再生能源转换的控制系统中，尽管一次能源随时间变化，产生的功率和输出的功率之间必须确保平衡（Teodorescu 等，2011），并网应用也需要通过逆变器或 FACTS（晶闸管可控电抗器、静态补偿器等）输出一定数量的无功功率（Bacha 等，2011）。以上列举还远远不够详尽，还有交流电机驱动中转矩跟踪（Kazmierkowsky 等，2011）、感应加热中负载匹配等。

1.3 本书内容的涉及范围和结构

本书介绍包含交流和直流功率级电力电子变换器的建模和控制的一些经典方法。从变换器的物理定律出发，本书介绍的建模是以控制目的为导向的，涵盖了平均和开关（精确）模型。根据本书定位，本书只关注相关文献中基本的和完备的方法。本书对线性和非线性控制方法都展开了探讨，主要针对它们的模拟形式。

本书开辟了在电力电子领域探索先进控制方法的道路。它主要针对已获得本科学位和硕士研究生在读的学生，但对于在校的本科生也同样有益，在电力电子、工业电子和控制系统领域工作的研究人员和工程师也可从本书获益。本书读者需要先掌握电路理论（Bird，2010）和信号与系统（Oppenheim 等，1997）。在阅读本书前，建议读者在电力电子电路（Mohan 等，2002）、工业电子（Wilamowsky 和 Irwin，2011）和控制系统理论（d'Azzo 等，2003；Dorf 和 Bishop，2008）等方面具备良好的基础。

本书的其余部分分为 12 章。第一部分包含 5 章，涵盖电力电子变换器建模方面的主要话题：开关模型、经典和通用平均模型、降阶模型。第二部分共有 7 章，探讨电力电子控制方法。其中一些是基于平均模型——例如线性控制的 DC - DC 和 AC - DC（或 DC - AC）变换器、反馈线性化控制和稳定的无源性控制——另外还有一些，如滑模方法和基于开关模型的方法。

每一章节包含说明性举例，至少列举一个案例来详细解释相应的建模和控制方法的应用，给出一个或几个相关问题及其解决方案，并提出一组问题邀请读者来解决。本书广泛应用 MATLAB® - Simulink®软件，支持数值仿真和案例研究的讨论。每一章结尾列出最重要的参考文献。

参考文献

Bacha S, Frey D, Lepelleter E, Caire R (2011) Power electronics in the future distribution grid. In: Hadjsaid N, Sabonnadiere JC (eds) Electrical distribution networks. Wiley/ISTE, Hoboken/London, pp 416–438

Bird J (2010) Electrical circuit theory and technology, 4th edn. Elsevier, Oxford

Blasko V, Kaura V (1997) A new mathematical model and control of a three-phase AC-DC voltage source converter. IEEE Trans Power Electron 12(1):116–123

Bose BK (2001) Modern power electronics and AC drives. Prentice-Hall, Upper Saddle River
d'Azzo JJ, Houpis CH, Sheldon SN (2003) Linear control system analysis and design with MATLAB, 5th edn. Marcel-Dekker, New York
Dorf RC, Bishop RH (2008) Modern control systems, 11th edn. Pearson Prentice-Hall, Upper Saddle River
Erikson RW, Maksimović D (2001) Fundamentals of power electronics, 2nd edn. Kluwer, Dordrecht
Kannan HY, Al-Haddad K (2012) Three-phase current-injection rectifiers. Ind Electron Mag 6(3):24–40
Kassakian JG, Schlecht MF, Verghese GC (1991) Principles of power electronics. Addison-Wesley, Reading
Kazmierkowsky MP, Franquelo LG, Rodriguez J, Perez MA, Leon JI (2011) High-performance motor drives. Ind Electron Mag 5(3):6–26
Maksimović D, Stanković AM, Thottuvelil VJ, Verghese GC (2001) Modeling and simulation of power electronic converters. Proc IEEE 89(6):898–912
Mohan N, Undeland TM, Robbins WP (2002) Power electronics: converters, applications and design, 3rd edn. Wiley, Hoboken
Oppenheim AV, Willsky AS, Hamid S (1997) Signals and systems, 2nd edn. Prentice-Hall, Upper Saddle River
Sira-Ramirez H, Silva-Ortigoza R (2006) Control design techniques in power electronics devices. Springer, London
Sun J, Grotstollen H (1992) Averaged modeling of switching power converters: reformulation and theoretical basis. In: Proceedings of the IEEE Power Electronics Specialists Conference – PESC 1992. Toledo, Spain, pp 1166–1172
Tan S-C, Lai Y-M, Tse C-K (2011) Sliding mode control of switching power converters: techniques and implementation. CRC Press/Taylor & Francis Group, Boca Raton
Teodorescu R, Liserre M, Rodriguez P (2011) Grid converters for photovoltaic and wind power systems. Wiley, Chichester
Wilamowsky BM, Irwin JD (2011) Fundamentals of industrial electronics. CRC Press/Taylor & Francis Group, Boca Raton

第一部分 电力电子变换器建模

第2章 电力电子变换器建模简介

本章涉及电力电子变换器建模方面主要内容的简要介绍。本章概述建模基础知识，提供关于主要建模方法有用的建议，并给出了一些说明示例和一些模型可能的应用。

2.1 模型

2.1.1 什么是模型

对现象或者过程的建模就是基于对其的观察并捕捉到一个近似、但足够全面的表述。此表述从给定应用的角度看包含其最重要的特征。建模过程需要将被研究现象与特定背景下的相似现象进行比较归纳，以提取共同特征。

一般而言，主要的建模方法有两类：一种是用黑盒模型，是基于对一些已知输入信号的响应行为的观测；另一种方法是基于目标系统已知的信息（例如，围绕行为规律的表述）。后一种方法不仅可以用于物理过程的建模，还可以用于生物、经济甚至社会系统。也可以混合使用这两种方法，就是所谓的“灰箱模型”。

本书注重采用“基于信息”的方法对电力电子变换器建模，这意味着会采用关于目标变换器已有的物理知识来进行模型表述。一般来说，系统物理知识最终将推导至质量和能量守恒定律的数学描述，因此，采用所谓的状态变量来描述系统内能量积累的变化。就功率变换器而言，信息具体体现在变换器电路的基尔霍夫定律、不同负载的欧姆定律，以及最后各种固态开关的状态。

2.1.2 建模的范围

接下来本书旨在获得准通用电力电子变换器动态模型来仿真变换器动态行为，并构建各种控制方法。动态模型中，通过将直流变量对时间的导数置零，或者将交流变量幅值和相位对时间的导数置零，便可以获得变换器稳态行为（静态模型）。

在仿真方面，大量的软件有非常精确和可靠的方法表现功率变换器的时域行为

(如 SPICE®、SABER®、MATLAB®)。然而，这些仿真结果并不通用。例如，虽然它们提供系统内部变量的各种时间波形，但不提供关于变换器工作模式的直接信息。因此，无法用这些软件包获取控制所必需的模型，至少不能直接获得。当然，基于仿真得到输入输出变量变化情况可以确定电力电子变换器的频域模型。但是，因为电力电子变换器是非线性或线性时变系统，任何线性输入输出模型取决于其工作点，所以所获取信息的有效性是有限的。

图 2.1 给出了线性化系统的概览图。根据香农定理，线性辨识方法的另一个主要的缺点是系统频域模型只在一半的开关频率内有效。

对于控制而言，需要的是基于目标电路物理行为信息的解析模型。根据不同需要，可以考虑各种级别的建模。模型的选择同时还依赖于以下判据：

1）所需的动态或稳态精度；

2）模型内部的输入或输出变量是否需要显性表示；

3）可接受的复杂性；

4）定义域。

这些要求并不是完全一致，通常会有冲突，需要做一个最佳的选择。例如，提高模型的准确性通常意味着增加复杂性。

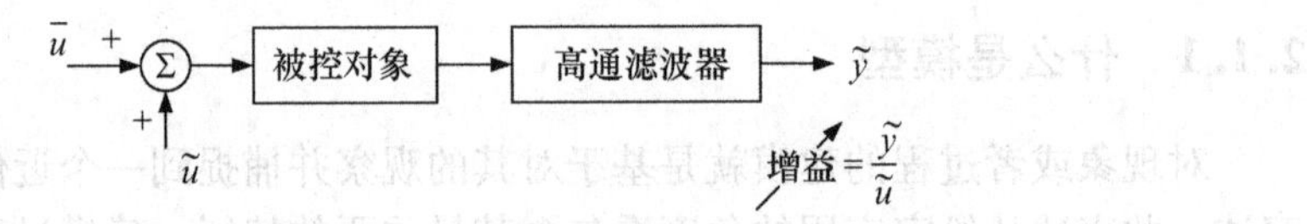

图 2.1　线性识别方法的基本理念（其中$\bar{u}$和$\tilde{u}$分别是输入信号的低频和高频成分）

2.2　模型的类型

通常可以做一些假设来简化模型，同时保证模型足够准确，不影响模型的有效性：

1）开关导通时认为其是一个零值电阻（所谓的导通状态），开关关断时认为其是一个无穷大电阻（所谓的关断状态），从这个意义上讲开关被认为是“理想的”。同时，导通、关断的时间认为是无限短的。

2）认为发电机是“理想的”（以电压源为例，其短路功率视为无穷大）。

3）认为无源元件是线性时不变的。

如果说前两个建模假设很容易理解，第三个假设则更值得关注。让我们考虑一个非线性电感的例子，其电感值取决于时间和通过它的电流 $i(t)$。电感电压如下：

$$v(t) = \frac{\mathrm{d}}{\mathrm{d}t}(L(i,t) \cdot i(t))$$

上式展开得到一个非平凡表达式：

$$v(t)=\left(\frac{\partial L(i,t)}{\partial t}+\frac{\partial L(i,t)}{\partial i}\cdot\frac{\mathrm{d}i(t)}{\mathrm{d}t}\right)\cdot i(t)+L(i,t)\cdot\frac{\mathrm{d}i(t)}{\mathrm{d}t} \tag{2.1}$$

式（2.1）过于复杂，建模时几乎无法使用。而且，这种复杂性并不合理，因为在绝大多数应用中，式中复杂的第一项通常不重要。

上述例子论证了以上假设的合理性，且基本上不影响建模的方法论。显然，为了提高模型的精确度，可以在最初简化模型的基础上持续增加细节内容。例如，可以通过考虑增加耗能元件（电源内阻、线圈绕组电阻等）来获得更细致的电路元件模型。图2.2显示了如何获得更精确的二极管模型。

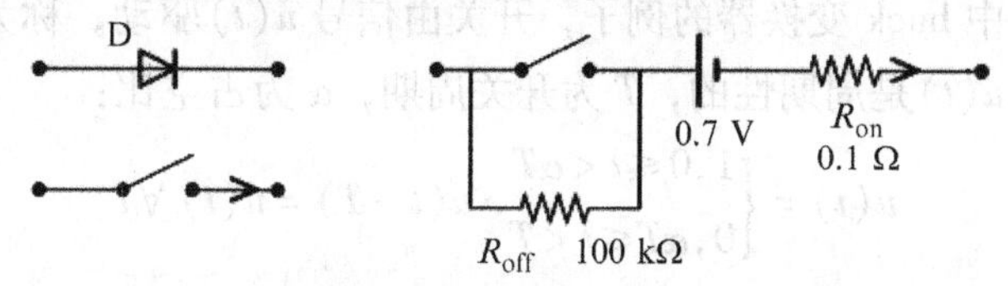

图2.2　二极管原理图理想模型（左图）和细化模型（右图）

单刀单掷（SPST）开关可以通过不同的电力电子器件来实现（Erikson 和 Maksimović，2001）。图2.3给出了相应的原理图示例。单象限SPST的符号（如二极管和晶体管）和它们的理想特性如图2.3a、b所示。二象限双向电压型SPST可以有许多类型的实现，而从建模和控制的角度来看，根据它们共同的特性可以统一成唯一的原理图（见图2.3c），本书下文均沿用此原理图。

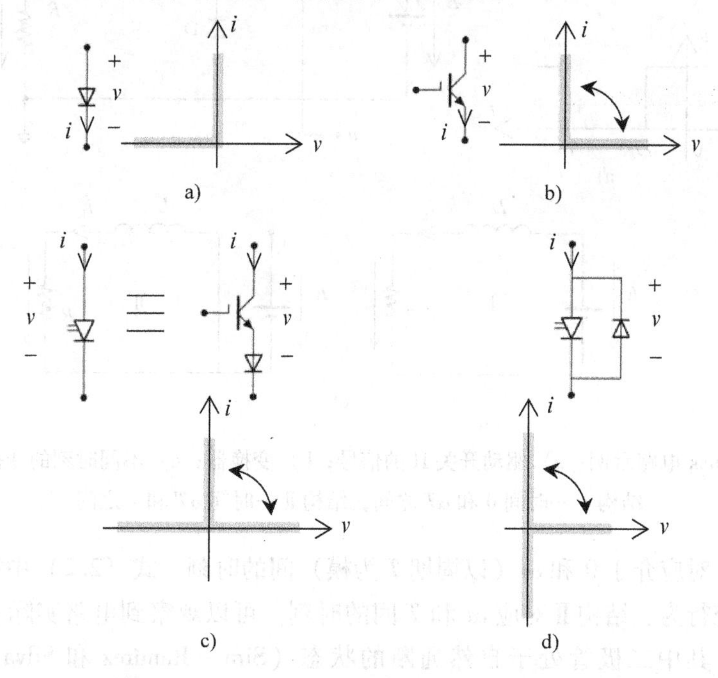

图2.3　各种SPST开关及其理想特性：a）二极管；b）晶体管（BJT/IGBT）；c）二象限双向电压型SPST；d）二象限双向电流型SPST（Erikson 和 Maksimović，2001）

2.2.1 开关模型

关于变换器开关模型的论述并不是很详细深入，因为它给出了各种电路结构的电气方程表述。且因开关模型在前面提到的假设前提下，精确描述了变换器的行为，因而有时候被称为“精确”模型。读者可以参考 Kassakian 等（1991）或 Erikson 和 Maksimović（2001）的相关论述，获得特定变换器开关模型的概述和相关分析。

考虑图 2.4 中 buck 变换器的例子，开关由信号 $u(t)$ 驱动，称为开关函数（见图 2.4a）。考虑 $u(t)$ 是周期性的，T 为开关周期，α 为占空比：

$$u(t)=\begin{cases}1, 0\leqslant t<\alpha T\\0, \alpha T\leqslant t<T\end{cases}, u(t-T)=u(t)\ \forall t$$

容易看出，α 表示 $u(t)$ 的平均值。

如图 2.4 所示，根据开关 H 的状态，电路可以分为结构Ⅰ（开关导通）和结构Ⅱ（开关关断）两种结构。

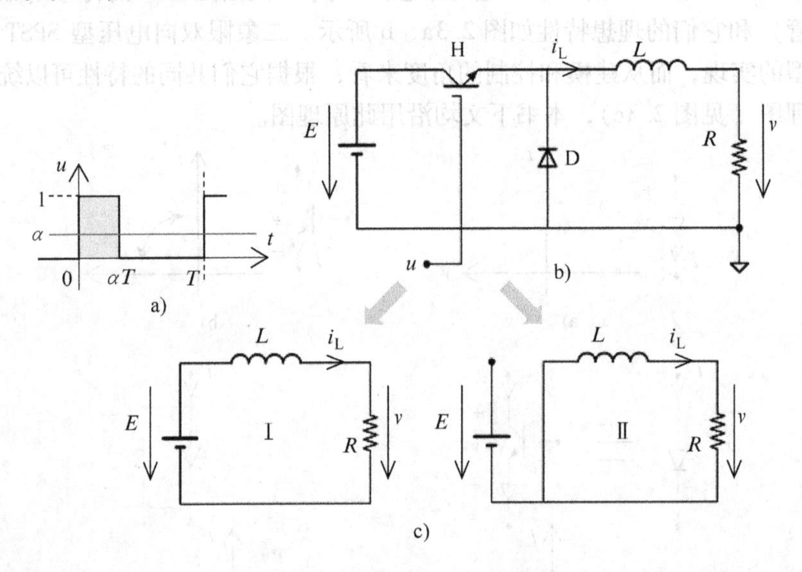

图 2.4 buck 电路示例：a）驱动开关 H 的信号；b）变换器；c）不同时刻的变换器结构：结构Ⅰ—时间 0 和 αT 之间，结构Ⅱ—时间 αT 和 T 之间

结构Ⅰ对应介于 0 和 αt（以周期 T 为模）间的时刻，式（2.2）中第一个方程给出了系统行为。结构Ⅱ对应 αt 和 T 间的时刻。可以观察到电路实际上包含两个开关器件，其中二极管处于自然通断的状态（Sira - Ramírez 和 Silva - Ortigoza，2006）。因此，其约束方程为

$$\begin{cases} E = L\dfrac{\mathrm{d}i_{\mathrm{L}}}{\mathrm{d}t} + Ri_{\mathrm{L}} \\ 0 = L\dfrac{\mathrm{d}i_{\mathrm{L}}}{\mathrm{d}t} + Ri_{\mathrm{L}} \end{cases} \tag{2.2}$$

式中，$v = Ri_{\mathrm{L}}$。采用开关函数 u 能以更简洁的方式来描述这种系统行为，简化式（2.2）如下：

$$E \cdot u(t) = L\frac{\mathrm{d}i_{\mathrm{L}}}{\mathrm{d}t} + Ri_{\mathrm{L}} \tag{2.3}$$

根据不同结构，函数 u 取值 1（开关导通）和 0（开关关断）。因此等效电路如图 2.5 所示，称为精确等效电路。

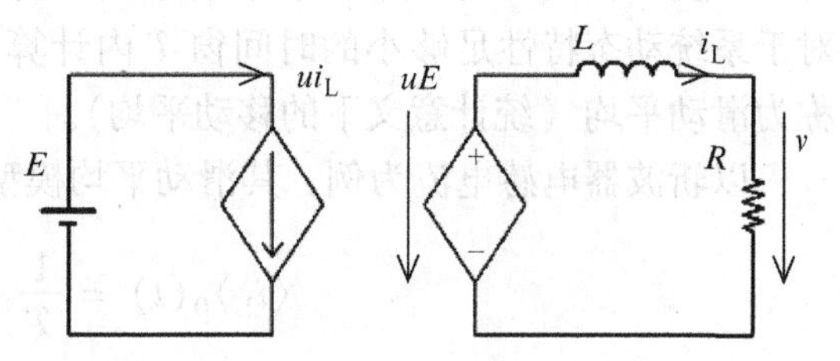

图 2.5 buck 电路输入侧精确等效电路（Erikson 和 Maksimović，2001）

2.2.2 采样数据模型

精确采样模型是一个以周期性的方式提供系统状态信息的模型。在目前的情况下，它表示的是对每一个完整的工作周期的采样，而非针对开关时刻（Verghese 和 Stanković，2001）。图 2.4 详细描述了 buck 变换器的情况，系统在两个电路结构之间切换，电感电流随时间变化的趋势图在图 2.6 中给出。如果考虑每个开关周期 T 的电流值，得到递归方程如下：

$$i_{\mathrm{L}}((k+1)T) = \left(i_{\mathrm{L}}(kT) - \frac{E}{R}\right) \cdot \mathrm{e}^{-\frac{E}{L}T} + \frac{E}{R} \cdot \mathrm{e}^{-\frac{R}{L}(1-\alpha)T} \tag{2.4}$$

式（2.4）可用更通用的矩阵形式表示：

$$\boldsymbol{x}_{k+1} = \boldsymbol{\Phi}(\boldsymbol{x}_k, \boldsymbol{u}_k, \boldsymbol{p}_k) \tag{2.5}$$

式中，$\boldsymbol{x}$、$\boldsymbol{u}$ 和 $\boldsymbol{p}$ 分别为状态变量、控制输入量和扰动量的向量表示。模型（2.5）给出了每一个采样周期的系统状态，但没有提供两个采样点之间的有关变量的任何信息。凭借其离散时间的描述，该模型可以用于变换器的数字控制（Maksimović等，2001）。

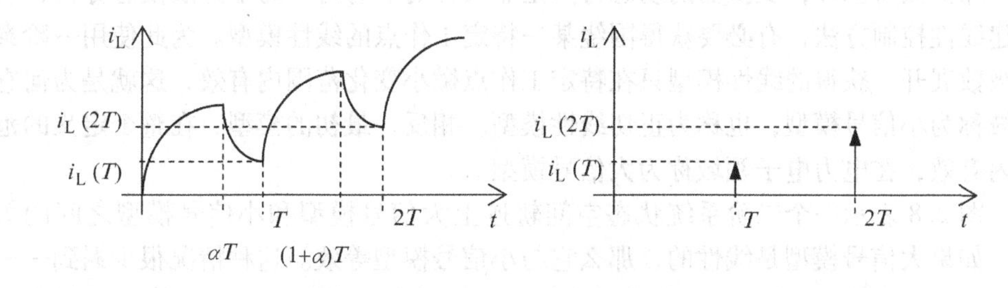

图 2.6 buck 变换器采样和采样数据模型

2.2.3 平均模型

顾名思义，这类模型复现了系统状态的平均行为。在与系统时间常数可比较的时间尺度下，此平均值并不保持恒定，而是随系统状态变化而变化。平均值是在相对于系统动态特性足够小的时间窗 T 内计算。这个窗口在时间轴上滑动，因此被称为滑动平均（统计意义下的移动平均）。

以斩波器电感电流为例，其滑动平均模型可以表示为

$$\langle i_L \rangle_0(t) = \frac{1}{T} \cdot \int_{t-T}^{t} i_L \mathrm{d}\tau \tag{2.6}$$

由精确平均模型（2.3）得

$$\frac{\mathrm{d}}{\mathrm{d}t}\langle i_L \rangle_0 = -\frac{R}{L}\langle i_L \rangle_0 + \alpha \cdot \frac{E}{L} \tag{2.7}$$

式（2.7）表示图 2.4 电路的平均模型。它随时间变化趋势如图 2.7 所示。

在精确采样时刻，平均模型的精确度不如精确采样模型；但从另一方面来看，这种方法可以提供采样点之间的信息。Kislovsky 等（1991）、Erikson 和 Maksimović（2001）已经完整分析了特定功率电路的平均模型。

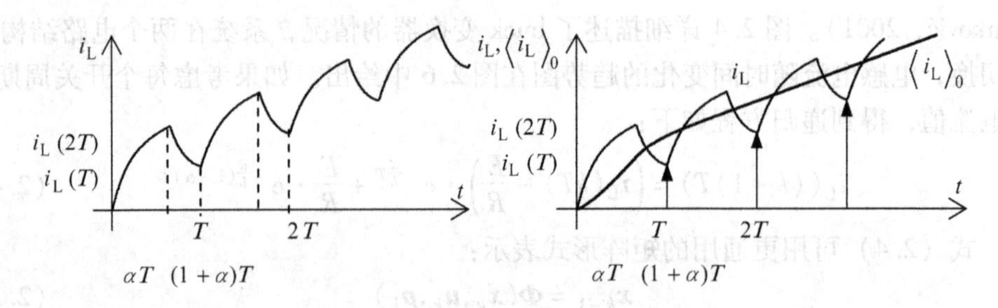

图 2.7 开关行为和平均模型

2.2.4 大信号和小信号模型

除少数特例外，变换器的动态行为是非线性的。有时，为了开展模态分析，或构建线性控制方法，有必要获得围绕某一特定工作点的线性模型。为此使用一阶泰勒级数展开，获得的线性模型只在特定工作点微小变化范围内有效，这就是为何它们被称为小信号模型，也称为正切线性模型。相反，最初的模型，在整个定义的范围内有效，在电力电子领域称为大信号模型。

图 2.8 表示一个二阶系统状态空间轨迹上大信号模型和小信号模型之间的关系。如果大信号模型是线性的，那么它与小信号模型等效。这种情况很少遇到——理想的 buck 变换器带恒定负载是一个例子。这种方法类似于平均建模和采样数据建模。

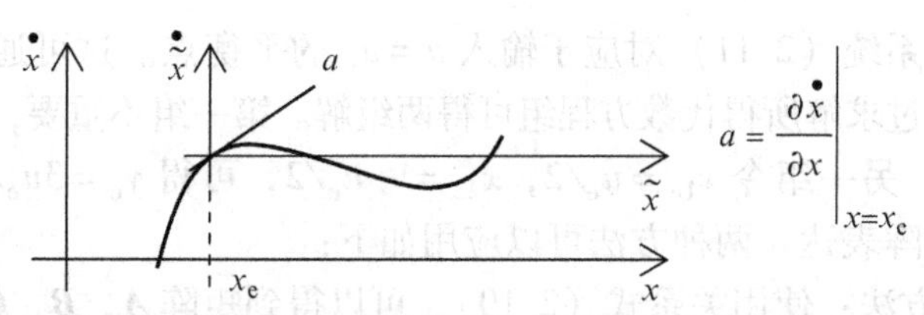

图2.8 在状态空间中的二阶系统的大信号模型和小信号模型之间的关系

考虑连续非线性系统的一般情况：

$$\begin{cases}\dfrac{\mathrm{d}}{\mathrm{d}t}\boldsymbol{x}=f(\boldsymbol{x}(t),\boldsymbol{u}(t))\\ \boldsymbol{y}=h(\boldsymbol{x}(t),\boldsymbol{u}(t))\end{cases} \tag{2.8}$$

式中，$\boldsymbol{x}$、$\boldsymbol{u}$ 和 $\boldsymbol{y}$ 分别是状态、输入和输出向量。

2.2.4.1 获取稳态模型

通过导数项置零可以得到的稳态输入－输出特性，即该系统平衡点的轨迹（由下标 e 表示），由输入输出平面非线性曲线表示：

$$\boldsymbol{y}_{\mathrm{e}}=\mathrm{g}(\boldsymbol{u}_{\mathrm{e}})$$

2.2.4.2 建立小信号模型

考虑平衡点处的小扰动，$\tilde{\boldsymbol{x}}=\boldsymbol{x}-\boldsymbol{x}_{\mathrm{e}}$，$\tilde{\boldsymbol{u}}=\boldsymbol{u}-\boldsymbol{u}_{\mathrm{e}}$，$\tilde{\boldsymbol{y}}=\boldsymbol{y}-\boldsymbol{y}_{\mathrm{e}}$（围绕响应输入 $\boldsymbol{u}_{\mathrm{e}}$ 的平衡点 $\boldsymbol{y}_{\mathrm{e}}$）。因此，该围绕特定平衡点的线性化系统可表示成

$$\begin{cases}\dot{\tilde{\boldsymbol{x}}}=\boldsymbol{A}\cdot\tilde{\boldsymbol{x}}+\boldsymbol{B}\cdot\tilde{\boldsymbol{u}}\\ \tilde{\boldsymbol{y}}=\boldsymbol{C}\cdot\tilde{\boldsymbol{x}}+\boldsymbol{D}\cdot\tilde{\boldsymbol{u}}\end{cases} \tag{2.9}$$

其中

$$\begin{cases}\boldsymbol{A}=\left(\dfrac{\partial f(\boldsymbol{x},\boldsymbol{u})}{\partial \boldsymbol{x}}\right)_{\boldsymbol{x}_{\mathrm{e}},\boldsymbol{u}_{\mathrm{e}}} & \boldsymbol{B}=\left(\dfrac{\partial f(\boldsymbol{x},\boldsymbol{u})}{\partial \boldsymbol{u}}\right)_{\boldsymbol{x}_{\mathrm{e}},\boldsymbol{u}_{\mathrm{e}}}\\ \boldsymbol{C}=\left(\dfrac{\partial h(\boldsymbol{x},\boldsymbol{u})}{\partial \boldsymbol{x}}\right)_{\boldsymbol{x}_{\mathrm{e}},\boldsymbol{u}_{\mathrm{e}}} & \boldsymbol{D}=\left(\dfrac{\partial h(\boldsymbol{x},\boldsymbol{u})}{\partial \boldsymbol{u}}\right)_{\boldsymbol{x}_{\mathrm{e}},\boldsymbol{u}_{\mathrm{e}}}\end{cases} \tag{2.10}$$

在双线性系统中（系统非线性由两个状态变量之间或状态变量和输入变量之间的乘积产生），还存在如下所述的另一种建模方法。

式（2.8）是引入了上文定义的小扰动模型。此外，还有一些简化设定：

1）忽略泰勒级数展开式二阶以上的乘积项；

2）简化对应于 $x=0$ 的项。

对应于线性化模型（2.9）所得模型可由相同的矩阵描述，由式（2.10）给出。

例如，下面的例子是双线性系统，采用上面提出的两种方法，获得小信号模型。

$$\begin{cases}\dot{x}_1=2x_1x_2-x_2u\\ \dot{x}_2=x_1+x_2\\ y=x_1^2+u\end{cases} \tag{2.11}$$

首先，寻找系统（2.11）对应于输入 $u=u_e$ 的平衡点。这可通过置零 x_1 和 x_2 导数项完成。通过求解所得代数方程组可得两组解。第一组不重要，即令 $x_{1e}=x_{2e}=0$，可得 $y_e=u_e$。另一组令 $x_{1e}=u_e/2$，$x_{2e}=-u_e/2$，可得 $y_e=3u_e/4$。其次，获得线性化模型的矩阵表达。两种方法可以应用如下：

1）第一种方法：使用关系式（2.10），可以得到矩阵 $\boldsymbol{A}$、$\boldsymbol{B}$、$\boldsymbol{C}$ 和 $\boldsymbol{D}$：

$$\begin{cases}\boldsymbol{A}=\begin{bmatrix}\dfrac{\partial f_1(x,u)}{\partial x_1} & \dfrac{\partial f_1(x,u)}{\partial x_2}\\ \dfrac{\partial f_2(x,u)}{\partial x_1} & \dfrac{\partial f_2(x,u)}{\partial x_2}\end{bmatrix}_{x_{1e},x_{2e},u_e}=\begin{bmatrix}-u_e & 0\\ 1 & 1\end{bmatrix}\\ \boldsymbol{B}=\begin{bmatrix}\dfrac{u_e}{2} & 0\end{bmatrix}^{\mathrm{T}},\boldsymbol{C}=\begin{bmatrix}u_e & 0\end{bmatrix},\boldsymbol{D}=1\end{cases}$$

2）第二种方法：考虑小信号扰动 $\widetilde{\boldsymbol{x}}=\boldsymbol{x}-\boldsymbol{x}_e$，其中 $\boldsymbol{x}^{\mathrm{T}}=[x_1\quad x_2]^{\mathrm{T}}$，$\boldsymbol{x}_e^{\mathrm{T}}=[x_{1e}\quad x_{2e}]^{\mathrm{T}}$，$\widetilde{u}=u-u_e$ 和 $\widetilde{y}=y-y_e$，其代入式(2.11)，可得

$$\begin{cases}\dot{\widetilde{x}}_1+\dot{x}_{1e}=2(\widetilde{x}_1+x_{1e})(\widetilde{x}_2+x_{2e})-(\widetilde{x}_2+x_{2e})(\widetilde{u}+u_e)\\ \dot{\widetilde{x}}_2+\dot{x}_{2e}=(\widetilde{x}_1+x_{1e})+(\widetilde{x}_2+x_{2e})\\ y+y_e=(\widetilde{x}_1+x_{1e})^2+(\widetilde{u}+u_e)\end{cases}\tag{2.12}$$

在稳态点时，用下面的关系式描述系统：

$$\begin{cases}0=2x_{1e}x_{2e}-x_{2e}u_e\\ 0=x_{1e}+x_{2e}\\ y_e=x_{1e}^2+u_e\end{cases}\tag{2.13}$$

接着，处理乘积项。忽略小扰动项的乘积项 $\widetilde{x}_1\cdot\widetilde{x}_2$、$\widetilde{x}_1^2$ 和 $\widetilde{x}_2\cdot\widetilde{u}$，已知 $\dot{x}_{1e}=\dot{x}_{2e}=0$，并考虑到式（2.13），可得

$$\begin{cases}\dot{\widetilde{x}}_1=2x_{1e}\widetilde{x}_1+(2x_{1e}-u_e)\widetilde{x}_2-x_{2e}\widetilde{u}\\ \dot{\widetilde{x}}_2=\widetilde{x}_1+\widetilde{x}_2\\ \widetilde{y}=2x_{1e}\widetilde{x}_1+\widetilde{u}\end{cases}\tag{2.14}$$

根据式（2.13）计算状态变量的稳态值，得到 u_e 的函数：$x_{1e}=u_e/2$ 和 $x_{2e}=-u_e/2$。通过代入这些值，系统（2.14）变为

$$\begin{cases}\dot{\widetilde{x}}_1=-u_e\widetilde{x}_1+\dfrac{u_e}{2}\widetilde{u}\\ \dot{\widetilde{x}}_2=\widetilde{x}_1+\widetilde{x}_2\\ \widetilde{y}=u_e\widetilde{x}_1+\widetilde{u}\end{cases}\tag{2.15}$$

式（2.15）中系数对应于采用第一种计算方法里的矩阵 $\boldsymbol{A}$、$\boldsymbol{B}$、$\boldsymbol{C}$ 和 $\boldsymbol{D}$。

小信号模型也可以表示在频域中，即表示为传递函数。根据上述推导得到的矩阵可以算得

$$H(s) \triangleq \frac{\widetilde{Y}(s)}{\widetilde{U}(s)} = \boldsymbol{C}(s\boldsymbol{I}-\boldsymbol{A})^{-1}\boldsymbol{B}+\boldsymbol{D}$$

式中，$\widetilde{U}(s)$和$\widetilde{Y}(s)$分别是时域信号$\widetilde{u}$和$\widetilde{y}$的拉普拉斯变换。如果拉普拉斯变换应用于式（2.15），可以得到与$H(s)$相同的最终表达式。通过代入小信号模型状态变量$\widetilde{X}_1(s)$和$\widetilde{X}_2(s)$的拉普拉斯变换表示，可以得到：

$$\frac{\widetilde{X}_1(s)}{\widetilde{U}(s)} = \frac{u_e/2}{s+u_e},\ \frac{\widetilde{X}_2(s)}{\widetilde{X}_1(s)} = \frac{1}{s-1},\ \widetilde{Y}(s) = u_e X_1(s) + U(s)$$

需要注意的是，状态$\widetilde{x_2}$是不可观测的——因为它不会出现在输出表达式中，同时也不稳定。

2.2.5　行为模型

通常使用精确程度不同的黑盒模型来复现柔性交流输电系统（FACTS）的稳态或动态输入输出特性，这种模型被称为行为模型。

最简单的模型是静态的，如图 2.9a 给出的静态 VAR 补偿器（SVC）示例。在这里，可以注意到由以下关系所述的调节区：

$$V = V_{\text{ref}} - X_{\text{sl}} I$$

式中，I 是 SVC 和电网交换电流；V 为接入点电压；V_{ref}为基准电压值；X_{sl}是调节特性的斜率。事实上，FACTS 由期望电压所决定的电抗或电纳来建模。

根据图 2.9a 获得的静态曲线，可以建立一个简单（一阶）动态模型，如图 2.9b 所示。K_{sl}是电抗X_{sl}的倒数，τ 是系统的时间常数，B_C 和 B_L 分别是 SVC 电容和电感的电纳。该模型输出是与电压偏差 $V_{\text{ref}}-V$ 相关的电纳。其他或简单或复杂的模型是由 CIGRE（1995）和 IEEE（1993）提出，它们遵守同样的原则，匹配 FACTS 的输入输出特性。

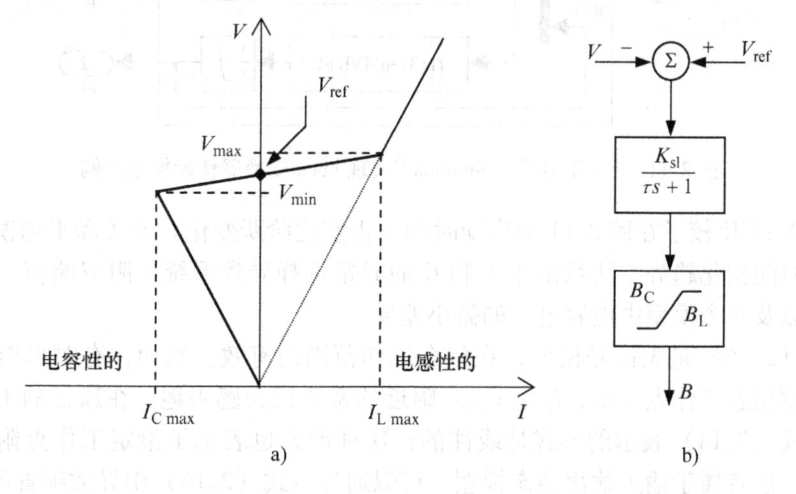

图 2.9　a) SVC 静态调节特性（Watanabe 等，2011）；b）SVC 的基本动态模型

2.2.6 示例

让我们分析如图 2.10 所示 buck 变换器的情况。由图 2.4 的拓扑分析和式 (2.3)，其主导方程为

$$\begin{cases} L\dfrac{\mathrm{d}i_{\mathrm{L}}}{\mathrm{d}t} = -Ri_{\mathrm{L}} + Eu(t) \\ C\dfrac{\mathrm{d}v_{\mathrm{C}}}{\mathrm{d}t} = i_{\mathrm{L}} - \dfrac{v_{\mathrm{C}}}{R} \end{cases} \tag{2.16}$$

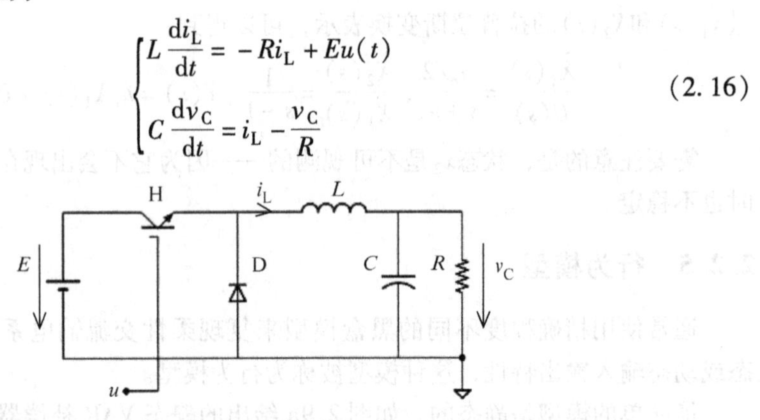

图 2.10 带二阶滤波器 buck 变换器

式 (2.16) 表示的模型可以表达精确（开关）系统行为及其平均行为，这取决于输入信号 u 是表示为开关的离散时间函数，还是表示为其连续时间平均值。

可以尝试借助于仿真图表对不同的模型进行比较；使用仿真库实现的一个例子如图 2.11 所示。状态变量 i_{L} 和 v_{C} 是输出，开关函数 u 和电压 E 是独立的输入。需要注意的是变换器功率单向流动特性所要求的状态变量下限问题。

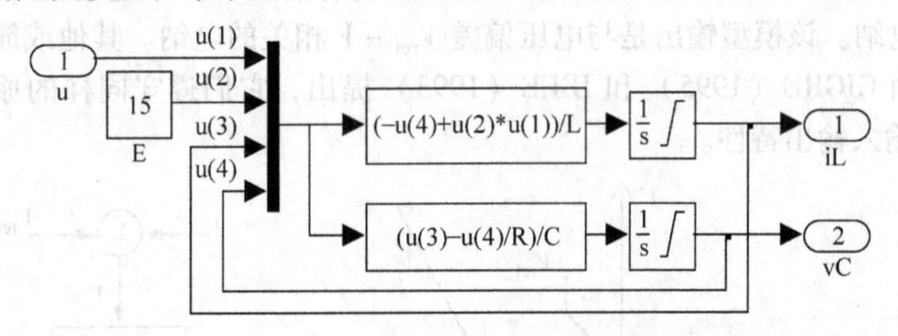

图 2.11 MATLAB® – Simulink®实现 buck 变换器精确模型示例

图 2.12 比较了在图 2.11 中启动时刻（占空比阶跃变化）开关和平均模型状态变量的时间变化趋势。注意由于 L 和 C 的异常选择导致系统欠阻尼响应、电感电流限制以及两个模型中电容电压的微小差异。

式 (2.16) 是大信号模型，在整个工作范围内有效。然而，有时可能会对捕获某典型稳态工作点 (u_{e}，i_{Le}，v_{Ce}) 附近的系统行为感兴趣。在通常的工作范围内，由式 (2.14) 表示的形式是线性的；这种形式也表示了给定工作点附近小信号特性。后者属于输入输出稳态模型，可以通过将式 (2.16) 中导数项置零得到：

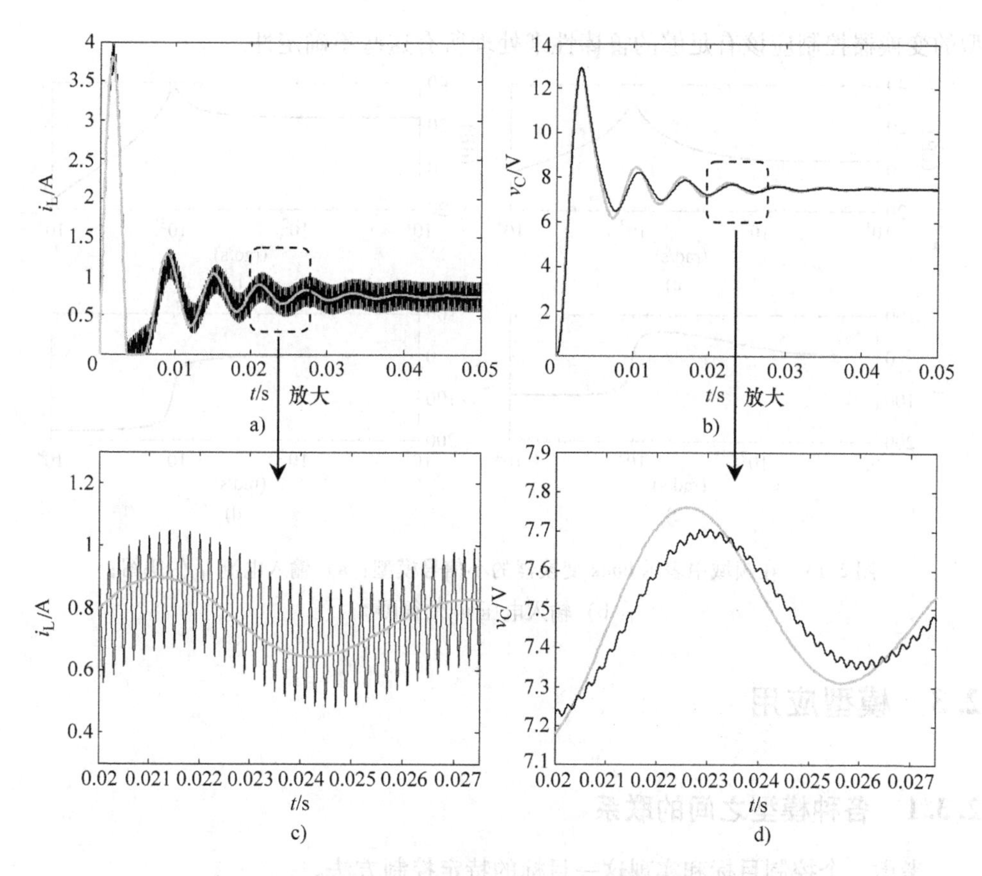

图 2.12　buck 变换器开关模型和平均模型启动时状态变量时间变化趋势比较：a）电流 i_L 变化趋势，开关（黑色）和平均（灰色）；b）电压 v_C 变化趋势，开关（黑色）和平均（灰色）

$$\begin{cases} i_{Le} = \dfrac{E \cdot u_e}{R} \\ v_{Ce} = E \cdot u_e \end{cases}$$

其中第二个方程式表示变换器的静态行为：随着稳态占空比成比例地降低输入电压 u_e，从而获得输出电压。

小信号分析可以导出系统传递函数的描述。在这种情况下，传递函数由选择的控制输入（占空比）和各状态变量所决定。

图 2.13 给出了如前所述稳态工作点附近的线性化小信号模型的频域表示。因此，可以得到伯德图（包含幅度和相位）对应于从由占空比表示的输入到每个状态变量的两个影响通道。

图 2.12 中欠阻尼时间响应对应系统中需要考虑的重要谐振，这些图通常依赖于工作点。此外，负载电阻是传递函数的参数，可能会发生变化。因此，基于此模

型的变换器控制应该有足够的鲁棒性来处理所有这些不确定性。

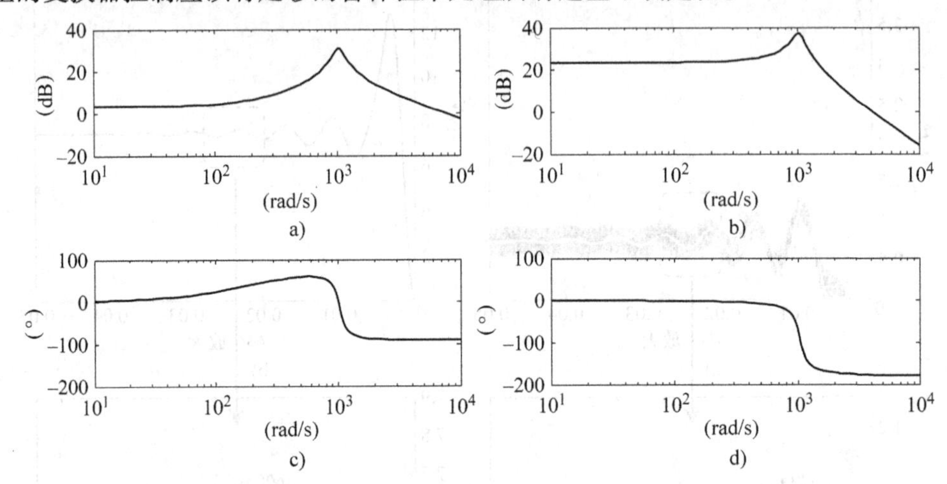

图 2. 13　在频域中表示 buck 变换器的小信号模型：a）输入电流 i_L 伯德图；b）输入电压 v_C 伯德图

2.3　模型应用

2.3.1　各种模型之间的联系

考虑一个控制目标和实现这一目标的特定控制方法。

根据控制规则类型和需要达到的闭环性能，存在最适用的一种模型。图 2. 14 给出了两类主要的建模分支，分别推导出离散时间和连续时间模型。各种模型之间进行转换的方法很多。注意其中一些转换比其他更准确。

2.3.2　建模和控制之间的联系

图 2. 15 给出了控制律和相关模型之间的一定关系，但并不详尽。事实上，可以使用连续的大信号模型建立变结构控制律，虽然这不是常用的方法。然而，仍然会存在一些困难，例如，基于一个大信号非线性模型整定连续时间比例 - 积分控制器。

2.3.3　模型的其他可能用途

关于电力电子设备模型其他可能的用途，大致可以找出三种主要类型：用于控制目的的模型、用于仿真目的的模型以及用于动态分析和定型计算的模型。如果进一步界定仿真目的，重点有两个类型。表 2. 1 表示某种类别的模型具体适用于哪种仿真用途。

定型计算传统上依靠静态模型。平均动态模型也正在越来越多地被开发利用，

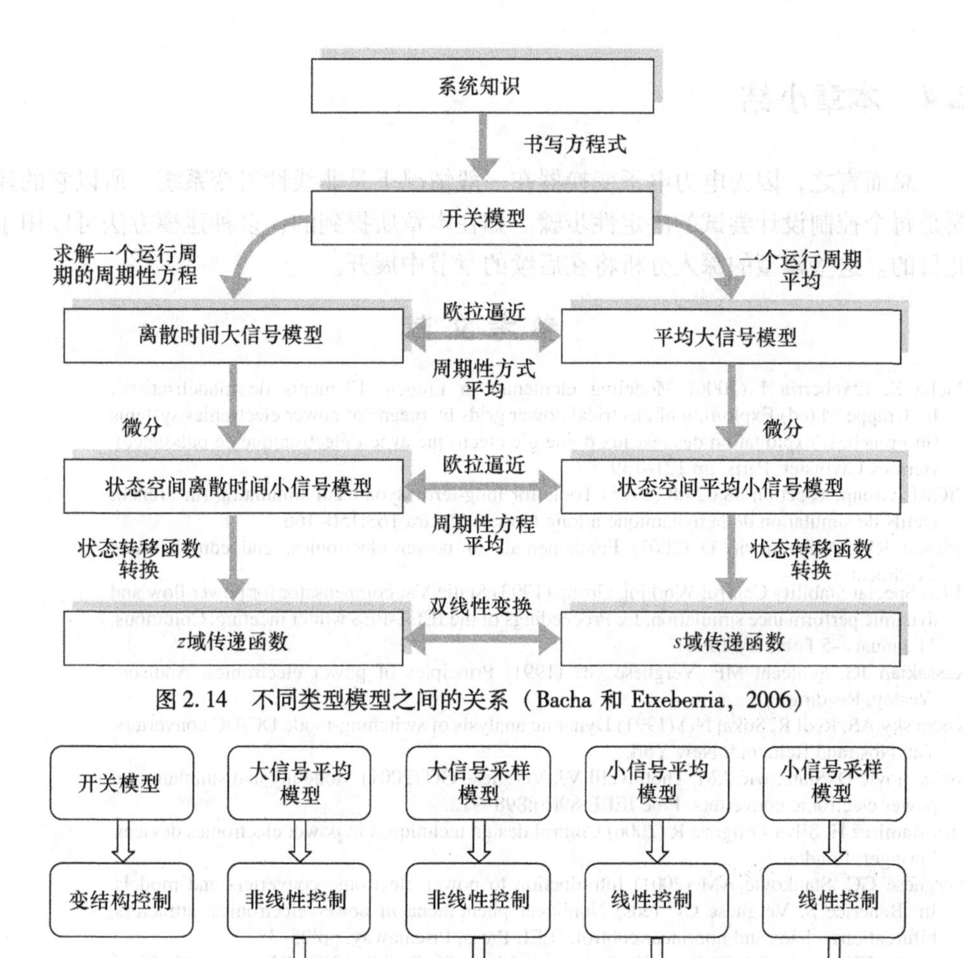

图 2.14　不同类型模型之间的关系（Bacha 和 Etxeberria，2006）

图 2.15　模型和控制律之间的关系

尤其是对强调某些限制可能被打破的场合。拓扑模型被广泛用于评估电源质量，特别是那些与谐波频谱和对应的滤波有关的部分。

表 2.1　用于仿真目的不同类别的模型

模型	动态现象仿真	瞬态现象仿真
静态（以知识为基础或行为模型）	基于模态分离	不适用
大信号或小信号的平均模型，连续行为模型	强调根据动力学	强调基波的瞬态（幅度和相位）
开关（拓扑）模型	漫长的计算时间	强调谐波现象

2.4 本章小结

总而言之，因为电力电子变换器在一般情况下是非线性时变系统，所以它的建模是每个控制设计尝试的决定性步骤。如在本章所提到的，多种建模方法可以用于此目的。这些模型的深入分析将在后续的章节中展开。

参 考 文 献

Bacha S, Etxeberria I (2006) Modeling elements (in French: Éléments de modélisation). In: Crappe M (ed) Exploiting of electrical power grids by means of power electronics systems (in French: L'exploitation des réseaux d'énergie électrique avec l'électronique de puissance). Hermès Lavoisier, Paris, pp 121–139

CIGRE Groupe d'action 38.02.08 (1995) Tools for long-term dynamical simulation (in French: Outils de simulation de la dynamique à long terme). Electra 163:150–166

Erikson RW, Maksimović D (2001) Fundamentals of power electronics, 2nd edn. Kluwer, Dordrecht

IEEE Special Stability Control Working Group (1993) Static Var compensator for power flow and dynamic performance simulation. In: Proceedings of the IEEE-PES winter meeting, Columbus, 31 January–5 February 1993

Kassakian JG, Schlecht MF, Verghese GC (1991) Principles of power electronics. Addison-Wesley, Reading

Kislovsky AS, Redl R, Sokal NO (1991) Dynamic analysis of switching-mode DC/DC converters. Van Nostrand Reinhold, New York

Maksimović D, Stanković AM, Thottuvelil VJ, Verghese GC (2001) Modeling and simulation of power electronic converters. Proc IEEE 89(6):898–912

Sira-Ramirez H, Silva-Ortigoza R (2006) Control design techniques in power electronics devices. Springer, London

Verghese GC, Stanković AM (2001) Introduction to power electronic converters and models. In: Banerjee S, Verghese GC (eds) Nonlinear phenomena in power electronics: attractors, bifurcations, chaos and nonlinear control. IEEE Press, Piscataway, pp 25–37

Watanabe EH, Aredes M, Barbosa PG, De Araujo Lima FK, Da Silva Dias RF, Santos G (2011) Flexible AC transmission systems. In: Rashid MH (ed) Power electronics handbook, 3rd edn. Elsevier, Burlington, pp 851–880

第3章　开关模型

本章重点介绍获得开关模型的方法。该模型描述了因所积累的能量发生变化所带来的基本低频动态特性，同时还表现了电力电子变换器的开关动态特性。

开关模型强调了外部控制动作的存在，是一种有用的分析工具。表现为双线性形式时，模型可直接用于仿真和控制设计。开关模型是获得其他类型模型如平均或降阶模型的起点。

本章首先声明分析的数学框架，然后给出了通用的建模方法。之后，通过一些说明性的例子和一个案例研究对开关模型的相关主题进行完整介绍。最后，设置问答环节以及对应的课后习题。

3.1　数学建模

3.1.1　通用数学框架

由于开关状态的多种组合，电力电子变换器在其运行时间间隔内表现出的、可能存在的、开关状态的周期性重复序列，被称为开关周期。事实上每个这样的开关状态表示含电源和无源元件的特定电路，可以通过一组微分方程进行数学描述。

在第2章已经声明的假设前提下，用图3.1表示通用电力电子变换器（其在N个不同的开关状态之间进行切换），可以被描述为一个动态系统（Tymerski 等，1989；Sun 和 Grotstollen，1992；Maksimović等，2001）：

$$\frac{\mathrm{d}}{\mathrm{d}t}\boldsymbol{x}(t)=\boldsymbol{A}_i\cdot\boldsymbol{x}(t)+\boldsymbol{B}_i\cdot\boldsymbol{e}(t),\quad t_i\leqslant t\leqslant t_{i+1}\tag{3.1}$$

其中

$$\sum_{i=1}^{N}(t_i-t_{i-1})=T$$

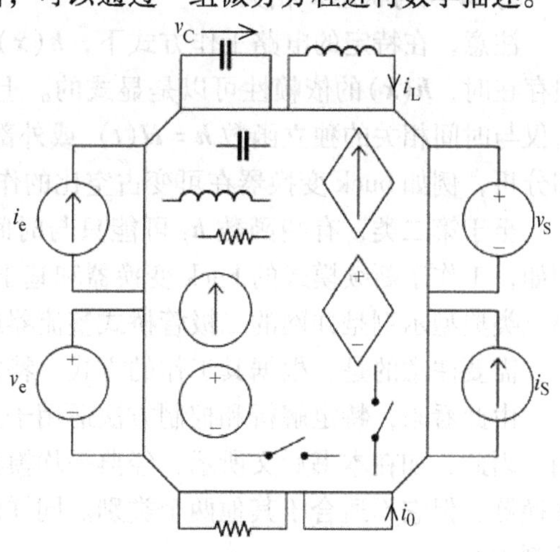

图3.1　电力电子变换器常用符号（Kassakian 等，1991）

式中，T是开关周期；t_i是定义在N个开关状态之间切换的不同时刻；$\boldsymbol{A}_i$和$\boldsymbol{B}_i$分别是$n\times n$的状态矩阵和$n\times P$输入矩阵（对应于开关状态i）；$\boldsymbol{x}(t)$是长度

为 n 的状态向量；$\boldsymbol{e}(t)$是长度为 p 的系统独立电源向量。注意式（3.1）中控制输入没有显性出现。

式（3.1）更紧凑的形式是

$$\frac{\mathrm{d}}{\mathrm{d}t}\boldsymbol{x}(t) = \sum_{i=1}^{N}(\boldsymbol{A}_i\boldsymbol{x}(t) - \boldsymbol{B}_i\boldsymbol{e}(t)) \cdot h_i \tag{3.2}$$

式中，h_i 是与开关状态关联的校验函数，这些函数值取 1 或 0，这取决于它们各自对应的开关状态。

关于电力电子变换器分类的建议

一般地，根据下列标准进行电力电子变换器分类：

1）转换模式：DC－DC、DC－AC 等；

2）内部的控制类型（开关级）：脉冲宽度调制（PWM）、滞环控制、滑模控制、电流编程控制等；

3）工作状态：自然或强制开关，连续或断续导通等。

与上文提到的侧重于控制方面的分类方法不同——下文会介绍一类新的分类方法。

设向量 $\boldsymbol{h}=[h_1\cdots h_N]^{\mathrm{T}}$，在通用描述（3.2）中包含各种校验函数。基于这种构想的分类方法由 Krein 等人提出（1990），Sun 和 Grotstollen（1992）展开深入探讨。该方法基于向量 $\boldsymbol{h}$ 中元素的函数关系，由此出现三种分类：

1）$\boldsymbol{h}$ 与状态 $\boldsymbol{x}$ 无关；

2）$\boldsymbol{h}$ 与状态 $\boldsymbol{x}$ 和时间都相关；

3）$\boldsymbol{h}$ 仅与状态 $\boldsymbol{x}$ 相关。

注意，在特定的电路工作方式下，$\boldsymbol{h}(\boldsymbol{x})$的依赖性可以是隐式的；而当状态反馈存在时，$\boldsymbol{h}(\boldsymbol{x})$的依赖性可以是显式的。上述列表中第一类函数的特征在于开关由仅与时间相关的独立函数 $\boldsymbol{h}=\boldsymbol{H}(t)$ 或外部的动作来控制。这类变换器易于建模和分析，例如 buck 变换器在可变占空比的作用下工作于连续模式的情况。

至于第二类，有些函数 h_i 可能只与时间相关，而有些可能与系统状态相关。例如，工作于断续模式的 buck 变换器和基于晶闸管的整流器就属于这一类。最后，第三类典型示例是并网的二极管桥式整流器或电流控制 buck 变换器。

需要注意的是，根据其工作的方式，特定拓扑可以属于不同的分类。

由此看来，特定解析和控制方法适用于上述系列中的一类，而不适用于其他类别。因此，如在本书后文所示，经典平均模型作为一个简单的工具，适用于第一类变换器，但它不适合于其他两个类别。同样的情况也出现在变结构控制和相关滑模控制中。

迄今为止，还没有系统化方法能给出变换器的通用模型，既能对其行为进行统一分析，又不需考虑其运行特点。从这个意义上而言，提供目标变换器开关模型的详细建模过程是更加重要的。

3.1.2　双线性形式

双线性形式给出了电力电子变换器开关模型更为紧凑的表达方式，并且能体现出控制输入。采用N个模型而不是校验函数来描述N种开关状态，有可能将模型简化为单一的统一模型，它的输入是p个二进制函数，用u_k表示，称为开关函数。数字p为满足关系$2^p \geqslant N$的最小整数。

开关模型的双线性形式通过通用公式表示如下：

$$\dot{\boldsymbol{x}} = \boldsymbol{A}\boldsymbol{x} + \sum_{k=1}^{p}(\boldsymbol{B}_k\boldsymbol{x} + \boldsymbol{b}_k) \cdot u_k + \boldsymbol{d} \tag{3.3}$$

式中，对于每个从1到p的k，$\boldsymbol{B}_k$是$n \times n$阶的矩阵，$\boldsymbol{b}_k$和$\boldsymbol{d}$均是长度为n的列向量。式（3.3）表示显式控制输入向量$\boldsymbol{u} = [u_1\ u_2 \cdots u_p]^{\mathrm{T}}$。注意状态变量和控制输入之间存在乘积项，这表明了模型的双线性特点。接下来，可见在进行一些具体化处理后，任意电力电子变换器都可以通过式（3.3）进行建模。例如，buck变换器在$\boldsymbol{B}_k = 0$时，推出线性模型；对于boost变换器而言，$\boldsymbol{b}_k = 0$。模型（3.3）的一个优点是，从它可以容易地获得小信号模型。采用第2章2.2.4节详细推导步骤，下列关系成立：

$$\dot{\widetilde{\boldsymbol{x}}} = \widetilde{\boldsymbol{A}} \cdot \widetilde{\boldsymbol{x}} + \widetilde{\boldsymbol{B}} \cdot \widetilde{\boldsymbol{u}}$$

$\widetilde{\boldsymbol{x}}$是状态变量围绕稳态点$x_{\mathrm{e}}$的小扰动，对应输入向量$\boldsymbol{u}_{\mathrm{e}} = [u_{1\mathrm{e}}\ u_{2\mathrm{e}} \cdots u_{p\mathrm{e}}]^{\mathrm{T}}$，其中$\widetilde{\boldsymbol{u}} = \boldsymbol{u} - \boldsymbol{u}_{\mathrm{e}}$。状态矩阵$\widetilde{\boldsymbol{A}}$和输入矩阵$\widetilde{\boldsymbol{B}}$具有形式

$$\begin{cases} \widetilde{\boldsymbol{A}} = \boldsymbol{A} + \sum_{k=1}^{p} \boldsymbol{B}_k u_{k\mathrm{e}} \\ \widetilde{\boldsymbol{B}} = \sum_{k=1}^{p} (\boldsymbol{B}_k \boldsymbol{x}_{\mathrm{e}} + \boldsymbol{b}_k) \end{cases} \tag{3.4}$$

在设计线性控制方法时可以直接使用模型（3.4）。

3.2　建模方法

3.2.1　基本假定：状态变量

基于第2章2.2节列出的假设建立开关模型。由于没有再增加其他近似，开关模型也称为精确模型。

建模方法基于经典系统理论（Cellier等，1996）。可以注意到，在一个开关子间隔内，如控制输入恒定的时间间隔，该系统随时间连续变化，即它具有变量对时间可导的特征。这意味着在实际时间子间隔中，系统可以用一组常微分方程描述，对应的电路结构遵守能量守恒定律（Sanders，1993；van Dijk等，1995）。

通常，选择能反映能量积累变化的变量作为状态变量。在电力电子变换器这类特定情况下，状态变量通常选择流过电感的电流，电容的电压，和/或两者线性/非线性组合。因为能量变化天然是连续的，所以这些变量满足狄利克雷条件。

如果 n_C 表示电容的数目，n_L 为电感的数目，则系统阶数满足关系式 $n \leqslant n_C + n_L$。

3.2.2 通用算法

一些关于变换器工作的先验知识是推导开关模型所必不可少的，所以有必要针对以下内容的一个或多个进行初步分析：

1）检查目标变换器不同的波形；

2）给出一个时间间隔内的开关状态序列；

3）给出以数学形式描述的各个开关状态的方程组（Merdassi 等在 2010 年提供了一个如何自动完成此步骤的示例）。

如今，商用的计算机辅助设计软件产品可帮助用户执行上述动作。

获得开关模型的方法并不唯一，不管采用何种方法，以下步骤均为通用，可以在大多数的应用中被采用。

注意：在只有两种电路开关状态的情况下，两个状态各自的校验函数是互补的，也就是说，$h_1 = 1 - h_2$。因此，可以合理地把 $u = h_1 \in \{0;1\}$ 应用在整流器中，把 $u = 2h_1 - 1 \in \{-1;1\}$ 应用在 DC - AC 变换器中。在存在两个以上开关状态的情况下，则没有适用的通用规则。

当可能的开关状态数目比较大时，直接应用算法 3.1 需要大量的时间和投入。另一种备选方法是基于所谓开关（或中间）变量的辨识，这种方法更容易获得双线性形式，具体步骤详见算法 3.2 。

作为一个示例，在 DC - DC 变换器的情况下，开关是由晶体管和二极管实现，相互连接在所谓的开关网络（Erikson 和 Maksimović，2001）。如图 3.2 所示，这两种器件都可切换电流和电压，取决于它们在变换器电路中的位置。

算法 3.1

基于所有可能开关状态的分析，获得给定电力电子变换器的开关模型

#1 采集波形和相应的开关状态信息，或者直接研究适当软件提供的波形。

#2 选择状态变量，直接选择电容电压和电感电流，或选择这些变量的适当组合。

#3（a）写出每个开关状态下上述状态变量导数的表达式。（b）确定不同开关状态之间的转换条件，以紧凑的方式列写模型，并使控制变量（开关函数）显式出现。

#4 绘制目标变换器的等效拓扑（或精确）图，包含不同的耦合项。此步骤是可选的。

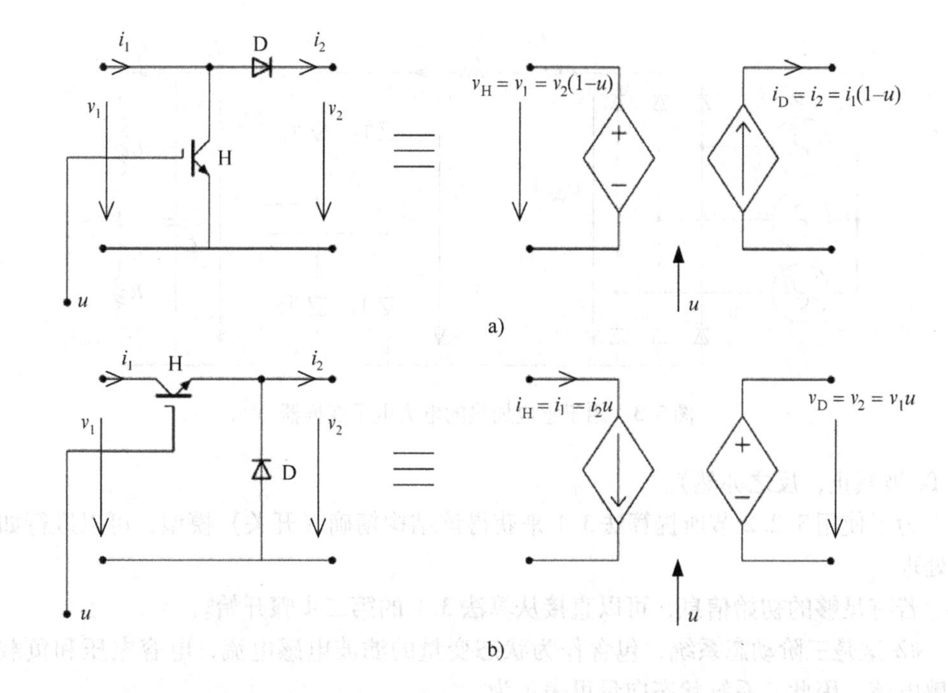

图 3.2 表示开关变量的开关网络实例：a）boost 变换器；b）buck 变换器

算法 3.2

基于开关变量辨识，推导给定电力电子变换器的开关模型

#1 直接采用电容电压和电感电流，或利用这些变量的适当组合，作为状态变量。

#2 依据之前的分析，找出开关变量，可以是晶体管电压和二极管电流，或晶闸管电流和二极管电压，根据开关的状态（开/关）和状态变量写出数学表达式。

#3 依据基尔霍夫电压定律获取电感电流的导数，依据基尔霍夫电流定律得到电容电压的导数。

#4 引入开关函数 u 并将开关变量写作 u 的函数形式。

#5 替换步骤#3 中获得的状态空间方程中的开关变量，得到模型的双线性形式。

3.2.3 示例

案例 1 用于感应加热的电力电子变换器

分析图 3.3 所示的电力电子变换器，它的组成包括：二极管整流器，包含电感 L_f 和电阻 r 的 LR 滤波器，给谐振电路提供电源的电流源逆变器，包含电容 C 以及由电感 L 和电阻 R 组成的感应加热器。

电流源逆变器工作在全波模式，设开关 T_1 和开关 T_2 操作互补（导通 T_1 的同

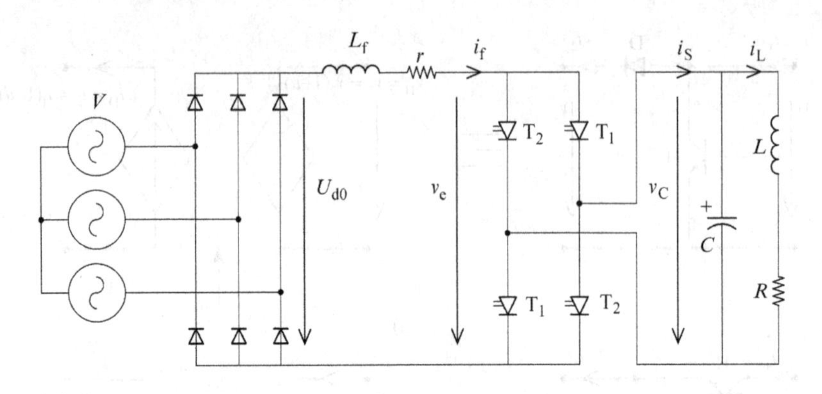

图 3.3　用于感应加热的电力电子变换器

时 T_2 被截止，反之亦然）。

为了使用3.2.2 节所提算法3.1 来获得该结构精确（开关）模型，可以进行如下处理：

若有足够的初始信息，可以直接从算法 3.1 的第二步骤开始。

#2 这是三阶动态系统，包含作为状态变量的滤波电感电流，电容电压和负载电感电流。因此，系统状态向量可表示为

$$\boldsymbol{x}=[i_f \quad v_C \quad i_L]^T$$

电压 $U_{d0}=3\sqrt{6}/\pi\cdot V$，$V$ 是三相电网电压的有效值（RMS）（Mohan 等，2002）。

由以下方程组表示守恒定律：

$$\begin{cases}\dot{i}_f=\dfrac{1}{L_f}(U_{d0}-v_e-ri_f)\\ \dot{v}_C=\dfrac{1}{C}(i_S-i_L)\\ \dot{i}_L=\dfrac{1}{L}(v_C-Ri_L)\end{cases} \tag{3.5}$$

#3 中间变量 v_e 和 i_S 必须采用依赖于状态变量的形式表示。

分别对应于电流源逆变器的两个开关状态的校验函数 h_1 和 h_2，定义如下：

$$h_1=\begin{cases}1 & \text{开关 } T_1 \text{ 闭合}\\ 0 & \text{其他}\end{cases} \qquad h_2=\begin{cases}1 & \text{开关 } T_2 \text{ 闭合}\\ 0 & \text{其他}\end{cases}$$

注意 h_1 和 h_2 是互补的，遵循

$$\begin{cases}v_e=v_C \text{ 并且 } i_S=i_f & \text{若 } h_1=1,h_2=0\\ v_e=-v_C \text{ 并且 } i_S=-i_f & \text{若 } h_2=1,h_1=0\end{cases}$$

根据式（3.2）给出的等价形式，系统（3.5）可以写成

$$\dot{\boldsymbol{x}}=(\boldsymbol{A}_1\boldsymbol{x}+\boldsymbol{B}_1\boldsymbol{E})\cdot h_1+(\boldsymbol{A}_2\boldsymbol{x}+\boldsymbol{B}_2\boldsymbol{E})\cdot h_2 \tag{3.6}$$

其中

$$
\begin{cases}
\boldsymbol{A}_1=\begin{bmatrix}-\dfrac{r}{L_f} & -\dfrac{1}{L_f} & 0\\ \dfrac{1}{C} & 0 & -\dfrac{1}{C}\\ 0 & \dfrac{1}{L} & -\dfrac{R}{L}\end{bmatrix},\ \boldsymbol{A}_2=\begin{bmatrix}-\dfrac{r}{L_f} & +\dfrac{1}{L_f} & 0\\ -\dfrac{1}{C} & 0 & -\dfrac{1}{C}\\ 0 & \dfrac{1}{L} & -\dfrac{R}{L}\end{bmatrix}\\
\boldsymbol{B}_1=\boldsymbol{B}_2=\begin{bmatrix}\dfrac{1}{L_f} & 0 & 0\end{bmatrix}^{\mathrm{T}},\ \boldsymbol{E}=U_{d0}
\end{cases}
\tag{3.7}
$$

通过使用一维开关函数简化表达式（3.6）成双线性形式，开关函数足以表示两种开关状态（$p=1$，满足$2^p \geqslant N=2$最大的整数）。

如果选择开关函数u，使得

$$u=2h_1-1$$

可以获得唯一表达式为

$$\dot{\boldsymbol{x}}=\boldsymbol{A}\cdot\boldsymbol{x}+\boldsymbol{B}\cdot\boldsymbol{x}\cdot u+\boldsymbol{d} \tag{3.8}$$

式中，函数u取离散集合｛-1；1｝内的值。

$$\boldsymbol{A}=\frac{\boldsymbol{A}_1+\boldsymbol{A}_2}{2},\ \boldsymbol{B}=\frac{\boldsymbol{A}_1-\boldsymbol{A}_2}{2},\ \boldsymbol{d}=\boldsymbol{B}_1U_{d0}$$

一旦建立上述表达式，相应的矩阵可由式（3.9）给出。

注意，式（3.8）和式（3.9）获得的拓扑模型是双线性的，也就是说，它包含$\boldsymbol{x}\cdot u$形式的乘积；这是绝大多数电力电子变换器都存在的问题。

图3.4给出了精确开关模型（3.8）的等效电路，包含如下特点：

1）在原始变换器电路的基础上进行简化；

2）通过耦合源（菱形符号）来表现耦合项。

$$\boldsymbol{A}=\begin{bmatrix}-\dfrac{r}{L_f} & 0 & 0\\ 0 & 0 & -\dfrac{1}{C}\\ 0 & \dfrac{1}{L} & -\dfrac{R}{L}\end{bmatrix},\ \boldsymbol{B}=\begin{bmatrix}0 & -\dfrac{1}{L_f} & 0\\ \dfrac{1}{C} & 0 & 0\\ 0 & 0 & 0\end{bmatrix},\ \boldsymbol{d}=\begin{bmatrix}\dfrac{U_{d0}}{L_f}\\ 0\\ 0\end{bmatrix} \tag{3.9}$$

对于资深研究人员而言，通过特定变换方法，可以将原电路（见图3.3）的开关操作转换成耦合源操作，从而直接获得图3.4所示的等效电路。

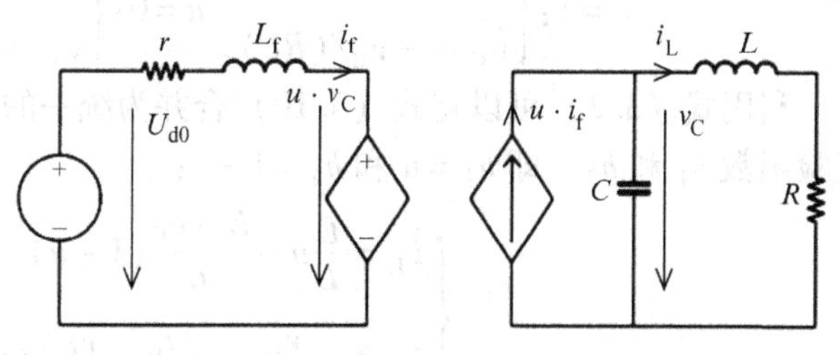

图3.4 图3.2中变换器开关模型的等效电路

案例 2　boost DC－DC 变换器

选择理想 boost 变换器作为案例（见图 3.5）来说明在连续导通模式（CCM）的情况下如何获得开关模型。同时也进行了关于非连续导通情况的讨论。

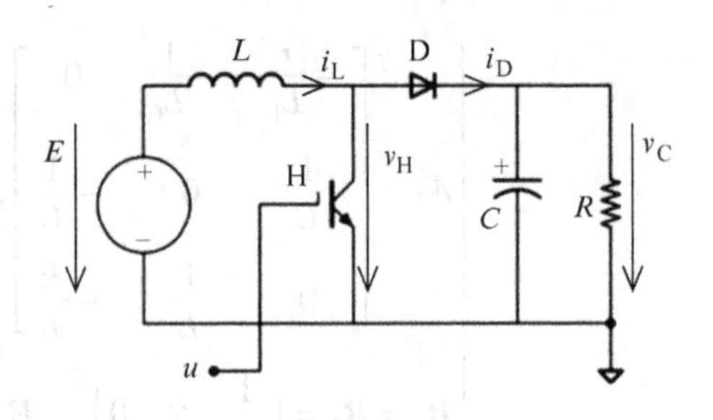

图 3.5　boost 主电路

1. 连续导通模式

如前所述，有两种方式可以得到任何电力电子变换器的开关模型和其双线性形式：

1）根据算法 3.1，列出其所有可能的开关状态，并找到通用结构，从而获得其双线性形式；

2）根据算法 3.2，采用强调变量随开关状态变化的方法。

针对 boost 变换器运行在连续导通模式的情况，对上述两种方法进行详细说明。

（1）使用所有可能的开关状态列表

根据之前分析，连续导通工作的 boost 变换器存在两种可能开关状态，如图 3.6 所示：情况 a）和 b）分别对应于图 3.5 中开关 H 导通（$h_1=1$）和截止（$h_2=1$）。因为这个 DC－DC 变换器有两个开关状态，如 3.2.2 节所讨论，所以其开关函数 u 可以采用 $u=h_1=1-h_2$ 的形式。

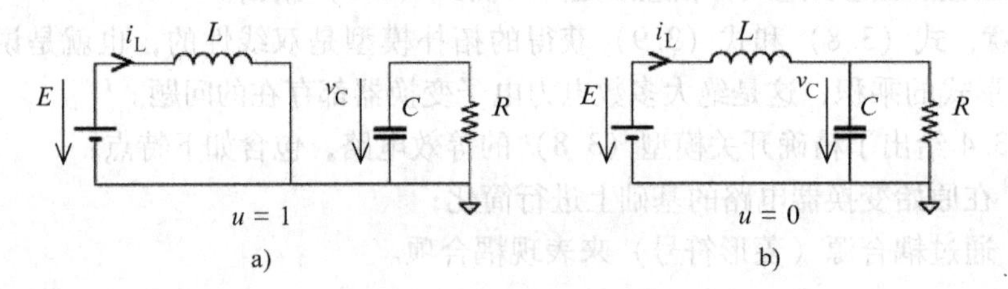

图 3.6　图 3.5 电路的两种可能的结构

选择电感电流 i_L 和电容电压 v_C 为状态变量，列出两种开关状态的状态空间方程如下：

$$u=1:\begin{cases}\dot{i}_L=E/L\\ \dot{v}_C=-v_C/(RC)\end{cases},\quad u=0:\begin{cases}\dot{i}_L=E/L-v_C/L\\ \dot{v}_C=i_L/C-v_C/(RC)\end{cases}\tag{3.10}$$

利用式（3.2）可以将式（3.10）合并为统一的形式，其中用开关函数 u 表示校验函数 h_1 和 h_2，即 $h_1=u$ 和 $h_2=1-u$：

$$\begin{cases}\dot{i}_L=\dfrac{E}{L}u+\dfrac{E-v_C}{L}(1-u)\\ \dot{v}_C=-\dfrac{v_C}{RC}u+\left(\dfrac{i_L}{C}-\dfrac{v_C}{RC}\right)(1-u)\end{cases}$$

从中可以推导出可以直接用于仿真的公式：

$$\begin{cases}\dot{i}_L = -(1-u)v_C/L + E/L \\ \dot{v}_C = (1-u)i_L/C - v_C/(RC)\end{cases} \tag{3.11}$$

写成双线性形式为

$$\begin{bmatrix}\dot{i}_L \\ \dot{v}_C\end{bmatrix} = \underbrace{\begin{bmatrix}0 & -1/L \\ 1/C & -1/(RC)\end{bmatrix}}_{A} \cdot \begin{bmatrix}i_L \\ v_C\end{bmatrix} + \underbrace{\begin{bmatrix}0 & 1/L \\ -1/C & 0\end{bmatrix}}_{B} \cdot \begin{bmatrix}i_L \\ v_C\end{bmatrix} \cdot u + \underbrace{\begin{bmatrix}E/L \\ 0\end{bmatrix}}_{d} \tag{3.12}$$

式中，$\boldsymbol{b} = [0 \quad 0]^{\mathrm{T}}$ ［见式（3.3）］。

（2）确定开关变量

第一步选择状态变量，和之前的步骤一样选择 i_L 和 v_C 为状态变量。在这个案例中，晶体管电压 v_H 和二极管电流 i_D 是开关变量，可以写为状态变量的函数（见图3.5）：

$$v_H = \begin{cases}0 & \text{H 导通} \\ v_C & \text{H 截止}\end{cases} \quad \text{并且}\ i_D = \begin{cases}0 & \text{H 导通} \\ i_L & \text{H 截止}\end{cases}$$

针对 $\mathrm{d}i_L/\mathrm{d}t$ 和 $\mathrm{d}v_C/\mathrm{d}t$ 分别列写基尔霍夫电压定律方程和基尔霍夫电流定律方程，可以获得定义电路行为的方程组（见图3.6），即

$$\begin{cases}L \cdot \dot{i}_L = E - v_H \\ C \cdot \dot{v}_C = i_D - v_C/R\end{cases} \tag{3.13}$$

接着，根据适当定义的开关函数来表示开关变量。引入开关函数

$$u = \begin{cases}1 & \text{H 导通} \\ 0 & \text{H 截止}\end{cases}$$

则开关变量写为

$$\begin{cases}v_H = v_C(1-u) \\ i_D = i_L(1-u)\end{cases} \tag{3.14}$$

将式（3.14）代入式（3.13），可以得到

$$\begin{cases}\dot{i}_L = -(1-u) \cdot v_C/L + E/L \\ \dot{v}_C = (1-u) \cdot i_L/C - v_C/(RC)\end{cases}$$

上式与式（3.11）相同，可通过（3.12）从中导出双线性形式。

不论使用哪种方法推导双线性形式，boost 变换器连续导通模式下的精确等效电路均由式（3.11）产生，如图3.7所示。

两个受控源定义了电路的输入和输出之间的耦合关系。这种电路行为类似于由外部输入来控制变比的理想直流变压器。

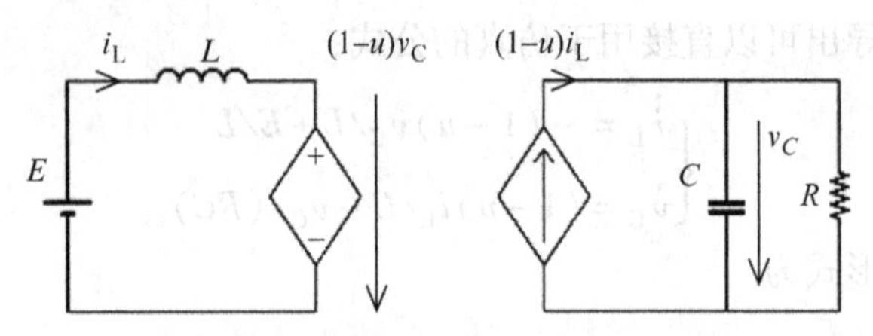

图 3.7　工作在连续导通模式下 boost 主电路精确等效电路

式（3.12）表示的系统可由专用软件进行仿真分析。图 3.8 给出了在 Simulink®中仿真占空比阶跃变化时理想 boost 电路的响应情况。系统输入由开关函数 $u(t)$ 提供，通过对占空比信息进行脉冲宽度调制得到。注意状态变量开关纹波，是由电路以调制波频率开关变化而引起的。此外，系统响应随工作点（v_C，i_L）变化而变化，表明该系统是非线性的。出于同样的原因，纹波大小也与工作点相关。另外，还可以观察到系统非最小相位行为。

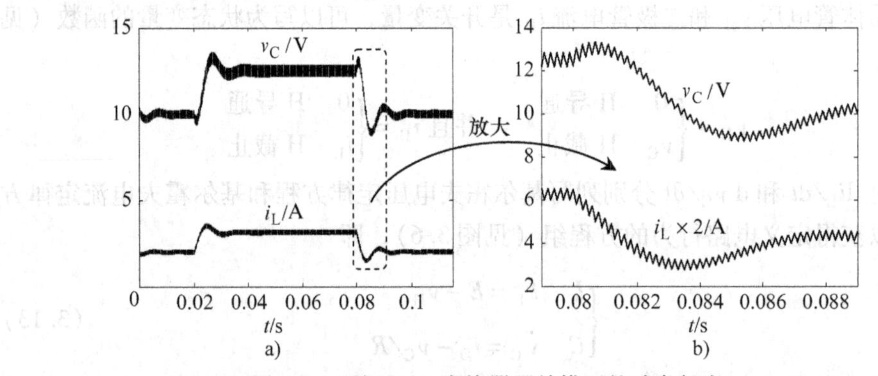

图 3.8　理想 boost 变换器开关模型的动态行为

2. 断续导通模式

现在考虑 boost 电路工作在断续导通模式（DCM）。这意味着，开关周期足够长，允许电感电流变为零（见图 3.9a）。当负电感电流的平均值由负载电流决定，其值比纹波更小时，电路进入断续导通工作模式（Vorpérian，1990；Sun 等，1998）。

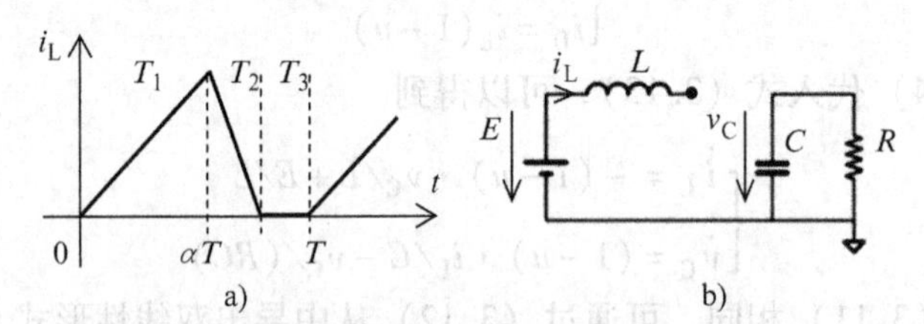

图 3.9　boost 变换器工作在断续导通模式：a）电感电流变化；b）对应断续导通模式的电路结构（$i_L=0$，时间子区间 T_3）

这种情况的电路分析表明，在一个开关周期内有三个时间子区间，每个对应一个电路结构。间隔 T_1 和 T_2 分别是对应图 3.6a、b 的电路拓扑。在第三子周期 T_3

中，变换器保持图3.8b中所示的配置，但电流 i_L 被中断。式（3.15）给出描述三个电路结构的状态方程。

$$\boxed{T_1}\quad \begin{cases}\dot{i}_L=E/L\\ \dot{v}_C=-v_C/(RC)\end{cases},\quad \boxed{T_2}\quad \begin{cases}\dot{i}_L=E/L-v_C/L\\ \dot{v}_C=i_L/C-v_C/(RC)\end{cases},\quad \boxed{T_3}\quad \begin{cases}\dot{i}_L=i_L=0\\ \dot{v}_C=-v_C/(RC)\end{cases} \tag{3.15}$$

开关函数的数量 p 必须满足关系 $2^p \geqslant N = 3$（见3.1.2节），引入第二个开关函数以获得统一的开关模型。

总之，第一个开关函数是一个独立的外部动作，而第二个开关函数取决于系统内部状态 i_L。它们定义如下：

$$u_1=\begin{cases}1 & \text{H 导通}\\ 0 & \text{H 截止}\end{cases},\quad u_2=\frac{1+\operatorname{sgn}(i_L)}{2}$$

其中

$$\operatorname{sgn}(i_L)=\begin{cases}1 & i_L>0(\mathrm{CCM})\\ -1 & i_L\leqslant 0(\mathrm{DCM})\end{cases}$$

式（3.15）可以简化成两个开关函数的统一模型：

$$\begin{cases}\dot{i}_L=u_2\cdot(E/L-(1-u_1)\cdot v_C/L)\\ \dot{v}_C=u_2\cdot(1-u_1)\cdot i_L/C-v_C/(RC)\end{cases} \tag{3.16}$$

模型（3.16）不匹配式（3.3）的双线性形式，因为这里会出现开关函数（$u_1 \cdot u_2$）的乘积（三线性形式）。此外，这种形式不能直接用于控制。

3.3　案例研究：三相电压源型整流器

分析三相四线电压源型变换器（VSC）用作整流器的例子，图3.10为其电气图。

图中已给出开关函数 u_1、u_2 和 u_3，定义如下：

$$u_k=\begin{cases}1 & \text{开关 } \mathrm{H}_k \text{ 导通}\\ 0 & \text{开关 } \mathrm{H}_k \text{ 截止}\end{cases}\qquad k=1,2,3$$

然后通过已讨论的两种算法可以获得变换器的开关模型及其双线性形式：

1）根据算法3.1，通过列出其所有可能的开关状态，并找到一个通用形式，从而获得其双线性形式；

2）根据算法3.2，采用强调开关变量的方法。

1. 列出所有可能的开关状态

该变换器存在8种可能的开关状态，分别对应于 $p=3$ 时的 2^3 种二进制组合，

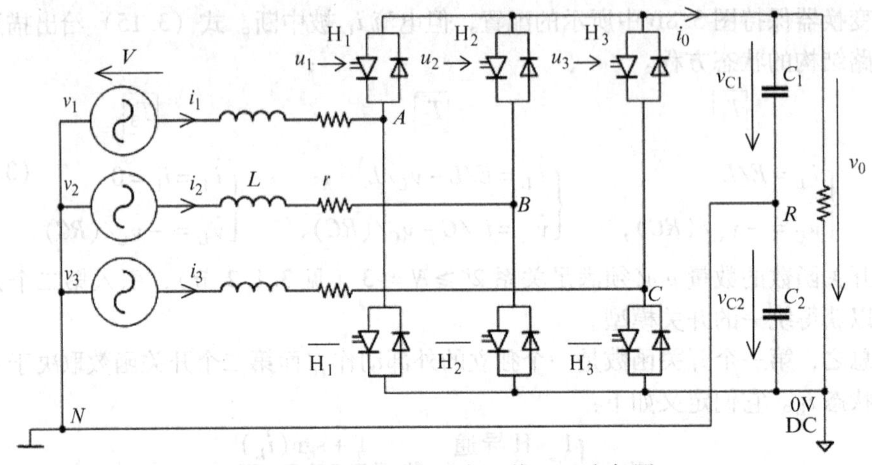

图 3.10　用于整流的三相四线 VSC 电气图

相应的开关函数定义为 $u_k \in \{0;1\}, k = 1,2,3$，这些开关状态如图 3.11 所示。

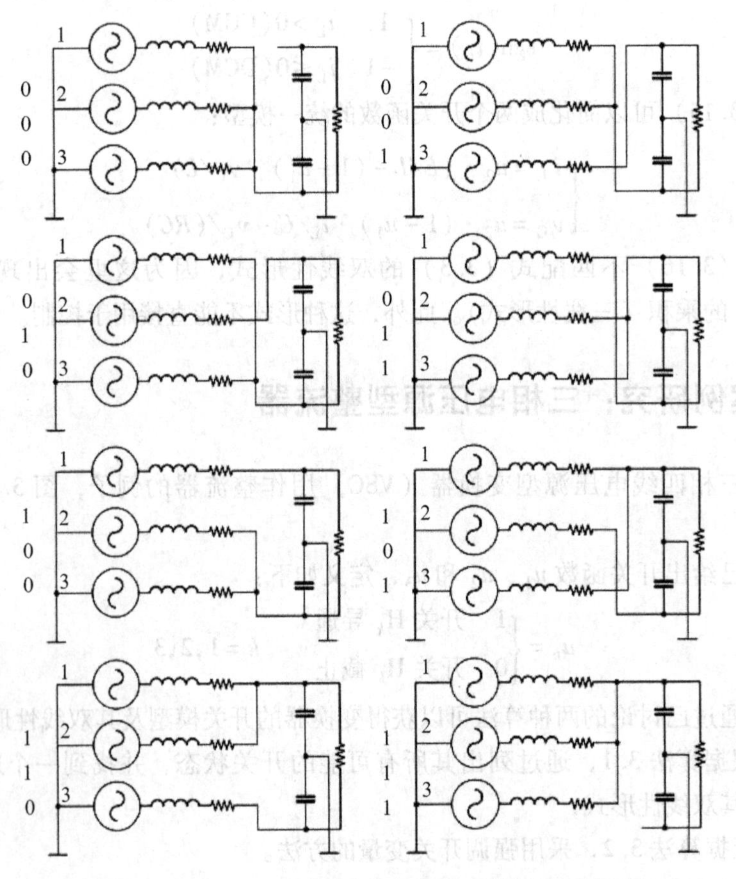

图 3.11　三相 AC - DC 变换器采用的所有 8 种可能的配置，分别对应于开关函数u_1、u_2和u_3的二进制组合

该变换器的状态向量由5个状态变量组成，可描述为$\boldsymbol{x}=[i_1\ i_2\ i_3\ v_{C1}\ v_{C2}]^{T}$。图3.11中8个拓扑中每一个拓扑的控制方程可在图3.12中找到。

基于这些方程可以推导通用规则来写出状态变量的导数。如式(3.17)所示，状态变量的导数与开关函数有关，获得的关系式可以简单直接地用于仿真和控制，同时也可以得到图3.13中所示的等效电路。

$$\begin{array}{ccc}u_1&u_2&u_3\\0&0&0\end{array}\qquad\begin{cases}\dot{i}_1=-r/L\cdot i_1+v_{C2}/L+v_1/L\\\dot{i}_2=-r/L\cdot i_2+v_{C2}/L+v_2/L\\\dot{i}_3=-r/L\cdot i_3+v_{C2}/L+v_3/L\\\dot{v}_{C1}=-v_{C1}/(RC_1)-v_{C2}/(RC_1)\\\dot{v}_{C2}=-i_1/C_2-i_2/C_2-i_3/C_2-v_{C1}/(RC_2)-v_{C2}/(RC_2)\end{cases}$$

$$\begin{array}{ccc}u_1&u_2&u_3\\0&0&1\end{array}\qquad\begin{cases}\dot{i}_1=-r/L\cdot i_1+v_{C2}/L+v_1/L\\\dot{i}_2=-r/L\cdot i_2+v_{C2}/L+v_2/L\\\dot{i}_3=-r/L\cdot i_3-v_{C1}/L+v_3/L\\\dot{v}_{C1}=i_3/C_1-v_{C1}/(RC_1)-v_{C2}/(RC_1)\\\dot{v}_{C2}=-i_1/C_2-i_2/C_2-v_{C1}/(RC_2)-v_{C2}/(RC_2)\end{cases}$$

$$\begin{array}{ccc}u_1&u_2&u_3\\0&1&0\end{array}\qquad\begin{cases}\dot{i}_1=-r/L\cdot i_1+v_{C2}/L+v_1/L\\\dot{i}_2=-r/L\cdot i_2-v_{C1}/L+v_2/L\\\dot{i}_3=-r/L\cdot i_3+v_{C2}/L+v_3/L\\\dot{v}_{C1}=i_2/C_1-v_{C1}/(RC_1)-v_{C2}/(RC_1)\\\dot{v}_{C2}=-i_1/C_2-i_3/C_2-v_{C1}/(RC_2)-v_{C2}/(RC_2)\end{cases}$$

$$\begin{array}{ccc}u_1&u_2&u_3\\0&1&1\end{array}\qquad\begin{cases}\dot{i}_1=-r/L\cdot i_1+v_{C2}/L+v_1/L\\\dot{i}_2=-r/L\cdot i_2-v_{C1}/L+v_2/L\\\dot{i}_3=-r/L\cdot i_3+v_{C2}/L+v_3/L\\\dot{v}_{C1}=i_2/C_1+i_3/C_1-v_{C1}/(RC_1)-v_{C2}/(RC_1)\\\dot{v}_{C2}=-i_1/C_2-v_{C1}/(RC_2)-v_{C2}/(RC_2)\end{cases}$$

$$\begin{array}{ccc}u_1&u_2&u_3\\1&0&0\end{array}\qquad\begin{cases}\dot{i}_1=-r/L\cdot i_1-v_{C1}/L+v_1/L\\\dot{i}_2=-r/L\cdot i_2+v_{C2}/L+v_2/L\\\dot{i}_3=-r/L\cdot i_3+v_{C2}/L+v_3/L\\\dot{v}_{C1}=i_1/C_1-v_{C1}/(RC_1)-v_{C2}/(RC_1)\\\dot{v}_{C2}=-i_2/C_2-i_3/C_2-v_{C1}/(RC_2)-v_{C2}/(RC_2)\end{cases}$$

$$\begin{array}{ccc}u_1&u_2&u_3\\1&0&1\end{array}\qquad\begin{cases}\dot{i}_1=-r/L\cdot i_1-v_{C1}/L+v_1/L\\\dot{i}_2=-r/L\cdot i_2+v_{C2}/L+v_2/L\\\dot{i}_3=-r/L\cdot i_3-v_{C1}/L+v_3/L\\\dot{v}_{C1}=i_1/C_1+i_3/C_1-v_{C1}/(RC_1)-v_{C2}/(RC_1)\\\dot{v}_{C2}=-i_2/C_2-v_{C1}/(RC_2)-v_{C2}/(RC_2)\end{cases}$$

$$\begin{array}{ccc}u_1&u_2&u_3\\1&1&0\end{array}\qquad\begin{cases}\dot{i}_1=-r/L\cdot i_1-v_{C1}/L+v_1/L\\\dot{i}_2=-r/L\cdot i_2-v_{C1}/L+v_2/L\\\dot{i}_3=-r/L\cdot i_3+v_{C2}/L+v_3/L\\\dot{v}_{C1}=i_1/C_1+i_2/C_1-v_{C1}/(RC_1)-v_{C2}/(RC_1)\\\dot{v}_{C2}=-i_3/C_2-v_{C1}/(RC_2)-v_{C2}/(RC_2)\end{cases}$$

$$\begin{array}{ccc}u_1&u_2&u_3\\1&1&1\end{array}\qquad\begin{cases}\dot{i}_1=-r/L\cdot i_1-v_{C1}/L+v_1/L\\\dot{i}_2=-r/L\cdot i_2-v_{C1}/L+v_2/L\\\dot{i}_3=-r/L\cdot i_3-v_{C1}/L+v_3/L\\\dot{v}_{C1}=i_1/C_1+i_2/C_1+i_3/C_1-v_{C1}/(RC_1)-v_{C2}/(RC_1)\\\dot{v}_{C2}=-v_{C1}/(RC_2)-v_{C2}/(RC_2)\end{cases}$$

图3.12　图3.11列出的VSC的8种可能开关状态所对应的状态空间方程

$$
\begin{cases}
\dot{i}_k = -r/L \cdot i_k - u_k \cdot v_{C1}/L + (1-u_k) \cdot v_{C2}/L + v_k/L \\
\dot{v}_{C1} = 1/C_1 \cdot \sum_{k=1}^{3} u_k \cdot i_k - v_{C1}/(RC_1) - v_{C2}/(RC_1) \qquad k = 1,2,3 \\
\dot{v}_{C2} = -1/C_2 \cdot \sum_{k=1}^{3} (1-u_k) \cdot i_k - v_{C1}/(RC_2) - v_{C2}/(RC_2)
\end{cases}
\tag{3.17}
$$

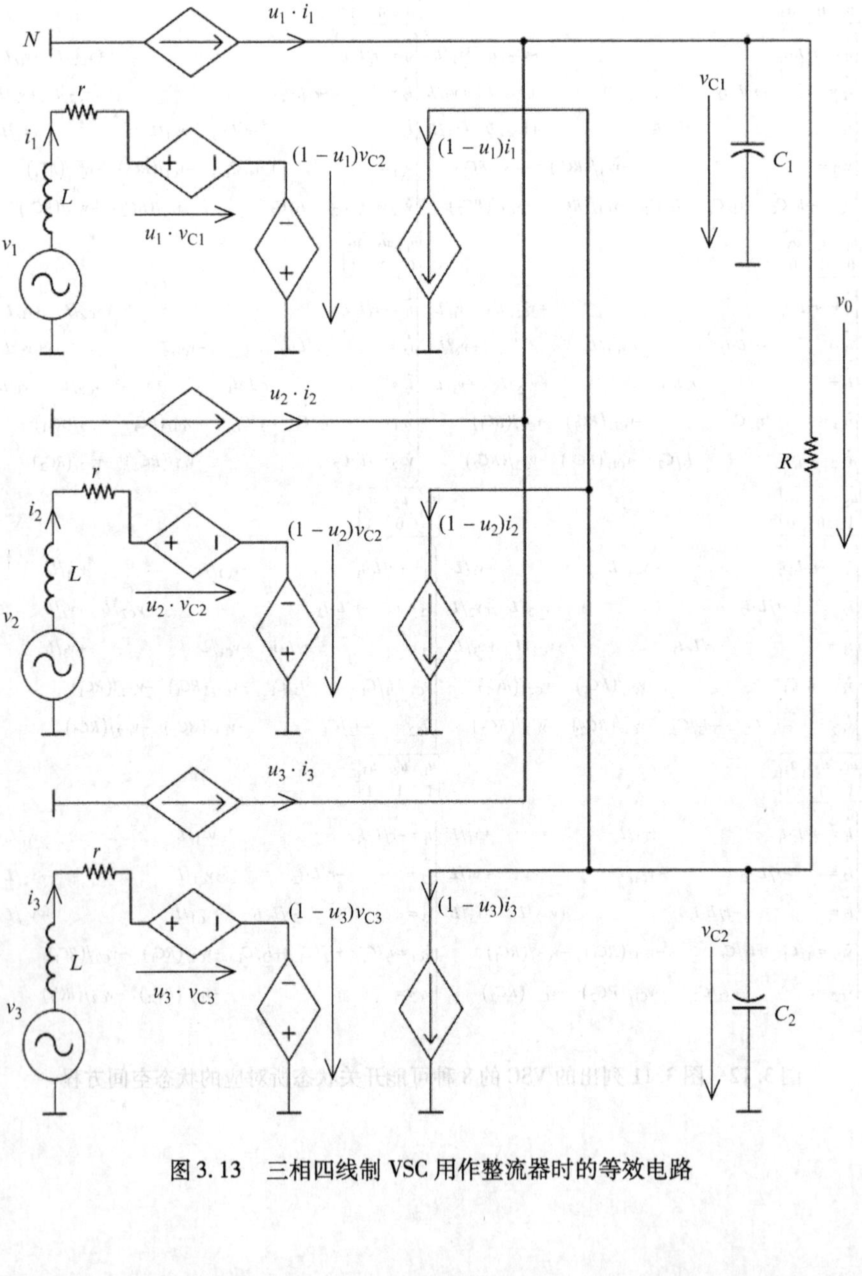

图 3.13　三相四线制 VSC 用作整流器时的等效电路

双线性形式的计算基于式（3.17）。因此，通过重新排列，首先可以得到

$$\dot{\boldsymbol{x}}=\begin{bmatrix}-r/L & 0 & 0 & 0 & 1/L\\ 0 & -r/L & 0 & 0 & 1/L\\ 0 & 0 & -r/L & 0 & 1/L\\ 0 & 0 & 0 & -1/(RC_1) & -1/(RC_1)\\ -1/C_2 & -1/C_2 & -1/C_2 & -1/(RC_2) & -1/(RC_2)\end{bmatrix}\cdot\boldsymbol{x}+$$

$$\begin{bmatrix}-u_1\cdot v_{C1}/L-u_1\cdot v_{C2}/L\\ -u_2\cdot v_{C1}/L-u_2\cdot v_{C2}/L\\ -u_3\cdot v_{C1}/L-u_3\cdot v_{C2}/L\\ u_1\cdot i_1/C_1+u_2\cdot i_2/C_1+u_3\cdot i_3/C_1\\ u_1\cdot i_1/C_2+u_2\cdot i_2/C_2+u_3\cdot i_3/C_2\end{bmatrix}+\begin{bmatrix}v_1/L\\ v_2/L\\ v_3/L\\ 0\\ 0\end{bmatrix}$$

进一步将其整理成式（3.3）的形式，考虑到这里 $p=3$：

$$\dot{\boldsymbol{x}}=\boldsymbol{A}\boldsymbol{x}+(\boldsymbol{B}_1\boldsymbol{x}+\boldsymbol{b}_1)\cdot u_1+(\boldsymbol{B}_2\boldsymbol{x}+\boldsymbol{b}_2)\cdot u_2+(\boldsymbol{B}_3\boldsymbol{x}+\boldsymbol{b}_3)\cdot u_3+\boldsymbol{d} \quad (3.18)$$

式中，矩阵 $\boldsymbol{A}$、$\boldsymbol{B}_1$、$\boldsymbol{B}_2$、$\boldsymbol{B}_3$，矢量 $\boldsymbol{b}_1$、$\boldsymbol{b}_2$、$\boldsymbol{b}_3$ 和 $\boldsymbol{d}$ 分别为

$$\boldsymbol{A}=\begin{bmatrix}-r/L & 0 & 0 & 0 & 1/L\\ 0 & -r/L & 0 & 0 & 1/L\\ 0 & 0 & -r/L & 0 & 1/L\\ 0 & 0 & 0 & -1/(RC_1) & -1/(RC_1)\\ -1/C_2 & -1/C_2 & -1/C_2 & -1/(RC_2) & -1/(RC_2)\end{bmatrix},$$

$$\boldsymbol{B}_1=\begin{bmatrix}0 & 0 & 0 & -1/L & -1/L\\ 0 & 0 & 0 & 0 & 0\\ 0 & 0 & 0 & 0 & 0\\ 1/C_1 & 0 & 0 & 0 & 0\\ 1/C_2 & 0 & 0 & 0 & 0\end{bmatrix},\ \boldsymbol{B}_2=\begin{bmatrix}0 & 0 & 0 & 0 & 0\\ 0 & 0 & 0 & -1/L & -1/L\\ 0 & 0 & 0 & 0 & 0\\ 0 & 1/C_1 & 0 & 0 & 0\\ 0 & 1/C_2 & 0 & 0 & 0\end{bmatrix}$$

$$\boldsymbol{B}_3=\begin{bmatrix}0 & 0 & 0 & 0 & 0\\ 0 & 0 & 0 & 0 & 0\\ 0 & 0 & 0 & -1/L & -1/L\\ 0 & 0 & 1/C_1 & 0 & 0\\ 0 & 0 & 1/C_2 & 0 & 0\end{bmatrix},\ \begin{matrix}\boldsymbol{b}_1=\boldsymbol{b}_2=\boldsymbol{b}_3=[0\ \ 0\ \ 0\ \ 0\ \ 0]^{\mathrm{T}}\\ \boldsymbol{d}=[v_1/L\ \ v_2/L\ \ v_3/L\ \ 0\ \ 0]^{\mathrm{T}}\end{matrix}$$

2. 确定开关变量

状态变量已经确定：$x=[i_1\ i_2\ i_3\ v_{C1}\ v_{C2}]^{\mathrm{T}}$。开关变量有5个：

1）相对于中性点N的A、B、C点（见图3.9）电压 e_1、e_2 和 e_3；

2）流入 RC 滤波器的输出电流 i_{01} 和 i_{02}。

最终，以下的关系式成立：

$$e_k=\begin{cases}v_{C1}, H_k\text{导通}\\ v_{C2}, H_k\text{截止}\end{cases}\quad k=1,2,3$$

在交流系统中更倾向于采用双极性开关函数，定义为 $u_k^* \in \{-1, 1\}, k=1,2,3$。由此，可以通过状态变量来表示开关变量如下：

$$\begin{cases}e_k = v_{C1}\cdot\dfrac{1+u_k^*}{2} - v_{C2}\cdot\dfrac{1-u_k^*}{2},\ k=1,2,3\\ i_{01}=i_1\cdot\dfrac{1+u_1^*}{2}+i_2\cdot\dfrac{1+u_2^*}{2}+i_3\cdot\dfrac{1+u_3^*}{2}\\ i_{02}=-i_1\cdot\dfrac{1-u_1^*}{2}-i_2\cdot\dfrac{1-u_2^*}{2}-i_3\cdot\dfrac{1-u_3^*}{2}\end{cases}$$

进一步得到状态方程为

$$\begin{cases}L\,\dot{i}_k = -r\cdot i_k - \dfrac{1+u_k}{2}\cdot v_{C1} + \dfrac{1-u_k}{2}\cdot v_{C2} + v_k\\ C_1\,\dot{v}_{C1} = \sum\limits_{k=1}^{3}\dfrac{1+u_k}{2}\cdot i_k - \dfrac{v_{C1}}{R} - \dfrac{v_{C2}}{R}\qquad k=1,2,3\\ C_2\,\dot{v}_{C2} = -\sum\limits_{k=1}^{3}\dfrac{1-u_k}{2}\cdot i_k - \dfrac{v_{C1}}{R} - \dfrac{v_{C2}}{R}\end{cases}\tag{3.19}$$

注意，如果修改 $u_k=(1+u_k^*)/2$，则式（3.17）和式（3.19）是等价的。

MATLAB® – Simulink®数值仿真结果

通过 Simulink®仿真软件构建式（3.18）描述的系统。三相电压系统$\{v_1, v_2, v_3\}$有恒定频率和幅值。变换器系统三相的输入占空比信号 α_1、α_2、α_3 与电压系统$\{v_1, v_2, v_3\}$有相同的频率、相位，同时幅值恒定。采用三相 PWM 调制以获得开关函数 $u_k(t), k=1,2,3$。

图 3.14 给出两种情况下系统启动时的响应情况（状态变量变化）：图 a 和 b 表示当交流电压平衡时的情况；图 c 和 d 表示当 v_3 幅值比其他两相电压幅值低 20% 的情况。波形变化的第一个时间段显示系统的动态行为（上升时间，快速衰减的振荡，等等）。注意，两个电容电压的瞬时值在第二种情况下是不同的，稳态电流的幅值也不同。

图 3.15 为图 3.14 c、d 的局部放大图。由开关引起的纹波已经降得很低（由于电感和电容的滤波效果）并且不规律，这与系统的工作点相关。

状态向量 $\boldsymbol{x}$ 的选择并不唯一：如前所述电容电压和电感电流的组合可以作为状态变量。可以尝试做出其他不同的选择，例如，可以考虑选取三个电感电流、电容电压之和以及电容电压差($v_C = v_{C1} - v_{C2}$)来作为状态变量。这就可以在不改变系统阶数的前提下采用状态反馈来校准电路输出。进而，状态变量给出了系统不平衡的信息。

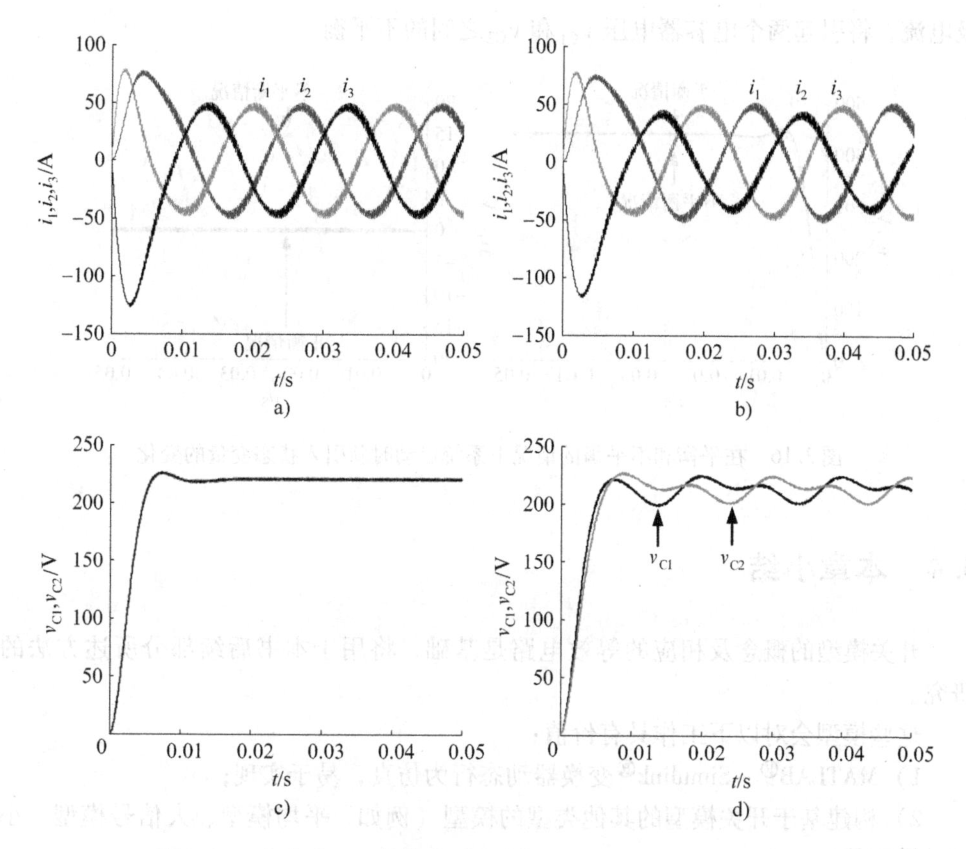

图 3.14 启动时 VSC 状态变量的变化：a）和 b）三相电压平衡；c）和 d）三相电压不平衡（v_3 的幅值小 20%）

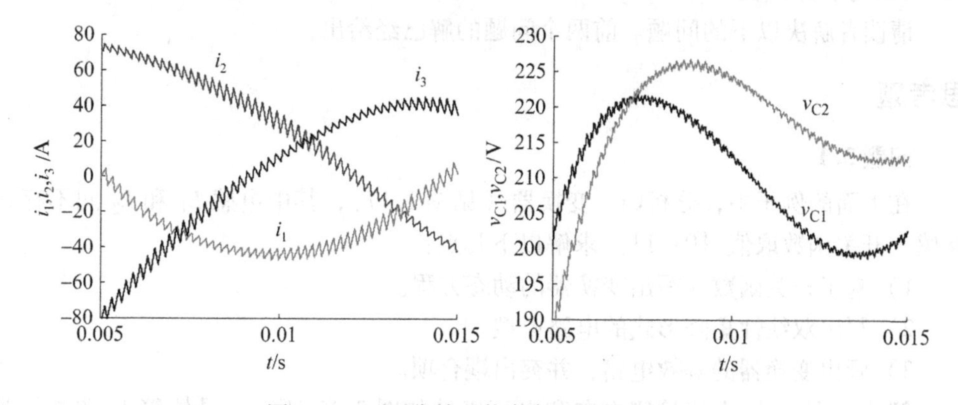

图 3.15 不平衡情况状态变量变化的放大

图 3.16 给出了两个新引入电压在启动时的变化情况，反映了电压平衡和不平衡之间的差异。结果是可预测的，考虑到中性线的存在，同极电压不为零将带来同

极电流，将引起两个电容器电压 v_{C1} 和 v_{C2} 之间的不平衡。

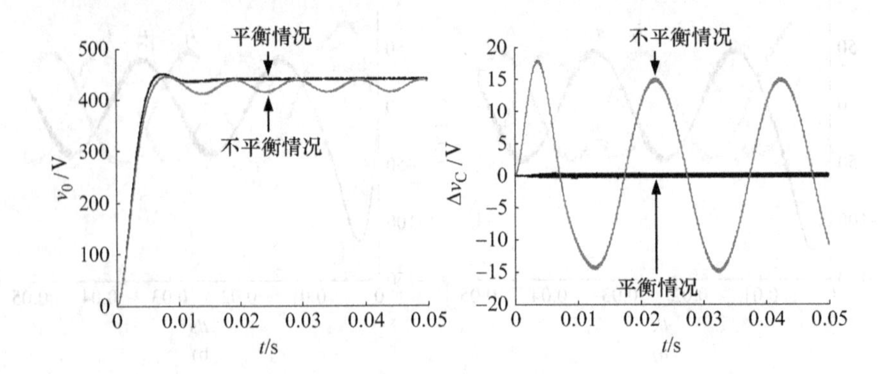

图 3.16 在平衡和不平衡的情况下系统启动时新引入状态变量的变化

3.4 本章小结

开关模型的概念及相应的等效电路是基础，将用于本书后续部分所述方法的研究。

这些模型会对以下工作具有价值：

1）MATLAB® – Simulink®变换器动态行为仿真，易于实现；

2）构建基于开关模型的其他类型的模型（例如，平均模型、大信号模型、小信号模型等）；

3）设计非线性控制方法，例如，滑模控制（Sanders 和 Verghese，1992；Malesani 等，1995）。

请读者解决以下的问题。前两个问题的解已经给出。

思考题

问题 3.1

在下面的例子中，分析Ćuk 变换器（见图 3.17），其中电感 L_1 和 L_2 间不存在互感，开关函数取值 {0；1}。求解以下几点：

1）基于开关函数 u 写出变换器的动态方程。

2）写出双线性矩阵形式的电路模型。

3）画出变换器的等效电路，并突出耦合项。

解决方案：1）电流检测方向和电压极性如图 3.17 所示。晶体管 H 和二极管 D 构成开关网络；一维开关函数 u 控制晶体管栅极。当 $u=1$ 时，H 导通，并且 D 反偏，产生的电路结构如图 3.18a 所示。当 $u=0$ 时，H 截止，D 导通，电路结构如图 3.18b 所示。

针对两个电路分别列写基尔霍夫定律方程：

$$
u=1:\begin{cases}\dot{i}_{\mathrm{L1}}=E/L_1\\ \dot{v}_{\mathrm{C1}}=i_{\mathrm{L2}}/C_1\\ \dot{i}_{\mathrm{L2}}=-v_{\mathrm{C1}}/L_2-v_{\mathrm{C2}}/L_2\\ \dot{v}_{\mathrm{C2}}=i_{\mathrm{L2}}/C_2-v_{\mathrm{C2}}/(RC),\end{cases}\qquad u=0:\begin{cases}\dot{i}_{\mathrm{L1}}=E/L_1-v_{\mathrm{C1}}/L_1\\ \dot{v}_{\mathrm{C1}}=i_{\mathrm{L1}}/C_1\\ \dot{i}_{\mathrm{L2}}=-v_{\mathrm{C2}}/L_2\\ \dot{v}_{\mathrm{C2}}=i_{\mathrm{L2}}/C_2-v_{\mathrm{C2}}/(RC_2)\end{cases}
$$

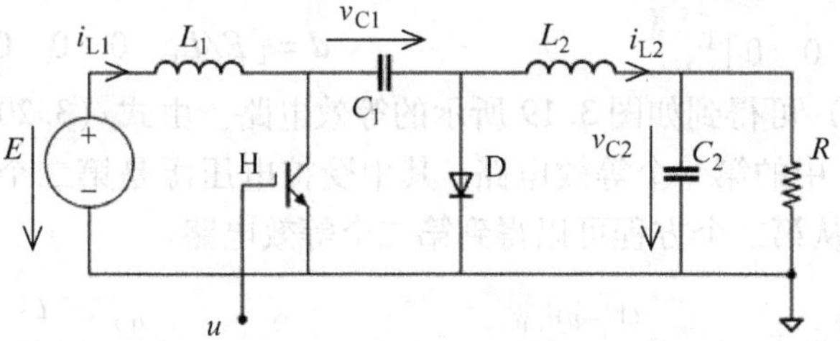

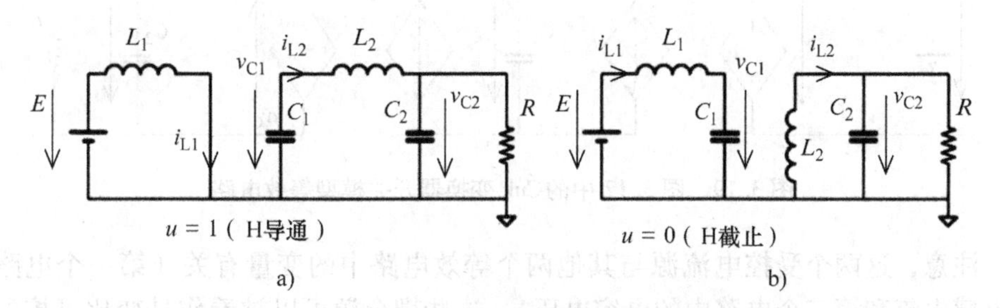

图 3.17　Ćuk DC－DC 变换器电路

$u=1$（H导通）　a)

$u=0$（H截止）　b)

图 3.18　Ćuk 变换器两个可能的电路结构

两组方程分别与 u 和（$1-u$）相乘并求和，可得

$$
\begin{cases}\dot{i}_{\mathrm{L1}}=-(1-u)\cdot v_{\mathrm{C1}}/L_1+E/L_1\\ \dot{v}_{\mathrm{C1}}=(1-u)\cdot i_{\mathrm{L1}}/C_1+u\cdot i_{\mathrm{L2}}/C_1\\ \dot{i}_{\mathrm{L2}}=-u\cdot v_{\mathrm{C1}}/L_2-v_{\mathrm{C2}}/L_2\\ \dot{v}_{\mathrm{C2}}=i_{\mathrm{L2}}/C_2-v_{\mathrm{C2}}/(RC_2)\end{cases}\tag{3.20}
$$

2）用 $\boldsymbol{x}=[i_{\mathrm{L1}}\ v_{\mathrm{C1}}\ i_{\mathrm{L2}}\ v_{\mathrm{C2}}]^{\mathrm{T}}$ 表示状态向量(每个分量描述了一个能量积累项)，以矩阵形式重新表示式(3.20)：

$$
\dot{\boldsymbol{x}}=\begin{bmatrix}0&-1/L_1&0&0\\1/C_1&0&0&0\\0&0&0&-1/L_2\\0&1/C_2&0&-1/(RC_2)\end{bmatrix}\cdot\boldsymbol{x}+\begin{bmatrix}u\cdot v_{\mathrm{C1}}/L_1\\u\cdot i_{\mathrm{L1}}/C_1+u\cdot i_{\mathrm{L2}}/C_1\\-u\cdot v_{\mathrm{C1}}/L_2\\0\end{bmatrix}+\begin{bmatrix}E/L_1\\0\\0\\0\end{bmatrix}
$$

需要注意这是一维开关函数，因此 $p=1$。通过处理上述矩阵关系的第二项，

可以得到

$$\dot{\boldsymbol{x}}=\boldsymbol{A}\cdot\boldsymbol{x}+(\boldsymbol{B}\cdot\boldsymbol{x}+\boldsymbol{b})\cdot u+\boldsymbol{d}$$

$$\begin{cases}\boldsymbol{A}=\begin{bmatrix}0 & -1/L_1 & 0 & 0\\ 1/C_1 & 0 & 0 & 0\\ 0 & 0 & 0 & -1/L_2\\ 0 & 1/C_2 & 0 & -1/(RC_2)\end{bmatrix}, \boldsymbol{B}=\begin{bmatrix}0 & 1/L_1 & 0 & 0\\ 1/C_1 & 0 & 1/C_1 & 0\\ 0 & -1/L_2 & 0 & 0\\ 0 & 0 & 0 & 0\end{bmatrix},\\ \boldsymbol{b}=[0\quad 0\quad 0\quad 0]^{\mathrm{T}}, \qquad \boldsymbol{d}=[E/L_1\quad 0\quad 0\quad 0]^{\mathrm{T}}\end{cases}$$

从式（3.20）可得到如图3.19所示的等效电路。由式（3.20）中的第一个方程可得到图3.19中的第一个等效电路，其中受控电压源是第二个等效电路中的电感电流的函数。从第二个方程可以得到第二个等效电路。

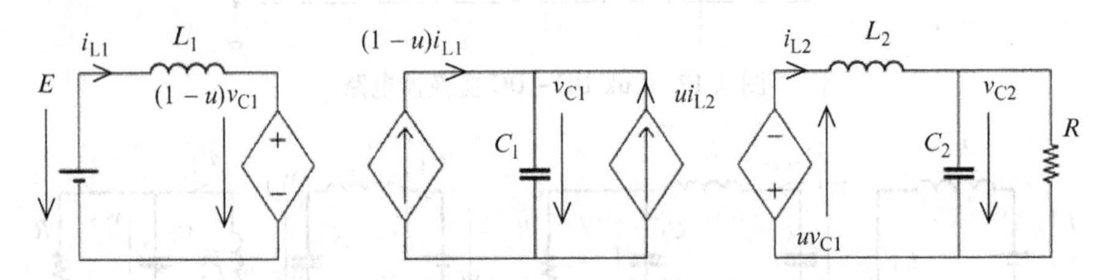

图3.19 图3.17中的Ćuk变换器开关模型等效电路

注意，这两个受控电流源与其他两个等效电路中的变量有关（第一个电路中的电感电流和第三个电路中的电容电压）。这些耦合源可以被看作是变比可控的理想直流变压器。图3.19第三个等效电路对应式（3.20）最后两个方程。

问题3.2

分析图3.20所示的半桥电压型逆变器（电流整流器）。如果开关 F_1 导通，定义开关函数 u 取值为1；如果开关 F_2 导通，其取值为 -1。零下标表示连续变量，下标a表示交流变量。

1）列写系统方程，显式包含开关函数 u。

2）证明该系统的开关模型可以用图3.21所示的等效电路表示。

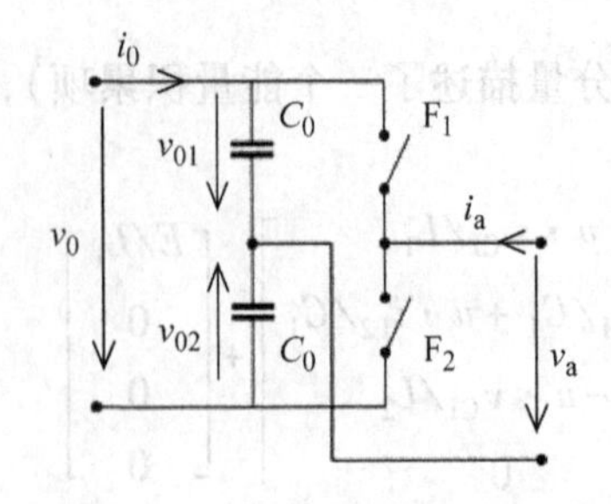

图3.20 半桥电压型逆变器

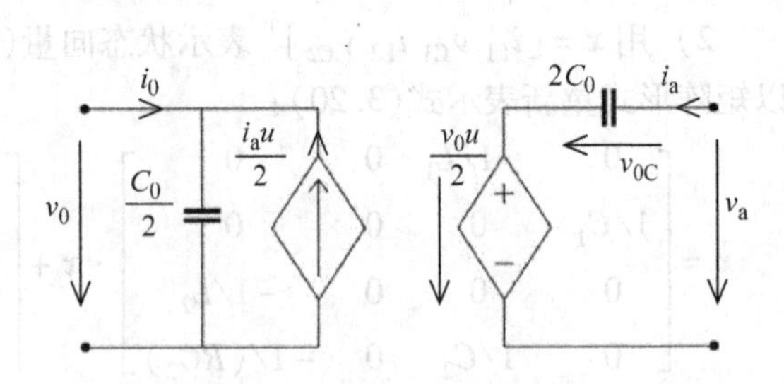

图3.21 图3.20中逆变器的等效拓扑图

解决方案：滤波电容电压的变化为

$$\begin{cases} C_0 \cdot \dot{v}_{01} = i_0 + \dfrac{1+u}{2} \cdot i_a \\ C_0 \cdot \dot{v}_{02} = -i_0 + \dfrac{1-u}{2} \cdot i_a \end{cases}$$

电压的另一种表达式是 $v_a = \dfrac{1+u}{2} \cdot v_{01} + \dfrac{1-u}{2} \cdot v_{02}$。由 $v_{0c} = (v_{01} + v_{02})/2$，同时已知 $v_0 = v_{01} - v_{02}$，可以得到

$$\begin{cases} v_a = v_{0c} + \dfrac{v_0}{2} \cdot u \\ 2C_0 \cdot \dot{v}_{0c} = i_a \\ \dfrac{C_0}{2} \cdot \dot{v}_0 = i_0 + \dfrac{i_a}{2} \cdot u \end{cases} \tag{3.21}$$

通过式（3.21）可以说明，图3.21的等效电路可以表示相应开关模型。这个证明对解决思考题3.3是有用的。

以下的问题留给读者来解决。

问题3.3　电流源型逆变器

分析图3.22中的半桥电流源型逆变器，证明图3.23所示的等效拓扑图对应于图3.22中给出的电路。

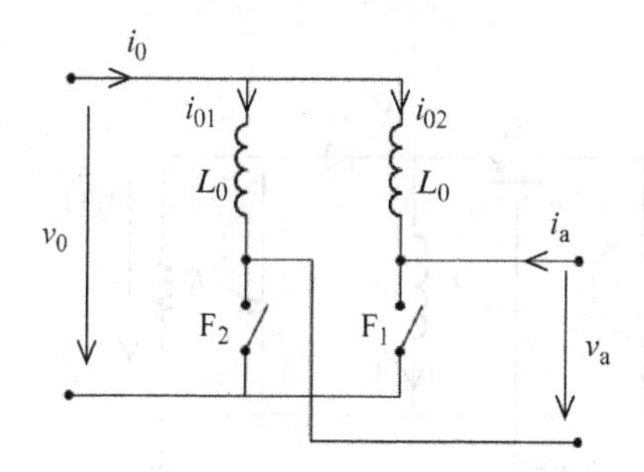

图3.22　半桥电流源型逆变器

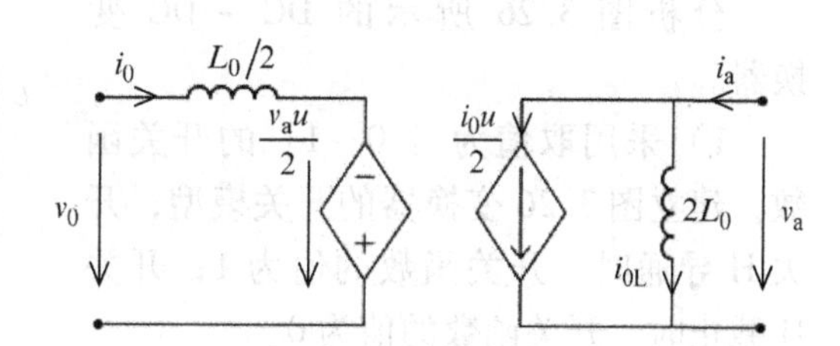

图3.23　图3.22电流源型逆变器的等效拓扑图

问题3.4　串联谐振电源

分析图3.24所示的变换器，开关函数 u_1 和 u_2 是

$$u_1 = \begin{cases} 1 & F_1 \text{ 闭合} \\ -1 & F_1 \text{ 断开} \end{cases}$$

1）写出阶数合适的系统可观状态模型，并证明图3.25中所示电路是该模型的等效电路之一。

2）根据等效电路获得电容 C_{eq} 的值。

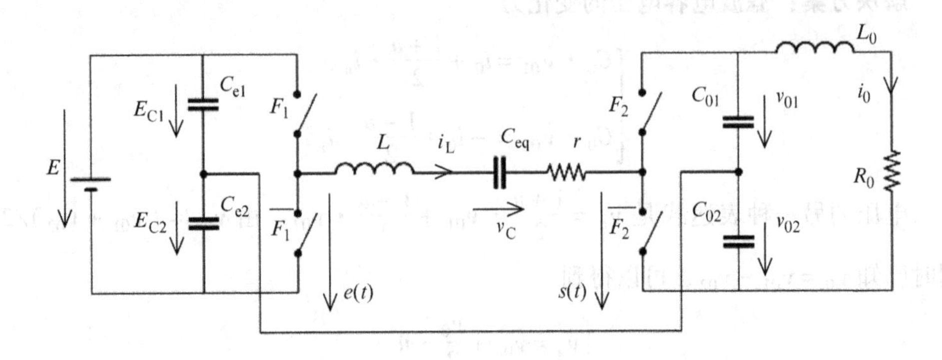

图 3.24　容性半桥串联谐振电压源

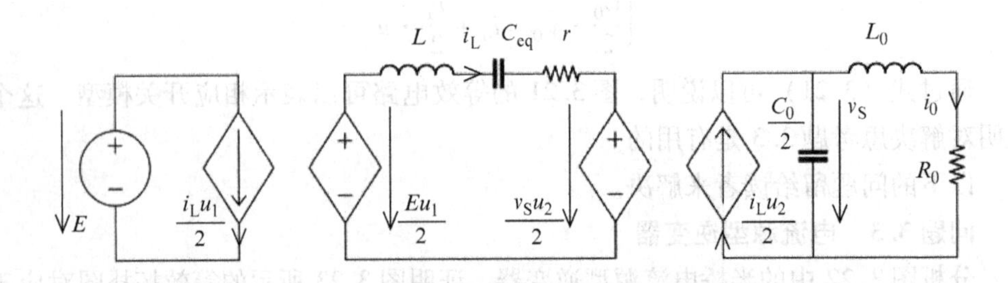

图 3.25　图 3.24 中变换器的等效拓扑图

问题 3.5　buck – boost 电路

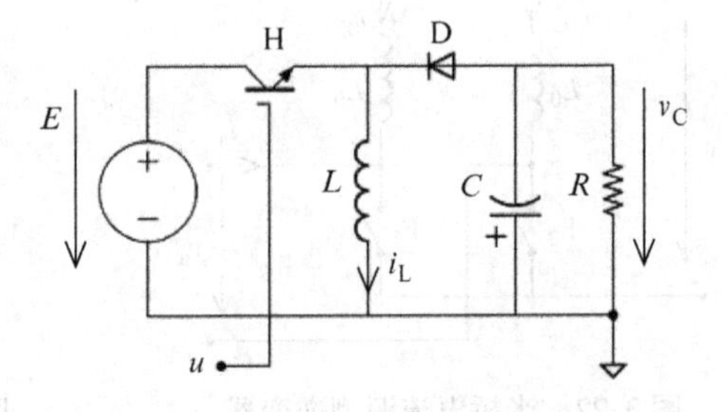

图 3.26　buck – boost DC – DC 变换器

分析图 3.26 所示的 DC – DC 变换器。

1）采用取值为｛0；1｝的开关函数，建立图 3.26 变换器的开关模型，开关 H 导通时，开关函数的值为 1；开关 H 截止时，开关函数的值为 0。

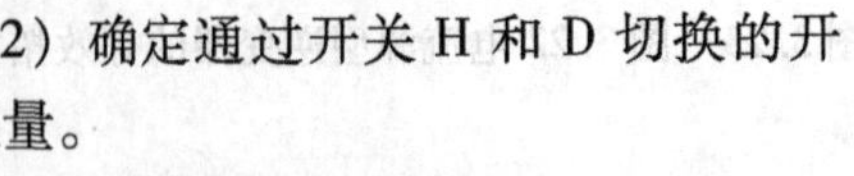

2）确定通过开关 H 和 D 切换的开关变量。

3）绘制等效电路。

问题 3.6　zeta DC – DC 电路

1）通过开关函数推导出图 3.27 中 DC – DC 变换器的开关模型。当开关 H 导通时，开关函数的值 1；当开关 H 截止时，开关函数的值为 0。电压极性和电流检测方向如图 3.27 所示。

2）确定通过开关 H 和 D 切换的开关变量。

3）绘制等效电路。

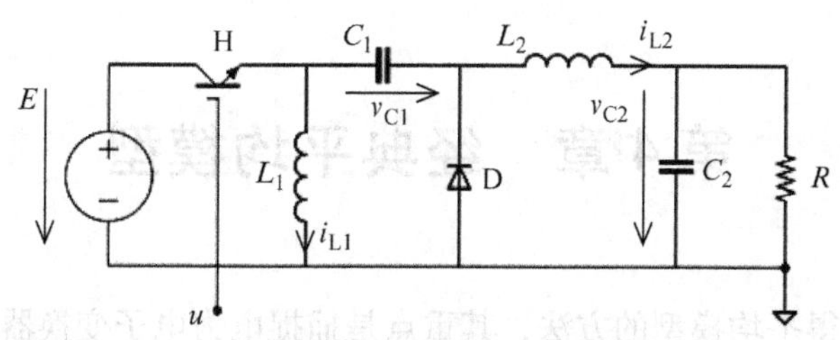

图3.27 zeta DC－DC变换器

参考文献

Cellier F, Elmqvist H, Otter M (1996) Modeling from physical principles. In: Levine WS (ed) The control handbook. CRC Press/IEEE Press, Boca Raton, pp 99–107

Erikson RW, Maksimović D (2001) Fundamentals of power electronics, 2nd edn. Kluwer, Dordrecht, The Netherlands

Kassakian JG, Schlecht MF, Verghese GC (1991) Principles of power electronics. Addison-Wesley, Reading, Massachusetts

Krein PT, Bentsman J, Bass RM, Lesieutre B (1990) On the use of averaging for the analysis of power electronic systems. IEEE Trans Power Electron 5(2):182–190

Maksimović D, Stanković AM, Thottuvelil VJ, Verghese GC (2001) Modeling and simulation of power electronic converters. Proc IEEE 89(6):898–912

Malesani L, Rossetto L, Spiazzi G, Tenti P (1995) Performance optimization of Cúk converters by sliding-mode control. IEEE Trans Power Electron 10(3):302–309

Merdassi A, Gerbaud L, Bacha S (2010) Automatic generation of average models for power electronics systems in VHDL-AMS and modelica modelling languages. HyperSci J Model Simul Syst 1(3):176–186

Mohan N, Undeland TM, Robbins WP (2002) Power electronics: converters, applications and design, 3rd edn. Wiley, Hoboken

Sanders SR (1993) On limit cycles and the describing function method in periodically switched circuits. IEEE Trans Circuit Syst 40(9):564–572

Sanders SR, Verghese GC (1992) Lyapunov-based control for switched power converters. IEEE Trans Power Electron 7(1):17–24

Sun J, Grotstollen H (1992) Averaged modelling of switching power converters: reformulation and theoretical basis. In: Proceedings of the IEEE Power Electronics Specialists Conference – PESC 1992, Toledo, pp 1165–1172

Sun J, Mitchell DM, Greuel ME, Krein PT, Bass RM (1998) Modeling of PWM converters in discontinuous conduction mode – a reexamination. In: Proceedings of the 29th annual IEEE Power Electronics Specialists Conference – PESC 1998, Fukuoka, Japan, vol 1, pp 615–622

Tymerski R, Vorpérian V, Lee FCY, Baumann WT (1989) Nonlinear modelling of the PWM switch. IEEE Trans Power Electron 4(2):225–233

van Dijk E, Spruijt HJN, O'Sullivan DM, Klaassens JB (1995) PWM-switch modeling of DC-DC converters. IEEE Trans Power Electron 10(6):659–665

Vorpérian V (1990) Simplified analysis of PWM converters using model of PWM switch. Part II: discontinuous conduction mode. IEEE Trans Aerosp Electron Syst 26(3):497–505

第4章 经典平均模型

本章讨论获得平均模型的方法，其重点是捕捉电力电子变换器的低频行为，而忽略由于电路开关变化带来的高频波动。这种考虑是很自然的，因为每个变换器都使用滤波器来平抑各个变量的波动。最终结果是得到一个连续时间模型，比较容易采用经典分析和控制的形式来处理。

本章内容安排如下，首先介绍平均建模方法的基本知识，并涉及一些理论基础。然后给出获取小信号和大信号平均模型的方法及其平均等效电路。通过精确采样数据模型的量化计算，分析由平均化引入的误差，之后的案例研究将有助于解释说明各种方法。本章结尾部分给出一些问题及其解决方案，并提出了一些思考题。

4.1 本章简介

从前面的章节可知，包含静态变换器的电路可以从数学上通过一个周期性状态方程组来描述，方程组对应于在一个完整变换器的工作周期中所列出的不同的开关状态。开关模型就是这种分析方法的产物，它特别适用于设计非线性控制方法，如变结构控制或滞环控制。

然而，在大多数的控制应用中，更关注的是系统低频行为。在这些情况下，各种高频开关现象是寄生的，必须被忽略。当采用确定的控制方法（如线性控制）时，设计人员必须将原有的离散模型转换为连续时不变模型，从而给出系统宏观行为最好的描述。所得到的模型应该易于使用；为此，平均建模方法是非常推荐采用的方法。

由于其无可置疑的实用性，这种模型被命名为平均模型——自20世纪70年代初期就被广泛研究，无论是电路平均、状态空间平均（Wester 和 Middlebrook，1973；Middlebrook 和Ćuk，1976）或平均等效电路分析（Pérard 等，1979）。

平均模型用于仿真的实用性（经由专用的软件产品，如 SPICE®、SABER®、MATLAB®）已经得到充分证明（Sanders 和 Verghese，1991；Ben - Yakoov，1993；Vuthchhay 和 Bunlaksananusorn，2008）。这种模型对解析表达电力电子电路的基本动态行为非常有用，无论是在连续时间（Middlebrook，1988；Rim 等，1988 ；Lehman 和 Bass，1996）或离散时间域（Maksimović和 Zane，2007）。平均建模技术也可用于变换器电流控制内环的建模（Verghese 等，1989；Rodriguez 和 Chen，1991；Tymerski 和 Li，1993）。

4.2　定义和基础知识

本节给出一些基本概念和术语，用于描述电力电子（开关）电路的平均动态行为。

4.2.1　滑动平均

让我们考虑图4.1中的信号，并不要求一定是周期性信号。如果信号$f(t)$是宽度为T的时间窗的平均，时间窗沿着时间轴移动，可以得到所谓的滑动平均（或局部平均）的表达式（Maksimović等，2001），如式（4.1）所示。

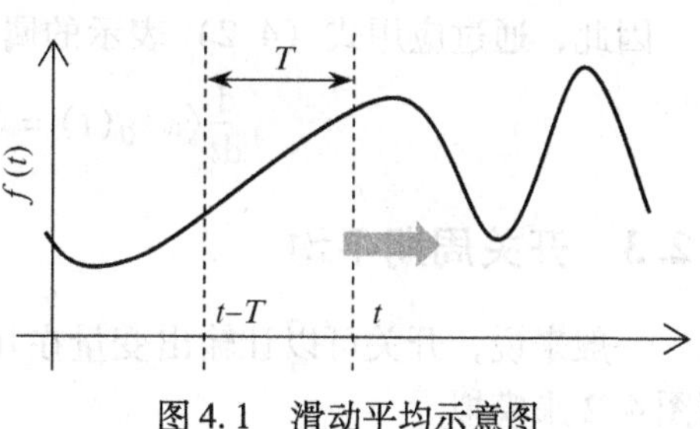

图4.1　滑动平均示意图

$$\langle f(t)\rangle_0(t)=\frac{1}{T}\int_{t-T}^{t}f(\tau)\mathrm{d}\tau \tag{4.1}$$

与信号$f(t)$经典意义上的平均值不同，$\langle f(t)\rangle_0$与时间相关，因为相应的时间窗口在时间轴上的位置会改变。然而，如果信号$f(t)$是周期信号，并且已达到稳态，其滑动平均就与经典平均等同了。

$$\frac{\mathrm{d}}{\mathrm{d}t}\langle f(t)\rangle_0(t)=\langle\frac{\mathrm{d}}{\mathrm{d}t}f(t)\rangle_0(t) \tag{4.2}$$

为了简化说明式（4.2），用F表示函数f的原函数；因此，$F(\tau)=\int f(\tau)\mathrm{d}\tau+C$，其中$C$是一个适当选择的常数，而$\frac{\mathrm{d}}{\mathrm{d}\tau}F(\tau)=f(\tau)$。于是得到

$$\begin{aligned}\frac{\mathrm{d}}{\mathrm{d}t}\langle f(t)\rangle_0(t)&=\frac{\mathrm{d}}{\mathrm{d}t}\left(\frac{1}{T}\cdot\int_{t-T}^{t}f(\tau)\mathrm{d}\tau\right)=\frac{\mathrm{d}}{\mathrm{d}t}\left(\frac{1}{T}\cdot(F(t)-F(t-T))\right)\\&=\frac{1}{T}\cdot\left(\frac{\mathrm{d}}{\mathrm{d}t}F(t)-\frac{\mathrm{d}}{\mathrm{d}t}F(t-T)\right)=\frac{1}{T}\cdot(f(t)-f(t-T))\end{aligned} \tag{4.3}$$

另一方面，从滑动平均的定义4.1可以得到下面的等式

$$\left\langle\frac{\mathrm{d}}{\mathrm{d}t}f(t)\right\rangle_0(t)=\frac{1}{T}\cdot\int_{t-T}^{t}\frac{\mathrm{d}}{\mathrm{d}\tau}f(\tau)\mathrm{d}\tau=\frac{1}{T}\cdot f(\tau)\mid_{t-T}^{t}=\frac{1}{T}\cdot(f(t)-f(t-T)) \tag{4.4}$$

由式（4.3）和式（4.4）可以得出式（4.2）。

接下来，为了简单起见，“滑动平均”用“平均”表示。还需要注意，由于滑动平均不是固定的，而是依赖于时间，平均时间可实时地进行调整。

4.2.2 状态变量平均

考虑一个状态变量 x，其动态特性由下式给出：

$$\frac{\mathrm{d}}{\mathrm{d}t}x(t)=f(x,u,t) \tag{4.5}$$

式中，f 为普通非线性函数。其时域平均由式（4.1）给出。

因此，通过应用式（4.2）表示的属性，可以得到：

$$\frac{\mathrm{d}}{\mathrm{d}t}\langle x\rangle_0(t)=\langle f(x,u,t)\rangle_0(t) \tag{4.6}$$

4.2.3 开关周期平均

一般来说，开关可以让输出变量在几个状态之间切换；在本文中通断开关将采用图 4.2 来模拟。

图 4.2 开关有两种状态，由开关函数 u 给出，输出变量 S，其取值为 $E\cdot u$。不采用任何简化，其平均值是

$$\langle S\rangle_0=\langle E\cdot u\rangle_0 \tag{4.7}$$

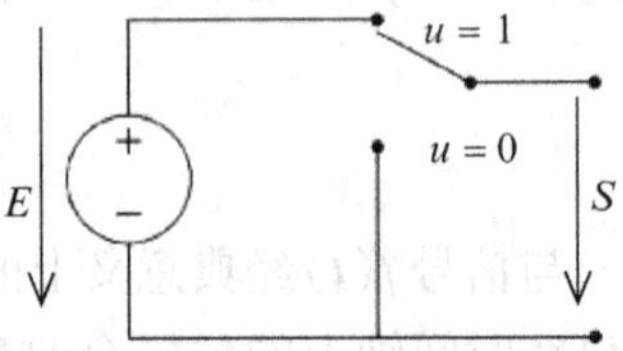

图 4.2 通断开关

展开这个表达式，会出现两种情况：

1）E 是一个恒定值，可以得到精确的关系

$$\langle S\rangle_0=\langle E\rangle_0\cdot\langle u\rangle_0=E\cdot\langle u\rangle_0 \tag{4.8}$$

2）E 是可变的，S 的近似值为

$$\langle S\rangle_0\approx\langle E\rangle_0\cdot\langle u\rangle_0 \tag{4.9}$$

当两个变量 E 或 u 其中之一接近其平均值时（小纹波假设），式（4.9）成立。如果假定电压 E 恒定，将等于其平均值。这里可以认为是一个平均模型原理的实例：通过近似用平均值的乘积来替代乘积的平均值。换言之，乘积和平均运算符在某些条件下是可交换的。

4.2.4 电力电子电路平均化完整过程

与电路的平均行为相对应的结构称为平均电路。如在前面章节中所假定的，在无源电路元件参数不变的条件下，无源元件众所周知的电压 $v(t)$ 和电流 $i(t)$ 的关系式如下：

1）对于电感 L：$v(t)=L\cdot\frac{\mathrm{d}}{\mathrm{d}t}i(t)$

2）对于电容 C：$i(t)=C\cdot\frac{\mathrm{d}}{\mathrm{d}t}v(t)$；

3）对于电阻 R：$v(t)=R\cdot i(t)$。

根据式（4.2），平均的导数是导数的平均，这意味着电流和电压之间的关系

式对于它们的平均值同样有效。因此，无源元件 R、L 和 C 在电路平均运算后保持不变（见图 4.3）。因此，特别强调平均化的另一个属性：无源电路的结构在平均化后保持不变。

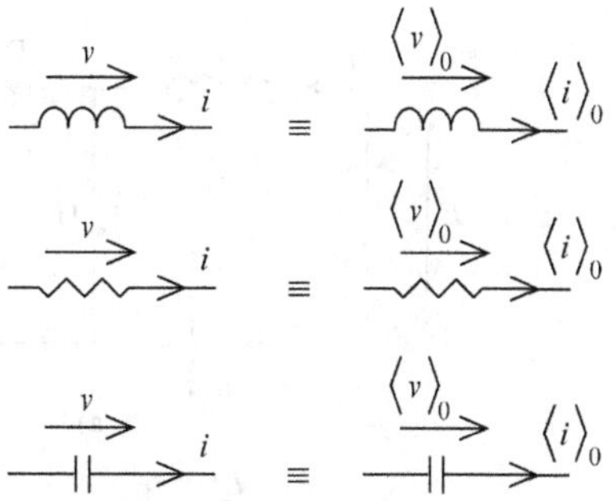

为了获得包含开关和无源元件的更复杂电路的平均模型，可以应用之前讨论获得的结论。用变量平均值替代原变量，用平均值的乘积替代乘积的平均值，电路结构保持不变。用一个例子说明该方法，如下所述。

图 4.3 基本无源电路的平均化

考虑图 4.4a 中的拓扑图所示的 boost 电路，其中开关函数 u 定义如常。平均化保留了电路结构。状态变量 i_L 和 v_C 用其平均值代替。下一步骤是推导$\langle v_C(1-u)\rangle_0$ 和$\langle i_L(1-u)\rangle_0$ 的乘积（耦合），给出近似关系：

$$\begin{cases}\langle v_C(1-u)\rangle_0 \approx \langle v_C\rangle_0 \cdot \langle(1-u)\rangle_0 = \langle v_C\rangle_0 \cdot (1-\alpha) \\ \langle i_L(1-u)\rangle_0 \approx \langle i_L\rangle_0 \cdot \langle(1-u)\rangle_0 = \langle i_L\rangle_0 \cdot (1-\alpha)\end{cases} \tag{4.10}$$

式中，α 表示对应于平均开关信号 u 的占空比。如果假定电压 E 恒定，便与其平均值相等。图 4.4c 表示 boost 变换器的平均化结果。

需要注意的是，只要不作有关乘积项平均的近似，平均模型和精确模型便是等同的。如果电流 i_L 和电压 v_C 被适当滤波，从而使它们足够接近其平均值，式（4.10）中的近似便会更为有效。

4.3 平均方法

正如在上面讨论的例子所示，平均模型可直接通过拓扑图（精确）构建。同时，采用电路定律也足以建立解析平均模型。相关问题也可以解析求解。因此出现了两类平均化的方法——图形法和解析法，下文将展开详细论述。

4.3.1 图形法

根据图形法，平均模型可以使用下面的算法得到，它遵循图 4.4 中给出的步骤，并使用式（4.10）。

算法 4.1

获得电力电子变换器的平均模型

#1 建立拓扑（等效电路）图，其中强调各种耦合项。

#2 保持该图的结构，并用变量的平均值替换变量。

#3 通过平均值的乘积近似替代乘积的平均值来展开耦合项。

#4 基于所获得的图形推导平均模型方程。

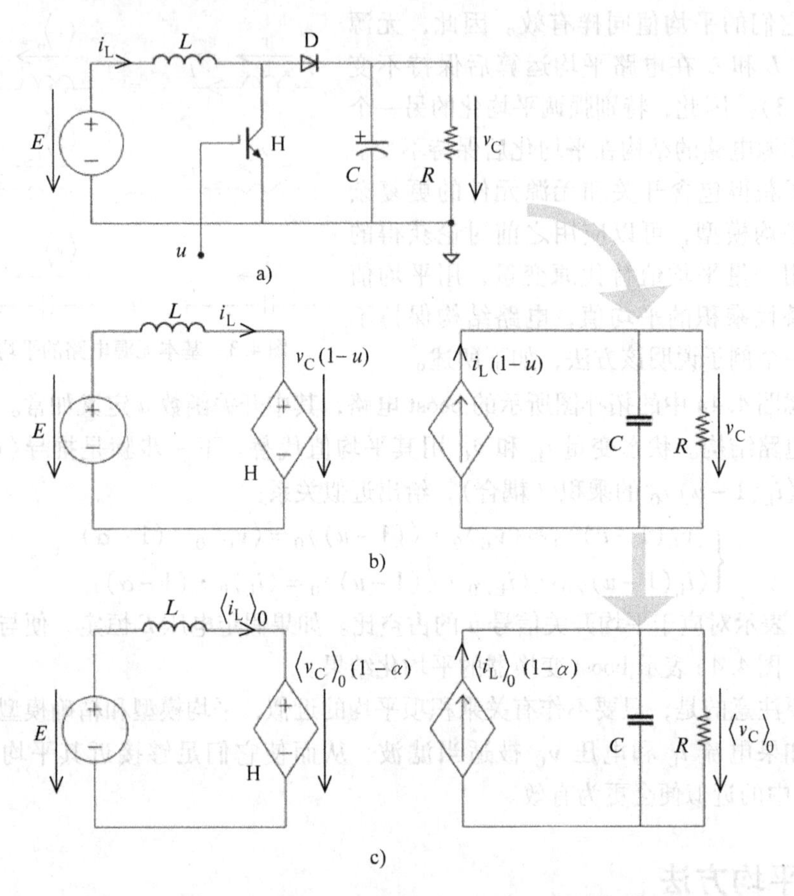

图 4.4　电路平均化的各阶段（boost 功率电路）

4.3.2　解析法

解析法使用拓扑模型方程组。变换器可根据第 3 章中的式（3.2）给出通用表达式：

$$\dot{\boldsymbol{x}} = \sum_{i=1}^{N} (\boldsymbol{A}_i\boldsymbol{x} + \boldsymbol{B}_i\boldsymbol{e}) \cdot h_i \tag{4.11}$$

也就是说，目标系统是一个在 N 种结构之间切换的线性系统，其中矩阵对（$\boldsymbol{A}_i$，$\boldsymbol{B}_i$）表示结构 i 的状态模型，h_i 是使能函数，矢量 $\boldsymbol{e}$ 表示自由电源向量。对式（4.11）应用平均算子，并考虑式（4.2），可以得到

$$\frac{\mathrm{d}\langle \boldsymbol{x}\rangle_0}{\mathrm{d}t}\left\langle \sum_{i=1}^{N} (\boldsymbol{A}_i\boldsymbol{x} + \boldsymbol{B}_i\boldsymbol{e}) \cdot h_i \right\rangle_0$$

考虑平均运算的线性，上式可以被改写为

$$\frac{\mathrm{d}\langle \boldsymbol{x}\rangle_0}{\mathrm{d}t} = \left\langle \sum_{i=1}^{N}(\boldsymbol{A}_i h_i)\cdot \boldsymbol{x} + \sum_{i=1}^{N}(\boldsymbol{B}_i h_i)\cdot \boldsymbol{e}\right\rangle_0$$

展开和近似后可以得到

$$\frac{\mathrm{d}\langle \boldsymbol{x}\rangle_0}{\mathrm{d}t} \approx \left\langle \sum_{i=1}^{N}(\boldsymbol{A}_i h_i)\right\rangle_0 \cdot \langle \boldsymbol{x}\rangle_0 + \left\langle \sum_{i=1}^{N}(\boldsymbol{B}_i h_i)\right\rangle_0 \cdot \langle \boldsymbol{e}\rangle_0$$

通过引入符号

$$\boldsymbol{A}_{\mathrm{m}} = \left\langle \sum_{i=1}^{N}(\boldsymbol{A}_i h_i)\right\rangle_0,\ \boldsymbol{B}_{\mathrm{m}} = \left\langle \sum_{i=1}^{N}(\boldsymbol{B}_i h_i)\right\rangle_0 \tag{4.12}$$

电力电子电路的平均模型可以写成

$$\frac{\mathrm{d}\langle \boldsymbol{x}\rangle_0}{\mathrm{d}t} = \boldsymbol{A}_{\mathrm{m}}\cdot\langle \boldsymbol{x}\rangle_0 + \boldsymbol{B}_{\mathrm{m}}\cdot\langle \boldsymbol{e}\rangle_0 \tag{4.13}$$

注意，矩阵 $\boldsymbol{A}_{\mathrm{m}}$ 和 $\boldsymbol{B}_{\mathrm{m}}$ 不是状态和输入矩阵。矩阵 $\boldsymbol{A}_{\mathrm{m}}$ 和 $\boldsymbol{B}_{\mathrm{m}}$ 依赖于状态 x 和控制输入，它们没有显性地出现。

类似的结果可以从双线性形式获得，具体见第3章3.1.2节式（3.3）。

$$\dot{\boldsymbol{x}} = \boldsymbol{A}\boldsymbol{x} + \sum_{k=1}^{p}(\boldsymbol{B}_k\boldsymbol{x} + \boldsymbol{b}_k)\cdot u_k + \boldsymbol{d} \tag{4.14}$$

这使得控制输入向量 $\boldsymbol{u} = [u_1\ u_2\cdots u_p]^{\mathrm{T}}$ 显性出现为 p 个开关函数的组合，其中 p 是满足关系 $2^p \geqslant N$ 的最小整数。在式（4.14）中，对于每个1到 p 之间的 k，$\boldsymbol{B}_k$ 是和矩阵 $\boldsymbol{A}$ 相同维度的方阵，$\boldsymbol{b}_k$ 和 $\boldsymbol{d}$ 是具有相同维数的列向量。应用平均表达式（4.14），并假设乘积的平均可以近似为平均的乘积，而且矩阵 $\boldsymbol{A}$、$\boldsymbol{B}_k$ 和 $\boldsymbol{b}_k$ 是时不变的，可得

$$\frac{\mathrm{d}\langle \boldsymbol{x}\rangle_0}{\mathrm{d}t} = \boldsymbol{A}\cdot\langle \boldsymbol{x}\rangle_0 + \sum_{k=1}^{p}(\boldsymbol{B}_k\cdot\langle \boldsymbol{x}\rangle_0 + \boldsymbol{b}_k)\cdot\alpha_k + \boldsymbol{d} \tag{4.15}$$

式中，$\alpha_k = \langle u_k\rangle_0$ 是开关函数 u_k 的占空比，k 从1到 p。

4.4 平均化误差分析

本小节的目标是对由平均化引入的误差进行分析。通过数值模拟仿真，可以容易地获得特定开关模型状态空间的平均值和相应平均模型状态空间（同一时间窗口上）之间的误差，如图4.5所示，其中误差信号被记为 $\boldsymbol{\varepsilon}(t)$。这种类型误差的估计值，也可通过参照第2章2.2.2节介绍的采样数据模型进行解析求解（Pérard等，1979）。

4.4.1 精确采样数据模型

让我们考虑在两种结构之间切换的线性系统，α 为占空比；它可以用下述微分方程组描述：

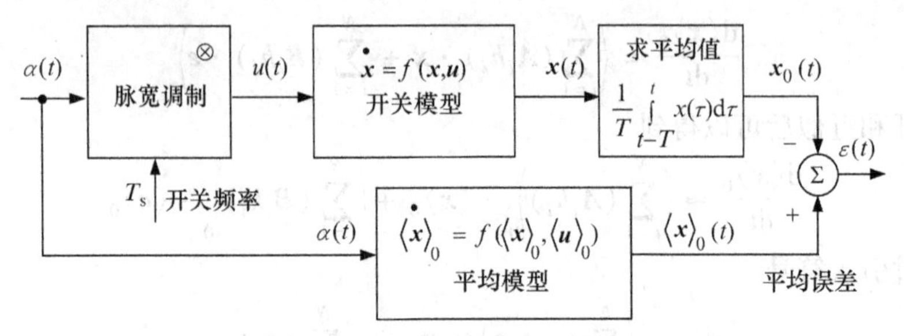

图 4.5　平均模型输出与开关模型输出的平均值

$$\frac{\mathrm{d}\boldsymbol{x}}{\mathrm{d}t}=\begin{cases}\boldsymbol{A}_1\cdot\boldsymbol{x}+\boldsymbol{B}_1\cdot\boldsymbol{e} & t\in[kT,(k+\alpha)T)\\ \boldsymbol{A}_2\cdot\boldsymbol{x}+\boldsymbol{B}_2\cdot\boldsymbol{e} & t\in[(k+\alpha)T,(k+1)T)\end{cases}\tag{4.16}$$

方程组在每个开关周期$[kT,(k+1)T)$内有效，其中$k\in N$，因此提出通过对各个结构对应方程进行积分和假设状态变量连续来对系统（4.16）进行求解。引入转换矩阵的一般符号$\boldsymbol{\Phi}(t)=\exp(\boldsymbol{A}\cdot t)$。与转换矩阵相关联的两个结构是$\boldsymbol{\Phi}_1(t)=\exp(\boldsymbol{A}_1\cdot t)$和$\boldsymbol{\Phi}_2(t)=\exp(\boldsymbol{A}_2\cdot t)$。

对于第一个结构有

$$\boldsymbol{x}[(k+\alpha)T]=\boldsymbol{\Phi}_1(\alpha T)\cdot\boldsymbol{x}(kT)+\int_0^{\alpha T}\boldsymbol{\Phi}_1(\tau)\cdot\boldsymbol{B}_1\boldsymbol{e}\mathrm{d}\tau$$

积分后

$$\boldsymbol{x}[(k+\alpha)T]=\boldsymbol{\Phi}_1(\alpha T)\cdot\boldsymbol{x}(kT)+\boldsymbol{A}_1^{-1}\cdot(\boldsymbol{\Phi}_1(\alpha T)-\boldsymbol{I}_n)\cdot\boldsymbol{B}_1\boldsymbol{e}\tag{4.17}$$

式中，$\boldsymbol{I}_n$是和矩阵$\boldsymbol{A}$有相同维度的单位矩阵。对于第二个结构可以直接给出（运算相同）

$$\boldsymbol{x}[(k+1)T]=\boldsymbol{\Phi}_2(\alpha T)\cdot\boldsymbol{x}[(k+\alpha)T]+\boldsymbol{A}_2^{-1}\cdot(\boldsymbol{\Phi}_2[(1-\alpha)T]-\boldsymbol{I}_n)\cdot\boldsymbol{B}_2\boldsymbol{e}\tag{4.18}$$

通过引入式（4.17）中给出的$\boldsymbol{x}[(k+\alpha)T]$，代入式（4.18），可以得到以下形式的周期性等式：

$$\boldsymbol{x}_{k+1}=\boldsymbol{\Phi}(\boldsymbol{x}_k,\boldsymbol{\alpha}_k,T)\tag{4.19}$$

式（4.18）和式（4.19）是精确采样数据模型的形式。式（4.19）非常复杂并且难以进一步处理。为了避免繁琐的数学推导，考虑一些可以简单表述的系统。通过适当改变变量，由式（4.18）可以得到

$$\frac{\mathrm{d}\boldsymbol{x}}{\mathrm{d}t}=\begin{cases}\boldsymbol{A}_1\cdot\boldsymbol{x} & t\in[kT,(k+\alpha)T)\\ \boldsymbol{A}_2\cdot\boldsymbol{x} & t\in[(k+\alpha)T,(k+1)T)\end{cases}\tag{4.20}$$

图 4.6 为式（4.20）系统对应的动态描述。

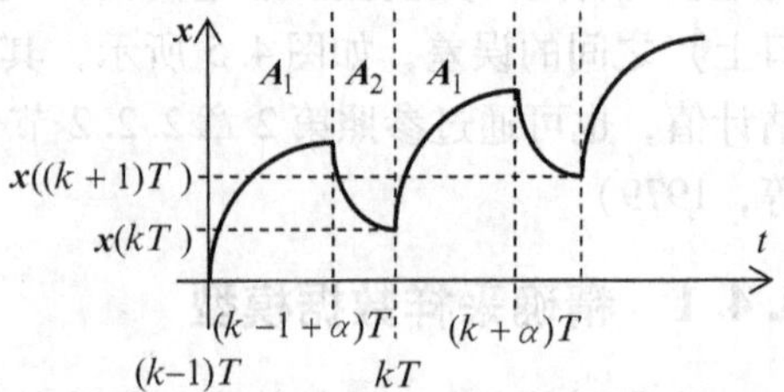

图 4.6　式（4.20）所描述系统的动态

对式（4.20）的第一个等式进行积

分，可以得到

$$x[(k+\alpha)T]=\boldsymbol{\Phi}_1(\alpha T)\cdot x(kT) \tag{4.21}$$

而对于第二个结构同样积分可得

$$x[(k+1)T]=\boldsymbol{\Phi}_2[(1-\alpha)T]\cdot x[(k+\alpha)T] \tag{4.22}$$

将式（4.21）代入式（4.22），可以得到

$$x[(k+1)T]=\boldsymbol{\Phi}_2[(1-\alpha)T]\cdot\boldsymbol{\Phi}_1(\alpha T)\cdot x(kT) \tag{4.23}$$

这是开关模型在开关时刻输出的周期性形式。

如同式（4.19）描述的模型，式（4.23）的模型是采样数据拓扑模型。矩阵$\boldsymbol{\Phi}_1$和$\boldsymbol{\Phi}_2$的计算可以分别通过一阶展开进行不同程度的简化。

$$\begin{cases}\boldsymbol{\Phi}_1(\alpha T)\approx \boldsymbol{I}+\boldsymbol{A}_1\cdot\alpha T\\ \boldsymbol{\Phi}_2[(1-\alpha)T]\approx\boldsymbol{I}+\boldsymbol{A}_2\cdot(1-\alpha)T\end{cases} \tag{4.24}$$

式中，$\boldsymbol{I}$是和$\boldsymbol{A}_1$、$\boldsymbol{A}_2$有相同维度的单位矩阵。将简化式（4.24）代入式（4.23），得到一阶近似采样数据模型。

4.4.2　精确采样模型和精确平均模型之间的联系

需要注意的是，式（4.23）提供开关模型的解决方案，包含了矩阵积。在一般情况下，矩阵的乘法是不满足交换律的，即两个状态空间矩阵之间一般存在：$\boldsymbol{A}_1\cdot\boldsymbol{A}_2\neq\boldsymbol{A}_2\cdot\boldsymbol{A}_1$。

1. 可交换矩阵的情况

在本小节中提出例外情况$\boldsymbol{A}_1\cdot\boldsymbol{A}_2=\boldsymbol{A}_2\cdot\boldsymbol{A}_1$。在这种情况下，矩阵指数函数也可互换，也就是说，$\boldsymbol{\Phi}_1\cdot\boldsymbol{\Phi}_2=\boldsymbol{\Phi}_2\cdot\boldsymbol{\Phi}_1$。因此，下面的关系成立：

$$\exp(\boldsymbol{A}_1)\cdot\exp(\boldsymbol{A}_2)=\exp(\boldsymbol{A}_2)\cdot\exp(\boldsymbol{A}_1)=\exp(\boldsymbol{A}_1+\boldsymbol{A}_2) \tag{4.25}$$

这个非常有趣的结果，如果应用到精确开关模型（4.23），则有

$$x[(k+1)T]=\boldsymbol{\Phi}_{\mathrm{m}}(\alpha,T)\cdot x(kT) \tag{4.26}$$

式中，关于矩阵$\boldsymbol{\Phi}_{\mathrm{m}}$可以继续得到：

$$\begin{aligned}\boldsymbol{\Phi}_{\mathrm{m}}&=\boldsymbol{\Phi}_2[(1-\alpha)T]\cdot\boldsymbol{\Phi}_1(\alpha T)=\boldsymbol{\Phi}_1(\alpha T)\cdot\boldsymbol{\Phi}_2[(1-\alpha)T]\\&=\exp\{\boldsymbol{A}_1\cdot\alpha T\}\cdot\exp\{\boldsymbol{A}_2\cdot(1-\alpha)T\}=\exp\{[\boldsymbol{A}_1\cdot\alpha+\boldsymbol{A}_2\cdot(1-\alpha)]\cdot T\}\end{aligned}$$

最后结果可以综合表示为

$$\boldsymbol{\Phi}_{\mathrm{m}}=\exp(\boldsymbol{A}_{\mathrm{m}}\cdot T) \tag{4.27}$$

其中

$$\boldsymbol{A}_{\mathrm{m}}=\boldsymbol{A}_1\cdot\alpha+\boldsymbol{A}_2\cdot(1-\alpha)$$

是平均模型的状态矩阵。

式（4.27）表示系统（平均模型）的解。

$$\frac{\mathrm{d}}{\mathrm{d}t}\langle x\rangle_0=(\boldsymbol{A}_1\cdot\alpha+\boldsymbol{A}_2\cdot(1-\alpha))\cdot\langle x\rangle_0 \tag{4.28}$$

此外，在采样的时刻也认为$x[(k+1)T]=\langle X\rangle_0[(k+1)T]$。这就是为什么式

(4.28) 表示的模型被称为精确平均模型(Pérard 等，1979)；图 4.7 表示其动态行为。

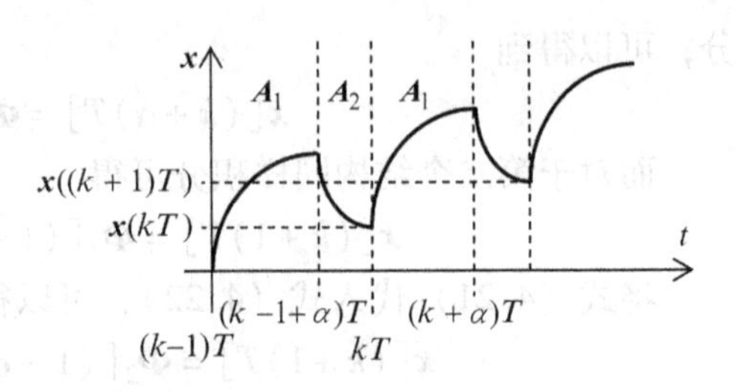

图 4.7 精确行为和精确平均模型

2. 一般情况

然而，对于绝大多数功率变换器而言，矩阵可交换的假设是不成立的。在一般情况下，$\boldsymbol{A}_1$ 和 $\boldsymbol{A}_2$ 之间的矩阵积是不可交换的；因此，它们的指数函数也是不可交换的：

$$\exp(\boldsymbol{A}_1)\cdot\exp(\boldsymbol{A}_2)\neq\exp(\boldsymbol{A}_2)\cdot\exp(\boldsymbol{A}_1)$$

因此，关系式 (4.28) 成为

$$\frac{\mathrm{d}}{\mathrm{d}t}\langle\boldsymbol{x}\rangle_0\approx\boldsymbol{A}_{\mathrm{m}}\cdot\langle\boldsymbol{x}\rangle_0=[\boldsymbol{A}_1\cdot\alpha+\boldsymbol{A}_2\cdot(1-\alpha)]\cdot\langle\boldsymbol{x}\rangle_0 \tag{4.29}$$

式 (4.29) 定义了所谓的近似平均模型（Pérard 等，1979）。其轨迹不再如图 4.7 所示穿过采样数据模型的数据点，它将是一个平均轨迹，不同程度接近精确轨迹的滑动平均值。

这时，存在的一个问题是，需要量化由近似所引入的与精确采样数据模型间的误差。这代表了平均模型的输出和开关模式的平均之间的误差上界。其绝对值为

$$\boldsymbol{Err}=\boldsymbol{\Phi}_{\mathrm{m}}(\alpha,T)-\boldsymbol{\Phi}_2[(1-\alpha)T]\cdot\boldsymbol{\Phi}_1(\alpha T) \tag{4.30}$$

由式 (4.30) 表示的完整误差计算是非平凡的，只能获取数值解。为简单起见，所述矩阵指数采用二阶近似：

$$\exp(\boldsymbol{A}t)\approx\boldsymbol{I}+\boldsymbol{A}t+\frac{\boldsymbol{A}^2t^2}{2}$$

为了表示矩阵 $\boldsymbol{\Phi}_{\mathrm{m}}$ 和 $\boldsymbol{\Phi}_2[(1-\alpha)T]\cdot\boldsymbol{\Phi}_1(\alpha T)$ 的乘积，有

$$\begin{aligned}\boldsymbol{\Phi}_{\mathrm{m}}(\alpha,T)&\approx\boldsymbol{I}+\boldsymbol{A}_{\mathrm{m}}T+\frac{\boldsymbol{A}_{\mathrm{m}}^2T^2}{2}=\boldsymbol{I}+[\boldsymbol{A}_1\alpha+\boldsymbol{A}_2(1-\alpha)]T+\frac{[\boldsymbol{A}_1\alpha+\boldsymbol{A}_2(1-\alpha)]^2T^2}{2}\\&=\boldsymbol{I}+[\boldsymbol{A}_1\alpha+\boldsymbol{A}_2(1-\alpha)]T+\frac{\boldsymbol{A}_1^2\alpha^2}{2}+\frac{\boldsymbol{A}_2^2(1-\alpha)^2}{2}T^2\\&\quad+(\boldsymbol{A}_1\boldsymbol{A}_2+\boldsymbol{A}_2\boldsymbol{A}_1)\frac{\alpha(1-\alpha)}{2}T^2\end{aligned}$$

$$\begin{aligned}\boldsymbol{\Phi}_2[(1-\alpha)T]\cdot\boldsymbol{\Phi}_1(\alpha T)&\approx\boldsymbol{I}+[\boldsymbol{A}_1\alpha+\boldsymbol{A}_2(1-\alpha)]T+\frac{[\boldsymbol{A}_1\alpha+\boldsymbol{A}_2(1-\alpha)]^2T^2}{2}\\&=\boldsymbol{I}+[\boldsymbol{A}_1\alpha+\boldsymbol{A}_2(1-\alpha)]T+\frac{\boldsymbol{A}_1^2\alpha^2}{2}+\frac{\boldsymbol{A}_2^2(1-\alpha)^2}{2}T^2\\&\quad+\boldsymbol{A}_1\boldsymbol{A}_2\frac{\alpha(1-\alpha)}{2}T^2\end{aligned}$$

由式 (4.30) 表示二阶展开式矩阵误差 $\boldsymbol{Err}$，简化为矩阵 $\boldsymbol{E}$ 如下：

$$Err = E = (A_1A_2 - A_2A_1)\frac{\alpha(1-\alpha)}{2}T^2 \tag{4.31}$$

式（4.31）表明如果矩阵 A_1 和 A_2 是可交换的，如前所述，那么采样数据模型和平均模型就是混淆的。一般而言，在开关周期内相关使能时间［分别为 αT 和 $(1-\alpha)T$］加权后，误差矩阵的范数与其他状态矩阵的范数相比越小，近似模型越精确。这进一步要求开关周期 T 很小——即变换器工作在高频状态，并且占空比 α 接近 1 或 0。如果这些假设成立，则意味着状态变量的小波动。总而言之，除了变量纹波（其平均值与平均模型的解不同），平均模型可以被看作是“理想的”，工作于无穷大频率的特例，而开关模型则工作在有限频率。

在 4.5.3 节有实例对这个问题进行详细讨论。

4.5 小信号平均模型

除了极少数例外，电力电子变换器大信号平均模型一般是非线性模型。如果考虑模态分析或者进行线性控制器设计，则需要获取变换器模型在状态空间或在频域下的线性表示。

4.5.1 连续小信号平均模型

有两种方式可以获得连续的小信号平均模型，即：

1）基于以前获得的小信号采样数据模型，采用适当的变换；

2）基于大信号平均模型的状态空间表示。

第二种方式比较“谨慎”，因为它是直接的，没有附加的简化。因此可以使用第 2 章 2.2.4 节描述的方法选择平衡（稳态或静态）工作点，使用泰勒级数围绕工作点一阶展开。

为了建立频域的小信号模型，需要从平均状态空间表示开始（时变）：

$$\begin{cases}\dot{\widetilde{x}} = A\,\widetilde{x} + B\,\widetilde{u}\\ \widetilde{y} = C\,\widetilde{x} + D\,\widetilde{u}\end{cases}$$

式中，$\widetilde{x}$和 $\widetilde{y}$分别是状态向量和输出向量；A、B、C 和 D 是平均状态空间模型的对应矩阵。计算转移矩阵

$$H(s) = C(sI - A)^{-1}B + D \tag{4.32}$$

式中，I 是适当维度的单位矩阵。注意，如果矩阵 D 是非零矩阵，传递函数相对阶数为零。它的极点是状态矩阵 A 的特征值。在多变量的情况下，式（4.32）对应于一个转移矩阵，即传递函数的矩阵。转移矩阵包含所有外界变量对系统输出的传递函数，所以它提供了控制设计的重要信息。针对给定的线性状态空间表示，专用于线性系统分析的软件可以直接计算出相应的传递函数/矩阵。

或者，针对之前的状态空间表示应用叠加原理，通过置零其他通道的输入变

量，将输出变量通过单一的剩余输入变量的函数来表示，从而获得相应的传递函数。绘制等效电路可以通过电路变换减少计算；这被称为运算法。

4.5.2 采样数据小信号模型

基于采样数据的小信号模型可以用不同的方式建立：

1）从大信号采样数据模型递归方程开始，考虑为在完整工作周期内的微分，从而与相应的连续模型建立拟合关系（Brown 和 Middlebrook，1981）

2）从状态空间或频率表示的小信号平均模型开始。

很显然，必须小心选择采样频率以避免频谱的混叠。

4.5.3 示例

以已经在本章 4.2.4 节中分析的 boost 变换器为例，其平均框图如图 4.8 所示。该图介绍了斩波器平均模型。

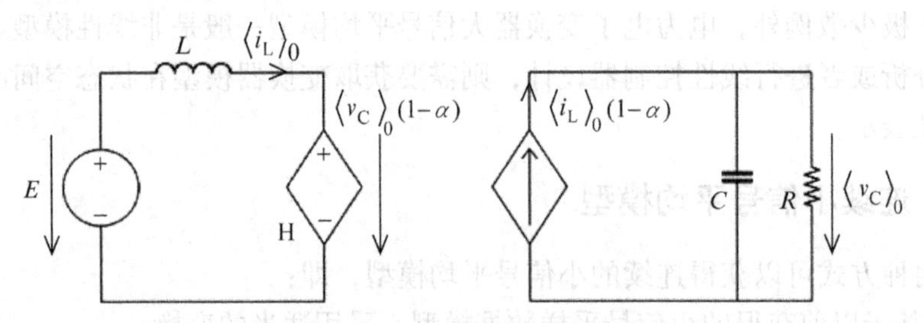

图 4.8 boost 功率级平均框图

考虑以下符号为状态变量的平均值：

$$x_1 = \langle i_L \rangle_0 \text{ 和 } x_2 = \langle v_C \rangle_0$$

大信号平均模型可以由下式给出：

$$\begin{cases} \dot{x}_1 = \dfrac{1}{L}(E - x_2(1-\alpha)) \\ \dot{x}_1 = \dfrac{1}{C}x_1(1-\alpha) - \dfrac{x_2}{RC} \end{cases}$$

先前关系式导数项置零计算出平衡点：

$$\begin{cases} x_{1e} = \dfrac{E}{(1-\alpha_e)^2 R} \\ x_{2e} = \dfrac{E}{(1-\alpha_e)} \end{cases}$$

式中，α_e 是对应于平衡点的占空比。这些关系给出理想 boost 功率电路的静态行为。

大信号模型的微分将围绕平衡点来执行，以提取所述小信号模型。让“~”表示围绕平衡点的小的变化。为简单起见，该电源 E 和负载 R 是恒定的。围绕平衡点系统中的其他变量可以写成 $\alpha=\alpha_e+\widetilde{\alpha}$，$x_1=x_{1e}+\widetilde{x}_1$ 和 $x_2=x_{2e}+\widetilde{x}_2$。状态空间模型可以被改写为

$$\begin{cases}L\dot{\widetilde{x}}_1=E-x_{2e}-\widetilde{x}_2+x_{2e}\cdot\alpha_e+x_{2e}\cdot\widetilde{\alpha}+\alpha_e\cdot\widetilde{x}_2+\widetilde{x}_2\cdot\widetilde{\alpha}\\ C\dot{\widetilde{x}}_2=x_{1e}+\widetilde{x}_1-x_{1e}\cdot\alpha_e-x_{1e}\cdot\widetilde{\alpha}-\alpha_e\cdot\widetilde{x}_1-\widetilde{x}_2/R-\widetilde{x}_1\cdot\widetilde{\alpha}\end{cases}$$

注意，这两个方程的最后一项相对于其他项是非常小的，将被忽略。此外，在平衡点处大信号平均模型的导数项等于零：

$$\begin{cases}E-x_{2e}(1-\alpha_e)=0\\ x_{1e}(1-\alpha_e)-x_{2e}/R=0\end{cases}$$

由此可得小信号模型的一些简化：

$$\begin{cases}L\dot{\widetilde{x}}_1=x_{2e}\cdot\widetilde{\alpha}-(1-\alpha_e)\cdot\widetilde{x}_2\\ C\dot{\widetilde{x}}_2=(1-\alpha_e)\cdot\widetilde{x}_1-x_{1e}\cdot\widetilde{\alpha}-\widetilde{x}_2/R\end{cases}$$

此外，通过替换之前获得的稳态变量 x_{1e} 和 x_{2e}，可以得到

$$\dot{\widetilde{\boldsymbol{x}}}=\begin{bmatrix}0 & -\dfrac{(1-\alpha_e)}{L}\\ \dfrac{(1-\alpha_e)}{C} & \dfrac{1}{RC}\end{bmatrix}\widetilde{\boldsymbol{x}}+\begin{bmatrix}\dfrac{E}{L(1-\alpha_e)}\\ -\dfrac{E}{(1-\alpha_e)^2RC}\end{bmatrix}\widetilde{\alpha} \tag{4.33}$$

式（4.33）中小信号模型对应的等效电路如图 4.9 所示。式（4.33）和图 4.9 可用于变换器时域或频域的动态行为分析并为其控制设计提供基础。

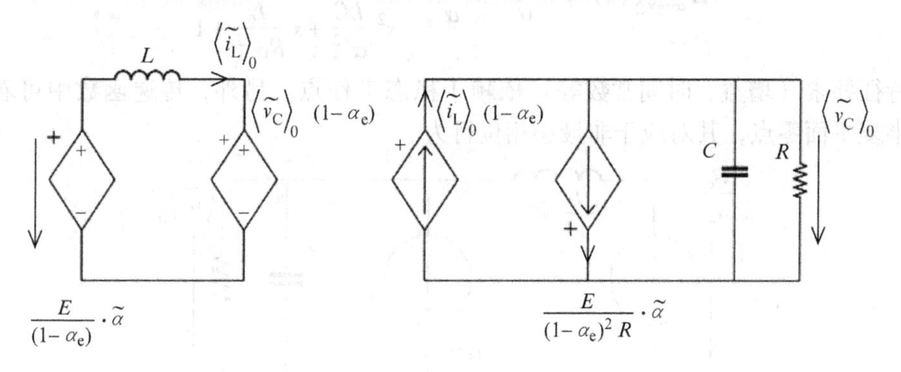

图 4.9　boost 电路小信号等效图

注意：在获得小信号模型的过程中，还可以引入输入电压 E 和负载电阻 R 的变化，它们代表扰动输入。通过这种方式，扰动项对状态变量的影响可以在设计控制方法时进行评估。

值得注意的是，模型中耦合元件具有固定的传输率，由于 α_e 是常数（它代表了占空比的稳态值），因此它可以被看作是一个变比为（$1-\alpha_e$）的理想变压器。通过对小信号传递函数进行代数运算，图 4.9 可以通过不同的方式来绘制（Erikson 和 Maksimović，2001）——见图 4.10。图中 $\alpha_e=1-\alpha_e$。

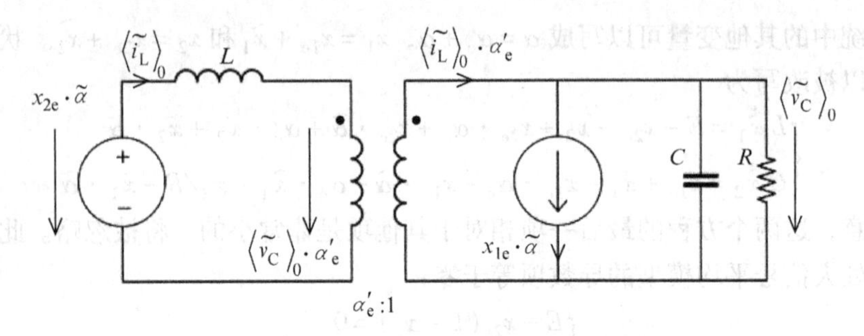

图 4.10　重绘 boost 电路小信号等效图

进而，所述电压源和电感器可以折算到变压器另一侧，从而获得图 4.11 所示电路，并建立直接的输入输出关系。从图 4.11 的电路，通过列写基尔霍夫方程，可计算出从控制输入$\widetilde{\alpha}$到输出变量 $\langle \widetilde{v_C} \rangle_0$ 的传递函数：

$$\frac{x_{2e}}{\alpha'_e} \cdot \widetilde{\alpha} = \frac{sL}{\alpha'^2_e}\left(x_{1e} \cdot \widetilde{\alpha} + \langle \widetilde{v}_C \rangle_0 \cdot \frac{sCR+1}{R} \right) + \langle \widetilde{v}_C \rangle_0$$

$$(x_{2e} \cdot \alpha'_2 - sL \cdot x_{1e}) \cdot \widetilde{\alpha} = \left(s^2 LC + s\frac{L}{R} + \alpha'^2_e \right) \cdot \langle \widetilde{v}_C \rangle_0$$

最终可得控制到输出的传递函数

$$H_{\alpha \to v_C}(s) = \frac{\langle \widetilde{v}_C \rangle_0}{\widetilde{\alpha}} = \frac{x_{2e}}{\alpha'_e} \cdot \frac{1 - s\dfrac{L \cdot x_{1e}}{x_{2e} \cdot \alpha'_e}}{s^2 \dfrac{LC}{\alpha'^2_e} + s\dfrac{L}{R\alpha'^2_e} + 1}$$

其特征要素（增益、时间常数等）依赖于稳态工作点。另外，传递函数中可看到右半复平面零点，其对应于非最小相位行为。

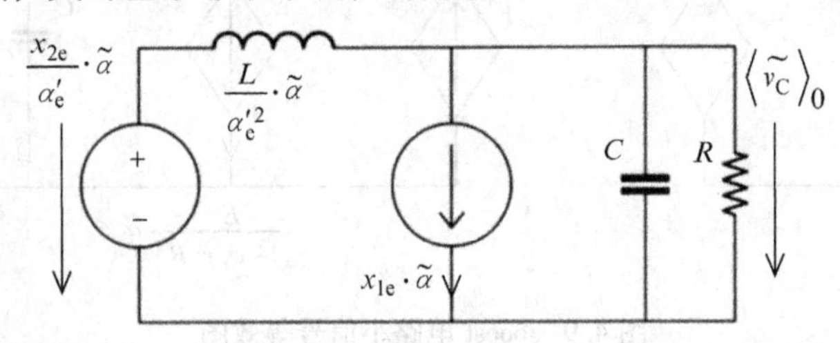

图 4.11　将变压器左侧元件折算到右侧后的等效电路

4.6　案例研究：buck – boost 变换器

图 4.12 中的 buck – boost 功率电路参数如下：$C = 100\mu F$，$L = 0.5mH$，$R = 15\Omega$ 和 $E = 100V$。输入电压 E 与负载电阻 R 认为恒定。平均时间窗口所对应的开关频率为 100 kHz，即 $T = 10\mu s$。所探讨的范围是大信号时域分析和频域小信号分析。

为达到此目的，将会采取以下步骤：

1）建立开关模型；

2）建立近似平均模型；

3）推导出误差矩阵 $\boldsymbol{E}$ 并量化；

4）对于给定的 α_e，计算系统的平衡点；

5）说明大信号平均模型是双线性并推导状态空间小信号模型；

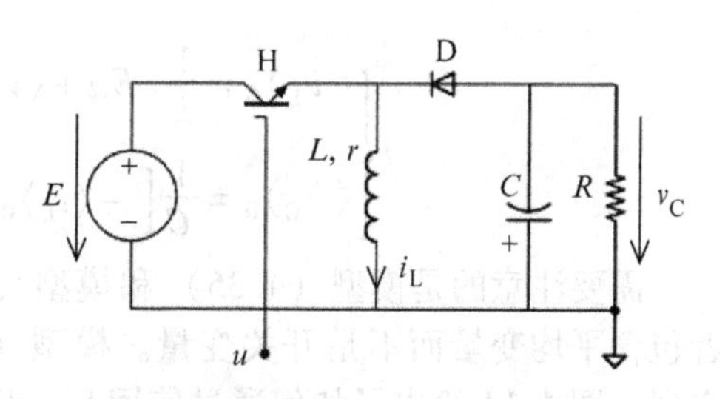

图 4.12　buck－boost 电路原理图

6）推导占空比变化作为输入和电容器电压 v_C 作为输出的系统传递函数；

7）说明该系统具有一个不稳定的零点，并分析其在开环情况下的影响。

接着，详细描述上面列出的步骤，用在 MATLAB® － Simulink® 中得到的数值仿真结果举例说明。

1. 获得开关模型

u 是作用于变换器的开关函数（控制输入）。当开关 H 导通时，它取值 1；当开关 H 关断时，u 为 0。为了使该矩阵为正则矩阵，将小电阻 r 串联到电感 L 上。

精确模型可以写成

$$\begin{cases} \dot{i}_L = \dfrac{1}{L}[Eu + v_C(1-u) - ri_L] \\ \dot{v}_C = \dfrac{1}{C}\left[-i_L(1-u) - \dfrac{v_C}{R}\right] \end{cases} \tag{4.34}$$

式（4.34）对应的精确图如图 4.13 。

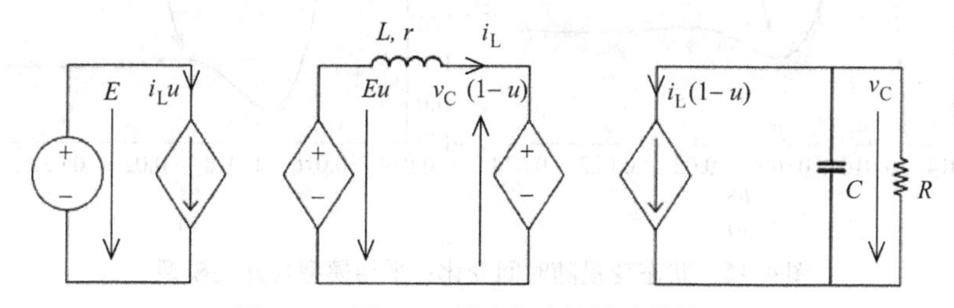

图 4.13　图 4.12 所示电路的精确等效图

2. 获得近似平均模型

在精确等效图（图 4.13）中，将状态变量 i_L、v_C 和耦合项 $i_L\cdot(1-u)$、$v_C\cdot(1-u)$ 和 $E\cdot u$ 用它们的滑动平均替换，可推导出精确平均模型，不用进一步展开。当写耦合项时可以做近似：

$$\begin{cases} \langle i_L(1-u)\rangle_0 \approx \langle i_L\rangle_0\cdot(1-\alpha) \\ \langle v_C(1-u)\rangle_0 \approx \langle v_C\rangle_0\cdot(1-\alpha) \end{cases}$$

请注意，如果电压 E 是恒定的，可以不做近似 $\langle Eu\rangle_0 = E_\alpha$。近似平均模型最终结果为

$$\begin{cases}\langle \dot{i}_{\mathrm{L}}\rangle_0=\dfrac{1}{L}[E\alpha+\langle v_{\mathrm{C}}\rangle_0(1-\alpha)-r\langle i_{\mathrm{L}}\rangle_0]\\ \langle \dot{v}_{\mathrm{C}}\rangle_0=\dfrac{1}{C}\left[-\langle i_{\mathrm{L}}\rangle_0(1-\alpha)-\dfrac{\langle v_{\mathrm{C}}\rangle_0}{R}\right]\end{cases} \tag{4.35}$$

需要注意的是模型（4.35）和模型（4.34）具有相同的形式；区别在于，前者包含平均变量而不是开关变量。模型（4.35）很容易由 MATLAB® – Simulink® 实现；图 4.14 给出了如何通过使用 Simulink 模块来计算给定时间窗口信号的平均。

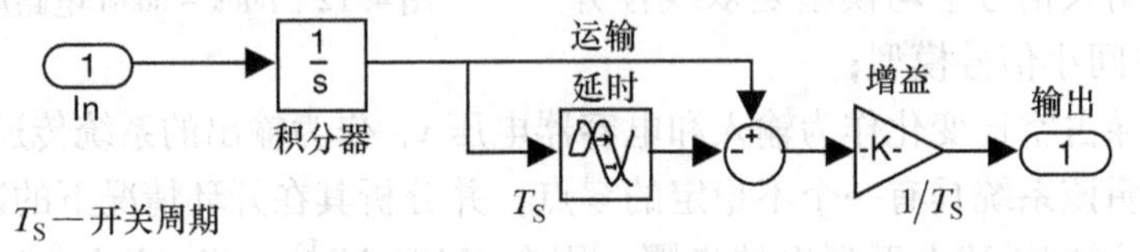

图 4.14 给定的时间窗信号的平均值 Simulink 框图实现

图 4.15 给出了图 4.12 变换器开关行为和平均行为之间的比较结果（见图 4.5），随时间变化的状态变量——电感电流 i_{L} 和电容电压 v_{C}。采用 PWM 的占空比信号 $u(t)$ 的模型可以获得图 4.15 开关条件下的变化曲线；而采用 $u(t)$ 平均值的模型可以得到平均后的变化曲线［根据式（4.1）计算］（见图 4.14）。

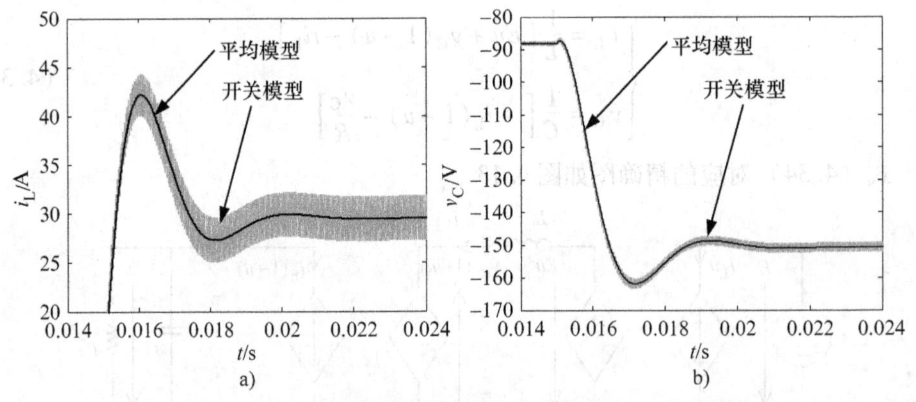

图 4.15 状态变量随时间变化：平均模型与开关模型

图 4.16 给出了在占空比 α 阶跃变化时的平均模型响应。图中可以看到，系统的行为依赖于工作点。由此可对该系统的动态特性进行评估：稳定时间、过调等。同样可由此探讨静态行为：变换器可以作为一个电压逆变器工作，当占空比大于 0.5 时作为升压器（考虑到损耗）。用于设计目的有用的特征元素可从分析这样的时间变化曲线得到。

3. 采样模型和近似平均模型之间的误差分析

根据式（4.31），二阶误差矩阵 $\boldsymbol{E}$ 计算如下：

$$\boldsymbol{E}=(\boldsymbol{A}_1\cdot\boldsymbol{A}_2-\boldsymbol{A}_2\cdot\boldsymbol{A}_1)\frac{\alpha(1-\alpha)}{2}T^2$$

式中，状态矩阵 $\boldsymbol{A}_1$ 和 $\boldsymbol{A}_2$ 分别对应于开关 H 导通和关断的电路结构，即 $u=1$ 和 $u=0$。

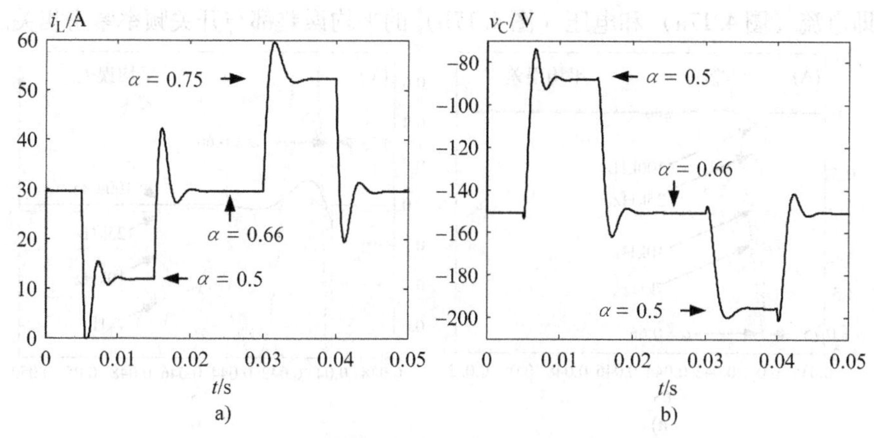

图 4.16　平均模型对占空比 α 阶跃变化的响应

$$\boldsymbol{A}_1 = \begin{bmatrix} -\dfrac{r}{L} & 0 \\ 0 & -\dfrac{1}{RC} \end{bmatrix}, \boldsymbol{A}_2 = \begin{bmatrix} -\dfrac{r}{L} & \dfrac{1}{L} \\ -\dfrac{1}{C} & -\dfrac{1}{RC} \end{bmatrix}$$

代数演算可得

$$\boldsymbol{E} = \frac{\alpha(1-\alpha)}{2}T^2 \begin{bmatrix} 0 & -\dfrac{r}{L^2} + \dfrac{1}{RLC} \\ \dfrac{1}{RC^2} - \dfrac{r}{LC} & 0 \end{bmatrix}$$

代入具体数据，取 $\alpha = 0.6$，并忽略 r，可以得到

$$\boldsymbol{A}_1 = \begin{bmatrix} 0 & 0 \\ 0 & -10^4/1.5 \end{bmatrix}, \boldsymbol{A}_2 = \begin{bmatrix} 0 & 10^4/5 \\ -10^4 & -10^4/1.5 \end{bmatrix}$$

$$\boldsymbol{E} = \begin{bmatrix} 0 & 0.16 \times 10^{-4} \\ 0.8 \times 10^{-4} & 0 \end{bmatrix}$$

使用由 MATLAB®所提供的矩阵范数计算（最大奇异值），可得：$\|\boldsymbol{E}\| = 8 \times 10^{-5}$，$\|\boldsymbol{A}_1\| \approx 666.67$，$\|\boldsymbol{A}_2\| \approx 10^4$。范数矩阵 $\boldsymbol{A}_1$ 和 $\boldsymbol{A}_2$ 之间的比率，由工作周期内两种状态各自所对应时间和矩阵 $\boldsymbol{E}$ 的范数来加权，是 10^{-2} 的量级。如果开关频率被降低到十分之一的值，即 10kHz，则该比率增加 10 倍。如果显著降低频率，如采用 1kHz 而不是 100kHz，则比率将接近 1，这很关键。

4. 平均误差分析

平均误差被定义为两个时间信号之差，即平均模型输出和开关模型输出在通常意义下的平均值之间的差［见图 4.5 时间信号 $\boldsymbol{\varepsilon}(t) = \langle \boldsymbol{x} \rangle_0(t) - \boldsymbol{x}_0(t)$］。

在 MATLAB® – Simulink 环境下的数值仿真支持在状态变量 i_L 和 v_C 的时间变化趋势曲线中强调平均误差。同样也可以分析开关模型的输出演变的关系。

由图 4.17 可知，在稳态过程或占空比 α 阶跃的动态过程中，变换器的两个状态变量即电流（图 4.17a）和电压（图 4.17b）的平均误差都与开关频率紧密相关。

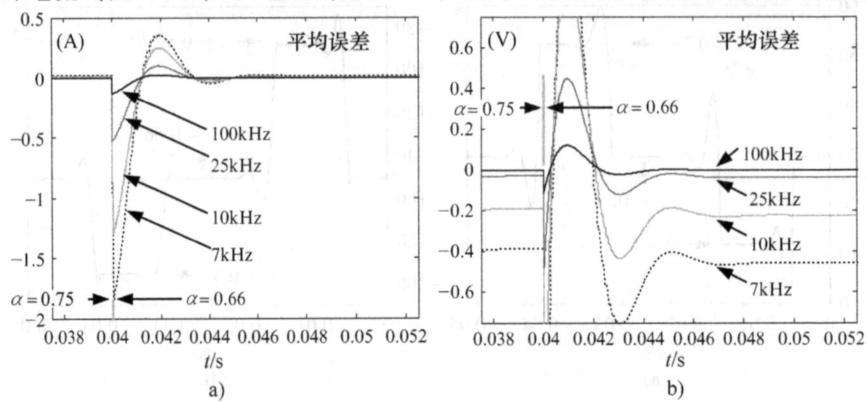

图 4.17　buck－boost 变换器状态变量动态过程中的平均误差：a）电感电流；b）电容电压

图 4.18 中包含图 4.16 所示时间变化图的放大图，或者更精确地说，当占空比从 $\alpha=0.75$ 阶跃变化到 $\alpha=0.66$ 的动态过程。正如预期，可以看到平均误差随开关频率的增大而减小（图 4.18a 与 b 及 c 与 d）。

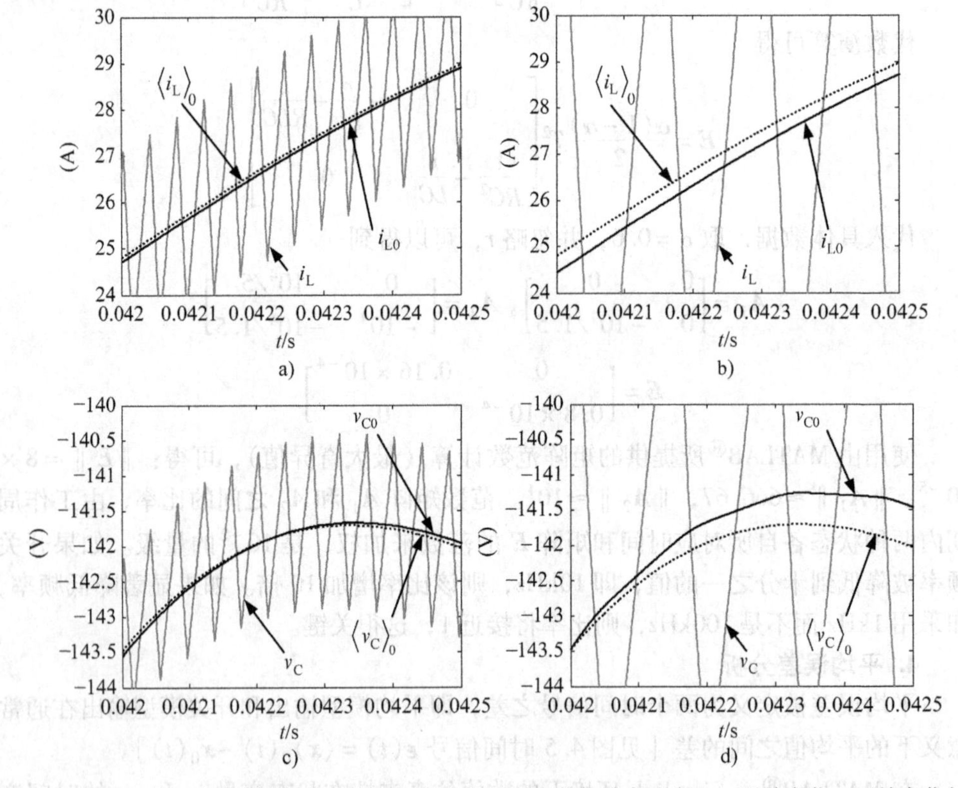

图 4.18　buck－boost 变换器状态变量对于占空比阶跃变化的动态响应——开关变化、开关变化的平均以及平均模型的输出：a）开关频率 25kHz 时的电感电流；b）开关频率 7kHz 时的电感电流；c）开关频率 25kHz 时的电容电压；d）开关频率 7kHz 时的电容电压

5. 获取稳态模型

平衡点可由式（4.35）描述的系统导数置零得到：

$$\begin{cases}\langle i_L\rangle_{0e}=\dfrac{\alpha_e}{(1-\alpha_e)^2R}E\\ \langle v_C\rangle_{0e}=-\dfrac{\alpha_e}{(1-\alpha_e)}E\end{cases}\tag{4.36}$$

式（4.36）给出了理想的 buck - boost 电路的非线性稳态行为，如图 4.19 所示。例如，就电压而言，当 $\alpha_e<0.5$ 时，电路输出电压比输入电压 E 小；反之，则输出电压大于输入电压（见图 4.19b）。

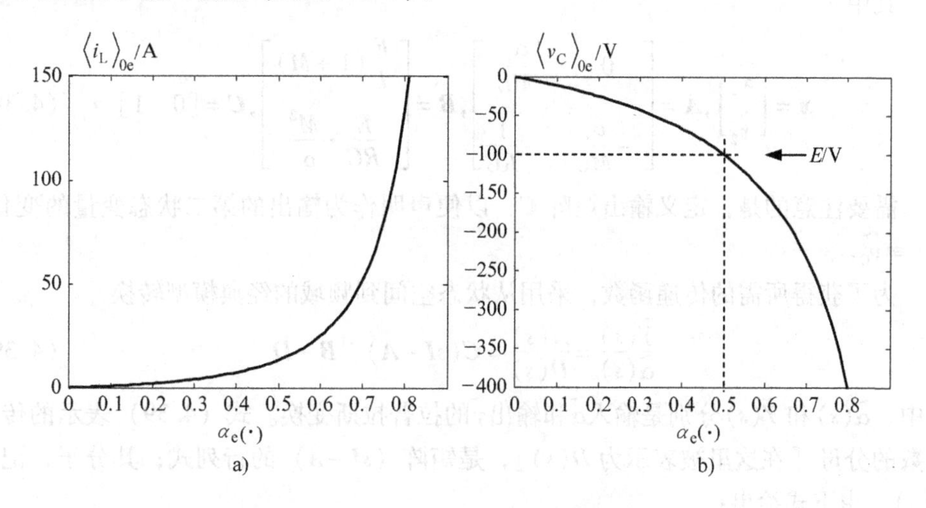

图 4.19 buck - boost 变换器稳态特性

6. 获取小信号模型

模型（4.35）是双线性模型，因此是非线性的。围绕系统平衡点作微分（4.36）。如前所述，为简单起见，状态变量表示为 $x_1=\langle i_L\rangle_0$ 和 $x_2=\langle v_C\rangle_0$。下标 e 表示平衡点，$\tilde{\ }$ 表示平衡点周围的微小变化。正常进行微分

$$\begin{cases}\dot{\tilde{x}}_1=\dfrac{1}{L}(1-\alpha_e)\tilde{x}_2+\dfrac{1}{L}(-x_{2e}+E)\tilde{\alpha}\\ \dot{\tilde{x}}_2=-\dfrac{1}{C}(1-\alpha_e)\tilde{x}_1-\dfrac{1}{RC}\tilde{x}_2+\dfrac{1}{C}x_{1e}\tilde{\alpha}\end{cases}\tag{4.37}$$

可以获得图 4.20 中的小信号等效图。

将式（4.36）给出的平衡点代入式（4.37），并通过引入 $M=\dfrac{\alpha}{1-\alpha_e}$，通过下列状态空间表示描述小信号系统：

$$\begin{cases}\dot{\tilde{\boldsymbol{x}}}=\boldsymbol{A}\tilde{\boldsymbol{x}}+\boldsymbol{B}\tilde{\boldsymbol{\alpha}}\\ \tilde{y}=\boldsymbol{C}\tilde{\boldsymbol{x}}\end{cases}$$

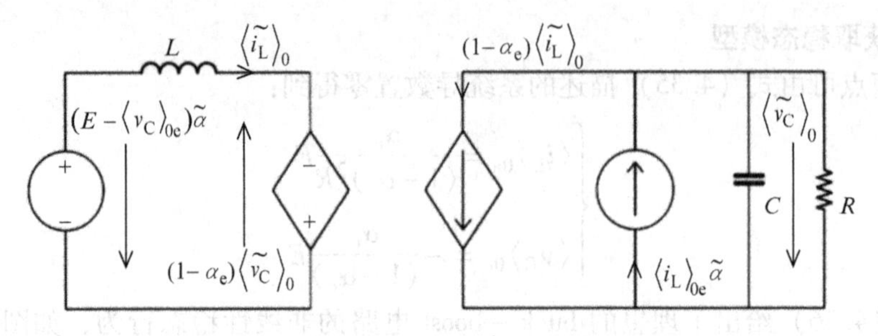

图 4.20 buck－boost 电路小信号等效图

其中

$$\widetilde{\boldsymbol{x}}=\begin{bmatrix}\widetilde{x}_1\\ \widetilde{x}_2\end{bmatrix},\boldsymbol{A}=\begin{bmatrix}0 & \dfrac{\alpha_e}{ML}\\ -\dfrac{\alpha_e}{MC} & -\dfrac{1}{RC}\end{bmatrix},\boldsymbol{B}=\begin{bmatrix}\dfrac{E}{L}(1+M)\\ \dfrac{E}{RC}\cdot\dfrac{M^2}{\alpha_e}\end{bmatrix},\boldsymbol{C}=[0\quad 1] \tag{4.38}$$

需要注意的是，定义输出矩阵 $\boldsymbol{C}$，以便声明作为输出的第二状态变量的变化，即$\widetilde{y}\equiv\widetilde{v_C}$。

为了获得所需的传递函数，采用从状态空间到频域的经典模型转换：

$$\frac{\widetilde{Y}(s)}{\widetilde{\alpha}(s)}=\frac{N(s)}{D(s)}=\boldsymbol{C}(s\boldsymbol{I}-\boldsymbol{A})^{-1}\boldsymbol{B}+\boldsymbol{D} \tag{4.39}$$

式中，$\widetilde{\alpha}(s)$和$\widetilde{Y}(s)$分别是输入$\widetilde{\alpha}$和输出$\widetilde{y}$的拉普拉斯变换。式（4.39）表示的传递函数的分母［在这里被表示为 $D(s)$］，是矩阵（$s\boldsymbol{I}-A$）的行列式；其分子，记为 $N(s)$，由下式给出：

$$N(s)=\boldsymbol{C}(s\boldsymbol{I}-\boldsymbol{A})^{*}\boldsymbol{B}$$

式中，*表示伴随矩阵。此外，可以得到

$$D(s)=\det[s\boldsymbol{I}-\boldsymbol{A}]=\det\begin{bmatrix}s & -\dfrac{\alpha_e}{ML}\\ \dfrac{\alpha_e}{MC} & s+\dfrac{1}{RC}\end{bmatrix}=s^2+\frac{s}{RC}+\frac{\alpha_e^2}{M^2LC}$$

$$N(s)=[0\quad 1]\cdot\begin{bmatrix}s+\dfrac{1}{RC} & \dfrac{\alpha_e}{ML}\\ -\dfrac{\alpha_e}{MC} & s\end{bmatrix}\cdot\begin{bmatrix}\dfrac{E}{L}(1+M)\\ \dfrac{E}{RC}\cdot\dfrac{M^2}{\alpha_e}\end{bmatrix}=\frac{EM^2}{RC\alpha_e}s-\frac{\alpha_e}{MC}\cdot\frac{E}{L}(1+M)$$

进行必要的代数运算后，最终获得所需的传递函数为

$$\frac{\widetilde{Y}(s)}{\widetilde{U}(s)}=-\frac{M^2E}{\alpha_e^2}\cdot\frac{1-\tau s}{s^2\dfrac{1}{\omega_n^2}+s\dfrac{2\xi}{\omega_n}+1} \tag{4.40}$$

其中

$$\tau = \frac{M^2}{\alpha_e} \cdot \frac{L}{R}, \omega_n = \frac{\alpha_e}{M} \cdot \sqrt{\frac{1}{LC}}, \xi = \frac{M}{2\alpha_e} \cdot \sqrt{\frac{L}{R^2 C}}$$

如果要分析占空比 α 和电感电流 i_L 之间的动态关系，需要重新做上面的分析，并将式（4.38）和式（4.39）中输出矩阵设为 $\boldsymbol{C} = [1 \quad 0]$。

图 4.21 和图 4.22 显示占空比 - 电流和占空比 - 电压传输通道的伯德图，分别绘制曲线簇表示占空比 α 取不同值时的不同工作点。

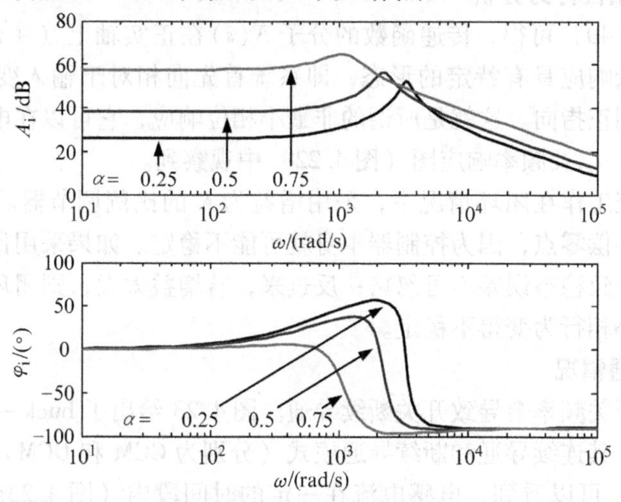

图 4.21　对变换器大信号模型应用 MATLAB® - Simulink® 中 linmod 函数得到 buck - boost 变换器在不同运行点的占空比 - 电流传递函数的伯德图

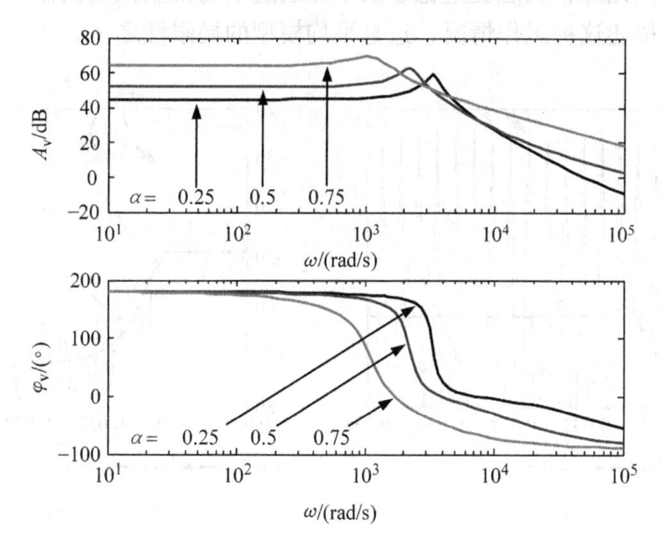

图 4.22　对变换器大信号模型应用 MATLAB® - Simulink® 中 linmod 函数得到 buck - boost 变换器的不同工作点处占空比 - 电压传输通道伯德图

图中纵坐标表示下列内容：

$$\begin{cases}A_{i/v}=20\cdot\log|H_{i/v}(j\omega)|(\mathrm{dB})\\ \varphi_{i/v}=\arg(H_{i/v}(j\omega))(^\circ)\end{cases}$$

式中，$H_{i/v}(j\omega)$分别表示在小信号模型中占空比－电流和占空比－电压的频率响应。

7. 非最小相位行为分析

分析式（4.40）可得，传递函数的分子 $N(s)$在正实轴上（$+\tau$）有零点。这导致其开环阶跃响应具有特定的形态，即系统首先向相对于输入变化相反方向变化，然后又回到正指向。这就是所谓的非最小相位响应，它可以在电压随时间变化图（图 4.16b），以及频率响应图（图 4.22）中观察到。

假设该系统工作在闭环情况下，采用增益为 K 的比例调节器。在闭环情况下不可能准确地补偿零点，因为控制器本身就可能不稳定。如果采用比例控制器，若增益太小，就导致稳态误差不可忽略；反过来，若增益太大，则闭环系统可能因被控对象的非最小相行为变得不稳定。

8. 断续导通情况

过多降低开关频率会导致开关断续导通。图 4.23 给出了 buck－boost 变换器的一个实际案例，其连续导通和断续导通模式（分别为 CCM 和 DCM）之间的边界开关频率为 2kHz。可以看到，电感电流在一定的时间段内（图 4.23a）变为零并且此时电容电压表现出一阶动态行为（图 4.23b），这是由于该断续导通的情况导致动态系统降阶。此外，状态变量稳态值不能通过平均模型正确获得。因此，平均模型不适合用于描述这种工作情况，这是平均模型的局限性之一。

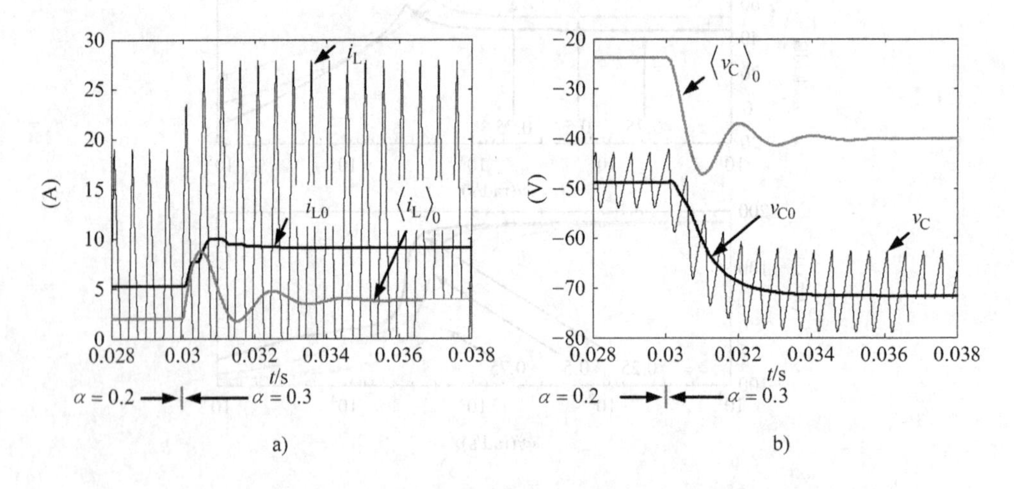

图 4.23 在 CCM 和 DCM（2kHz 的开关频率）之间的边界获得不连续导通情况下状态变量的变化：a）中断电流；b）电容器电压的一阶行为

4.7 平均模型的优点和局限性

平均模型通过在状态变量和时间变量上作适当的修改就可以形成推导标准模型的基础（Sira－Ramírez 和 Silva－Ortigoza ，2006）。用于数字控制设计的离散时间平均模型也可以基于采样数据模型来获得（Maksimović和 Zane，2007）。

平均模型具有许多优点，特别是容易构建和实现，而且当状态变量轻微波动时有良好精度。反过来，当良好的滤波条件不具备时，这种模型开始失去其精度。此外，该模型不适合具有一个或多个交流环节（某些特定变量的平均值为零）的变换器。如案例分析中所示，模型在不连续的情况下也表现出困难。因此，当关注的变量在每个开关周期变为零，在非零的时间间隔不能被表示为一个大信号周期形式时，它便不能由平均模型近似。

最后，还有一些科学界还未回答的一些问题（Krein 和 Bass，1990）。主要的有：

1）什么样的条件才能确保满意的近似？

2）平均模型轨迹是不是沿原电路的滑动平均？

3）平均模型和原系统的动态特性是否完全相同？

4）从近似解是否可以获得原始解？

5）近似是否对大信号扰动有效？

6）平均模型确保有效的前提下，开关频率和最小变换器时间常数比值的下限如何确定？

7）该模型在闭环控制中是否可用？

其中的一些问题有部分答案；读者可参考有关文献。考虑到上述问题，平均模型可替代的解决方案被开发出来，如稳态一阶分量模型（Sanders 等，1990；Kazimierczuk 和 Wang，1992），降阶平均模型（ROAM）（Chetty，1982；Sun 和 Grotstollen，1992），或广义平均模型。

其中一些解决方案，如 Krein 等（1990）提出的方案可以带来更高的精度，但是在实现和构建的代价和复杂性上都难以让人接受。一阶分量动态的方法解决了交流变量存在的问题，但它不能解决断续导通的问题。另外，后一项技术并没有增加 DC－DC 变换模型的精度，即使它的解决方案更为复杂。尽管如此，一阶分量动态意义下的建模适用于同时具有直流和交流单元（整流器、逆变器、谐振功率源等）的功率变换器领域。在建模层面上，断续导通的问题还没有得到解决，除非模型中相关变量被消去。这可以通过使用 ROAM 技术来实现。这些技术将在后续的章节介绍。

思考题

问题4.1、4.2 和4.3 已给出解决方案。问题4.4 、4.5 和4.6 留作练习。

问题 4.1 反激式变换器

考虑图 4.24a 中的反激式变换器，通过变比为 n 的变压器，实现隔离正极性升压。

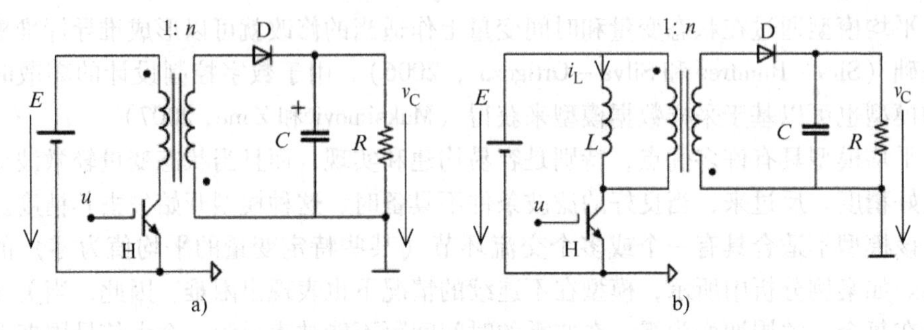

图 4.24 反激式变换器：a）电路；b）包括变压器模型的电路

假设变压器可忽略一次绕组和二次绕组的电阻和漏感，而它具有非零芯磁阻。基于这些假设，可将变压器建模为“双线圈电感”，即如图 4.24b 由涉及一次绕组的磁化电感加上一个理想变压器来表示（Erikson 和 Maksimović，2001）。这时需要解决以下几个问题。

1）使用算法 4.1 获取平均模型和相应的等效图。

2）计算稳态模型。

3）考虑到输入电压 E 变化（代表输入量干扰），推导出小信号状态空间模型，并绘制相应的等效图。

4）利用先前得到的小信号模型，获得表示占空比（控制输入）和输入电压 E（扰动输入）对状态变量影响的传递函数。

解决方案：1）通过开关模型推导平均模型。而开关模型是通过对电路进行运行分析来获得。电路有两种开关状态：开关 H 导通，同时二极管 D 截止（开关函数 u 取值 1）；开关 H 截止，同时二极管 D 导通（开关函数 u 取值 0）（见图 4.25）。

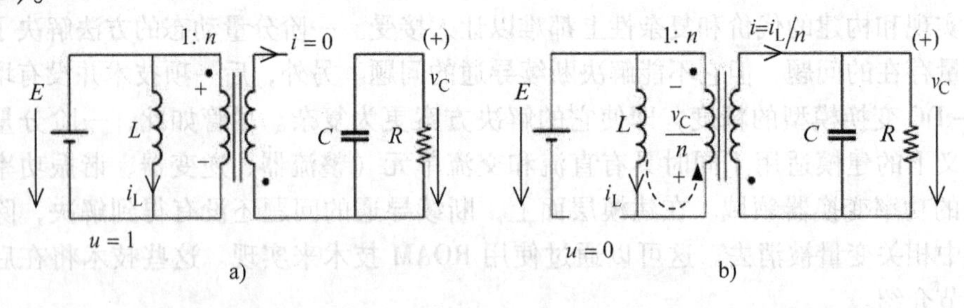

图 4.25 反激式变换器的两种等效电路，分别对应于 H 和 D 组成的开关网络的两个状态：a）H 导通和 D 截止（$u=1$）；b）H 截止和 D 导通（$u=0$）

当二极管截止（$u=1$）时，变压器的一次和二次电流为零。当开关 H 截止

($u=0$) 时，磁化电感从输入源解耦，一次电压为 v_C/n，二次电流为i_L/n。因此，该系统具有两个状态变量，电流i_L和电压 v_C，其动态特性由下述关系式给出：

$$u=1:\begin{cases}L\dfrac{di_L}{dt}=E\\C\dfrac{dv_C}{dt}=-\dfrac{v_C}{R}\end{cases}\qquad u=0:\begin{cases}L\dfrac{di_L}{dt}=-\dfrac{v_C}{n}\\C\dfrac{dv_C}{dt}=\dfrac{i_L}{n}-\dfrac{v_C}{R}\end{cases}\tag{4.41}$$

式 (4.41) 可以由一个统一方程组表示，这表示反激式变换器的开关模型：

$$\begin{cases}L\cdot\dot{i}_L=-(1-u)\cdot\dfrac{v_C}{n}+u\cdot E\\C\cdot\dot{v}_C=(1-u)\cdot\dfrac{i_L}{n}-\dfrac{v_C}{R}\end{cases}\tag{4.42}$$

用平均值替换模型 (4.42) 中的开关函数 u 便可得到平均模型，α 表示占空比。绘制平均模型的等效电路如图 4.26 所示。三个子电路是由两个连接器连接，每一个都可看作交流和直流变压器，变比为 α (输入电压侧) 和$(1-\alpha)/n$ (负载侧)。

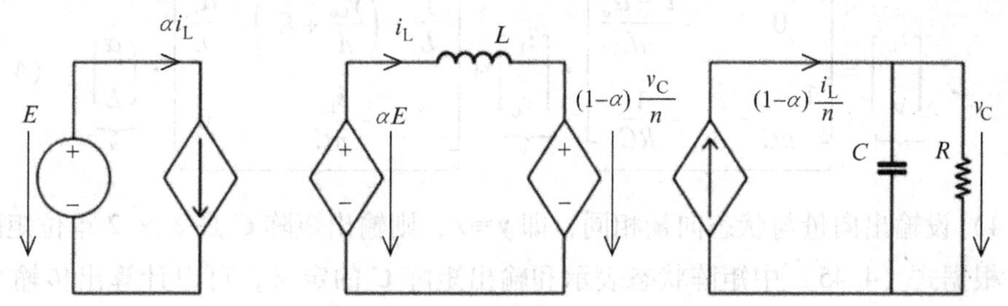

图 4.26 反激式变换器平均模型的等效电路

2) 式 (4.42) 中导数项置零得到稳态模型的结果。状态变量的平均值用带下标 e 的字母表示：

$$v_{Ce}=n\cdot\frac{E_e\cdot\alpha_e}{1-\alpha_e},i_{Le}=n^2\cdot\frac{\alpha_e}{(1-\alpha_e)^2}\cdot\frac{E_e}{R}\tag{4.43}$$

式 (4.43) 第一个方程表明，输出电压的表达式和 buck - boost 的情况类似，除了它是正的，并包含一个补充的乘法系数 n 。

3) 小信号模型可由扰动和线性化产生。更换式 (4.42) 的扰动输入和状态变量：$\alpha=\alpha_e+\widetilde{\alpha}$、$E=E_e+\widetilde{E}$、$i_L=i_{Le}+\widetilde{i_L}$和$v_C=v_{Ce}+\widetilde{v_C}$。通过使用式 (4.43)，而忽略小的变量乘积项，经过一些简单的代数运算可以得到

$$\begin{cases}L\cdot\dot{\widetilde{i_L}}=-\dfrac{1-\alpha_e}{n}\cdot\widetilde{v_C}+\left(\dfrac{v_{Ce}}{n}+E\right)\cdot\widetilde{\alpha}+\alpha_e\cdot\widetilde{E}\\C\cdot\dot{\widetilde{v_C}}=\dfrac{1-\alpha_e}{n}\cdot\widetilde{i_L}-\dfrac{1}{RC}\cdot\widetilde{v_C}-\dfrac{i_{Le}}{n}\cdot\widetilde{\alpha}\end{cases}\tag{4.44}$$

由此可得小信号交流等效电路（见图4.27）。

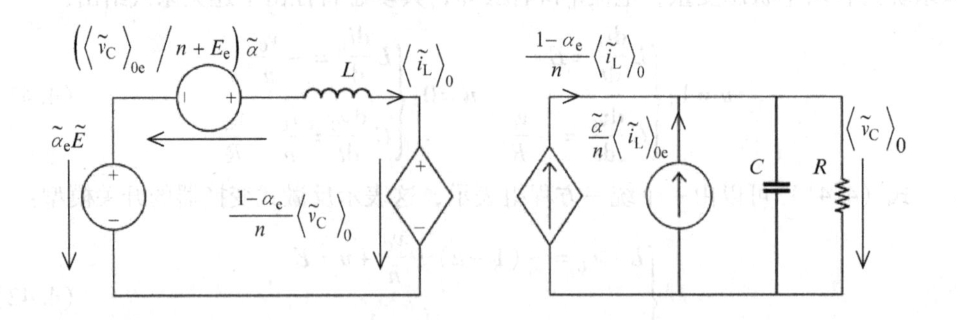

图4.27 反激式变换器小信号交流等效电路

式（4.44）所对应的状态空间矩阵表示如式（4.45），强调小信号状态向量 $\boldsymbol{x}=[\ \tilde{i}_L\quad \tilde{v}_C\ ]^T$，小信号输入向量 $\boldsymbol{u}=[\tilde{\alpha}\quad \tilde{E}]^T$，状态矩阵 $\boldsymbol{A}$ 和输入矩阵 $\boldsymbol{B}$ 为

$$\underbrace{\begin{bmatrix} \dot{\tilde{i}}_L \\ \dot{\tilde{v}}_C \end{bmatrix}}_{\dot{\boldsymbol{x}}} = \underbrace{\begin{bmatrix} 0 & -\frac{1-\alpha_e}{nL} \\ \frac{1-\alpha_e}{nC} & -\frac{1}{RC} \end{bmatrix}}_{\boldsymbol{A}} \cdot \underbrace{\begin{bmatrix} \tilde{i}_L \\ \tilde{v}_C \end{bmatrix}}_{\boldsymbol{x}} + \underbrace{\begin{bmatrix} \frac{1}{L}\cdot\left(\frac{v_{Ce}}{n}+E_e\right) & \frac{\alpha_e}{L} \\ -\frac{i_{Le}}{nC} & 0 \end{bmatrix}}_{\boldsymbol{B}} \cdot \underbrace{\begin{bmatrix} \tilde{\alpha} \\ \tilde{E} \end{bmatrix}}_{\boldsymbol{u}} \tag{4.45}$$

4）设输出向量与状态向量相同，即 $\boldsymbol{y}\equiv\boldsymbol{x}$，则输出矩阵 $\boldsymbol{C}$ 是 2×2 单位矩阵。

根据式（4.45）中矩阵状态表示和输出矩阵 $\boldsymbol{C}$ 的定义，可以计算出传输矩阵 $\boldsymbol{H}(s)$（含有四个输入－输出通道的传递函数）。为此，可用下面公式：

$$\boldsymbol{H}(s)=\boldsymbol{C}\cdot(s\boldsymbol{I}-\boldsymbol{A})^{-1}\cdot\boldsymbol{B}$$

计算矩阵 $\boldsymbol{H}(s)$ 的各元素，该矩阵 $\boldsymbol{H}(s)$ 的元素 $H_{ij}(s)$ 表示从输入 j 到输出 i 的拉普拉斯变换，传输矩阵的表达式可以写成

$$\boldsymbol{H}(s)=\begin{bmatrix} H_{\alpha\to i_L}(s) & H_{E\to i_L}(s) \\ H_{\alpha\to v_C}(s) & H_{E\to v_C}(s) \end{bmatrix} \tag{4.46}$$

式中，所述传递函数是

$$\begin{cases} H_{\alpha\to i_L}(s)=k_{\alpha i_L}\cdot\dfrac{T_{\alpha i_L}s+1}{s(T_0 s+1)} & H_{E\to i_L}(s)=\dfrac{k_{Ei_L}}{s} \\ H_{\alpha\to v_C}(s)=k_{\alpha v_C}\cdot\dfrac{1-T_{\alpha v_C}s}{s(T_0 s+1)} & H_{Ev_C}(s)=\dfrac{k_{Ev_C}}{s(T_0 s+1)} \end{cases} \tag{4.47}$$

式中，各增益和时间常数如下：

$$
\begin{cases}
T_0 = RC \\
k_{\alpha i_L} = \dfrac{v_{Ce} + nE_e + (1-\alpha_e) \cdot i_{Le}/n}{nL} & T_{\alpha i_L} = \dfrac{RC(v_{Ce} + nE_e)}{v_{Ce} + nE_e + (1-\alpha_e) \cdot i_{Le}/n} \\
k_{\alpha v_C} = \dfrac{(1-\alpha_e) \cdot (v_{Ce}/n + E_e)}{n \cdot (L/R)} & T_{\alpha v_C} = \dfrac{i_{Le} L}{(1-\alpha_e) \cdot (v_{Ce}/n + E_e)} \\
k_{E i_L} = \dfrac{\alpha_e}{L} & k_{E v_C} = \dfrac{\alpha_e (1-\alpha_e)}{n \cdot (L/R)}
\end{cases}
\quad (4.48)
$$

正如预期的，式（4.47）和式（4.48）表明小信号模型是参数线性变化的，因为它的参数取决于稳态工作点。还需注意的是，四个传递函数都有一个极点在原点。以 buck - boost 变换器为例，当占空比变化时，电容电压呈现非最小相位行为，对应的便是相关联的传递函数$H_{\alpha \to v_C}(s)$具有右半平面零点［见式（4.47）］。基于该传递函数的式（4.47），可以以伯德图的形式绘制相应频率响应曲线。

问题4.2 单端初级电感变换器（SEPIC）

考虑图4.28所示的SEPIC，使用两个非耦合电感进行单向电压变换。该电路驱动是一个二进制开关函数构成，因此有两种电路状态（Sira - Ramírez 和 Silva - Ortigoza, 2006）。

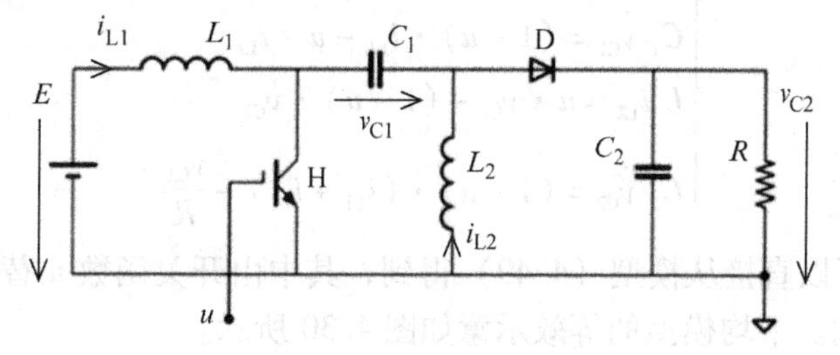

图4.28 SEPIC电路

以下几点问题需要得到解决。

1）获得平均模型和相应的等效图。

2）计算稳态模型。

3）设输入电压E变化（即干扰输入），推导出系统小信号状态空间模型，并绘制相应的等效图。

4）利用先前得到的小信号模型，获取表示从占空比（控制输入）到电压输出变量v_{C2}影响的传递函数的表达式。

解决方案： 1）平均模型是从开关模型推导得出，由分析电路的两种状态获得：开关H导通和二极管D截止（开关函数u取值1—图4.29a）；开关H截止和二极管D导通（开关函数u取值0—图4.29b）

该电路由四个状态变量描述，两个电感电流i_{L1}和i_{L2}，两个电容电压v_{C1}和v_{C2}。两种结构的运算可以合并，以获得式（4.49）给出的开关模式。

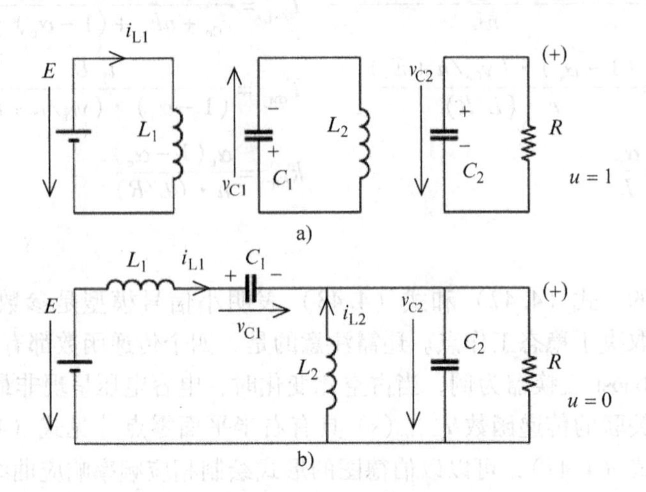

图 4.29　SEPIC 功率电路两种状态，分别对应于开关 H 的两个状态：
a）H 接通（$u=1$）；b）H 截止（$u=0$）

$$
\begin{cases}
L_1\dot{i}_{L1} = -(1-u)\cdot(v_{C1}+v_{C2})+E \\
C_1\dot{v}_{C1} = (1-u)\cdot i_{L1} - u\cdot i_{L2} \\
L_2\dot{i}_{L2} = u\cdot v_{C1} - (1-u)\cdot v_{C2} \\
C_2\dot{v}_{C2} = (1-u)\cdot(i_{L1}+i_{L2}) - \dfrac{v_{C2}}{R}
\end{cases}
\tag{4.49}
$$

平均模型可以直接从模型（4.49）得到，其中由开关函数 u 替换为其平均值，即 α 表示占空比。平均模型的等效示意如图 4.30 所示。

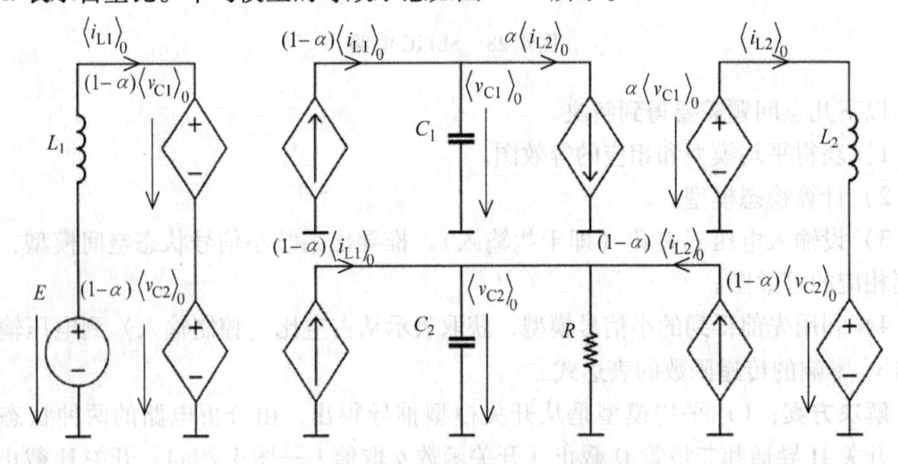

图 4.30　SEPIC 平均模型等效图

2）在式（4.49）中将导数置零，可以通过代数计算获得状态变量的稳态值（标有下标 e）如下：

$$i_{L1e}=\left(\frac{\alpha_e}{1-\alpha_e}\right)^2\cdot\frac{E_e}{R}, v_{C1e}=E_e, i_{L2e}=\frac{\alpha_e}{1-\alpha_e}\cdot\frac{E_e}{R}, v_{C2e}=\frac{\alpha_e}{1-\alpha_e}\cdot E_e \quad (4.50)$$

式（4.50）表明，v_{C1}的稳态值等于输入电压 E，稳态输出电压 v_{C2e}对应于功率不可逆的 buck – boost 拓扑结构。

3）扰动 – 线性化方法可用于获得小信号模型。因此，可向式（4.49）中代入扰动输入和状态变量：$\alpha=\alpha_e+\tilde{\alpha}$，$E=E_e+\tilde{E}$，$i_{L1}=i_{L1e}+\tilde{i}_{L1}$，$v_{C1}=v_{C1e}+\tilde{v}_{C1}$，$i_{L2}=i_{L2e}+\tilde{i}_{L2}$和$v_{C2}=v_{C2e}+\tilde{v}_{C2}$。通过计算，使用式（4.50）并忽略微小变量的乘积项，可以得到式（4.51），其对应的等效图如图 4.31 所示。

$$\begin{cases} L_1\dot{\tilde{i}}_{L1}= & -(1-\alpha_e)\tilde{v}_{C1} & -(1-\alpha_e)\tilde{v}_{C2} & +(v_{C1e}+v_{C2e})\tilde{\alpha} & +\tilde{E} \\ C_1\dot{\tilde{v}}_{C1}=(1-\alpha_e)\tilde{i}_{L1} & -\alpha_e\tilde{i}_{L2} & & +(i_{L1e}+i_{L2e})\tilde{\alpha} \\ L_2\dot{\tilde{i}}_{L2}= & \alpha_e\tilde{v}_{C1} & -(1-\alpha_e)\tilde{v}_{C2} & +(v_{C1e}+v_{C2e})\tilde{\alpha} \\ C_2\dot{\tilde{v}}_{C2}=(1-\alpha_e)\tilde{i}_{L1} & +(1-\alpha_e)\tilde{i}_{L2} & -(1/R)\tilde{v}_{C2} & +(i_{L1e}+i_{L2e})\tilde{\alpha} \end{cases} \quad (4.51)$$

式（4.51）可以进一步被写为矩阵形式：

$$\dot{\boldsymbol{x}}=\boldsymbol{A}\cdot\boldsymbol{x}+\boldsymbol{B}\cdot\boldsymbol{u} \quad (4.52)$$

式中，$\boldsymbol{x}=[\tilde{i}_{L1}\quad\tilde{i}_{L2}\quad\tilde{v}_{C1}\quad\tilde{v}_{C2}]^T$是小信号状态向量；$u=[\tilde{\alpha}\quad\tilde{E}]^T$是小信号输入向量；状态矩阵 $\boldsymbol{A}$ 和输入矩阵 $\boldsymbol{B}$ 是

$$\begin{cases} \boldsymbol{A}=\begin{bmatrix} 0 & -(1-\alpha_e)/L_1 & 0 & -(1-\alpha_e)/L_1 \\ (1-\alpha_e)/C_1 & 0 & -\alpha_e/C_1 & 0 \\ 0 & \alpha_e/L_2 & 0 & -(1-\alpha_e)/L_2 \\ (1-\alpha_e)/C_2 & 0 & (1-\alpha_e)/C_2 & -1/(RC_2) \end{bmatrix} \\ \boldsymbol{B}=\begin{bmatrix} (v_{C1e}+v_{C2e})/L_1 & 1/L_1 \\ -(i_{L1e}+i_{L2e})/C_1 & 0 \\ (v_{C1e}+v_{C2e})/L_2 & 0 \\ -(i_{L1e}+i_{L2e})/C_2 & 0 \end{bmatrix} \end{cases} \quad (4.53)$$

式（4.52）和式（4.53）给出了 SEPIC 小信号状态空间模型。

4）基于式（4.52）的矩阵状态表示，考虑式（4.53）所述矩阵定义，并将输出矩阵 C 定义为 4×4 单位矩阵，可以计算出传输矩阵 $\boldsymbol{H}(s)$为

$$\boldsymbol{H}(s)=\boldsymbol{C}\cdot(s\boldsymbol{I}-\boldsymbol{A})^{-1}\cdot\boldsymbol{B} \quad (4.54)$$

式中，包含 8 个输入 – 输出通道的传递函数。应用式（4.54）来求解，需要进行 4×4 矩阵的求逆解析运算，计算相当困难。为了得到从占空比 $\tilde{\alpha}$（第一输入）到

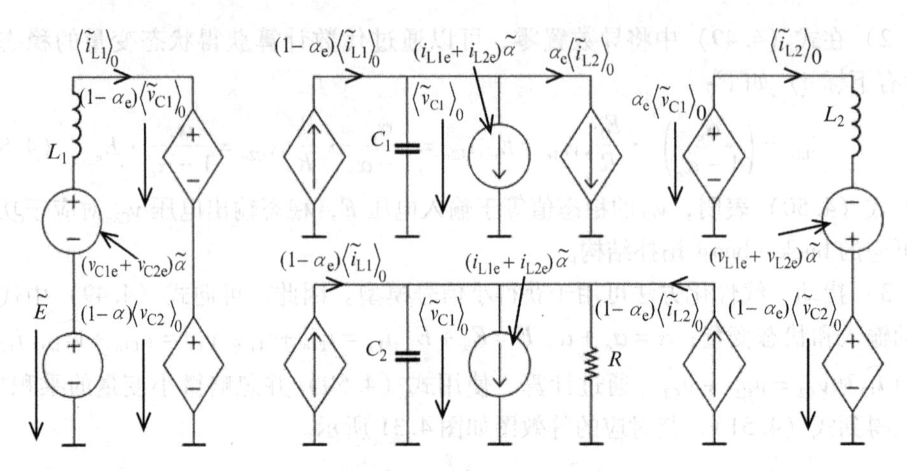

图 4.31 SEPIC 的小信号等效框图

输出电压 $\tilde{v}_{C2}$（第四状态变量）的传递函数的表达式，输出矢量必须被设置为 $\boldsymbol{y} \equiv v_{C2}$，因此输出矩阵必须设置为 $\boldsymbol{C} = [0 \quad 0 \quad 0 \quad 1]^{T}$。因此，计算矩阵 $\boldsymbol{H}(s)$ 的第四行足以获得所要求的传递函数。通过简化后但仍旧繁琐的计算，可以最终获得占空比 - 输出电压的传递函数

$$H_{\alpha \to v_{C2}}(s) = \frac{b_3 s^3 + b_2 s^2 + b_1 s + b_0}{s^4 + a_3 s^3 + a_2 s^2 + a_1 s + a_0} \tag{4.55}$$

式中，分子和分母的不同参数分别为

$$\begin{cases} b_3 = -\dfrac{i_{L1e} + i_{L2e}}{C_2} \quad b_2 = (1-\alpha_e)\dfrac{v_{C1e} + v_{C2e}}{L_1 L_2 C_1 C_2}(L_1 + L_2) C_1 \\ b_1 = -\alpha_e L_1 \dfrac{i_{L1e} + i_{L2e}}{L_1 L_2 C_1 C_2} \quad b_0 = (1-\alpha_e)\dfrac{v_{C1e} + v_{C2e}}{L_1 L_2 C_1 C_2} \end{cases}$$

$$\begin{cases} a_3 = \dfrac{1}{RC_2} \quad a_2 = \dfrac{(1-\alpha_e)^2 (L_1 C_1 + L_2 C_2 + L_2 C_1) + \alpha_e^2 L_1 C_2}{L_1 L_2 C_1 C_2} \\ a_1 = \dfrac{1}{R} \cdot \dfrac{\alpha_e^2 L_1 + (1-\alpha_e)^2 L_2}{L_1 L_2 C_1 C_2} \quad a_1 = \dfrac{(1-\alpha_e)^2}{L_1 L_2 C_1 C_2} \end{cases}$$

分析式（4.55）的分子，可以确定不稳定零点的存在，意味着输出电压响应占空比的变化时的非最小相位行为特性，这类似于 buck - boost 和反激式变换器的情况。

问题 4.3　非理想 boost 变换器

考虑图 4.32 的 boost 变换器，其中电感被建模为一个纯电感 $L = 2\text{mH}$ 和一个电阻器 $R_L = 0.5\Omega$ 串联（考虑铜损）。输出电容容值 $C = 100\mu\text{F}$，其串联等效电阻 $R_C = 0.05\Omega$。输入电压和负载电阻围绕各自的额定值 $E = 5\text{V}$ 和 $R = 10\Omega$ 变化。待解决问题如下：

1）推导出小信号状态空间模型，考虑到输入电压 E 和负载电阻 R 变化（它们

将被表示为扰动输入)，绘制相关的等效电路。

2）使用得到的图分别获得以下三个传递函数的表达式：从占空比到输出电压、从输入电压到输出电压和从负载电阻到输出电压。

3）计算稳态模型，并绘制稳态特性和关于占空比的输入输出效率曲线。

4）使用 MATLAB® – Simulink®软件为上面提到的三个传输通道绘制零极点图。

5）模拟所述平均非线性（大信号）的模型和评估围绕全负载稳态工作点附近微小变化的结果；使用零极点图进行比较。

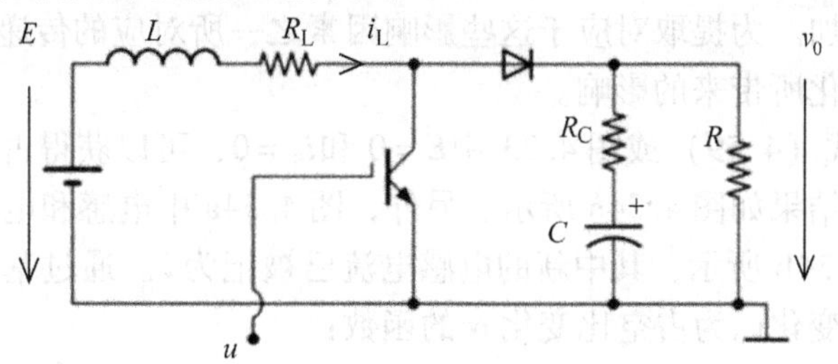

图4.32 非理想的boost升压电路

解决方案：1）简便起见，本例中的括号 $\langle\cdot\rangle_0$将不使用；因此，所遇到的任何变量实际上表示相应的平均。根据第4章4.5.3节的展开，大信号的平均状态空间模型可以写成

$$\begin{cases} L\dot{i}_L = E - v_0(1-\alpha) - R_L i_L \\ C\dot{v}_C = i_L(1-\alpha) - \dfrac{v_0}{R} \\ v_0 = CR_C\,\dot{v}_C + v_C \end{cases} \tag{4.56}$$

接着，描述稳态（平衡）的工作点的变量和额定值用下标 e 表示。用符号 $\alpha'_e = 1-\alpha_e$，在平衡点，有

$$\begin{cases} E_e - v_{0e}\cdot\alpha'_e - R_L i_{Le} = 0 \\ i_{Le}\cdot\alpha'_e - \dfrac{v_{0e}}{R_e} = 0 \\ v_{0e} = v_{Ce} \end{cases} \tag{4.57}$$

为了获得所考虑的工作点附近小信号模型，必须对模型（4.56）在稳态工作点处做微分：

$$\begin{cases} L\,\dot{\widetilde{i_L}} = E_e + \widetilde{E} - (v_{0e} + \widetilde{v_0})\cdot(1-\alpha_e-\widetilde{\alpha}) - R_L\cdot(i_{Le}+\widetilde{i_L}) \\ C\,\dot{\widetilde{v_C}} = (i_{Le}+\widetilde{i_L})\cdot(1-\alpha_e-\widetilde{\alpha}) - \dfrac{v_{0e}}{R_e} - \dfrac{\widetilde{v_0}}{R_e} + \dfrac{v_{0e}}{R_e^2}\cdot\widetilde{R} \\ v_{0e} + \widetilde{v_0} = CR_C\,\dot{\widetilde{v_C}} + v_{Ce} + \widetilde{v_C} \end{cases} \tag{4.58}$$

将式（4.57）代入式（4.58），并忽略小扰动，可以得到所考虑的boost电路的小信号模型：

$$\begin{cases} L\dot{\widetilde{i_{\mathrm{L}}}}=\widetilde{E}+v_{0\mathrm{e}}\cdot\widetilde{\alpha}-\alpha'_{\mathrm{e}}\cdot\widetilde{v_0}-R_{\mathrm{L}}\cdot\widetilde{i_{\mathrm{L}}} \\ C\dot{\widetilde{v_{\mathrm{C}}}}=-i_{\mathrm{Le}}\cdot\widetilde{\alpha}+\alpha'_{\mathrm{e}}\cdot\widetilde{i_{\mathrm{L}}}-\dfrac{\widetilde{v_0}}{R_{\mathrm{e}}}-\widetilde{i_{\mathrm{S}}} \\ \widetilde{v_0}=CR_{\mathrm{C}}\dot{\widetilde{v_{\mathrm{C}}}}+\widetilde{v_{\mathrm{C}}} \end{cases} \tag{4.59}$$

图 4.33 显示了所有的外部变量对系统输出$\widetilde{v_0}$的变化的影响：输出是所有输入变量的影响的叠加。为提取对应于这些影响因素之一所对应的传递函数，必须消除所有其他输入变化所带来的影响。

2）通过设式（4.59）或图 4.33 中$\widetilde{E}=0$和$\widetilde{i_{\mathrm{S}}}=0$，可以获得占空比－输出电压的传递函数。其结果如图 4.34a 所示。另外，图 4.34a 中电感和电压源折算至变压器二次侧，如 4.34b 所示，其中新的电感电流已被记为$\widetilde{i}$。通过基尔霍夫定律，可以求解输出电压变化$\widetilde{v_0}$为占空比变化$\widetilde{\alpha}$的函数：

$$\begin{cases} \dfrac{1}{\alpha'^2_{\mathrm{e}}}(sL+R_{\mathrm{L}})\cdot\widetilde{i_{\mathrm{L}}}=\dfrac{v_{0\mathrm{e}}}{\alpha'_{\mathrm{e}}}\cdot\widetilde{\alpha}-\widetilde{v_0} \\ \widetilde{i_{\mathrm{L}}}=i_{\mathrm{Le}}\cdot\widetilde{\alpha}+\dfrac{\widetilde{v_0}}{R_{\mathrm{e}}\parallel\left(R_{\mathrm{C}}+\dfrac{1}{sC}\right)} \end{cases} \tag{4.60}$$

结合式（4.60）可得

$$\widetilde{v_0}\cdot\left[\frac{1}{\alpha'^2_{\mathrm{e}}}\cdot\frac{sL+R_{\mathrm{L}}}{R_{\mathrm{e}}\parallel(R_{\mathrm{C}}+\frac{1}{sC})}+1\right]=\widetilde{\alpha}\cdot\left(\frac{v_{0\mathrm{e}}}{\alpha'_{\mathrm{e}}}-\frac{sL+R_{\mathrm{L}}}{\alpha'_{\mathrm{e}}}\cdot i_{\mathrm{Le}}\right) \tag{4.61}$$

简单代数运算后即可得到所需的传递函数，$H_{v_0\alpha}(s)=\dfrac{\widetilde{V_0}(s)}{\widetilde{\alpha}(s)}$：

$$H_{v_0\alpha}(s)=\frac{R_{\mathrm{e}}(CR_{\mathrm{C}}s+1)(v_{0\mathrm{e}}\alpha'_{\mathrm{e}}-i_{\mathrm{Le}}R_{\mathrm{L}}-i_{\mathrm{Le}}Ls)}{CL(R_{\mathrm{e}}+R_{\mathrm{C}})s^2+[\alpha'^2_{\mathrm{e}}R_{\mathrm{e}}R_{\mathrm{C}}C+CR_{\mathrm{L}}(R_{\mathrm{e}}+R_{\mathrm{C}})+L]s+\alpha'^2_{\mathrm{e}}R_{\mathrm{e}}+R_{\mathrm{L}}} \tag{4.62}$$

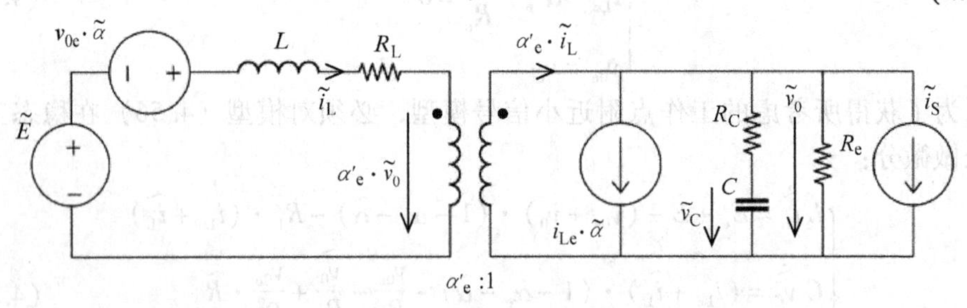

图 4.33 非理想 boost 电路的小信号模型：等效电路

类似地，通过设式（4.59）或图 4.33 中$\widetilde{E}=0$和$\widetilde{\alpha}=0$得到输出电流－输出电

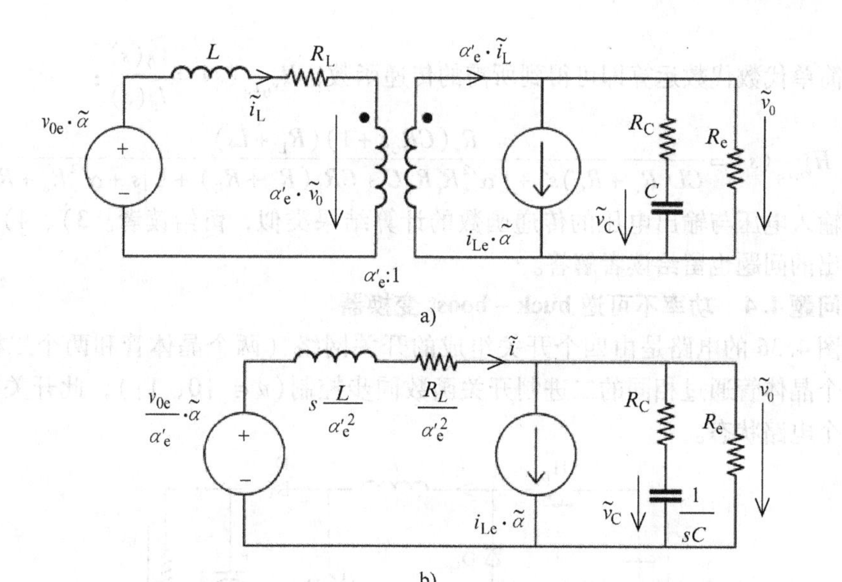

图 4.34　a）非理想 boost 电路小信号模型：占空比－输出电压的影响；b）将电感和电压源折算至变压器二次侧

压的传递函数。其结果如图 4.35a 所示。此外，在图 4.35a 中的电感可折算至变压器二次侧，所得等效电路如图 4.35b 所示。输出电压变化$\widetilde{v_0}$可用输出电流变化$\widetilde{i_S}$和输出阻抗的函数形式表示：

$$\widetilde{v_0} = \widetilde{i_S} \cdot \left[R_e \parallel \left(R_C + \frac{1}{sC} \right) \parallel \left(s\frac{L}{\alpha'^2_e} + \frac{R_L}{\alpha'^2_e} \right) \right] \tag{4.63}$$

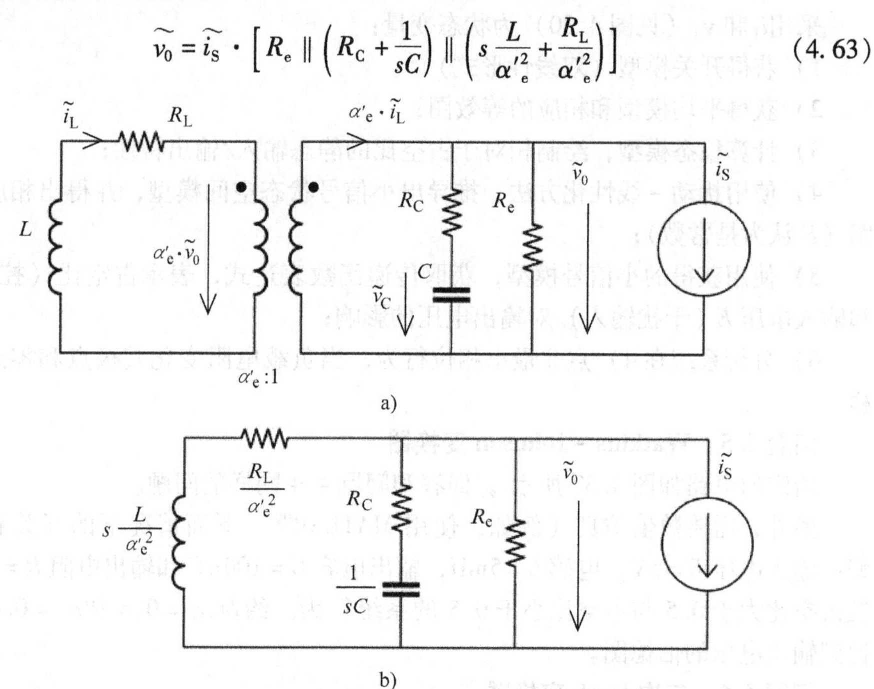

图 4.35　a）非理想 boost 电路的小信号模型：负载电流－输出电压的影响；b）将电感折算至变压器二次侧

简单代数代数运算即可得到所需的传递函数，$H_{v_0 i_S}(s)=\dfrac{\widetilde{V}_0(s)}{\widetilde{I}_S(s)}$：

$$H_{v_0 i_S}(s)=\frac{R_e(CR_C s+1)(R_L+Ls)}{CL(R_e+R_C)s^2+[\alpha'^2_e R_e R_C C+CR_L(R_e+R_C)+L]s+\alpha'^2_e R_e+R_L}$$

输入电压与输出电压的传递函数的计算结果类似，留给读者。3)、4）和5）中提出的问题也留给读者解答。

问题 4.4　功率不可逆 buck - boost 变换器

图 4.36 的电路是由四个开关组成的开关网络（两个晶体管和两个二极管）。当两个晶体管通过相同的二进制开关函数同步控制($u \in \{0, 1\}$)，此开关网络对应两个电路状态。

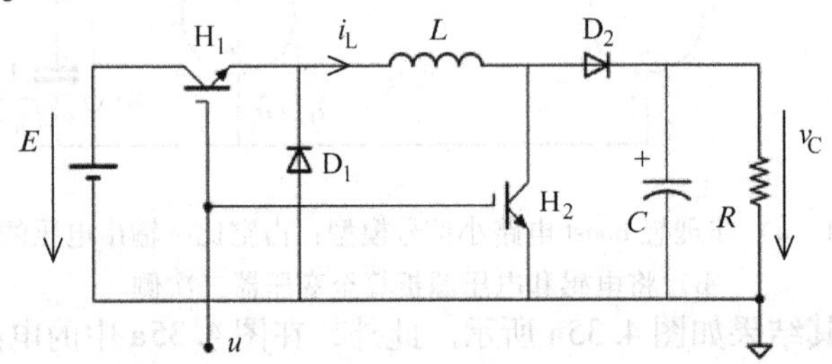

图 4.36　功率不可逆的 buck - boost 电路

采用i_L和 v_C（见图 4.30）为状态变量：

1）获得开关模型（双线性形式）；

2）获得平均模型和相应的等效图；

3）计算稳态模型；绘制相对于占空比的静态输入/输出特性；

4）使用扰动 - 线性化方法，推导出小信号状态空间模型，并得出相应的等效图（E 认为是常数）；

5）使用获得的小信号模型，获取传递函数表达式，表示占空比（控制输入）和输入电压 E（干扰输入）对输出电压的影响；

6）分析系统在4）点非最小相位行为，当负载电阻变化其极点和零点如何迁移。

问题 4.5　Watkins - Johnson 变换器

给定的电路如图 4.37 所示，回答和问题 4.4 同样的问题。

另外，需要数值仿真（例如，使用 MATLAB®）下面情况下的开关和平均模型：输入电压 $E=5\text{V}$，电感 $L=5\text{mH}$，输出电容 $C=100\mu\text{F}$ 和输出电阻 $R=10\Omega$。比较占空比大于 0.5 与占空比小于 0.5 的系统行为。绘制$\alpha_e=0.6$ 和$\alpha_e=0.4$ 从占空比到输出电压的伯德图。

问题 4.6　二次 buck 变换器

给定的电路如图 4.38 所示，回答和问题 4.4 同样的要求。

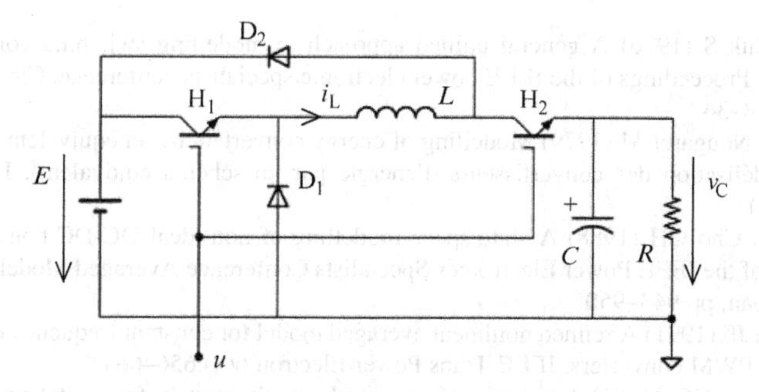

图 4.37 Watkins – Johnson 功率单元

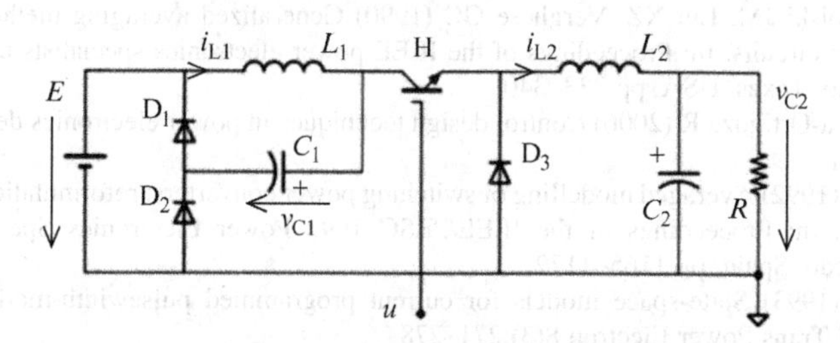

图 4.38 二次 buck 功率单元

参考文献

Ben-Yakoov S (1993) Average simulation of PWM converters by direct implementation of behavioral relationships. In: Proceedings of the eighth annual Applied Power Electronics Conference and Exposition – APEC 1993. San Diego, California, USA, pp 510–516

Brown AR, Middlebrook RD (1981) Sampled-data modeling of switching regulators. In: Proceedings of the IEEE Power Electronics Specialists Conference – PESC 8. Boulder, Colorado, USA, pp 349–369

Chetty PRK (1982) Current injected equivalent circuit approach to modelling and analysis of current programmed switching DC-to-DC converters (discontinuous inductor conduction mode). IEEE Trans Ind Appl 18(3):295–299

Erikson RW, Maksimović D (2001) Fundamentals of power electronics, 2nd edn. Kluwer, Dordrecht

Kazimierczuk MK, Wang S (1992) Frequency-domain analysis of series resonant converter for continuous conduction mode. IEEE Trans Power Electron 7(2):270–279

Krein PT, Bass RM (1990) Geometric formulation and classification methods for power electronic systems. In: Proceedings of the IEEE power electronics specialists conference. San Antonio, Texas, USA, pp 499–405

Krein PT, Bentsman J, Bass RM, Lesieutre B (1990) On the use of averaging for the analysis of power electronic systems. IEEE Trans Power Electron 5(2):182–190

Lehman B, Bass RM (1996) Extension of averaging theory for power electronic systems. IEEE Trans Power Electron 11(4):542–553

Maksimović D, Zane R (2007) Small-signal discrete-time modelling of digitally controlled PWM converters. IEEE Trans Power Electron 22(6):2552–2556

Maksimović D, Stanković AM, Thottuvelil VJ, Verghese GC (2001) Modeling and simulation of power electronic converters. Proc IEEE 89(6):898–912

Middlebrook RD (1988) Small-signal modelling of pulse-width modulated switched-mode power converters. Proc IEEE 76(4):343–354

Middlebrook RD, Ćuk S (1976) A general unified approach to modelling switching converter power stages. In: Proceedings of the IEEE power electronic specialists conference. Cleveland, Ohio, USA, pp 18–34

Perard J, Toutain E, Nougaret M (1979) Modelling of energy converters by an equivalent circuit (in French: Modélisation des convertisseurs d'énergie par un schéma equivalent). L'Onde Électrique 59(12)

Rim CT, Joung GB, Cho GH (1988) A state-space modelling of non-ideal DC-DC converters. In: Proceedings of the IEEE Power Electronics Specialists Conference Averaged Model PESC 1988. Kyoto, Japan, pp 943–950

Rodriguez FD, Chen JE (1991) A refined nonlinear averaged model for constant frequency current mode controlled PWM converters. IEEE Trans Power Electron 6(4):656–664

Sanders SR, Verghese GC (1991) Synthesis of averaged circuit models for switched power converters. IEEE Trans Circuit Syst 38(8):905–915

Sanders SR, Noworolski JM, Liu XZ, Verghese GC (1990) Generalized averaging method for power conversion circuits. In: Proceedings of the IEEE power electronics specialists conference. San Antonio, Texas, USA, pp 333–340

Sira-Ramirez H, Silva-Ortigoza R (2006) Control design techniques in power electronics devices. Springer, London

Sun J, Grotstollen H (1992) Averaged modelling of switching power converters: reformulation and theoretical basis. In: Proceedings of the IEEE/PESC 1992 Power Electronics Specialists Conference. Toledo, Spain, pp 1165–1172

Tymerski R, Li D (1993) State-space models for current programmed pulsewidth-modulated converters. IEEE Trans Power Electron 8(3):271–278

Verghese GC, Bruzos CA, Mahabir KN (1989) Averaged and sampled-data models for current mode control: a reexamination. In: Proceedings of the 20th annual IEEE Power Electronics Specialists Conference – PESC 1989. Milwaukee, Wisconsin, USA, vol. 1, pp 484–491

Vuthchhay E, Bunlaksananusorn C (2008) Dynamic modelling of a Zeta converter with state-space averaging technique. In: Proceedings of the 5th international conference on Electrical Engineering/Electronics, Computer, Telecommunications and Information Technology – ECTI-CON 2008. Rhodes Island, Greece, pp 969–972

Wester GV, Middlebrook RD (1973) Low-frequency characterization of switched DC-DC converters. IEEE Trans Aerosp Electron Syst 9(3):376–385

第5章　通用平均模型

本章介绍通用平均模型的推导方法，当变换器包含交流环节时，模型仍可以反映变换器的行为。此时，所建模型称为通用平均模型（Generalized Averaged Model, GAM），不再局限于直流变量和相应模型，而是可以处理高阶分量的平均。

本章首先介绍了GAM建模的基本思路，以及GAM和之前介绍的经典平均模型的关系，随后给出一些获得GAM的简单实例。GAM应用的范围也在本章给出，同时说明了其构建和实现的简单便利性。出于说明其简单性的考虑，本章定义了两个简洁易懂的算法，分别是解析法和图形法。之后给出了GAM和实际波形之间的关系，包括使用GAM表示交流变量的有功、无功分量。本章还强调了经典平均模型（已在第4章详细说明）和一阶分量稳态模型之间的关系。本章还会通过一些案例研究来说明各种方法。本章结尾给出一些思考题，部分问题给出了解答。

5.1　本章简介

本书之前所讨论的每一类模型均适用于某些特定领域，具有不同的属性。然而，它们有一个共同特点：模型精度随着复杂度增加而增加。所以，当建模的效果不理想，特别是不能达到预期性能时，需要考虑在精度和复杂度之间权衡。还应该注意的是，上述说法的逆向描述是不正确的：模型的精度不由复杂度所必然决定。Sanders等在1990年提出的模型说明了这一点。之后，Noworolsky、Sanders（1991）和Sanders（1993）继续开展了相关研究，提出一个基于19世纪前期Van der Pol研究成果的模型，较好地兼顾了精度和实现难度；而上述说法仅对于同时具有直流环节和一阶分量占主导的交流环节的变换器有价值。在这种情况下，相关参考文献中所选择的研究对象是理想谐振电源，其行为特点通过通用平均模型（GAM）描述。在同一篇文章中，作者已以同样的方式建模DC－DC buck－boost电路，所得模型只在占空比约为50%时可以获得满意的结果。与之类似的建模方法由Caliskan等（1999）提出，用于DC－DC boost电路建模，其结果也与之接近。

在之后文献中，这种建模方法被称为通用状态空间平均（GSSA）建模（Rimmalapudi等，2007），并且可以用于任何含有交流功率环节的电力电子设备，如谐振变换器（Rim和Cho，1990；Xu和Lee，1998），有源电力滤波器（Nasiri和Emadi，2003；Wong等，2006），气体放电灯电子镇流器（Yin等，2002）等。

5.2 原理

5.2.1 基础知识

GAM 方法基于用复数傅里叶级数表示波形。因此，周期变量 $x(t)$ 可表示为

$$x(t) = \sum_{k=-\infty}^{+\infty} x_k(t) \cdot \mathrm{e}^{\mathrm{j}k\omega t} \tag{5.1}$$

式中，ω 是基波角频率；x_k 是 k 阶分量的系数，其数学定义为

$$x_k(t) = \frac{1}{T}\int_{t-T}^{t} x(\tau) \cdot \mathrm{e}^{-\mathrm{j}k\omega\tau}\mathrm{d}\tau \tag{5.2}$$

式中，$T=2\pi/\omega$，对应于滑动平均的定义（在第 4 章中给出了说明），式（5.2）被进一步称为 k 阶滑动分量。k 阶分量或 k 相量（Maksimović等，2001）的系数是从滑动平均运算得到的。为方便证明，使用以下表示：

$$x_k(t) = \langle x \rangle_k(t) \tag{5.3}$$

由式（5.1）和式（5.2）可推导出两个基本属性。首先是关于滑动平均的导数，表示为

$$\frac{\mathrm{d}}{\mathrm{d}t}\langle x \rangle_k(t) = \left\langle \frac{\mathrm{d}}{\mathrm{d}t}x \right\rangle_k(t) - \mathrm{j}k\omega\langle x \rangle_k(t) \tag{5.4}$$

第二属性与变量乘积相关：

$$\langle x \cdot y \rangle_k(t) = \sum_i \langle x \rangle_{k-i}(t) \cdot \langle y \rangle_i(t) \tag{5.5}$$

感兴趣的读者可以在附录中找到式（5.5）的证明。这里仅给出式（5.4）的证明，证明基于式（5.2）的分部积分，在此继续给出

$$\begin{aligned} x_k(t) &= \frac{1}{T}\int_{t-T}^{t} x(\tau) \cdot \mathrm{e}^{-\mathrm{j}k\omega\tau}\mathrm{d}\tau = -\frac{1}{\mathrm{j}k\omega T}\int_{t-T}^{t} x(\tau) \cdot \frac{\mathrm{d}(\mathrm{e}^{-\mathrm{j}k\omega\tau})}{\mathrm{d}\tau}\mathrm{d}\tau \\ &= -\frac{1}{\mathrm{j}k\omega T}\left(x(\tau) \cdot \mathrm{e}^{-\mathrm{j}k\omega\tau}\Big|_{t-T}^{t}\right) + \frac{1}{\mathrm{j}k\omega T}\int_{t-T}^{t} \frac{\mathrm{d}x(\tau)}{\mathrm{d}\tau} \cdot \mathrm{e}^{-\mathrm{j}k\omega\tau}\mathrm{d}\tau \end{aligned} \tag{5.6}$$

式（5.6）可以进一步展开。注意，第二项包含了信号 x 对时间的导数的 k 阶滑动分量；因而可以写为

$$\begin{aligned} x_k(t) = &-\frac{1}{\mathrm{j}k\omega T}\left(x(t) \cdot \mathrm{e}^{-\mathrm{j}k\omega t} - x(t-T) \cdot \mathrm{e}^{-\mathrm{j}k\omega(t-T)}\right) \\ &+ \frac{1}{\mathrm{j}k\omega} \cdot \underbrace{\frac{1}{T}\int_{t-T}^{t} \frac{\mathrm{d}x(\tau)}{\mathrm{d}\tau} \cdot \mathrm{e}^{-\mathrm{j}k\omega\tau}\mathrm{d}\tau}_{\left\langle \frac{\mathrm{d}}{\mathrm{d}t}x \right\rangle_k} \end{aligned}$$

$$= -\frac{1}{\mathrm{j}k\omega T}(x(t)\cdot \mathrm{e}^{-\mathrm{j}k\omega t} - x(t-T)\cdot \mathrm{e}^{-\mathrm{j}k\omega(t-T)}) + \frac{1}{\mathrm{j}k\omega}\left\langle \frac{\mathrm{d}}{\mathrm{d}t}x\right\rangle_k(t) \tag{5.7}$$

在另一方面，假设函数 $x(t)\cdot \mathrm{e}^{-\mathrm{j}k\omega t}$ 由原函数 $F(t)$ 表示，即表示为

$$\frac{\mathrm{d}F(t)}{\mathrm{d}t} = x(t)\cdot \mathrm{e}^{-\mathrm{j}k\omega t} \tag{5.8}$$

因此，对于式（5.2）中的积分可以得到

$$\langle x\rangle_k(t) = \frac{1}{T}(F(t) - F(t-T))$$

基于原函数 F，可以进一步得到 k 阶滑动分量对时间的导数

$$\frac{\mathrm{d}}{\mathrm{d}t}\langle x\rangle_k(t) = \frac{1}{T}\left(\frac{\mathrm{d}}{\mathrm{d}t}F(t) - \frac{\mathrm{d}}{\mathrm{d}t}F(t-T)\right)$$

或者采用式（5.7）得到等价的形式：

$$\frac{\mathrm{d}}{\mathrm{d}t}\langle x\rangle_k(t) = \frac{1}{T}(x(t)\cdot \mathrm{e}^{-\mathrm{j}k\omega t} - x(t-T)\cdot \mathrm{e}^{-\mathrm{j}k\omega(t-T)}) \tag{5.9}$$

现在，式（5.9）可以用来代替式（5.7）中的第一项：

$$\langle x\rangle_k(t) = -\frac{1}{\mathrm{j}k\omega}\cdot\frac{\mathrm{d}}{\mathrm{d}t}\langle x\rangle_k(t) + \frac{1}{\mathrm{j}k\omega}\cdot\left\langle\frac{\mathrm{d}}{\mathrm{d}t}x\right\rangle_k(t)$$

并最终得到式（5.4）。

GAM 建模基于式（5.4）和式（5.5）。需要注意的是，只有当角频率 ω 缓慢变化时，式（5.4）才有效。否则，该导数的表达 $\frac{\mathrm{d}}{\mathrm{d}t}\langle x\rangle_k(t)$ 变得不适用（Sanders 等，1990）：

$$\frac{\mathrm{d}}{\mathrm{d}t}\langle x\rangle_k = x\cdot(t-T)\cdot \mathrm{e}^{-\mathrm{j}k\theta(t-T)}\cdot\omega(t-T)\frac{\mathrm{d}}{\mathrm{d}t}T + \left\langle\frac{\mathrm{d}}{\mathrm{d}t}x\right\rangle_k + \left\langle\left(\frac{1}{\omega}\frac{\mathrm{d}}{\mathrm{d}t}\omega - \mathrm{j}k\omega\right)x\right\rangle_k$$

式中，ω 是 θ 的导数。

5.2.2　与一阶分量模型的联系

通过一阶分量模型可以理解以交流变量为特征的系统的正弦稳态。如果式（5.1）级数展开式在角频率 ω 的一阶分量（$k=1$）处截断，并考虑系统工作于稳态（$\langle x\rangle_1$ 是常数），可以发现一阶分量模型成立的条件。事实上，这也可以从图 5.1 基本电路上看出。

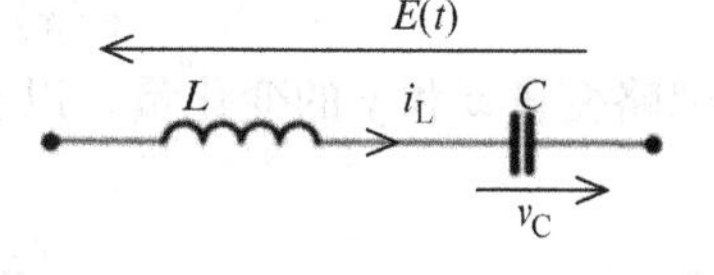

图 5.1　基本 LC 电路

电路方程是

$$\begin{cases}\frac{\mathrm{d}}{\mathrm{d}t}i_{\mathrm{L}} = \frac{E}{L} - \frac{v_{\mathrm{C}}}{L}\\ \frac{\mathrm{d}}{\mathrm{d}t}v_{\mathrm{C}} = \frac{i_{\mathrm{L}}}{C}\end{cases}$$

通过应用式（5.4），可以得到

$$\begin{cases}\dfrac{\mathrm{d}}{\mathrm{d}t}\langle i_{\mathrm{L}}\rangle_1 = -\mathrm{j}\omega\langle i_{\mathrm{L}}\rangle_1 + \dfrac{\langle E\rangle_1}{L} - \dfrac{\langle v_{\mathrm{C}}\rangle_1}{L}\\ \dfrac{\mathrm{d}}{\mathrm{d}t}\langle v_{\mathrm{C}}\rangle_1 = -\mathrm{j}\omega\langle v_{\mathrm{C}}\rangle_1 + \dfrac{\langle i_{\mathrm{L}}\rangle_1}{C}\end{cases}$$

考虑系统工作于稳态，即通过设定

$$\frac{\mathrm{d}}{\mathrm{d}t}\langle i_{\mathrm{L}}\rangle_1 = \frac{\mathrm{d}}{\mathrm{d}t}\langle v_{\mathrm{C}}\rangle_1 = 0$$

可得图5.1电路阻抗的复数表达：

$$\langle E\rangle_1 = \left(\mathrm{j}\omega L + \frac{1}{\mathrm{j}\omega C}\right)\langle i_{\mathrm{L}}\rangle_1$$

该方程表明，一阶分量模型是局限于基波GAM的一个特例。这就是为何它也被称为分量动态模型。

5.2.3　与经典平均模型的联系

为说明经典平均模型是GAM的一个特定情况，可以使用式（5.2）、式（5.4）和式（5.5），并取 $k=0$，也就是只考虑信号 x 的平均值。式（5.2）变为（T 为平均时间窗，例如开关周期）

$$\langle x\rangle_0 = \frac{1}{T}\int_{t-T}^{t} x(\tau)\mathrm{d}t \tag{5.10}$$

式（5.4）变为

$$\frac{\mathrm{d}}{\mathrm{d}t}\langle x\rangle_0(t) = \left\langle\frac{\mathrm{d}}{\mathrm{d}t}x\right\rangle_0(t) \tag{5.11}$$

式（5.10）是平均模型中的滑动平均，而式（5.11）表示平均模型对时间的导数的基本属性。

经典平均模型的基本近似（见第4章）给出了式（5.5）中乘积变量分析的依据。事实上，如果讨论滑动平均的乘积：

$$\langle x\cdot y\rangle_0 = \sum_{i+m=0}\langle x\rangle_{m-i}\langle y\rangle_m = \langle x\rangle_0\langle y\rangle_0 + \langle x\rangle_1\langle y\rangle_{-1} + \langle x\rangle_{-1}\langle y\rangle_1 + \langle x\rangle_2\langle y\rangle_{-2} + \langle x\rangle_{-2}\langle y\rangle_2 + \cdots \tag{5.12}$$

而忽略变量 x 和 y 的变化量，以及它们的谐波分量（不同阶数的分量），则可以得到

$$\langle x\cdot y\rangle_0 \approx \langle x\rangle_0\cdot\langle y\rangle_0$$

显而易见，当主要关心谐波分量（不同阶数的分量）时，平均模型存在局限性；或者当状态变量在零点附近变化时，平均模型便不再可用。

5.3　示例

一些基本示例的推导过程与平均模型的推导过程相同。首先，考虑一个变量的

k 阶滑动平均。然后，反复进行关于无源电路和开关的推导。

5.3.1　状态变量实例

目标系统通过 $\mathrm{d}x(t)/\mathrm{d}t=F(x(t),u(t))$ 来描述，$u(t)$ 是周期性输入信号，周期为 T。通过应用式（5.4）此系统变为

$$\frac{\mathrm{d}}{\mathrm{d}t}\langle x\rangle_k=-\mathrm{j}k\omega\langle x\rangle_k+\langle F(x,u)\rangle_k \tag{5.13}$$

$\langle x\rangle_k$ 表达式是复数形式，具有实部和虚部。此变量可以使用傅里叶级数展开[见式（5.1）]。正如任何变量都可以通过其平均值、一阶分量和高阶分量表示，变量 $x(t)$ 可以写为

$$x(t)\approx\langle x\rangle_0+2[\mathrm{Re}(\langle x\rangle_1)\cos(\omega t)-\mathrm{Im}(\langle x\rangle_1)\sin(\omega t)]$$

式中，展开式在一阶分量处截断。

5.3.2　无源电路实例

将式（5.13）应用到无源电路元件 R、L 或 C，可以得到（省略时间变量）：

1）对于电感：

$$v=L\frac{\mathrm{d}i}{\mathrm{d}t}\Rightarrow\langle v\rangle_k=\left\langle L\frac{\mathrm{d}i}{\mathrm{d}t}\right\rangle_k=\mathrm{j}k\omega L\langle i\rangle_k+L\frac{\mathrm{d}\langle i\rangle_k}{\mathrm{d}t} \tag{5.14}$$

2）对于电容：

$$i=C\frac{\mathrm{d}v}{\mathrm{d}t}\Rightarrow\langle i\rangle_k=\left\langle C\frac{\mathrm{d}v}{\mathrm{d}t}\right\rangle_k=\mathrm{j}k\omega C\langle v\rangle_k+C\frac{\mathrm{d}\langle v\rangle_k}{\mathrm{d}t} \tag{5.15}$$

3）对于电阻：

$$\langle v\rangle_k=R\langle i\rangle_k \tag{5.16}$$

图5.2分别给出了式（5.14）、式（5.15）和式（5.16）的拓扑图。

注意：除了电阻外，对电路元件应用 GAM 可改变它的结构。

通过设定 $k=0$ 可以得到无源电路元件的平均模型图。

考虑系统稳态工作情况（即通过导数归零），可以得到使用阻抗描述的稳态分量模型。

5.3.3　耦合电路实例

GAM 特别适用于同时包含用一阶分量描述的交流变量和主要用平均值描述的直流变量的耦合电路分析，也适用于同时含有直流分量和交流分量的变量。

在本节中，所讨论的耦合电路是对称开关变换器，开关函数含有的直流分量为零（见图5.3）。该图表示了直流和交流变量之间的通用变换器，而不强调功率流的方向，电源或者在直流侧 G_c，或在交流侧 G_a。其所代表的电路结构可以是一个电压/电流逆变器或整流器。

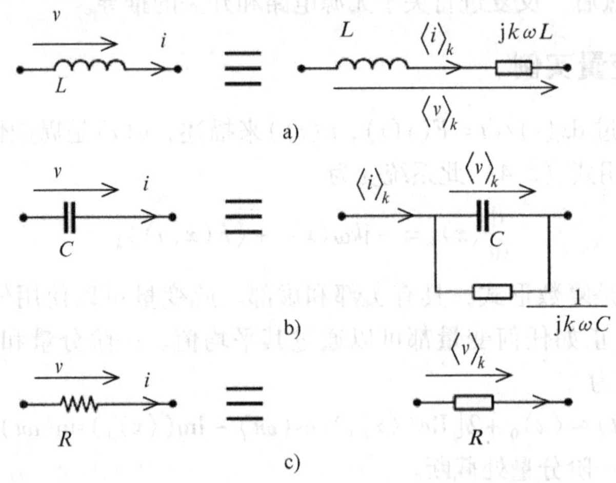

图 5.2 针对无源电路应用 GAM 的示意图：a）电感；b）电容；c）电阻

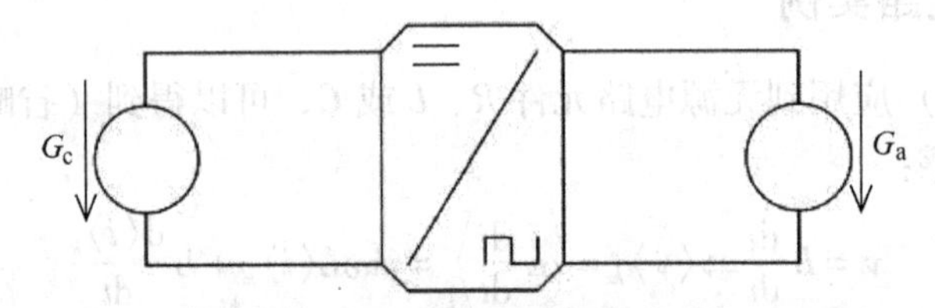

图 5.3 DC - AC 变换器通用示意图

为了强调耦合部分，构建目标电路的等效开关框图。仍然用 u 表示开关函数（见图 5.4）。

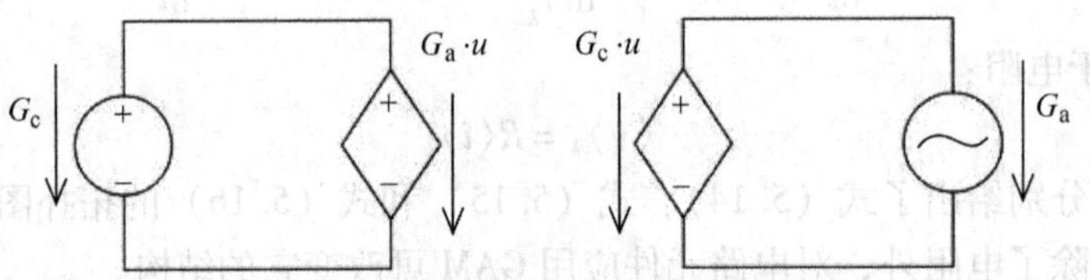

图 5.4 图 5.3 变换器等效精确框图

考虑交流变量一阶分量和直流变量的平均值。因此，必须找到以下变量的表达式：

1）在交流部分：

$$\langle G_a\rangle_1, \langle G_c \cdot u\rangle_1$$

2）在直流部分：

$$\langle G_c\rangle_0, \langle G_a \cdot u\rangle_0$$

考虑一阶分量模型和平均值模型，通过应用式（5.5）于耦合表达式，分别得到

$$\langle G_c \cdot u\rangle_1 = \langle G_c\rangle_0 \cdot \langle u\rangle_1 + \langle G_c\rangle_1 \cdot \langle u\rangle_0 \tag{5.17}$$

$$\langle G_a \cdot u\rangle_0 = \langle G_a\rangle_0 \cdot \langle u\rangle_0 + \langle G_a\rangle_1 \cdot \langle u\rangle_{-1} + \langle G_a\rangle_{-1} \cdot \langle u\rangle_1 \tag{5.18}$$

此外，如果开关函数 u 具有零平均值，上述表达式可以分别改写为

$$\langle G_c \cdot u \rangle_1 = \langle G_c \rangle_0 \cdot \langle u \rangle_1 \tag{5.19}$$

$$\langle G_a \cdot u \rangle_0 = \langle G_a \rangle_1 \cdot \langle u \rangle_{-1} + \langle G_a \rangle_{-1} \cdot \langle u \rangle_1 \tag{5.20}$$

式（5.20）可以改写为更合适的形式，已知 $\langle x \rangle_k$ 和 $\langle x \rangle_{-k}$ 是共轭的，则有

$$\langle G_a \cdot u \rangle_0 = 2[\mathrm{Re}(\langle G_a \rangle_1) \cdot \mathrm{Re}(\langle u \rangle_1) + \mathrm{Im}(\langle G_a \rangle_1) \cdot \mathrm{Im}(\langle u \rangle_1)] \tag{5.21}$$

5.3.4　开关函数

讨论对称开关变换器时，常用开关函数随时间变化表现为方波的形式；这些函数可能取决于状态变量或外部输入。一阶分量滑动平均的表达式对式（5.17）、式（5.18）、式（5.19）、式（5.20）和式（5.21）的推导同样有效。

5.3.4.1　基于时间的开关函数实例

例如，考虑强迫换相逆变器的开关函数。

考虑图 5.5 给出的函数 $u(t)$，可以解析表示为 $u(t) = \mathrm{sgn}(\sin(\omega t))$。

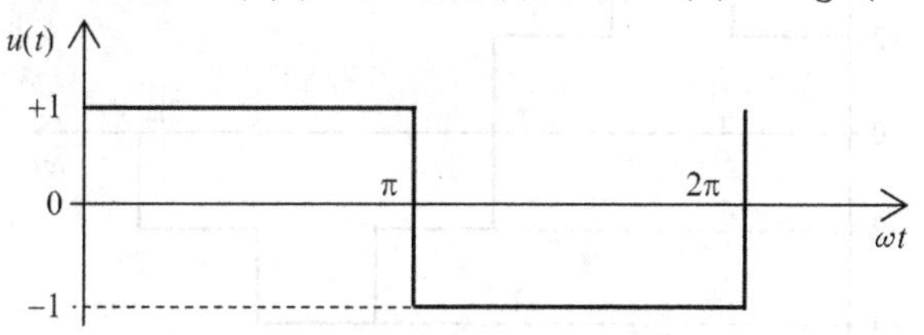

图 5.5　方波开关函数

采用定义 4.2，针对一阶分量给出

$$\langle u \rangle_1 = \frac{2}{\pi j} \tag{5.22}$$

若考虑任意设定时间原点，函数中将包含相移信息，其解析表达式为 $u(t) = \mathrm{sgn}(\sin(\omega t + \delta))$，它的一阶分量表达为

$$\langle u \rangle_1 = \frac{2}{\pi j} \mathrm{e}^{j\delta} \tag{5.23}$$

5.3.4.2　基于状态变量的开关函数实例

二极管整流器是此类开关函数的一个例子。在这种情况下，交流电流的正负表示在特定时刻整流器各支路的导通状态。此开关函数解析表示为 $u(t) = \mathrm{sgn}(x(t))$，其中 x 是交流状态变量。如果考虑变量 x 相对于原点相移角 φ，则以下关系成立：

$$\langle u \rangle_1 = \frac{2}{\pi j} \mathrm{e}^{j\varphi} \tag{5.24}$$

5.3.4.3　基于状态变量和时间的开关函数实例

晶闸管整流器是属于这一类，因为各支路的导通状态同时取决于所讨论的交流变量信号和触发脉冲时刻。这种依赖关系可以解析表示为 $u(t) = \mathrm{sgn}(x(t)) \cdot \nu(\delta)$，其中 x 是一个交流状态变量，$\nu(\cdot)$ 是一个延迟函数。

同样在变量 x 相移 φ 的假设下，可以得到

$$\langle u\rangle_1=\frac{2}{\pi j}\mathrm{e}^{\mathrm{j}(\varphi-\delta)} \tag{5.25}$$

5.3.4.4 多电平开关函数实例

本例可以是一个三相逆变器。

对于这种类型的开关函数可以写为基本方波函数有限和的表达式。因此，对于实例，图 5.6 函数 $u(t)$ 可写成三项之和的形式，其含有基本开关函数，每个之间相移为 $2\pi/3$。因此，可以写成

$$u(t)=2u_1(t)-u_2(t)-u_3(t)$$

然后计算 $\langle u\rangle_1$，可得到

$$\langle u\rangle_1=\frac{2}{\pi j}(2-\mathrm{e}^{-2\pi j/3}-\mathrm{e}^{2\pi j/3})=\frac{6}{\pi j}$$

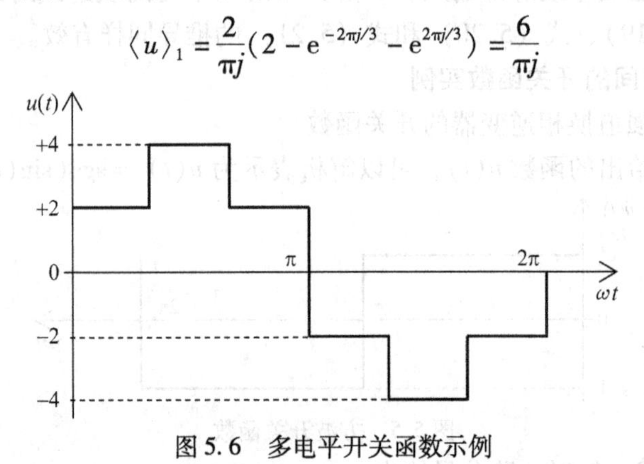

图 5.6 多电平开关函数示例

5.4 平均方法

与经典平均模型一样，构建通用平均模型（GAM）也可以用两种方法实现：基于拓扑图的图形方法；基于拓扑精确模型的解析方法。

5.4.1 解析法

不失一般性，一个给定电力电子变换器可以由第 3 章提出的式（3.2）描述：

$$\dot{\boldsymbol{x}}=\sum_{i=1}^{N}(\boldsymbol{A}_i\boldsymbol{x}+\boldsymbol{B}_i\boldsymbol{e})h_i$$

可以采用更简明的形式描述一般双线性形式的变换器，其中矩阵 $\boldsymbol{A}$ 和 $\boldsymbol{B}$ 是恒定的：

$$\dot{\boldsymbol{x}}=\boldsymbol{A}\boldsymbol{x}+\sum_{n=1}^{p}u_n(\boldsymbol{B}\boldsymbol{x}+\boldsymbol{b})+\boldsymbol{d}$$

需要注意的是其中的 p 个开关函数。

如果该变换器同时具有交流环节和直流环节，可以用傅里叶级数展开，其中包括基波和有关状态变量的直流分量值。

因此，通过平均得到直流分量关系式

$$\frac{\mathrm{d}}{\mathrm{d}t}\langle \boldsymbol{x}\rangle_0 = \boldsymbol{A}\langle \boldsymbol{x}\rangle_0 + \sum_{n=1}^{p}\boldsymbol{B}\langle u_n\boldsymbol{x}\rangle_0 + \langle u_n\boldsymbol{b}\rangle_0 + \langle \boldsymbol{d}\rangle_0$$

而对于基波分量满足下式（一阶滑动平均）：

$$\frac{\mathrm{d}}{\mathrm{d}t}\langle \boldsymbol{x}\rangle_1 = -\mathrm{j}\omega\langle \boldsymbol{x}\rangle_1 + \boldsymbol{A}\langle \boldsymbol{x}\rangle_1 + \sum_{n=1}^{p}\boldsymbol{B}\langle u_n\boldsymbol{x}\rangle_1 + \langle u_n\boldsymbol{b}\rangle_1 + \langle \boldsymbol{d}\rangle_1$$

数学展开进一步得到$\langle \boldsymbol{d}\rangle_0$和$\langle \boldsymbol{d}\rangle_1$，获得耦合项$\langle u_n\boldsymbol{x}\rangle_1$、$\langle u_n\boldsymbol{b}\rangle_1$、$\langle u_n\boldsymbol{x}\rangle_0$和$\langle u_n\boldsymbol{b}\rangle_0$的表达式。

通过整理上述表达式，式（5.26）表示的模型代表给定电力电子变换器的通用平均模型：

$$\begin{cases}\dfrac{\mathrm{d}}{\mathrm{d}t}\langle \boldsymbol{x}\rangle_0 = \boldsymbol{A}\langle \boldsymbol{x}\rangle_0 + \displaystyle\sum_{n=1}^{p}\boldsymbol{B}\langle u_n\boldsymbol{x}\rangle_0 + \langle u_n\boldsymbol{b}\rangle_0 + \langle \boldsymbol{d}\rangle_0 \\ \dfrac{\mathrm{d}}{\mathrm{d}t}\langle \boldsymbol{x}\rangle_1 = -\mathrm{j}\omega\langle \boldsymbol{x}\rangle_1 + \boldsymbol{A}\langle \boldsymbol{x}\rangle_1 + \displaystyle\sum_{n=1}^{p}\boldsymbol{B}\langle u_n\boldsymbol{x}\rangle_1 + \langle u_n\boldsymbol{b}\rangle_1 + \langle \boldsymbol{d}\rangle_1\end{cases} \tag{5.26}$$

上述计算步骤，初看可能会很复杂，但可以通过交流变量具有零平均值和直流变量充分滤波来快速地简化。

但是，一个补充的步骤是有必要的：将复数项分离成它们各自的实部和虚部。

5.4.2 图形法

当使用图形化的方式来推导 GAM 时，应基于等效精确框图，之后就遵循下面的算法进行推导。

正确使用算法 5.1 的步骤，得到的结果和通过使用解析法获得的结果相同，即获得模型（5.26）。

算法 5.1　通过使用图形法构建 GAM

#1 构建等效精确框图。

#2 确定变换器的直流环节与交流环节。

#3 直流环节：

1）用滑动平均值代替状态变量和耦合乘积项；

2）保留无源元件。

#4 交流环节：

1）用各自的一阶滑动分量取代状态变量和耦合乘积；

2）计算电感的等效阻抗，并与电感串联；

3）计算电容的等效阻抗，并与电容并联。

4）保留电阻。

#5 获取耦合项的表达式。

#6 基于所获得的通用平均图，写出特征方程。

总结：不论使用哪种方法，都可以通过傅里叶级数展开来获得更高阶模型。以同样的方式，可以获得若干相互耦合的等效通用平均框图，其中各个框图对特定阶分量有效。

5.5 通用平均模型和实际波形之间的联系

滑动分量平均的物理意义有时是很难理解的。例如，如果控制规则设计过程中出现的高阶分量，就必须通过传感器测量获得这些分量的信息，并进行波形重构。为此，必须清楚滑动分量和实际波形之间的关系。

接下来，我们看一个交流变量的例子，不一定要是正弦波，但重点关注的信息包含在其基波分量中。考虑一个通用的波形 $y(t)$。可以使其近似为其一阶分量的滑动平均，它是时间的函数［见式（5.1）］：

$$y(t) \approx \langle y \rangle_1 e^{j\omega t} + \langle y \rangle_{-1} e^{-j\omega t} \tag{5.27}$$

通过代数变换：

$$y(t) \approx 2[\mathrm{Re}(\langle y \rangle_1)\cos\omega t - \mathrm{Im}(\langle y \rangle_1)\sin\omega t] \tag{5.28}$$

为简单起见，让 $x_1 = \mathrm{Re}(\langle y \rangle_1)$ 和 $x_2 = \mathrm{Im}(\langle y \rangle_1)$。式（5.28）将改写为下面的形式：

$$y(t) \approx 2(x_1\cos\omega t - x_2\sin\omega t) \tag{5.29}$$

式（5.29）给出了基于 $y(t)$ 的一阶滑动分量 $\langle y \rangle_1(t)$ 的实部和虚部获得 $y(t)$ 实际波形的方法。

5.5.1 从通用平均模型中提取时变信号

假设一阶分量的实部和虚部 x_1 和 x_2 已通过求解该电路模型获得。本节目标是获得幅值 $\hat{y}$，并通过 x_1 和 x_2 获得原始信号 $y(t)$ 的相位滞后角 φ。因此 $y(t)$ 的目标表达为

$$y(t) = \hat{y} \cdot \sin(\omega t + \varphi) \tag{5.30}$$

假设一阶分量滑动平均 x_2 的虚部不为零，然后由式（5.29）可以得到

$$y(t) \approx 2(x_1\cos\omega t - x_2\sin\omega t) = -2x_2\left(-\frac{x_1}{x_2} \cdot \cos\omega t + \sin\omega t\right) \tag{5.31}$$

因为 $-x_1/x_2$ 为实数，所以存在唯一的参数 $\psi \in (-\pi/2, \pi/2)$ 使得

$$\tan\psi = \frac{\sin\psi}{\cos\psi} = -\frac{x_1}{x_2} \tag{5.32}$$

将式（5.32）代入式（5.31）可以依次得到为

$$\begin{aligned} y(t) &\approx -2x_2 \cdot \left(\frac{\sin\psi}{\cos\psi} \cdot \cos\omega t + \sin\omega t\right) \\ &= -\frac{2x_2}{\cos\psi} \cdot (\sin\psi \cdot \cos\omega t + \cos\psi \cdot \sin\omega t) \end{aligned}$$

最后

$$y(t) \approx -\frac{2x_2}{\cos\psi} \cdot \sin(\omega t + \psi) \tag{5.33}$$

通过式（5.32），容易验证 $\cos^2\psi = x_2^2/(x_1^2 + x_2^2)$，并且考虑到 $\psi \in (-\pi/2, \pi/2)$，替换式（5.33）中的 $\cos\psi = |x_2|/\sqrt{x_1^2 + x_2^2}$：

$$y(t) \approx \frac{-x_2}{|x_2|} \cdot 2\sqrt{x_1^2 + x_2^2} \cdot \sin(\omega t + \psi) \tag{5.34}$$

比较式（5.30）和式（5.34）说明信号 $y(t)$ 的幅值是

$$\hat{y} = 2\sqrt{x_1^2 + x_2^2} \tag{5.35}$$

并且，该相位滞后的表达式依赖于 x_2 的正负，即

$$\varphi = \begin{cases} \arctan(-x_1/x_2) & \text{如果 } x_2 < 0 \\ \pi + \arctan(-x_1/x_2) & \text{如果 } x_2 > 0 \end{cases} \tag{5.36}$$

如果 x_2 的非零假设不成立，那么式（5.29）信号 $y(t)$ 可以明确表示为

$$y(t) \approx 2x_1 \cos\omega t = 2x_1 \sin\left(\omega t - \frac{3\pi}{2}\right) \tag{5.37}$$

5.5.2　从时变信号中提取通用平均模型

由式（5.29）开始旨在提取信号 $y(t)$ 一阶分量的实部和虚部。注意，下面提出的方法对任何阶次的分量均有效。

5.5.2.1　提取实部，$x_1 = \mathrm{Re}(\langle y \rangle_1)$

式（5.29）乘以 $\cos\omega t$，这是一个实时波形的乘法。执行基本三角变换后，得到下面的表达式：

$$y(t) \cdot \cos(\omega t) = \underbrace{x_1}_{\text{直流项}} + \underbrace{x_1 \cos 2\omega t - 2x_2 \sin\omega t \cos\omega t}_{\text{交流项}} \tag{5.38}$$

确定了两个不同的分量：直流和 2ω 角频率的交流分量。

为了提取 x_1，有必要对信号 $y(t) \cdot \cos\omega t$ 进行低通滤波，以便消除交流分量并保留连续分量的动态（例如，通过使用适当选择的巴特沃斯滤波器）。然而必须要注意滤波引入的固有延迟，如果延迟太显著，则需要补偿。

5.5.2.2　提取虚部，$x_2 = \mathrm{Im}(\langle y \rangle_1)$

这次将波形（5.29）与 $\sin\omega t$ 相乘。

图 5.7 给出了所谓幅度解调的一个例子（Oppenheim 等，1997），用于提取 k 阶滑动分量的实部和虚部。显然，关于交流变量相位原点信息是必要的；通常利用锁相环（PLL）获得。

图 5.8 给出了应用图 5.7 描述的原理提取周期性信号（见图 5.8a）高阶分量实部和虚部的实例。使用二阶巴特沃斯低通滤波器。图 5.8 b～d 分别显示在 1 阶、3 阶和 5 阶分量情况下的调制结果。原始信号 $y(t)$ 发生在约 0.5s 的变化是由于它

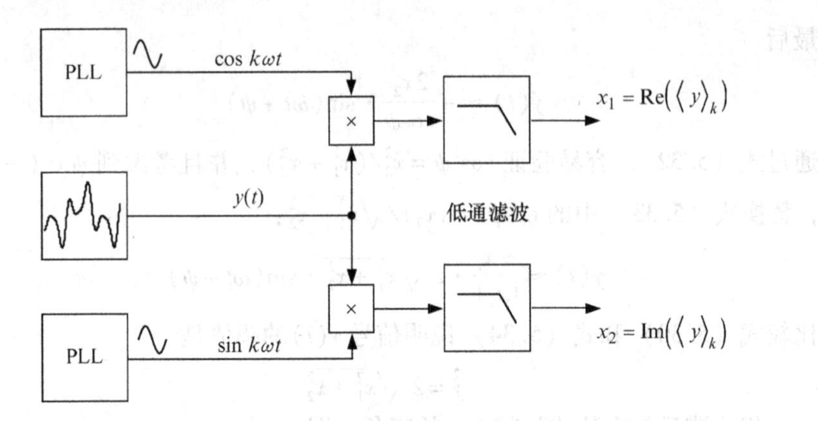

图 5.7 通过幅度解调提取通用滑动分量实部和虚部的实例

一阶分量实部的改变。还可以注意到在所有其他各阶分量实部和虚部发生的微小动态变化，以及对各阶分量纹波滤波效果的影响。

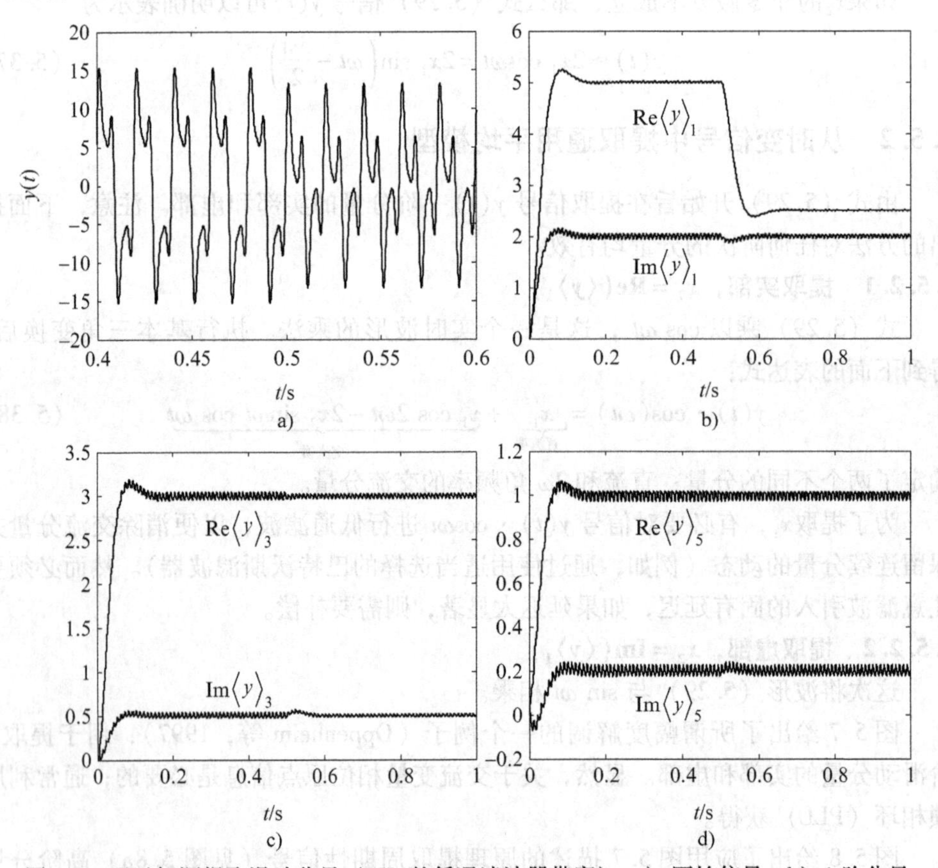

图 5.8 通过解调提取滑动分量（8Hz 的低通滤波器带宽）：a）原始信号；b）1 阶分量平均分量；c）3 阶分量平均分量；d）5 阶分量平均分量

5.6 采用通用平均模型表示交流变量中有功和无功分量

图 5.9 中的电路包含交流和直流部分之间的耦合，由在离散集合 $\{-1;+1\}$ 取值的开关函数 u 控制。描述电感 L 和电容 C 能量积累的两个差分方程组成了电路开关模型：

$$\begin{cases} L \cdot \dfrac{\mathrm{d}i_{\mathrm{L}}}{\mathrm{d}t} = e - v_0 \cdot u \\ C \cdot \dfrac{\mathrm{d}v_0}{\mathrm{d}t} = i_{\mathrm{L}} \cdot u - i_{\mathrm{S}} \end{cases} \tag{5.39}$$

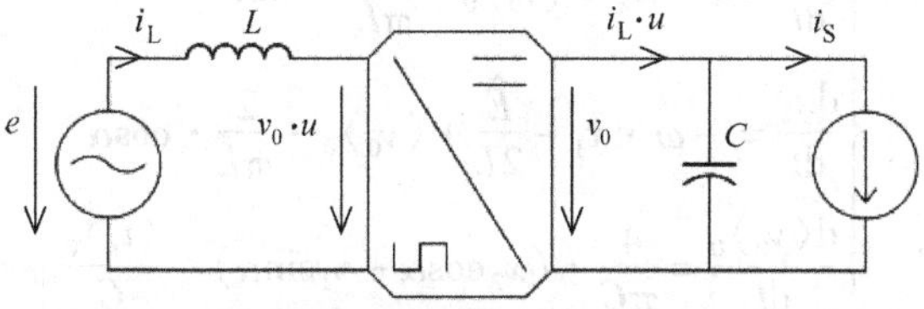

图 5.9 电压源型逆变器框图

如果只对交流变量的一阶分量和直流变量的平均值感兴趣，应用于电压源型逆变器的 GAM 可以通过上述等式的平均获得：

$$\begin{cases} \dfrac{\mathrm{d}\langle i_{\mathrm{L}}\rangle_1}{\mathrm{d}t} = -\mathrm{j}\omega \cdot \langle i_{\mathrm{L}}\rangle_1 + \dfrac{1}{L}(\langle e\rangle_1 - \langle v_0 \cdot u\rangle_1) \\ \dfrac{\mathrm{d}\langle v_0\rangle_0}{\mathrm{d}t} = \dfrac{1}{C}(\langle i_{\mathrm{L}} \cdot u\rangle_0 - \langle i_{\mathrm{S}}\rangle_0) \end{cases} \tag{5.40}$$

通过式（5.17）和式（5.18）分别完成 $\langle v_0 \cdot u\rangle_1$ 和 $\langle i_{\mathrm{L}} \cdot u\rangle_0$ 基于开关函数 u 的展开；$\langle u\rangle_1$ 由式（5.22）表示。在下文中，逆变器采用全波控制。其原理依赖于应用对称方波开关函数 u，相对于交流电压 $e(t)$ 相原点，具有 α 度相位滞后，如图 5.10 所示。开关频率等于交流电网的频率。

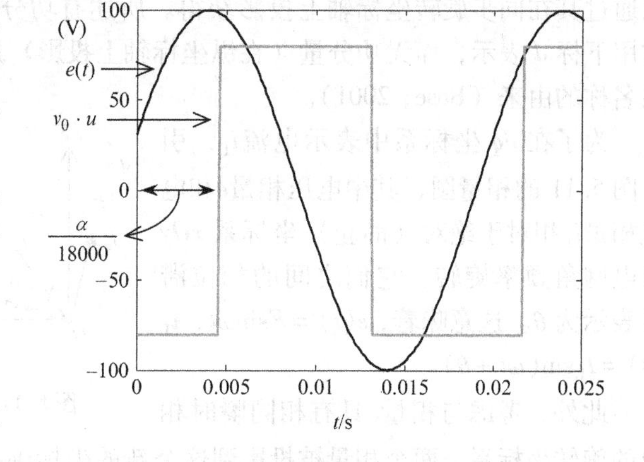

图 5.10 电压逆变器交流侧的电压波形

采用以下的符号：

$$x_1 = \mathrm{Re}(\langle i_{\mathrm{L}}\rangle_1), x_2 = \mathrm{Im}(\langle i_L\rangle_1) \tag{5.41}$$

在开关函数 u 复数傅里叶展开的第一个系数，相对于交流电网电压滞后 α 角

（根据式（5.24）），为

$$\langle u\rangle_1=\frac{2}{\mathrm{j}\pi}\mathrm{e}^{\mathrm{j}\alpha}$$

式（5.40）第一个方程耦合项为$\langle v_0\cdot u\rangle_1=\frac{2}{\mathrm{j}\pi}\mathrm{e}^{\mathrm{j}\alpha}\cdot\langle v_0\rangle_0$，通过使用式（5.29），可得式（5.40）第二个方程的耦合项

$$\langle i_{\mathrm{L}}\cdot u\rangle_0=\frac{4}{\pi}(x_2\cos\alpha-x_1\sin\alpha)$$

如果假定$e(t)$是幅度为$\hat{E}$的正弦波，在确定实部和虚部后，式（5.40）变为

$$\begin{cases}\dfrac{\mathrm{d}x_1}{\mathrm{d}t}=\omega\cdot x_2-\langle v_0\rangle_0\cdot\dfrac{2}{\pi L}\cdot\sin\alpha\\[2ex]\dfrac{\mathrm{d}x_2}{\mathrm{d}t}=-\omega\cdot x_1-\dfrac{\hat{E}}{2L}+\langle v_0\rangle_0\cdot\dfrac{2}{\pi L}\cdot\cos\alpha\\[2ex]\dfrac{\mathrm{d}\langle v_0\rangle_0}{\mathrm{d}t}=\dfrac{4}{\pi C}\cdot(x_2\cos\alpha-x_1\sin\alpha)-\dfrac{\langle i_{\mathrm{s}}\rangle_0}{C}\end{cases}\tag{5.42}$$

通过界定电感电流有功和无功分量i_{d}和i_{q}，而不是使用一阶傅里叶系数的实部和虚部，该模型可用更“传统”的形式表述。同时考虑到i_{L}具有角频率ω的正弦变化，存在关系$i_{\mathrm{L}}=\langle i_{\mathrm{L}}\rangle_{-1}\mathrm{e}^{-\mathrm{j}\omega t}+\langle i_{\mathrm{L}}\rangle_1\mathrm{e}^{\mathrm{j}\omega t}$［式（5.28）］。$\langle i_{\mathrm{L}}\rangle_1=x_1+\mathrm{j}x_2$和符号相反的分量系数是共轭复数，表示为$\langle i_{\mathrm{L}}\rangle_{-1}=x_1-\mathrm{j}x_2$；那么，通过简单代数运算可得［另见式(5.29)］

$$i_{\mathrm{L}}=2(x_1\cos\omega t-x_2\sin\omega t)\tag{5.43}$$

正弦交流变量是一个角速度为ω的旋转向量（相矢量）；其有功和无功分量可以通过其在同步旋转坐标轴上投影获得。所述有功分量（在横坐标轴上投影）通常用下标d表示，而无功分量（在纵坐标轴上投影）用下标q表示。这是dq坐标系名称的由来（Bose，2001）。

为了在dq坐标系中表示电流i_{L}，引入图5.11的相量图，其中电压相量$\bar{e}$和电流相量$\bar{i}_{\mathrm{L}}$相对于绝对（静止）坐标系xOy以电网角频率旋转，它们之间的相位滞后表示为θ。这意味着，$e(t)=E\sin\omega t$，$i_{\mathrm{L}}(t)=I_{\mathrm{L}}\sin(\omega t+\theta)$。

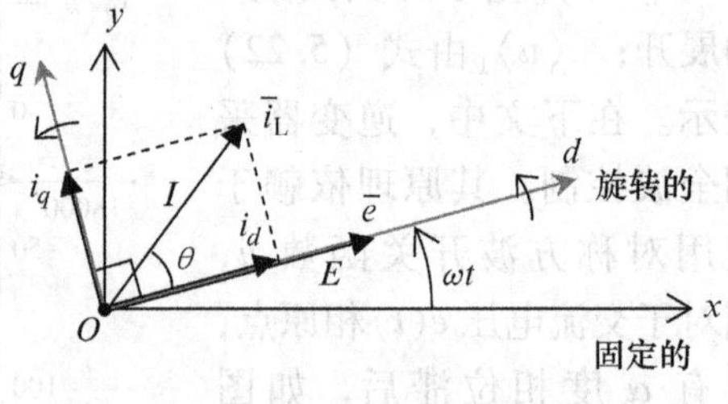

图5.11 引入dq坐标系的相量图

此外，考虑与相量$\bar{e}$具有相同瞬时相位的旋转坐标系。两个相量被投影到这个新的坐标轴线；i_{L}的d和q分量分别表示为i_d和i_q，表示有功功率和无功功率$P=E\cdot I_{\mathrm{L}}\cdot\cos\theta=E\cdot i_d$。

现在，再回顾原来的静止坐标系xOy，其中两个分量i_d和i_q，与电网相角旋转，它们的和等于i_{L}：

$$i_L = i_d \sin\omega t + i_q \sin(\omega t + \pi/2) = i_d \sin\omega t + i_q \cos\omega t \tag{5.44}$$

因此，一方面，电感电流由式（5.43）给出；另一方面，根据式（5.44），也可以通过其有功和无功分量（i_d和i_q）来表示。

通过确定式（5.43）和式（5.44）的相似项，可以得到以下的关系：

$$\begin{cases} i_d = -2x_2 \\ i_q = 2x_1 \end{cases} \text{或} \begin{cases} x_1 = \dfrac{i_q}{2} \\ x_2 = -\dfrac{i_d}{2} \end{cases}$$

这可以被看作是状态模型（5.42）中变量的变换。以这种方式给出的新的状态模型，包含电流i_L的有功和无功分量，以及 DC－link 电压平均 $\langle v_0 \rangle_0$：

$$\begin{aligned} \frac{\mathrm{d}i_d}{\mathrm{d}t} &= \omega i_q + \frac{\hat{E}}{L} - \langle v_0 \rangle_0 \cdot \frac{4}{\pi L} \cdot \cos\alpha \\ \frac{\mathrm{d}i_q}{\mathrm{d}t} &= -\omega i_d - \langle v_0 \rangle_0 \cdot \frac{4}{\pi L} \cdot \sin\alpha \\ \frac{\mathrm{d}\langle v_0 \rangle_0}{\mathrm{d}t} &= -\frac{2}{\pi C} \cdot (i_d \cos\alpha + i_q \sin\alpha) - \frac{\langle i_s \rangle_0}{C} \end{aligned} \tag{5.45}$$

这种大信号模型是非线性的；它可用于执行快速数值仿真，设计控制规则，支持电路设计，或建立状态空间或小信号频域模型。

图 5.12 和图 5.13 显示开关模型和 GAM 之间的一致性。差异主要是由于 GAM 只考虑交流变量一阶分量和直流变量的平均（忽略高阶分量）。GAM 的精度随着交流部分的滤波质量的改善而提高。

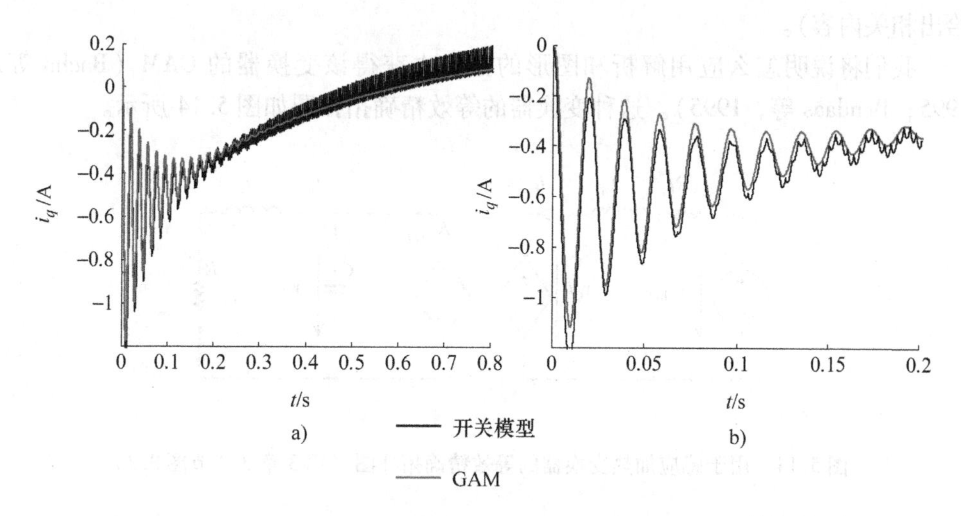

图 5.12　a）启动时无功电流波形（全波控制）：GAM 和开关模型；b）无功电流波形的放大（Bacha 和 Gombert，2006）

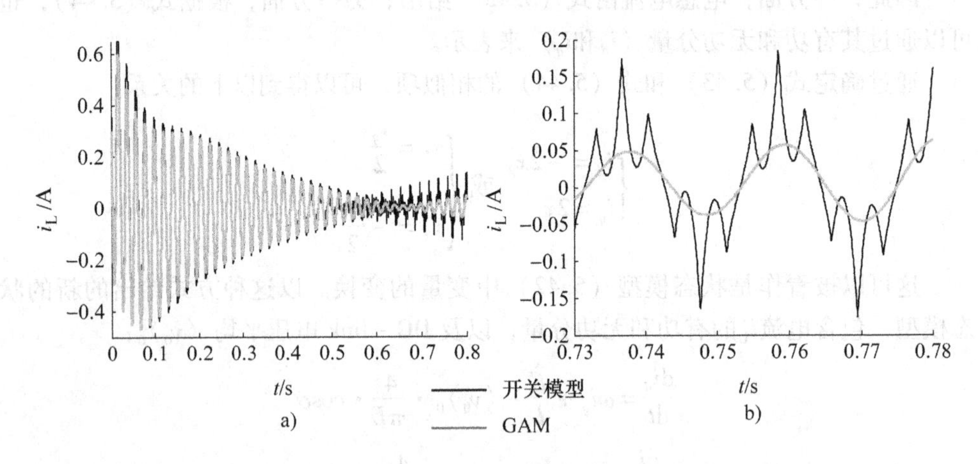

图 5.13 a）启动时交流电流波形（全波控制）：GAM 和开关模型；
b）电流波形的放大（Bacha 和 Gombert，2006）

5.7 案例研究

下面的案例分析将对比开关模型来说明 GAM 的性能。

5.7.1 感应加热电流源型逆变器

用于感应加热变换器的开关模型，可以直接参阅第 3 章 3.2 节（图 5.14 再次给出相关内容）。

我们将说明怎么应用解析和图形的方法去获得该变换器的 GAM（Bacha 等，1995；Bendaas 等，1995）。这种变换器的等效精确拓扑图如图 5.14 所示。

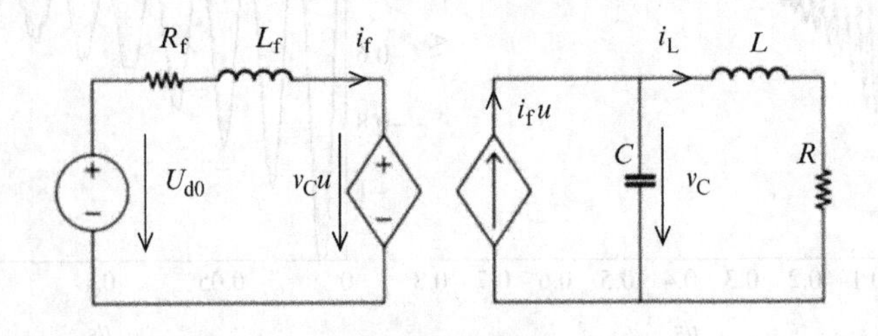

图 5.14 用于感应加热变换器的等效精确拓扑图（第 3 章 3.2 节图 3.3）

5.7.1.1 解析方法

在第 3 章 3.2 节中得到的双线性形式变换器开关模型如下：

$$\dot{\boldsymbol{x}} = (\boldsymbol{A} + \boldsymbol{B}u)\boldsymbol{x} + \boldsymbol{b} \cdot e$$

式中，状态向量 $\boldsymbol{x} = [i_f \quad v_C \quad i_L]^T$，并且

$$\boldsymbol{A} = \begin{bmatrix} -\frac{R_f}{L_f} & 0 & 0 \\ 0 & 0 & -\frac{1}{C} \\ 0 & \frac{1}{L} & -\frac{R}{L} \end{bmatrix}, \boldsymbol{B} = \begin{bmatrix} 0 & -\frac{1}{L_f} & 0 \\ \frac{1}{C} & 0 & 0 \\ 0 & 0 & 0 \end{bmatrix}, \boldsymbol{b} = \begin{bmatrix} \frac{1}{L_f} \\ 0 \\ 0 \end{bmatrix}$$

流过滤波器的连续电流i_f以其平均值为主要特征量，而电压v_C和电流i_L由它们的一阶分量所主导。因此主要需要关心的是：

1）计算i_f的滑动平均值；

2）计算v_C和i_L的一阶滑动分量。

结果分别示于式（5.46）和式（5.47）。

$$\frac{d}{dt}\langle i_f \rangle_0 = -\frac{R_f}{L_f}\langle i_f \rangle_0 + \begin{bmatrix} -\frac{1}{L_f} & 0 \end{bmatrix}\left\langle \begin{bmatrix} v_C \\ i_L \end{bmatrix} u \right\rangle_0 + \frac{1}{L_f}U_{d0} \tag{5.46}$$

$$\frac{d}{dt}\left\langle \begin{bmatrix} v_C \\ i_L \end{bmatrix} \right\rangle_1 = -j\omega \left\langle \begin{bmatrix} v_C \\ i_L \end{bmatrix} \right\rangle_1 + \begin{bmatrix} \frac{1}{C} \\ 0 \end{bmatrix} \langle i_f u \rangle_1 + \begin{bmatrix} 0 & -\frac{1}{C} \\ \frac{1}{L} & -\frac{R}{L} \end{bmatrix} \left\langle \begin{bmatrix} v_C \\ i_L \end{bmatrix} \right\rangle_1 \tag{5.47}$$

通过展开矢量 $[v_C \quad i_L]^T$一阶滑动平均表达式，区分复数变量的实部和虚部，可以写出

$$\begin{cases} \langle v_C \rangle_1 = x_2 + jx_3 \\ \langle i_L \rangle_1 = x_4 + jx_5 \end{cases}$$

为了更统一的表述，采用下面的符号

$$\langle i_f \rangle_0 = x_1$$

已知开关函数表示一个方波，合理设置相位原点，可得$\langle u \rangle_1 = -2j/\pi$。耦合项表达式

$$\begin{aligned} \langle v_C u \rangle_0 &= \langle v_C \rangle_1 \langle u \rangle_{-1} + \langle v_C \rangle_{-1} \langle u \rangle_1 \\ &= 2[\mathrm{Re}(\langle v_C \rangle_1)\mathrm{Re}(\langle u \rangle_1) + \mathrm{Im}(\langle v_C \rangle_1)\mathrm{Im}(\langle u \rangle_1)] \\ &= -\frac{4}{\pi}\mathrm{Im}(\langle v_C \rangle_1) = -\frac{4}{\pi}x_3 \end{aligned}$$

并且

$$\langle i_f u \rangle_1 = \langle i_f \rangle_1 \langle u \rangle_0 + \langle i_f \rangle_0 \langle u \rangle_1 = \langle i_f \rangle_0 \langle u \rangle_1 = -\frac{2}{\pi}j\langle i_f \rangle_0 = -\frac{2}{\pi}jx_1$$

一些计算之后，可以合并式（5.46）和式（5.47），以获得变换器 GAM 的最终形式

$$\begin{cases}\dot{x}_1 = -\dfrac{R_f}{L_f}x_1 + \dfrac{4}{\pi L_f}x_3 + \dfrac{U_{d0}}{L_f} \\ \dot{x}_2 = \omega x_3 - \dfrac{1}{C}x_4 \\ \dot{x}_3 = -\dfrac{2}{\pi C}x_1 - \omega x_2 - \dfrac{1}{C}x_5 \\ \dot{x}_4 = \dfrac{1}{L}x_2 - \dfrac{R}{L}x_4 + \omega x_5 \\ \dot{x}_5 = \dfrac{1}{L}x_3 - \omega x_4 - \dfrac{R}{L}x_5 \end{cases} \tag{5.48}$$

式（5.48）所示模型基于下述式［由式（5.29）获得］：

$$\begin{cases} i_f = x_1 \\ v_C = 2(x_2\cos\omega t - x_3\sin\omega t) \\ i_L = 2(x_4\cos\omega t - x_5\sin\omega t) \end{cases} \tag{5.49}$$

5.7.1.2　图形法

通过图形法可获得相同的结果。对图 5.14 的等效图应用前面详细算法 5.1，可得图 5.15 中的示意图。用灰色填充区域强调引入交流阻抗带来的变化。使用图 5.15 的等效图，只需要写出相应基尔霍夫方程来获得式（5.46）和式（5.47）形式的解析模型，并最后完成式（5.48）和式（5.49）形式的计算。

注意：如果考虑图 5.15 系统工作于稳态，即状态变量导数为零，所有的动态元件如电感和电容，都不再出现。图 5.16 给出了一阶分量模型的结果。

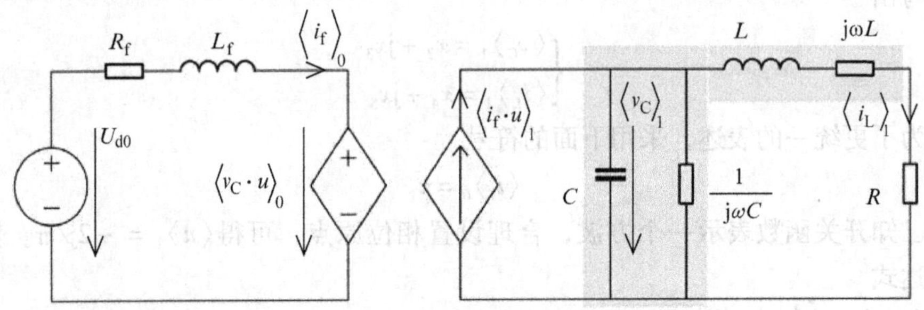

图 5.15　变换器 GAM 等效图

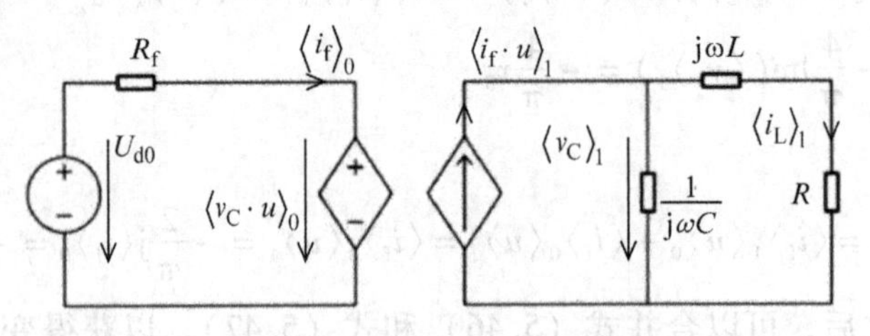

图 5.16　用于感应加热变换器一阶分量模型等效图

由目前已得到的结果可获得一些结论。

首先，注意在式（5.48）给出的 GAM 表示连续时不变系统，它也是双线性的，因为它具有作为控制输入的角频率。为了达到模型分析或设计线性控制方法的目的，可以在平衡点附近进行系统线性化。

GAM［式（5.48）］的特点是考虑了原有系统的所有动态。但是，其阶数比开关模型高，因为它不仅能表示系统动态特性，而且也与时变交流变量的稳态工作点相关。

图 5.17、图 5.18 和图 5.19 用来对感应加热变换器“精确”的行为和由 GAM 预测的行为做出比较。

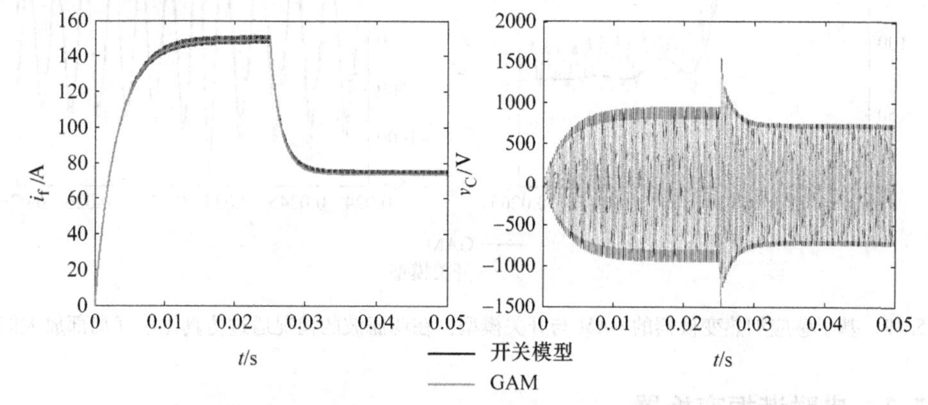

图 5.17　基于感应加热变换器的 GAM 与开关模型：在强滤波的情况通过仿真比较

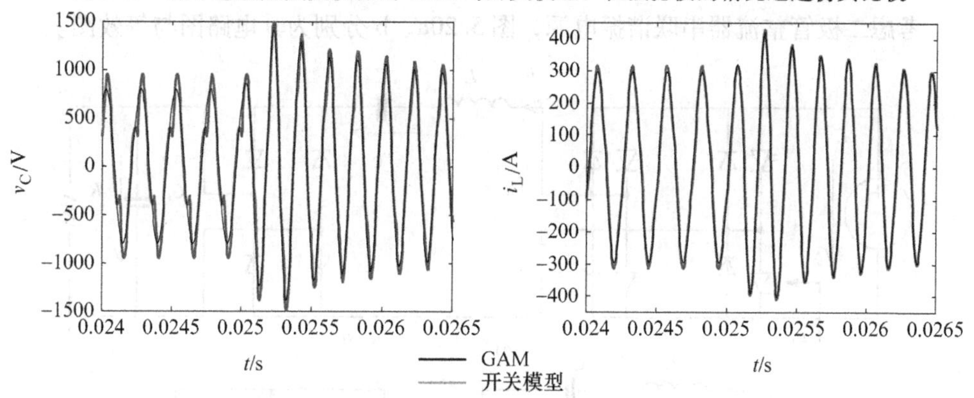

图 5.18　基于感应加热变换器的 GAM 与开关模型：在强滤波的情况通过仿真比较（局部放大图）

经比较，当没有良好的滤波条件时，这两种模型的精确度有很大的不同。在仿真中使用的初始条件：$U_{d0}=297\text{V}$，$R=1\Omega$，$C=6\mu\text{F}$，$R_f=0.01\Omega$，$L=100\mu\text{H}$。考虑滤波电感的两个值，即$L_f=600\mu\text{H}$（弱滤波）和$L_f=6\text{mH}$（强滤波）。在仿真中段控制输入（开关函数 u）频率阶跃变化。

图 5.17 给出了滤波器电流i_f（左图）和电容电压v_C（右图）在控制输入频率

显著降低时的变化。同时，i_f平均值和纹波减少。v_C的包络线表现出明显非最小相位行为特点。图 5.18 左图为电容电压波形的放大图。注意到，开关模型变量比 GAM 的变量有更丰富的分量成分。图 5.18 右图所示包含输出电感电流i_L的变化，由开关模型和 GAM 给出（可以注意到它们实际上是相同的）。

图 5.19 则给出了弱滤波的情况。在左图可以看到i_f大的纹波以及快速响应过程。v_C波形的放大图则给出了开关模型和 GAM 输出之间的差异。

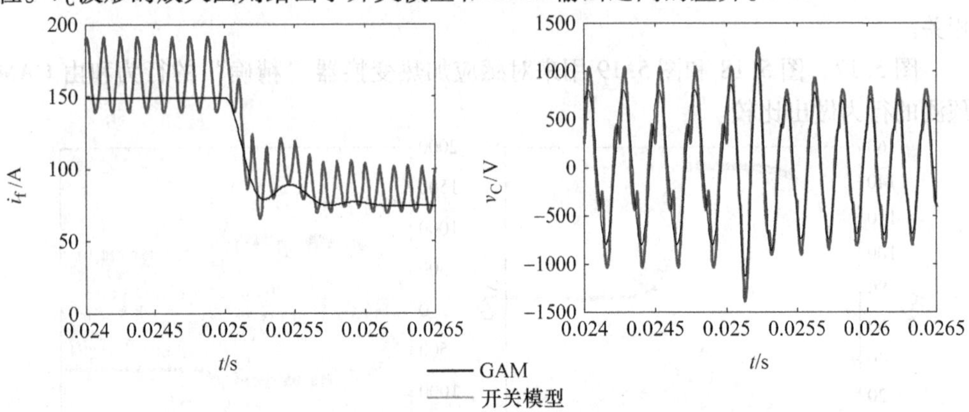

图 5.19　基于感应加热变换器的 GAM 与开关模型：在弱滤波的情况通过仿真比较（局部放大图）

5.7.2　串联谐振变换器

考虑二极管整流器串联谐振电源，图 5.20a、b 分别为其电路图与等效图。

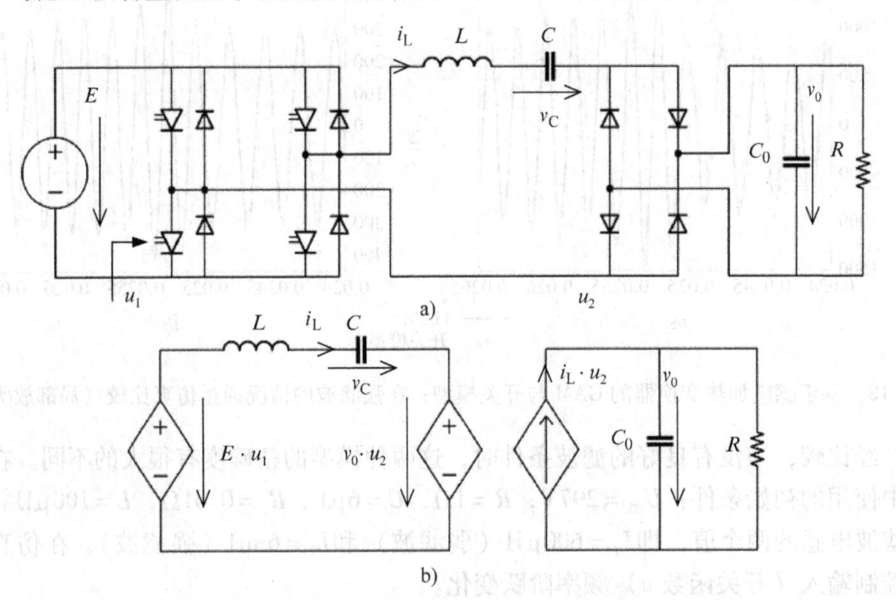

图 5.20　串联谐振 DC – DC 变换器：a）电路图；b）拓扑图

为了结果的通用性，采用下列符号规范开关模型，表示归一值（Bacha，1993；Sira – Ramírez 和 Silva – Ortigoza，2006）：

$$\xi=\frac{1}{2}r\sqrt{\frac{C}{R}},\quad i=\frac{i_L}{\omega_0 CE},\quad v=\frac{v_C}{E},\quad v_0=\frac{v_{C0}}{E}$$

$$\omega=\frac{\omega_S}{\omega_0},\omega_0=\frac{1}{\sqrt{LC}},\tau=\omega_0 t,\theta_0=\omega_0 R_0 C_0$$

式中，r 是电感电阻；ω_S是开关角频率；ω_0是串联谐振频率；θ_0是电路品质因数。新的时间变量 τ，是相对于初始时间变量 t 展开。归一化模型将运行在归一化频率 ω。开关函数u_1和u_2具有以下解析表达式：

$$u_1=\mathrm{sgn}(\sin\omega t),u_2=\mathrm{sgn}(i\omega_0 CE)$$

归一化后，根据开关模型描述变换器运行的方程组为

$$\begin{cases}\frac{\mathrm{d}}{\mathrm{d}\tau}i=-2\xi i-v+u_1-v_0 u_2\\\frac{\mathrm{d}}{\mathrm{d}\tau}v=i\\\frac{\mathrm{d}}{\mathrm{d}\tau}v_0=\frac{C}{C_0}iu_2-\frac{v_0}{\theta_0}\end{cases}\tag{5.50}$$

正如以前的情况，可以得到模型（5.50）的 GAM（见 5.4.1 节的解析法）。连续状态变量是v_0；我们感兴趣的是它的滑动平均值。交流变量通过一阶滑动分量表示。应用式（5.3），模型（5.50）成为

$$\begin{cases}\frac{\mathrm{d}}{\mathrm{d}\tau}\langle i\rangle_1=-\mathrm{j}\omega\langle i\rangle_1-2\xi\langle i\rangle_1-\langle v\rangle_1+\langle u_1\rangle_1-\langle v_0\cdot u_2\rangle_1\\\frac{\mathrm{d}}{\mathrm{d}\tau}\langle v\rangle_1=-\mathrm{j}\omega\langle v\rangle_1+\langle i\rangle_1\\\frac{\mathrm{d}}{\mathrm{d}\tau}\langle v_0\rangle_0=\frac{C}{C_0}\langle i\cdot u_2\rangle_0-\frac{\langle v_0\rangle_0}{\theta_0}\end{cases}\tag{5.51}$$

计算 $\langle u_1\rangle_1$如上：$\langle u_1\rangle_1=-2\mathrm{j}/\pi$。如果其一阶分量所表示电流$i_L$相对于相位原点移相角 φ，则有

$$\langle u_1\rangle_1=-2\mathrm{j}e^{\mathrm{j}\varphi}/\pi$$

采用下面的符号

$$\langle i\rangle_1=x_1+\mathrm{j}x_2,\langle v\rangle_1=x_3+\mathrm{j}x_4,\langle v_0\rangle_0=x_5$$

式（5.36）给出 φ，即

$$\varphi=-\arctan(x_1/x_2)$$

耦合项也可以循前例计算，特别之处是函数u_2取决于流过谐振电路电流的正负。分离复数项的实部和虚部后，最终可获得由式（5.52）给出的包含 5 个状态变量的 GAM。这种模型可以在仿真软件包中实现，如 MATLAB® – Simulink®。该模型的输入是标准时间变量 τ 和控制输入 ω（归一化频率），而它的输出由式

(5.53) 给出。

$$\begin{cases}\dot{x}_1 = -2\xi x_1 + \omega x_2 - x_3 - \dfrac{2}{\pi}\dfrac{x_5}{\sqrt{x_1^2+x_2^2}}x_1 \\ \dot{x}_2 = -\omega x_1 - 2\xi x_2 - x_4 - \dfrac{2}{\pi} - \dfrac{2}{\pi}\dfrac{x_5}{\sqrt{x_1^2+x_2^2}}x_2 \\ \dot{x}_3 = x_1 + \omega x_4 \\ \dot{x}_4 = x_2 - \omega x_3 \\ \dot{x}_5 = \dfrac{4C}{\pi C_0}\cdot\sqrt{x_1^2+x_2^2} - \dfrac{x_5}{\theta_0}\end{cases} \tag{5.52}$$

$$\begin{cases} i = 2(x_1\cos\omega\tau - x_2\sin\omega\tau) \\ v = 2(x_3\cos\omega\tau - x_4\sin\omega\tau) \\ v_0 = x_5\end{cases} \tag{5.53}$$

图 5.21 给出了一个具体实例。

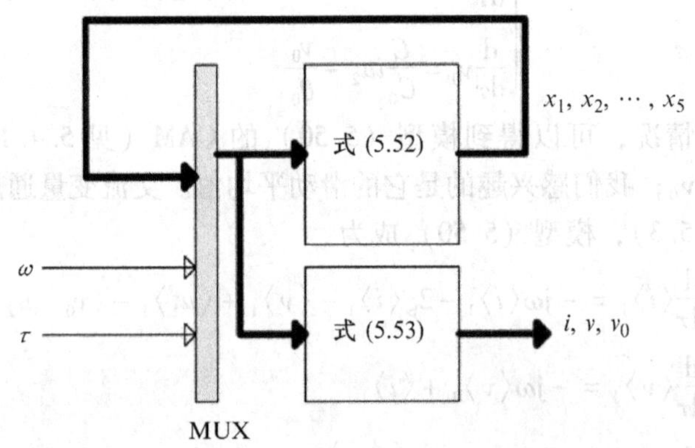

图 5.21 式(5.52)和式(5.53)所表示模型的实现

5.7.3 通用平均模型的局限性：示例

本示例的目的是丰富 DC - DC 变换器的平均模型（见图 5.22），使之更接近其开关模型，即增加有关状态变量纹波信息。

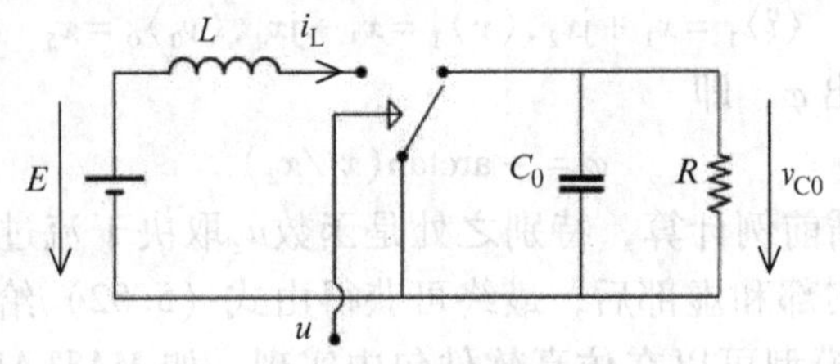

图 5.22 boost 变换器原理图

开关函数并不总是方波；因此，在不对称的开关变换器中，开关函数具有可变占空比。此后，可以遵循已有方法，假定电路工作于连续导通模式，得到 boost 变换器连续模型。

第3 章3.2 节式（3.11）已经推导了变换器的开关模型。为简单起见，假设开关断开时 $u=1$，反之 $u=0$。因此，α 定义为开关断开时间间隔与开关周期的比值。

如前面的示例，采用归一化模型。电压以电源电压 E 为基准，电流以$C\omega_0 E$（其中，$C\omega_0$是电路 L、C_0的谐振频率）为基准进行归一化。通过采用$\theta_0=\omega_0 R_0 C_0$（表示该电路的品质因数），描述变换器的模型由下列归一化方程组成：

$$\begin{cases}\dfrac{\mathrm{d}}{\mathrm{d}\tau}i=1-v\cdot u\\[2ex]\dfrac{\mathrm{d}}{\mathrm{d}\tau}v=i\cdot u+\dfrac{v}{\theta_0}\end{cases}\tag{5.54}$$

式中，i 和 v 是电感电流和电容电压的归一化值。每个状态变量有一个直流分量和开关频率的交流分量。归一化时间变量 τ 定义为 $\tau=\omega_0 t$ 。开关频率也归一化为$\omega=\omega_S/\omega_0$，其中ω_S是一阶分量角频率。为了获得 GAM，对式（5.54）中每个方程的各项执行零阶和一阶平均：

$$\begin{cases}\dfrac{\mathrm{d}}{\mathrm{d}\tau}\langle i\rangle_0=1-\langle v\cdot u\rangle_0\\[2ex]\dfrac{\mathrm{d}}{\mathrm{d}\tau}\langle v\rangle_0=\langle i\cdot u\rangle_0+\dfrac{1}{\theta_0}\langle v\rangle_0\\[2ex]\dfrac{\mathrm{d}}{\mathrm{d}\tau}\langle i\rangle_1=-\mathrm{j}\omega\langle x\rangle_1+\langle v\cdot u\rangle_1\\[2ex]\dfrac{\mathrm{d}}{\mathrm{d}\tau}\langle v\rangle_1=-\mathrm{j}\omega\langle v\rangle_1+\langle i\cdot u\rangle_1+\dfrac{1}{\theta_0}\langle v\rangle_1\end{cases}\tag{5.55}$$

由于一阶滑动分量是复数，式（5.54）会产生 6 个新状态方程。采用下面的表示：$x_1=\langle i\rangle_0$，$\langle i\rangle_1=x_2+\mathrm{j}\,x_3$，$x_4=\langle v\rangle_0$和$\langle v\rangle_1=x_5+\mathrm{j}\,x_6$。由于开关函数 u 是以 α 作为占空比的 PWM 生成信号，容易证明

$$\begin{cases}\langle u\rangle_0=\alpha\\[1ex]\langle u\rangle_1=\dfrac{M+\mathrm{j}N}{2\pi}\end{cases}$$

式中，$M=\sin(2\pi\alpha)$；$N=\cos(2\pi\alpha)-1$。

此外，平均状态表达式（5.55）中出现的乘积项$\langle y\cdot u\rangle_0$和$\langle y\cdot u\rangle_1$，其中 y 表示 i 或 v，分别由下式给出：

$$\begin{cases}\langle y\cdot u\rangle_0\approx\langle y\rangle_1\langle u\rangle_{-1}+\langle y\rangle_{-1}\langle u\rangle_{+1}+\langle y\rangle_0\langle u\rangle_0\\\langle y\cdot u\rangle_1\approx\langle y\rangle_0\langle u\rangle_1+\langle y\rangle_1\langle u\rangle_0\end{cases}$$

注意到相同阶数和相反符号的复数分量是共轭，计算可以被简化。每个状态变量是由它的平均表示，其中加入一阶分量，可以写成

$$\begin{cases} i \approx x_1 + 2(x_2 \cos\omega t - x_3 \sin\omega t) \\ v \approx x_4 + 2(x_5 \cos\omega t - x_6 \sin\omega t) \end{cases} \tag{5.56}$$

在这种情况下，由6个状态方程描述的 boost 变换器 GAM 是一个更准确的模型，它补充了一阶分量的精度：

$$\begin{cases} \dot{x}_1 = 1 - \alpha x_4 - (2Mx_5 + 2Nx_6)/(2\pi) & \dot{x}_2 = \omega x_3 - Mx_4/(2\pi) - \alpha x_5 \\ \dot{x}_3 = -\omega x_2 - Nx_4/(2\pi) - \alpha x_6 & \dot{x}_4 = \alpha x_1 + (2Mx_2 + 2Nx_3)/(2\pi) - x_4/\theta_0 \\ \dot{x}_5 = Mx_1/(2\pi) + \alpha x_2 - x_5/\theta_0 + \omega x_6 & \dot{x}_6 = Nx_1/(2\pi) + \alpha x_3 - \omega x_5 - x_6/\theta_0 \end{cases} \tag{5.57}$$

模型（5.57）的控制输入为 α，输出由式（5.56）给出。通过忽略输出电压 v 的振荡效果等方式，可以得到模型（5.56）更简化的版本。通过将变量x_5和x_6的导数和变量本身都置零，模型可以降低到4阶：

$$\begin{cases} \dot{x}_1 = 1 - \alpha x_4 & \dot{x}_2 = \omega x_3 - Mx_4/(2\pi) \\ \dot{x}_3 = -\omega x_2 - Mx_4/(2\pi) & \dot{x}_4 = \alpha x_1 + (2Mx_2 + 2Nx_3)/(2\pi) - x_4/\theta_0 \end{cases} \tag{5.58}$$

最后，只取1阶近似，可以忽略电流 i 的振荡（x_2和x_3被置零），得到经典平均模型：

$$\{ \dot{x}_1 = 1 - \alpha x_4 \quad \dot{x}_4 = \alpha x_1 - x_4/\theta_0 \tag{5.59}$$

总之，目前获得了3种模型以及开关模型，所有4个模型都可用来描述 boost 变换器的行为。数值仿真可以帮助探索由 GAM 添加的信息，通过它的两种形式（5.57）和（5.58）与经典的平均模型（5.59）对比。

图5.23和图5.24给出了 boost 变换器 GAM 输出与开关模型输出的比较结果。输入数据是 $E = 5\text{V}$，$L = 1\text{mH}$，$C_0 = 100\mu\text{F}$，$R = 10\Omega$，$f_S = 3\text{kHz}$（$\omega = 6$ 和$\theta_0 = 3$）。仿真中占空比取两个不同值，即 $\alpha = 0.5$ 和 $\alpha = 0.8$。

从上述结果可获得以下结论：占空比为0.5的情况较理想，因为模型（5.57）的输出与开关模型输出几乎是相同的。如果求解模型（5.58），则电流变化的差别是微不足道的。而模型（5.57）则保留了输出电压的振荡，提供电压更真实的表示。

从图5.24可以看到，当占空比不等于0.5时，随着开关函数 u 各阶分量含量变得丰富，GAM 的精确度变差。

注意，对 GAM 和开关模型输出做连贯的比较，需要关于脉宽调制载波相位的信息。仿真结果表明，分量建模的方法并不完全适合不对称变换器建模。

事实上，为了获得在各个占空比下均可接受的模型精度，必须延伸研究到高阶分量，其计算复杂度会显著提高。例如，考虑到二阶分量会得到9阶模型。

5.7.4 PWM 变换器

给定电力电子变换器的模型与开关函数的性质关系密切，例如，PWM 逆变器

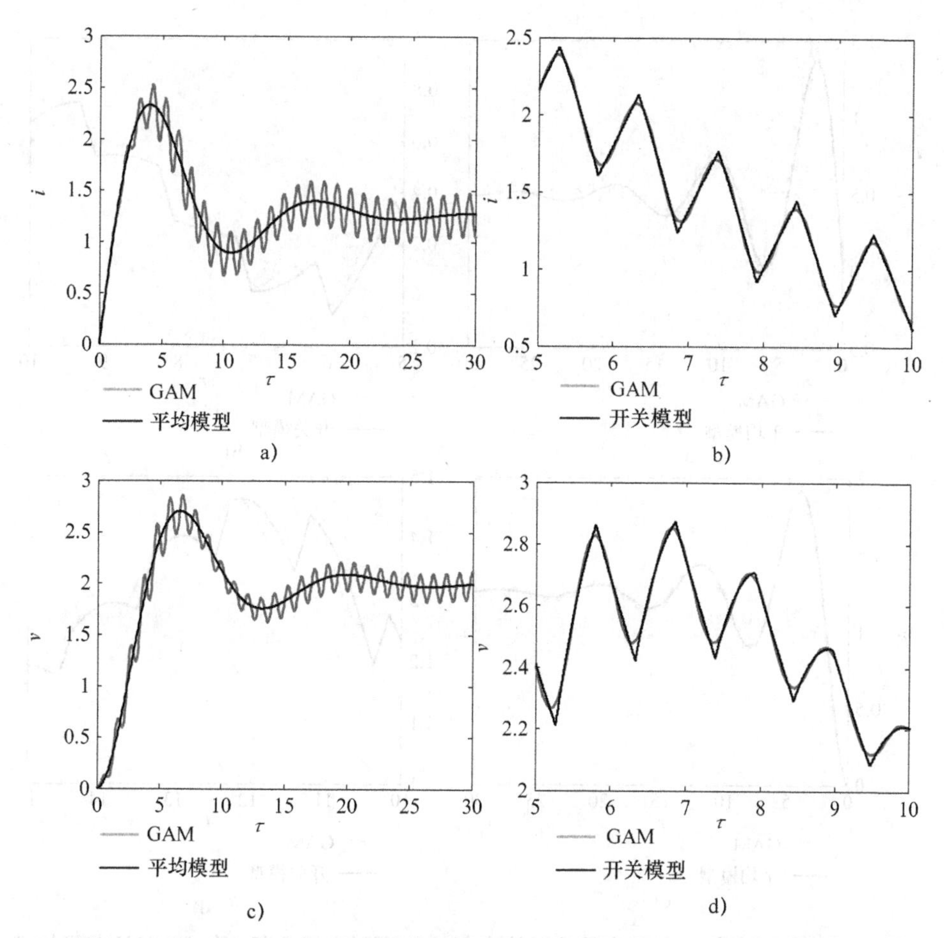

图 5.23　图 5.22 中 $\alpha=0.5$ 电路接通的响应：a）通过电感 L 的归一化电流 i——GAM 与平均模型；b）i - GAM 与开关模型；c）输出归一化电压 v—— GAM 与平均模型；d）v - GAM 与开关模型

行为全然不同于全波运行逆变器。本节涉及这两种类型的电压源型变换器，分别对应于单相和三相的情况。

5.7.4.1　单相的情况

变换器电路与图 5.9 中描绘的拓扑结构和开关模型相同。不同之处在于控制信号，因为变换器不再运行于全波模式，而是采用 PWM 信号 u 进行控制。

有许多可能的方法来生成 PWM 开关函数；图 5.25 给出了基本的模拟解决方案，其中

$$u(t)=\operatorname{sgn}(\beta(t)-\Delta(t)) \qquad \operatorname{sgn}(x)=\begin{cases}1 & \text{如果 } x\geqslant 0\\ -1 & \text{如果 } x<0\end{cases}$$

变换器的行为可以通过改变输入信号 $\beta(t)$ 来进行控制：改变 $\beta(t)$ 的幅值以改变交流功率，或者改变 $\beta(t)$ 的相位（相对于电网电压相位）以调整交流侧有功和无功功率之间的平衡。

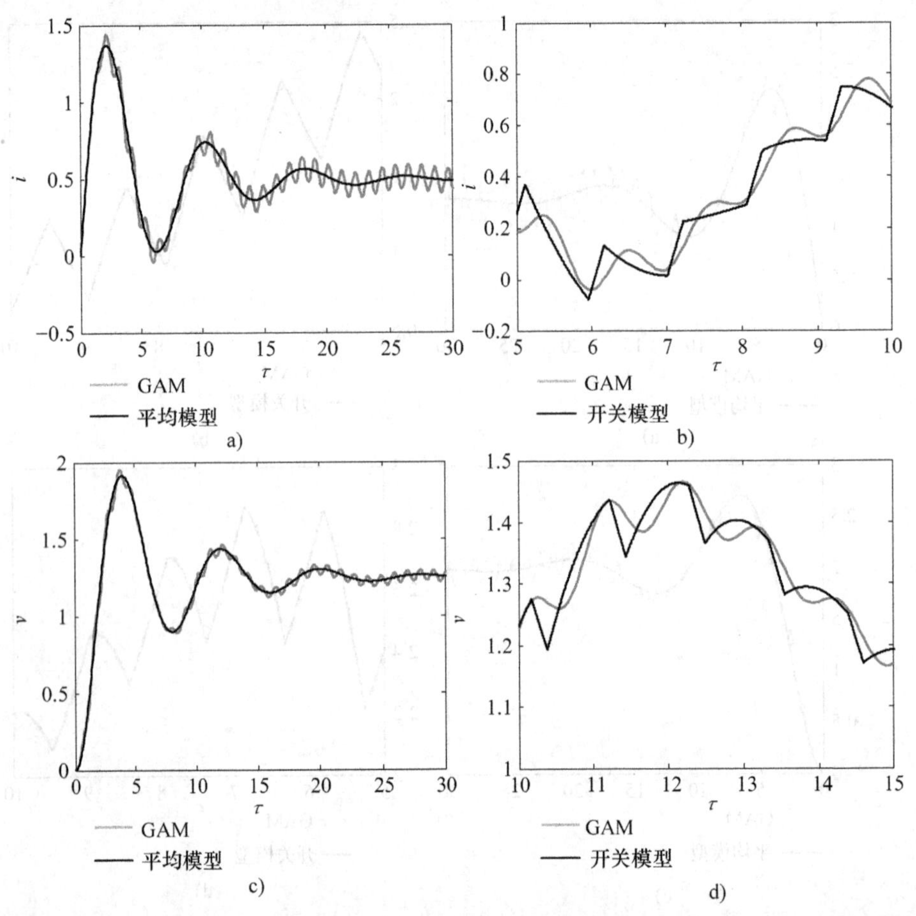

图 5.24 图 5.22 中 $\alpha=0.8$ 电路接通的响应：a）通过电感 L 归一化 i - GAM 与平均模型；b）i - GAM 与开关模型；c）输出归一化电压 v - GAM 与平均模型；d）v - GAM 与开关模型

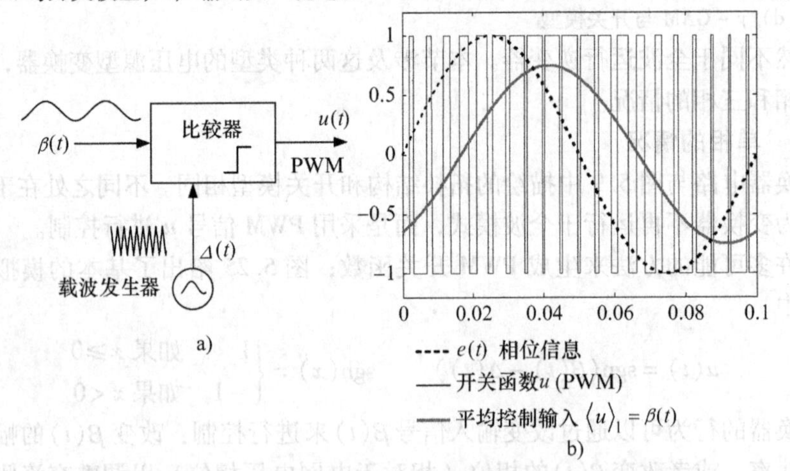

图 5.25 脉宽调制（PWM）：a）基本框图；b）主要信号

建模可以从开关模型（5.39）开始，然后执行平均。因而，可以得到交流状态变量一阶滑动分量［式（5.39）中第一个方程中的电感电流］和直流状态变量的零阶滑动平均［式（5.39）中第二个方程中的直流电压］：

$$\begin{cases} L\left\langle \dfrac{\mathrm{d}i_L}{\mathrm{d}t} \right\rangle_1 = \langle e \rangle_1 - \langle v_0 u \rangle_1 \\ C\left\langle \dfrac{\mathrm{d}v_0}{\mathrm{d}t} \right\rangle_0 = \langle i_L u \rangle_0 - \langle i_S \rangle_0 \end{cases} \tag{5.60}$$

$e(t) = \sin \omega t$ 被选为零初相位信号，因此 $\langle e \rangle_1 = -\mathrm{j}E/2$。采用一阶分量滑动平均的实部和虚部表示，如 $\langle i_L \rangle_1 = x_1 + \mathrm{j}\, x_2$ 和 $\langle u \rangle_1 = u_1 + \mathrm{j}\, u_2$，利用式（5.5）所表示的基本属性可以展开耦合项 $\langle v_0 \cdot u \rangle_1$ 和 $\langle i_L \cdot u \rangle_0$。此外，式（5.60）中应用式（5.4）可得

$$\begin{cases} L\dot{x}_1 = \mathrm{j}\, L\dot{x}_2 = -\mathrm{j}\omega L(x_1 + \mathrm{j}x_2) - \mathrm{j}\,\dfrac{E}{2} - \langle v_0 \rangle_0 (u_1 + \mathrm{j}u_2) \\ C\langle \dot{v}_0 \rangle_0 = 2x_1 u_1 + 2x_2 u_2 - \langle i_S \rangle_0 \end{cases}$$

接下来，由于复数相等，则其实部和虚部均相等，得

$$\begin{cases} L\dot{x}_1 = L\omega x_2 - \langle v_0 \rangle_0 u_1 \\ L\dot{x}_2 = -L\omega x_1 - \dfrac{E}{2} - \langle v_0 \rangle_0 u_2 \\ C\langle \dot{v}_0 \rangle_0 = 2x_1 u_1 + 2x_2 u_2 - \langle i_S \rangle_0 \end{cases} \tag{5.61}$$

类似于5.6节，通过采用其 dq 分量，电感电流可以表示为 $i_L = i_q \cos\omega t + i_d \sin\omega t$ 的形式；然后，根据式（5.44）结果，$i_d = -2\, x_2$ 和 $i_q = 2\, x_1$。注意，一个开关周期内计算的信号 u 的一阶分量滑动平均是作为控制信号 $\beta(t)$：

$$\langle u \rangle_1 = \beta(t)$$

信号 $\beta(t)$ 作为一阶滑动平均分量，在 dq 坐标系内同样可以表示为 $\beta = \beta_q \cos\omega t + \beta_d \sin\omega t$。同样，对于 i_L，有 $\beta_d = -2\, u_2$ 和 $\beta_q = 2\, u_1$。最后给出如下关系式：

$$\begin{cases} \langle i_L \rangle_1 = \dfrac{i_q}{2} - \mathrm{j}\,\dfrac{i_d}{2} \\ \langle u \rangle_1 = \beta(t) = \dfrac{\beta_q}{2} - \mathrm{j}\,\dfrac{\beta_d}{2} \end{cases} \tag{5.62}$$

代换式（5.62）到式（5.61），得到最终的状态空间方程

$$\begin{cases} \dfrac{\mathrm{d}i_d}{\mathrm{d}t} = \omega i_q + \dfrac{E}{L} - \dfrac{\langle v_0 \rangle_0}{L} \cdot \beta_d \\ \dfrac{\mathrm{d}i_q}{\mathrm{d}t} = -\omega i_d - \dfrac{\langle v_0 \rangle_0}{L} \cdot \beta_q \\ \dfrac{\mathrm{d}\langle v_0 \rangle_0}{\mathrm{d}t} = \dfrac{1}{2C}(i_d\beta_d + i_q\beta_q) - \dfrac{1}{C}\langle i_S \rangle_0 \end{cases} \tag{5.63}$$

式（5.63）描述了PWM电压源型逆变器在dq坐标系中的动态行为（变量由其平均值和一阶分量的和来近似）。需要注意的是，dq坐标系每个坐标轴有两个控制输入分量，支持功率变换器的矢量控制。

通过求解系统（5.63）得到图5.26和图5.27，并表明GAM相对于开关模型具有令人满意的精度。

上述较好的结果可以通过这样的事实来解释：由开关频率引起的高阶分量相对于系统带宽相当远，并且只包含很少的附加能量，以这种方式，平均模型考虑了由变换器传送的几乎所有能量。

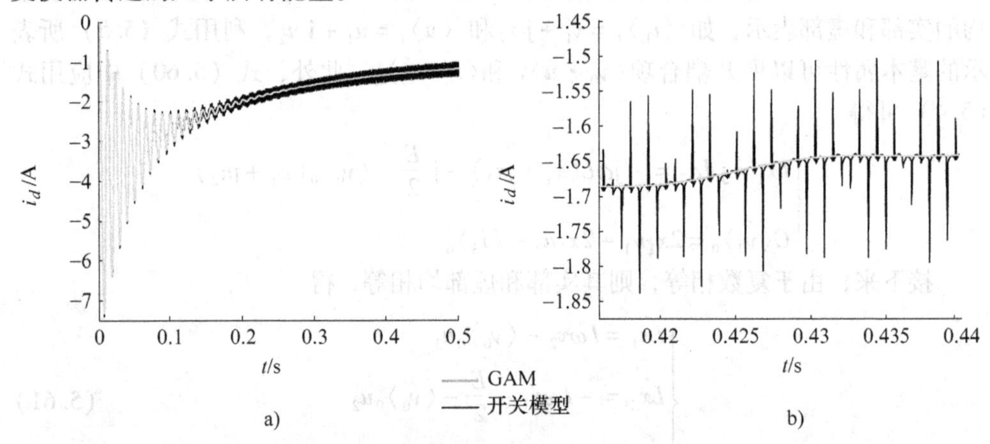

图5.26　单相PWM控制变换器：a）无功电流波形GAM与开关模型；b）局部放大图（Bacha和Gombert，2006）

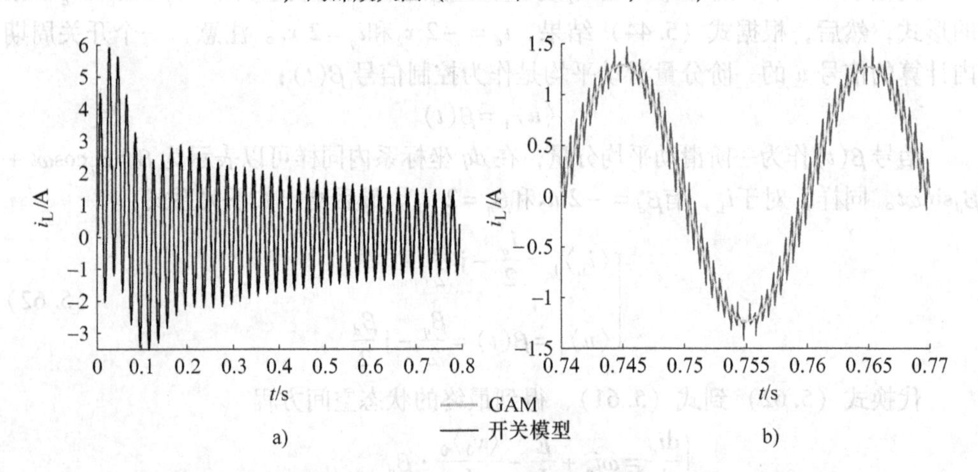

图5.27　单相PWM控制变换器：a）电感电流波形GAM与开关模型；b）局部放大图（Bacha和Gombert，2006）

5.7.4.2　三相的情况

与单相类似，图5.28中三相电压源变换器是由利用PWM得到的三个开关函

数 u_1、u_2、u_3 控制。如前所述，变换器的行为可以通过改变控制输入信号（三个开关函数的平均值）的幅值或相角来控制。模型忽略阶数大于1的分量。

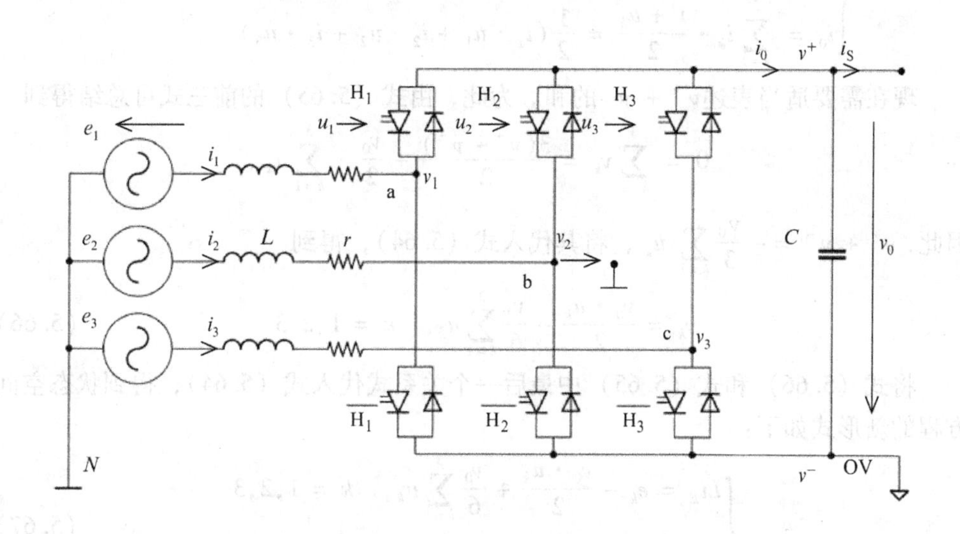

图5.28　三相电压源变换器

开关模型可以通过开关变量推导获得（见第3章3.3节）。为达到此目的，定义矢量 $\boldsymbol{x}=[i_1 \quad i_2 \quad i_3 \quad v_0]^{\mathrm{T}}$，其中$i_k$是三相交流电流，$v_0$为直流电容电压。开关变量分别为点a、b和c的电压$v_1$、$v_2$和$v_3$（见图5.28）（相对于中性点N）以及流入滤波电容的电流i_0。由基尔霍夫定律（电感电阻忽略不计），状态方程可以写为

$$\begin{cases} L\dot{i}_k = e_k - v_k, k=1,2,3 \\ C\dot{v}_0 = i_0 - i_{\mathrm{S}} \end{cases} \tag{5.64}$$

对于电压v_1、v_2和v_3，有

$$v_k = \begin{cases} v^+ & \text{如果 } H_k \text{导通} \\ v^- & \text{如果 } H_k \text{关闭} \end{cases} \quad k=1,2,3$$

式中，电压v^+和v^-的参考地为电网中性点N。

如果假设对称三相电压系统$\{e_k\}_{k=1,2,3}$有 $\sum_{k=1}^{3} e_k = 0$；三相电流之和也为零：$\sum_{k=1}^{3} i_k = 0$。因此，根据式（5.64），电压v_k的总和也为零：$\sum_{k=1}^{3} v_k = 0$。

使用双极开关函数，其定义为 $u_k \in \{-1; 1\}$，$k=1$、2、3，开关变量的表示取决于状态变量。因此，通过$v^+ - v^- = v_0$（见图5.28）和 $\sum_{k=1}^{3} i_k = 0$，可以依次得到

$$\begin{cases} v_k = v^+ \cdot \dfrac{1+u_k}{2} + v^- \cdot \dfrac{1-u_k}{2} = \dfrac{v^+ + v^-}{2} + \dfrac{v_0 u_k}{2}, \quad k = 1,2,3 \\ i_0 = \sum\limits_{k=1}^{3} i_k \cdot \dfrac{1+u_k}{2} = \dfrac{1}{2}(i_1 \cdot u_1 + i_2 \cdot u_2 + i_3 \cdot u_3) \end{cases} \tag{5.65}$$

现在需要适当表述$v^+ + v^-$的和。为此，由式（5.65）的前三式可总结得到

$$0 = \sum_{k=1}^{3} v_k = \frac{3(v^+ + v^-)}{2} + \frac{v_0}{2} \cdot \sum_{k=1}^{3} u_k$$

因此，$v^+ + v^- = -\dfrac{v_0}{3}\sum\limits_{k=1}^{3} u_k$，将其代入式（5.64），得到

$$v_k = \frac{v_0 \cdot u_k}{2} - \frac{v_0}{6}\sum_{k=1}^{3} u_k, \quad k = 1,2,3 \tag{5.66}$$

将式（5.66）和式（5.65）中最后一个关系式代入式（5.64），得到状态空间方程的新形式如下：

$$\begin{cases} L\dot{i}_k = e_k - \dfrac{v_0 \cdot u_k}{2} + \dfrac{v_0}{6}\sum\limits_{k=1}^{3} u_k, \quad k = 1,2,3 \\ C\dot{v}_0 = \dfrac{1}{2} \cdot \sum\limits_{k=1}^{3} i_k \cdot u_k - i_S \end{cases} \tag{5.67}$$

式中，i_S是与附加直流环节交换的电流。

现在，通过假设交流电流i_k具有零平均值，同时忽略电容电压v_0的交流分量，再做平均，可得

$$\begin{cases} L\dfrac{d}{dt}\langle i_k \rangle_1 = -jL\omega\langle i_k \rangle_1 + \langle e_k \rangle_1 - \dfrac{1}{2}\langle v_0 \rangle_0 \cdot \langle u_k \rangle_1 + \dfrac{1}{6}\langle v_0 \rangle_0 \cdot \sum\limits_{k=1}^{3} \langle u_k \rangle_1, k = 1,2,3 \\ C\dfrac{d}{dt}\langle v_0 \rangle_0 = \dfrac{1}{2} \cdot \sum\limits_{k=1}^{3} \langle i_k \cdot u_k \rangle_0 - \langle i_S \rangle_0 \end{cases} \tag{5.68}$$

在继续进行计算前，引入以下符号：

$$\begin{cases} \langle i_1 \rangle_1 = x_1 + jx_2 \\ \langle i_2 \rangle_1 = y_1 + jy_2 \\ \langle i_3 \rangle_1 = z_1 + jz_2 \end{cases} \begin{cases} \langle u_1 \rangle_1 = a_1 + ja_2 \\ \langle u_2 \rangle_1 = b_1 + jb_2 \\ \langle u_3 \rangle_1 = c_1 + jc_2 \end{cases} \tag{5.69}$$

注意，信号u_k的一阶分量中，$k=1$、2、3，分别代表控制输入β_k，$k=1$、2、3。需要注意的是系统$\{\beta_k\}_{k=1,2,3}$是一个三相系统，因此

$$\sum_{k=1}^{3} \beta_k = \sum_{k=1}^{3} \langle u_k \rangle_1 = 0 \tag{5.70}$$

另请注意，三相电压系统$\{e_k\}_{k=1,2,3}$一阶分量滑动平均是

$$\langle e_1 \rangle_1 = -j\frac{E}{2}, \quad \langle e_2 \rangle_1 = -\frac{\sqrt{3}E}{4} + j\frac{E}{4}, \quad \langle e_3 \rangle_1 = \frac{\sqrt{3}E}{4} + j\frac{E}{4} \tag{5.71}$$

现在来分析式（5.68）中直流电压等式中的耦合项。通过应用式（5.5）给出的基本结果，可得

$$\langle i_k \cdot u_k \rangle_0 = \langle i_k \rangle_1 \langle u_k \rangle_{-1} + \langle i_k \rangle_{-1} \langle u_k \rangle_1 = 2\mathrm{Re}(\langle i_k \rangle_1 \langle u_k \rangle_{-1}), k=1,2,3$$

其中，考虑式（5.69），进一步给出

$$\begin{cases} \langle i_1 \cdot u_1 \rangle_0 = 2(x_1 a_1 + x_2 a_2) \\ \langle i_2 \cdot u_2 \rangle_0 = 2(y_1 b_1 + y_2 b_2) \\ \langle i_3 \cdot u_3 \rangle_0 = 2(z_1 c_1 + z_2 c_2) \end{cases} \tag{5.72}$$

将式（5.70）、式（5.71）、式（5.72）和式（5.69）代入式（5.68），实部和虚部对应相等，可以得到

$$\begin{cases} L\dot{x}_1 = \omega L x_2 - \dfrac{1}{2}\langle v_0 \rangle_0 a_1, \quad L\dot{x}_2 = -\omega L x_1 - \dfrac{1}{2}\langle v_0 \rangle_0 a_2 - \dfrac{E}{2} \\ L\dot{y}_1 = \omega L y_2 - \dfrac{1}{2}\langle v_0 \rangle_0 b_1 - \dfrac{\sqrt{3}E}{4}, \quad L\dot{y}_2 = -\omega L y_1 - \dfrac{1}{2}\langle v_0 \rangle_0 b_2 + \dfrac{E}{4} \\ L\dot{z}_1 = \omega L z_2 - \dfrac{1}{2}\langle v_0 \rangle_0 c_1 + \dfrac{\sqrt{3}E}{4}, \quad L\dot{z}_2 = -\omega L z_1 - \dfrac{1}{2}\langle v_0 \rangle_0 c_2 + \dfrac{E}{4} \\ C\langle \dot{v}_0 \rangle_0 = (x_1 a_1 + x_2 a_2 + y_1 b_1 + y_2 b_2 + z_1 c_1 + z_2 c_2) - \langle i_S \rangle_0 \end{cases} \tag{5.73}$$

这时需要获得三相坐标系下变量与 dq 坐标系下变量之间的关系式。图 5.29 给出了 dq 坐标系下变量和三相变量之间的关系。

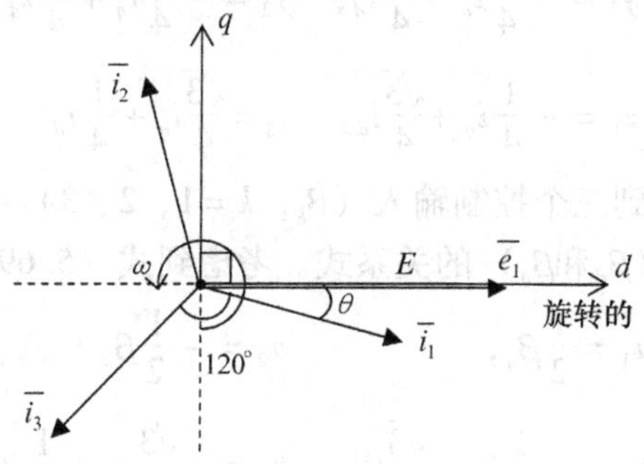

图 5.29　三相情况下 dq 坐标系相量图

相应的变换矩阵为（Bose，2001）

$$\begin{bmatrix} f_q \\ f_d \end{bmatrix} = \frac{2}{3} \cdot \begin{bmatrix} \cos\omega t & \cos(\omega t - 2\pi/3) & \cos(\omega t + 2\pi/3) \\ \sin\omega t & \sin(\omega t - 2\pi/3) & \sin(\omega t + 2\pi/3) \end{bmatrix} \cdot \begin{bmatrix} f_1 \\ f_2 \\ f_3 \end{bmatrix} \tag{5.74}$$

$$\begin{bmatrix} f_1 \\ f_2 \\ f_3 \end{bmatrix} = \begin{bmatrix} \cos\omega t & \sin\omega t \\ \cos(\omega t - 2\pi/3) & \sin(\omega t - 2\pi/3) \\ \cos(\omega t + 2\pi/3) & \sin(\omega t + 2\pi/3) \end{bmatrix} \cdot \begin{bmatrix} f_q \\ f_d \end{bmatrix} \tag{5.75}$$

式中，$\{f_k\}_{k=1,2,3}$ 构成一个通用的三相系统（电流、电压或控制输入），f_d 和 f_q 则是

相应的 dq 分量。用式（5.75），可将每个三相变量表示为一对耦合 dq 变量。具体地说，将式（5.75）用于三相电流，使

$$\begin{cases} i_1 = i_q \cos\omega t + i_d \sin\omega t \\ i_2 = \left(-\dfrac{1}{2}i_q - \dfrac{\sqrt{3}}{2}i_d\right)\cos\omega t + \left(\dfrac{\sqrt{3}}{2}i_q - \dfrac{1}{2}i_d\right)\sin\omega t \\ i_3 = \left(-\dfrac{1}{2}i_q + \dfrac{\sqrt{3}}{2}i_d\right)\cos\omega t + \left(-\dfrac{\sqrt{3}}{2}i_q - \dfrac{1}{2}i_d\right)\sin\omega t \end{cases} \tag{5.76}$$

另一方面，已知三相电流各相都是一个零均值的交流变量（因此可以通过其一阶分量近似），可以根据其一阶分量滑动平均的实部和虚部表示，如式（5.29）所示。因此，考虑到式（5.69），以下关系成立：

$$\begin{cases} i_1 = 2x_1 \cos\omega t - 2x_2 \sin\omega t \\ i_2 = 2y_1 \cos\omega t - 2y_2 \sin\omega t \\ i_3 = 2z_1 \cos\omega t - 2z_2 \sin\omega t \end{cases} \tag{5.77}$$

通过比较式（5.76）和式（5.77），可以推导出三相电流一阶分量滑动平均的实部和虚部，与电流i_d和i_q之间的关系式，即

$$\begin{cases} x_1 = \dfrac{1}{2}i_q, & x_2 = -\dfrac{1}{2}i_d \\ y_1 = -\dfrac{1}{4}i_q - \dfrac{\sqrt{3}}{4}i_d, & y_2 = -\dfrac{\sqrt{3}}{4}i_q + \dfrac{1}{4}i_d \\ z_1 = -\dfrac{1}{4}i_q + \dfrac{\sqrt{3}}{4}i_d, & z_2 = \dfrac{\sqrt{3}}{4}i_q + \dfrac{1}{4}i_d \end{cases} \tag{5.78}$$

以类似方式可以得到三个控制输入（β_k，$k=1$、2、3）一阶分量滑动平均实部和虚部与相关 dq 分量（β_d和β_q）的关系式。考虑到式（5.69），存在以下关系式：

$$\begin{cases} a_1 = \dfrac{1}{2}\beta_q, & a_2 = -\dfrac{1}{2}\beta_d \\ b_1 = -\dfrac{1}{4}\beta_q - \dfrac{\sqrt{3}}{4}\beta_d, & b_2 = -\dfrac{\sqrt{3}}{4}\beta_q + \dfrac{1}{4}\beta_d \\ c_1 = -\dfrac{1}{4}\beta_q + \dfrac{\sqrt{3}}{4}\beta_d, & c_2 = \dfrac{\sqrt{3}}{4}\beta_q + \dfrac{1}{4}\beta_d \end{cases} \tag{5.79}$$

为了转换状态空间式（5.73）到动态方程，以下推导将使用方程组（5.78）和（5.79）。目标动态方程以电流i_d、i_q和直流电压$\langle v_0\rangle_0$的平均值作为状态量，β_d和β_q作为控制输入。很容易验证，只使用x_1、x_2和$\langle v_0\rangle_0$有关变量的方程式就足够达到这个目的。事实上，如果使用关于任何一个y_1、y_2和$\langle v_0\rangle_0$，或z_1、z_2和$\langle v_0\rangle_0$的方程，同样可以获得相同的一组方程。图 5.28 中的三相电压源型 PWM 变换器最终的 dq 坐标系状态空间模型是

$$\begin{cases} \dot{i}_d = \omega i_q - \dfrac{\langle v_0 \rangle_0}{2L}\beta_d + \dfrac{E}{L} \\ \dot{i}_q = -\omega i_d - \dfrac{\langle v_0 \rangle_0}{2L}\beta_q \\ \langle \dot{v}_0 \rangle_0 = \dfrac{3}{4C}(i_d\beta_d + i_q\beta_q) - \dfrac{\langle i_S \rangle_0}{C} \end{cases} \tag{5.80}$$

最后，得到图5.28中PWM三相变换器大信号模型。这个模型在旋转 dq 坐标系中，与电网电压矢量 e_1 同步。注意，两个控制输入 β_d 和 β_q 会影响流入电网电流的有功和无功分量。

模型（5.80）中前两个方程是耦合的；这使两个电流的单独控制变得复杂（解耦可能是必要的）。第三个方程给出了直流母线电压的变化与流入电网电流间的关系，容易让人想到采用一种调节回路，以避免直流母线过电压或者欠电压。

因此，控制规则也同样要在 dq 坐标系中给出，有效控制输入 $\{\beta_k\}_{k=1,2,3}$ 将根据 dq 坐标系瞬时角度（如同 e_1）的测量［由锁相环（PLL）获得］，进行Park逆变换。

备注

注意，可以在文献中找到模型（5.80）稍微不同的最终形式，这是由于开关函数 u_k，$k=1$、2、3，取值在集合｛0；1｝，而不是｛-1；1｝。在这种情况下，电流 i_0 和电压 v_k 具有不同表达式，在式（5.65）和式（5.66）分别给出，这是基于以下的关系：

$$\begin{cases} v_k = v^+ \cdot u_k + v^- \cdot (1 - u_k) = v_0 u_k + v^-, k = 1,2,3 \\ i_0 = \sum_{k=1}^{3} i_k \cdot u_k \end{cases}$$

根据相似的推论，推出 $v^- = -\dfrac{v_0}{3}\sum_{k=1}^{3} u_k$，进一步得到开关模型的形式

$$\begin{cases} L\dot{i}_k = e_k - v_0 \cdot u_k + \dfrac{v_0}{3}\sum_{j=1}^{3} u_j, k = 1,2,3 \\ C\dot{v}_0 = \sum_{j=1}^{3} i_j \cdot u_j - i_S \end{cases}$$

按照相同步骤进一步的计算和完整的展开留给读者完成。最后状态空间 dq 模型为（Blasko和Kaura，1997）

$$\begin{cases} \dot{i}_d = \omega i_q - \dfrac{\langle v_0 \rangle_0}{L}\beta'_d + \dfrac{E}{L} \\ \dot{i}_q = -\omega i_d - \dfrac{\langle v_0 \rangle_0}{L}\beta'_q \\ \langle \dot{v}_0 \rangle_0 = \dfrac{3}{2C}(i_d\beta'_d + i_q\beta'_q) - \dfrac{\langle i_S \rangle_0}{C} \end{cases} \tag{5.81}$$

式中，新的控制输入β'_d和β'_q与模型（5.80）给出的β_d和β_q有关，关系为$\beta'_d=\beta_d/2$和$\beta'_q=\beta_q/2$，这是因为正弦函数集$\{\beta_k\}_{k=1,2,3}$具有一半的幅值，如前所示。

5.8 本章小结

通用平均模型（GAM）适用于对称 PWM 变换器分析，而平均模型更适用于非对称变换器（例如，DC - DC 功率单元）。

GAM 被证明是获得变换器大信号模型的精确工具，并可以在接近开关周期小时间刻度内重复动态行为。这种模型很灵活，即使频率改变微小，这种类型的模型也适用。当然，为了保证误差在可接受范围内，这种变化必须慢于系统动态变化。

对于不对称的变换器，这种方法也是有效的。但是，不能证明模型精度增加与附加变量带来的复杂性有关。

有多种场合可以应用这些模型，举例如下：

1）稳态分析：实际上稳态方法是一阶分量模型的经典方法（正弦稳态）。在这种情况下，容易获得模型提供的结果，因为一旦建立该等效图，必须只应用电路的经典控制方法。简洁性这一优点，使得该模型比相平面模型更具有吸引力。获得了系统解析表达式后，尽管考虑到谐振电路的阻尼，仍然可以分析与给定参数有关的增益灵敏度（开关频率、负载等）。

2）动态分析：良好的动态精度可以确保对输入 - 输出动态很好的描述，包括系统内部动态。因此建议 GAM 至少作为大信号的模型分析工具。它基于连续模型建立小信号模型，可以不用太繁冗、复杂的计算方法。而且，它也足以提供围绕平衡工作点的大信号模型。

思考题

问题 5.1

图 5.30 给出了用于可变直流源（例如，一个光伏阵列）和单相强交流电网之间传输能量的电路。系统有两个功率处理环节，通过直流母线相连的 DC - DC boost 变换器和电压源型逆变器（VSI）。因此，该系统具有两个控制输入，u_1作用于 DC - DC 变换器，u_2作用于 VSI，以及由于初始电源变化带来的干扰输入E。

建模假设限制变量范围为 boost 功率环节的直流分量和电压源型逆变器一阶分量。逆变器只提供有功功率给电网。控制的目的是为了调节在初始直流电源和交流电网之间的功率流，同时保持电力电子电路工作在额定范围内（考虑工作电压和电流）。

使用第 3 章、第 4 章和第 5 章中的信息，执行以下操作：

1）使用通用平均建模技术获得大信号系统模型；

2）围绕典型工作点通过扰动和线性化得到小信号模型。得到以$\langle u_2\rangle_1$作为输

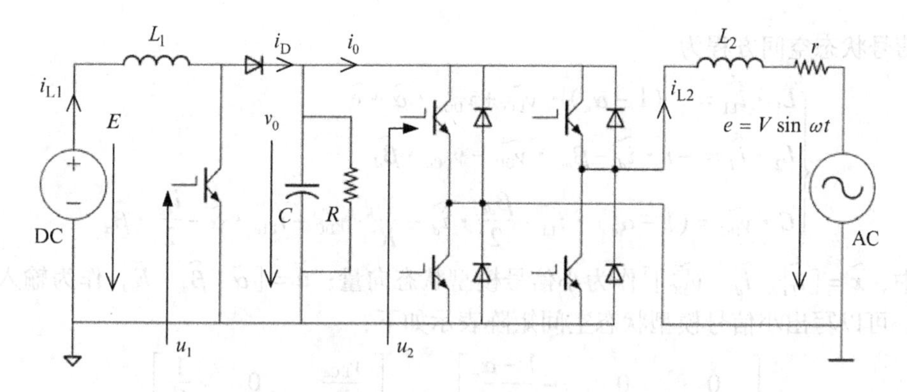

图 5.30　用于可变直流电源和交流电网之间电力传输的并网接口电路

入，以 $\langle v_0\rangle_0$ 作为输出的传递函数。

解决方案：1）状态空间建模始于描述能量积累中的功率不平衡（电感和电容），最后给出开关模型［通过结合式（3.11）和式（5.39）］

$$\begin{cases} L_1\cdot\dot{i}_{L1} = -(1-u_1)\cdot v_0 + E \\ L_2\cdot\dot{i}_{L2} = e - v_0\cdot u_2 - i_{L2}\cdot r \\ C\cdot\dot{v}_0 = (1-u_1)\cdot i_{L1} - v_0/R - i_L\cdot u_2 \end{cases} \tag{5.82}$$

在上述模型基础上做平均，并做代数变换（忽略无功分量）：

$$\begin{cases} \dfrac{d\langle i_{L1}\rangle_0}{dt} = \dfrac{1}{L_1}[E - v_{DC}(1-\alpha)] \\ \dfrac{di_d}{dt} = \dfrac{V}{L_2} - \dfrac{v_{DC}}{L_2}\cdot\beta_d - \dfrac{i_d\cdot r}{L_2} \\ \dfrac{dv_{DC}}{dt} = \dfrac{1}{C}\langle i_{L1}\rangle_0(1-\alpha) - \dfrac{1}{RC}v_{DC} - \dfrac{i_d}{2C}\cdot\beta_d \end{cases} \tag{5.83}$$

式中，$v_{DC} = \langle v_0\rangle_0$；$i_d = \langle i_{L2}\rangle_1$ 表示网侧电感电流的幅值；$\beta_d = \langle u_2\rangle_1$ 是逆变器的单个控制输入（在 d 轴的有功分量）。整个系统的状态向量为 $\boldsymbol{x} = [\langle i_{L1}\rangle_0 \quad i_d \quad v_{DC}]^T$，它的输入向量为 $\boldsymbol{u} = [\alpha \quad \beta_d \quad E]^T$，它是由控制输入矢量 $[\alpha \quad \beta_d]^T$ 和干扰输入 E 组成。

2）考虑由输入 $[\alpha_e \quad \beta_{de} \quad E_e]^T$ 和状态 $[i_{L1e} \quad i_{de} \quad v_{DCe}]^T$ 所决定的系统稳态工作点。通过将式（5.83）导数归零，可以得到

$$\begin{cases} E_e - (1-\alpha_e)v_{DCe} = 0 \\ V - v_{DCe}\beta_{de} - i_{de}r = 0 \\ i_{L1}(1-\alpha_e) - v_{DCe}/R - i_{de}\beta_{de}/2 = 0 \end{cases} \tag{5.84}$$

考虑工作点周围的微小变化：$\alpha = \widetilde{\alpha} + \alpha_e$，$\beta_d = \widetilde{\beta_d} + \beta_{de}$，$E = \widetilde{E} + E_e$，$i_{L1} = \widetilde{i_{L1}} + i_{L1e}$，$i_d = \widetilde{i_d} + i_{de}$，$v_{DC} = \widetilde{v_{DC}} + v_{DCe}$。系统围绕先前定义的稳态工作点存在小扰动时，

小信号状态空间方程为

$$\begin{cases} L_1 \cdot \dot{\widetilde{i_{L1}}} = -(1-\alpha_e) \cdot \widetilde{v_{DC}} + v_{DCe} \cdot \widetilde{\alpha} + \widetilde{e} \\ L_2 \cdot \dot{\widetilde{i_d}} = -r \cdot \widetilde{i_d} - \beta_{de} \cdot \widetilde{v_{DC}} - v_{DCe} \cdot \widetilde{\beta_d} \\ C \cdot \dot{\widetilde{v_{DC}}} = (1-\alpha_e) \cdot \widetilde{i_{L1}} - \dfrac{\beta_{de}}{2} \cdot \widetilde{i_d} - \dfrac{1}{R} \cdot \widetilde{v_{DC}} - i_{L1e} \cdot \widetilde{\alpha} - \dfrac{i_{de}}{2} \cdot \widetilde{\beta_d} \end{cases}$$

式中，$\widetilde{\boldsymbol{x}} = [\widetilde{i_{L1}} \quad \widetilde{i_d} \quad \widetilde{v_{DC}}]^{\mathrm{T}}$作为小信号模型状态向量；$\widetilde{\boldsymbol{u}} = [\widetilde{\alpha} \quad \widetilde{\beta_d} \quad \widetilde{E}]^{\mathrm{T}}$作为输入向量；可以写出小信号模型状态空间矩阵表示如下：

$$\dot{\widetilde{\boldsymbol{x}}} = \underbrace{\begin{bmatrix} 0 & 0 & -\dfrac{1-\alpha_e}{L_1} \\ 0 & -\dfrac{r}{L_2} & -\dfrac{\beta_{de}}{L_2} \\ \dfrac{1-\alpha_e}{C} & -\dfrac{\beta_{de}}{2C} & -\dfrac{1}{2C} \end{bmatrix}}_{\boldsymbol{A}} \cdot \widetilde{\boldsymbol{x}} + \underbrace{\begin{bmatrix} \dfrac{v_{DCe}}{L_1} & 0 & \dfrac{1}{L_1} \\ 0 & -\dfrac{v_{DCe}}{L_2} & 0 \\ -\dfrac{i_{Le}}{C} & -\dfrac{i_{de}}{2C} & 0 \end{bmatrix}}_{\boldsymbol{B}} \cdot \widetilde{\boldsymbol{u}} \tag{5.85}$$

式中，显性给出状态矩阵 $\boldsymbol{A}$ 和输出矩阵 $\boldsymbol{B}$。考虑$\widetilde{v_{DC}}$作为输出变量，因此，在式(5.85) 的状态空间方程中添加输出方程，其中引入了输出矩阵 $\boldsymbol{C}$：

$$\boldsymbol{y} = \widetilde{v_{DC}} = \underbrace{[0 \quad 0 \quad 1]}_{\boldsymbol{C}} \cdot \widetilde{\boldsymbol{x}} \tag{5.86}$$

需要注意的是 1×3 转换矩阵

$$\boldsymbol{H}(s) = \boldsymbol{C} \cdot (s\boldsymbol{I} - \boldsymbol{A})^{-1}, \boldsymbol{B} = [H_{11}(s) \quad H_{12}(s) \quad H_{13}(s)]$$

包含来自所有的输入到输出$\widetilde{v_{DC}}$的传递函数。重点关注从$\widetilde{\beta_d}$到$\widetilde{v_{DC}}$传递函数，这是传输矩阵 $\boldsymbol{H}(s)$ 的第二个元素：$\boldsymbol{H}_{\widetilde{\beta_d}\to\widetilde{v_{DC}}}(s) = H_{12}(s)$。考虑式 (5.85) 和式(5.86) 给出的矩阵 $\boldsymbol{A}$、$\boldsymbol{B}$ 和 $\boldsymbol{C}$ 的表达式，经过相当复杂但是直接的代数计算，产生所需传递函数的最终形式

$$H_{\widetilde{\beta_d}\to\widetilde{v_{DC}}}(s) = -\frac{s\dfrac{\beta_{de}}{2C}}{s^3 + s^2\left[\dfrac{1}{RC} + \dfrac{r}{L_2}\right] + s\left[\dfrac{r}{RCL_2} + \dfrac{(1-\alpha_e)^2}{L_1 C} - \dfrac{\beta_{de}^2}{2L_2 C}\right] + \dfrac{(1-\alpha_e)^2 r}{L_1 L_2 C}}$$

请读者解决后续问题。

问题 5.2　在 GAM 意义上进行基本结构的建模

考虑图 5.31，并设定开关函数的取值：如果 H_1导通，取值为1；如果 H_2导通，则取值 -1。注意两个开关不能同时导通。

1）考虑电流i_a为正弦，电压v_0连续，将v_a、i_a和i_0画到同一图上，这样可以看到 u 比i_a滞后相位角 φ。

2）通过采用必要的拓扑变换建立通用平均图，但不计算 $\langle v_a\rangle_1$和 $\langle i_0\rangle_0$。

3）当整流器电流（电压源型逆变器）不可控的情况下（如，二极管整流），

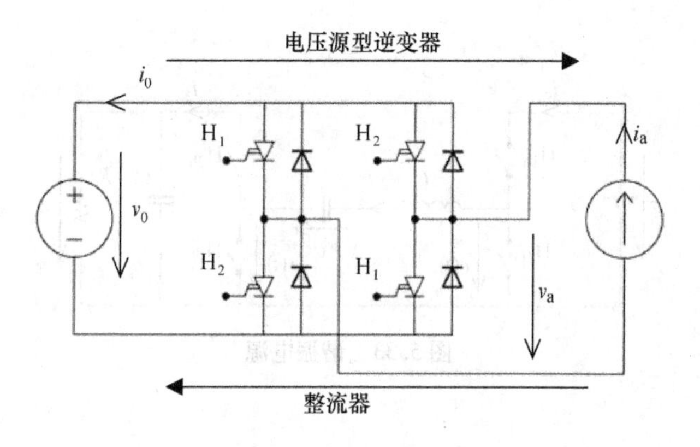

图 5.31　基本变换器

计算 $\langle v_a\rangle_1$ 和 $\langle i_0\rangle_0$。然后给出一般情况下，当控制输入是交流电流滞后电压的相位 φ 时，这些项的表达式。

问题 5.3　容性半桥串联谐振电源

图 5.32 为给定的电路。

1）使用第 3 章所提供的结果，通过定义的开关函数建立变换器的等效精确拓扑图。

2）推演得到其 GAM 等效图，不计算耦合项。

3）考虑逆变器换相角为 δ（以整流器换相角为基准），展开 $\langle e(t)\rangle_1$ 和 $\langle s(t)\rangle_1$，并计算耦合项。

4）写出变换器的 GAM 方程，并计算它的平衡工作点。根据这些结果，将 δ 的扰动变化作为控制输入，将 v_{C0} 的变化量作为输出量，建立小信号模型（给出状态空间表示）。

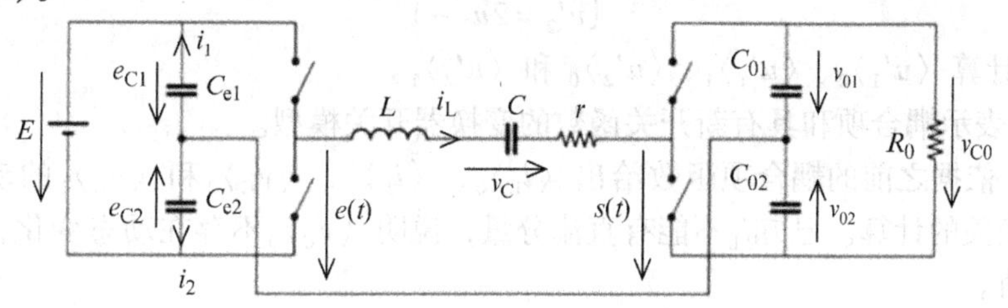

图 5.32　串联谐振开关电源

问题 5.4

求解图 5.33 所示的谐振电源动态模型。在此拓扑中，两个逆变器和整流器仅基于开关，而不采用容性半桥。

采用以下假设：

1）工作频率相当接近谐振频率；i_L 和 v_C 由其基波主导，高阶分量含量较小。

2）工作频率和输出电容值足够高，使输出电压 v_S 纹波可以忽略（纹波叠加于

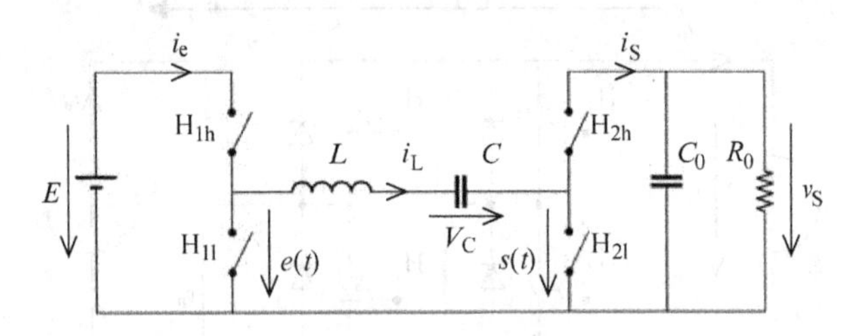

图 5.33　谐振电源

平均值上）。

3）开关 H_{1h} 和 H_{1l} 是互补的，通过开关函数u_1驱动，$u_1=1$，H_{1h} 导通；$u_1=0$，H_{1h} 截止。开关函数u_2对互补开关 H_{2h} 和 H_{2l} 起同样的作用：$u_2=1$，H_{2h} 导通；$u_2=0$，H_{2h} 截止。两个开关函数都有角频率 ω 和占空比 0.5 。设定u_1是相原点，u_2相对于u_1延迟角度 φ。

a）写出谐振电路中主导电容 C 的电压v_C和电感 L 电流i_L变化的微分方程。这些方程形式上须显性依赖于逆变器输出电压 $e(t)$ 和整流器输入电压 $s(t)$。将输出电压v_S作为输出电流$i_S(t)$的函数，给出相应动态描述。

b）将电压 $e(t)$ 和 $s(t)$ 作为 E、u_1、u_2 和v_S的函数，写出表达式。将电流$i_e(t)$和$i_S(t)$作为i_L、u_1和u_2的函数，写出表达式。

c）推导出图 5.19 中变换器的开关模型，模型包含开关函数u_1和u_2。再推导出等效拓扑图，包含显性耦合项。

d）随着变量的变化：

$$\begin{cases} u'_1 = 2u_1 - 1 \\ u'_2 = 2u_2 - 1 \end{cases}$$

i）计算 $\langle u'_1\rangle_0$、$\langle u'_1\rangle_1$、$\langle u'_2\rangle_0$ 和 $\langle u'_2\rangle_1$。

ii）表示耦合项和具有新开关函数的变换器开关模型。

iii）依据之前的耦合项函数给出 $\langle i_L\rangle_0$、$\langle i_L\rangle_1$、$\langle v_C\rangle_0$ 和 $\langle v_C\rangle_1$ 的动态表达式，作相关的计算。已知i_L不能有直流分量，说明 $\langle v_C\rangle_0$ 不存在动态变化，并推导其稳态值。

iv）给出输出电压v_S动态变化的表达式（等同其平均值 $\langle v_S\rangle_0$）。说明表达式中平均值为 $\langle v_C\rangle_0$ 的项对v_S没有影响。

v）通过完成所有的相关计算，得到整个变换器的大信号 GAM。

e）在从点（v）处获得的大信号模型基础上建立小信号模型。

f）比较所获得的各种模型的时域仿真结果。

问题 5.5

图 5.34 中，DC－DC 并联谐振变换器经由方波开关函数u_1来控制。推导此电路的大信号 GAM。

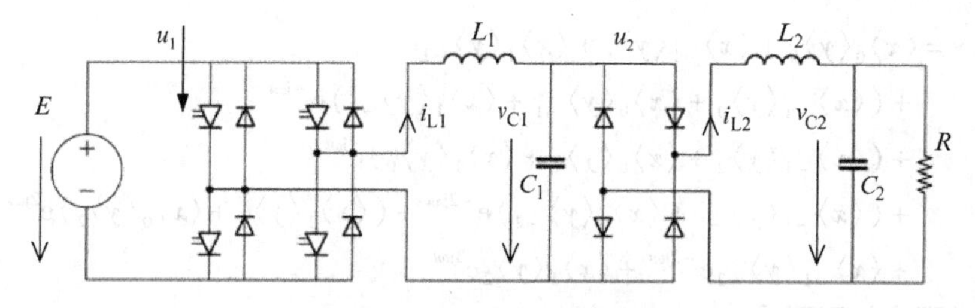

图 5.34　并联谐振开关电源

问题 5.6

图 5.35 给出了给高强度放电（HID）灯供电的电力电子电路。开关函数 u 是一个占空比 0.5 高频方波信号。当一个晶体管导通时，另一个被截止；反之亦然：

1）推导大信号 GAM。

2）推导小信号平均模型。

3）计算控制输入频率和灯电流之间的传递函数。

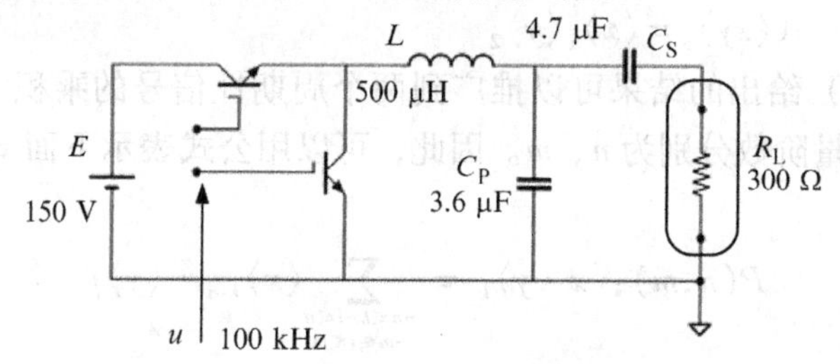

图 5.35　用于 HID 灯的电子镇流器电路

附录

式（5.5）的证明

$$\langle x\cdot y\rangle_k(t)=\sum_i\langle x\rangle_{k-i}(t)\cdot\langle y\rangle_i(t)$$

这个关系式表示的是对应卷积定理的傅里叶级数展开，适用于非周期性信号傅里叶变换。需要注意的是此式对具有相同基频的信号有效。

首先考虑 x 和 y 都是直流信号的情况，也就是说，它们都等于其零阶滑动分量。然后，它们乘积的最高阶分量也将是零。在这种情况下，显而易见：

$$\langle x\cdot y\rangle_0(t)=\langle x\rangle_0(t)\cdot\langle y\rangle_0(t)$$

如果假设 x 是角频率为 ω 的正弦信号（因此，含有分量最大阶数为 1），y 含有分量直到 2 阶（跳过时间变量），然后

$$x=\langle x\rangle_0+\langle x\rangle_{-1}\mathrm{e}^{-\mathrm{j}\omega t}+\langle x\rangle_1\mathrm{e}^{\mathrm{j}\omega t}$$

$$y=\langle y\rangle_0+\langle y\rangle_{-1}\mathrm{e}^{-\mathrm{j}\omega t}+\langle y\rangle_1\mathrm{e}^{\mathrm{j}\omega t}+\langle y\rangle_{-2}\mathrm{e}^{-2\mathrm{j}\omega t}+\langle y\rangle_2\mathrm{e}^{2\mathrm{j}\omega t}$$

乘积将包含最大阶数为 3 的分量。依次得到

$$
\begin{aligned}
x \cdot y = & \langle x\rangle_0\langle y\rangle_0 + \langle x\rangle_{-1}\langle y\rangle_1 + \langle x\rangle_1\langle y\rangle_{-1} \\
& + (\langle x\rangle_{-1}\langle y\rangle_0 + \langle x\rangle_0\langle y\rangle_{-1} + \langle x\rangle_1\langle y\rangle_{-2})e^{-j\omega t} \\
& + (\langle x\rangle_{-1}\langle y\rangle_2 + \langle x\rangle_0\langle y\rangle_1 + \langle x\rangle_1\langle y\rangle_0)e^{j\omega t} \\
& + (\langle x\rangle_{-1}\langle y\rangle_{-1} + \langle x\rangle_0\langle y\rangle_{-2})e^{-2j\omega t} + (\langle x\rangle_1\langle y\rangle_1 + \langle x\rangle_0\langle y\rangle_2)e^{2j\omega t} \\
& + \langle x\rangle_{-1}\langle y\rangle_{-2}e^{-3j\omega t} + \langle x\rangle_1\langle y\rangle_2 e^{3j\omega t}
\end{aligned}
$$

可以写成如下形式：

$$
\begin{aligned}
x \cdot y = & \langle xy\rangle_{-3}e^{-3j\omega t} + \langle xy\rangle_{-2}e^{-2j\omega t} + \langle xy\rangle_{-1}e^{-j\omega t} + \langle xy\rangle_0 \\
& + \langle xy\rangle_1 e^{j\omega t} + \langle xy\rangle_2 e^{2j\omega t} + \langle xy\rangle_3 e^{3j\omega t}
\end{aligned}
$$

其中

$$
\begin{cases}
\langle xy\rangle_0 = \langle x\rangle_{-1}\langle y\rangle_1 + \langle x\rangle_0\langle y\rangle_0 + \langle x\rangle_1\langle y\rangle_{-1} \\
\langle xy\rangle_1 = \langle x\rangle_{-1}\langle y\rangle_2 + \langle x\rangle_0\langle y\rangle_1 + \langle x\rangle_1\langle y\rangle_0 \\
\langle xy\rangle_2 = \langle x\rangle_1\langle y\rangle_1 + \langle x\rangle_0\langle y\rangle_2 \\
\langle xy\rangle_3 = \langle x\rangle_1\langle y\rangle_2
\end{cases} \tag{5.87}
$$

由式（5.87）给出的结果可以推广到两个周期性信号的乘积，具有相同基频的 x 和 y 含有分量阶数分别为 n、m。因此，可以用公式表示下面 xy 乘积 k 阶分量的表达式：

$$
P(n,m):\langle x \cdot y\rangle_k = \sum_{\substack{-n\leqslant k-i\leqslant n \\ -m\leqslant i\leqslant m}} \langle x\rangle_{k-i} \cdot \langle y\rangle_i
$$

并且由数学归纳法证明，关系式适用于任何 n 和 m。假设 $P(n,\ m)$ 为真，而且必须证明 $P(n+1,\ m)$ 或 $P(n,\ m+1)$ 为真。可以注意到，采用变量变化 $z = e^{j\omega t}$，信号 x 可以表示为两个 n 阶多项式 z 和 $1/z$ 的总和，而信号 y 是两个 m 阶多项式 z 和 $1/z$ 的和。可进一步应用有关多项式的系数乘积通用形式的结果，以得到多项式表示的两个信号分量的表达（Osborne，2000）。

参考文献

Bacha S (1993) On the modelling and control of symmetrical switching power supplies (in French: "Sur la modélisation et la commande des alimentations à découpage symétrique"). Ph.D. thesis, Grenoble National Institute of Technology, France

Bacha S, Gombert C (2006) Modelling of basic elements (in French: Modélisation des briques de base). In: Crappe M (ed) Exploitation of electrical grids by means of power electronics (in French: L'exploitation des réseaux électriques avec l'électronique de puissance). Hermès Lavoisier, Paris

Bacha S, Rognon J-P, Ferrieux J-P, Bendaas ML (1995) Dynamical approach of first-order harmonic for modelling of AC-AC converters with DC-link. Application to induction heating (in French: Approche dynamique du premier harmonique pour la modélisation de convertisseurs AC-AC à étage intérmédiaire continu. Application au chauffage à induction). Journal de Physique III 5:145–160

Bendaas ML, Bacha S, Ferrieux J-P, Rognon J-P (1995) Safe and time-optimized power transfer between two induction loads supplied by a single generator. IEEE Trans Ind Electron 42(5):539–544

Blasko V, Kaura V (1997) A new mathematical model and control of a three-phase AC-DC voltage source converter. IEEE Trans Power Electron 12(1):116–123

Bose BK (2001) Modern power electronics and AC drives. Prentice-Hall, Upper Saddle River

Caliskan VA, Verghese GC, Stanković AM (1999) Multifrequency averaging of DC/DC converters. IEEE Trans Power Electron 14(1):124–133

Maksimović D, Stanković AM, Thottuvelil VJ, Verghese GC (2001) Modeling and simulation of power electronic converters. Proc IEEE 89(6):898–912

Nasiri A, Emadi A (2003) Modeling, simulation, and analysis of active filter systems using generalized state space averaging method. In: Proceedings of the 29th annual Conference of the Industrial Electronics Society – IECON 2003. Roanoke, Virginia, USA, vol. 3, pp 1999–2004

Noworolsky JM, Sanders SR (1991) Generalized in-place circuit averaging. In: Proceedings of the 6th annual Applied Power Electronics Conference and Exposition – APEC 1991. Dallas, Texas, USA, pp 445–451

Oppenheim AV, Willsky AS, Hamid S (1997) Signals and systems, 2nd edn. Prentice-Hall, Upper Saddle River

Osborne MS (2000) Basic homological algebra. Graduate texts in mathematics. Springer, Berlin/ New York

Rim CT, Cho GH (1990) Phasor transformation and its application to the DC/AC analyses of frequency phase-controlled series resonant converters (SRC). IEEE Trans Power Electron 5 (7):201–211

Rimmalapudi SR, Williamson SS, Nasiri A, Emadi A (2007) Validation of generalized state space averaging method for modeling and simulation of power electronic converters for renewable energy systems. J Electr Eng Technol 2(2):231–240

Sanders SR (1993) On limit cycles and the describing function method in periodically switched circuits. IEEE Trans Circuit Syst I Fundam Theory Appl 40(9):564–572

Sanders SR, Noworolski JM, Liu XZ, Verghese GC (1990) Generalized averaging method for power conversion circuits. In: Proceedings of the IEEE power electronics specialists conference. San Antonio, Texas, USA, pp 333–340

Sira-Ramírez H, Silva-Ortigoza R (2006) Control design techniques in power electronics devices. Springer, London

Wong S-C, Tse CK, Orabi M, Ninomiya T (2006) The method of double averaging: an approach for modeling power-factor-correction switching converters. IEEE Trans Circuit Syst I Regul Pap 53(2):454–462

Xu J, Lee CQ (1998) A unified averaging technique for the modeling of quasi-resonant converters. IEEE Trans Power Electron 13(3):556–563

Yin Y, Zane R, Glaser J, Erickson RW (2002) Small-signal analysis of frequency-controlled electronic ballasts. IEEE Trans Circuit Syst I Fundam Theory Appl 50(8):1103–1110

第6章　降阶平均模型

本章涉及的建模方法用于获取简化降阶电力电子变换器模型，此类模型能够代表其低频平均行为，而且更容易用于仿真或控制规则设计。

降阶平均建模方法依赖于在频域剖析变换器动态特性，并且保留主要的低频动态。

本章试图用一个通用的方法把这些建模方法汇总起来。首先，是基本原理介绍和通用方法的推导。一些实例和案例研究给出了这种方法在交流和直流功率电路的应用。最后是提供给读者的思考题。

6.1　本章简介

当DC - DC功率电路工作于断续模式时，经典平均方法便无法对电路进行正确建模。针对这个问题，由Chetty（1982）提出的降阶平均模型（Reduced - Order Averaged Model，ROAM）给出了解决方案。ROAM的原则是用其他状态变量的函数替换关联变量，从而获得降阶模型。一些学者进一步拓展了该建模框架（例如，Maksimović和Ćuk，1991；Sun等，2001）。在分析受控于（峰值）电流的可编程模式DC - DC变换器时，就采用了两个变量的代数组合（Middlebrook，1985，1989）。

ROAM应用广泛，包括：

1）经典平均模型的应用领域（见第4章）；

2）具有交流和直流环节的电力电子变换器（Sun和Grotstollen，1992）；

3）变换器的开关是状态控制的，同时也受控于独立输入（例如，基于晶闸管的变换器）；

4）具有直流和交流环节的变换器工作在断续导通模式，这是之前第二种类型的特殊情况。

因此，在一般情况下，当这个平均建模适用时，功率单元呈现主导的低频动态和可忽略不计的高频特性（固有的或者作为控制回路的效果）。降阶平均的建模依赖于在频域中拆分变换器的动态特性，同时保留主要的低频动态。

ROAM易于构建和使用。换而言之，模型损失了精度，但胜在简单。在某些情况下，这种精度损失是可以接受的，但可能在其他一些情况下，被忽略的动态可能因它们的效果（例如，闭环不稳定）而变得重要。

6.2 原理

ROAM的原则依赖于将开关模型分离为两个动态：

1）一个必须保留的主导动态；

2）另一个必须被消除，因为它对于变换器的等效低频行为并无明显影响。

这种分离取决于特定的情况，如下所示。

a）这可能是变换器模态分析的结果，强调了两种类型的动态，分属于明确可分离的频率范围。因此，必须确定一个非常缓慢的动态占主导地位（相较另一个快得多的动态）。

该分离也可以不是由初始电路设计决定的，但它可通过控制动作保证（内环控制回路的存在）。

b）可以应用于系统工作于断续模式时变量被周期性归零的情况。可以看出，这些变量并不显著影响变换器主导动态（例如，参见第4章4.6节的案例研究）。

现在，考虑电力电子变换器存在N种开关状态，这些状态由第3章式（3.2）给出的开关模型的一般形式描述：

$$\dot{\boldsymbol{x}}(t) = \sum_{i=1}^{N} (\boldsymbol{A}_i \boldsymbol{x}(t) + \boldsymbol{B}_i \boldsymbol{e}(t)) \cdot h_i \tag{6.1}$$

式中，$\boldsymbol{A}_i$和$\boldsymbol{B}_i$分别是$n \times n$状态矩阵和$n \times p$输入矩阵，对应于电路开关状态i（i的范围从1到N）；$\boldsymbol{x}(t)$是长度为n的状态向量；h_i是周期为T的校验函数。按照上述的两种方法之一分离系统（6.1）为两个系统。至此，两个子系统将被区别标注：

1）较慢或低频（LF）子系统将通过“c”标注；该子系统具有维度nc。

2）较快或高频（HF）子系统将通过“a”标注；该子系统具有维度na，称为干扰。

用总长度为n的状态向量$\boldsymbol{x}$标识两个子系统相应的状态向量

$$\boldsymbol{x} = [\boldsymbol{x}_{\mathrm{a}} \quad \boldsymbol{x}_{\mathrm{c}}]^{\mathrm{T}}$$

整理系统表达式（6.1），结果为

$$\begin{cases} \dot{\boldsymbol{x}}_{\mathrm{a}} = \sum_{i=1}^{N} (\boldsymbol{A}_{\mathrm{aa}}^{(i)} \boldsymbol{x}_{\mathrm{a}} + \boldsymbol{A}_{\mathrm{ac}}^{(i)} \boldsymbol{x}_{\mathrm{c}} + \boldsymbol{B}_{\mathrm{a}}^{(i)} \boldsymbol{e}) \cdot h_i \\ \dot{\boldsymbol{x}}_{\mathrm{c}} = \sum_{i=1}^{N} (\boldsymbol{A}_{\mathrm{ca}}^{(i)} \boldsymbol{x}_{\mathrm{a}} + \boldsymbol{A}_{\mathrm{cc}}^{(i)} \boldsymbol{x}_{\mathrm{c}} + \boldsymbol{B}_{\mathrm{c}}^{(i)} \boldsymbol{e}) \cdot h_i \end{cases} \tag{6.2}$$

式中，矩阵$\boldsymbol{A}_{\mathrm{aa}}{}^{(i)}$、$\boldsymbol{A}_{\mathrm{ac}}{}^{(i)}$、$\boldsymbol{A}_{\mathrm{ca}}{}^{(i)}$、$\boldsymbol{A}_{\mathrm{cc}}{}^{(i)}$、$\boldsymbol{B}_{\mathrm{a}}{}^{(i)}$和$\boldsymbol{B}_{\mathrm{c}}{}^{(i)}$由适当配置参数$i$的矩阵$\boldsymbol{A}_i$和$\boldsymbol{B}_i$得到

$$\boldsymbol{A}_i = \begin{bmatrix} \boldsymbol{A}_{\mathrm{aa}}^{(i)} & \boldsymbol{A}_{\mathrm{ac}}^{(i)} \\ \boldsymbol{A}_{\mathrm{ca}}^{(i)} & \boldsymbol{A}_{\mathrm{cc}}^{(i)} \end{bmatrix}, \boldsymbol{B}_i = \begin{bmatrix} \boldsymbol{B}_{\mathrm{a}}^{(i)} \\ \boldsymbol{B}_{\mathrm{c}}^{(i)} \end{bmatrix}$$

假设变量 $\boldsymbol{x}_c$ 保持不变，从而确保两个动态分离，从式（6.2）的第一个方程可以确定快速变量的响应 $\boldsymbol{x}_{a\_st}$（$\boldsymbol{x}_c$，t）。然后将 $\boldsymbol{x}_{a\_st}$ 代入到慢子系统的动态方程，结果如下：

$$\dot{\boldsymbol{x}}_c = \sum_{i-1}^{n}(\boldsymbol{A}_{cc}^{(i)}\boldsymbol{x}_c + \boldsymbol{A}_{ca}^{(i)}\cdot\boldsymbol{x}_{a\_st}(t,\boldsymbol{x}_c) + \boldsymbol{B}_c^{(i)}e)\cdot h_i \tag{6.3}$$

式（6.3）现在可以通过对周期 T 平均，应用经典平均模型。可以获得该平均行为

$$\langle\dot{\boldsymbol{x}}_c\rangle_0 = \frac{1}{T}\int_{t_{i-1}}^{t}(\boldsymbol{A}_{cc}^{(i)}\boldsymbol{x}_c + \boldsymbol{A}_{ca}^{(i)}\cdot\boldsymbol{x}_{a\_st}(t,\boldsymbol{x}_c) + \boldsymbol{B}_c^{(i)}e)\cdot h_i\cdot dt \tag{6.4}$$

式中，通过引入依赖于校验函数 h_i 的开关函数 u，可以进一步用下面的形式表示：

$$\langle\dot{\boldsymbol{x}}_c\rangle_0 = f(\langle\boldsymbol{x}_c\rangle_0, \boldsymbol{x}_{a\_st}(t,\boldsymbol{x}_c), u) \tag{6.5}$$

模型（6.5）忽略快速动态，仅保留较慢子系统低频动态。注意，对于仅具有交流变量的功率变换器，其主导的低频动态显然是交流类型的幅度和相位变化。因此，必须通过应用广义平均表达式（6.3）来获得降阶模型。

总之，如果能足够清楚地界定两种动态分离的存在，ROAM 则适用。这种模型的一个优点是它降低了阶数，$n_c = n - n_a$。

6.3 通用方法

下面给出了获得 ROAM 的一般过程。Sun 和 Grotstollen（1992）最初为分析 DC－DC 变换器提出了建模统一流程，接下来由 Sun 和 Grotstollen（1997）继续展开相关研究，Sun 等在 2001 年还在进行持续研究。

为了说明算法 6.1 的应用，接下来将分别讨论对应于上面提到情况下的两个案例：

1）对于感应加热电流逆变器，其交流环节表现出快速动态，直流环节具有慢动态；

2）buck－boost 变换器工作在断续导通模式下：一方面是输出电压，另一方面是断续的电流。

这两个例子中，经典平均模型不适用，从如何应用 ROAM 的原则看也是不同的。事实上，针对第一个案例，交流型变量是干扰；而对第二个案例而言，需要消除的是断续的电流。

算法 6.1

给定电力电子变换器的 ROAM 计算：

#1 写出目标电力电子变换器的开关模型。

#2 将模型拆分成两部分，分别对应于两个子系统，一个呈现慢动态（LF），另一个具有快速动态（HF）。

#3 假设慢变量不变（在它们的平均值），求解快速动态子系统，计算依赖于慢变量值的平均响应。

#4 根据功率单元类型，对求得的子系统应用经典或者广义平均模型。

#5 把通过快速变量替换为步骤#3 获得的平均值，代入慢动态子系统。

6.3.1　交流变量示例：感应加热电流源型逆变器

考虑第 3 章 3.2.3 节分析的感应加热电流源型逆变器，图 3.3 为其原理图。图 6.1 给出了相应的开关模型等效图。

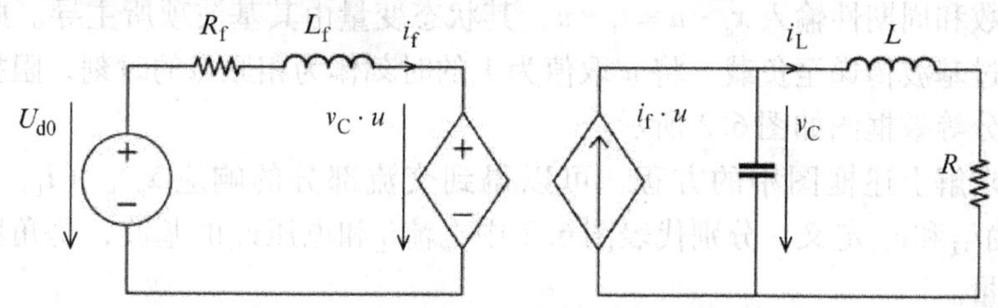

图 6.1　电流源型逆变器开关模型等效图

由于交流状态变量的存在，经典平均模型不能应用于这种变换器。考虑直流滤波动态，可以忽略交流状态变量的动态，从而构建 ROAM。

注意，由方程组来描述此变换器：

$$\dot{\boldsymbol{x}} = (\boldsymbol{A} + u\boldsymbol{B}) \cdot \boldsymbol{x} + \boldsymbol{b} \cdot \boldsymbol{e} \tag{6.6}$$

式中，状态向量 $\boldsymbol{x}_c = [i_f \quad v_C \quad i_L]^T$，且

$$\boldsymbol{A} = \begin{bmatrix} -\dfrac{R_f}{L_f} & 0 & 0 \\ 0 & 0 & -\dfrac{1}{C} \\ 0 & \dfrac{1}{L} & -\dfrac{R}{L} \end{bmatrix}, \boldsymbol{B} = \begin{bmatrix} 0 & -\dfrac{1}{L_f} & 0 \\ \dfrac{1}{C} & 0 & 0 \\ 0 & 0 & 0 \end{bmatrix}, \boldsymbol{b} = \begin{bmatrix} \dfrac{1}{L_f} \\ 0 \\ 0 \end{bmatrix}, \boldsymbol{e} = U_{d0}$$

前面第 5 章 5.7.1 节已经详细说明，流过滤波器的直流电流i_f具有较慢的动态。而交流状态变量（电压v_C和电流i_L）具有高频正弦特性，以快速变化为特征。显然分离原则在此适用：保留表现主导低频动态的滤波电流i_f，而消除其他两个变量（Bacha 等，1995）。

通过使用之前引入的符号，并令 $\boldsymbol{x}_c = i_f$和 $\boldsymbol{x}_a = [v_C \quad i_L]^T$，可以将连续变量$i_f$与高频变量$v_C$和$i_L$分离。

因此获得两个子系统

$$\dot{\boldsymbol{x}}_c = -\frac{R_f}{L_f}\boldsymbol{x}_c + \left[-\frac{1}{L_f} \quad 0\right]\boldsymbol{x}_a \cdot u + \frac{1}{L_f}e \tag{6.7}$$

和

$$\dot{\boldsymbol{x}}_{\mathrm{a}}=\begin{bmatrix}\frac{1}{C}\\0\end{bmatrix}\boldsymbol{x}_{\mathrm{c}}\cdot u+\begin{bmatrix}0 & -\frac{1}{C}\\ \frac{1}{L} & -\frac{R}{L}\end{bmatrix}\boldsymbol{x}_{\mathrm{a}} \tag{6.8}$$

式中，u 是具有角频率 $\omega=2\pi/T$ 的对称开关函数。

注意，从交流变量的角度来看（在小的时间范围内），可以认为电流i_{f}恒定，因此，通过I_{f}表示。为了求解高频变量的响应［记为 $\boldsymbol{x}_{\mathrm{a\_st}}$（$I_{\mathrm{f}}$，$t$）］，可以采用一阶分量方法。这样做的依据在于式（6.8）中描述交流的部分，给出的系统微分方程带有常系数和周期性输入 $\boldsymbol{x}_{\mathrm{c}}\cdot u\equiv I_{\mathrm{f}}\cdot u$，其状态变量由其基波项所主导。此外功率基本上通过基波传递至负载。将 u 取值为 1 的时刻作为相原点的时刻，阻抗意义上的交流部分等效框图如图 6.2 所示。

通过求解上述框图中的方程，可以得到交流部分的响应 $\boldsymbol{x}_{\mathrm{a\_st}}$（$I_{\mathrm{f}}$，$t$）。$\boldsymbol{x}_{\mathrm{a\_st}}$（$I_{\mathrm{f}}$，$t$）由$i_{\mathrm{L1}}$和$v_{\mathrm{C1}}$定义，分别代表图 6.2 中电流$i_{\mathrm{L}}$和电压$v_{\mathrm{C}}$的基波，是角频率为 ω 的正弦变量。

将式（6.7）中 $\boldsymbol{x}_{\mathrm{a}}$ 替换为 $\boldsymbol{x}_{\mathrm{a\_st}}$（$I_{\mathrm{f}}$，$t$），可以得到

$$\dot{\boldsymbol{x}}_{\mathrm{c}}=-\frac{R_{\mathrm{f}}}{L_{\mathrm{f}}}\boldsymbol{x}_{\mathrm{c}}+\begin{bmatrix}-\frac{1}{L_{\mathrm{f}}} & 0\end{bmatrix}\cdot\boldsymbol{x}_{\mathrm{a\_st}}(I_{\mathrm{f}},t)\cdot u+\frac{1}{L_{\mathrm{f}}}\boldsymbol{e} \tag{6.9}$$

现在，对式（6.9）应用滑动平均。右侧的第二项变为

$$\begin{aligned}\left\langle\begin{bmatrix}-\frac{1}{L_{\mathrm{f}}} & 0\end{bmatrix}\cdot\boldsymbol{x}_{\mathrm{a\_st}}(I_{\mathrm{f}},t)\cdot u\right\rangle_0 &= \frac{1}{T}\int_0^T\left(\begin{bmatrix}-\frac{1}{L_{\mathrm{f}}} & 0\end{bmatrix}\cdot\begin{bmatrix}v_{\mathrm{C1}}\\ i_{\mathrm{L1}}\end{bmatrix}\cdot u\right)\mathrm{d}t\\ &= -\frac{1}{TL_{\mathrm{f}}}\cdot\int_0^T(v_{\mathrm{C1}}\cdot u)\,\mathrm{d}t\end{aligned} \tag{6.10}$$

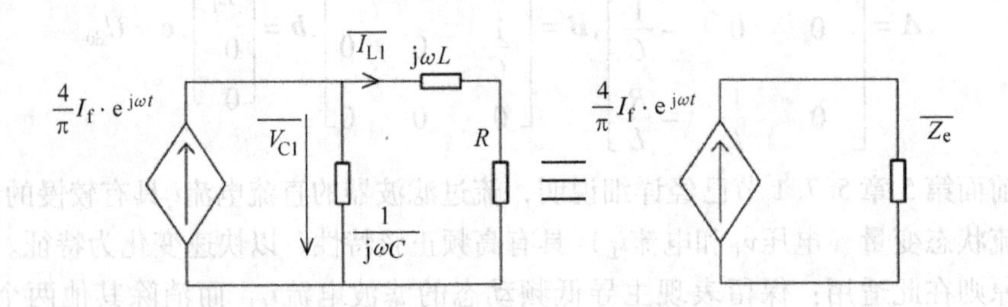

图 6.2　电流源型逆变器：交流部分中的一阶分量等效图

需要注意的是，根据图 6.2，电容电压基波的相量表达为

$$\overline{V_{\mathrm{C1}}}=\frac{4}{\pi}I_{\mathrm{f}}\mathrm{e}^{\mathrm{j}\omega t}\cdot|Z_{\mathrm{e}}|\mathrm{e}^{\mathrm{j}\varphi}=\frac{4}{\pi}I_{\mathrm{f}}|Z_{\mathrm{e}}|\mathrm{e}^{\mathrm{j}(\omega t+\varphi)} \tag{6.11}$$

式中，$|Z_{\mathrm{e}}|$和 φ 分别是Z_{e}的模和阻抗角，取决于电路元件 R、L 和 C 的取值。

考虑式（6.11）和图 6.3，式（6.10）可进一步展开

$$-\frac{1}{TL_{\mathrm{f}}}\cdot\int_{0}^{T}(v_{\mathrm{C1}}\cdot u)\cdot\mathrm{d}t=-\frac{1}{TL_{\mathrm{f}}}\cdot\int_{0}^{T}\left(\frac{4}{\pi}I_{\mathrm{f}}\mid Z_{\mathrm{e}}\mid\sin(\omega t+\varphi)\cdot u\right)\cdot\mathrm{d}t$$

$$=-\frac{4I_{\mathrm{f}}\mid Z_{\mathrm{e}}\mid}{\pi TL_{\mathrm{f}}}\left[\int_{0}^{T/2}\sin(\omega t+\varphi)\,\mathrm{d}t-\int_{T/2}^{T}\sin(\omega t+\varphi)\,\mathrm{d}t\right]$$

$$=-\frac{8I_{\mathrm{f}}\mid Z_{\mathrm{e}}\mid}{\pi^{2}L_{\mathrm{f}}}\cos\varphi$$

得到最终的表达式为

$$\left\langle\left[-\frac{1}{L_{\mathrm{f}}}\quad 0\right]\cdot\boldsymbol{x}_{\mathrm{a\_st}}(I_{\mathrm{f}},t)\cdot u\right\rangle_{0}=-\frac{8\mid Z_{\mathrm{e}}\mid}{\pi^{2}L_{\mathrm{f}}}\cos\varphi\cdot I_{\mathrm{f}}=-\frac{R_{\mathrm{e}}}{L_{\mathrm{f}}}I_{\mathrm{f}}\tag{6.12}$$

其中

$$R_{\mathrm{e}}=\frac{8}{\pi^{2}}\mid Z_{\mathrm{e}}\mid\cos\varphi=\frac{8}{\pi^{2}}\cdot\frac{R}{(1-LC\omega^{2})^{2}+R^{2}C^{2}\omega^{2}}\tag{6.13}$$

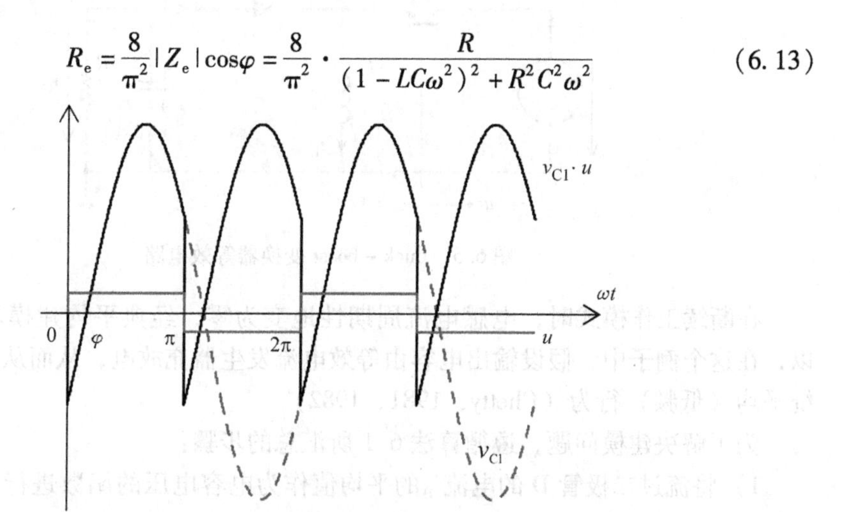

图 6.3　开关函数和电容电压基波波形

现在，换到大范围的时间尺度，此时i_{f}呈现明显变化；在此期间式（6.12）仍然有效。因此，将通过式（6.12）求得的结果代入平均表达式（6.9），可以得到

$$\langle \dot{i}_{\mathrm{f}}\rangle_{0}=-\frac{(R_{\mathrm{f}}+R_{\mathrm{e}})}{L_{\mathrm{f}}}\cdot\langle i_{\mathrm{f}}\rangle_{0}+\frac{1}{L_{\mathrm{f}}}\cdot U_{\mathrm{d0}}\tag{6.14}$$

由此可得图 6.4 所表示的等效电路。

注意：所得模型已经降了两阶。最终模型是一阶的，使用更方便。由于变换器的控制输入是电流源型逆变器的开关频率 ω，模型（6.14）是高度非线性的：模型取决于R_{e}，而R_{e}是 ω 的非线性函数［见式（6.13）］。

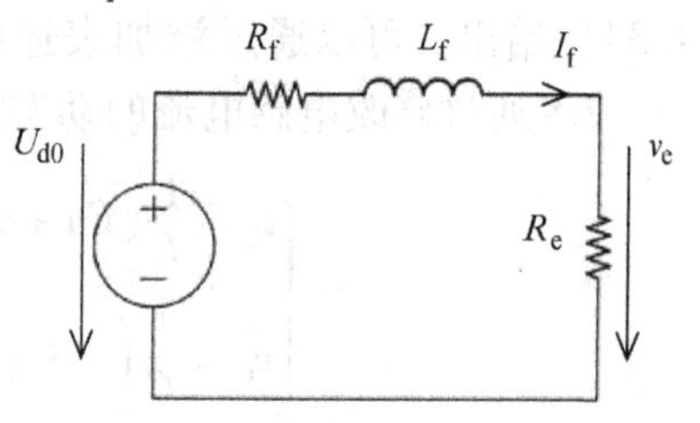

图 6.4　用于感应加热电流源型逆变器 ROAM

交流变量的动态被完全忽略，而这有时可能会产生无法忽视的结果。

6.3.2 断续导通模式示例：buck - boost 变换器

本实例针对工作在断续导通模式（DCM）下的 buck - boost 变换器（见图 6.5）。已有文献说明断续导通模式显著影响了变换器的行为（Ćuk 和 Middlebrook，1977；Vorpérian，1990）。DC - DC 变换器面向电路的分析证明，其二阶动态的极点通常不是共轭极点（如同连续导通模式），但是落在实轴上（Maksimović和Ćuk，1991）。对应电感能量积累的极点则位于接近开关频率的高频段（Erikson 和 Maksimović，2001）。因此，参考第 4 章图 4.23b，输出电压响应将成为非周期性的。当关注输出电压控制时，容易假定这样的系统为一阶（因为忽略高频的极点）。可以在 Sun 等于 2001 年发表的论文中找到相关面向系统方面的分析。

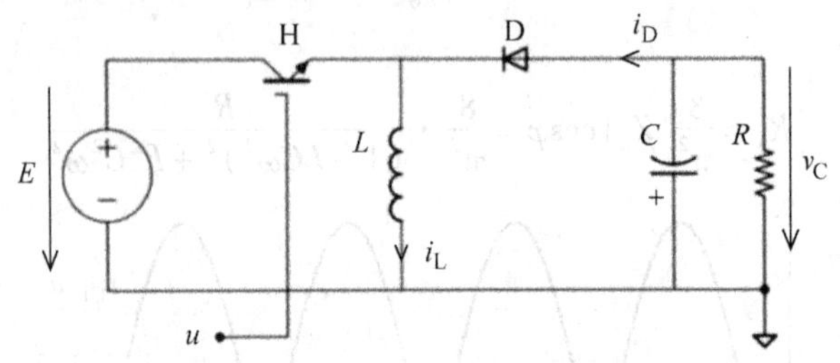

图 6.5 buck - boost 变换器等效电路

在断续工作模式时，电感电流周期性地变为零，经典平均建模不再适用。所以，在这个例子中，假设输出电容由等效电流发生器充放电，从而从数学上表示系统平均（低频）行为（Chetty，1981，1982）

为了解决建模问题，遵循算法 6.1 所汇总的步骤：

1）将流过二极管 D 的电流i_D的平均值作为电容电压的函数进行求解，这相当于求解高频子系统；

2）对输出电压v_C动态方程做平均；

3）将之前求得的电流i_D的值代入平均输出电压的动态方程；

4）获得系统的经典平均模型（在此情况下为一阶）。

图 6.5 中电路工作在连续导通模式时的开关模型已经在第 4 章 4.6 节的式（4.34）给出。可以通过添加表述电流归零约束的补充方程来描述断续导通模式——或者通过修改电感电流的动态方程，如下所示：

$$\begin{cases} \dot{i}_L = \dfrac{1}{L}(Eu + v_C(1-u) - ri_L) \cdot \dfrac{1+\mathrm{sgn}(i_L)}{2} \\ \dot{v}_C = \dfrac{1}{C}\left(-i_L(1-u) - \dfrac{v_C}{R}\right) \end{cases} \tag{6.15}$$

其中

$$\mathrm{sgn}(i_L)=\begin{cases}1 & 如果\ i_L>0\\ -1 & 如果\ i_L\leqslant 0\end{cases}$$

u 是以 T 为周期的开关函数，在集合 $\{0; 1\}$ 中取值，占空比为 α。其他表示电路元件特性的符号与通常意义相同。注意，式（6.15）给出的模型是通用的——除了第 2 章 2.2 节声明的前提外，它没有作其他任何简化假设。

现在，关于等效低频模型的研究证明了如下近似：相对于输出电压的变化而言，开关频率足够高，因此可以假设电流i_L在开关函数 u 等于零的时间段线性减小。图 6.6 给出了断续导通模式下电流i_L的变化趋势图（忽略电感电阻 r）。

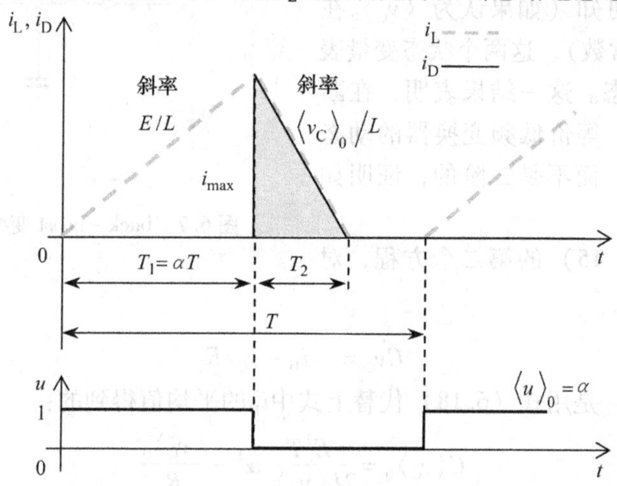

图 6.6　电流i_L在断续导通时随时间变化的曲线（buck－boost 情况）

图中展示了三个阶段：

1）从 0 到$T_1=\alpha T$，开关 H 导通，$u=1$，根据式（6.15）中第一个等式，电流线性增加，斜率 $E/L>0$。这个阶段能量被蓄积在电感 L 中。

2）在表示为T_2的时间间隔，关断电流开关 H 后，$u=0$，根据式（6.15）第一个等式，线性电流减小，斜率 $\langle v_C\rangle_0/L<0$［注意 $\langle v_C\rangle_0<0$］。这个阶段使用先前累积的电感能量对电容 C 进行充电。

3）最后，在最后的时间子区间，电流保持为零，直到开关 H 被再次导通。

在图 6.5 中可以看到，在断续导通模式有效电压变比不再等于 α，而取决于电路的工作点（子区间T_2是v_C的一个变量）。现在的目标是要将初始模型转换成由等价平均电流发生器给电容 C 充放电的模型，同时替换模型中流过二极管 D 的平均电流，如图 6.7 所示（Chetty，1982）。

假设 $\langle v_C\rangle_0$恒定，计算图 6.6 灰色区域所对应的平均输出电流 $\langle i_D\rangle_{0\_st}$（开关周期为 T）。注意，填充三角形的高度为$i_{max}=T_1\cdot E/L$，可以得到

$$\langle i_D\rangle_{0\_st}=\frac{E}{2LT}T_1T_2 \tag{6.16}$$

注意图 6.6 中填充的三角形，找到T_2的值，能够确定$i_{max}/T_2 = -\langle v_C \rangle_0/L$；代入$i_{max} = T_1 \cdot E/L$，可以得到

$$T_2 = -\frac{E}{\langle v_C \rangle_0}T_1 \tag{6.17}$$

通过将式(6.17) 得到的 T_2的值和$T_1 = \alpha \cdot T$ 代入到式（6.16）中，可以看到，i_D和v_C平均值的代数关系为

$$\langle i_D \rangle_{0\_st} = -\frac{E^2 T\alpha^2}{2L\langle v_C \rangle_0} \tag{6.18}$$

由此结果可知（如果认为$\langle v_C \rangle_0$在开关周期内是常数），这两个状态变量表现出相同的动态。这一结果表明，在断续导通模式下，等价低频变换器的动态特性是一阶的，而不是二阶的，证明如下。

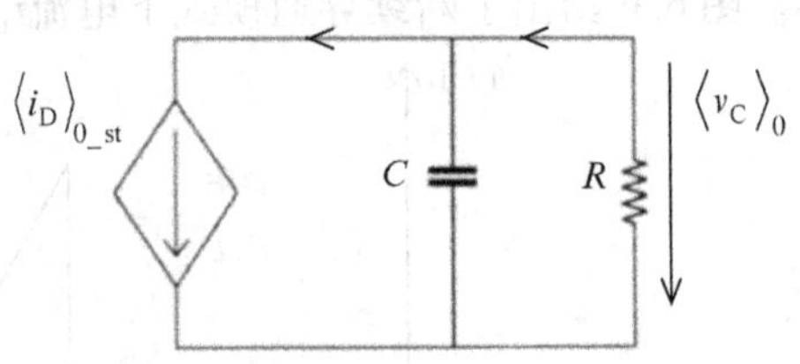

图 6.7　buck – boost 变换器 ROAM

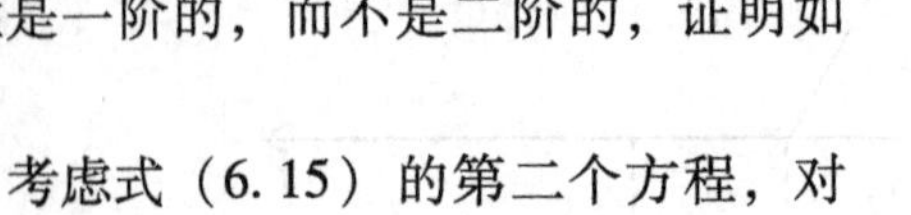

考虑式（6.15）的第二个方程，对于二极管电流i_D：

$$C\dot{v}_C = -i_D - v_C/R$$

式（6.19）是用式（6.18）代替上式中i_D的平均值得到的：

$$C\langle \dot{v}_C \rangle_0 = \frac{E^2 T}{2L\langle v_C \rangle_0}\alpha^2 - \frac{\langle v_C \rangle_0}{R} \tag{6.19}$$

式（6.19）是非线性的，代表了在断续导通模式下 buck – boost 变换器的 ROAM。同时，也说明了占空比二次方α^2和输出电压二次方$\langle v_C \rangle_0^2$之间的一阶线性动态。

注意：图 6.8 给出了变换器输出电压在断续导通模式运行状态下对占空比阶跃的响应（参考第 4 章 4.6 节图 4.23b）。这个图形给出了 ROAM 与开关模型输出的比较结果。

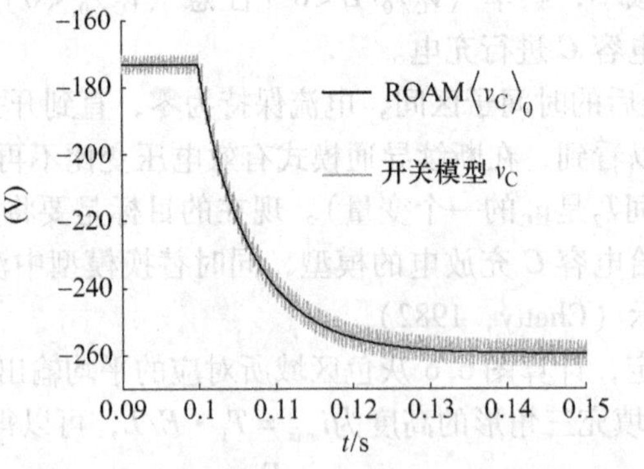

图 6.8　断续导通模式下 buck – boost 变换器 ROAM 与开关模型输出

6.4 案例研究

6.4.1 晶闸管控制电抗器建模

本案例属于电感电流周期性归零的情况，这种情况出现在如图 6.9 所示电路的交流功率单元中［晶闸管控制电抗器（TCR）］。

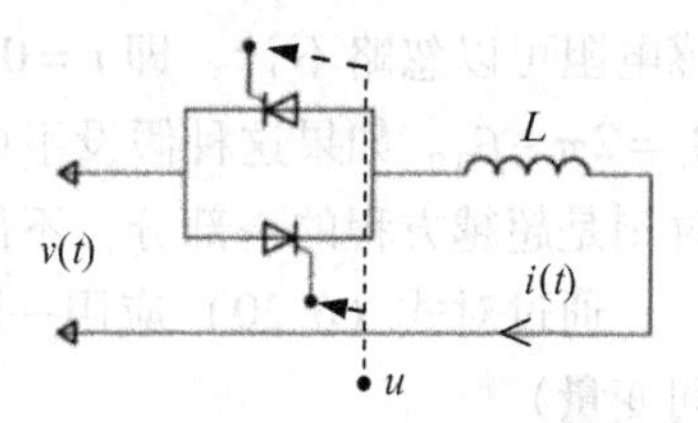

图 6.9　TCR 电路

用三个如图 6.9 所示的电路以三角形联结接入三相电网。因此加在这三个电路两端的电压均为电网线电压 $v(t)$。根据电网线电压相角调整晶闸管触发角（$\pi/2$，π），可以调整电感电流，并由此调整与电网交换的无功功率（Mohan 等，2002）。开关函数 u 取决于触发角（记为β_0），以及电流归零的时刻。

图 6.10 简要说明了此操作。通过分析该图，可以预见电感电流 i 的一阶分量滞后电网电压 v 有 $\pi/2$。因此，该分量会影响无功功率。由于这个原因，下一步分析将关注通过解析获得的 TCR 一阶分量的行为。

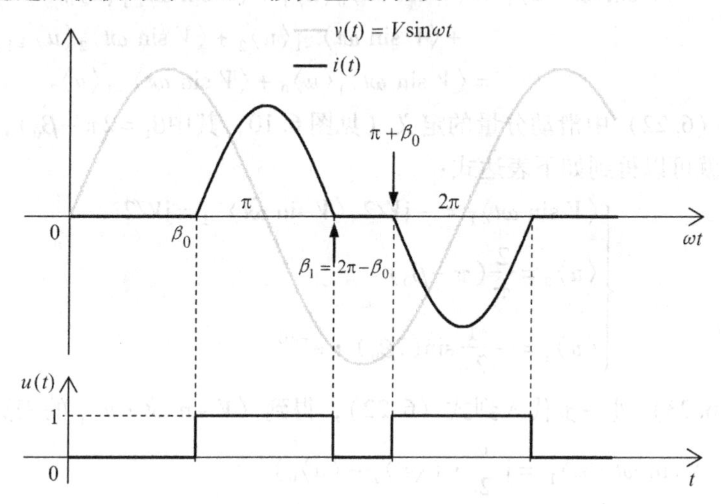

图 6.10　TCR 操作——主要波形

需要注意每一个开关周期电感电流都会归零；这意味着，电感中的能量流动在每个周期都是独立的。因此，电感电流不会携带信息到下一个周期，这意味着它不再是状态变量（Sun 等，2001）。这等价于低频电流分量，即一阶分量没有动态行为。也就是说，它们会瞬间变化以响应控制输入（β_0）的变化。在一个开关周期内，电感电流是状态变量，会对快速的变化做出响应，这样的动态过程在处理等效低频行为，设计其控制规则时可以被忽略。

通过选取输入正弦电压 $v(t)=V\sin\omega t$ 作为相位原点，并且选择晶闸管延迟触发角度β_0，电路动态式（开关模型）为

$$L\frac{\mathrm{d}i(t)}{\mathrm{d}t}=V\sin\omega t\cdot u(t)-r\cdot i(t) \tag{6.20}$$

式中，$u(t)=\dfrac{1+\mathrm{sgn}[V\sin(\omega t-\beta_0)]\cdot\mathrm{sgn}[i(t)]}{2}$（见图6.10）。为了简化，假设电感电阻可以忽略不计，即 $r=0$。注意，在这种情况下，电流归零的时刻对应于角$\beta_1=2\pi-\beta_0$。如果这种假设不成立，进行进一步的计算是困难的，因为电流归零的时刻是超越方程的一部分，不能被解析地确定（Bacha 等，1995）。

通过对式（6.20）应用一阶滑动平均，其中 $r=0$，得到（为简单起见忽略时间变量）

$$L\frac{\mathrm{d}\langle i\rangle_1}{\mathrm{d}t}=-\mathrm{j}\omega L\langle i\rangle_1+\langle V\sin\omega t\cdot u\rangle_1 \tag{6.21}$$

式中，可以使用式（5.5）（第5章5.2.1节）来计算一阶滑动分量 $V\sin\omega t\cdot u$。因此，已知$\langle V\sin\omega t\rangle_0=\langle V\sin\omega t\rangle_2=0$，可以依次得到

$$\begin{aligned}\langle V\sin\omega t\cdot u\rangle_1&=\langle V\sin\omega t\rangle_0\langle u\rangle_1+\langle V\sin\omega t\rangle_1\langle u\rangle_0\\&\quad+\langle V\sin\omega t\rangle_{-1}\langle u\rangle_2+\langle V\sin\omega t\rangle_2\langle u\rangle_{-1}\\&=\langle V\sin\omega t\rangle_1\langle u\rangle_0+\langle V\sin\omega t\rangle_{-1}\langle u\rangle_2\end{aligned} \tag{6.22}$$

应用式（6.22）中滑动分量的定义（见图6.10，其中$\beta_1=2\pi-\beta_0$），进行简单的代数运算就可以得到如下表达式：

$$\begin{cases}\langle V\sin\omega t\rangle_1=-\mathrm{j}V/2,\langle V\sin\omega t\rangle_{-1}=\mathrm{j}V/2\\ \langle u\rangle_0=\dfrac{2}{\pi}(\pi-\beta_0)\\ \langle u\rangle_2=-\dfrac{1}{2\pi}\sin(2\beta_0)\cdot\mathrm{e}^{-2\mathrm{j}\omega t}\end{cases} \tag{6.23}$$

将式（6.23）进一步代入到式（6.22），得到 $\langle V\sin\omega t\cdot u\rangle_1$ 的表达式

$$\begin{aligned}\langle V\sin\omega t\cdot u\rangle_1&=\mathrm{j}\frac{V}{2}\cdot(\langle u\rangle_2-\langle u\rangle_0)\\&=-\mathrm{j}\frac{V}{\pi}\cdot\left(\frac{\sin(2\beta_0)}{2}\mathrm{e}^{-2\mathrm{j}\omega t}+2\pi-2\beta_0\right)\end{aligned} \tag{6.24}$$

将式（6.24）代入式（6.21）得到电流 i 的一阶滑动分量表达式

$$L\frac{\mathrm{d}\langle i\rangle_1}{\mathrm{d}t}=-\mathrm{j}\omega L\langle i\rangle_1-\mathrm{j}\frac{V}{\pi}\cdot\left(\frac{\sin(2\beta_0)}{2}\mathrm{e}^{-2\mathrm{j}\omega t}+2\pi-2\beta_0\right) \tag{6.25}$$

将电流表示为$\langle i\rangle_1=x_1+\mathrm{j}x_2$的形式，由式（6.25）可分别推导得到实部和虚部的动态特性：

$$\begin{cases} L\dfrac{\mathrm{d}x_1}{\mathrm{d}t} = \omega L x_2 - \dfrac{V}{2\pi}\cdot\sin 2\omega t\cdot\sin 2\beta_0 \\ L\dfrac{\mathrm{d}x_2}{\mathrm{d}t} = -\omega L x_1 - \dfrac{V}{\pi}(\pi-\beta_0) - \dfrac{V}{2\pi}\cdot\cos 2\omega t\cdot\sin 2\beta_0 \end{cases} \tag{6.26}$$

如前所述，电感电流不具有动态，因此可置零式（6.26）中的导数。电感电流一阶滑动分量实部和虚部的稳态条件是

$$\begin{cases} \omega L x_{2\_\mathrm{st}} - \dfrac{V}{2\pi}\cdot\sin 2\omega t\cdot\sin 2\beta_0 = 0 \\ -\omega L x_{1\_\mathrm{st}} - \dfrac{V}{\pi}(\pi-\beta_0) - \dfrac{V}{2\pi}\cdot\cos 2\omega t\cdot\sin 2\beta_0 = 0 \end{cases}$$

进一步有

$$\begin{cases} x_{1\_\mathrm{st}} = -\dfrac{V(\pi-\beta_0)}{\pi\omega L} - \dfrac{V\sin 2\beta_0}{2\pi\omega L}\cdot\cos 2\omega t \\ x_{2\_\mathrm{st}} = \dfrac{V\sin 2\beta_0}{2\pi\omega L}\cdot\sin 2\omega t \end{cases} \tag{6.27}$$

利用第 5 章式（5.29），其给出了一个信号和它一阶滑动分量之间的关系。若已知 $i(t)$ 是正弦信号，可以写为 $i(t) = 2x_1\cos\omega t - 2x_2\sin\omega t$。最后，考虑式（6.27），可得稳态电流的表达式

$$i_{\mathrm{st}}(t) = -\frac{V(2\pi - 2\beta_0 - \sin 2\beta_0)}{\pi\omega L}\cdot\cos\omega t \tag{6.28}$$

式（6.28）表明电流 $i(t)$ 和输入电压 $v(t)$ 的基波是正交信号，这是符合预期的，并且该电流基波幅度取决于初始滞后角度 β_0 和频率 ω。该方程描述了 TCR 的 ROAM，因为系统阶数降为一阶。由式（6.28）给出的模型可直接用于控制大功率电力电子设备，如静止无功补偿器（SVC）。

接下来，使用 MATLAB® - Simulink® 对 TCR 的行为进行仿真。输入电压是标准正弦波，有效值为 400V，频率为 50Hz，电感是 25mH。对式（6.28）中的 ROAM 与给出电感实际电流波形的电路开关模型进行了比较。

图 6.11 给出了在恒定的控制输入下 $\beta_0 = 135°$ 时 TCR 的行为。正如预期的那样，电流一阶分量滞后电压相位 $\pi/2$，如图 6.11a 所示。由图 6.11b 中的频谱分析可知，电流幅值 $I_1 \approx 13.1\mathrm{A}$。

图 6.12 给出了当 β_0 从 135° 到 125°，以 10° 步长减小时的 TCR 行为。加在电感上的有效电压 $v\cdot u$ 如图 6.12a 所示。图 6.12b 表明电流幅值随着 β_0 减小而增大，电流基波相对于该电压保持正交。另外，电流一阶分量幅值从 13.1A 到 22.5A 瞬间增大，响应 β_0 变化，从而证明了 ROAM 有效性。

6.4.2　DC - DC boost 变换器工作在断续导通模式

给定一个工作在断续导通模式的 DC - DC boost 功率单元，必须得到其平均动

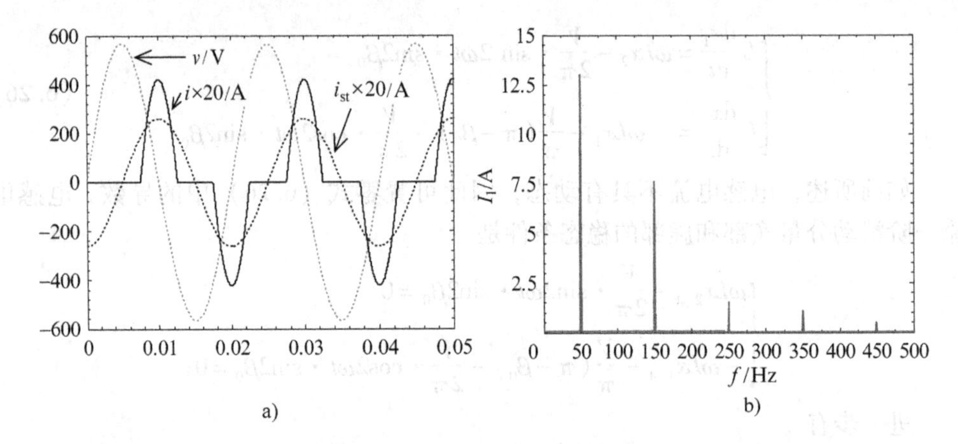

图 6.11 在β_0 = 135°时的 TCR 行为：a）ROAM 输出［$i_{st}(t)$］与开关模型输出［$i(t)$］；b）电感电流频谱

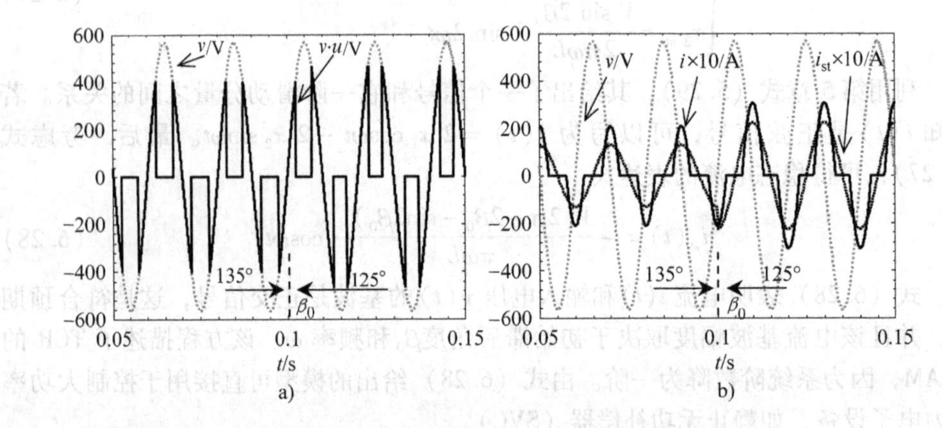

图 6.12 在β_0阶跃变化时 TCR 行为：a）加在电感上的有效电压 $v \cdot u$；b）ROAM 输出［$i_{st}(t)$］与开关模型输出［$i(t)$］

态模型，能够将输出电压变化表示为平均控制输入的函数（占空比）。图 6.13 给出了电路图，其中电感电阻和电容的等效串联电阻忽略不计。

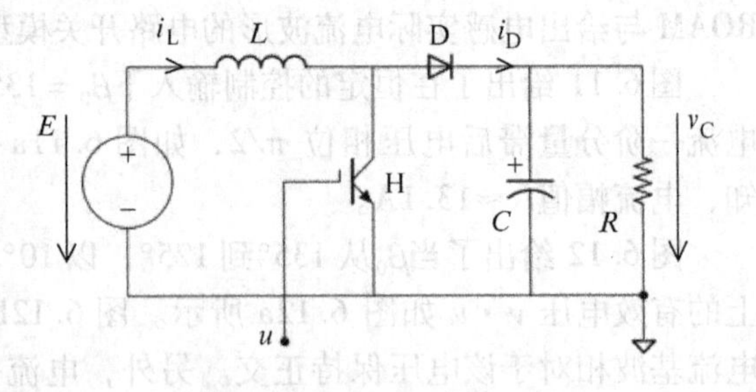

图 6.13 boost 功率单元图

本案例研究与 6.3.2 节例子的条件相同。因此，为了得到其 ROAM，必须考虑馈送到输出电容的等效平均电流并将它表示为输出电压的函数。

开关模型如下［见第 3 章 3.2.3 节式（3.11）］：

$$\begin{cases} \dot{i}_L = \dfrac{1}{L}(E - v_C(1-u) - ri_L) \cdot \dfrac{1+\text{sgn}(i_L)}{2} \\ \dot{v}_C = \dfrac{1}{C}\left(i_L(1-u) - \dfrac{v_C}{R}\right) \end{cases} \tag{6.29}$$

其中

$$\text{sgn}(i_L) = \begin{cases} 1 & 如果\ i_L > 0 \\ -1 & 如果\ i_L \leqslant 0 \end{cases}$$

u 是周期为 T 的开关函数，取值范围是集合 {0; 1}，占空比为 α，即 $\langle u \rangle_0 = \alpha$。

断续导通运行的特征为：一个开关周期 T 由三个时间子区间组成。其描述了电感电流随时间的变化（见图 6.14），类似于 buck – boost 变换器（在图 6.6 中描述）。假设输出电压 v_C 在电流 i_L 变化的时间尺度上是常数。对应于电感电流波形图中的两个三角形有两种方式写出 i_{max} 的表达；从而

$$i_{max} = \frac{E}{L} \cdot T_1 = \frac{v_C - E}{L} \cdot T_2$$

因此

$$T_2 = \frac{E}{v_C - E} \cdot T_1 \tag{6.30}$$

时间窗口宽度为 T 时，二极管电流的平均值可使用图 6.14 的灰色填充区域来表示，即

$$\langle i_D \rangle_0 = \frac{i_{max} \cdot T_2}{2T}$$

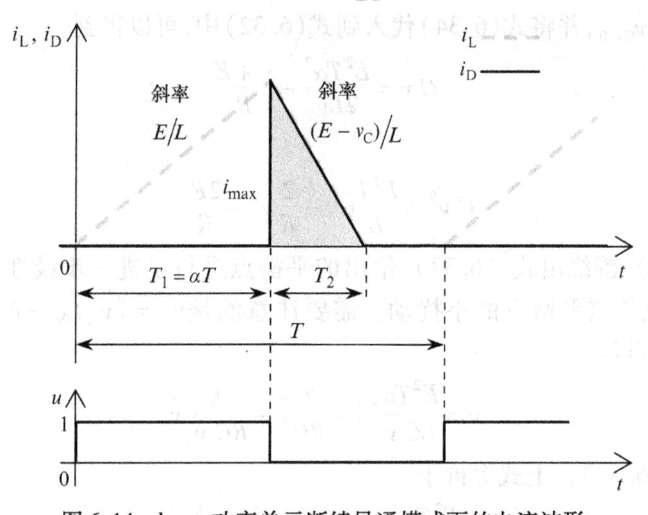

图 6.14　boost 功率单元断续导通模式下的电流波形

其中式（6.30）被代换，因此

$$\langle i_{\mathrm{D}}\rangle_0=\frac{E^2T\alpha^2}{2L(v_{\mathrm{C}}-E)} \tag{6.31}$$

现在回到式（6.29）的第二个方程，其中电感电流的表达式取决于二极管电流，即$i_{\mathrm{L}}(1-u)=i_{\mathrm{D}}$；进一步计算该式的平均值，用式（6.31）替换$i_{\mathrm{D}}$的平均值：

$$C\langle\dot{v}_{\mathrm{C}}\rangle_0=\frac{E^2T\alpha^2}{2L(\langle v_{\mathrm{C}}\rangle_0-E)}-\frac{\langle v_{\mathrm{C}}\rangle_0}{R} \tag{6.32}$$

式（6.32）表示 boost 变换器在断续导通模式下的 ROAM。可以注意到，这种关系描述的非线性动态依赖于占空比为 α 时的平均输出电压 $\langle v_{\mathrm{C}}\rangle_0$。该模型对应于图 6.15。

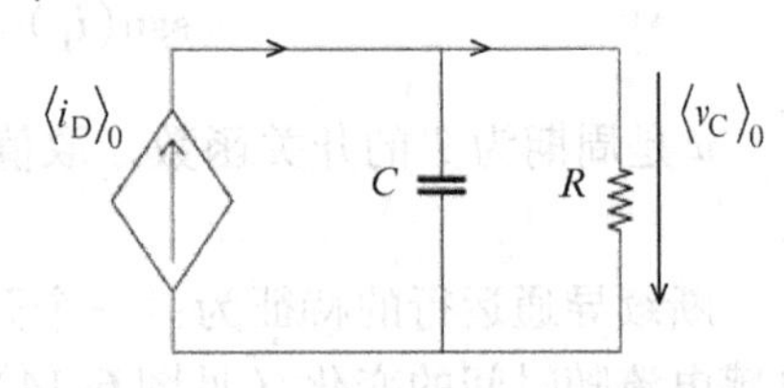

图 6.15　boost 功率单元——对应于 ROAM 的等效电路

为了进一步简化分析和控制算法的设计，式（6.32）可以围绕一个平衡点进行线性化。对于固定占空比α_{e}，置零式（6.32）中的导数，计算得到平衡工作点。这样，假设电压 E 是恒定的，$\langle v_{\mathrm{C}}\rangle_0$稳态值可通过求解二次多项式方程得到，即

$$2L\langle v_{\mathrm{C}}\rangle_{0\mathrm{e}}^2-2EL\langle v_{\mathrm{C}}\rangle_{0\mathrm{e}}-E^2RT\alpha_{\mathrm{e}}^2=0$$

上面方程有两个解；选择其中的正数解

$$\langle v_{\mathrm{C}}\rangle_{0\mathrm{e}}=\frac{E}{2}+\frac{E}{2}\sqrt{1+\frac{2RT\alpha_{\mathrm{e}}^2}{L}} \tag{6.33}$$

为了在式（6.33）给出的工作点附近进行线性化，对变量作如下变换：

$$v=\langle v_{\mathrm{C}}\rangle_0-E \tag{6.34}$$

注意$\dot{v}=\langle\dot{v}_{\mathrm{C}}\rangle_0$，并将式(6.34)代入到式(6.32)中，可以得到

$$C\dot{v}=\frac{E^2T\alpha^2}{2Lv}-\frac{v+E}{R}$$

或者，等于

$$C\dot{v^2}=\frac{E^2T}{L}\alpha^2-\frac{2}{R}v^2-\frac{2E}{R}v \tag{6.35}$$

式（6.35）围绕由式（6.33）给出的平衡点进行了进一步线性化。采用符号“~”表示围绕选定平衡点的小扰动。需要注意的是$v_{\mathrm{e}}=\langle v_{\mathrm{C}}\rangle_{0\mathrm{e}}-E$ 和$\tilde{v}=\langle\widetilde{v_{\mathrm{C}}}\rangle_0$。然后直接计算可得

$$\dot{\tilde{v}}=\frac{E^2T\alpha_{\mathrm{e}}}{LCv_{\mathrm{e}}}\tilde{\alpha}-\frac{2}{RC}\tilde{v}-\frac{E}{RCv_{\mathrm{e}}}\tilde{v}$$

根据式（6.34），上式等价于

$$\langle\dot{\tilde{v}}_{\mathrm{C}}\rangle_0=\frac{E^2T\alpha_{\mathrm{e}}}{LC(\langle v_{\mathrm{C}}\rangle_{0\mathrm{e}}-E)}\tilde{\alpha}-\frac{2\langle v_{\mathrm{C}}\rangle_{0\mathrm{e}}-E}{RC(\langle v_{\mathrm{C}}\rangle_{0\mathrm{e}}-E)}\langle\widetilde{v_{\mathrm{C}}}\rangle_0 \tag{6.36}$$

式（6.36）给出在断续导通模式下工作的 boost 变换器的线性 ROAM。可以看

出，输出电压的动态是占空比的一次函数，具有增益$\dfrac{E^2RT\alpha_e}{L(2\langle v_C\rangle_{0e}-E)}$和时间常数$\dfrac{RC(\langle v_C\rangle_{0e}-E)}{2\langle v_C\rangle_{0e}-E}$。

接下来，使用 MATLAB® - Simulink® 对断续导通模式下的 boost 变换器进行仿真。输入电压为恒定，$E=5\text{V}$，开关频率为 2000kHz。这些开关是理想的，电路参数 $L=0.5\text{mH}$，$C=100\mu\text{F}$，$R=150\Omega$。对比式（6.36）中线性化模型和电路的开关模型，图 6.16 评估了式（6.32）中的 ROAM。

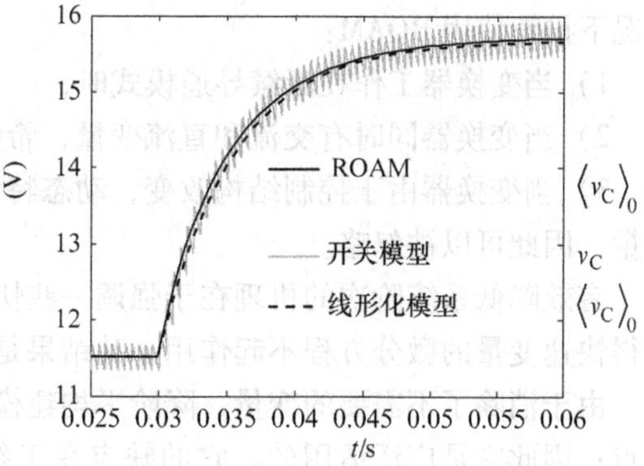

图 6.16　boost 断续导通建模结果

图 6.16 给出了随着占空比从 0.2 到 0.3 的阶跃，电容电压的变化。因此，平均电压在 11.51V 和 15.73V 之间变化——见式（6.33）。由于线性化模型（6.36）用小扰动量表示，所以必须添加式（6.33）给出的稳态值，以便比较模型输出。

本书绘制了线性化模型（6.36）在各种平衡点处的伯德图。图 6.17a 给出在恒定负载下，占空比在 0.1～0.4 之间变化，伯德图如何随着工作点变化而变化。图 6.17b 给出负载电阻在 50Ω 至 200Ω 之间变化，伯德图如何随着工作点的变化而变化。需要注意，在平衡占空比增加或负载电阻增大时，系统带宽会减小，稳态增益会略微增加。

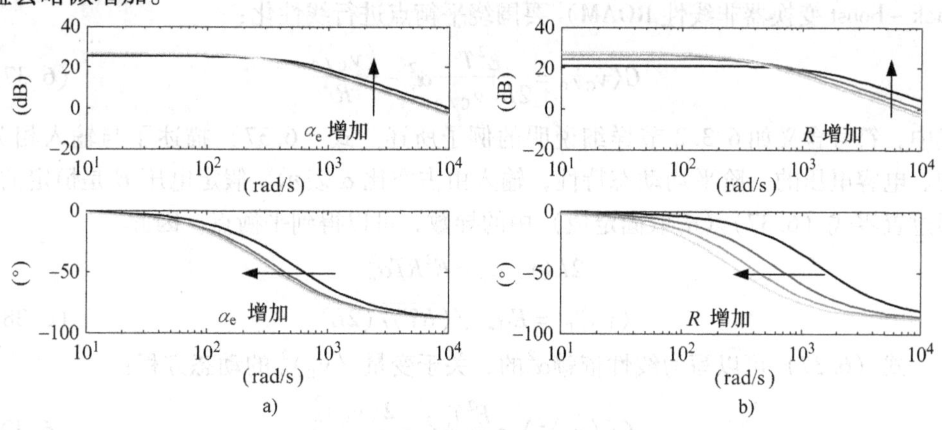

图 6.17　断续导通模式下 boost 变换器在各种平衡点的伯德图：a）各种α_e曲线族；b）各种负载电阻 R 曲线族

6.5 本章小结

让我们对降阶平均模型（ROAM）的必要性和实用性做一些总结。在至少三种情况下推荐使用ROAM：

1）当变换器工作在断续导通模式时；

2）当变换器同时有交流和直流变量，希望忽略前者时；

3）当变换器由于控制结构改变，动态特性变化时，即某些变量明显快于其他变量，因此可以被忽略。

有效降低系统阶次的机理在于强调一些快速变量和慢变量之间的代数关系，这使得快速变量的微分方程不起作用。其结果是一个降阶模型。

由于消除了不需要的变量，降阶平均建模用于控制具有容易计算和易于使用的优点；因此它是广泛适用的。它的缺点在于忽略了某些可以被定性为“内部”的动态，可能会带来不稳定问题，而且这类问题不能通过该模型来预测。

最后应该注意的是该ROAM为断续导通变换器提供了最合适的建模方法。在其他情况下也可以使用该模型，尤其是当需要一个更简单的模型时，但建议使用者在使用模型前，对可能被忽略的动态过程进行分析。

思考题

问题6.1　断续导通模式下buck-boost变换器的线性ROAM

考虑图6.5中buck-boost电路。建立其小信号ROAM。

解决方案：为了获得小信号ROAM，式（6.19）（表示在断续导通模式的buck-boost变换器非线性ROAM）要围绕平衡点进行线性化：

$$C\langle \dot{v}_C\rangle_0 = \frac{E^2 T}{2L\langle v_C\rangle_0}\alpha^2 - \frac{\langle v_C\rangle_0}{R} \tag{6.37}$$

式中，符号含义如6.3.2节详细说明的例子所述。式（6.37）描述了与输入相关的、电容电压的一阶平均动态特性，输入由占空比α表示。假定电压E是恒定的，通过置零式（6.37）（α_e取固定值）中的导数，可以得到平衡点。因此

$$2L\langle v_C\rangle_{0e}^2 = E^2 RT\alpha_e^2$$

$$\langle v_C\rangle_{0e} = E\alpha_e\sqrt{(RT)/(2L)} \tag{6.38}$$

式（6.37）可以写为线性依赖α^2的、关于变量$\langle v_C\rangle_0^2$的动态方程：

$$C(\langle \dot{v}_C\rangle_0^2) = \frac{E^2 T}{L}\alpha^2 - \frac{2\langle v_C\rangle_0^2}{R} \tag{6.39}$$

用“~”表示围绕给定平衡点小扰动的符号。$\langle v_C\rangle_0 = \langle v_C\rangle_{0e} + \langle \widetilde{v}_C\rangle_0$，$\alpha = \alpha_e + \widetilde{\alpha}$；因此，$\langle \dot{v}_C\rangle_0 = \langle \dot{\widetilde{v}}_C\rangle_0$，$\dot{\alpha} = \dot{\widetilde{\alpha}}$。使用一阶泰勒级数展开对函数$x^2$做线性化近

似，即$x^2 \approx x_0^2 + 2x_0(x - x_0)$。因此，式（6.39）给出了围绕平衡工作点（6.38）进行的线性化：

$$\langle \dot{\tilde{v}}_C \rangle_0 = \frac{E^2 T \alpha_e^2}{2LC\langle v_C \rangle_{0e}} + \frac{E^2 T \alpha_e}{LC\langle v_C \rangle_{0e}} \cdot \tilde{\alpha} - \frac{\langle v_C \rangle_{0e}}{RC} - \frac{2}{RC} \cdot \langle \widetilde{v_C} \rangle_0$$

根据式（6.38），$\frac{E^2 T \alpha_e^2}{2LC\langle v_C \rangle_{0e}} - \frac{\langle v_C \rangle_{0e}}{RC} = 0$，因此

$$\langle \dot{\tilde{v}}_C \rangle_0 = \frac{E^2 T \alpha_e}{LC\langle v_C \rangle_{0e}} \cdot \tilde{\alpha} - \frac{2}{RC} \cdot \langle \widetilde{v_C} \rangle_0 \quad (6.40)$$

式（6.40）对应于一阶线性动态系统，具有作为输入的占空比的小扰动——$\tilde{\alpha}$，作为输出的平均电容电压的小扰动$\langle \widetilde{v_C} \rangle_0$。也就是说，围绕给定平衡点，buck - boost 变换器的 ROAM 动态特性是一阶线性的，其增益为$\frac{E^2 RT \alpha_e}{2L\langle v_C \rangle_{0e}}$，时间常数为$\frac{RC}{2}$。

问题 6.2

考虑第 5 章问题 5.1 中图 5.30 所示的系统。该电路表示的是通过直流母线在可变直流源和单相强交流电网之间传递能量，无功功率为零。

所述系统的大信号模型已在问题 5.1 的解决方案中研究，在以下考虑的基础上，获得一个用于控制的小信号 ROAM。

该系统必须能适应输入功率的变化；这需要控制输入变量u_1，进而控制直流侧电流来完成。主要控制目标是调节主直流电源和交流电网之间的功率流，同时保持电压和电流在额定运行范围内；这需要通过控制输入变量u_2完成。为达到此目的，可以广泛使用级联控制结构（Aström 和 Hägglund，1995），其中直流母线电压控制器将电网电感电流钳制为定值。因此，该控制结构包括两个回路：用于控制电网侧电感电流的内环和用于控制直流母线电压的外环。

解决方案：如问题 5.1 中 2）的解决方案，求解小信号模型和相关联的传递函数，由此来获取设计控制算法所需要的信息。但这种方法可能并不容易实现。根据每个特定的控制目标，为了在启动控制程序设计之前引入简化假设，一些结论可能是有用的。在此实例中，重点关注直流母线电压v_{DC}的平均值的调节。因为交流电压是稳定的，所以（变量）输出功率可以通过电感L_2的电流来控制（输出电流回路）。假设变化的直流电流损耗来自直流母线。为了保持v_{DC}的值在运行范围内，应当采用电压控制环。事实上，v_{DC}的不变性保证了输入输出的功率平衡。图 6.18 简单表示了这种控制方法。

回顾一下问题 5.1［式（5.83）］的结果，保留当时引入符号的意义：

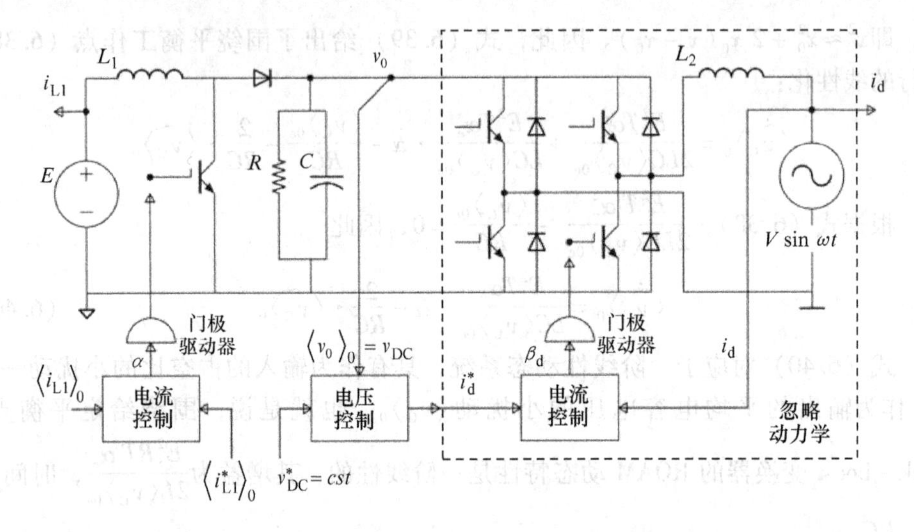

图 6.18　图 5.30（第 5 章）中 DC – AC 变换器的级联控制结构简化图。忽略图中次要部分，如滤波器、基于 PLL 的i_D计算环节等

$$\begin{cases}\dfrac{d\langle i_{L1}\rangle_0}{dt}=\dfrac{1}{L_1}[E-v_{DC}(1-\alpha)]\\[2ex]\dfrac{di_d}{dt}=\dfrac{V}{L_2}-\dfrac{v_{DC}}{L_2}\cdot\beta_d-\dfrac{i_d\cdot r}{L_2}\\[2ex]\dfrac{d\,v_{DC}}{dt}=\dfrac{1}{C}\langle i_{L1}\rangle_0(1-\alpha)-\dfrac{1}{RC}v_{DC}-\dfrac{i_d}{2C}\cdot\beta_d\end{cases}\tag{6.41}$$

描述电路的平均大信号模型，其中$v_{DC}=\langle v_0\rangle_0$，$\beta_d=\langle u_2\rangle_1$，$i_d=\langle i_{L2}\rangle_1$。首先要注意该变量$i_{L1}$是独立控制的；它代表了对系统其余部分的扰动，其动态特性不予考虑。

凭借内部控制回路，电流i_d的动态明显快于v_{DC}的动态，也就是说，关于v_{DC}的动态，i_d几乎实时等于i_d^*。因此，可以假设变量i_D通过其稳态影响v_{DC}，其特征在于式（6.41）相应的动态方程导数取零，并同时考虑忽略电感L_2的电阻，$r=0$。因此，β_d达到的稳态值取决于v_{DC}的值，即$\beta_{d_st}=V/v_{DC}$。反过来，此关系可用于获得v_{DC}的动态方程。

$$\dot{v}_{DC}=\frac{1}{C}\langle i_{L1}\rangle_0(1-\alpha)-\frac{1}{RC}v_{DC}-\frac{i_d V}{2C\,v_{DC}}$$

或者，等于

$$\dot{v}_{DC}^2=\frac{2P_{in\_DC}}{C}-\frac{2}{RC}v_{DC}^2-\frac{V}{C}i_d\tag{6.42}$$

式中，$P_{in_DC}=\langle i_{L1}\rangle_0\cdot v_{DC}(1-\alpha)$为供给直流母线的功率。

式（6.42）是直流母线电压二次方的线性动态方程；也表示了电路的非线性

ROAM，因为系统阶数已经降为一阶。

已知P_{in_DC}是扰动，可以使用i_D作为控制输入，使用关系式（6.42）来设计线性控制规则以调节v_{DC}^2（而不是v_{DC}）。用于这个目的的被控对象传递函数为

$$H_{i_d \to v_{DC}^2}(s) = \frac{v_{DC}^2}{i_d} = -\frac{V \cdot R}{s\frac{RC}{2}+1} \tag{6.43}$$

如果计算从i_d到v_{DC}的传递函数，那么需要线性式（6.42）工作在平衡点v_{DCe}附近。此工作点满足以下关系：

$$\frac{2P_{in\_DCe}}{C} - \frac{2}{RC}v_{DCe}^2 - \frac{V}{C}i_{de} = 0 \tag{6.44}$$

如在前面解决的问题一样，利用一阶泰勒级数展开对函数x^2进行线性化近似，即$x^2 \approx x_0^2 + 2x_0(x - x_0)$。目标变量可以分别写成其平衡点处的值和其小扰动的和：

$$\begin{cases} v_{DC} = v_{DCe} + \widetilde{v_{DC}} \\ i_d = i_{de} + \widetilde{i_d} \end{cases}$$

因此，对式（6.42）线性化得到

$$2v_{DCe} \cdot \dot{\widetilde{v_{DC}}} = \frac{2P_{in\_DCe}}{C} - \frac{4v_{DCe}}{RC}\widetilde{v_{DC}} - \frac{2v_{DCe}^2}{RC} - \frac{V}{C}i_{de} - \frac{V}{C}\widetilde{i_d} \tag{6.45}$$

式中，假定供给直流母线功率为足够慢的变量，即恒定有$\widetilde{P_{in_DCe}} = 0$。将式（6.44）代入式（6.45）可以得到

$$2v_{DCe} \cdot \dot{\widetilde{v_{DC}}} = -\frac{4v_{DCe}}{RC}\widetilde{v_{DC}} - \frac{V}{C}\widetilde{i_d}$$

传递函数为

$$H_{\widetilde{i_d} \to \widetilde{v_{DC}}}(s) = \frac{\widetilde{v_{DC}}}{\widetilde{i_d}} = -\frac{V \cdot R}{4v_{DCe}} \cdot \frac{1}{s\frac{RC}{2}+1} \tag{6.46}$$

式（6.46）给出了小信号 ROAM，表示依赖于电流i_d的直流电压线性一阶动态。其功能在于提供直流母线电压调节器设计的基础，影响i_d值对v_{DC}变化的响应（见图 6.18）。

注意由式（6.43）和式（6.46）给出的传递函数具有相同的时间常数，这意味着它们对应于不同的增益的相同动态特性（在后一种情况下，这取决于所选择的平衡点）。

提出以下的问题请读者来解决。

问题 6.3　建模断续导通模式工作的 buck 功率单元

考虑带电容输出滤波器的降压变换器，电路图由第 2 章图 2.10 给出。变换器工作在断续导通模式。以下几点问题需要解决。

1）采取占空比作为控制输入，输出电压作为受控变量，推导变换器 ROAM。

2）确定输入和输出电压之间的转化率。

3）推导出小信号 ROAM。

问题 6.4　建模断续导通模式下的 flyback 变换器

对 flyback 变换器的情况，回答与问题 6.3 相同的问题，电路图由第 4 章图 4.24a 给出。

问题 6.5　二极管整流器串联谐振电源的 ROAM

考虑图 6.19 给出的电路，由电压逆变器、谐振回路和二极管整流器组成。

假定电压逆变器以接近备选电路谐振频率的频率全波工作。解决以下几点问题：

1）推导出开关模型。

2）解释为什么经典一阶分量的方法适合于研究谐振电路。

3）采用输出电压v_{C0}作为受控变量和逆变器频率作为控制输入变量，写出该变换器的 ROAM。

4）推导出前面已获得的 ROAM 的小信号模型。

5）给出对应于变换器 ROAM 的等效图。

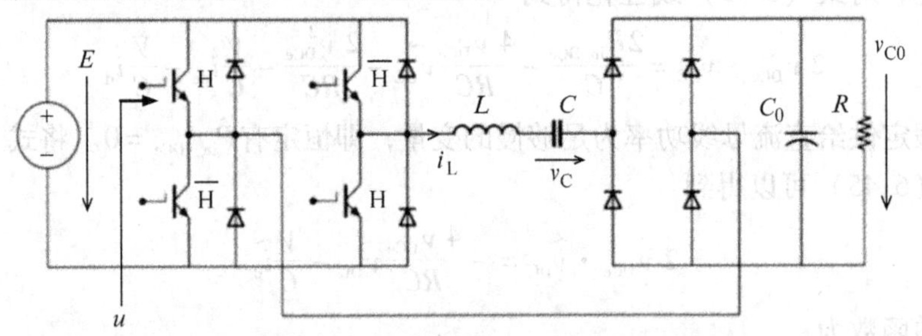

图 6.19　二极管整流器串联谐振电源

参 考 文 献

Aström KJ, Hägglund T (1995) PID controllers: theory, design and tuning, 2nd edn. Instrument Society of America, Research Triangle Park

Bacha S, Rognon JP, Hadj Said N (1995) Averaged modelling for AC converters working under discontinuous conduction mode – application to thyristors controlled series compensators. In: Proceedings of European Power Electronics Conference – EPE 1995. Sevilla, Spain, pp 1826–1830

Chetty PRK (1981) Current injected equivalent circuit approach to modeling switching DC-DC converters. IEEE Trans Aerosp Electron Syst 17(6):802–808

Chetty PRK (1982) Current injected equivalent circuit approach to modelling and analysis of current programmed switching DC-to-DC converters (discontinuous inductor conduction mode). IEEE Trans Ind Appl 18(3):295–299

Ćuk S, Middlebrook RD (1977) A general unified approach to modelling switching dc-to-dc converters in discontinuous conduction mode. In: Proceedings of IEEE Power Electronics Specialists Conference – PESC 1977. Palo Alto, California, USA, pp 36–57

Erikson RW, Maksimović D (2001) Fundamentals of power electronics, 2nd edn. Kluwer, Dordrecht

Maksimović D, Ćuk S (1991) A unified analysis of PWM converters in discontinuous modes. IEEE Trans Power Electron 6(3):476–490

Middlebrook RD (1985) Topics in multiple-loop regulators and current mode programming. In: Proceedings of IEEE Power Electronics Specialists Conference – PESC 1985. Toulouse, France, pp 716–732

Middlebrook RD (1989) Modelling current-programmed buck and boost regulators. IEEE Trans Power Electron 4(1):36–52

Mohan N, Undeland TM, Robbins WP (2002) Power electronics: converters, applications and design, 3rd edn. Wiley, Hoboken

Sun J, Grotstollen H (1992) Averaged modeling of switching power converters: reformulation and theoretical basis. In: Proceedings of IEEE Power Electronics Specialists Conference – PESC 1992. Toledo, Spain, pp 1166–1172

Sun J, Grotstollen H (1997) Symbolic analysis methods for averaged modeling of switching power converters. IEEE Trans Power Electron 12(3):537–546

Sun J, Mitchell DM, Greuel MF, Krein PT, Bass RM (2001) Averaged modeling of PWM converters operating in discontinuous conduction mode. IEEE Trans Power Electron 16 (4):482–492

Vorpérian V (1990) Simplified analysis of PWM converters using model of PWM switch. Part II: discontinuous conduction mode. IEEE Trans Aerosp Electron Syst 26(3):497–505

第二部分 电力电子变换器控制

第7章 电力电子变换器通用控制理论

在电力电子变换器特定的特性和约束背景下，本章旨在给出其控制目标规划和控制设计方法的综合观点。这涉及具有快速非线性动态的本征变结构系统，因为调制控制信号的缘故，系统动态行为可能受到显著干扰。从控制角度来看，这种被控对象非常具有挑战性，因此，本章用较大篇幅来讨论控制方法。

7.1 电力电子变换器控制目标

通常，电力电子变换器是电力系统的关键设备。除了高效率输送电力，它们具有控制内部变量的可能性，从而确保安全运行和输出调整。几乎在所有的应用中，电力电子变换器的运行都需要某种形式的控制，不仅为了实现变换器工作目标，还为了确保系统安全。根据具体变换器的作用不同，控制方法也多种多样。

举例而言，作为开关电源的 DC - DC 变换器为变化负载供电，就可能需要进行占空比的调整，以确保在整个运行范围内输出电压恒定（电压调整）。再比如说，可再生能源并网逆变器必须输出期望交流电流到电网，以满足一定功率传输的要求，从而表现为一个受控电流源。有源滤波器必须输出所需频谱的电流/电压，以抵消由污染负载产生的不希望的谐波，保持电网负载功率平衡。

图 7.1 给出了电力电子控制的一般应用。在大多数情况下，控制算法的输出量是随电路的状态/输出变化而变化的占空比信号。占空比信号需要进行调制（转换为 ON/OFF 信号）来应用于电力电子开关的驱动部分。为此，可以使用各种类型的调制方法，最常使用的是脉冲宽度调制（PWM）与 $\Sigma - \Delta$ 调制（模拟或数字调制）和空间矢量调制（SVM）（Leon 等，2010）。也可使用滞环调制器或定时调制器（Corradini 等，2011）。然而，图 7.1 也并非完全通用，因为有些控制方法会直接输出两种状态的控制信号（例如，滑模控制）。

在这两种情况下，控制器必须根据事先设定的控制目标来响应系统的重要扰动，即负载变化。例如控制技术中常见的，这些目标包括输出调节/跟踪、内部变量动态补偿、变量容许值内的限幅等。为了获得零稳态误差，在大多数情况下都会

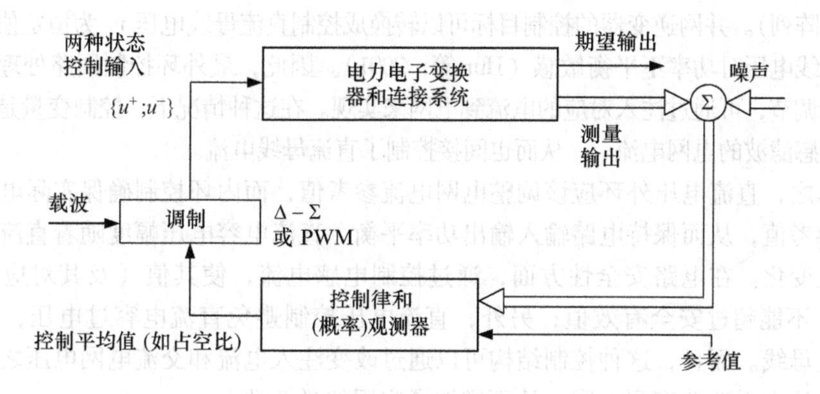

图 7.1 包括电力电子变换器系统的通用控制应用

采用积分控制，至少在外控制环路会采用。

一般而言，控制系统设计的重点是使期望的变换器低频（宏观或其他等效的）行为满足设定要求（Kassakian 等，1991）。在这种情况下，变换器平均模型是一个重要工具。目标频域被置于远低于开关频率处，主要关注对无源电路元件引入的惯性进行补偿。

在电力电子变换器中，无源元件（电容和/或电感）的使用是不可避免的，不仅用于过滤高频（开关）分量，也用于实现控制目的（增加较大惯性环节，使被控对象可控性增强）。在功率不平衡的情况下，惯性元件的存在将导致电气变量的变化（例如，电容的直流电压可能上升到危险的程度）。因此，为了保持变换器工作得当，必须确保电路各个部分之间的功率平衡。这通常是通过控制对电力不平衡敏感的某些内部变量到典型工作点来实现。

图 7.2 给出了基于 boost DC－DC 功率电路的电源。当负载变化时（在可接受的范围内），需要控制电路来维持输出电压恒定。所采用的双环级联控制结构，不仅将输出电压控制在期望值，而且也确保电感电流的跟踪和限流。

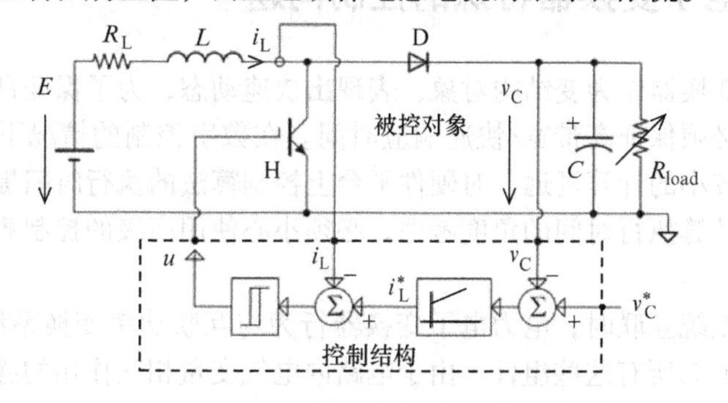

图 7.2 boost DC－DC 功率电路输出电压调节实例

图 7.3 给出了一个并网逆变器的示例，用于输送从可再生能源获得的功率（假设来

自光伏阵列)。并网逆变器的控制目标可以转换成控制直流母线电压 v_C 为恒定值，因为直流母线电压对功率不平衡敏感（Hur 等，2001)。因此，最外环控制回路处理直流母线电压调节，可通过注入对应的电流到电网来实现。在这种情况下，控制变量是由并网连接电感滤波的电网电流 i_G，从而也间接控制了直流母线电流。

总之，直流电压外环应该调整电网电流参考值，而内环控制确保实际电网电流跟随参考值，从而保持电路输入输出功率平衡。直流电容电压幅度随着直流电流输入随机变化。在电路安全性方面，通过控制电感电流，使其值（及其对应的直流电流）不能超过安全有效值；另外，直流电压控制避免直流电容过电压，从而保护直流母线。而且，这种控制结构可以通过改变注入电流和交流电网电压之间的相位差，注入无功功率到电网，从而增加了应用的灵活性。

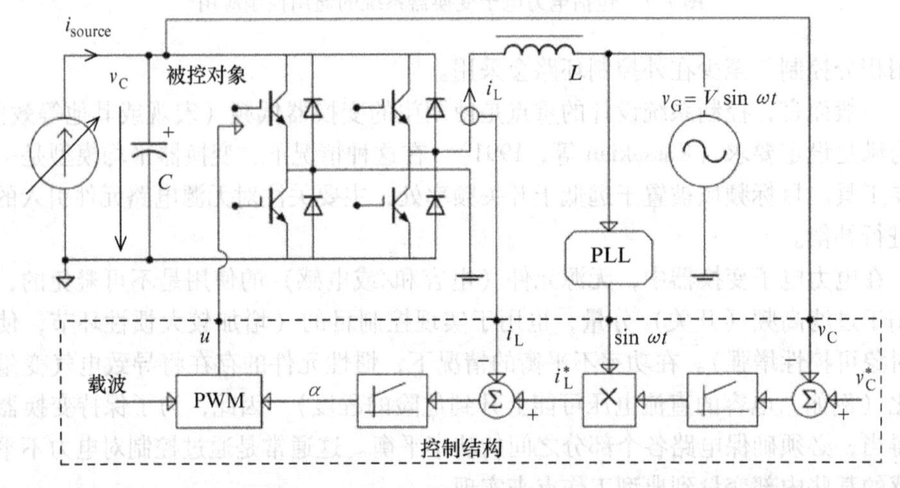

图 7.3　需要电力电子变换器控制的应用实例（省略门极驱动器）：可再生能源馈入单相交流电网

7.2　电力电子变换器特殊的控制问题

电力电子变换器作为变结构对象，表现出快速动态，为了保证良好的输出电能质量，其控制必须保证高带宽/快速响应时间。在数字控制的情况下，这需要很高的采样频率和较小的计算延迟，对硬件平台上控制算法的执行时间提出更严苛的限制。因此，从计算执行时间的角度考虑，必须小心使用高级的控制算法，并进行相应的算法优化。

考虑功率系统互联时，电力电子变换器行为与互联功率变换系统相关；因此，建模可能需要汇总所有这些组件。由于电路内电气变量相互作用的缘故，对某个变量的控制经常可以间接完成，所以建模方法也必须考虑该方面。

如前所示，在大多数情况下，电力电子变换器模型使用相同占空比控制的耦合源表示。由于控制输入和一些状态量之间的乘积项存在，这给变换器模型带来严重的非线性，使其呈现的动态行为与工作点的变化相关（如负载变化）。

此外，当工作电流变化时，无源元件参数可能变化；实际电源也无法在任何运行条件下都保持额定输出（例如，当磁心饱和导致的电感值降低）。根据其设计和负载条件，变换器可能会工作在断续导通模式，这将显著改变其模型结构（见第6章）。

因为闭环的高带宽是变换器控制的基本要求，所以参数/模型的变化可能会将稳定性相位裕度降低到危险的低水平（Morroni 等，2009b）。因此，“强”调谐控制器容易导致在特定工作条件下的系统不稳定。由于这些原因，系统设计者有时会为了鲁棒性而牺牲性能。

所有这些方面都表明，一个特定的线性控制器不太可能在整个工作范围内确保系统控制性能（动态响应、稳定性等）。而解决的方案是确保控制器设计的特定工作点有最优闭环行为，然后对其他工作点或工作范围使用自适应算法（例如，增益调度）。

总之，在电力电子变换器控制的领域，闭环系统的鲁棒性和对参数变化的灵敏性问题仍旧是有待进一步研究的问题。

控制输入的调制和变换器的特定工作方式还会带来另一个特殊的问题：控制器必须处理测量变量较大的频谱范围（相对于只控制基频的应用而言），而这有可能显著影响控制器性能。可以使用辅助滤波和同步数据采集来降低调制所带来的影响。叠加到系统输出上的噪声也还可能含有高频分量（电流/电压纹波），而这些系统闭环带宽内的噪声的消除也会增加控制器的复杂度。

根据变换器类型，电流/电压可能存在物理限制（例如，一象限 buck 功率电路不能有负电压）。并且，为了安全的要求，必须限制一些变量在特定的额定值。根据功率变换器物理实现，占空比必须在区间（0，1）取值。由于效率的原因，某些变换器（例如，boost 电路）占空比取值区间可能更小。所有这些限制所导致的非线性，都必须在控制系统中处理。在这种情况下，有效的控制结构使用抗饱和方案，配合使用积分环节的控制器一起使用，特别是在内环/更快的控制回路。

有“boost”效应的变换器对占空比-输出电压通道表现出非最小相位的行为。为保持控制质量，同时避免闭环的不稳定，它们的控制需要采用特殊的解决方案，例如，最优模数判据（Ceangă 等，2001）。

变换器的运行经常在闭环系统带宽频率内引起不必要的干扰，可能对控制器工作有不利影响。以图 7.3 中的逆变器为例，调制效应（占空比和电网电流的乘积均为正弦变量）在直流母线电压中引入相当大的低频纹波（2 倍电网频率）。这个纹波包含系统带宽内的频谱分量，并且，如果从控制规则上考虑这部分分量，就有可能导致不希望的电网电流幅度变化（Bratcu 等，2008）。

针对具有两个以上储能元件（状态变量）的变换器，一些成本上的考虑会影响对完整状态向量的控制：不是所有的状态量都能测量到，因为传感器可能很昂贵。在这种情况下，控制上可以采用局部（不完全）状态反馈，利用观测量进行状态变量的重构。使用积分重构可能被证明是一个有效的解决方案（Sira – Ramirez 和 Silva – Ortigoza，2006）。例如，图 7.4 中的应用采用全状态反馈需要许多的传感器，成本昂贵；在这种情况下，局部状态观测器可能是合算的解决方案。

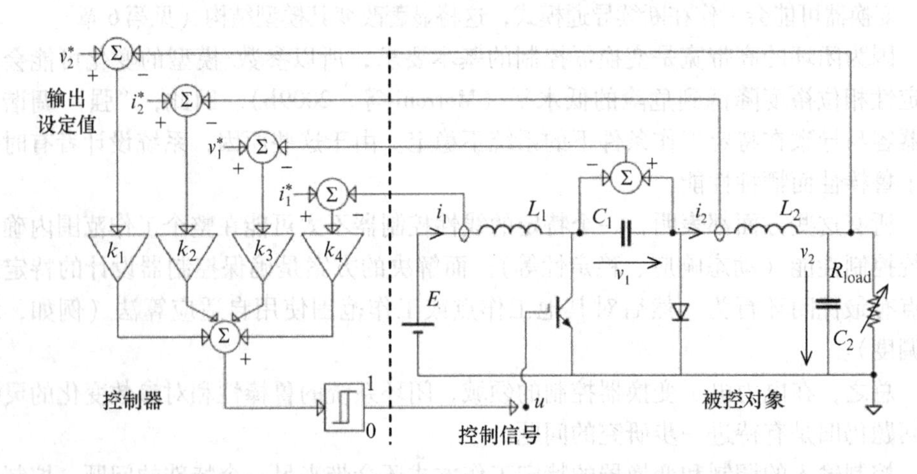

图 7.4 需要大量传感器的控制应用实例：Cúk DC – DC 变换器的输出电压调整（Malesani 等，1995）

7.3 不同控制方法

在相关的文献中，可以发现很多控制结构已用于电力电子变换器控制。本书下一个章节将介绍其中一部分，包括线性和非线性的，当然不可能面面俱到。

所谓的标准控制采用简单鲁棒的经典时不变 PID 控制器，控制器参数基于变换器线性化单输入单输出平均模型（小信号模型）进行整定。控制器输出的连续控制信号（占空比）需要进行调制，才可应用于功率开关门极驱动（PWM、Σ – Δ、SVM 等）。一旦确定最恶劣工作点，就可用经典方法完成控制器参数整定，如回路成形法或零极点配置法（d'Azzo 等，2003）。通过以下步骤检查控制解决方案，确定在运行约束条件下是否仍保持可接受的性能。不仅要检查连续导通模式，而且也要检查断续导通模式。

广泛使用的有效控制结构是采用嵌套（或级联）控制环（Aström 和 Hägglund，1995）。这种结构既能支持输出电路的调节/跟踪，同时可以保证内部变量在规定的安全范围内。例如，变换器具有两个状态变量，即电感电流和电容电压，外环处理电压调节，强调低频动态，内环关注更快的电流控制。电压控制器提供电流变量的参考值，并且后者充当电压外环的控制输入。

另一种线性控制结构是全状态反馈（d'Azzo 等，2003）。所采用的占空比是变换器状态量的线性组合，同时根据闭环系统的极点位置来求得控制器增益。在某些情况下，全状态的测量是不可能的，必须采用状态观测器来重构不可测量的状态变量（Friedland，2011）。此时需要外积分回路，以便使输出趋向期望值。由于不再显式控制内部变量，必须采取辅助方法，以确保它们在安全范围内。

另外，在三相交流/直流或直流/交流变换器的情况下，可通过使用在旋转 dq 坐标系下线性化平均建模来完成控制（见第5章）。这种方法可以分别控制有功和无功功率，每个通道使用简单的比例积分（PI）控制器（Bose，2001），可能需要解耦结构来消除通道 d 和 q 之间的交互影响。

线性平均模型也可用于为具有交流环节的变换器设计谐振控制器。这些控制器采用广义积分，在特定的频率点具有无穷大增益（Etxeberria - Otadui 等，2006）。谐振控制器适用于参考值为某一特定频率正弦信号的情况（如本例的电网频率），可以同时抑制影响控制目标的所有其他信号（例如，污染电网的高阶谐波）。这些控制器的实现可以是连续的（在简单情况下）或离散的（即数字的）。在离散实现时，必须使用计算系统的采样时间对原线性化模型进行离散化（Maksimović和 Zane，2007；Morroni 等，2009a）。

非线性平均模型（大信号模型）可用于推导高级非线性控制器（如在第2章所述）。通过利用变换器模型的固有特性，这些控制结构在整个工作范围内努力保持闭环性能。本书将主要关注基于更通用的李雅普诺夫稳定性理论的稳定控制和无源控制（Sanders 和 Verghese，1992；Ortega 等，1998）。除此之外，反馈线性化控制方法也可以用于获得一个由一系列积分器组成的闭环系统（Isidori，1989；Sira - Ramirez 和 Silva - Ortigoza，2006）。在一些情况下，这些方法可能得到占空比的十分复杂的数学表达式，同时带来软件实现的问题。

最后，同样重要的，是电力电子变换器滑模控制。由于电力电子变换器本质上就是变结构系统（见第3章开关模型），因此这是一个很自然的方法。所得控制器不管是模拟还是离散实现都是简单而鲁棒的，并且不需要占空比调制（Tan 等，2011）。然而，这种控制方法需要补充操作来将开关频率约束在适合于特定功率开关器件的典型频域（否则开关频率便不确定）。

7.4 本章小结

本章提到的控制方法远不详尽，但都有一个共同的控制目标：让电力电子变换器的低频行为满足预期。这个目标相当普遍并且经常依赖具有多变量的控制结构来实现。因为本书所能涉及的范围有限，其他一些适用于电力电子变换器的控制方法——例如，简单的峰值电流控制方法（Middlebrook，1985）将不再探讨。

参考文献

Aström KJ, Hägglund T (1995) PID controllers: theory, design and tuning, 2nd edn. Instrument Society of America, Research Triangle Park

Bose BK (2001) Modern power electronics and AC drives. Prentice-Hall, Upper Saddle River

Bratcu AI, Munteanu I, Bacha S, Raison B (2008) Maximum power point tracking of grid-connected photovoltaic arrays by using extremum seeking control. Control Eng Appl Inform 10(4):3–12

Ceangă E, Protin L, Nichita C, Cutululis NA (2001) Theory of control systems (in French: Théorie de la Commande des Systèmes). Technical Publishing House, Bucharest

Corradini L, Bjeletic A, Zane R, Maksimović D (2011) Fully digital hysteretic modulator for DC-DC switching converters. IEEE Trans Power Electron 26(10):2969–2979

d'Azzo JJ, Houpis CH, Sheldon SN (2003) Linear control system analysis and design with MATLAB, 5th edn. Marcel-Dekker, New York

Etxeberria-Otadui I, Lopez de Heredia A, Gaztanaga H, Bacha S, Reyero R (2006) A single synchronous frame hybrid (SSFH) multi-frequency controller for power active filters. IEEE Trans Ind Electron 53(5):1640–1648

Friedland B (2011) Observers. In: Levine WS (ed) The control handbook–control system advanced methods. CRC Press/Taylor & Francis Group, Boca Raton, pp 15-1–15-23

Hur N, Jung J, Nam K (2001) A fast dynamic DC-link power-balancing scheme for a PWM converter-inverter system. IEEE Trans Ind Electron 48(4):794–803

Isidori A (1989) Nonlinear control systems, 2nd edn. Springer, Berlin

Kassakian JG, Schlecht MF, Verghese GC (1991) Principles of power electronics. Addison-Wesley, Reading

Leon JI, Vazquez S, Sanchez JA, Portillo R, Franquelo LG, Carrasco JM, Dominguez E (2010) Conventional space-vector modulation techniques versus the single-phase modulator for multilevel converters. IEEE Trans Ind Electron 57(7):2473–2482

Maksimović D, Zane R (2007) Small-signal discrete-time modelling of digitally controlled PWM converters. IEEE Trans Power Electron 22(6):2552–2556

Malesani L, Rossetto L, Spiazzi G, Tenti P (1995) Performance optimization of Ćuk converters by sliding-mode control. IEEE Trans Power Electron 10(3):302–309

Middlebrook RD (1985) Topics in multiple-loop regulators and current mode programming. In: Proceedings of IEEE Power Electronics Specialists Conference – PESC 1985. Toulouse, France, pp 716–732

Morroni J, Zane R, Maksimović D (2009a) Design and implementation of an adaptive tuning system based on desired phase margin for digitally controlled DC-DC converters. IEEE Trans Power Electron 24(2):559–564

Morroni J, Zane R, Maksimović D (2009b) An online stability margin monitor for digitally controlled switched-mode power supplies. IEEE Trans Power Electron 24(11):2639–2648

Ortega R, Loria A, Nicklasson PJ, Sira-Ramirez H (1998) Passivity-based control of Euler-Lagrange systems: mechanical, electrical and electromechanical applications. Springer, London

Sanders SR, Verghese GC (1992) Lyapunov-based control for switched power converters. IEEE Trans Power Electron 7(1):17–24

Sira-Ramirez H, Silva-Ortigoza R (2006) Control design techniques in power electronics devices. Springer, London

Tan S-C, Lai Y-M, Tse C-K (2011) Sliding mode control of switching power converters: techniques and implementation. CRC Press/Taylor & Francis Group, Boca Raton

第8章　DC - DC功率变换器线性控制方法

本章将介绍连续导通模式下的DC - DC电力电子变换器控制。本章目标是介绍如何通过反馈控制结构的方式调整变换器的平均（低频）行为。并没有一种唯一的控制范式来解决了这个问题。因此，可以采用控制理论中的各种经典控制结构，伴随不同的设计方法，实现接近的控制效果。一个通用的假设是，通过使用脉冲宽度调制（PWM）将所获得的控制输入应用到变换器的开关。本章给出该主题一个综合视角，但并不意味着将穷尽全部的相关控制方法。本章介绍了主要原理、设计流程，并提供一些相关示例，最后是两个案例研究和一系列思考题。

8.1　线性化平均模型，控制目标和相关的设计方法

如前所述（第4章），用线性化模型来描述变换器的平均行为是有益的；它能很好地洞察被控对象的性能，包括稳态增益、带宽、阻尼和其他动态性能（例如，非最小相位行为）。线性化模型支持对变换器（被控对象）属性的全面评估，从而设计控制回路确保实现特定控制目标（Stefani，1996）。这种建模方法的缺点是，这些被控对象本质上是非线性的（Verghese 等，1986）。之前已经讨论过，它们的线性化模型中有些系数依赖于一个（或多个）随时间变化的外源信号，即它们随实际工作点改变。因此基于线性控制的闭环系统也与具体工作点相关（Philips 和 François，1981；Mitchell，1988；Kislovsky 等，1991）。因此，线性控制器缺乏对于负载和输入电压的平均值变化的鲁棒性。因此，需要针对最坏情况进行控制器设计，并采用线性参数变化增益调度方法或其他自适应技术来应对上述问题（Lee 等，1980；Shamma 和 Athans，1990；Morroni 等，2009；Algreer 等，2011）。

DC - DC 变换器的主控制目标可能随变换器的功能变化，但是，在一般情况下，其目的是为了调节/跟踪输出或输入的电压（输入或者输出由功率流向确定），同时满足一组相关性能要求。当建模过程中发现其他问题时（例如，稳定性方面的问题），由主要控制目标可能会衍生从属目标，此时控制回路可能会更复杂。另外，可以选择分层组织的控制结构，实现对一些内部变量的跟踪，以达到更好的动态响应和/或保持它们在安全范围内（Åström 和 Hägglund，1995）。

因此，为解决DC - DC 变换器的控制问题，需要选择合适的控制范式和相关的设计方法，而这取决于复杂的因素，包括变换器的功能、它的初始动态特性、期望的闭环动态特性、工作范围、安全问题、控制输入的限制等。

在下面的章节，会将控制理论的一些经典设计方法（Levine，2011）应用于基

本的电力电子变换器。当被控对象闭环系统表现二阶动态行为且无临界稳定性问题时，就可以采用基于瞬态响应指标（例如，稳定时间、过冲、积分性能指数）的时域设计方法。当系统稳定性必须通过外加控制自由度来保证时，频域技术如回路成形方法可能是有用的。当可获取系统全状态反馈信息时，极点配置方法因为可以方便配置闭环特征值，变得非常有用。通常极点配置方法会结合外控制环路使用，由外环来保证主要控制目标的实现。被控对象阶数较高的情况下，根轨迹方法提供推导控制器的强有力的工具，可以确保闭环行为的鲁棒性（d' Azzo 等，2003）。基于预测的方法（例如，内模控制）则适用于处理具有右半平面零点的变换器模型。

接着，为简化起见，将不用括号表示平均值。例如，平均电感电流$\langle i_L \rangle_0(t)$将被简化表示为$i_L(t)$，占空比作为开关函数 u 的平均，采用 $\alpha(t)=\langle u \rangle_0(t)$表示，等等。用下标 e 表示稳态值（例如，稳态电容电压将表示为 v_{Ce}）。

8.2 直接输出控制

直接输出控制仅用一个环控制输出电压或电流。在大多数的 DC－DC 电力电子变换器应用中，输出变量是电压。因此，也命名这种方法为电压模式控制。它是 DC－DC 变换器的一种典型控制方法，在计算占空比时不需要测量电流。其控制目标是调节输出电压到设定值，即使负载或输入电压发生变化。输出电压的波动与闭环带宽有关，需要控制在特定范围内（例如，在 ±2%）。

8.2.1 假设和算法设计

直接输出控制的基本要求是，输出电压可以测量获得。另外，假设满足小纹波条件，并且变换器工作在连续导通模式。输出电压控制基于变换器的线性平均模型，通过简单而有效的负反馈思路来实现。这样，就可以构建系统闭环，并方便地改变其静态和动态特性。

因为完整的变换器动态可能很复杂，所以目标系统用这种直接的控制方法来处理可能是“困难的”。因此，为获得合适的闭环性能，控制结构简单性的代价就是控制器的复杂性。例如，在第 4 章 4.6 节已经表明，从占空比到输出电压的 buck－boost 传递函数包含右半平面零点。这就需要适当的补偿，以获得具有足够大带宽的稳定闭环系统。因此，控制器结构可包含一个相位补偿器（通常是超前－滞后或导数环节）或另一种基于被控对象模型的预测环节。此外，如果控制目标是电压稳态误差为零，积分环节是必需的。

按照第 7 章的论述，图 8.1 给出了在 buck 变换器情况下的控制结构。控制器输出占空比信号 α，再进行脉宽调制（PWM），以便应用到电力电子开关的驱动。

一旦选定控制器结构，就可以将其闭环传递函数和具有目标动态特性的传递函数在频域或者时域进行对照，从而求得控制器参数。

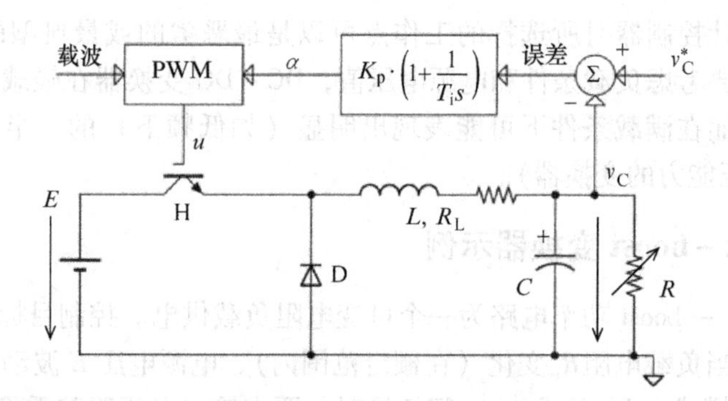

图 8.1　电压直接控制——buck 变换器的情况

被控对象随工作点变化（由于负载或输入电压源变化）；可以预见，其稳定性和闭环性能也会有所不同。因此，必须在参数变化的极限条件所对应的工作点进行系统稳定性和闭环特性的验证。从负载的角度，这些是最大负载（对应于电路的额定功率）和最小负载的点，其中该电路仍然工作在连续导通模式。最后，控制器参数由确保在最坏的情况下满足该性能的要求决定，这取决于每个特定变换器的配置。

围绕某特定工作点线性化后获得的占空比 - 输出电压传递函数，设为$H_{v\alpha}(s)$。观察到$H_{v\alpha}(s)$阻尼很弱，因此非常接近不稳定（见第 4 章结论）。在这种情况下，零稳态误差的要求便显得相当严苛，因为这需要在控制器中增加积分环节，会进一步减小稳定裕量。但还是有可能在选择积分时间常数时找到合适的折中，既能确保零稳态误差，同时还能得到不是很快，但还能接受的收敛速度。这种方式为确保良好的稳定裕度（更精确地说，相位裕度），牺牲了一些闭环动态性能。因此，控制器设计基于回路成形法，如开环伯德图成形，通过这样的方式确保最大可能的带宽，同时保持足够的相位裕度。关于这一主题的扩展讨论可在 Erikson 和 Maksimović于 2001 年发表的论文中找到。

下面列出设计算法的主要步骤。

算法 8.1　直接控制结构设计

#1 写出电路的平均模型。选择作为控制设计前提的稳态工作点。围绕所选的工作点进行电路模型线性化。

#2 推导从占空比到输出电压、从输出电流到输出电压（变化量）的传递函数。如果必要的话，也推导出从输入电压到输出电压的传递函数。

#3 确定控制器是否包含积分环节。

#4 绘制控制器和被控对象开环伯德图。推导出必要的频率转折次数及其适当排序，以确保系统稳定性摆在首位（基于奈奎斯特判据）。

#5 调整转折频率，以便获得足够的稳定裕度。尤其是，减少围绕开环截止频率的相位滞后（例如，控制器中引入超前环节）。

备注：设计控制器时所选择的工作点可以是最恶劣的或最典型的（最可能）。工作点选择主要考虑负载条件和电源电压值，DC－DC 变换器在轻载条件下表现为高度欠阻尼，而在满载条件下可能表现出明显（如低频下）的右半平面零点特性（例如具有升压能力的变换器）。

8.2.2 buck－boost 变换器示例

考虑 buck － boost 功率电路为一个可变电阻负载供电。控制目标是保持输出电压在设定值，当负载电阻R_e变化（在额定范围内）、电源电压 E 波动（围绕额定约 30%）和运行模式在 buck 或 boost 间切换时，要求输出电压跟踪零稳态误差。

按照算法 8.1 的步骤。根据第 4 章 4.6 节提供的细节进行变换器建模。静态工作点由稳态占空比α_e、电感电流i_{Le}、电容电压 v_{Ce}、电压源E_e和负载电阻R_e决定。围绕该工作点的线性化平均模型是

$$\begin{cases} L\cdot\dot{\widetilde{i}}_L=\alpha_e\widetilde{E}+(E_e-v_{Ce})\widetilde{\alpha}+(1-\alpha_e)\widetilde{v}_C \\ C\cdot\dot{\widetilde{v}}_C=-(1-\alpha_e)\widetilde{i}_L+i_{Le}\widetilde{\alpha}-\frac{1}{R_e}\widetilde{v}_C-\widetilde{i}_S \end{cases} \tag{8.1}$$

式中，变量 $\widetilde{i}_S=-\frac{v_{Ce}}{R_e^2}\cdot\widetilde{R}$为由于负载变化$\widetilde{R}$所引起的输出电流的变化。图 8.2 给出相应等效电路。符号 α_e'代表 $1-\alpha_e$。

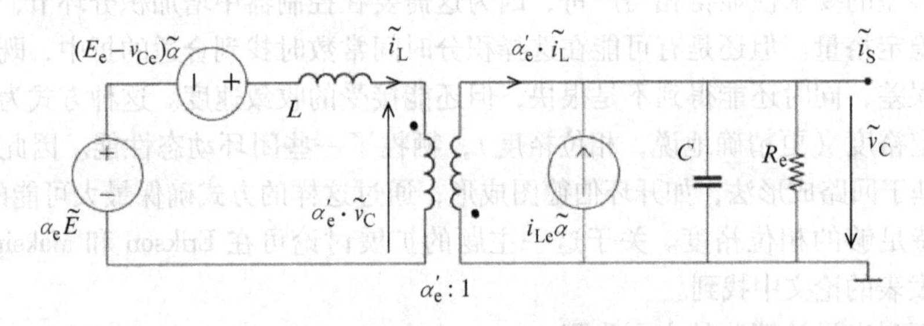

图 8.2 buck － boost 小信号等效图

通过将$\widetilde{E}$和$\widetilde{i}_S$置零，可以计算从控制输入（占空比）α 到电容（输出）电压 v_C 的传递函数

$$H_{v\alpha}(s)=\frac{\widetilde{v}_C(s)}{\widetilde{a}(s)}=-\frac{E_e-v_{Ce}}{\alpha_e'}\cdot\frac{-\frac{i_{Le}L}{(E_e-v_{Ce})\alpha_e'}s+1}{\frac{LC}{\alpha_e'^2}s^2+\frac{L}{R_e\alpha_e'^2}s+1}. \tag{8.2}$$

从输入电源 E 至输出电压通道（归零$\widetilde{\alpha}$和$\widetilde{i}_S$）的传递函数

$$H_{\mathrm{vE}}(s)=\frac{\widetilde{v}_{\mathrm{C}}}{\widetilde{E}}=-\frac{\alpha_{\mathrm{e}}}{\alpha'_{\mathrm{e}}}\cdot\frac{1}{\frac{LC}{\alpha'^{2}_{\mathrm{e}}}s^{2}+\frac{L}{R_{\mathrm{e}}\alpha'^{2}_{\mathrm{e}}}s+1} \tag{8.3}$$

式（8.4）给出了输出电流i_{S}对输出电压的影响，实际上代表了电路的输出阻抗（$\widetilde{\alpha}$和$\widetilde{E}$置零）。

$$H_{\mathrm{vi}}(s)=\frac{\widetilde{v}_{\mathrm{C}}}{\widetilde{i}_{\mathrm{S}}}=-\frac{1}{\alpha'^{2}_{\mathrm{e}}}\cdot\frac{1}{\frac{LC}{\alpha'^{2}_{\mathrm{e}}}s^{2}+\frac{L}{R_{\mathrm{e}}\alpha'^{2}_{\mathrm{e}}}s+1} \tag{8.4}$$

由式（8.1），或通过方便地变换图 8.2（详见第 4 章 4.6 节）可以计算传递函数。根据线性叠加原理，可以将上述三部分影响加总以获得完整的被控对象特性（见图 8.3）。需要注意的是，在上述传递函数中 v_{Ce}的值是负的。

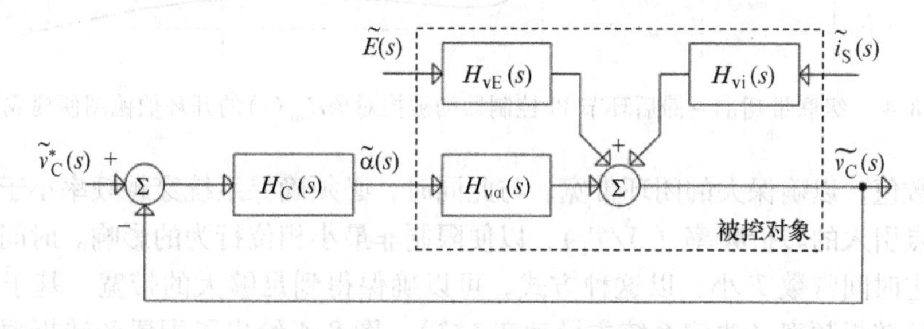

图 8.3　分别强调参考值通道和扰动通道影响的闭环系统

为便于理解，将式（8.2）中$H_{\mathrm{v\alpha}}(s)$写为

$$H_{\mathrm{v\alpha}}(s)=K_{1}\cdot\frac{1-T_{1}s}{T^{2}s^{2}+2\zeta Ts+1} \tag{8.5}$$

式中，所有的参数都与工作点相关：增益$K_{1}=-\frac{E_{\mathrm{e}}-v_{\mathrm{Ce}}}{\alpha'_{\mathrm{e}}}<0$；右半平面零点时间常数 $T_{1}=\frac{i_{\mathrm{Le}}L}{(E_{\mathrm{e}}-v_{\mathrm{Ce}})\alpha'_{\mathrm{e}}}$；二阶时间常数 $T=\frac{\sqrt{LC}}{\alpha'_{\mathrm{e}}}$；阻尼系数 $\zeta=\frac{1}{2R_{\mathrm{e}}\alpha'_{\mathrm{e}}}\sqrt{\frac{L}{C}}$。可以看到，当负载$R_{\mathrm{e}}$变大时，被控对象［式（8.5）］阻尼变得更小。被控对象［式（8.5）］通过附加超前滞后环节的 PI 调节器进行校正，其传递函数为

$$H_{\mathrm{c}}(s)=K_{\mathrm{p}}\left(1+\frac{1}{T_{\mathrm{i}}s}\right)\cdot\frac{T_{\mathrm{b}}s+1}{0.05T_{\mathrm{b}}s+1} \tag{8.6}$$

式中，滞后时间常数比超前时间常数T_{b}小得多（相差 20 倍），T_{b}主要是有助于构成控制器。图 8.4 给出了对应于$H_{\mathrm{c}}(s)\cdot H_{\mathrm{v\alpha}}(s)$的开环伯德图。引入的滞后环节位于高频段，其影响未在图中给出。注意，积分器严重影响了相位特性，并进一步减少了相位裕量。

需要注意，第一个转折频率的位置 $1/T_{\mathrm{i}}$，将确定开环带通增益。这个增益需

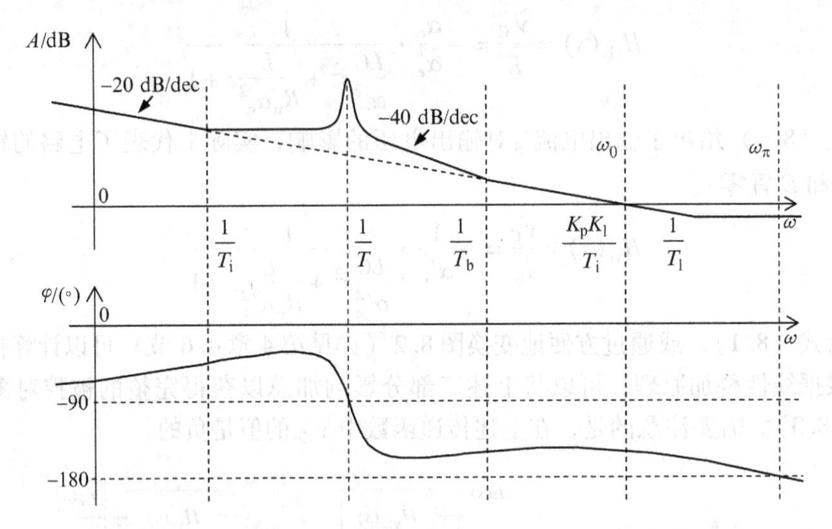

图 8.4 级联带超前－滞后环节 PI 控制器的被控对象$H_{v\alpha}(s)$的开环伯德图便捷成形

要较大数值，以确保大的闭环带宽。与此同时，必须确保系统穿越频率小于由右半平面零点引入的转折频率（$1/T_1$），以便限制非最小相位行为的影响。时间常数T_1通常比主时间常数 T 小；以这种方式，可以确保得到足够大的带宽。基于被控对象的最低转折频率（决定系统主导动态 $1/T$），图 8.4 给出了配置各转折频率的一种简便方式，可以确保令人满意的带宽和相位裕度

$$\frac{1}{T}=\frac{2}{T_i},\frac{1}{T_b}=\frac{2}{T},\frac{K_pK_1}{T_i}=\frac{5}{T} \tag{8.7}$$

由此，计算控制器参数

$$T_i=2T,T_b=\frac{T}{2},K_p=\frac{10}{K_1} \tag{8.8}$$

备注：需要注意，根据式（8.6）的控制器并没有考虑非最小相位行为。而式（8.5）所对应系统的非最小相位行为由右半平面的零点导致，同时在闭环中被抑制。根据式（8.7）和式（8.8）选择控制器参数通常会导致闭环阻尼的增加。还要注意的是式（8.7）并不是唯一的选择，而且在任何情况下都必须通过数值仿真来评估闭环动态性能。如果需要的话，系统闭环性能可以通过调整式（8.8）所得到的参数来进一步改善。

图 8.5 给出了满载情况下开环伯德图（图 a）和闭环伯德图（图 b）中的典型变化，即输入电源电压 E 波动。因为输入电压较低，所以电路运行在升压模式，从稳定性角度来看，系统的相频特性很差。需要注意的是，系统闭环带宽倒是并没有明显变化。

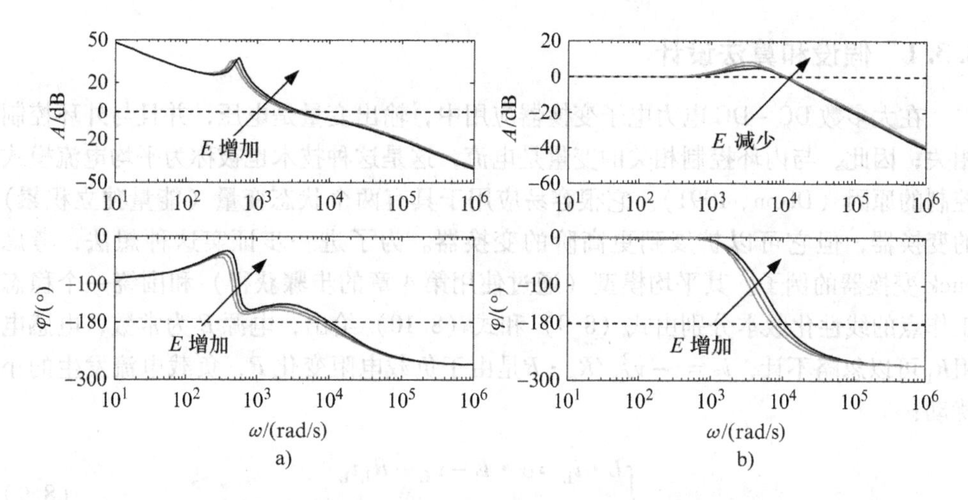

图 8.5　a）电源电压E_e变化时的开环伯德图；b）电源电压E_e变化时的闭环伯德图

图 8.6a 给出了输入电压稳态值不同时，系统在负载阶跃变化时的闭环响应。稳态下负载取额定值R_e。图 8.6b 给出了输入电压E_e稳态值不同时，系统在输入电压阶跃变化时的闭环响应。由此也可以获得变换器工作于降压模式的最佳响应。

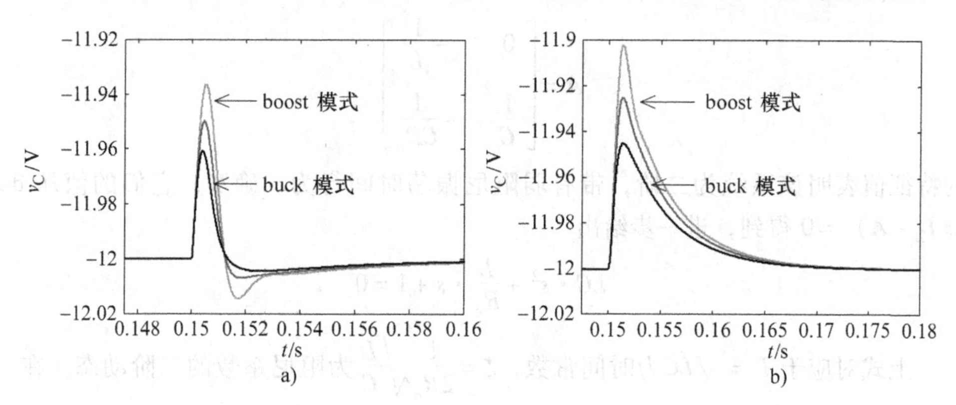

图 8.6　a）不同E_e值下，负载阶跃变化时的闭环输出电压；
b）不同E_e值下，输入电压阶跃变化时的闭环输出电压（稳态下负载取额定值R_e）

8.3　间接输出控制：双环级联控制结构

构建级联控制需要嵌套多个控制回路（通常是两个），这种控制方法常用于含有多个测量变量（通常是系统状态变量）和单个输出的系统。它提供了更紧凑的控制，并提高了整体的动态，因为它使用了能更快响应控制需求的中间被测信号。然而，这种结构需要分离的动态，即内环响应速度必须比外环快得多（Åström 和 Hägglund，1995）。

8.3.1 假设和算法设计

在大多数 DC - DC 电力电子变换器应用中，输出变量是电压，并且与外环控制相关；因此，与内环控制相关的变量是电流，这是这种技术也被称为平均电流模式控制的原因（Dixon, 1991）。它很容易应用于具有两个状态变量（能量独立积累）的变换器，但它可以扩展到更高阶的变换器。为了进一步证实这种想法，考虑 buck 变换器的例子。其平均模型（通过使用第 4 章的步骤获得）和围绕一个稳态工作点的线性化版本分别由式（8.9）和式（8.10）给出，电源 E 为常数，电感电阻 R_L 可以忽略不计，$\widetilde{i_S} = -v_{Ce}^2/R_e \cdot \widetilde{R}$ 是由于负载电阻变化 $\widetilde{R}$，负载电流发生的小扰动：

$$\begin{cases} L \cdot \dot{i}_L = \alpha \cdot E - v_C - R_L i_L \\ C \cdot \dot{v}_C = i_L - v_C / R \end{cases} \tag{8.9}$$

$$\begin{cases} L \cdot \dot{\widetilde{i_L}} = E \cdot \widetilde{\alpha} - \widetilde{v_C} \\ C \cdot \dot{\widetilde{v_C}} = \widetilde{i_L} - \widetilde{v_C}/R_e - \widetilde{i_S} \end{cases} \tag{8.10}$$

被控对象（8.10）的状态矩阵

$$\boldsymbol{A} = \begin{bmatrix} 0 & -\dfrac{1}{L} \\ \dfrac{1}{C} & -\dfrac{1}{CR_e} \end{bmatrix}$$

的特征值表明该系统为二阶，带有弱阻尼振荡时间行为。确实，它们的值从 det（$s\boldsymbol{I}_2 - \boldsymbol{A}$）=0 得到，进一步给出

$$LC \cdot s^2 + \frac{L}{R_e} \cdot s + 1 = 0$$

上式对应于 $T = \sqrt{LC}$ 为时间常数，$\zeta = \dfrac{1}{2R_e}\sqrt{\dfrac{L}{C}}$ 为阻尼系数的二阶动态。在一个 buck 电路典型的数值应用中，$L = 0.5$ mH，$C = 470\mu$F，稳态工作点为 $R_e = 5\Omega$，可以得到 $T = 1.5$ ms，$\xi = 0.33$，其描述了一个弱阻尼时间行为。注意对于较大的 R_e 值，系统阻尼进一步减弱。因此，这两个状态变量的动态（输出电压和电感电流）实际上是强耦合的，这意味着动态明显分离的假设并不满足。

为了比较，考虑大家熟知的直流电机双环速度控制，其中两个状态变量（电枢电流和转速）分别对应于电气能量和机械能量积累的累积量。在这种情况下，每个状态变量引入一个实极点，占优势的极点对应于轴旋转速度。其结果是，这两个状态变量的动态（一般）是自然明显分离的。这不是电力电子变换器的例子；这里，动态分离是通过控制设计强制实现的。

通过拆分原被控对象（平均电路）为两个可以有效地实现分离：内环被控对

象较快，驱动它的外环被控对象较慢。一般情况下，在具有两个状态变量的电力电子变换器中，内环被控对象捕获电感电流动态，而外环被控对象嵌入等效电容器电压动态。主控制目标由后者实现。

在一般情况下，占空比不仅影响内环被控对象，还影响外环被控对象，引起非最小相位效应并使得其动态不能明显分离。但是，对于变换器，此行为是不显著的，本节会进一步给出并在之后详述一种简化的算法。

现在，假设电路变量之一（电容器电压v_C）必须控制到某个一定值，或必须跟踪缓慢变化的信号。假设这个目标实现，这个缓慢的变量实际上是相对于内环被控对象动态恒定的（在平衡点）；所以，这一模型可通过更简单的方程来描述。给出 buck 变换器作为例子，式（8.9）中第一个方程变为

$$L \cdot \frac{di_L}{dt} = \alpha \cdot E - v_{Ce} - R_L i_L$$

并且，通过进一步线性化，可以得到描述内环被控对象的传递函数，其中输入为占空比，输出为平均电感电流（v_{Ce}是常数）：

$$H_{i\alpha}(s) = \frac{\widetilde{i_L}}{\widetilde{\alpha}} = \frac{E}{\dfrac{L}{R_L}s + 1} \tag{8.11}$$

在内环中，电感电流i_L由其参考i_L^*驱动，使得它的动态比v_C快得多。从外环角度来看，如果内环变量的闭环动态是非常快的，该动态可被忽略，即$i_L = k \cdot i_L^*$，其中$k < 1$，但接近于1。通过置零式（8.9）中第一个方程的左侧，获得连接外部输出变量（v_C）与内部控制变量（α）的变换器稳态代数方程：$v_C = \alpha \cdot E$（忽略电感损耗）。利用这两个条件，变换器等效动态由式（8.9）中的第二方程得到：

$$C \cdot \frac{dv_C}{dt} = k \cdot i_L^* - \frac{v_C}{R}$$

上式给出了由负载R_e描述的围绕工作点的线性化：

$$C \cdot \dot{\widetilde{v_C}} = k \cdot \dot{\widetilde{i_L^*}} - \frac{\widetilde{v_C}}{R_e} - \widetilde{i_S}$$

式中，$\widetilde{i_S} = -\dfrac{v_{Ce}}{R_e^2} \cdot \widetilde{R}$是由于负载变动$\widetilde{R}$，负载电流的变化量。电流参考$i_L^*$作为控制输入，$v_C$作为输出，外环由传递函数描述为

$$H_{vi_L}(s) = \frac{\widetilde{v_C}(s)}{\widetilde{i_L^*}(s)} = \frac{kR_e}{CR_e s + 1} \tag{8.12}$$

这一外环被控对象描述了电容电压响应电感电流参考的等效动态。应用于主回路设计，跟踪特定参考v_C^*时的动态比内环的动态要慢得多（至少5倍）。

图 8.7 给出级联控制结构。该模型描述变换器的平均行为。$H_{CV}(s)$和$H_{CI}(s)$分别表示电压和电流控制器的传递函数，它们是针对具体控制问题来进行设计的。

分别结合外环和内环模型的传递函数［前面的例子中式（8.11）和式（8.12）］，并在某些时域或频域闭环要求下，计算得到控制器的传递函数。注意外环控制器的输出作为参考由内环来跟踪。预滤波器的作用是消除内环的零点。

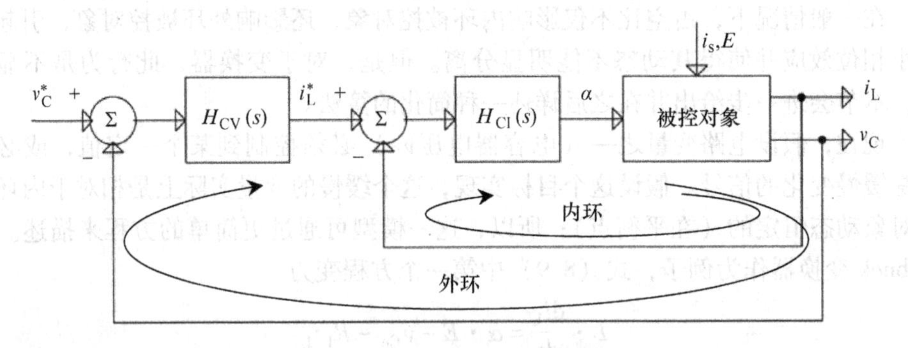

图 8.7 用于电压控制的级联控制结构

注意，式（8.12）中，增益和时间常数之比不受工作点变化的影响。外环 PI 控制器的传递函数为$H_{CV}(s) = K_p(1+1/(T_i s))$，使得外环闭环传递函数为

$$H_0(s) = \frac{T_i s + 1}{\frac{T_i T_V}{K_p K_V} s^2 + T_i\left(1 + \frac{1}{K_p K_V}\right)s + 1}$$

式中，$K_V = kR_e$；$T_V = CR_e$［见式（8.12）］。事实上，s^2的系数决定系统带宽，其不受R_e的影响。相反的，阻尼系数取决于工作点，但可以通过选择较大的K_p削弱其变化。这些结论都相当普遍，也就是说，它们适用于任何具有两个状态变量的电力电子变换器。

总结上述讨论：对于具有两个状态变量的变换器，用于设计内环和外环控制器的准通用算法具有固定的流程。为了方便表示，v_1记为内环控制变量，v_2记为外环控制变量。

算法 8.2 当动态分离可实现时级联回路控制结构的设计

#1 写出变换器平均大信号模型，并强调要控制的变量（主控制目标），即外环控制变量v_1，另一个是内环控制变量v_2。

#2 考虑变量v_2是恒定的，重写描述变量v_1动态的方程。

#3 线性化该方程并获得开环传递函数，占空比作为输入，v_1作为输出。

#4 分析传递函数参数，强调内环被控对象增益和主导时间常数。调整内环静态和动态性能——通常是其带宽必须相对于开环带宽显著增大。

#5 通过选择符合先前应用要求的控制器来设计控制内环。

#6 外环的设计考虑v_1具有无限的带宽；在数学上表示为置零内环方程v_1的导数。写出代数方程将占空比作为变量v_2的函数。

#7 在表示v_2动态的外环方程中，用先前获得的代数关系替换占空比，获得变量v_2的等效动态。

#8 线性化外环变量方程；提取从内环变量参考到v_2的传递函数。

#9 通过强调外环被控对象增益和主导时间常数来分析所获得的动态。调整外环静态和动态性能，从而同时满足两个条件：第一，涉及稳态误差和动态响应，原来的主控制目标必须要完成；第二，外环应至少比内环慢 5 倍。

备注：在双态变换器中，内环和外环被控对象最终等效为一阶滤波器。该控制器是比例或比例 - 积分控制器（若需要零稳态误差）。它们的参数由确定闭环传递函数的参数得到，其对应于所设定的动态性能要求。还要注意的是，一开始就可以将目标定为确保外环具有更慢的响应速度，即在初始电路调节阶段选择大容量的电容器（考虑变换器容量）。

此算法也适用于升压变换器，在高频段具有右半平面零点。

8.3.2 双向 DC - DC 变换器示例

考虑图 8.8 中的同步变换器，通过直流母线驱动电动机。通过电动机驱动运行，电流可从直流母线流出或注入。运行过程中需要通过调节直流电压为固定值，以确保主电源 E 和电动机驱动（负载）之间的功率平衡。

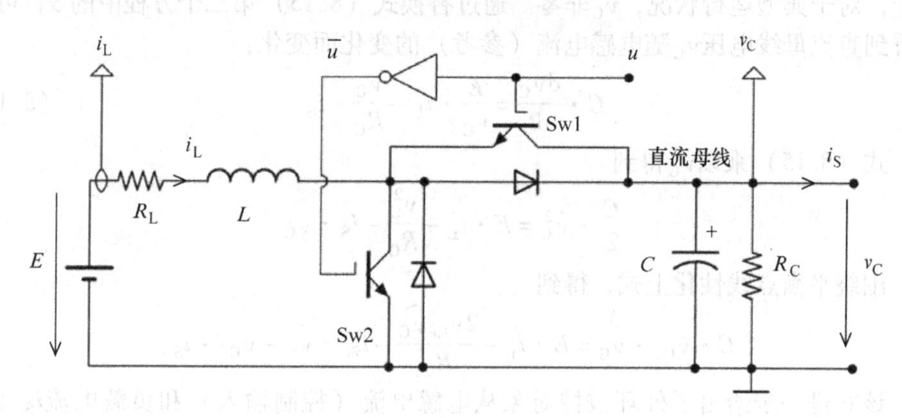

图 8.8　两象限 DC - DC 变换器，$E < v_C$

注意，功率开关的控制是互补的，分别用 u 和 $\bar{u}$ 表示。并且变换器总是工作在电流连续导通模式（CCM），允许电流双向的流通。平均模型由下式给出：

$$\begin{cases} L\dfrac{\mathrm{d}i_L}{\mathrm{d}t} = E - \alpha \cdot v_C - R_L \cdot i_L \\ C\dfrac{\mathrm{d}v_C}{\mathrm{d}t} = \alpha \cdot i_L - \dfrac{v_C}{R_C} - i_S \end{cases} \tag{8.13}$$

式中，$\alpha = \langle u\rangle_0$，$\langle \bar{u}\rangle_0 = 1-\alpha$。

现在，假设直流母线电压v_C比电感电流i_L变化慢得多；而且，如果实现整体控制目标，直流母线电压v_C几乎保持不变。所以外环受控变量是v_C，内环受控变量是i_L。因此，围绕静态工作点（E 为常数），通过线性化式（8.13）的第一个方程可以得到

$$L\dot{\widetilde{i_L}} = -v_{Ce}\cdot\widetilde{\alpha} - R_L\cdot\widetilde{i_L}$$

直接计算电感电流随着占空比变化（内环）的传递函数

$$H_{i\alpha}(s) = \frac{\widetilde{i_L}(s)}{\widetilde{\alpha}(s)} = \frac{K_C}{T_C s+1} \tag{8.14}$$

式中，$K_C = -v_C^*/R_L$和$T_C = L/R_L$。

如果考虑到$v_{Ce}\equiv v_C^*$（满足主控制目标），则内环被控对象不随工作点变化。

此外，考虑内环模型的 PI 控制，使得电感电流跟踪其参考i_L^*。并且，考虑外环时认为内环带宽足够大，使得电感电流变化比直流母线电压（$i_L\equiv i_L^*$）快得多。通过归零其导数和忽略损耗，式（8.13）的第一个方程变为$L\cdot \mathrm{d}\,i_L/\mathrm{d}t = E-\alpha\cdot v_C = 0$，从而得到

$$\alpha = \frac{E}{v_C}$$

式中，对于典型运行状况，v_C非零。通过替换式（8.13）第二个方程中的α，可清楚看到直流母线电压v_C随电感电流（参考）的变化而变化：

$$C\cdot\frac{\mathrm{d}v_C}{\mathrm{d}t} = \frac{E}{v_C}\cdot i_L - \frac{v_C}{R_C} - i_S \tag{8.15}$$

式（8.15）乘以v_C得到

$$\frac{C}{2}\cdot\dot{v}_C^2 = E\cdot i_L - \frac{v_C^2}{R_C} - i_S\cdot v_C$$

围绕平衡点线性化上式，得到

$$C\cdot v_{Ce}\cdot\dot{\widetilde{v_C}} = E\cdot\widetilde{i_L} - \frac{2v_{Ce}\widetilde{v_C}}{R_C} - i_{Se}\cdot\widetilde{v_C} - v_{Ce}\cdot\widetilde{i_S}$$

该式进一步给出了外环被控对象从电感电流（控制输入）和负载电流i_S（扰动）到输出电压的传递函数

$$\widetilde{v_C} = \frac{E}{Cv_{Ce}s + \dfrac{2v_{Ce}}{R_C} + i_{Se}}\widetilde{i_L} - \frac{v_{Ce}}{Cv_{Ce}s + \dfrac{2v_{Ce}}{R_C} + i_{Se}}\widetilde{i_S}$$

注意出于效率的考虑，在正常工作点，电阻R_C要比v_C^*/i_{Se}大得多（通常是几十千欧的），因此可以很容易忽略$2\,v_{Ce}/R_C$项，得到

$$\widetilde{v_C} = \frac{E}{i_{Se}}\cdot\frac{1}{\dfrac{Cv_{Cs}}{i_{Se}}s+1}\cdot\widetilde{i_L} - \frac{v_{Ce}}{i_{Se}}\cdot\frac{1}{\dfrac{Cv_{Ce}}{i_{Se}}s+1}\cdot\widetilde{i_S} \tag{8.16}$$

根据初始电源的性质，如果必要的话，也可以考虑电源电压 E 变化的影响，此时，在式（8.16）中会出现右平面补充项。

图 8.9 是式（8.16）的图形表示。外环被控对象从电感电流到直流母线电压的通道以一阶传递函数描述：

$$H_{\mathrm{vil}}(s)=\frac{\widetilde{v_{\mathrm{C}}}(s)}{\widetilde{i_{\mathrm{L}}}(s)}=\frac{K_{\mathrm{V}}}{T_{\mathrm{V}}s+1} \tag{8.17}$$

式中，$K_{\mathrm{V}}=E/i_{\mathrm{Se}}$；$T_{\mathrm{V}}=C\,v_{\mathrm{C}}^{*}/i_{\mathrm{Se}}$。注意外环被控对象取决于稳态工作点（$i_{\mathrm{Se}}$）。

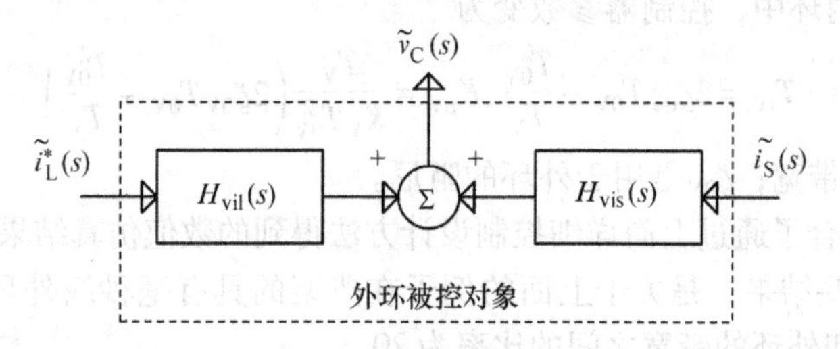

图 8.9　外环被控对象结构；H_{vis}（s）是传递函数乘以式（8.16）中的负载电流变化量i_{S}

因为内环和外环被控对象是一阶的，所以 PI 控制器可以有效地控制带宽并确保零稳态误差。

通过选择电流控制器为

$$H_{\mathrm{RC}}(s)=K_{\mathrm{pC}}\cdot\left(1+\frac{1}{T_{\mathrm{iC}}s}\right)$$

内部控制环路的闭环传递函数（见图 8.7）变为

$$H_{0\mathrm{C}}(s)=\frac{T_{\mathrm{iC}}s+1}{\dfrac{T_{\mathrm{iC}}T_{\mathrm{C}}}{K_{\mathrm{pC}}K_{\mathrm{C}}}s^{2}+T_{\mathrm{iC}}\left(1+\dfrac{1}{K_{\mathrm{pC}}K_{\mathrm{C}}}\right)s+1} \tag{8.18}$$

通过研究式（8.14）和式（8.16），比较内外环被控对象两个开环回路的时间常数。然后必须选择闭环时间常数，使得内环比外环快至少 5 倍（也取决于内外环被控对象的增益）。假设内环动态性能由带宽 $1/T_{0\mathrm{C}}$ 和实用阻尼系数$\zeta_{0\mathrm{C}}$描述（例如，0.7）。式（8.18）可以判定满足所需性能的控制器参数：

$$T_{\mathrm{iC}}=2\zeta_{0\mathrm{C}}T_{0\mathrm{C}}-\frac{T_{0\mathrm{C}}^{2}}{T_{\mathrm{C}}},K_{\mathrm{pC}}=\frac{T_{\mathrm{C}}}{K_{\mathrm{C}}T_{0\mathrm{C}}^{2}}\left(2\zeta_{0\mathrm{C}}T_{0\mathrm{C}}-\frac{T_{0\mathrm{C}}^{2}}{T_{\mathrm{C}}}\right) \tag{8.19}$$

图 8.7 中的一阶预滤波器具有单位增益，时间常数等于T_{iC}，作用是抵消内环闭环零点［见式（8.18）］。

备注：根据不同的应用，可以考虑一个比例控制器，用于驱动内环。在这种情况下，内环闭环传递函数为

$$H_{0\mathrm{C}}(s)=\frac{1}{\dfrac{T_{\mathrm{C}}}{1+K_{\mathrm{pC}}K_{\mathrm{C}}}s+1}$$

控制器增益的结果是

$$K_{pC}=\frac{T_C-T_{0C}}{T_{0C}K_C}$$

外环使用 PI 控制器能够实现主控制目标，并获得相对于内环合适的慢动态。该控制器的传递函数是

$$H_{RV}(s)=K_{pV}\cdot\left(1+\frac{1}{T_{iV}s}\right)$$

同样如在内环中，控制器参数变为

$$T_{iV}=2\zeta_{0V}T_{0V}-\frac{T_{0V}^2}{T_V},K_{pV}=\frac{T_V}{K_VT_{0V}^2}\left(2\zeta_{0V}T_{0V}-\frac{T_{0V}^2}{T_V}\right) \tag{8.20}$$

式中，$1/T_{0V}$是带宽；ζ_{0V}是用于外环的阻尼。

图 8.10 综合了通过上面详细控制设计方法得到的数值仿真结果。图 8.11 和图 8.12 给出了一些结果，是关于上面的例子在典型的具有毫秒级外环变换器中的应用。选择内环和外环的带宽之间的比率为 20。

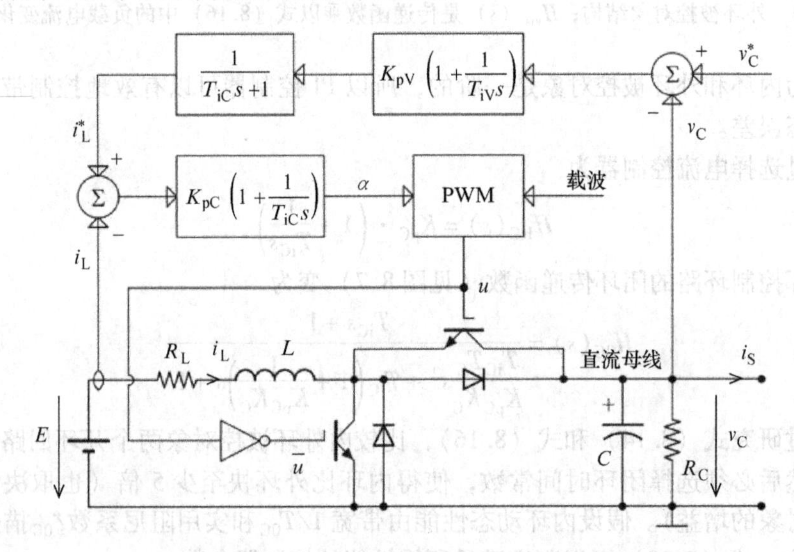

图 8.10　双向 DC－DC 变换器的双环级联控制结构

8.3.3　带有非最小相位行为的 DC－DC 变换器双环级联控制结构

具有 boost 能力的 DC－DC 变换器表现出非最小相位行为，这可以通过特定的工作点处从占空比到输出电压传递函数的一个右半平面零点识别，非最小相位行为取决于这一点。在这种情况下，经典控制设计程序用于双环结构（通常不是为了减轻这个零点的影响），可能会遇到一些难题，尤其是碰巧出现这两个闭环内的动态不是明显分离的。例如，存在于电压外环右半平面的零点对应的时间常数接近内

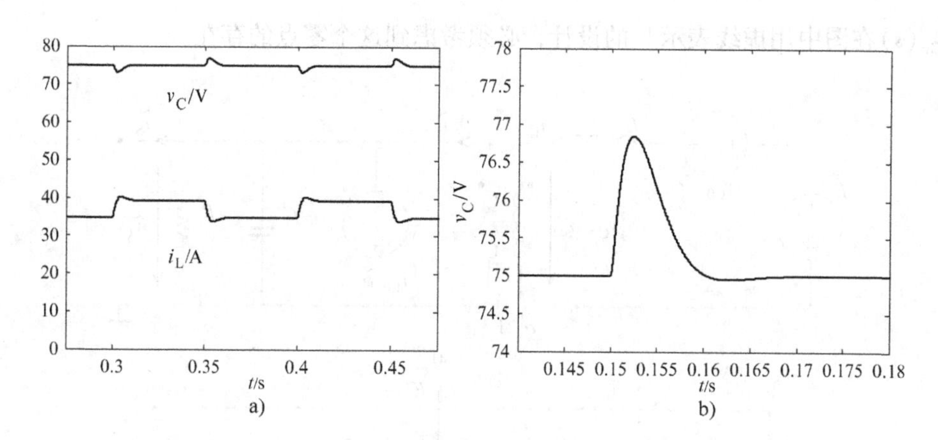

图 8.11　两象限 DC - DC 变换器双环控制：a）电压和电流对负载电流单位阶跃的响应，$\zeta_{0V}=0.85$，$T_{0V}=2.5\text{ms}$；b）电压响应的细节（围绕平衡工作点负载电流负单位阶跃）

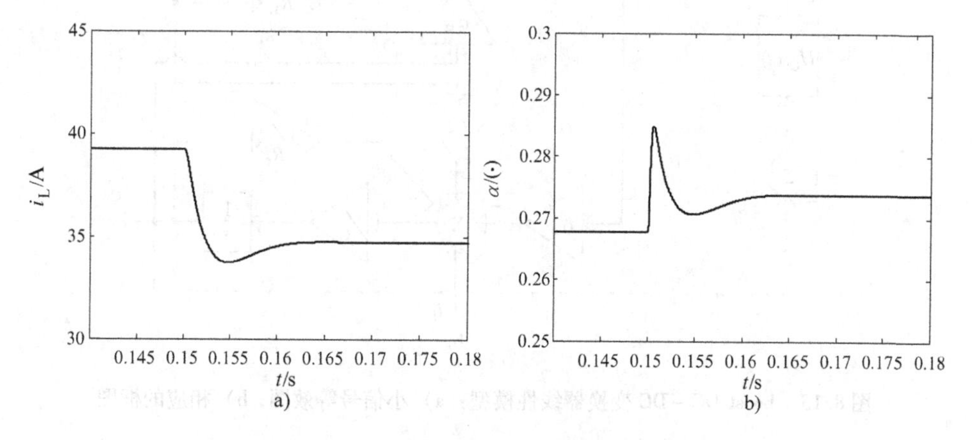

图 8.12　两象限 DC - DC 变换器双环控制：a）电流响应细节；b）占空比变化详情（围绕平衡工作点负载电流负单位阶跃）

环的时间常数。对于这种变换器，算法 8.2 提供的基于双环结构的平均电流模型控制的步骤，必须进行一些调整。

图 8.13 给出 boost DC - DC 变换器的情况，其中重点强调围绕给定工作点，从占空比 α 作为输入到两个状态变量（电感电流i_L和电容电压v_C）的通道的影响；L和R_L表征电感，C 是电容的容量。图 8.13a 表示了电路的小信号等效图（重复第 4 章图 4.9），其中$\alpha'=1-\alpha$，图 8.13b 是第 4 章式（4.33）框图表示。下标 e 表示在所考虑工作点处的值，$\widetilde{E}$是电源电压扰动量，$\widetilde{i_S}$为此点附近的负载电流扰动量。

如图 8.13 中框图所示，在电流 i_L变化（其来自内环）之前，占空比的变化被传送到外环。这意味着，高频中右半平面零点的作用越重要，两个嵌套闭环内动态分离变得越不明显。因此，两个嵌套控制回路［电流控制器$H_{Ci}(s)$和电压控制器

$H_{Cv}(s)$在图中用虚线表示］的设计，必须考虑到这个零点的存在。

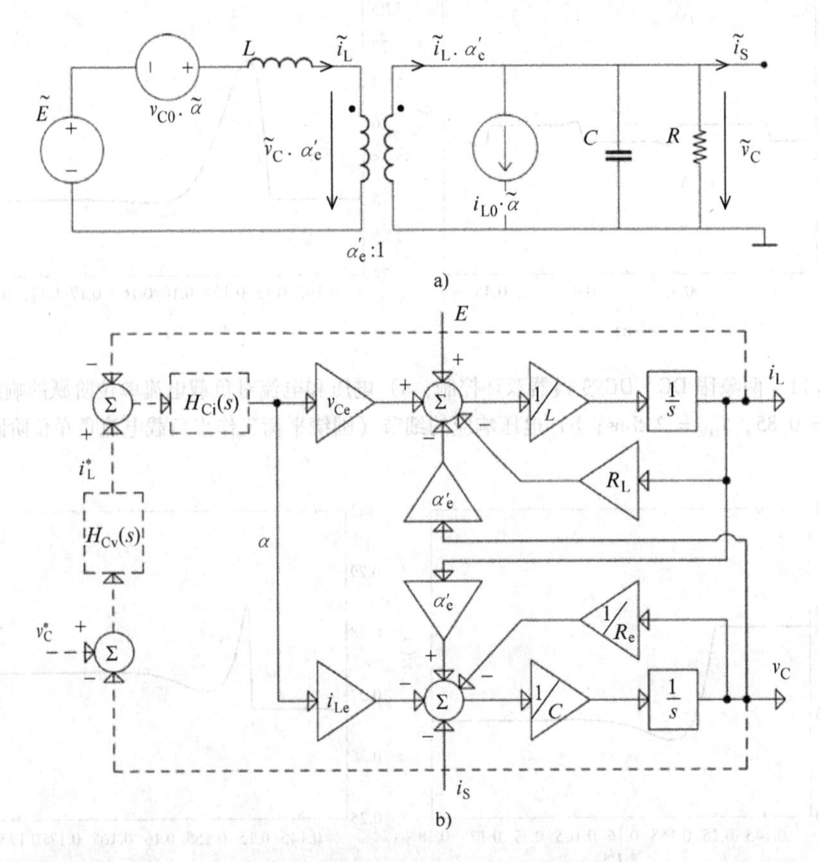

图 8.13　boost DC－DC 变换器线性模型：a）小信号等效图；b）相应的框图

图 8.14 用更适合控制设计的一种形式重复给出图 8.13 的信息。保持相同的表示方法，需要研究的传递函数写成

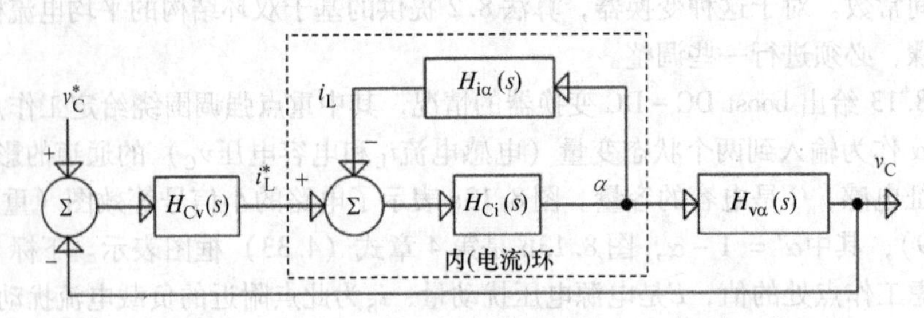

图 8.14　二阶 DC－DC 变换器通用双环控制结构

$$
\begin{cases}
H_{i\alpha}(s)=\dfrac{I_L(s)}{\alpha(s)}=\dfrac{\alpha'_e i_{Le}+v_{Ce}/R_e}{R_L/R_e+\alpha_e'^2}\cdot\dfrac{Cv_{Ce}/(\alpha'_e i_{Le}+v_{Ce}/R_e)\cdot s+1}{\dfrac{LC}{R_L/R_e+\alpha_e'^2}\cdot s^2+\dfrac{L/R_e+R_LC}{R_L/R_e+\alpha_e'^2}\cdot s+1}\\
H_{v\alpha}(s)=\dfrac{V_C(s)}{\alpha(s)}=\dfrac{\alpha'_e v_{Ce}-i_{Le}/R_L}{R_L/R_e+\alpha_e'^2}\cdot\dfrac{-L/(\alpha'_e v_{Ce}/i_{Le}-R_L)\cdot s+1}{\dfrac{LC}{R_L/R_e+\alpha_e'^2}\cdot s^2+\dfrac{L/R_e+R_LC}{R_L/R_e+\alpha_e'^2}\cdot s+1}
\end{cases}
\tag{8.21}
$$

式（8.21）中$H_{v\alpha}(s)$实际表示了在输出电压的线性动态中右半平面零点不可避免地存在，对应于取决于工作点的时间常数$L/(\alpha'_e v_{Ce}/i_{Le}-R_L)$。当电流$i_{Le}$较大（重载的情况下）时，它的贡献更大。此外，不能借助于控制行为移动该右半平面零点。如果放置零点在内环带宽附近，它会阻止两个嵌套循环动态的明显分离，这是控制设计一个基本假设。如果这个假设不再成立，那么也不能保证控制器的性能。

图 8.15 对比给出使用双环控制结构输出电压调节的情况，右半平面零点的影响在第一种情况下更加明显（相比第二种情况），即对于电压基准v_C^*相同的阶跃变化，重载时影响更大[⊖]。

将同一组理想的性能特点（相同带宽和相同阻尼系数）配置到外环中，并且控制器使用 8.3.1 节算法 8.2（其不考虑右半平面零点的存在）计算，图 8.15 中量值随时间的变化确认了由式（8.21）和图 8.14 中模型预测的行为。

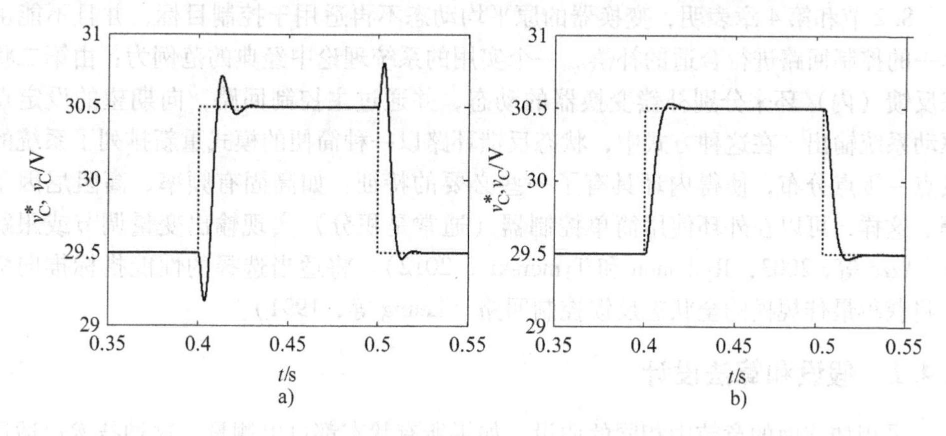

图 8.15 boost DC-DC 变换器的闭环行为：a）重载的情况；b）轻载的情况

可以注意到，在第二种情况下，所期望的性能（阻尼系数 0.8）得到满足，在第一种情况下性能改变是由于在高频段显示出的非最小相位行为。后一种情况对应于可分离动态假设没有得到满足的情况；其结果是，无法实现所需外部控制回路的

⊖ 英文原文此处为轻载影响更大，但对比图 8.15，应为重载。——译者注

动态性能。

在一般情况下，对于二阶 DC - DC 变换器，可以提出算法 8.2 的修改版本，包括处理非最小相位行为，总结在算法 8.3 中，如下所示。

算法 8.3 一般情况下级联控制结构的设计

#1 通过写出从占空比到两个状态变量的传递函数，得到变换器的线性化小信号模型。

#2 通过选择适当的控制器和配置内环闭环极点，设计内环电流控制。为此，根轨迹方法是一种有效的工具。

#3 使用电压传递函数和内环传递函数，表述外环被控对象传递函数，如图 8.14 所示。

#4 选择合适的控制器实现规定的全局控制目标。考虑与内环动态关系，调整外环的动态性能（带宽和过冲）。

#5 使用根轨迹方法建立主导极点的位置（外环带宽）。例如，如果选择 PI 控制器，那么需要根轨迹通过由带宽和过冲所决定的极点。这种方式下，左半平面零点的位置提供了相应的控制器积分增益，还有控制器的比例增益（Ceangă 等，2001）。

8.4 通过极点配置调整系统动态的变换器控制方法

8.2 节和第 4 章表明，变换器的原平均动态不再适用于控制目标，并且不能由单一的控制回路进行合适的补偿。一个实用的系统理论中经典的范例为：由第二状态反馈（内）环来分别补偿变换器的动态，并通过主控制回路，向期望的设定点驱动系统输出。在这种方式中，状态反馈环路以一种简便的模式重新排列了系统的极点 - 零点分布，使得内环具有了一些必要的特征：如高固有频率、高阻尼因子等。这样，可以在外环使用简单控制器（通常是积分）实现输出变量调节或跟踪（d'Azzo 等，2003；Rytkonen 和 Tymerski ，2012）。将适当选择的性能指标推向极致将获得最佳规模的全状态反馈控制回路（Leung 等，1991）。

8.4.1 假设和算法设计

采用如前面的章节中相同的假设。如果所有状态都可以测量，这种技术也适用于高阶变换器。如果希望估计某些状态，借此减少传感器数量（降低整体电路成本，但其时域响应产生不利影响），则可以使用状态重构器（观测器）。

对于高度欠阻尼设备使用积分控制，确保在合理的时间内零稳态误差，会对系统稳定性产生不利影响。这可以很容易地通过根轨迹法来表明（d'Azzo 等，2003）。因此，更好的选择是通过极点配置技术引入一些更实用的动态（Sobel 等，2011）。通过这种方式，由全状态反馈增益引入期望的极点，如图 8.16 所示。为了进一步简化设计，在这个单元中应用一对复共轭极点是很有用的。

如前所述，并如图 8.16 所示，如果积分器带有高积分增益，并且与具有所需二阶主动态的被控对象相结合，校准任务可以进一步有效地实现。三阶闭环动态随后可由根轨迹方法进行调整，其适用于被控对象具有共轭复数极点主动态，随着积分增益K_i的变化，选择实用的闭环极点配置。可以注意到，考虑到控制规则中的单自由度，要实现最后的设计步骤，必须确定闭环带宽或所期望的闭环过冲（这取决于当增益K_i变化时根轨迹的形状）。

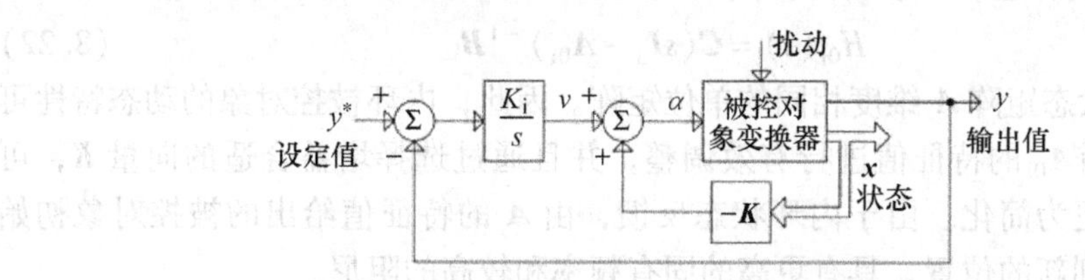

图 8.16　使用基于状态反馈内环的输出校准结构

例如，如图 8.17 所示，通过设计可以实现最大的带宽，但保持过冲值与在状态反馈所实现的相同。图 8.17 给出了阻尼系数基本不变的条件下，K_i在相当大的范围内变化时的根轨迹，同时也标出了K_i的限值K_i^*。如果增加K_i超出K_i^*限制，阻尼减小；同时，复共轭极点的自然频率（确定主动态或带宽）降低。最后，K_i^*的取值应与闭环动态性能的两个要求适当权衡。

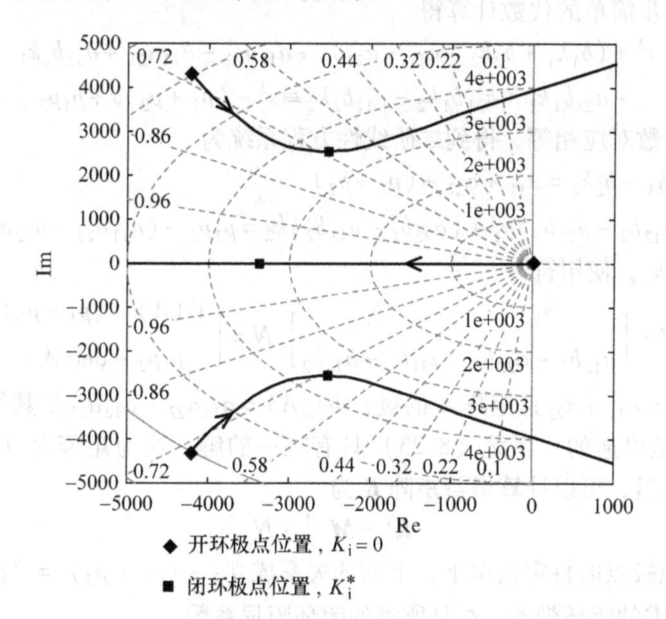

图 8.17　图 8.16 控制结构中随增益K_i变化的闭环极点根轨迹实例

现在，假设原被控对象（变换器）由平均化线性模型描述：

$$\begin{cases}\dot{\boldsymbol{x}}=\boldsymbol{A}\cdot\boldsymbol{x}+\boldsymbol{B}\cdot\alpha\\ y=\boldsymbol{C}\cdot\boldsymbol{x}\end{cases}$$

式中，状态变量包括可测量的电流和电压；α 是占空比。

通过状态矩阵$\boldsymbol{A}_{0\mathrm{i}}=\boldsymbol{A}-\boldsymbol{B}\cdot\boldsymbol{K}$，输入矩阵 $\boldsymbol{B}$ 和输出矩阵 $\boldsymbol{C}$ 描述的内环被控对象，具有变量 v 作为输入，变量 y 作为输出，向量 $\boldsymbol{x}$ 作为状态。为闭环状态矩阵 $\boldsymbol{A}_{0\mathrm{i}}$配置期望的特征值，并获得必要的反馈增益 $\boldsymbol{K}$。可以得到相关传递函数

$$H_{0\mathrm{i}}(s)=\boldsymbol{C}(s\boldsymbol{I}_{\mathrm{n}}-\boldsymbol{A}_{0\mathrm{i}})^{-1}\boldsymbol{B} \tag{8.22}$$

式中，$\boldsymbol{I}_{\mathrm{n}}$是与状态矩阵 $\boldsymbol{A}$ 维度相同的单位矩阵。因此，内环被控对象的动态特性可以通过配置矩阵$\boldsymbol{A}_{0\mathrm{i}}$的特征值进行有效调整，并且通过选择增益合适的向量 $\boldsymbol{K}$，可以使调整过程更为简化。由于内环状态反馈，由 $\boldsymbol{A}$ 的特征值给出的被控对象初始极点，被移动到新的位置，具有更高的固有频率和较高的阻尼。

在双状态变换器的情况下，有一个相当简单的方式解析计算增益 $\boldsymbol{K}=[k_1\quad k_2]^{\mathrm{T}}$，即确保闭环极点按照所指定的向量 $\boldsymbol{P}=[p_1\quad p_2]^{\mathrm{T}}$ 配置。设 $\boldsymbol{A}=\begin{bmatrix}a_{11} & a_{12}\\ a_{21} & a_{22}\end{bmatrix}$和 $\boldsymbol{B}=\begin{bmatrix}b_1\\ b_2\end{bmatrix}$分别对应状态和输入矩阵。通过调整闭环反馈增益为 $\boldsymbol{K}$ 的系统的极点与向量 $\boldsymbol{P}$ 相同，可以得到

$$\det(s\boldsymbol{I}_2-\boldsymbol{A}+\boldsymbol{B}\cdot\boldsymbol{K})\equiv(s-p_1)(s-p_2)$$

通过进一步简单的代数计算得

$$\begin{aligned}&s^2+(b_1k_1+b_2k_2-a_{11}-a_{22})s+a_{11}a_{22}-a_{12}a_{21}+a_{12}b_2k_1\\&-a_{22}b_1k_1+a_{21}b_1k_2-a_{11}b_2k_2\equiv s^2-(p_1+p_2)s+p_1p_2\end{aligned}$$

多项式系数对应相等，得到二阶线性方程系统为

$$\begin{cases}b_1k_1+b_2k_2=a_{11}+a_{22}-(p_1+p_2)\\ (a_{12}b_2-a_{22}b_1)k_1+(a_{22}b_1-a_{11}b_2)k_2=p_1p_2-(a_{11}a_{22}-a_{12}a_{21})\end{cases} \tag{8.23}$$

需要解出k_1和k_2，使用符号

$$\boldsymbol{M}=\begin{bmatrix}b_1 & b_2\\ a_{12}b_2-a_{22}b_1 & a_{21}b_1-a_{11}b_2\end{bmatrix},\boldsymbol{N}=\begin{bmatrix}\mathrm{Tr}(\boldsymbol{A})-(p_1+p_2)\\ p_1p_2-\det(\boldsymbol{A})\end{bmatrix} \tag{8.24}$$

式中，$\mathrm{Tr}(\boldsymbol{A})=a_{11}+a_{22}$是矩阵 $\boldsymbol{A}$ 的迹；$\det(\boldsymbol{A})=a_{11}a_{22}-a_{12}a_{21}$是其行列式；当且仅当矩阵 $\boldsymbol{M}$ 是可逆的，系统（8.23）具有唯一的解，这与矩阵对（$\boldsymbol{A}$，$\boldsymbol{B}$）的可控性等价。然后，可以计算增益矩阵 $\boldsymbol{K}$ 为

$$\boldsymbol{K}^{\mathrm{T}}=\boldsymbol{M}^{-1}\cdot\boldsymbol{N} \tag{8.25}$$

在复共轭极点的特定情况下，下面的关系成立：$-(p_1+p_2)=2\zeta_0\omega_{n0}$，$p_1p_2=\omega_{n0}^2$，$\omega_{n0}$ 是所需的闭环带宽，ζ_0是所需的闭环阻尼系数。

在高阶变换器情况下，问题的解决依赖于是否可以对矩阵 $\boldsymbol{M}$ 求逆。解决这个问题的计算机辅助设计（CAD）程序在专用软件内是可用的（例如，MATLAB® 函

数 acker)。

算法 8.4　使用中间状态反馈和积分控制的输出电压调整控制设计

#1 选择工作点，完成控制设计（例如，对应于满载）。获取变换器平均线性化模型并绘制零极点图。

#2 选择新极点序列（方便起见，可配置在相对于开环系统更高的固有频率和更高的阻尼处）。

#3 通过闭环状态反馈获取增益向量，确保新的极点映射。这可以通过分析或通过使用专用的计算机辅助设计软件（例如，MATLAB® 函数 acker）计算。

#4 绘制开环传递函数的根轨迹。选择补偿器积分增益K_{i}，使得闭环带宽是期望值并且被控对象有合适的阻尼。

#5 如果找不到解决办法，更换新的极点序列（例如，其相关的阻尼）并重复#3。

#6 如果找到很好的解决方案，验证增益K_{i}是否对于任何工作点都能给出好的结果。

接着，根据式（8.22），实现合适的内环动态并且计算闭环传递函数$H_{0\mathrm{i}}(s)$后，可处理用于外部电压调节的外环。相关的开环传递函数是

$$H_{\mathrm{co}}(s)=\frac{K_{\mathrm{i}}}{s},H_{0\mathrm{i}}(s)$$

目标是选择一个足够高的值用于积分增益K_{i}，以便确保所需的有合适阻尼的闭环带宽。如前所述，这种操作是通过使用根轨迹方法进行的。CAD 解决方案（例如，在 MATLAB® rltool）可能会在进行此操作时有很大的帮助（Mathworks，2012）算法 8.4 综合了内环状态反馈控制回路设计的各个方面。

8.4.2　buck 变换器示例

提出如图 8.16 中给出的控制结构图。电感电流和电容（输出）电压是可测量的状态变量（见图 2.10）。

控制设计开始于 buck 变换器的平均模型［见第 4 章和式（8.9)］，必须对其进行线性化以获得下列类似式（8.10）的状态空间模型

$$\begin{bmatrix}\dot{\widetilde{i}}_{\mathrm{L}}\\ \dot{\widetilde{v}}_{\mathrm{C}}\end{bmatrix}=A\begin{bmatrix}-\dfrac{R_{\mathrm{L}}}{L} & -\dfrac{1}{C}\\ \dfrac{1}{C} & -\dfrac{1}{CR_{\mathrm{e}}}\end{bmatrix}\boldsymbol{A}\cdot\begin{bmatrix}\widetilde{i}_{\mathrm{L}}\\ \widetilde{v}_{\mathrm{C}}\end{bmatrix}+B\begin{bmatrix}\dfrac{E}{L} & 0\\ 0 & -\dfrac{1}{C}\end{bmatrix}\boldsymbol{B}\cdot\begin{bmatrix}\widetilde{\alpha}\\ \widetilde{i}_{\mathrm{S}}\end{bmatrix} \tag{8.26}$$

从占空比变化量到输出电压变化量的传递函数为

$$H_{\mathrm{v\alpha}}(s)=\frac{\widetilde{v}_{\mathrm{C}}(s)}{\widetilde{\alpha}(s)}=\frac{E}{LCs^2+\dfrac{L}{R_{\mathrm{e}}}s+1} \tag{8.27}$$

图 8.18a 给出原被控对象在 L 和 C 取典型值时的零极点图［见式（8.27）的分母］，以及一个典型的工作点（依据 E 和R_0的值）。显而易见，调整后，内环被控对象$H_{0i}(s)$极点位于频率更高处，而且阻尼更高。

图 8.18b 表示外环被控对象的根轨迹。控制器增益K_i在这个轨迹上建立极点的位置。对于$K_i=0$，回路不是闭环，并且极点位置对应于模型$H_{0i}(s)/s$。对于更大的K_i，极点在轨迹上迁移，实极点的位置（这仍然是占主导地位的一个）对应于更高的带宽，复极点原有的阻尼开始退化。对于足够大的K_i，复极点可能成为主导极点，并且系统可能最终会失去其稳定性（如极点传递到右半平面）。

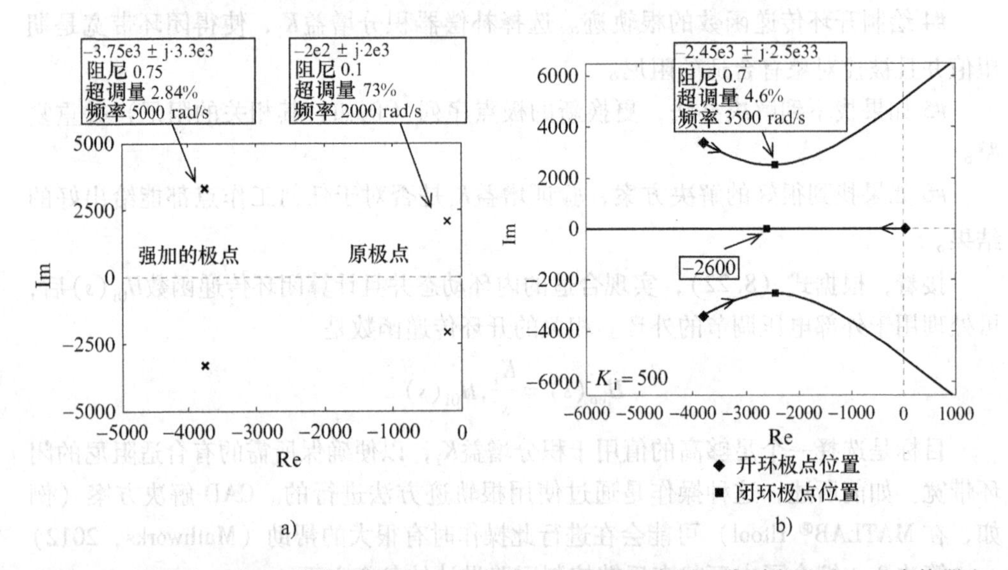

图 8.18　带有内环状态反馈控制的 buck 变换器：a）原零极点图，分别为开环 buck 变换器和内环状态反馈被控对象；b）根轨迹和$K_i=500$时的极点分布

备注：选择控制器增益K_i，以具有实现最大带宽的可能性并有良好的阻尼。显然，内环被控对象极点$H_{0i}(s)$的选择取决于每个变换器本身，从而取决每个根轨迹的形状；例如，如果根轨迹斜率更大，那么要获得外环被控对象相同的闭环带宽可能需要选择的内环被控对象$H_{0i}(s)$阻尼必须更小。

图 8.19 描绘了图 8.18b 中K_i的取值所对应的闭环阶跃响应，用于跟踪和调整模式。注意该暂态响应持续了 2ms，与通过图 8.18b 中阻尼值和带宽预测的结果相同。

备注：在极点配置的第一阶段可以有意地放置所需的闭环极点到很远的地方，以便对应于大的带宽，从而补偿带宽在第二个设计阶段的降低。在后面阶段，因为最后的闭环动态是 3 阶的，占主导地位的动态可能需要实极点，这进一步提供了控制器增益K_i的值。阻尼值也是这样选择的，无法单独进行配置。

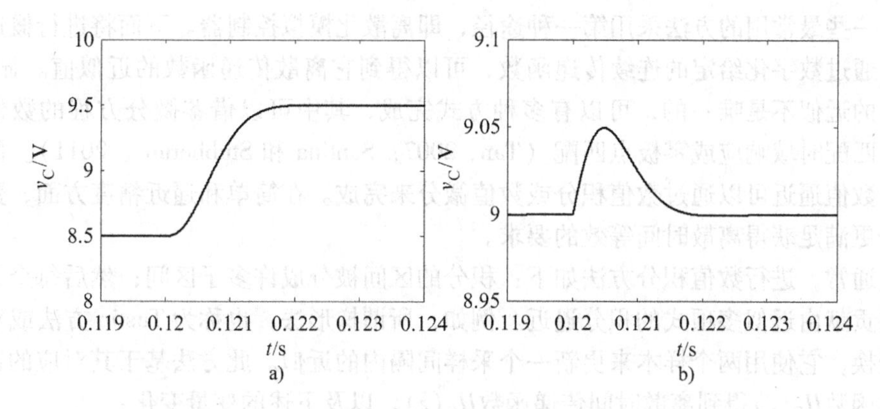

图 8.19　带内环状态反馈控制的 buck 变换器仿真结果——输出电压响应：
a）跟踪（电压参考单位阶跃）；b）调整（负载电阻单位阶跃）

8.5　数字控制问题

数字控制系统是基于数字硬件，通常由可编程数字计算机作为控制器核心。数字控制器进行数值计算，通过外围接口组成的模拟元件与模拟设备进行交互。如今，大多数控制的实现依赖于数字设备，因为其比模拟控制系统有优势，如低成本、低功耗、系统参数的零漂移和高精度。这一趋势也同样存在于电力电子变换器控制领域（Prodić和 Maksimović，2000；Hung 和 Nelms，2002；Peng 和 Maksimovic′，2005；Wen，2007；Arikatla 和 Qahouq，2011）。

数字控制系统内的信号是离散时间信号，它代表在均匀间隔的时刻定义的数字序列。分离这样的时间间隔的是采样时间（或周期），通常由T_s表示。z 变换是数学工具，常用于描述离散时间信号；它扮演着同拉普拉斯变换处理连续系统相同的角色（Santina 和 Stubberud，2011）。以类似的方式，可以通过 z 域传递函数描述离散线性系统传递函数，定义为输入和输出信号变换式之间的比例。众所周知，可以从相应的连续时间信号的拉普拉斯变换开始，变换后获取离散时间信号；这同样适用于连续时间线性系统及其离散信号传递函数。

8.5.1　数字控制方法设计

对连续时间被控对象有两种主要的方法来设计数字控制器。第一种方法（传统方法）从设计被控对象的模拟控制器开始；其对应的数字控制器由离散运算来进一步求得。即使在总体上非常接近原始模拟控制器的行为，可能发生数字控制器执行得没有其对应的模拟控制器好的情况，即使采样周期很小。对于连续时间被控对象得到数字控制器第二种方法是，首先计算被控对象的离散时间等效，然后直接设计数字控制器去控制离散被控对象（Landau 和 Zito，2005）。

一些最常用的方法采用第一种途径，即离散化模拟控制器。下面将进行概述。

通过数字化给定的连续传递函数，可以得到它离散传递函数的近似值。显然，这样的近似不是唯一的，可以有多种方式完成，其中可以借鉴微分方程的数值逼近，匹配时域响应或零极点匹配（Tan，2007；Santina 和 Stubberud ，2011）。微分方程数值逼近可以通过数值积分或数值微分来完成。在简单和逼近精度方面，数值积分更满足获得离散时间等效的要求。

通常，进行数值积分方法如下：积分的区间被分成许多子区间；然后每个子区间的贡献由近似多项式的积分逼近。例如，所谓梯形法，也称为 Tustin 方法或双线性变换，它使用两个样本来更新一个采样间隔内的近似。此方法基于其对应的连续传递函数$H_C(s)$得到离散时间传递函数$H_C(z)$，以及下述的变量变化：

$$H_C(z) = H_C(s)\big|_{s=\frac{2}{T_s}\cdot\frac{z-1}{z+1}} \tag{8.28}$$

式中，T_s是采样周期。常见的做法是，表示离散时间传递函数为采样延迟算子z^{-1}的函数，因为在这种方式下，可以很容易地推导出有限差分方程，它描述了时域中的数字控制器。

注意 Tustin 变换映射 s 平面稳定区域（其左半部分）到 z 平面上单位圆的内部，而 s 平面右半映射到单位圆的外部，s 平面的虚轴到单位圆的边界。以这种方式，在 z 平面上，稳定的充要条件是离散传递函数的极点配置在单位圆内。

当数字滤波器（或控制器）的频率响应ω_d需要接近模拟滤波器的频率响应ω_c时，在许多控制和信号处理应用中需要频率预折叠操作。它们通过下列非线性关系相关联：

$$\omega_c = \frac{2}{T_s}\tan\left(\frac{\omega_d T_s}{2}\right)$$

事实证明，s 平面的整个虚轴映射到 z 平面中一个完整的单位圆。

高阶近似导致更高阶的数字控制器，其更好地跟踪任何输入下模拟控制器的输出。数字控制器通常在采样中配置采样保持输出；因此，近似精度相对采样速率的选择来说不那么重要。在电力电子系统的特定情况下，将采样频率取为与开关频率接近是较好的做法（Peng 和 Maksimović，2005）。

下一步，考虑离散化由传递函数$H_{C_PID}(s) = k_p\left(1+\frac{1}{T_i s}+T_d s\right)$描述的 PID 连续控制器的例子。通过采用 Tustin 方法(8.28)，简单的代数运算得到下面的离散传递函数

$$H_{C\_PID}(z^{-1}) = \frac{k_{1z}+k_{2z}z^{-1}+k_{3z}z^{-2}}{1-z^{-2}} \tag{8.29}$$

式中，$k_{1z}=k_p\left(1+\frac{T_s}{2T_i}+\frac{2T_d}{T_s}\right)$；$k_{2z}=k_p\left(\frac{T_s}{T_i}-\frac{4T_d}{T_s}\right)$；$k_{3z}=k_p\left(1-\frac{T_s}{2T_i}-\frac{2T_d}{T_s}\right)$。在电力变换器控制的特定情况下，分别用 $E(z^{-1})$ 和 $\alpha(z^{-1})$ 表示控制器输入（误差）和输出（占空比 α）的 z 变换，可以写出

$$H_{\mathrm{C\_PID}}(z^{-1})=\frac{\alpha(z^{-1})}{E(z^{-1})}=\frac{k_{1z}+k_{2z}z^{-1}+k_{3z}z^{-2}}{1+z^{-2}}$$

或等价地，有

$$\alpha(z^{-1})=k_{1z}E(z^{-1})+k_{2z}z^{-1}E(z^{-1})+k_{3z}z^{-2}E(z^{-1})+z^{-2}\alpha(z^{-1})$$

考虑z^{-1}表示一个采样延迟运算符，得到该数字控制器的输入输出时域方程

$$\alpha(kT_s)=k_{1z}e(kT_s)+k_{2z}e((k-1)T_s)+k_{3z}e((k-2)T_s)+\alpha((k-2)T_s) \tag{8.30}$$

式（8.30）对应于一个二阶数字滤波器；它表明了电流输出采样 $\alpha(kT_s)$如何分别取决于两步之前的输出采样 $\alpha((k-2)T_s)$，以及现在和前一步的输入采样 $e(kT_s)$、$e((k-1)T_s)$和 $e((k-2)T_s)$。式（8.29）中描述的控制器及式（8.30）中的等效对应于图 8.20 中的框图。

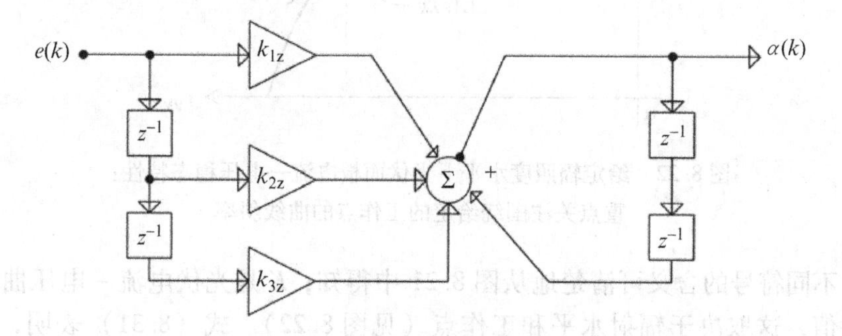

图 8.20　数字 PID 控制器框图

8.5.2　光伏应用中 boost DC - DC 变换器获取数字控制律示例

图 8.21 介绍了借助于 boost DC - DC 电源变换器从光伏（PV）面板提供电力到直流总线的电路图。假设光伏处于并网状态，由另一控制回路保持直流母线电压为常数v_{DC}^{*}，并且必须控制 DC - DC 变换器，以配置光伏面板的工作点。为此，必

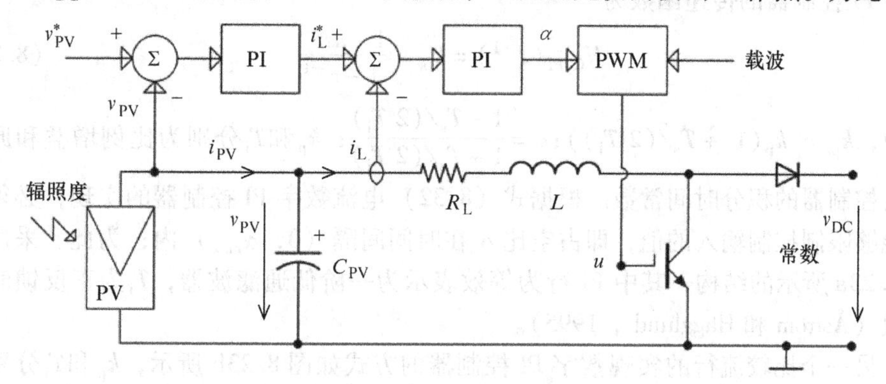

图 8.21　光伏应用中 boost DC - DC 变换器的双环控制结构框图

须控制光伏电压，而这是由 boost 变换器电流控制来实现的。构建双环级联控制结构，电压控制回路作为外环，电流控制回路作为内环，如图 8.21 详细说明。

按照 8.3.1 节提出的算法 8.2 的步骤和 8.3.2 节中例子给出的指导，围绕由一对光伏电流－电压值（如，光伏并网发电对应于最大功率点）所决定的工作点，计算占空比到升压电流的传递函数以及升压电流到光伏电压的传递函数。这些传递函数分别是

$$H_{i_{L\alpha}}(s)=\frac{I_L(s)}{\alpha(s)}=\frac{v_{DC}^*}{Ls+R_L},H_{v_{PV}i_L}(s)=\frac{V_{PV}(s)}{I_L(s)}=\frac{-1}{C_{PV}s+K} \tag{8.31}$$

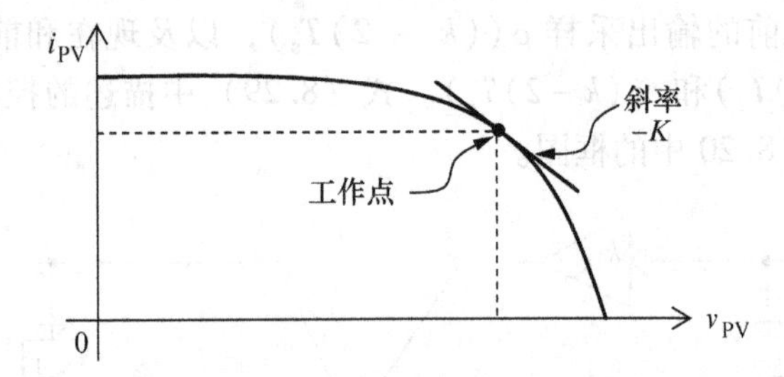

图 8.22　给定辐照度水平下光伏面板电流—电压稳态特性：重点关注围绕给定的工作点的曲线斜率

式中，不同符号的含义可清楚地从图 8.21 中得知；K 是光伏电流－电压曲线斜率的绝对值，这取决于辐射水平和工作点（见图 8.22）。式（8.31）表明，K 变化时，电流被控对象是几乎不变的，电压被控对象是变化的。假设工作点是已知的，例如由电压调节任务得知，即通过施加一定的期望电压，可以基于不同辐照度下的稳态光伏电流－电压特性来估计 K。

对于两个嵌套循环分别计算两个连续的 PI 控制器，假设内环比外环至少快 5 倍，调整系统的性能指标，包含零稳态误差和合适的瞬态（在过冲和稳定时间之间权衡）。为此，采用 8.3 节详述的运算关系。按照上一节中已完成的工作，给出数字 PI 控制器的传递函数为

$$H_{C\_PI}(z^{-1})=k_{pz}\cdot\frac{1-az^{-1}}{1-z^{-1}} \tag{8.32}$$

式中，$k_{pz}=k_p(1+T_s/(2T_i))$；$a=\dfrac{1-T_s/(2T_i)}{1+T_s/(2T_i)}$；$k_p$ 和 T_i 分别为比例增益和原始连续控制器的积分时间常数。根据式（8.32）电流数字 PI 控制器的实现，必须保证能够限制控制输入的值，即占空比 α 在时间间隔（0，α_{max}）内；为此，采用如图 8.23a 所示的结构，其中 PI 行为等效表示为一阶低通滤波器，T_i 为正反馈时间常数（Åström 和 Hägglund，1995）。

另一个比较流行的实现数字 PI 控制器的方式如图 8.23b 所示，k_p 和 T_i 分别作为比例增益和积分时间常数；这里通过前向欧拉法离散积分器的传递函数获得数值

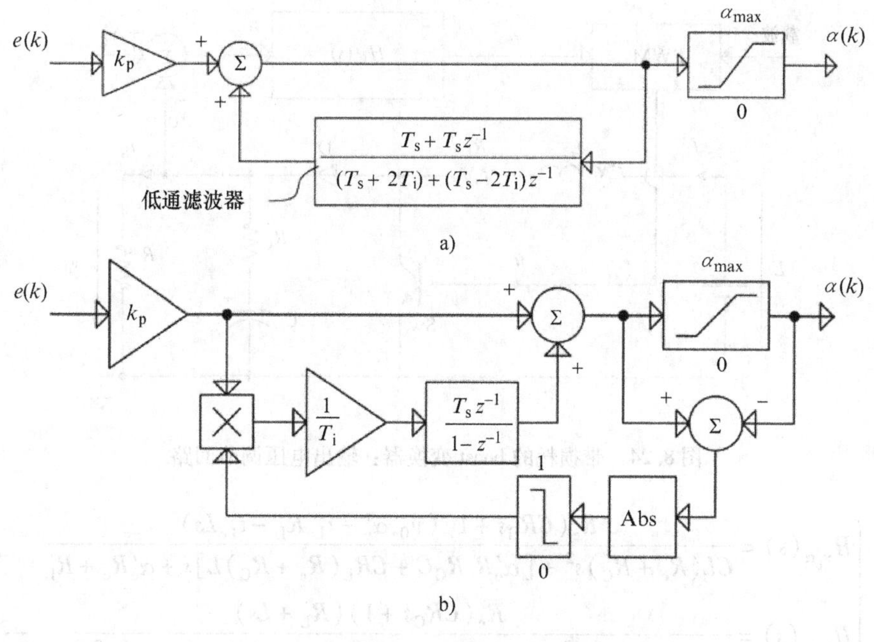

图 8.23　允许限制输出的数字 PI 控制器的实现

模型，即通过用$\frac{T_s z^{-1}}{1-z^{-1}}$替换变量 s 得到。

8.6　案例研究

8.6.1　用超前 - 滞后控制实现的 boost 变换器输出电压直接控制

考虑非理想 boost 功率单元为可变电阻负载供电。额定功率是 60W，输入电压没有显著变化，保持 15V。电感为 $L=0.5\text{mH}$，$R_L=0.1\Omega$；电容 $C=1000\mu\text{F}$，它的等效串联电阻为$R_C=10\text{m}\Omega$。PWM 频率足够高，在绝大多数工作区域，变换器都工作在连续导通模式（CCM）下。目标是设计出输出电压超前滞后控制器，调节电路输出电压在 25 V。

图 8.24 给出电路闭环框图。

系统平均模型和围绕稳态工作点的线性化模型已经在第 4 章 4.3 节的问题中计算。为方便讨论，式（8.33）再次给出了 boost 电路的传递函数（认为输入电压 E 是恒定的）。

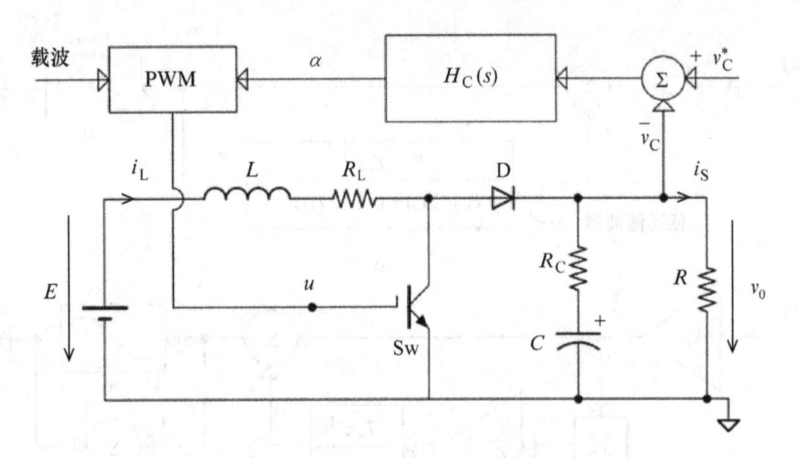

图 8.24 带损耗的 boost 变换器：输出电压调节回路

$$
\begin{cases}
H_{v_0\alpha}(s) = \dfrac{R_e(CR_Cs+1)(v_{0e}\alpha_e' - i_{Le}R_L - i_{Le}Ls)}{CL(R_e+R_C)s^2 + [\alpha_e'R_eR_CC + CR_L(R_e+R_C)L]s + \alpha_e'R_e + R_L} \\
H_{v_0i_S}(s) = \dfrac{R_e(CR_Cs+1)(R_L+Ls)}{CL(R_e+R_C)s^2 + [\alpha_e'R_eR_CC + CR_L(R_e+R_C)+L]s + \alpha_e'^2R_e + R_L}
\end{cases}
\tag{8.33}
$$

图 8.25 给出了线性化模型的结构。

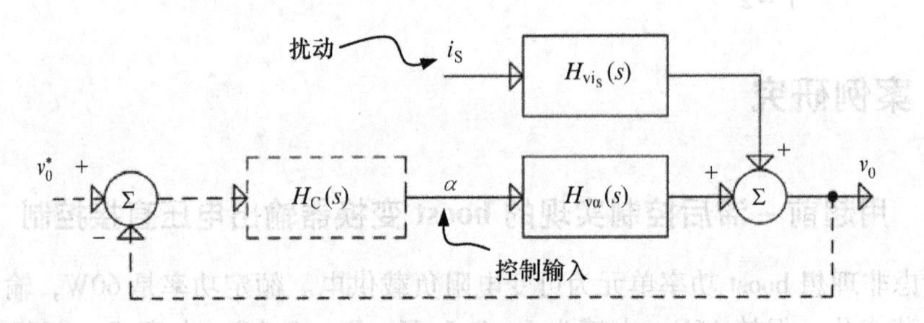

图 8.25 非理想 boost 变换器线性化建模

设计控制策略所在的工作点为对应于满载的点（即 60W）。若控制目标实现，相应工作点的特征为：$E=15\text{V}$，$v_{0e}=25\text{V}$，$\alpha_e=0.4$，$\alpha_e'=1-\alpha_e=0.6$ 和 $R_e=10\Omega$。输出和电感稳态电流为 $i_{Se}=v_{Se}/R_e=2.5\text{A}$，$i_{Le}=i_{Se}/\alpha_e'=4.17\text{A}$。

简要分析系统（8.33）可得极点分布图（即传递函数分母的根）。时间常数

$$
T=\sqrt{\frac{CL(R_e+R_C)}{\alpha_e'^2R_e+R_L}}
\tag{8.34}
$$

阻尼系数为

$$\zeta=\frac{1}{2T}\cdot\frac{\alpha_{e}^{\prime 2}R_{e}R_{C}C+R_{L}(R_{e}+R_{C})C+L}{\alpha_{e}^{\prime 2}R_{e}+R_{L}} \tag{8.35}$$

分别在所选定的工作点进行计算，得到 $T=1.2\text{ms}$，$\zeta=0.18$。

通过分析控制输入通道［式（8.33）的第一个方程］，注意到两个零点的存在。一个位于左半平面，在 $-1/T_2$处，其中$T_2=R_C C$；另一个在右半平面，在$1/T_1$处，其中

$$T_1=\frac{i_{Le}L}{v_{0e}\alpha_{e}^{\prime}-i_{Le}R_L}$$

注意后者的零点会引起非最小相行为，对更重的负载（i_{Le}较大），这变得更加显著（T_1更大）。在选定工作点处可以得到$T_1=0.14\text{ms}$，$T_2=10\mu\text{s}$。注意，在这种情况下，实际上，T_2相关的零点在控制设计中几乎可以被忽略。如果输出电容较大（例如，当使用超级电容），需要考虑零点，因为其效果不能再被忽略。

控制通道直流增益由下式给出：

$$K_1=R_e\frac{v_{0e}\alpha'_{e}-i_{Le}R_L}{\alpha'^{2}_{e}R_e+R_L}$$

对于选定工作点，这一关系给定$K_1=39.4\ \text{V}$。

现在，来分析一下扰动通道。在左半复平面放置两个零点。影响最小的由时间常数$T_2=10\mu\text{s}$ 描述，其他通过$T_3=L/R_L$描述，这里$T_3=5\text{ms}$。扰动通道的直流增益由以下关系给出：

$$K_2=\frac{R_eR_L}{\alpha_{e}^{\prime 2}R_e+R_L}$$

对于所选择的工作点，$K_2=0.27\Omega$。可以很容易注意到，控制通道增益远大于扰动通道增益。显然，这意味着，容易通过控制（调整占空比）对输出电压的扰动进行补偿。

现在，继 8.2 节的结论，可以选择 PI 控制器，其较少影响开环相位特性，并提供了较大的相位裕量。然而，应当假设一个非零稳态输出电压误差。并且，因为阻尼是非常小的，相位特性变化突然朝向 $-180°$。此外，在更高的频率处，因为右半平面零点的存在，相位特性朝 $-270°$变化。这些方面都体现在被控对象的伯德图中，如图 8.26 中虚线所示。因此，超前（导数）成分在控制器中是必要的，用来补偿这些相位滞后，并保持足够的相位裕量。所选择控制器的传递函数是

$$H_C(s)=K_p\frac{T_ds+1}{0.02T_ds+1}$$

其对应于一个比例 - 微分（PD）控制器。广义上，超前补偿可被视为被控对象行为的预测。预测控制器使用内模控制、Smith 预估器等，代表了相同基本原理的其他表述方式（Maciejowsky，2000），它能够抵消被控对象引入的滞后，从而提供较大的闭环带宽和稳定的行为。

通过使用时间常数T_d补偿相位滞后，T_d与主时间常数 T 有关，在本例中$T_d = T/2$。如图 8.26 所示，这允许相当大的频率范围，其中一个相位裕量约为40°。众所周知，闭环时，闭环带宽将被放大 $1+K$ 倍，其中 K 是稳定状态开环的总增益。例如，考虑将被控对象带宽放大8 倍，控制器增益可以通过关系 $1+K_pK_1=8$ 计算，因此可以得到$K_p=7/K_1=0.18$。

给出上述信息，可以绘制选定工作点处的开环伯德图，即传递函数$H_C(s)\cdot H_{v0\alpha}(s)$的伯德图（见图 8.26 实线曲线）。

当然，可以进一步增加控制器增益K_p，但超过一定值，将导致相位裕量不期望的减小。因为主要目标是抑制负载变化，这可能需要分析被控对象扰动作为输入，输出电压作为输出的闭环行为（见图 8.25）。

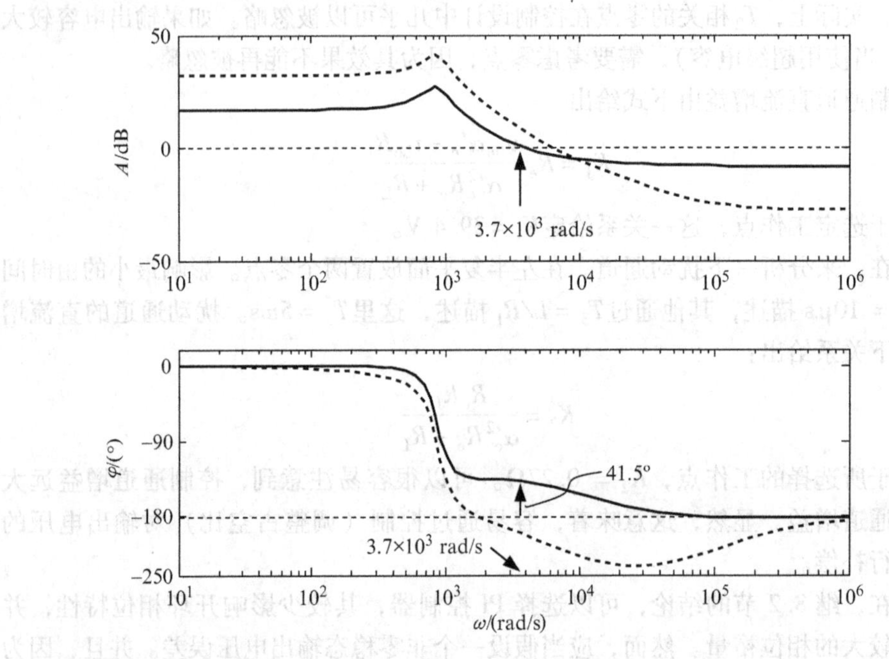

图 8.26　开环伯德图：虚线表示原模型$H_{v\alpha}(s)$，实线表示开环模型$H_C(s)\cdot H_{v\alpha}(s)$

注意关于原被控对象$H_{v_0 i_S}(s)$（由图 8.27 虚线表示），闭环稳态增益（实线）已显著减小，即从 −11dB 至 −29dB。另外，最大增益已经从 +10dB 减少到大约 −10dB，并且最大频率也已移至更高频处。这意味着，即使不为零时，也要使输出电压误差足够小，以满足要求。还要注意闭环阻尼已经显著增加；因此，输出电压发生变化时将不产生振荡。

为了评估该闭环系统的时间行为，在 MATLAB® −Simulink® 中建立了 boost 电路非线性平均模型及其控制。由于非零稳态误差，电压基准必须先固定高于调控目标的值，$v_{0e}=25$V。对于本案例研究，这个值已固定为$v_0^*=27.45$V。输出电压v_e

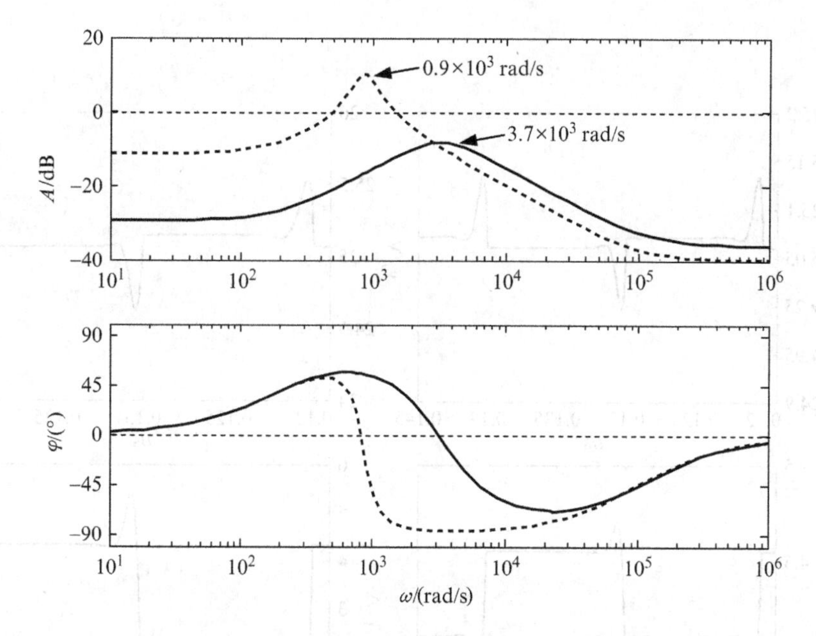

图 8.27　闭环伯德图：虚线表示原被控对象$H_{vi_S}(s)$，实线表示闭环被控对象

将下降到v_{0e}，如以下结果所示，负载变化时，围绕该值的变化将足够小。

图 8.28a 给出了围绕满载工作点，负载电阻单位阶跃时的闭环行为。电压变化小于 0.4%。如果在任何其他工作点重复进行仿真，变化将更小。电压稳态值与负载电阻值弱相关。注意占空比稳态值略不同于之前的设定值α_e，因为电路模型中存在损耗。图 8.28b 给出了负载发生大幅阶跃时的闭环行为，从满载到 25% 负载，反之亦然。输出电压变化更大，约 2%，而响应不同于升高到下降的情况，因为该系统是非线性的。

所提控制器具有非常简单的模拟实现，如图 8.29 所示。

8.6.2　通过极点配置实现的 boost 变换器输出电压直接控制

考虑与 8.6.1 节案例研究相同的 boost 功率单元（具有相同参数）。因为已经给出电容等效串联电阻在极高频率产生的影响，所以在这个案例研究中将忽略这一点。

已知最大输出电压为$v_{\mathrm{Cmax}} = 25\ \mathrm{V}$，它要求该输出电压零稳态误差地跟踪期望的参考。采用的控制结构是 8.4 节所介绍的，由图 8.30 给出。

如之前的研究案例，选择相同的满载（60W）工作点作为稳定状态进行设计。通过考虑状态矢量$\boldsymbol{x} = [\widetilde{i_C} \quad \widetilde{v_C}]^{\mathrm{T}}$和输入矢量$\boldsymbol{u} = [\widetilde{\alpha} \quad \widetilde{i_S}]$，围绕所选工作点变化的该电路的线性化模型由$\dot{\boldsymbol{x}} = \boldsymbol{A}\boldsymbol{x} + \boldsymbol{B}\boldsymbol{u}$给出，其中

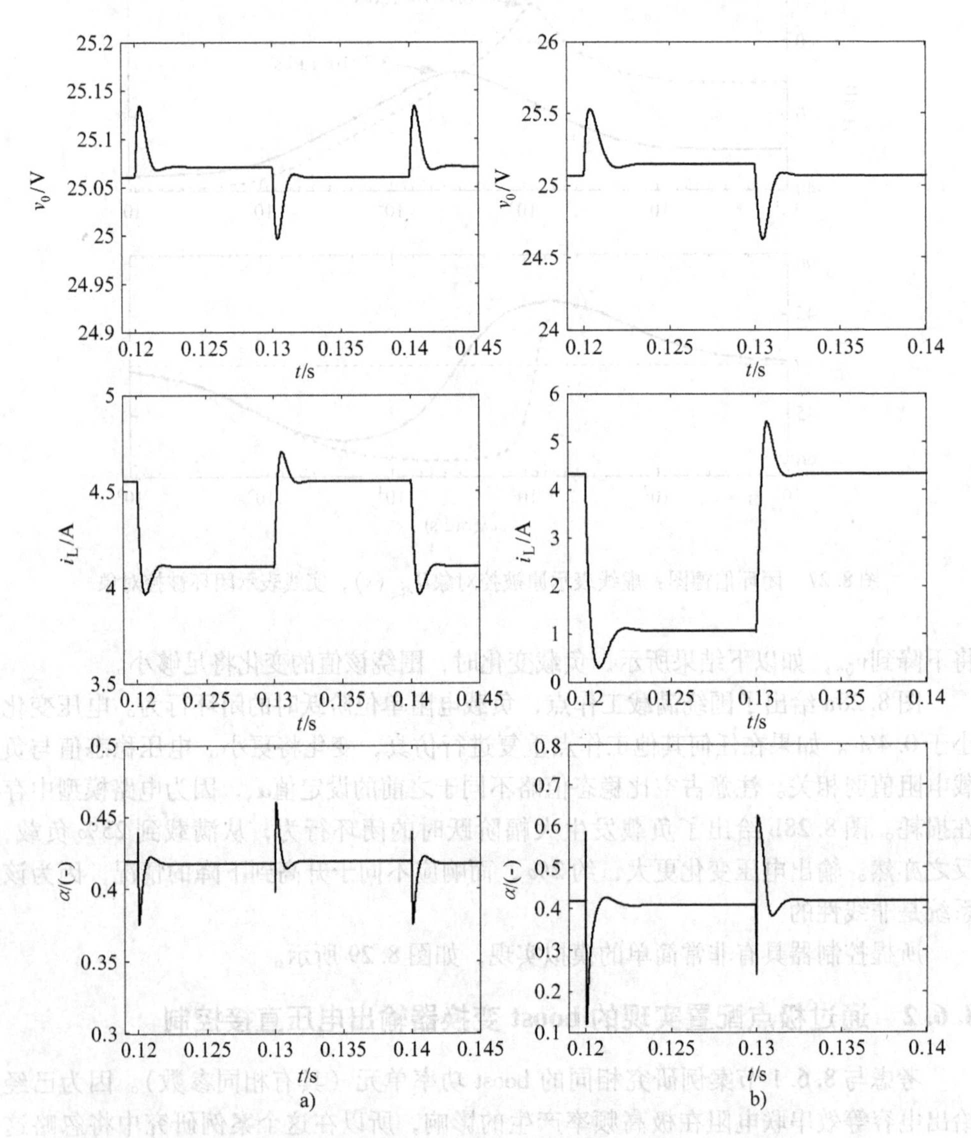

图 8.28 超前－滞后控制非理想 boost 变换器的 MATLAB® －Simulink® 结果：
a）围绕所选工作点（$R_e = 10\ \Omega$）负载电阻单位阶跃时的响应；
b）从满载到 25% 负载，及其反向变化

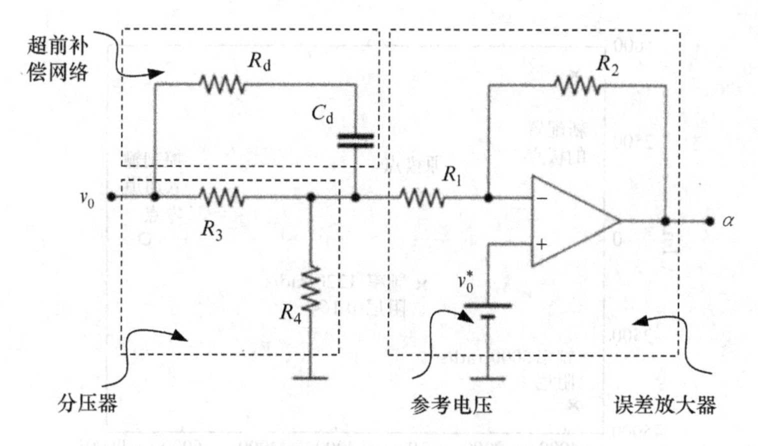

图 8.29　电压控制器框图：补偿网络中$T_d = R_d C_d$，误差放大器输出的占空比将进一步进行脉宽调制

$$\boldsymbol{A} = \begin{bmatrix} \frac{R_L}{L} & -\frac{\alpha_e'}{L} \\ \frac{\alpha_e'}{C} & -\frac{1}{R_e C} \end{bmatrix}, \boldsymbol{B} = \begin{bmatrix} \frac{v_{Ce}}{L} \\ -\frac{i_{Le}}{C} \end{bmatrix} \tag{8.36}$$

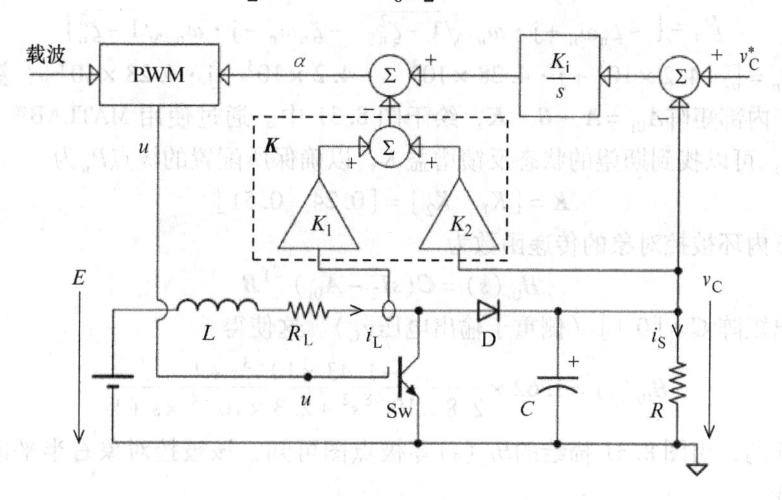

图 8.30　boost 变换器使用状态反馈补偿控制

可以通过计算方程式 $\det(s\boldsymbol{I}_2 - \boldsymbol{A}) = 0$ 的根计算出被控对象的极点，或通过使用专用的 CAD 软件（例如，MATLAB® 中的 eig 函数）来获取。对于选定的稳态工作点，给出

$$p_{1,2} = -200 \pm \mathrm{j} \cdot 1200$$

相关的固有频率是 1220rad/s，阻尼是 0.164（见图 8.31）。如果关注与控制输入相关的传递函数，可关注位于右半平面的零点，同样如图 8.31 所示。

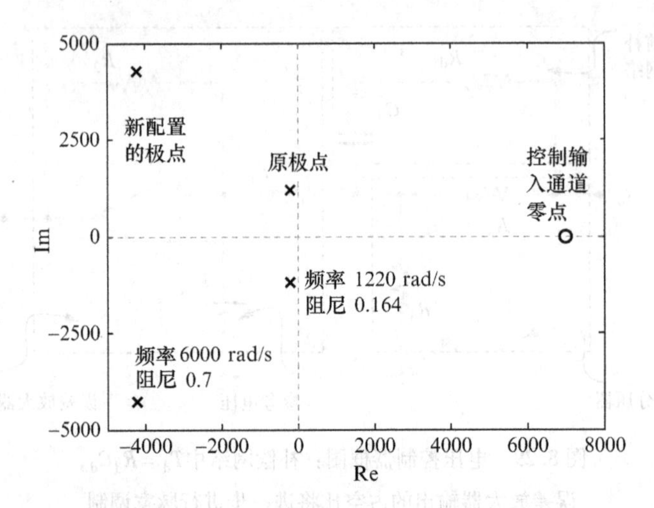

图 8.31　原始模型及图 8.30 中 boost 变换器状态反馈闭环（内环）的零极点图

现在，通过一组新的极点表示的新的行为，必须配置在内环被控对象中，被控对象具有较高的自然频率（带宽）和更强的阻尼。如果选定后者为$\omega_n = 6000$ rad，$\zeta_n = 0.7$，配置的闭环极点集合为

$$P_n = [\ -\zeta_n\omega_n + j\cdot\omega_n\sqrt{1-\zeta_n^2} \quad -\zeta_n\omega_n - j\cdot\omega_n\sqrt{1-\zeta_n^2}\ ]$$

式中，$P_n = [\ -4.2\times10^3 + j\cdot4.28\times10^3 \quad -4.2\times10^3 + j\cdot4.28\times10^3\ ]$。新的极点集合属于内部矩阵$\boldsymbol{A}_{0i} = \boldsymbol{A} - \boldsymbol{B}\cdot\boldsymbol{K}$，绘于图 8.31 中。通过使用 MATLAB® 中的 acker 函数，可以找到期望的状态反馈增益 K，以确保所配置的极点P_n为

$$\boldsymbol{K} = [K_1 \quad K_2] = [0.24 \quad 0.51]$$

计算内环被控对象的传递函数为

$$H_{0i}(s) = \boldsymbol{C}(s\boldsymbol{I}_2 - \boldsymbol{A}_{0i})^{-1}\boldsymbol{B}$$

输出矩阵 $\boldsymbol{C} = [0\ 1]$（侧重于输出电压v_C）。这使得

$$H_{0i}(s) = 1.62\times\frac{-1.43\times10^{-3}s+1}{2.8\times10^{-8}s^2+2.3\times10^{-4}\times s+1}$$

同样的，由图 8.31 描绘的$H_{0i}(s)$零极点图可知，该被控对象右半平面零点并没有改变。

现在，如同前面的分析（见 8.4 节），外环被控对象开环传递函数为

$$H_{co}(s) = K_i\cdot\frac{H_{i0}(s)}{s} \tag{8.37}$$

式中，控制器增益K_i仍然需要进行选择。因为系统（8.37）是 3 阶的，所以使用根轨迹方法。图 8.32 给出系统（8.37）的根轨迹。选择控制器增益，使得实极点保持主导地位（即复极点的自然频率不低于实极点频率），并且闭环阻尼保持在合理的值。K_i的两个满足条件的值所对应的极点位置在图 8.32 中可以看到。

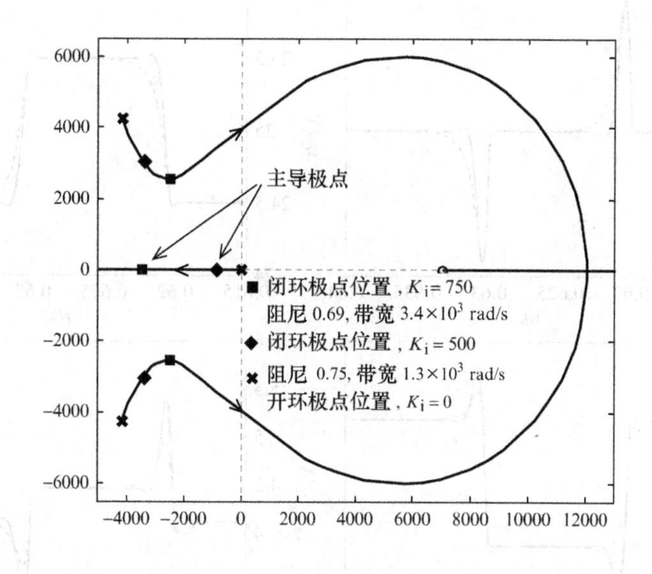

图 8.32 式（8.37）所描述系统的根轨迹和不同控制器增益K_i对应的极点分布

为了评估该闭环系统的时间行为，boost 电路的非线性平均模型连同其控制已经在 MATLAB® - Simulink® 中建立。在调整模式下，主要变量的变化（在固定输出电压参考下负载阶跃变化）如图 8.33a 所示；而在跟踪模式下，变量的变化（在固定负载下参考阶跃变化）如图 8.33b 所示。虚线对应于控制器增益K_i = 500，实线对应于增益K_i = 750（图 8.32 为相应的闭环带宽和阻尼系数）。

注意电压误差值在 1 ~ 3ms 内无效，其稳态值为零。在调整模式下，它的最大值大约是 0.7%。还要注意并没有抵消最小相位行为（右半平面零点的影响仍可见——见图 8.33b）。

如果闭环动态响应不理想，可以通过为内环动态（在较高的固有频率）配置另一组极点，重新解决该问题，并且选择较高外控制器增益K_i，以确保更高的带宽及令人满意的阻尼。

在对应于较小负载的工作点，非最小相位效应和电压误差峰值将会更小。然而，因为被控对象模型显著改变（见第 6 章），所以必须完成更多的测试来评估运行在断续导通模式的电路。

另外，根据电路功率，必须限制电感电流，因为由于内部动态调整，动态中电流峰值可能达到危险值。当电感电流达到其最大极限时，限流可以通过显著减少状态反馈来实现（Matavelli 等，1993）。

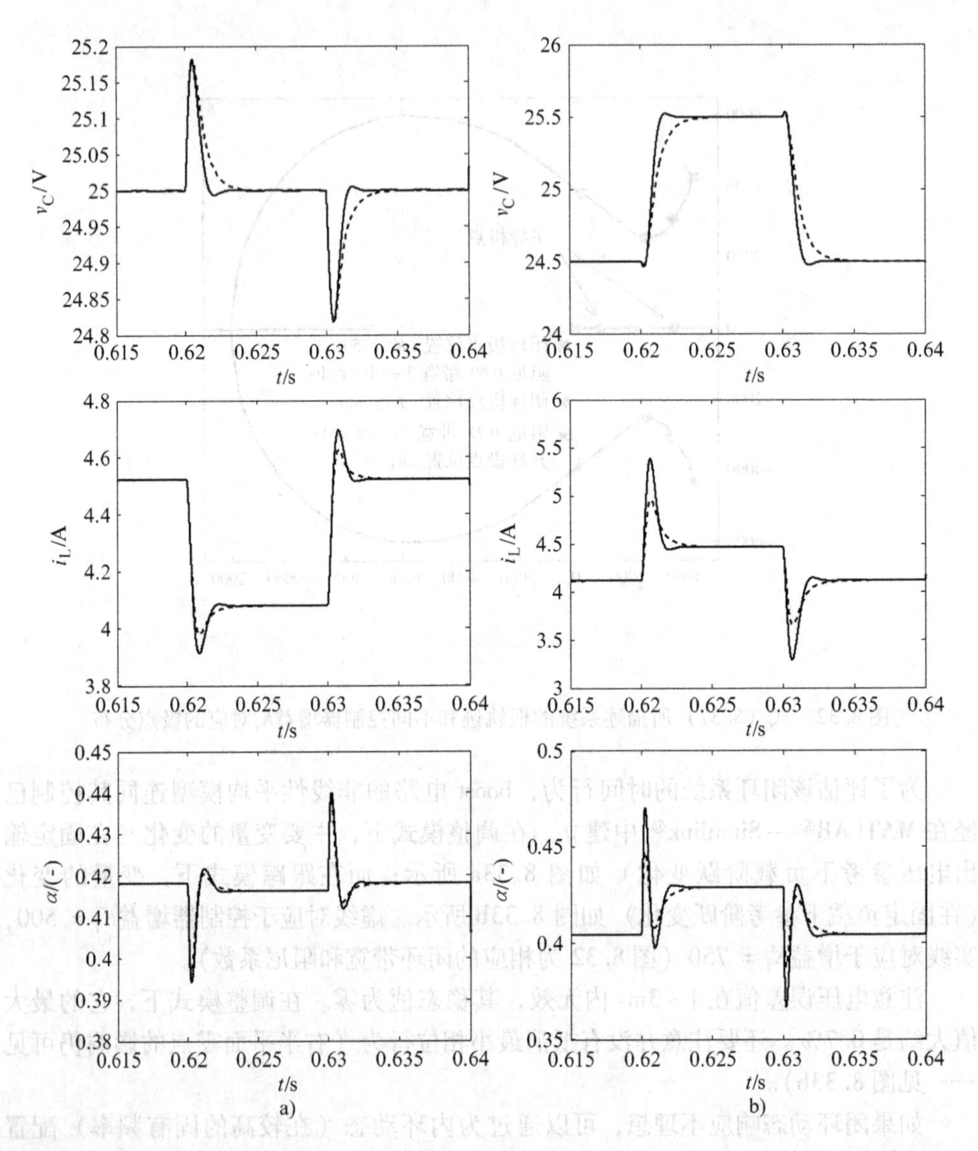

图 8.33 极点配置补偿控制的 boost 变换器闭环行为 MATLAB® – Simulink® 结果（见图 8.30）：a）调整模式——负载单位阶跃变化；b）跟踪模式——电压基准单位阶跃变化

8.7 本章小结

本章介绍了用于 DC – DC 电力电子变换器的线性控制设计技术。这些方法假设变换器输入是脉宽调制（PWM）的以及变换器运行在连续导通模式。根据一般结论，大多数 DC – DC 变换器表现出二阶弱阻尼主导动态，而特殊一类，具有 boost

能力的变换器，也表现出非最小相位行为。这两种现象的同时存在可能引起显著稳定性问题；这就是为什么它们不容易被经典控制设计处理。本章中所分析的三种方法是基于某种更精细的算法，对这种情况非常有用，其中变换器具有两个动态状态，目标是控制输出电压值及其动态。

输出电压直接控制是依赖于开环回路成形，其目的主要是确保足够的稳定（相位）裕量的方法；同时它试图保证令人满意的动态性能。该极点配置方法允许保证稳定性和动态性能，借助于内部状态反馈，嵌入在规定的外环中。以这种方式，在合适的阻尼和带宽处重新配置给出主导动态的、弱阻尼的共轭极点。而后两种方法不明确允许对电感电流进行控制，第三种方法依靠双环控制结构实现对电感电流的控制。在这种情况下，基本假设（两个嵌套循环之间动态可明显分离）有时可以在边界满足，特别是在表现出非最小相位特性的 boost 电力变换器中。

在一定的工作点设计线性控制器，并且系统随着负载和输入电源变化；因此，控制设计必须符合一定的鲁棒性的要求，以确保可接受的性能在整个工作范围以及断续导通模式中实现。在这个情况下当单一控制器不能产生令人满意的行为时，可以使用增益调度技术和线性参数变化方法（Shamma 和 Athans，1990）。

控制技术也可以成功地应用于带交流单元的变换器中。例如，级联控制结构很可能会被使用，因为可能会强调这些变换器内的动态特性的自然分离：在交流滤波器上建立内环，在直流滤波器上建立外环。

基于变换器线性化平均模型构建状态观测器（Leung 等，1991；Friedland，2011；Rytkonen 和 Tymerski，2012），以估计一些不可测的变化或难以测量的状态，特别是在高阶变换器的情况下。考虑到内部变量非常快的动态过程，这些观察器经过特别设计，在时域特别敏感。

思考题

问题 8.1 Watkins - Johnson 变换器级联回路控制

图 8.34 中变换器的输入电源电压 $E = 24\mathrm{V}$（常量），电感 $L = 0.33\mathrm{mH}$，寄生串联电阻 $R_L = 0.1\Omega$，输出电容 $C = 2700\mu\mathrm{F}$。此变换器为电阻型负载 R 供电，额定功率 350W。控制输入是 PWM，假设变换器运行在连续导通模式。输出电压必须遵循可变参考范围，其可在 $-3E$ 和 $+E$ 之间变化。为此，请设计一个级联控制结构，类似于 8.3 节中详细描述的那样。解决以下问题：

1）获得该变换器的平均模型，并研究其稳态行为；

2）获得围绕适当选取的工作点的内环电流线性化模型，并计算出一个 PI 控制器的参数，以满足一组特定性能指标（带宽和阻尼）；

3）获得围绕相同工作点的外环电压线性化模型，然后计算 PI 控制器的参数，以满足一组特定性能指标（同时确保两个控制回路动态的明确分离）；

4）讨论当工作点变化时被控对象参数如何变化，并提出处理这一问题的解决方案。

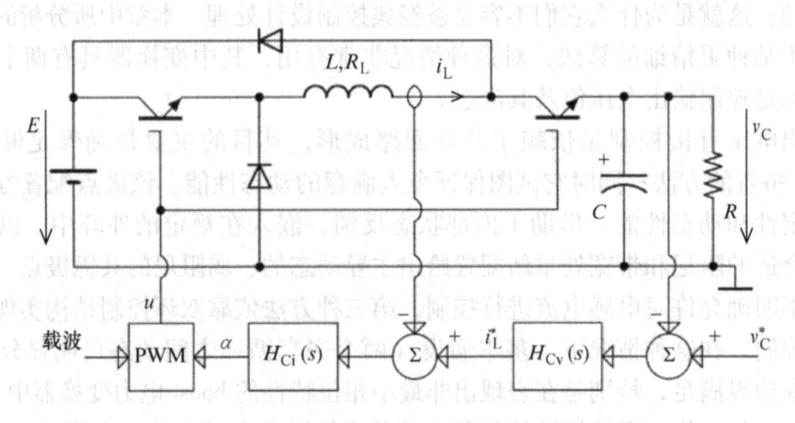

图 8.34 Watkins - Johnson 变换器双环级联控制

解决方案：1）该变换器的平均模型是

$$\begin{cases} L\dot{i}_L = (2\alpha - 1)E - \alpha v_C - R_L i_L \\ C\dot{v}_C = \alpha i_L - v_C/R \end{cases} \tag{8.38}$$

在稳定状态［在式（8.38）中的第一个方程电流导数归零］并通过忽略电感损耗（即$R_L = 0$），可以得到

$$v_{Ce} = E \cdot (2\alpha_e - 1)/\alpha_e$$

描述稳态行为以及表明输出电压在（$-\infty$，E］范围内变化的关系式在 $\alpha_e = 0.5$ 时归零。

2）假设控制回路使得电压v_C为慢变量，那么相对于电流的变化，电压可认为恒定（参考值v_C^*）。因此，式（8.38）中的第一个方程变为

$$L\frac{\mathrm{d}i_L}{\mathrm{d}t} = (2\alpha - 1)E - \alpha v_C^* - R_L i_L$$

通过表示后者方程围绕静态工作点变化，可以得到内环被控对象的传递函数

$$H_{i_L\alpha}(s) = \frac{\widetilde{i_L}(s)}{\widetilde{\alpha}(s)} = \frac{2E - v_C^*}{R_L} \cdot \frac{1}{L/R_L \cdot s + 1} \tag{8.39}$$

通过使用 PI 控制器可以得到像式（8.18）的传递函数所描述的闭环电感电流行为，其中$K_C = \dfrac{2E - v_C^*}{R_L}$，$T_C = L/R_L = 3.3\text{ms}$。假设$v_C^* \in [-2E, E]$，被控对象增益在 E/R_L和$4E/R_L$之间变化［根据式（8.39）］。设计工作点对应于最小被控对象增益在满载时：$v_{Ce} \equiv v_C^* = -2E = -48\text{V}$，$\alpha_e = 0.25$（忽略电感损耗），$K_C = E/R_L = 240\text{A}$，$R_e = 6.6\Omega$，$i_{Le} = -29\text{A}$。

配置内环闭环性能：$T_{0C} = T_C/5 = 0.66\text{ms}$，阻尼为 0.8。式（8.19）给出控制器参数的值$T_{iC} = 0.9\text{ms}$ 和$K_{pC} = 0.007\text{A}^{-1}$。注意，由于输出电压参考值的变化，

从 $-2E$ 至 E，稳态增益K_C减至四分之一，闭环带宽减至二分之一。为了补偿内环零点，插入一个带有时间常数T_{iC}的预滤波器到电流基准。

3）现在，关于外环电压回路，通过置零式（8.38）中的第一个方程的导数项，可以得到（$v_{Ce} \equiv v_C^*$）

$$\alpha = \frac{E + R_L i_L}{2E - v_C^*}$$

代入式（8.38）中的第二个方程，线性化后得到

$$\widetilde{v}_C(s) = \frac{(E + 2R_L i_{Le})R_e}{2E - v_C^*} \cdot \frac{1}{CR_e s + 1} \cdot \widetilde{i}_L - \frac{R_e}{CR_e s + 1} \cdot \widetilde{i}_S$$

式中，$\widetilde{i}_S = -v_C^*/R_e^2 \cdot \widetilde{R}$是负载电流变量，随着负载$\widetilde{R}$变化。结果，对应于电感电流－输出电压通道的传递函数是一阶的：

$$H_{vi_L}(s) = \frac{(E + R_L i_{Le})R_e}{2E - v_C^*} \cdot \frac{1}{CR_e s + 1}$$

其参数（增益和时间常数）依赖于工作点。

通过使用与处理内环相同的方法，可以设计外环 PI 控制器——见式（8.20）。在这种情况下，$K_V = \frac{(E + 2R_L i_{Le})R_e}{2E - v_C^*}$，$T_V = R_e C$。对于与内环相同的工作点，可以得到$K_V = 1.45\text{V/A}$ 和$T_V = 17.8\text{ms}$。配置外环闭环性能：$T_{0V} = T_V/5 = 3.6\text{ms}$ 和 0.8 的阻尼。式（8.20）给出$K_{pV} = 4.83\text{A/V}$ 和$T_{iV} = 5\text{ms}$。注意，内环带宽和外环带宽之间的比率几乎是 5.4，这是令人满意的，因为它保证了两个嵌套环内的动态是明显分离的。参考电压可以通过一个带有时间常数的预滤波器传递，以便补偿外环零点。

这时对于所选取工作点控制设计可以被考虑为完整的，然后可以进行闭环仿真。

4）至于稳态工作点的变化，这会导致控制性能有所降低。在我们的案例中，负载电阻和电压参考值的变化都表明了这种降低的原因。式（8.18）和式（8.19）表明，对于恒定输出电压基准，在不同负载电阻R_e下，相对于配置的阻尼（0.8），闭环阻尼略微减小。更严重的影响是电压参考从 $-2E$ 变化到 E。外环被控对象稳态增益K_V增加了 4 倍，外环闭环带宽增加 2 倍。同时，内环闭环带宽减半。这会导致内环和外环带宽的比例降低至仅 1.35，这不足够保证在两个嵌套循环内有明显的动态分离。很显然，这会导致不期望的全局行为。

为了避免这样的问题，一种解决方案是采用一种自适应控制来修改实时控制器的比例增益，例如，通过查表法。或者，可以使用以下的自适应关系式来得到归一化的比例增益值：

$$K_{pC}^{new} = K_{pC}\frac{4E}{2E - v_C^f}, K_{pV}^{new} = K_{pV}\frac{2E - v_C^f}{2E}$$

式中，K_{pC}和K_{pV}对应预先计算的值（在选定的设计工作点）；v_C^f是静态输出电压，可以通过对电容电压适当滤波或者通过对电压参考值滤波（例如，可以使用电压预滤波器输出）获得。

请读者解决以下问题。

问题 8.2　buck DC－DC 变换器输出电压跟踪

一个降压变换器（见第 2 章 2.10 节）具有 $L=0.5\text{mH}$，$C=680\mu\text{F}$，$E=72\text{V}$，额定负载值 $R=10\Omega$，必须输出 15～48V 之间的受控电压。考虑最小负载值是 1000Ω，其仍对应连续导通模式。

要求设计一个基于 PI 控制器的电压模式（直接）控制结构，以确保最大可能的带宽和在 0.65～0.85 之间的阻尼系数，对于整个输出电压工作范围都保持 30°相位裕度。

控制器必须配备具有 20kHz 采样频率的数字信号处理器。获取控制器的离散传递函数及其相关的差分方程。

问题 8.3　通过极点配置实现动态补偿的二次型 buck DC－DC 变换器

图 8.35 给出了二次型降压功率单元（也在第 4 章的结尾图 4.38 给出了）。

该变换器具有以下的电路参数：$L_1=0.5\text{mH}$，$L_2=0.5\text{mH}$，$C_1=470\mu\text{F}$，$C_2=1000\mu\text{F}$，$E=100\text{V}$ 和额定负载值 $R=5\Omega$。控制范围是保持期望的恒定输出电压，$v_{C2}^*=15\text{V}$。

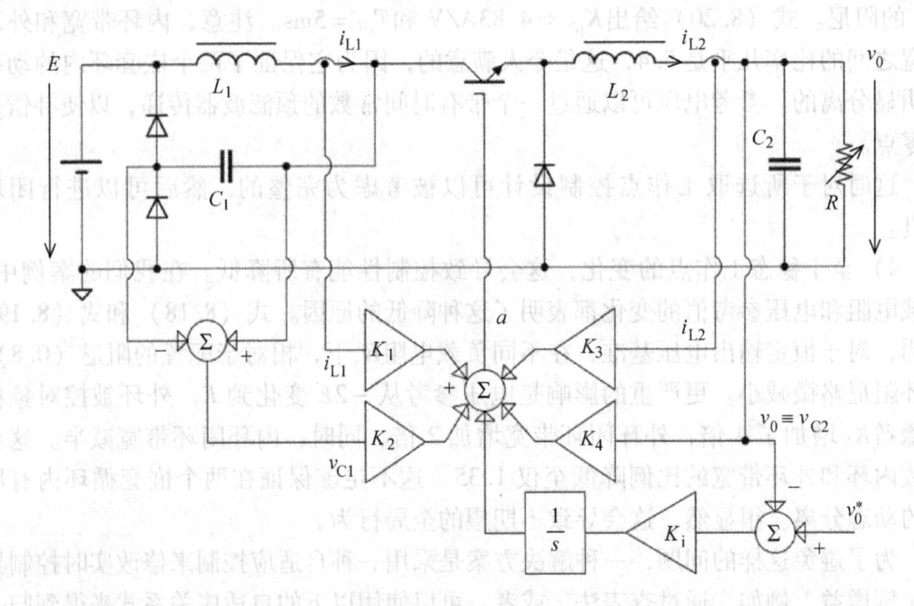

图 8.35　二次型 buck DC－DC 变换器控制结构；忽略 PWM 和栅极驱动器

对于这个 4 状态变换器，设计一个通过极点配置实现动态补偿的控制结构。对于内环控制实现的性能包括：在比开环情况大 5 倍的带宽下配置闭环主导二阶动态，用于两个二阶动态的合适的阻尼系数（例如，0.8）。另外，使用根轨迹方法选择外部校准环路的积分增益，以确保最大的闭环带宽。

问题 8.4 通过极点配置实现动态补偿的Ćuk 变换器

第3章最后的图3.17中出现的Ćuk变换器旨在获得期望的恒定输出电压$v_{C2}^* = 50V$。电路参数是：$L_1 = 0.5mH$，$L_2 = 0.5mH$，$C_1 = 220\mu F$，$C_2 = 1000\mu F$，$E = 100V$和额定负载值$R = 2\Omega$。

要求设计一个通过极点配置实现动态补偿的控制结构。考虑与之前问题相同的全局控制结构和闭环要求。

问题 8.5 反激式变换器的电压调整控制

考虑工作在连续导通模式的无损反激式变换器（见第4章图4.24），它在恒定负载$R = 10\Omega$时输出恒定电压$v_C^* = 3.3V$，而其电源电压在$0.5\ v_C^*$和$1.5\ v_C^*$之间变化。电路参数为$L = 0.22mH$和$C = 2200\mu F$。解决以下问题：

1）设计双环控制结构（平均电流模式控制），以确保整个工作范围内有3kHz带宽的电压闭环。

2）离散化1）中获得的控制器，并计算采样频率为$f_s = 40kHz$时其对应的数字控制器。

问题 8.6 采用 boost DC-DC 变换器控制进行功率因数补偿

考虑由二极管电压整流器和升压电路提供的电阻性负载R的情况，如图8.36所示。假设参数L、C和E是已知的，并且电感电流i_L和输出电压v_C的测量数据是可得到的，则全局控制目标是设计一个控制结构以确保负载电压v_C被调节为参考值v_C^*，同时减少从电网吸收的电流i_S的谐波含量，确保在单位功率因数下运行。

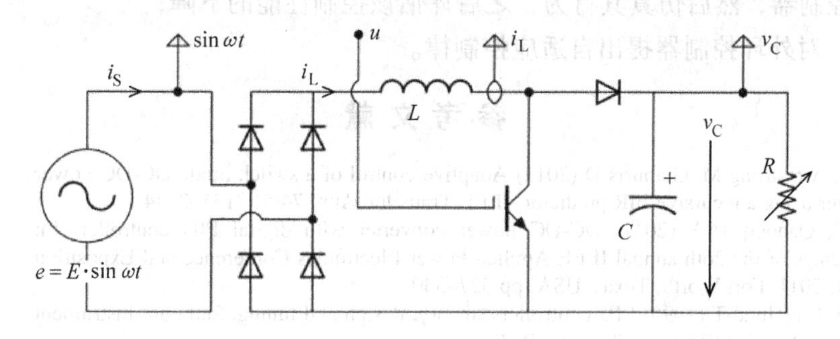

图8.36 单相整流 boost 功率单元

基于级联控制结构的设计，平均电流i_L作为内环变量，平均电压v_C为外环变量（Rossetto 等，1994）。图8.37给出这种控制结构。

解决以下问题：

1）解释如何计算电流参考i_L^*（其中I_S是电网电流i_S的幅度）；

2）获得内环线性化模型，并选择合适的控制器结构；

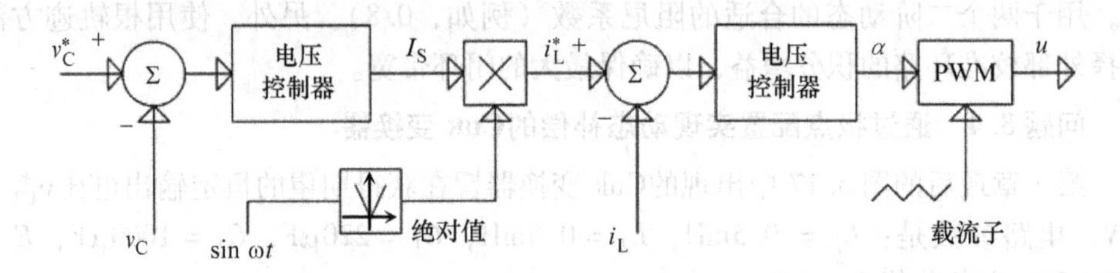

图 8.37　确保图 8.36 中的电路在单位功率因数下运行的级联控制结构

3）已知 PWM 开关频率为 $f=10\text{kHz}$ 和 $\omega=2\pi\cdot 50\text{rad/s}$，建议调整内环闭环带宽的相关方式，然后计算内环控制器；

4）获得外环线性化模型，并选择合适的控制器结构；

5）通过要求外环闭环带宽是内环回路带宽的十分之一，计算外环控制器；

6）在 MATLAB® －Simulink® 中建立框图和仿真，对应于在以下参数组下不受控制的电路非线性平均模型：$L=2\text{mH}$，$C=1000\mu\text{F}$，$E=300\text{V}$ 和负载 R 的值在区间［100Ω，10kΩ］内；

7）通过保持电压v_C在其参考值$v_C^*=500\text{V}$ 和选用满载工作点（$R=100\Omega$），构建和仿真内环控制回路——采用 3）计算的控制器——然后验证所配置的动态性能；

8）建立外环框图——采用 5）计算的控制器，仿真其行为并验证满载工作点的闭环性能；

9）将整个控制系统移动到另一个工作点处，例如，$R=10\text{k}\Omega$，无须修改预先计算的控制器，然后仿真其行为，之后评估该控制性能的下降；

10）对外环控制器提出自适应控制律。

参考文献

Algreer M, Armstrong M, Giaouris D (2011) Adaptive control of a switch mode DC-DC power converter using a recursive FIR predictor. IEEE Trans Ind Appl 74(5):2135–2144

Arikatla V, Qahouq JAA (2011) DC-DC power converter with digital PID controller. In: Proceedings of the 26th annual IEEE Applied Power Electronics Conference and Exposition – APEC 2011. Fort Worth, Texas, USA, pp 327–330

Aström KJ, Hägglund T (1995) PID controllers: theory, design and tuning, 2nd edn. Instrument Society of America, Research Triangle Park

Ceangă E, Protin L, Nichita C, Cutululis NA (2001) Theory of control systems (in French: Théorie de la commande des systèmes). Technical Publishing House, Bucharest

d'Azzo JJ, Houpis CH, Sheldon SN (2003) Linear control system analysis and design with MATLAB, 5th edn. Marcel-Dekker, New York

Dixon L (1991) Average current mode control of switching power supplies. Unitrode power supply design seminar manual, pp C1-1–C1-14. Available at http://www.ti.com/lit/ml/slup075/slup075.pdf. Sept 2013

Erikson RW, Maksimović D (2001) Fundamentals of power electronics, 2nd edn. Kluwer, Dordrecht

Friedland B (2011) Observers. In: Levine WS (ed) The control handbook–control system advanced methods. CRC Press, Taylor & Francis Group, Boca Raton, pp 15-1–15-23

Hung JLG, Nelms R (2002) PID controller modifications to improve steady-state performance of digital controllers for buck and boost converters. In: Proceedings of the 17th annual IEEE Applied Power Electronics Conference and Exposition – APEC 2002. Dallas, Texas, USA, vol. 1, pp 381–388

Kislovsky AS, Redl R, Sokal NO (1991) Dynamic analysis of switching-mode DC/DC converters. Van Nostrand Reinhold, New York

Landau ID, Zito G (2005) Digital control systems: design. Identification and Implementation, Springer

Lee FC, Mahmoud MF, Yu Y (1980) Application handbook for a standardized control module (SCM) for DC to DC converters, vol I, NASA report NAS-3-20102. TRW Defense and Space Systems Group, Redondo Beach

Leung FHF, Tam PKS, Li CK (1991) The control of switching DC-DC converters – a general LQR problem. IEEE Trans Ind Electron 38(1):65–71

Levine WS (ed) (2011) The control handbook—control system advanced methods. CRC Press, Taylor & Francis Group, Boca Raton

Maciejowsky JM (2000) Predictive control with constraints. Prentice-Hall, Upper Saddle River

Matavelli P, Rossetto L, Spiazzi G, Tenti P (1993) General-purpose sliding-mode controller for DC/DC converter applications. In: Proceedings of the 24th annual IEEE Power Electronics Specialists Conference – PESC 1993. Seatle, Washington, USA, pp 609–615

Mathworks (2012) Control system toolbox – For use with MATLAB®. User's guide version 4.2. Available at http://www.mathworks.fr/fr/help/control/getstart/root-locus-design.html. Sept 2013

Mitchell DM (1988) Switching regulator analysis. McGraw-Hill, New York

Morroni J, Corradini L, Zane R, Maksimović D (2009) Adaptive tuning of switched-mode power supplies operating in discontinuous and continuous conduction modes. IEEE Trans Power Electron 24(11):2603–2611

Peng H, Maksimović D (2005) Digital current-mode controller for DC-DC converters. In: Proceedings of the 20th annual IEEE Applied Power Electronics Conference and Exposition – APEC 2005. Austin, Texas, USA, pp 899–905

Philips NJL, Francois GE (1981) Necessary and sufficient conditions for the stability of buck-type switched-mode power supplies. IEEE Trans Ind Electron Control Instrum 28(3):229–234

Prodić A, Maksimović D (2000) Digital PWM controller and current estimator for a low power switching converter. In: Proceedings of the 7th workshop on Computers in Power Electronics – COMPEL 2000. Blacksburg, Virginia, USA, pp 123–128

Rossetto L, Spiazzi G, Tenti P (1994) Control techniques for power factor correction converters. In: Proceedings of Power Electronics, Motion and Control – PEMC 1994. Warsaw, Poland, pp 1310–1318

Rytkonen F, Tymerski R (2012) Modern control regulator design for DC-DC converters. Course notes. Available at http://web.cecs.pdx.edu/~tymerski/ece451/Cuk_Control.pdf. Sept 2013

Santina M, Stubberud AR (2011) Discrete-time equivalents of continuous-time systems. In: Levine WS (ed) The control handbook—control system fundamentals. CRC Press, Taylor & Francis Group, Boca Raton, pp 12-1–12-34

Shamma JS, Athans M (1990) Analysis of gain scheduled control for nonlinear plants. IEEE Trans Autom Control 35(8):898–907

Sobel KM, Shapiro EY, Andry AN Jr (2011) Eigenstructure assignment. In: Levine WS (ed) The control handbook—control system advanced methods. CRC Press, Taylor & Francis Group, Boca Raton, pp 16-1–16-20

Stefani RT (1996) Time response of linear time-invariant systems. In: Levine WS (ed) The control handbook. CRC Press, Boca Raton, pp 115–121

Tan L (2007) Digital signal processing: fundamentals and applications. Academic, San Diego

Verghese GC, Ilic-Spong M, Lang JH (1986) Modeling and control challenges in power Electronics. In: Proceedings of the 25th IEEE Conference on Decision and Control – CDC 1986. Athens, Greece, vol. 25, pp 39–45

Wen Y (2007) Modelling and digital control of high frequency DC-DC power converters. Ph.D. thesis, University of Central Florida

第9章　DC－AC和AC－DC功率变换器线性控制方法

本章介绍用于控制电力电子变换器平均（低频）行为的线性控制技术，其控制对象不仅包括直流功率环节，而且包括交流功率环节。本章重点介绍最常用的一些控制方法，主要应用于常见的单相和三相PWM或全波运行的电力电子变换器（主要是电压源型逆变器）。针对不同的并网或者独立运行应用，本章涉及两类坐标系下的控制结构，依赖第5章研究的dq旋转坐标系下和自然交流静止坐标系下的模型。最后给出了案例研究、实例以及一组有关综合应用的思考题。

9.1　背景

交流变换器的主要控制目标取决于变换器的功能，即怎样与交流电网交互功率。例如，考虑给一个交流独立负载供电，必须控制输出电压的幅值和频率。相反，如果变换器控制直流和交流电源之间的功率传输，可能主要控制目标就是直流侧电压调节（参见第8章8.3.2节）。正如第8章所讨论的，主要控制目标是当变换器动态行为适当变化时的相关性能指标，包括稳态误差、带宽和阻尼等方面。

一般而言，变换器的模型推导基于特定的控制目标。如第5章所述，通用平均模型（GAM）提供了获取变换器大信号模型的方法，可以表现变换器最重要的动态特性。此外，这些模型［如式（5.63）或式（5.81）］可以围绕典型工作点进行线性化，以便采用线性控制方法。

在采用锁相环（PLL）与交流电网同步的基础上，源于GAM的dq建模方法进行了幅度解调，将初始交流变量变换成直流量。这使得用于DC－DC变换器的方法（在第8章已给出）有可能应用到具有交流功率环节的变换器。此外，采用这种模型可以对与交流电网交换的有功和无功功率分量分别控制。

正如前面章节所讨论的，环路成形或极点配置等控制方法可以通过适当的控制流程进行应用。第8章8.3节提出的双回路级联控制结构适用于包含直流和交流功率环节且具有明确可分离动态的变换器特定结构。在此情况下，主控制目标面向变化较慢的直流变量，主要会影响控制外环，而控制内环处理变化较快的交流变量。

总之，在采用旋转dq坐标系的情况下，采用补充变换（幅度解调/调制），将交流变量同步变换为直流变量，而控制规则（或它的主导部分）应用于dq直流变量。但在某些情况下，则更倾向于在静止坐标系中对交流变量进行控制。在这种情况下，采用广义积分器的谐振控制器可以有效地用于提升系统性能。对于AC－DC

变换器控制而言，复合 dq 静止坐标控制结构也是可以构想的（Bose，2001；Blaabjerg 等，2006；Etxeberria - Otadui 等，2007）。

备注：第 8 章对 DC - DC 变换器的线性控制闭环鲁棒性的结论，在交流变换器的情况下依然有效。简单起见，同样不再采用括号表示平均值，同时用下标 e 表示稳态值。

9.2 旋转 *dq* 坐标下控制方法

这种方法针对工作在脉宽调制（PWM）方式下的单相或三相 AC - DC（或 DC - AC）变换器，并使用在第 5 章得到的模型。

从三相整流器开始分析，系统结构在图 9.1 中给出。主要控制目标是控制可变负载 R 上的直流电压，以满足特定动态性能要求，同时控制交流侧从电网吸收的电流为正弦且与电网电压同相位（从而确保单位功率因数）。

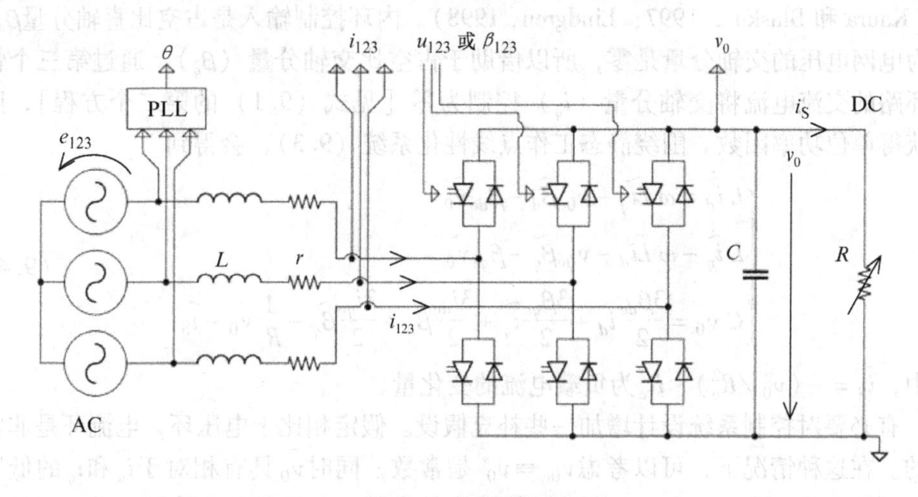

图 9.1 三相整流图

dq 模型的使用有助于实现有功和无功分量的控制，因为它们可以表示为相应电压和电流分量（Bose，2001）：

$$\begin{cases} P = v_d i_d + v_q i_q \\ Q = v_d i_q - v_q i_d \end{cases} \tag{9.1}$$

通过采用第 5 章的 GAM 技术，可以得到图 9.1 电路的状态空间模型

$$\begin{cases} L\dot{i_k} = e_k - v_0 \cdot u_k + \dfrac{v_0}{3}\sum\limits_{k=1}^{3} u_k \quad k = 1,2,3 \\ C\dot{v_0} = \sum\limits_{k=1}^{3} i_k \cdot u_k - \dfrac{v_0}{R} \end{cases} \tag{9.2}$$

式中，该开关函数u_k，$k=1, 2, 3$，从集合$\{0; 1\}$取值。

此外，考虑三相电流对称并忽略电压v_0的交流分量，可以得到图9.1电路的dq平均状态空间模型［见第5章式（5.81）］如下：

$$\begin{cases} \dot{i}_d = \omega i_q - \dfrac{v_0}{L}\beta_d + \dfrac{E}{L} \\ \dot{i}_q = -\omega i_d - \dfrac{v_0}{L}\beta_q \\ \dot{v}_0 = \dfrac{3}{2C}(i_d\beta_d + i_q\beta_q) - \dfrac{v_0}{RC} \end{cases} \tag{9.3}$$

状态向量是$[i_d \ i_q \ v_0]^{\mathrm{T}}$，控制输入向量是$[\beta_d\beta_q]$。通过简要分析就能得到系统的双线性形式并看到状态方程之间交叉耦合的存在（Blasko和Kaura，1997）。

假设直流电容足够大，此时直流电压惯性明显大于电感电流惯性。在这种情况下，可以考虑采用级联控制结构，通过外环调节电压v_0，通过更快的内环调节电流i_d（Kaura和Blasko，1997；Lindgren，1998）。内环控制输入是占空比直轴分量β_d。因为电网电压的交轴分量是零，所以借助于占空比交轴分量（β_q），通过第三个快速环路的交流电流将交轴分量（i_q）控制为零［见式（9.1）的第二个方程］，则可获得单位功率因数。围绕静态工作点线性化系统（9.3），会得到

$$\begin{cases} L\dot{\tilde{i}}_d = \omega L\tilde{i}_q - v_{0\mathrm{e}}\tilde{\beta}_d - \beta_{d\mathrm{e}}\tilde{v}_0 \\ L\dot{\tilde{i}}_q - \omega L\tilde{i}_d - v_{0\mathrm{e}}\tilde{\beta}_q - \beta_{q\mathrm{e}}\tilde{v}_0 \\ C\dot{\tilde{v}}_0 = \dfrac{3\beta_{d\mathrm{e}}}{2}\tilde{i}_d + \dfrac{3\beta_{q\mathrm{e}}}{2}\tilde{i}_q + \dfrac{3i_{d\mathrm{e}}}{2}\tilde{\beta}_d + \dfrac{3i_{q\mathrm{e}}}{2}\tilde{\beta}_q - \dfrac{1}{R_{\mathrm{e}}}\tilde{v}_0 - \tilde{i}_{\mathrm{S}} \end{cases} \tag{9.4}$$

式中，$\tilde{i}_{\mathrm{S}} = -(v_{0\mathrm{e}}/R_{\mathrm{e}}^2)\cdot R_{\mathrm{e}}^2$为负载电流的变化量。

有必要对控制系统设计增加一些补充假设。假定相比于电压环，电流环是非常快的。在这种情况下，可以考虑$v_{0\mathrm{e}} \equiv v_0^*$是常数，同时$\tilde{v}_0$具有相对于$\tilde{i}_d$和$\tilde{i}_q$的低频量。这意味着，在式（9.4）前两个方程式中最后一项可以表示低频干扰，容易由电流控制器消除。在相同的两个方程中，第一（耦合）项是高频干扰，并且可以通过解耦结构消除（Teodorescu等，2006；Zmood等，2001）。此时，考虑到被控对象实际上是积分环节，可以从式（9.4）前两个方程开始，为d、q通道独立设计电流控制器。图9.2给出设想的电流控制结构。

为了抑制v_0的缓慢变化（斜坡状），可以采用PI电流控制器。因为控制输入β_d和β_q有内在限幅特性（0和1之间），所以需要采用抗饱和结构以确保在负载突变时控制器适当的行为。

接着，为了设计电压控制器，假设不管作用于q通道的扰动如何，i_q控制回路保持$i_q = i_q^* \equiv 0$。因此，可以使用简化的降阶模型

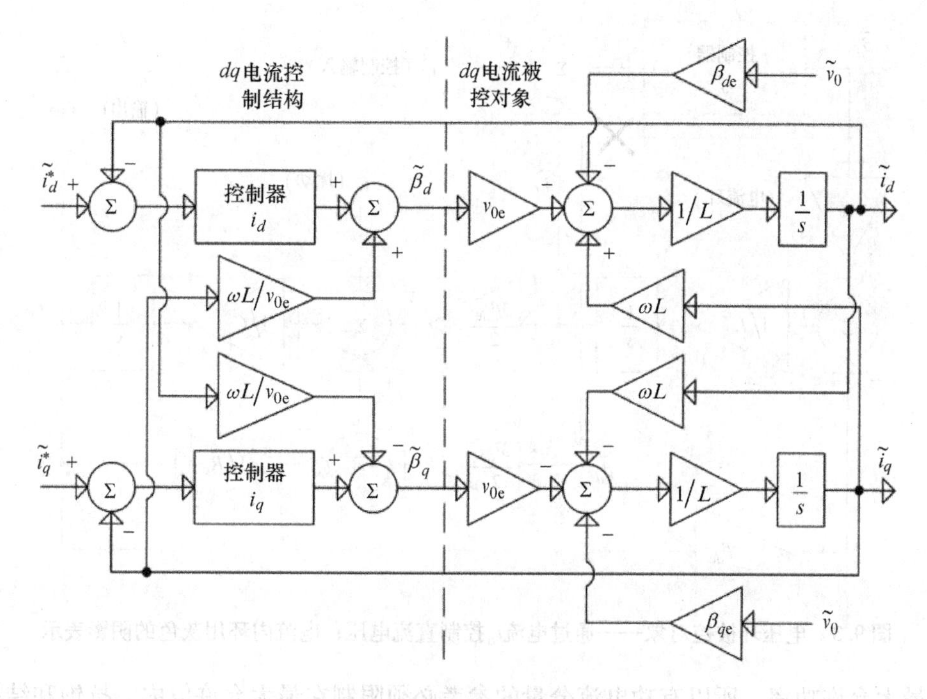

图 9.2　dq 电流环被控对象和相关控制结构

$$\begin{cases} L\dot{\widetilde{i}_d} = -v_{0e}\widetilde{\beta}_d - \beta_{de}\widetilde{v_0} \\ C\dot{\widetilde{v_0}} = \dfrac{3\beta_{de}}{2}\widetilde{i}_d + \dfrac{3i_{de}}{2}\widetilde{\beta}_d - \dfrac{1}{R_e}\widetilde{v_0} - \widetilde{i_S} \end{cases} \tag{9.5}$$

式中，第二个方程式表明，可以通过电流i_d来改变电压v_0，如图 9.3 所示。而电流i_d是由一个非常快速的回路控制，因此，电压环中可以将$i_d \equiv i_d^*$作为控制输入。

需要注意的是，占空比β_d的变化，将通过i_{de}为增益的分支，向电流控制输入i_d引入附加高频干扰。在非常快速的电流闭环，针对电流参考值i_d^*的阶跃变化，该变量具有类似导数的陡峭响应（任何含有积分环节的控制对象都有类似效果）。因此，它在较慢的电压环引起的变化非常小，所以可以忽略相应的分支。综合上述考虑，可以得到电压环被控对象的动态特性：

$$C\dot{\widetilde{v_0}} = \frac{3\beta_{de}}{2}\widetilde{i}_d - \frac{1}{R_e}\widetilde{v_0} - \widetilde{i_s}$$

可以得到控制通道传递函数如下：

$$H_{i_d \to v_0}(s) = \frac{\widetilde{v_0}}{\widetilde{i_d}} = \frac{3R_e\beta_{de}}{2} \cdot \frac{1}{R_eCs + 1} \tag{9.6}$$

根据传递函数，可以针对最恶劣条件（即满载）和需要的动态性能来设计电压控制器（其输出直轴电流参考i_d^*），如 PI 调节器。因为变换器传输功率必须小

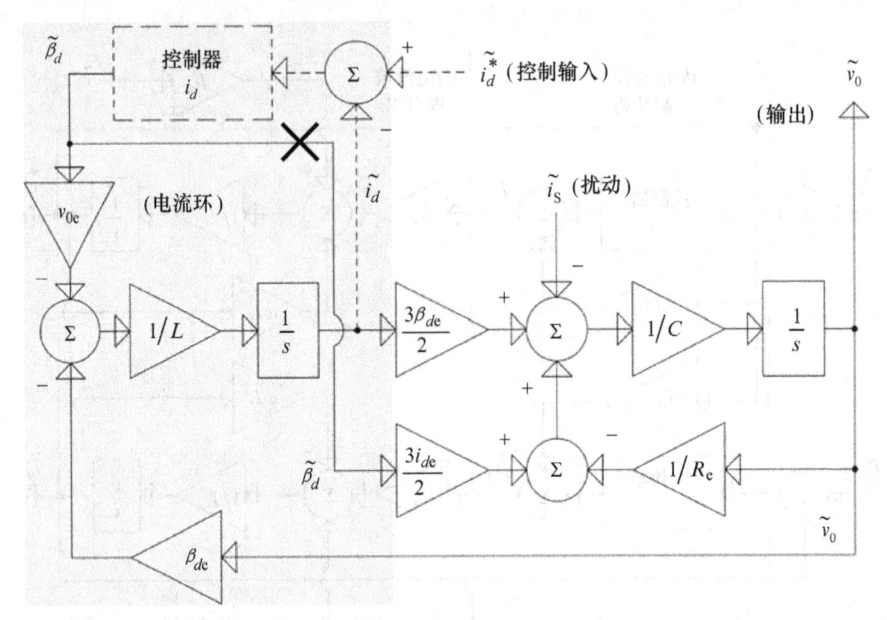

图 9.3 电压环被控对象——通过电流i_d控制直流电压；电流内环用灰色的阴影表示

于最大允许功率，所以有功电流分量的参考必须限制在最大允许值内。抗饱和结构可用于电压控制器，以便处理系统限幅饱和问题。控制结构进一步细化，还包括β_d和β_q控制输入的 $dq-abc$ 变换和 PWM 环节。

通过上述举例分析，可以提出针对 dq 坐标系下交流 PWM 变换器控制方法的通用设计规则主要步骤。

算法 9.1 在 dq 坐标下基于交流的 PWM 变换器控制结构设计

#1 确保电压具有最大的时间常数，并基于整体性能要求构建电压闭环带宽。写出电路的平均模型，并在 dq 坐标系中以直流变量的方式表达出来。选择静态工作点（例如，对应于满载条件下），作为控制设计的基础。围绕选定的工作点线性化电路模型。

#2 考虑级联控制结构，将直流电压作为外环控制目标，将交流电流的有功分量作为内环控制目标。适当简化被控对象，如无功电流分量可以单独控制。

#3 推导从占空比到电流（d 和 q 通道）的传递函数。选择合适的控制器类型，然后选择足够快速的内环行为（电流环带宽比电压环大 5~10 倍）。采用回路成形或极点配置方法，计算控制器参数。

#4 推导从有功电流分量到直流电压的传递函数。忽略电压纹波，同时减小初始闭环带宽以避免扰动量影响。从这个意义上说，对电压变化的主要分量使用带阻滤波器可能是有效的。推导从有功电流分量到输出电压的传递函数。通过使用回路成形或极点配置方法来计算控制器参数，以满足整体性能要求。

#5 更改静态工作点（如考虑轻载），并评价所得控制方法的鲁棒性。

#6 如果有必要，可以考虑调整外环控制器的参数，以获得平稳的启动或在整个工作范围内保持所需的动态性能。

备注：级联控制结构并不是 dq 坐标系下对于这种变换器唯一的控制方案。结合直流电压积分控制器的全状态反馈也可以是一个很好的解决方案（第 8 章 8.4 节提供）。而将局部状态反馈（例如，仅用于电流）嵌入到双环级联控制结构内也是可以构想的方案。

9.2.1 单相并网逆变器示例

图 9.4 给出的 PWM 变换器将未经调节的直流电流源（例如，光伏阵列）功率传递到单相电网。此直流电源输出电流随一次能源和端口电压变化而变化。

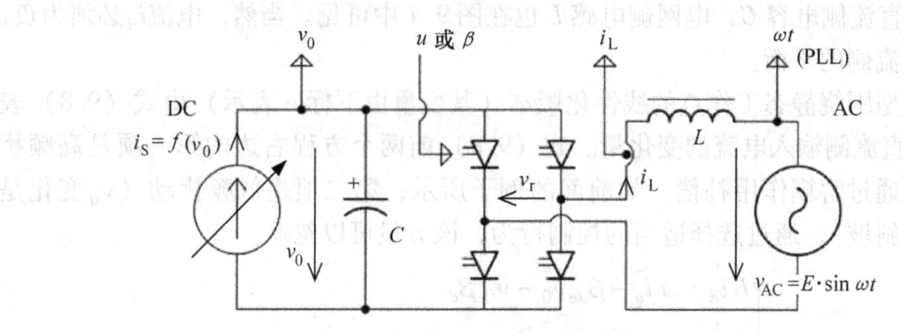

图 9.4 并网单相逆变器

相关联的控制结构设计必须允许可用的直流电源注入电网。该变换器还必须提供一定程度的无功功率。

控制结构应基于一个双回路级联，通过使用算法 9.1，基于电路线性化模型设计其控制器。

控制必须建立直流和交流部分之间的功率平衡，以实现其目标。内置的不平衡传感器是电容电压 v_0：如果提供给直流侧的功率比提取的功率大，电容电压会增大到危险的程度；相反的情况，电容电压会降低，最终危及逆变器的正常操作。很明显，必须通过维持足够的直流电压 v_0 避免这两种情况。因此，功率平衡的初始条件可以转换成为直流电压 v_0 调节到恒定值，从而保证变换器的正常运行。

因为电路运行带有交流变量，所以控制动作也针对这些变量的包络线（振幅）(Roshan, 2006)。这些是新直流变量，可以由幅度解调来获得，即通过 dq 变换。在第 5 章已经说明，通用交流变量 y 可以表示为两个分量的总和：$y = y_d \sin\omega t + y_q \cos\omega t$。新 dq 坐标系也可用于分别控制有功功率（d 通道）和无功功率（q 通道）。假设初始直流电流源具有输出特性形式：

$$i_S = f(v_0) = I_0 - \frac{v_0}{R}$$

式中，I_0是取决于初始电源的缓慢可变参数；R 是电源的动态电阻（特性 i_S 的倒数——v_0斜率），假设它是快速可变的。

回想一下，在同步旋转 dq 坐标表示该电路的 GAM 由式（9.7）［见第 5 章式（5.81）］给出：

$$\begin{cases}\dfrac{di_d}{dt}=\omega i_q+\dfrac{E}{L}-\dfrac{v_0}{L}\cdot\beta_d\\ \dfrac{di_q}{dt}=-\omega i_d-\dfrac{v_0}{L}\cdot\beta_q\\ \dfrac{dv_0}{dt}=\dfrac{1}{2C}(i_d\beta_d+i_q\beta_q)-\dfrac{v_0}{CR}+I_0\end{cases}\tag{9.7}$$

$[\beta_d\ \beta_q]^T$作为输入向量，$[i_d\ i_q\ v_0]^T$作为状态向量。模型的参数——电网角速度 ω，直流侧电容 C，电网侧电感 L 也在图 9.4 中可见。当然，电流i_d必须为负，以建立直流侧的平衡。

该模型围绕静态工作点的线性化版本（其变量由下标 e 表示）由式（9.8）表示，$\widetilde{i_S}$是直流侧输入电流的变化量。式（9.8）前两个方程右边的第一项是高频扰动，并应通过解耦作用补偿，如前面的例子所示；第二项是低频扰动（v_0变化是缓慢的，斜坡），通过选择适当的控制行为，该分量可以忽略。

$$\begin{cases}L\dot{\widetilde{i_d}}=\omega\widetilde{i_q}-\beta_{de}\widetilde{v_0}-v_{0e}\widetilde{\beta_d}\\ L\dot{\widetilde{i_q}}=-\omega\widetilde{i_d}-\beta_{qe}\widetilde{v_0}-v_{0e}\widetilde{\beta_q}\\ C\dot{\widetilde{v_0}}=\dfrac{\beta_{de}}{2}\widetilde{i_d}+\dfrac{i_{de}}{2}\widetilde{\beta_d}+\dfrac{\beta_{qe}}{2}\widetilde{i_q}+\dfrac{i_{qe}}{2}\widetilde{\beta_q}-\dfrac{\widetilde{v_0}}{R_e}+\widetilde{i_S}\end{cases}\tag{9.8}$$

因此，d 和 q 通道的传递函数表现为积分环节的形式，具体如下：

$$H_{\beta_d\to i_d}(s)=H_{\beta_q\to i_q}(s)=\frac{-v_{0e}}{Ls}=\frac{1}{T_c s}$$

式中，$T_c=-L/v_{0e}$。于是，若想很好地抑制扰动v_0，电流控制器可以是比例或 PI 型。在后一种情况下，如果用$H_c(s)=K_{pc}\left(1+\dfrac{1}{T_{ic}s}\right)$描述控制器，闭环传递函数是 $H_{0c}(s)=\dfrac{T_{ic}s+1}{\dfrac{T_{ic}T_c}{K_{pc}}s^2+T_{ic}s+1}$。按照常规方法计算控制器参数，其中内闭环带宽为 $1/T_{0c}$，阻尼为ζ_c：

$$K_{pc}=2\xi_c T_c/T_{0c},T_{ic}=2\xi_c T_{0c}$$

备注：内闭环带宽与外环带宽相关，应该比外环带宽大 5~10 倍。阻尼通常在 0.7 和 0.85 之间取值。内环可能需要预滤波器$\dfrac{1}{T_{ic}s+1}$，以抵消该闭环传递函数零点的影响。

现在，考虑外环控制回路，可以对电流控制的线性化电压被控对象进行全面分析——见图 9.5 和式（9.8）的第三个方程。

电流i_d是驱动电压外环的控制输入，可以用相对外环快很多的内环控制它。正如已讨论过的，电流被控对象含有一个积分环节。因此，该可变β_d是微分的输出。假定电流基准i_d^*具有阶梯变化的形式，然后β_d将具有窄的尖峰状（由于更大内环带宽）。实际上β_d这种变化不会影响外环内v_0的值，这使得可以忽略变量β_d对直流电压v_0的直接影响。因为结构类似，同样的结论适用于 q 通道，所以β_q和β_d都不影响v_0。如果由一个足够慢的外环驱动，旨在控制无功功率，i_q输入可认为是低频扰动；因此，它也可以忽略不计。在这些假设下，受i_d控制的电压（外环）被控对象唯一显著的干扰是输入电流i_S的变化。图 9.6 给出了该被控对象被降到一阶的形式，增益为$0.5\,R_e\beta_{de}$，时间常数为R_eC，增益和时间常数都随着工作点变化而变化(R_e是变量)。

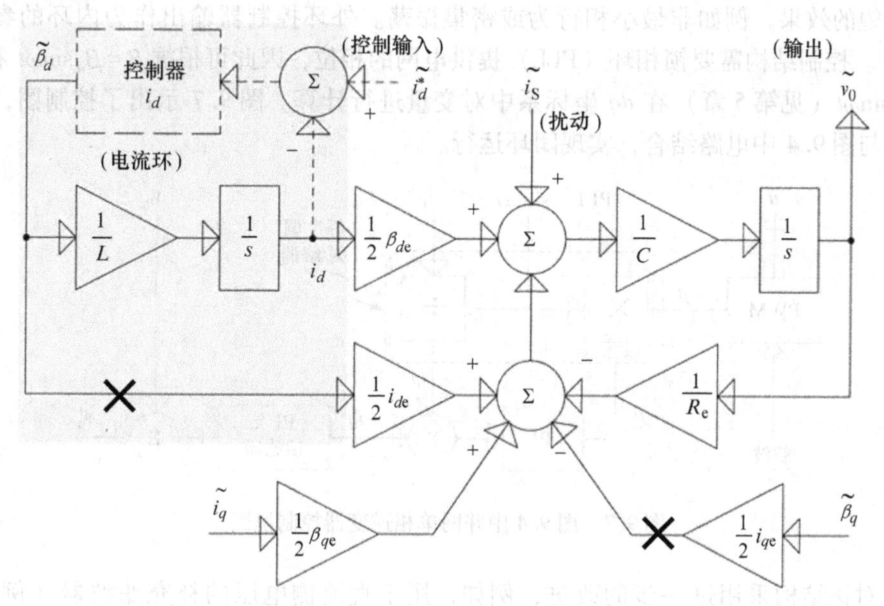

图 9.5　各种变量对直流电压的影响；灰色背景表示 i_d电流回路

选择 PI 控制器为$K_{pv}\left(1+\frac{1}{T_{iv}s}\right)$，以调节这种结构的输出没有稳态误差。闭环传递函数是

$$H_{0v}(s)=\frac{T_{iv}s+1}{\frac{T_{iv}C}{0.5K_{pv}\beta_{de}}s^2+\left(1+\frac{1}{0.5K_{pv}\beta_{de}R_e}\right)T_{iv}s+1} \tag{9.9}$$

设置外环闭环带宽为 $1/T_{0v}$，阻尼为ζ_v，通过系数对照，可以得到控制器参数

$$K_{pv}=\frac{2\xi_{v}CR_{e}-T_{0v}}{0.5\beta_{de}T_{0v}R_{e}},T_{iv}=T_{0v}\frac{2\xi_{v}CR_{e}-T_{0v}}{CR_{e}}$$

式（9.7）的第一个方程表明，d 通道占空比的稳态值几乎是恒定在$\beta_{de}=E/v_0$（在考虑电感损耗的情况下轻微变化）。这进一步表明，闭环带宽不随工作点（R_e）变化，如式（9.9）所示。然而，随着工作点变化，相关的阻尼不同于配置的值ζ_v，但对于较大数值的控制器增益K_{pv}，这种变化会大幅度减小。

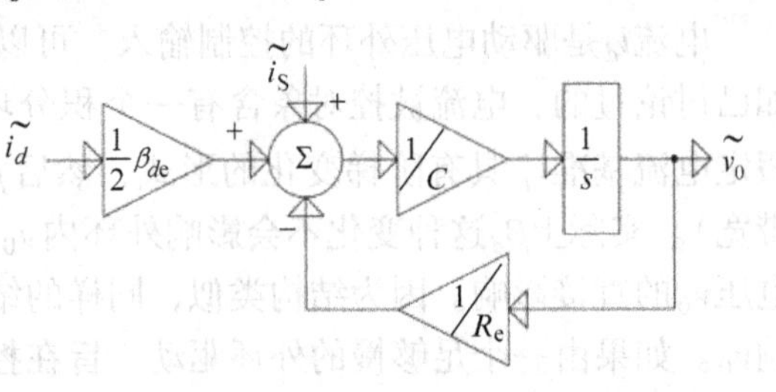

图 9.6　简化外环（直流电压）被控对象

需注意，配置外环时间常数T_{0v}5～10 倍于T_{0c}（内环）的大小，否则可能得到不期望的效果，例如非最小相行为或密集振荡。外环控制器输出作为内环的参考（i_d^*）。控制结构需要锁相环（PLL）提供电网的相位，因此可根据$\beta=\beta_d\sin\omega t$ 和$i_L=i_d\sin\omega t$（见第 5 章）在 dq 坐标系中对变量进行计算。图 9.7 示出了控制图，其必须与图 9.4 中电路结合，实现闭环运行。

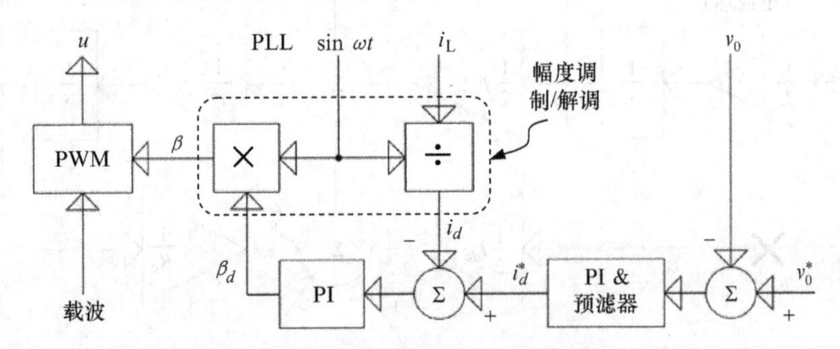

图 9.7　图 9.4 中并网单相逆变器控制框图

对该结构采用进一步的改进，例如，用于直流侧电压的补充滤波器（例如，陷波滤波器）可以削弱变量v_0的交流分量（2 倍 ω 处）在控制结构中产生的激励。除法模块可以由乘法模块和低通滤波器来代替（如第 5 章 5.5.2 节所示）。通过置换电流控制器之前的乘法模块，这种结构可以进一步改为更合适的形式（这减少了计算负担，并避免了除法），在图 9.8 中可以看出。不再比较 d 轴电流分量，而是比较内环电感电流。在 q 通道的控制是相似的，内环基准为$i_L=i_q\cos\omega t$。慢变量参考i_q^*将调整供给到电网的无功功率［见式（9.1）］。

此外，鲁棒性研究是必要的（主要关于外部电压回路阻尼），以确保在整个工作范围内令人满意的闭环系统动态。

总之，本节考虑和设计用于 AC－DC 变换器双回路级联控制结构。所有控制器

处理同步旋转 dq 坐标系中的变量。但是，正如下面将详细描述的，它可以直接在静止坐标合成控制器（Malesani 和 Tomasin，1993；Kazmierkowski 和 Malesani，1998）或者设计同时使用静止和 dq 坐标变量的混合控制结构（Timbuş等，2009）。

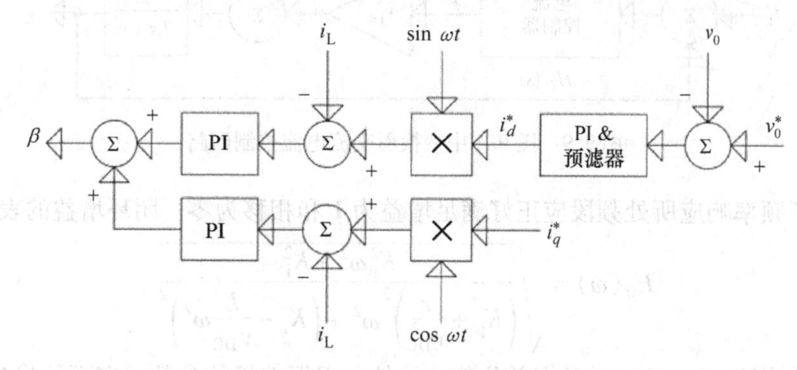

图9.8 图9.4并网单相逆变器控制图，并重新绘制完成了 q 通道

9.3 谐振控制器

这节还提出了基于 PWM 运行的交流变换器的控制，但与前面的章节差别较大；这里主要是处理静止坐标交流变量控制。

在静止坐标交流变量控制假设一个控制环，其直接作用于交流电路，无需中间幅度调制-解调（或 dq 变换）。

9.3.1 谐振控制的必要性

考虑一个单相并网逆变器，与图9.4中所描述的类似。控制晶体管桥，使得它能够向电网输出电压 $v_r=\beta\cdot v_0$，因此，平均电感电流的动态（注入电网）遵循以下方程：

$$L\dot{i}_L=v_r-v_{AC}-i_Lr=\beta v_0-v_{AC}-i_Lr$$

式中，L 是电感；r 是电感寄生电阻；$v_{AC}=E\sin\omega_0 t$ 是电网电压。如果考虑电网电压的幅度不变，直流电压恒定在所希望的值 $v_0\equiv v_{DC}$，所得相关（控制通道）传递函数为

$$H_P(s)=\frac{\widetilde{i_L}}{\widetilde{\beta}}=\frac{v_{DC}}{Ls+r}$$

电感电流控制结构如图9.9所示。假定在该图中电流控制器为 PI 控制器，其传递函数为 $H_C(s)=K_p+K_i/s$，（控制通道的）闭环传递函数为

$$H_C(s)=\frac{K_ps+K_i}{\dfrac{L}{v_{DC}}s^2+\left(K_p+\dfrac{r}{v_{DC}}\right)s+K_i}$$

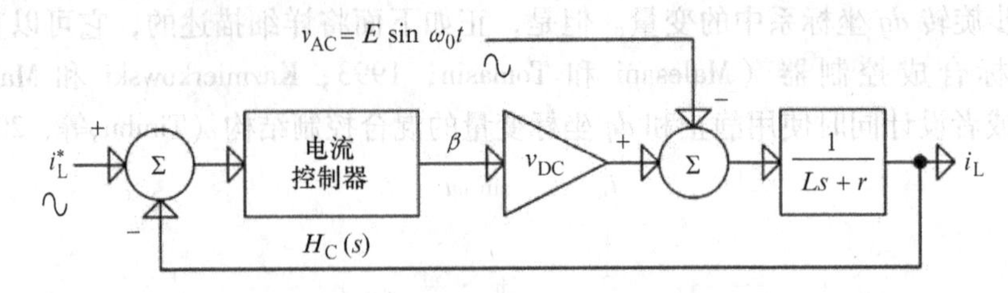

图 9.9　图 9.4 中变换器交流电流控制回路

闭环频率响应所处频段应正好满足增益为 1 和相移为零。闭环增益的表达式为

$$H_0(\omega)=\sqrt{\frac{K_p^2\omega^2+K_i^2}{\left(K_p+\frac{r}{v_{DC}}\right)^2\omega^2+\left(K_i-\frac{L}{v_{DC}}\omega^2\right)^2}}$$

它在直流（$\omega=0$）时具有单位值。另外，根据选择的参数，有可能发生谐振，使得第二个单位增益点存在，即在该频率处（Etxeberria - Otadui，2003）

$$\omega=\frac{1}{L}\sqrt{2v_{DC}(K_iL-K_pr)-r^2}$$

闭环相位滞后具有表达式

$$\varphi=\arctan\left(\frac{K_p\omega}{K_i}\right)-\arctan\left(\omega\frac{v_{DC}k_p+r}{v_{DC}K_i-L\omega^2}\right)$$

只有在直流（$\omega=0$）时该滞后值为零。因此，图 9.9 中采用 PI 控制器的闭环系统有理想频率响应的唯一频率是零频率。这意味着如果基准信号具有交流分量（包含非零频率），是不可能消除幅度和相位稳态误差的。此外，稳态误差随频率增加而增加。通过使用非常高的控制器增益进一步减小稳态误差是可行的，但有两个主要限制因素决定该解决方案的实施。第一点是由有限值直流侧电压引起的控制输入饱和；第二点是高控制器增益导致闭环带宽的增加和相位裕量的减小，最终进一步导致系统不稳定。

最后，因为参考为具有非零频率的交流变量，使用标准的 PI 控制不能构建这种控制回路，所以需要设想其他的解决方案（Sato 等，1998；Esselin 等，2000；Fukuda 和 Yoda，2001）。

9.3.2　比例谐振控制的基础

如在 9.2 节所描述的，旋转坐标系下的控制假设交流变量的幅度解调，对 d 和 q 通道包络线（直流变量）进行控制，然后幅度解调制，以获得交流控制输入。这种方法示于图 9.10，其中，e_{AC}是交流误差信号，u_{AC}是交流控制输入信号。

通过乘以电网相位的正弦和余弦（电角度）解调该误差，从而获得一个集中于直流分量的信号和另一个集中于 2 ω_0分量的信号（ω_0是电网频率）。如果使用图 9.10 的 PI 控制器，那么可以获得直流分量零稳态误差。进一步调整控制器的输

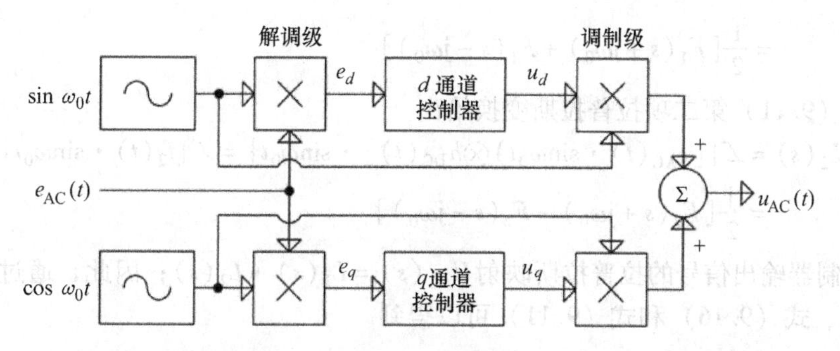

图9.10 使用解调调制的交流变量控制（Zmood和Holmes，2003）

出，并通过它们求和，可以得到交流控制信号u_{AC}。注意u_{AC}的表达式不包含$2\omega_0$信号，因为其分量求和互相抵消。dq坐标系中使用的PI控制器传递函数通常是

$$H_{DC}(s)=K_p+\frac{K_i}{s} \tag{9.10}$$

现在，通过分析图9.10的框图，控制输入u_{AC}的时域表达式是

$$u_{AC}(t)=[(e_{AC}\cos\omega_0 t)\otimes h_{DC}(t)]\cos\omega_0 t+[(e_{AC}\sin\omega_0 t)\otimes h_{DC}(t)]\sin\omega_0 t \tag{9.11}$$

式中，$h_{DC}(t)$是控制器的脉冲响应；⊗表示卷积。最终目的是获得控制器，其传递函数表示为H_{AC}（s），具有与式（9.11）给出方程相同的频率响应，不使用解调调制动作（Zmood和Holmes，2003）。这样的系统在s域表示为

$$U_{AC}(s)=H_{AC}(s)\cdot E_{AC}(s) \tag{9.12}$$

式中，$E_{AC}(s)$和$U_{AC}(s)$分别为误差和控制输入的拉普拉斯映射。在时域中，这个表示为

$$u_{AC}(t)=e_{AC}(t)\otimes h_{AC}(t)$$

式中，$h_{AC}(t)$是等效交流控制器的脉冲响应。在式（9.11）中，分别使符号$f_1(t)=h_{DC}(t)\otimes[e_{AC}(t)\cdot\cos\omega_0 t]$和$f_2(t)=h_{DC}(t)\otimes[e_{AC}(t)\cdot\sin\omega_0 t]$替换卷积项。计算其拉普拉斯映射如下：

$$F_1(s)=L\{h_{DC}(t)\otimes(e_{AC}(t)\cdot\cos\omega_0 t)\}=H_{DC}(s)\cdot L\{e_{AC}(t)\cdot\cos\omega_0 t\}$$

通过使用频移的拉普拉斯变换特性，还能得到

$$F_1(s)=\frac{1}{2}H_{DC}(s)\cdot[E_{AC}(s+j\omega_0)+E_{AC}(s-j\omega_0)] \tag{9.13}$$

用相同的方法表示

$$F_2(s)=\frac{j}{2}H_{DC}(s)\cdot[E_{AC}(s+j\omega_0)-E_{AC}(s-j\omega_0)] \tag{9.14}$$

式（9.11）第一项拉普拉斯变换式给出

$$L_1(s)=\mathcal{L}\{[e_{AC}(t)\cdot\cos\omega_0 t)\otimes h_{DC}(t)]\cdot\cos\omega_0 t\}=\mathcal{L}\{f_1(t)\cdot\cos\omega_0 t\}$$

$$=\frac{1}{2}[F_1(s+\mathrm{j}\omega_0)+F_1(s-\mathrm{j}\omega_0)] \tag{9.15}$$

式（9.11）第二项拉普拉斯变换给出

$$L_2(s)=\mathcal{L}\{[e_{\mathrm{AC}}(t)\cdot\sin\omega_0 t)\otimes h_{\mathrm{DC}}(t)]\cdot\sin\omega_0 t\}=\mathcal{L}\{f_2(t)\cdot\sin\omega_0 t\}$$
$$=\frac{\mathrm{j}}{2}[F_2(s+\mathrm{j}\omega_0)-F_2(s-\mathrm{j}\omega_0)] \tag{9.16}$$

控制器输出信号的拉普拉斯映射$U_{\mathrm{AC}}(s)=L_1(s)+L_2(s)$；因此，通过结合式（9.15）、式（9.16）和式（9.11）可以得到

$$U_{\mathrm{AC}}(s)=\frac{1}{2}[F_1(s+\mathrm{j}\omega_0)+F_1(s-\mathrm{j}\omega_0)]+\frac{\mathrm{j}}{2}[F_2(s+\mathrm{j}\omega_0)-F_2(s-\mathrm{j}\omega_0)] \tag{9.17}$$

通过将式（9.13）和式（9.14）给出的F_1（s）和F_2（s）代入到式（9.17）中，并且利用式（9.12）最终获得

$$H_{\mathrm{AC}}(s)=\frac{1}{2}[H_{\mathrm{DC}}(s+\mathrm{j}\omega_0)+H_{\mathrm{DC}}(s-\mathrm{j}\omega_0)] \tag{9.18}$$

当参考信号带宽与参考频率本身相比较小，使用在滤波器合成中得到的低通滤波器变换为带通滤波器的方法，式（9.18）可被替代。这样，等效交流控制器的传递函数变为

$$H_{\mathrm{AC}}(s)=K_{\mathrm{p}}+\frac{2K_{\mathrm{i}}s}{s^2+\omega_0^2} \tag{9.19}$$

注意，谐振（第二）项出现在这个等式中；为此这种控制器通常被称为比例谐振（PR）。

请记住，积分器能够在零频率（直流）处实现无穷大增益。相反地，式（9.19）第二项在特定频率处提供了无穷大增益，即谐振频率ω_0处。由于谐振频率可以不为零，从而允许在非零频率ω_0处获得零稳态误差。这就是为什么这项也被称为广义积分。广义积分器的增益与广义积分器（谐振项）的选择性（品质因数）成反比，从图9.11中可以看出。

从控制理论的观点，为了置零稳态误差（消除在稳态下扰动影响），有必要在控制器中引入外源信号内模的拉普拉斯变换（Francis 和 Wonham，1976；Fukuda 和 Imamura，2005）。因此，例如，如果外源信号是阶跃变化的，则引入一个位于原点的极点，其相当于在伯德图$\omega=0$处插入单位脉冲。这种情形的特殊之处在于整个频带的频率特性都受到了影响。如果外源是一个斜坡信号，则在$\omega=0$处插入双脉冲。遵循同样的道理，在外源信号为谐波的情况下（例如谐波参考信号的跟踪或者谐波干扰消除），必须在控制器中引入在谐振频率产生脉冲的谐振元件。这种方式可以解决稳态的问题（消除稳态误差）。

此外，必须通过使用一个状态空间或频域方法解决闭环动态性能问题。在电力电子控制中更经常使用后者。基于频率的模型（奈奎斯特轨迹或伯德特性）必须

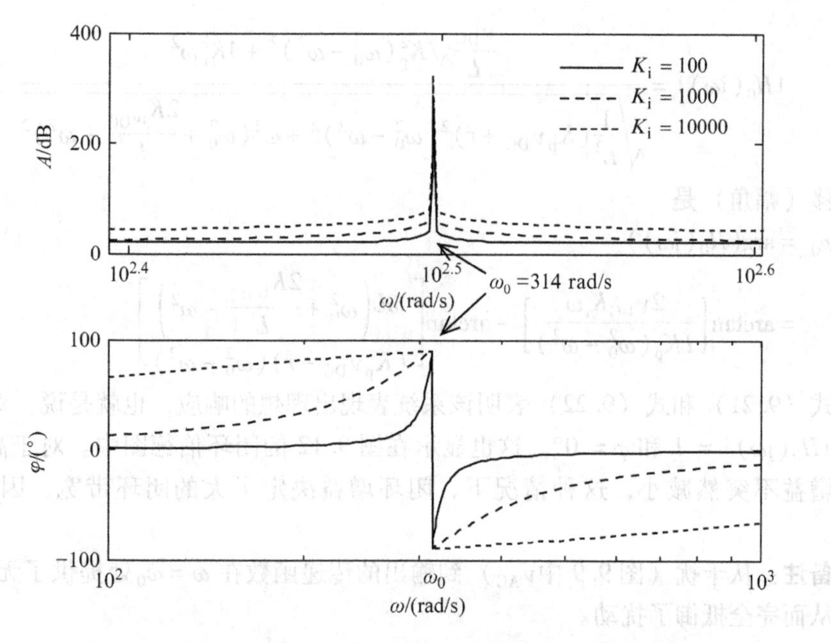

图 9. 11　针对不同的积分增益K_i，比例谐振控制器的伯德特性

根据动态性能要求进行校正。

PI 控制器是 PR 一个特殊情况，用于当频率特性中的脉冲配置在 $\omega = 0$ 时的情况。在这种情况下，整个频率范围内频率特性受到显著影响，使得利用根轨迹的经典调谐方法（模数和对称性方法，分别为单极和双极）作用于中频段。现在，有关 PR 控制器的问题是类似的，但是只在谐振频率周围局部改善频率特性。相关的设计方法是基于频率的（例如，回路成形及根轨迹——见 MATLAB® 中 rltool），并服从相同的设计原则，正如在 PI 控制器的情况下一样。但是，也有一些方面针对电力电子变换器：如非正弦周期性外因（其消除需要多谐振控制器）、频率变化（假设其调整内模极点）等。需要注意，当控制器在原点处有极点时，这些方面的影响就不存在了。

现在，假设图 9. 9 中电流控制器具有式（9. 19）给出的传递函数（即 PR 控制器）。在这种情况下，闭环传递函数是

$$H_0(s) = \frac{H_{AC}(s)H_P(s)}{1 + H_{AC}(s)H_P(s)}$$

$$= \frac{\frac{v_{DC}}{L}(K_p s^2 + 2K_i s + K_p\omega_0^2)}{s^3 + \frac{1}{L}(K_p v_{DC} + r)s^2 + \left(\omega_0^2 + \frac{2K_i v_{DC}}{L}\right)s + \frac{\omega_0^2}{L}(K_p v_{DC} + r)} \tag{9.20}$$

计算式（9. 20）中传递函数增益为（Etxeberria - Otadui，2003）

$$|H_0(j\omega)| = \frac{\frac{v_{DC}}{L}\sqrt{K_p^2(\omega_0^2-\omega^2)^2+4K_i^2\omega^2}}{\sqrt{\frac{1}{L^2}(K_p v_{DC}+r)^2(\omega_0^2-\omega^2)^2+\omega^2\left(\omega_0^2+\frac{2K_{i}v_{DC}}{L}-\omega^2\right)^2}} \tag{9.21}$$

其相移（幅角）是

$$\begin{aligned}\varphi_0 &= \arg(H_0(j\omega)) \\ &= \arctan\left[\frac{2v_{DC}K_i\omega}{LK_p(\omega_0^2-\omega^2)}\right]-\arctan\left[\frac{\omega L\left(\omega_0^2+\frac{2K_{i}v_{DC}}{L}-\omega^2\right)}{(K_p v_{DC}+r)(\omega_0^2-\omega^2)}\right]\end{aligned} \tag{9.22}$$

式（9.21）和式（9.22）表明该系统表现出理想的响应，也就是说，对于$\omega=\omega_0$，$|H_0(j\omega)|=1$和$\varphi=0°$。这也显示在图9.12的闭环伯德图中。对于高K_p值，闭环增益不突然减小，这种情况下，闭环增益决定了大的闭环带宽，因此响应迅速。

备注：从干扰（图9.9中v_{AC}）到输出的传递函数在$\omega=\omega_0$处提供了无穷大衰减，从而完全抵御了扰动。

9.3.3 设计方法

9.3.3.1 回路成形

最简单的设计方法是基于回路成形的方法（Zmood和Holmes，2003；Yuan等，2002）。开环传递函数为

$$H_{OL}(s)=\left(K_p+K_i\frac{2s}{s^2+\omega_0^2}\right)\frac{v_{DC}}{Ls+r}$$

图9.13给出了相关的频率特性。首先，考虑谐振项的效果仅影响局部特性，即只在频率ω_0周围（这相当于假设增益K_i取合理的较小值），因此，其存在不会显著改变截止频率ω_{OL}。在此假设下，简化开环传递函数同于具有比例控制器的一阶系统，如图9.13所示：

$$H_{OL}^S(s)=\frac{K_p v_{DC}}{Ls+r}$$

这种情况是按照经典方法处理的；所需的稳定时间决定闭环带宽或者等效截止频率值ω_{OL}。这可以通过控制器增益K_p来调节，如下（也见图9.13）。

置零简化开环传递函数的增益（以dB为单位）得到截止频率：$|H_{OL}^S(j\,\omega_{OL})|=1$，其中进一步确定控制器增益

$$K_p=\frac{1}{v_{DC}}\sqrt{\omega_{OL}^2L^2+r^2} \tag{9.23}$$

设计过程的第二步涉及谐振项系数K_i。如图9.11可以看到，这项引入了大的相位滞后（在ω_0处约90°），其随着频率的增加慢慢减少。这种变化随着增益K_i变

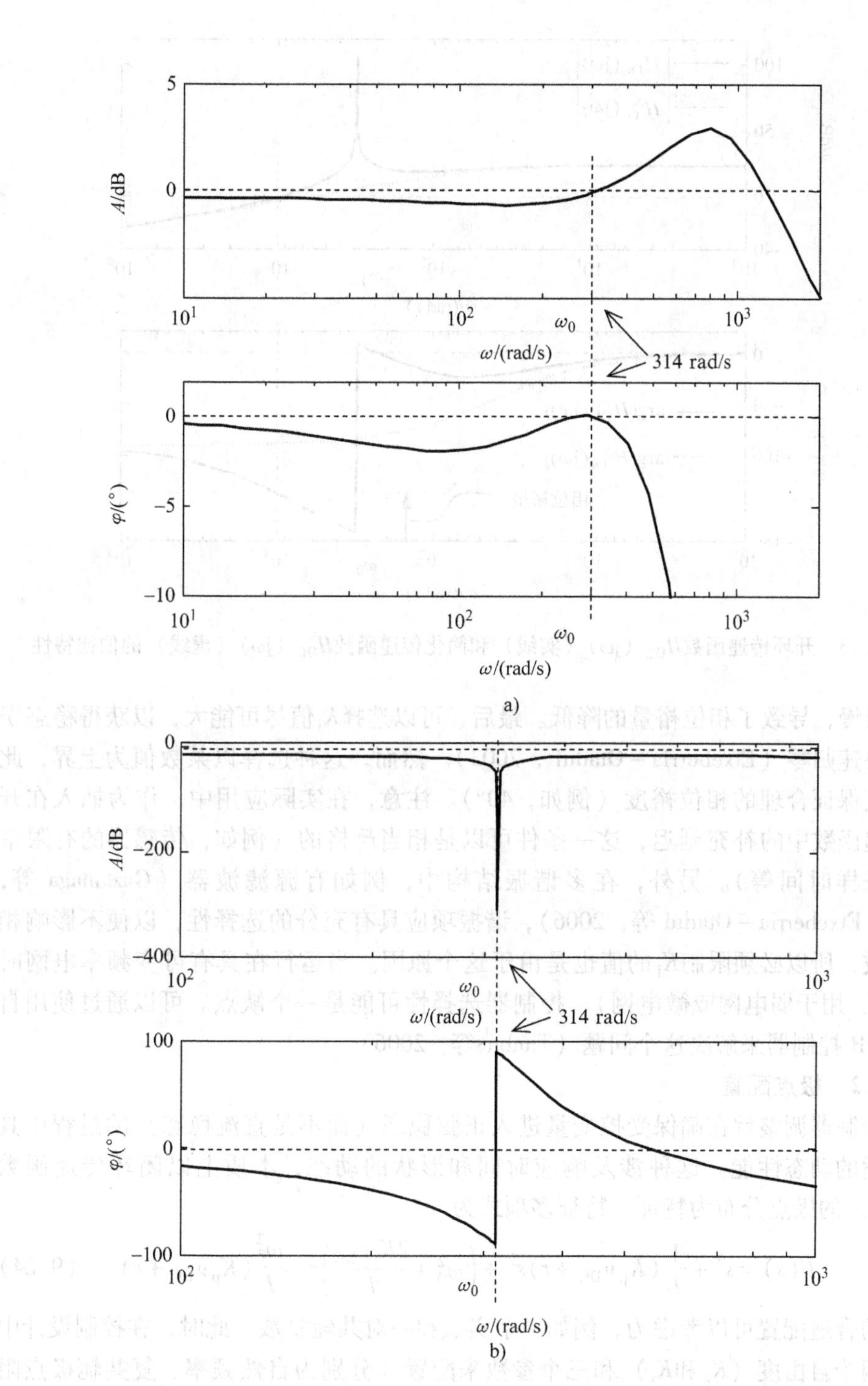

图 9.12　带比例谐振控制器闭环伯德特征：a）控制输入至输出传输通道；b）扰动到输出传输通道

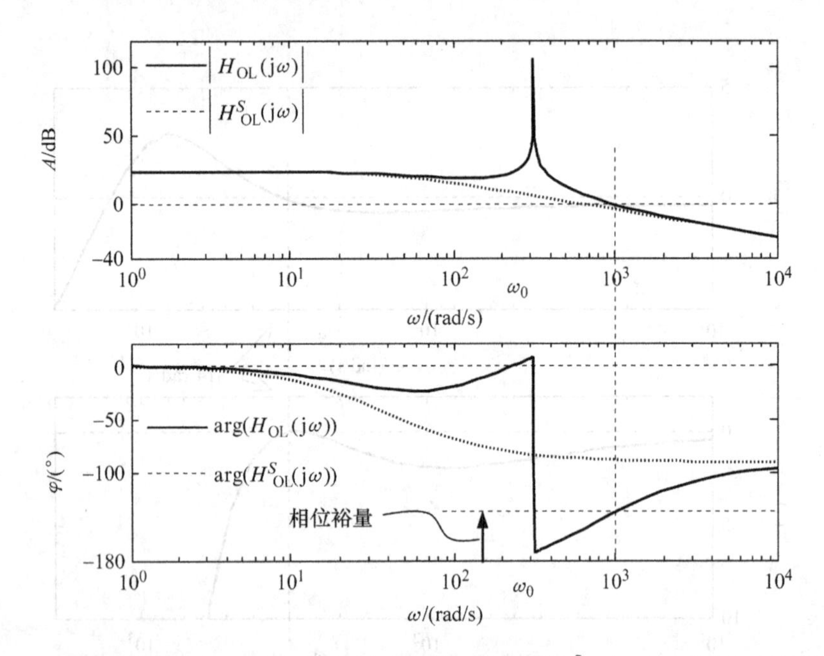

图 9.13 开环传递函数H_{OL}（jω）（实线）和简化传递函数H^{S}_{OL}（jω）（虚线）的伯德特性

高会减慢，导致了相位裕量的降低。最后，可以选择K_i值尽可能大，以获得稳态误差的快速归零（Etxeberria - Otadui，2003）。然而，这种选择以某数值为上界，此界限能保证合理的相位裕度（例如，40°）。注意，在实际应用中，作为插入在开环传递函数中的补充延迟，这一条件可以是相当严格的（例如，传感器的有限带宽、采样时间等）。另外，在多谐振结构中，例如有源滤波器（Gaztañaga 等，2005；Etxeberria - Otadui 等，2006），谐振项应具有充分的选择性，以便不影响相邻谐波，所以必须限制K_i的值也是由于这个原因。当运行在具有可变频率电网时（例如，用于弱电网或微电网），控制器选择性可能是一个缺点。可以通过使用自适应 PR 控制器来解决这个问题（Timbuş等，2006）。

9.3.3.2 极点配置

控制器调整旨在确保受控变量进入正弦稳态（而不是直流稳态）的过程中具有合适的动态性能。这种涉及响应时间和形状的动态，本质上以闭环传递函数（9.20）的极点分布为特征。特征多项式为

$$P(s) = s^3 + \frac{1}{L}(K_p v_{DC} + r)s^2 + \left(\omega_0^2 + \frac{2K_i v_{DC}}{L}\right)s + \frac{\omega_0^2}{L}(K_p v_{DC} + r) \qquad (9.24)$$

其根的合适配置可以考虑为，例如一个实数和一对共轭复数，此时，在控制设计中只有两个自由度（K_p和K_i）和三个参数来配置（分别为自然频率、复共轭极点阻尼和实极点的频率）。该设计可以用根轨迹方法（例如，MATLAB® 的 rltool）；基本要求是确保合理的闭环阻尼和足够大的闭环带宽。验证闭环性能的最佳方式是将

误差信号变化可视化。

9.3.3.3　Naslin 多项式方法

通过将闭环特征多项式（9.24）变换为 3 阶 Naslin 多项式，也可以计算控制器参数。

Naslin 多项式，也被称为带可调阻尼的普通多项式，对其的介绍可以从与 2 阶系统（Naslin，1968）类比开始。考虑由传递函数描述的 2 阶线性系统：

$$H_0(s)=\frac{a_0'}{a_0+a_1s+a_2s^2}$$

其阻尼系数根据 $4\zeta^2=a_1^2/(a_0a_2)$ 取决于分母的多项式系数，并且增益一般不等于 1（$a'_0\neq a_0$）。

以类似的方式给出对于 n 阶系统阻尼系数的定义，令

$$H_0(s)=\frac{a_0'}{a_0+a_1s+\cdots+a_ns^n}\tag{9.25}$$

为系统的传递函数。其定义了所谓的特征比

$$\alpha_1=\frac{a_1^2}{a_0a_2},\alpha_2=\frac{a_2^2}{a_1a_3},\cdots,\alpha_n=\frac{a_n^2}{a_{n-1}a_{n+1}}$$

并且特征脉冲为

$$w_0=\frac{a_0}{a_1},w_1=\frac{a_1}{a_2},\cdots,w_n=\frac{a_n}{a_{n+1}}\tag{9.26}$$

简单的代数计算证明

$$\alpha_1=\frac{w_1}{w_0},\alpha_2=\frac{w_2}{w_1},\cdots,\alpha_n=\frac{w_n}{w_{n+1}}\tag{9.27}$$

H_0特征多项式的增益曲线给出了特性比和特征脉冲的几何解释，如图 9.14 所示。

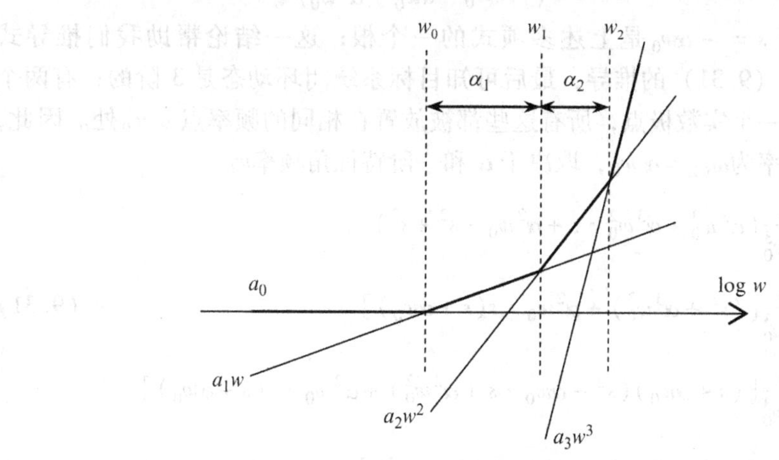

图 9.14　用增益曲线对特征脉冲和特征比进行几何解释（Naslin，1968）

图9.14给出了对应连续项$a_i s^i$增益的曲线；其包络线是增益曲线的近似。特征脉冲是增益曲线转折点的横坐标，特征比则给出了线段的长度。给特征比设置足够大的值可以确保较弱的谐振（Naslin，1968）。为此，弱谐振可以确保在转折频率附近，近似曲线相对于实际增益曲线较小的误差。总之，可以通过给特征比赋足够大的值，或者说使线段足够长，从而确保较好的近似。

上述结论意味着可以定义多项式族，其成员具有相同的、与阻尼有关的特征比值α。通过设定α大于某一特定值，并确保瞬态过程由单一主导模式描述，就能保证系统的稳定性和阻尼特性。

结果，这族多项式完全由阶数n、阻尼系数α和特征脉冲描述。例如，根据式(9.27)，如果给定一阶特征脉冲w_0，其他的脉动就由阻尼系数α所决定：

$$w_1 = \alpha w_0, w_2 = \alpha^2 w_0, \cdots, w_n = \alpha^n w_0 \tag{9.28}$$

另外，通过给定系数a_0的值，利用式（9.28）和式（9.26）可求得其他的多项式系数

$$a_1 = \frac{a_0}{w_0}, a_2 = \frac{a_0}{\alpha w_0^2}, a_3 = \frac{a_0}{\alpha^3 w_0^3}, \cdots \tag{9.29}$$

根据式（9.29），可以将Naslin多项式写为一般形式

$$P_N(s) = a_0\left(1 + \sum_{n=1}^{N} \frac{s^n}{\alpha^{\frac{n(n-1)}{2}} w_0^n}\right) \tag{9.30}$$

当系统闭环传递函数特征多项式是Naslin多项式时，式（9.30）可用于控制设计。可以通过系数α和脉动w_0两个参数的整定，来调整系统闭环动态性能。

在$n=3$的情况下，该Naslin多项式是（Kazmierkowski等，2002）。

$$P_N(s) = a_0\left(1 + \frac{s}{w_0} + \frac{s^2}{a w_0^2} + \frac{s^3}{\alpha^3 w_0^3}\right)$$

很容易验证$s = -\alpha w_0$是上述多项式的一个根；这一结论帮助我们推导式(9.31)。通过式（9.31）的推导，最后可知目标系统闭环动态是3阶的；有两个共轭复数极点和一个实数极点，所有这些都被放置在相同的频率点αw_0处。因此，闭环系统转折频率为$\omega_{CL} = \alpha w_0$，取决于α和一阶特征角频率w_0。

$$\begin{aligned} P_N(s) &= \frac{a_0}{\alpha^3 w_0^3}(\alpha^3 w_0^3 + \alpha^3 w_0^2 \cdot s + \alpha^2 w_0 \cdot s^2 + s^3) \\ &= \frac{a_0}{\alpha^3 w_0^3}[(s^3 + \alpha^3 w_0^3) + \alpha^2 w_0 \cdot s(s + \alpha w_0)] \\ &= \frac{a_0}{\alpha^3 w_0^3}[(s + \alpha w_0)(s^2 - \alpha w_0 \cdot s + \alpha^2 w_0^2) + \alpha^2 w_0 \cdot s(s + \alpha w_0)] \\ &= \frac{a_0}{\alpha^3 w_0^3}(s + \alpha w_0)(s^2 + \alpha w_0(\alpha - 1)s + \alpha^2 w_0^2) \end{aligned} \tag{9.31}$$

复数极点对的阻尼系数也与α的值相关，即

$$\zeta = \frac{\alpha - 1}{2} \tag{9.32}$$

从式（9.32）可以看到，为了闭环系统的稳定，α 必须大于 1，而值在 1 和 3 之间则产生共轭复数极点。此外，如果 α 介于 1 和 $1+\sqrt{2}$ 之间，则系统存在谐振。α 值大于 3，则分解为（$s^2 + \alpha w_0(\alpha - 1)s + \alpha^2 {w_0}^2$）是可能的；此时，闭环将有两个实极点，而不是一个复数对。

式（9.24）所描述的是 3 阶闭环系统的情况。因此，如果将多项式

$$P(s) = s^3 + \frac{1}{L}(K_p v_{DC} + r)s^2 + \left(\omega_0^2 + \frac{2K_i v_{DC}}{L}\right)s + \frac{\omega_0^2}{L}(K_p v_{DC} + r)$$

改写为适当调节的 Naslin 多项式，其中 ω_0 是目标正弦波信号的频率，K_p 和 K_i 是 PI 谐振控制器参数：

$$P_N(s) = a_0\left(1 + \frac{s}{w_0} + \frac{s^2}{\alpha w_0^2} + \frac{s^3}{\alpha^3 w_0^3}\right)$$

再经过系数对照和一些代数运算，以下关系成立：

$$\begin{cases} a_0 = \alpha^3 w_0^3 \\ \alpha^3 w_0^2 = \omega_0^2 + \dfrac{2K_i v_{DC}}{L} \\ \alpha^2 w_0 = \dfrac{1}{L}(K_p v_{DC} + r) \\ w_0 = \dfrac{\omega_0}{\sqrt{\alpha}} \end{cases} \tag{9.33}$$

最终可以确定 PI 谐振控制器参数为

$$K_p = \frac{\alpha\sqrt{\alpha}\omega_0 L - r}{v_{DC}}, K_i = \frac{\omega_0^2 L(\alpha^2 - 1)}{2v_{DC}} \tag{9.34}$$

从式（9.33）最后一个式子可以看到，闭环带宽 ω_{CL} 还依赖于频率跟随 ω_0：

$$\omega_{CL} = \alpha w_0 = \omega_0\sqrt{\alpha} \tag{9.35}$$

α 必须大于 1 以确保系统稳定。因此，理论上可以使闭环带宽至少等于需要跟随的频率 ω_0；但在这种情况下，系统阻尼为零，即存在无穷大谐振［见式(9.32)］。事实上，由于给定了需要跟随的频率参考值 ω_0，当系统闭环性能确定时(如 α 确定)，系统只有单一自由度，这意味着不能单独设定带宽和阻尼。分别根据式（9.32）和式（9.35），阻尼 ζ 和带宽 ω_{CL} 都随着 α 增加而增加（见图 9.15）。需要注意的是，当 α 的值大于 3 时，闭环系统变成过阻尼的（具有三个不同的实数极点）；$\omega_0\sqrt{\alpha}$ 不再表示它的带宽。

一旦确定动态性能要求，根据式（9.34）可以获得控制参数。

9.3.4 具体实现时的若干问题

众所周知，任何线性时不变系统都可以由包含积分器（能量积累）的模拟图

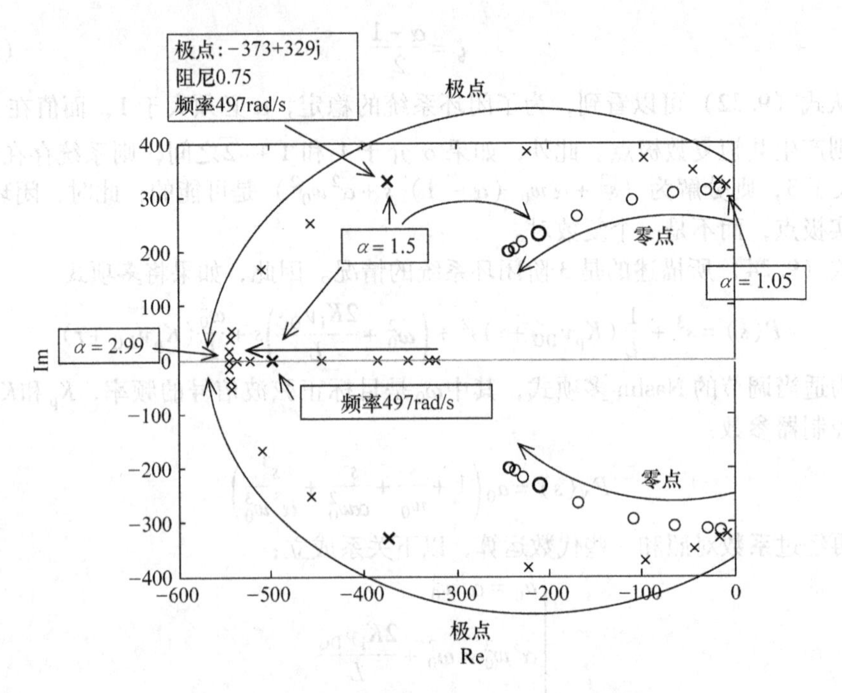

图9.15 极点和零点的位置随着 α 增加而变化

形表示，积分器的数量等于系统的阶数。从广义积分的传递函数开始

$$\frac{Y(s)}{U(s)}=\frac{s}{s^2+\omega_0^2}$$

$u(t)$ 和 $y(t)$ 分别是总输入和输出，可以得到输入输出关系为 $Y(s)\cdot(s^2+{\omega_0}^2)=s\cdot U(s)$。这个式子乘以 $1/s^2$ 得到

$$Y(s)=\frac{1}{s}\left(U(s)-Y(s)\frac{\omega_0^2}{s}\right) \tag{9.36}$$

这个式子是PR控制器模拟实现的一部分，如图9.16a所示 [$e(t)$是误差信号，$\beta(t)$是控制器输出]（Teodorescu 等，2006；Ma 等，2011）。因此，可以使用基于运算放大器的积分器和反相或同相放大器，在物理上实现谐振控制器。

模拟实现的另一种解决方案是基于式（9.19）的，其中用具有非常高的品质因数的带通滤波器替换广义积分器。

广义积分的离散时间形式适合于DSP实现，可以通过变换得到（Oppenheim 等，1996；Yepes ，2011）。这种形式取决于所使用的离散化方法。“零阶保持”的方法中假设离散化的系统串联连接零阶保持元件。离散传递函数是

$$H(z^{-1})=Z\left\{\mathcal{L}^{-1}\left[\frac{1-e^{sT_S}}{s}H(s)\right]\right\}=(1-z^{-1})\cdot Z\left\{\mathcal{L}^{-1}\left[\frac{H(s)}{s}\right]\right\}$$

式中，用到式$z=e^{sT_S}$，以T_S为采样时间。然后，通过采用广义积分传递函数［式

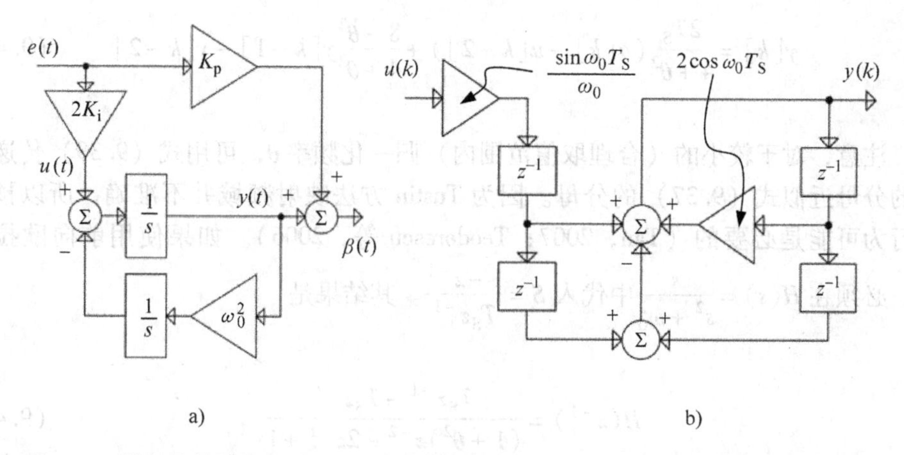

图 9. 16　谐振控制器的实现：a）PR 控制器模拟实现；b）广义积分器离散时间实现

(9. 19) 第二项]，可以得到

$$H(z^{-1}) = (1 - z^{-1}) \cdot Z\left\{\mathcal{L}^{-1}\left[\frac{1}{s^2 + \omega_0^2}\right]\right\}$$

通过查询表格给出拉普拉斯变换和 z 变换之间的对应，可以得到广义积分器的离散传递函数

$$H(z^{-1}) = \frac{(1 - z^{-1})}{\omega_0} \cdot \frac{z\sin\omega_0 T_S}{z^2 - 2z\cos\omega_0 T_S + 1}$$

$$H(z^{-1}) = -\frac{\dfrac{\sin\omega_0 T_S}{\omega_0} \cdot z^{-1} + \dfrac{\sin\omega_0 T_S}{\omega_0} \cdot z^{-2}}{z^{-2} - 2\cos\omega_0 T_S \cdot z^{-1} + 1} \tag{9.37}$$

通过采用表达式 $y(kT_S) = y[k]$ 作为通用离散时间信号 y，相应的差分方程为

$$y[k] = \frac{\sin\omega_0 T_S}{\omega_0}(u[k-1] - u[k-2]) + 2\cos\omega_0 T_S \cdot y[k-1] - y[k-2] \tag{9.38}$$

相关联的图如图 9. 16b 所示。

现在，由 $\theta = \omega_0 T_S$ 表示归一化数字频率。如果使用 Tustin 离散化方法，则 $H(s) = \dfrac{s}{s^2 + \omega_0^2}$ 中使用 $S = \dfrac{2}{T_S} \cdot \dfrac{1 - z^{-1}}{1 + z^{-1}}$。然后得到广义积分传递函数为

$$H(z^{-1}) = \frac{\dfrac{2T_S}{\theta^2 + 4} - \dfrac{2T_S}{\theta^2 + 4}z^{-2}}{z^{-2} - \dfrac{8 - \theta^2}{4 + \theta^2}z^{-1} + 1} \tag{9.39}$$

相应的差分方程为

$$y[k]=\frac{2T_S}{4+\theta^2}(u[k]-u[k-2])+\frac{8-\theta^2}{4+\theta^2}y[k-1]-y[k-2] \tag{9.40}$$

注意，对于较小的（合理取值范围内）归一化频率θ，可用式（9.39）传递函数的分母近似式（9.37）的分母。因为 Tustin 方法映射频域并不准确，所以预畸变行为可能是必要的（Tan，2007；Teodorescu 等，2006）。如果使用前向欧拉方法，必须在$H(s)=\frac{s}{s^2+\omega_0^2}$中代入$S=\frac{1-z^{-1}}{T_S z^{-1}}$。其结果是

$$H(z^{-1})=\frac{T_S z^{-1}-T_S z^{-2}}{(1+\theta^2)z^{-2}-2z^{-1}+1} \tag{9.41}$$

其对应于下列差分方程：

$$y[k]=T_S u[k-1]+T_S u[k-2]+2y[k-1]-(1+\theta^2)y[k-2] \tag{9.42}$$

注意式（9.37）、式（9.39）和式（9.41）给出了在所关注的频段内类似的频率响应。差分式（9.40）和式（9.42）产生了与图 9.16b 相比稍有不同的图形。

其他方法，如脉动不变法（Tan，2007），或在z平面直接放置零极点也可用于设计广义积分器。后一种方法基于对连续被控对象进行离散化以及应用合适的闭环离散极点配置。所得控制器的预测版本实现所谓的无差拍控制，能够确保非常快速的闭环动态（Timbuş等，2009）。

9.3.5 复合 *dq* 静止坐标系中谐振控制器的使用

重新考虑在 9.2 节的开始形成的问题，包括图 9.1 中电路，在控制与三相电网交换无功功率的同时，调节直流电压。改进所提出的仅工作在同步旋转 *dq* 坐标系中的级联控制结构，以便适应工作在静止（*abc*）坐标下的 PR 电流（内环）控制器。因此，复合 *dq* 静止控制结构（见图 9.17）可有效地使用。

这种结构假设外环控制工作在 *dq* 坐标系下，即关于 *d* 轴和 *q* 轴电流分量的参考由有功和功率需求产生（即确保功率平衡必要的值）。此外，通过使用基于 PLL 的电网电角度变换这些参考为三相交流变量（Park 逆变换）。内环控制结构包含三个独立的 PR 驱动控制回路，跟踪这些交流参考。最后，可以得到复合 *dq* − *abc* 坐标中基于交流的 PWM 变换器通用设计算法的主要步骤。

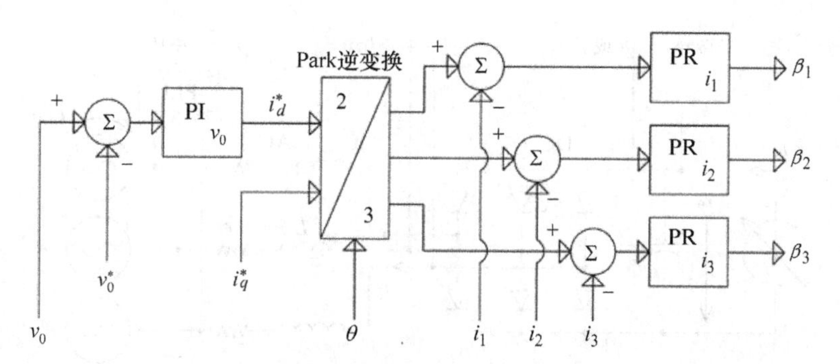

图 9.17　在复合 *dq* 静止坐标系中用于控制图 9.1 电路的双环级联控制结构

算法 9.2　复合 *dq* - *abc* 坐标中控制结构设计

#1 确保电路的动态是可分离的，这样级联控制回路才适用（即直流变量具有最大的时间常数）。

#2 认为级联控制结构具有直流变量作为外环目标，交流变量作为内环控制目标。基于所配置的整体性能以及确保完整频率间隔的内环性能，建立外环闭环带宽。外环运行在 *dq* 坐标系中，内环工作在静止 *abc* 坐标系中。

#3 写出平均电路模型，并在 *dq* 坐标系中通过直流变量（必须忽略所有的高频变化）表示它。只考虑有关外环动态的方程。选择静态工作点，做出控制设计（例如，对应于满载条件）并围绕选定的工作点线性化电路的模型。

#4 认为内环是理想的（比外环快得多），并对于给定被控对象做适当的简化。可单独控制无功功率。推导描述（简化）外部被控对象动态的传递函数。考虑合适的控制器，可以在闭环中获得#2 建立的性能。通过使用回路成形或极点配置方法，计算控制器参数，以便满足这些性能。

#5 写出在静止坐标中与内环动态相关的动态方程，同时考虑直流外环变量不变（在它们的设定值是可能的）。对内环被控对象做适当的简化。对于每个阶段写出的内环被控对象的传递函数，通过使用回路成形法、Naslin 多项式或极点配置法，计算合适的 PR 控制器，满足在#2 中配置的性能。

#6 如果有必要，可以考虑外控制器参数的调整，以获得平稳的启动或维持在整个工作范围内所需要的动态性能。

9.3.6　三相并网逆变器示例

图 9.18 的 PWM 控制电力电子变换器是由一个未调节的直流电流源（例如，光伏阵列）供电，并给出了一个强三相电网。直流电源输出的可变电流作为其主电源和直流电压的函数。

设想控制结构允许可用的直流功率注入电网。该变换器还必须提供一定数量的无功功率。

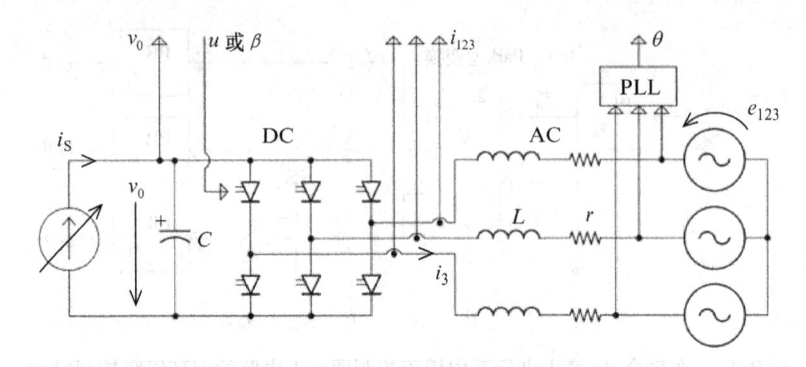

图 9.18　三相并网逆变器框图

控制结构应该是复合 dq 静态双回路级联的，并且其控制器是通过使用算法 9.2 框架的电路线性化模型设计的。

电路 dq 模型［见第 5 章式（5.80）］为

$$\begin{cases}\dfrac{\mathrm{d}i_d}{\mathrm{d}t}=\omega i_q-ri_d+\dfrac{E}{L}-\dfrac{v_0}{2L}\cdot\beta_d\\ \dfrac{\mathrm{d}i_q}{\mathrm{d}t}=-\omega i^d-ri_q-\dfrac{v_0}{2L}\cdot\beta_q\\ \dfrac{\mathrm{d}v_0}{\mathrm{d}t}=\dfrac{3}{4C}(i_d\beta_d+i_q\beta_q)-\dfrac{v_0}{CR}+I_0\end{cases}\tag{9.43}$$

式中，ω 是电网角频率；C 为直流侧电容；L 和 r 是电网侧电感参数。另外，推测主直流电流源具有形如下式的输出：

$$i_S=f(v_0)=I_0-\frac{v_0}{R}$$

式中，I_0是取决于主电源的缓慢变化参数；R 是电源的动态电阻（特性i_S-v_0斜率的倒数）。首先，假设直流侧电容（运行在电路额定功率）引起的动态相对于电感电流的动态足够慢，这使得双回路级联控制结构是恰当的。其次，假设注入电网无功功率与有功功率相比较少，并且无功参考变化缓慢。在这种情况下，可以忽略不计式（9.43）第三个式子右侧$i_q\beta_q$项的影响（它可以看作是一个扰动）。根据这些假设围绕静态工作点可以线性化这个方程为

$$C\frac{\mathrm{d}v_0}{\mathrm{d}t}=\frac{3}{4}\beta_{d0}i_d-\frac{v_0}{R_e}-\frac{3}{4}\beta_{q0}i_q\tag{9.44}$$

该式对应于图 9.6 中所描绘的结构。需要注意的是，最后一项被视为扰动项。由此得到 d 通道控制传递函数（其表示外环被控对象）为

$$H_{i\to v}(s)=\frac{0.75\beta_{d0}}{Cs+1/R_e}\tag{9.45}$$

可以通过 PI 控制器实现直流电压（外环）的调节，PI 控制器参数是根据

9.2.1 节详述的方法设计的。

正如之前的情况（见 9.2 节），该控制器输出所需的电流i_d^*，以保持直流侧功率平衡。另外，通过修改i_q^*的值，改变注入电网的无功功率（为简单起见，这里省略后者电流的调节）。

现在，考虑通过使用 Park 逆变换和 PLL 提供的电角度 θ，转换两个参考i_d^*和i_q^*为三相交流变量 i_{123}^*。这三个内环控制结构必须保证这些交流电流对参考的跟踪。

对于任何相位 k，内环被控对象都具有以下（电流）平均动态，本质上通过电感惯性给出［见式（9.2）］：

$$L\frac{\mathrm{d}i_k}{\mathrm{d}t} = e_k - \frac{\beta_k v_0}{2} - ri_k + \frac{v_0}{6}\sum_{k=1}^{3}\beta_k \quad k = 1,2,3 \tag{9.46}$$

式中，v_0是直流侧电压值（假设保持在理想值不变）。

假定对称的电网电压（即使在动态条件下），并且在任何时刻 $\sum_{k=1}^{3}(e_k) = 0$。此外，由于中线是孤立的，线电流的总和也为零，$\sum_{k=1}^{3}(i_{Lk}) = 0$。然后，通过求和式（9.46）的三个式子（对于 k 的所有值），可以得到恒等式

$$\frac{v_0}{2}\sum_{k=1}^{3}\beta_k = \frac{v_0}{6}\sum_{k=1}^{3}\beta_k$$

对于合理的工作点$v_0 \neq 0$，该式仅对 $\sum_{k=1}^{3}\beta_k = 0$ 有效。因此，在对称无畸变条件下，可以改写式（9.46）为

$$L\frac{\mathrm{d}i_k}{\mathrm{d}t} = e_k - \frac{\beta_k v_0}{2} - ri_k \quad k = 1,2,3 \tag{9.47}$$

通过将电网电压视为扰动，相位 k（内环被控对象）的控制传递函数是线性时不变的一阶系统：

$$H_{\beta\to i}(s) = \frac{0.5v_0}{Ls + r} \tag{9.48}$$

基于所用的 PR 控制器，可以计算三个电网相位的内部控制结构，其传递函数由式（9.19）给出。对于每一相，开环传递函数为

$$H_{\mathrm{OL}}(s) = \left(K_{\mathrm{p}} + K_{\mathrm{i}}\frac{2s}{s^2 + \omega_0^2}\right)\frac{0.5v_0}{Ls + r} \tag{9.49}$$

式中，必须通过权衡带宽和稳定性要求来计算参数K_{p}和K_{i}（见图 9.13）。

现在，考虑所述谐振项的效果只影响频率ω_0周围的特性，简化开环传递函数为

$$H_{\mathrm{OL}}^{\mathrm{S}}(s) = \frac{0.5K_{\mathrm{p}}v_0}{Ls + r}$$

注意，开环截止频率ω_{OL}是几乎和闭环系统带宽相同的。通常设置后者比原被控对象带宽 r/L 大 2～10 倍（取决于有多想要“加速”系统）。在这个例子中，考虑$\omega_{OL}=5r/L$。然后，可以通过式（9.23）计算增益K_p：

$$K_p=\frac{1}{0.5v_0}\sqrt{\omega_{OL}^2L^2+r^2}$$

另外，通过忽略上面的方程电感电阻 r 的影响，可以得到上述增益的近似值$K_p=\frac{L\,\omega_{0L}}{0.5\,v_0}=\frac{10r}{v_0}$。

等效地，可以写出闭环传递函数（总是通过忽略谐振项的影响）为

$$H_{CL}^{S}(s)=\frac{\frac{0.5K_pv_0}{0.5K_pv_0+r}}{\frac{L}{0.5K_pv_0+r}s+1}$$

此函数差不多具有单位增益，并且闭环带宽为$\frac{0.5K_pv_0+r}{L}$。通过令它等于ω_{OL}，可以得到$K_p=\frac{8r}{v_0}$。

所有这些计算都为比例增益K_p提供了数值，它们非常接近。对于零点几欧姆的小电阻 r 和几百伏的大电压v_0，可以得到K_p相当小的值，近似数量级为 mΩ/V。

此时可以考虑这个参数已经计算得到并继续选择控制器与谐振项相乘的参数K_i。选择这个值必须尽可能大，以获得稳态误差快速归零，但由于它引入围绕ω_0的大相位滞后，必须限制它在一个合理的值，以确保有足够大的相位裕度。必须以弧度（rad）计算后者的数值

$$\gamma=\pi-|\arg(H_{OL}(\omega_{OL}))|$$

并且，通过式（9.49）获得

$$\gamma=\pi-\arctan\frac{2K_i\omega_{OL}}{K_p(\omega_{OL}^2-\omega_0^2)}-\arctan\frac{\omega_{OL}L}{r}\approx 1.77-\arctan\frac{2K_i\omega_{OL}}{K_p(\omega_{OL}^2-\omega_0^2)}$$

通过令该表达式为$\gamma=0.7\text{rad}$（这意味着约40°的相位裕量），可以计算K_i的值。

备注：由于本身存在的滤波，在实际应用中补充滞后都可能出现在上述相位裕量的表达式中，从而减小了积分增益K_i的选择范围。图 9.19 给出了具有足够/不足相位裕量的系统的响应（在交流电流方面）。

也可以使用试错的方法选择相位裕度，使用控制为主的计算机辅助设计软件提供的交互式工具，如 MATLAB®（例如，sisotool）。

图 9.20 给出了具有内环和外环的完整控制结构。

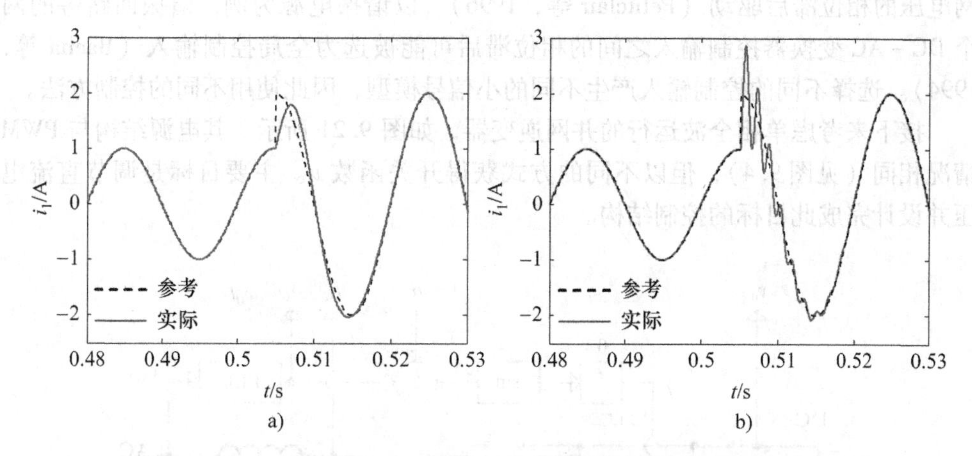

图 9.19　复合 $dq-abc$ 坐标下控制的三相逆变器在参考幅度阶跃变化时不同的内环响应：a）具有约 60°的相位裕量；b）具有约 10°的相位裕量

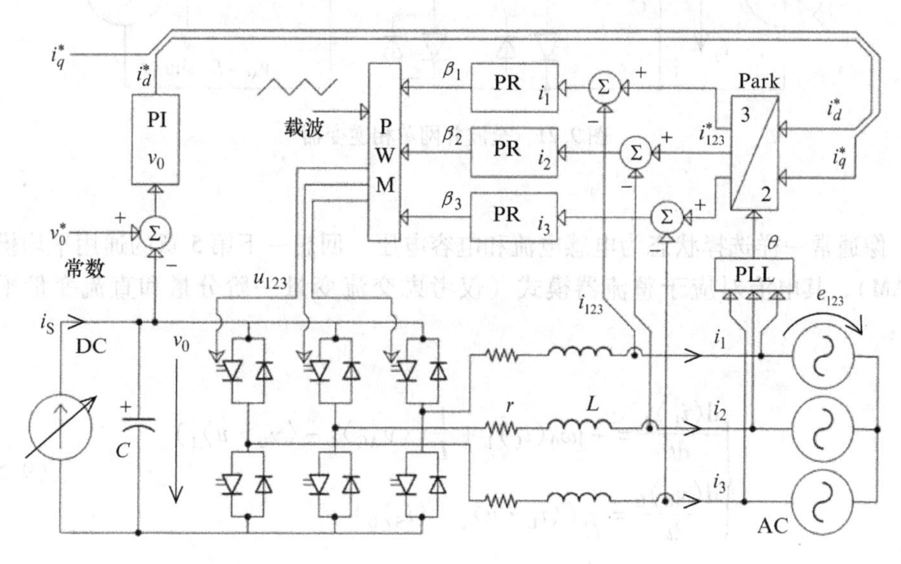

图 9.20　复合 $dq-abc$ 坐标中三相逆变器的控制

9.4　全波变换器控制

全波运行的 DC - AC 变换器用于各种各样的应用场合。由于它们灵活性相对较差，需要根据每一个特定的情况进行不同的建模和控制。例如，在独立负载的情况下（无论是离线逆变器或电子镇流器驱动高强度放电灯），控制输入可以是方波的频率（Yin 等，2002）。在并网整流器中，频率由电网决定，并且由方波相对于电网电压的相位滞后驱动（Petitclair 等，1996）。以谐振电源为例，谐振回路旁的两个 DC - AC 变换器控制输入之间的相位滞后可能被选为全局控制输入（Bacha 等，1994）。选择不同的控制输入产生不同的小信号模型，因此使用不同的控制方法。

接下来考虑单相全波运行的并网逆变器，如图 9.21 所示。其电源结构与 PWM 情况相同（见图 9.4），但以不同的方式获得开关函数 u。主要目标是调节直流电压并设计完成此目标的控制结构。

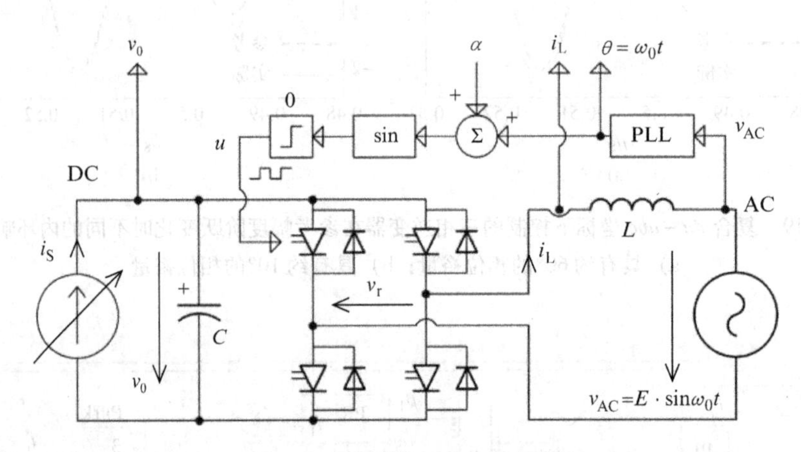

图 9.21　全波并网单相逆变器

像通常一样选择状态为电感电流和电容电压。回想一下第 5 章的通用平均模型（GAM），其电流对应于整流器模式（仅考虑交流变量一阶分量和直流变量平均值）：

$$\begin{cases}\dfrac{\mathrm{d}\langle i_L\rangle_1}{\mathrm{d}t}=-\mathrm{j}\omega_0(i_L)_1+\dfrac{1}{L}(\langle v_{AC}\rangle_1-\langle v_0\cdot u\rangle_1)\\ \dfrac{\mathrm{d}\langle v_0\rangle_0}{\mathrm{d}t}=\dfrac{1}{C}(\langle i_L\cdot u\rangle_1-\langle i_S\rangle_0)\end{cases}\tag{9.50}$$

式中，ω_0是电网频率；E 是电网电压幅值；C 是直流侧电容；L 是交流电感；i_S是由直流源/汇提供/吸收的电流。占空比为 0.5 的矩形波作为控制输入 u，相对于电网电压相位$\omega_0 t$ 滞后相位 α（参见第 5 章）。

根据当前电感电流i_L的有功和无功分量（i_d和i_q）重写该模型，同样基于直流侧电压平均 $\langle v_0\rangle_0$——见第 5 章。简单起见，从变量表示中进一步去掉平均括号。

$$
\begin{cases}
\dfrac{\mathrm{d}i_d}{\mathrm{d}t}=\omega_0 i_q+\dfrac{E}{L}-v_0\dfrac{4}{\pi L}\cos\alpha\\
\dfrac{\mathrm{d}i_q}{\mathrm{d}t}=-\omega_0 i_d-v_0\dfrac{4}{\pi L}\sin\alpha\\
\dfrac{\mathrm{d}v_0}{\mathrm{d}t}=-\dfrac{2}{\pi C}(i_d\cos\alpha+i_q\sin\alpha)+\dfrac{i_S}{C}
\end{cases}
\tag{9.51}
$$

在式（9.51）的状态空间模型中，控制输入是相位滞后 α。注意，该模型是非线性的——它使用 α 的谐波函数。此外，它只有一个输入，因此不允许单独控制电感电流分量 i_d 和 i_q（如 PWM 控制变换器的情况）。有功和无功交流功率分量不能单独控制。

现在考虑由 α_e、i_{Se}、v_{0e}、i_{de} 和 i_{qe} 描述模型典型的稳态运行点。与直流源交换的功率为 $v_{0e}i_{Se}$ 或 $i_{Se}{}^2R_e$，其中 $R_e=v_{0e}/i_{Se}$ 是在静态工作点的等效直流电阻。因为逆变器运行意味着不可忽视的直流功率传输，所以电流 $i_{Se}=v_{0e}/R_e$ 是同样重要的（R_e 有一个较小的值）。此工作点满足以下方程组：

$$
\begin{cases}
\omega_0 Li_{qe}+E-\dfrac{4v_{0e}}{\pi}\cos\alpha_e=0\\
-\omega_0 Li_{de}-\dfrac{4v_{0e}}{\pi}\sin\alpha_e=0\\
-\dfrac{2}{\pi}(i_{de}\cos\alpha_e+i_{qe}\sin\alpha_e)-\dfrac{v_{0e}}{R_e}=0
\end{cases}
\tag{9.52}
$$

式（9.52）的第三个式子给出注入直流侧电流的表达式

$$
i_{de}\cos\alpha_e+i_{qe}\sin\alpha_e=\frac{\pi}{2}i_S
$$

该式对于选择控制输入 α_e 是很重要的。式（9.52）的第一个式子乘以 $\sin\alpha_e$，第二个式子乘以 $\cos\alpha_e$；然后，用第一个式子减去第二个式子，可以得到 $\omega_0 L(i_{qe}\sin\alpha_e+i_{de}\cos\alpha_e)=-E\sin\alpha_e$；因此

$$
i_{qe}\sin\alpha_e+i_{de}\cos\alpha_e=-\frac{E}{\omega_0 L}\sin\alpha_e
$$

这意味着 $\sin\alpha_e$ 的值也很大，即电压平衡需要相位滞后 α_e 足够大（约 $\pi/2$），以补偿直流电流 i_{Se}。

式（9.52）的第二个式子给出 $i_{de}=-\dfrac{4v_{0e}}{\pi\omega_0 L}\sin\alpha_e$，这意味着较大的直流功率需要从电网吸收/向电网提供较大的有功功率（注意 $P=E\,i_d$）。

总之，在 AC－DC 变换器耦合为整流器/逆变器的情况下，通过设置合适的 i_d 值来实现直流电压平衡（即直流电压控制器将输出有功电流参考）。因此，构想级联控制结构，其具有外环来处理直流电压（v_0）的控制，内环执行电流控制。

注意，如果 AC - DC 变换器耦合作为 STATCOM，那么电阻 R_e 较大，直流电源并不重要，并且相位滞后 α_e 是在零点附近的（余弦 α_e 较大）。

此外，围绕上述定义的静态工作点推导的小信号状态空间模型为

$$\begin{cases} L\dfrac{\mathrm{d}\tilde{i}_d}{\mathrm{d}t} = \omega_0 L\tilde{i}_q - \dfrac{4\cos\alpha_e}{\pi}\tilde{v}_0 + \dfrac{4v_{0e}\sin\alpha_e}{\pi}\tilde{\alpha} \\ L\dfrac{\mathrm{d}\tilde{i}_q}{\mathrm{d}t} = -\omega_0 L\tilde{i}_d - \dfrac{4\sin\alpha_e}{\pi}\tilde{v}_0 - \dfrac{4v_{0e}\cos\alpha_e}{\pi}\tilde{\alpha} \\ C\dfrac{\mathrm{d}\tilde{v}_0}{\mathrm{d}t} = -\dfrac{2\cos\alpha_e}{\pi}\tilde{i}_d - \dfrac{2\sin\alpha_e}{\pi}\tilde{i}_q - \dfrac{\tilde{v}_0}{R_e} + \dfrac{2\ (i_{de}\sin\alpha_e - i_{qe}\cos\alpha_e)}{\pi}\tilde{\alpha} - \tilde{i}_S \end{cases} \tag{9.53}$$

式中，$\tilde{i}_S$ 是围绕稳态值 $i_{Se} = v_{0e}/R_e$ 的直流电源的电流变化量。注意，可以使用如 9.2.1 节详述的锁相环（PLL）来测量电流分量 i_d 和 i_q。由于角度 α 同时影响通道 d 和 q，在内环结构可以分别控制单个电流。例如，如果构建 i_d 的回路（在前面段落中描述的原因），则电流 i_q 不受控制，并且必须确保其动态稳定。然而，可以通过使用局部状态反馈控制结构（见图 9.22）为（i_d，i_q）配置实用的动态。为了这个目的，考虑简化降阶电流（内环）被控对象，通过忽略直流电压 v_0 的变化；它的模型为

$$\begin{cases} L = \dfrac{\mathrm{d}\tilde{i}_d}{\mathrm{d}t} = \omega_0 L\tilde{i}_q + \dfrac{4v_{0e}\sin\alpha_e}{\pi}\tilde{\alpha} \\ L = \dfrac{\mathrm{d}\tilde{i}_q}{\mathrm{d}t} = -\omega_0 L\tilde{i}_d - \dfrac{4v_{0e}\cos\alpha_e}{\pi}\tilde{\alpha} \end{cases} \tag{9.54}$$

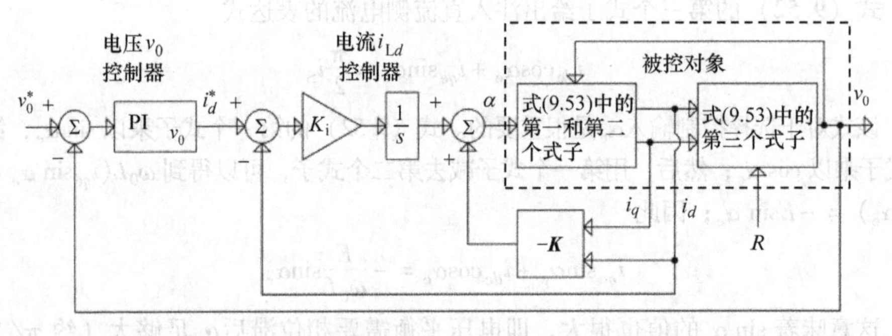

图 9.22　三回路直流电压控制结构，其中最内层回路是局部状态反馈

系统（9.54）的状态反馈设计可以通过使用专用软件来完成（例如，MATLAB®中函数 acker），或使用第 8 章 8.4.1 节提出的步骤。根据所引用章节的推导，配置闭环极点对如 $\boldsymbol{P} = [p_1\quad p_2]^{\mathrm{T}}$，其中 $p_{1,2} = -\zeta\omega_n \pm j\omega_n\sqrt{1-\zeta^2}$。然后，可以使用 8.2.1 节推导的方法获得状态反馈运算的解析解［见式（8.25）］

$$\boldsymbol{K}^{\mathrm{T}} = [k_1\quad k_2]^{\mathrm{T}} = \boldsymbol{M}^{-1}\cdot\boldsymbol{N} \tag{9.55}$$

式中，式（8.24）给出矩阵 $\boldsymbol{M}$ 和 $\boldsymbol{N}$，与系统（9.54）的状态矩阵 $\boldsymbol{A}$ 和输入矩阵 $\boldsymbol{B}$

相关，分别为

$$A=\begin{bmatrix}0 & \omega_0\\ -\omega_0 & 0\end{bmatrix},\ B=\begin{bmatrix}\dfrac{4v_{0e}}{\pi}\sin\alpha_e\\ -\dfrac{4v_{0e}}{\pi}\cos\alpha_e\end{bmatrix}$$

矩阵 A 的特征值是方程 $\det(sI-A)=0$ 的解，其中还给出了$s^2+\omega_0{}^2=0$。这意味着系统（9.54）的极点放置在虚轴上电网频率 ω_0 处，由于忽略电感电阻，阻尼为零。配置闭环系统极点足够高的频率 ω_n（例如 $\omega_n=10\omega_0$）和合适的阻尼 ζ（例如 $\zeta=0.8$）。

由于矩阵 A 的迹是 $\mathrm{Tr}(A)=0$ 并且 $\det(A)=\omega_0^2$，矩阵 N 为［见式（8.24）］

$$N=\begin{bmatrix}-(p_1+p_2)\\ p_1p_2-\omega_0^2\end{bmatrix}=\begin{bmatrix}2\zeta\omega_n\\ \omega_n^2-\omega_0^2\end{bmatrix}$$

此外，可以获得矩阵 M 为

$$M=\frac{4v_{0e}}{\pi}\begin{bmatrix}\sin\alpha_e & -\cos\alpha_e\\ -\omega_0\cos\alpha_e & -\omega_0\sin\alpha_e\end{bmatrix}$$

有$-\dfrac{4v_{0e}\omega_0}{\pi}$作为决定因素；计算它的倒数为

$$M^{-1}=-\frac{\pi}{4v_{0e}\omega_0}\begin{bmatrix}-\omega_0\sin\alpha_e & \cos\alpha_e\\ \omega_0\cos\alpha_e & \sin\alpha_e\end{bmatrix}$$

在这种情况下式（9.55）提供状态反馈的增益为

$$\begin{cases}k_1=-\dfrac{\pi}{4v_{0e}\omega_0}[-2\zeta\omega_0\omega_n\sin\alpha_e+(\omega_n^2-\omega_0^2)\cos\alpha_e]\\ k_2=-\dfrac{\pi}{4v_{0e}\omega_0}[2\zeta\omega_0\omega_n\cos\alpha_e+(\omega_n^2-\omega_0^2)\sin\alpha_e]\end{cases}\tag{9.56}$$

在图 9.22 中可以看到用于最内层控制回路的局部状态反馈结构。为了实现电流 i_d 的控制，必须用基于积分器的中间控制环完成这种结构（考虑如 8.4.1 节相同的坐标）。

通过根轨迹方法选择积分增益K_i，以便获得良好的闭环带宽（在 i_d跟踪方面）和合适的阻尼ζ_C。例如，可使用K_i使 i_d闭环的所有三个极点具有相同的频率 $\omega_C=1/T_C$，如图 9.23 所示。

在这种情况下 i_d 闭环传递函数可以描述为

$$H_i(s)=\frac{1}{(T_Cs+1)(T_C^2s^2+2\zeta_CT_Cs+1)}\tag{9.57}$$

注意 ω_C 较大的值将使最外层控制回路（即直流电压 v_0）的设计变得容易。这个回路的被控对象具有由式（9.57）给出的传递函数。

除了确保零稳态误差的 PI 元件以外，合适的直流电压控制器还必须具有预期

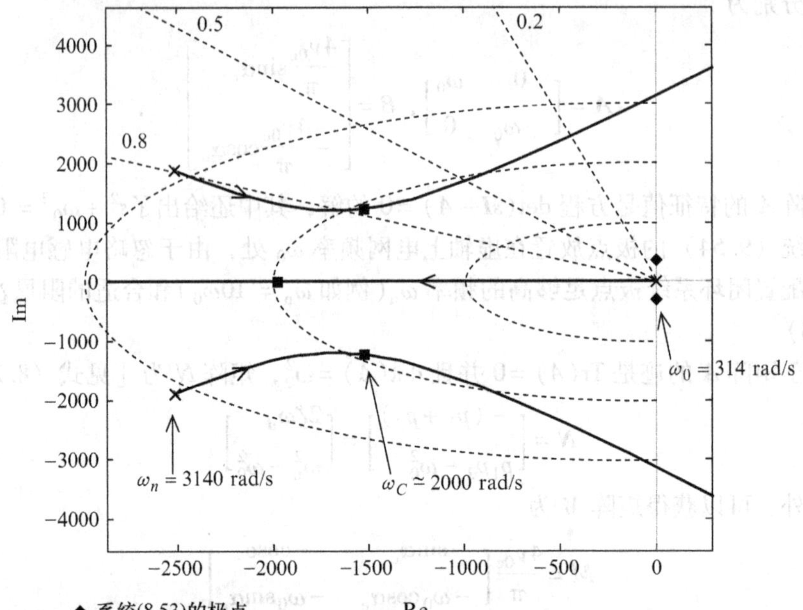

图 9.23　示例中不同系统极点配置

的分量，以保证合理的相位裕度［三阶传递函数（9.57）引入大的相位滞后］。为此，可以使用带有独立超前－滞后传递函数的 PI 控制器，或者直接使用一个 PID 控制器。在后一种情况下，考虑具有 PID 控制器的传递函数为

$$H_{C\text{v}}(s)=K_{\text{v}}\frac{(T_{\text{CI}}s+1)(T_{\text{v}}s+1)}{T_{\text{v}}s}\tag{9.58}$$

注意，外环被控对象的项（$T_{\text{C}}s+1$）［见式（9.57）中的分母］随工作点变化（$\boldsymbol{B}$ 依赖于 α_{e}）。如果令 $T_{\text{C1}}=T_{\text{C}}$，该项将被精确地补偿，但仅在设计工作点处（例如，在满负载）。否则，在外环开环传递函数$\frac{T_{\text{C1}}s+1}{T_{\text{C}}s+1}$中对应于超前－滞后系统，此系统可能在最初配置的动态性能中引入小的改变。因此在每种特定情况下做敏感性分析是必需的。

总之，认为由以下传递函数描述开环系统：

$$H_{\text{ol}_{\text{v}}}(s)=\frac{K_{\text{v}}(T_{\text{v}}s+1)}{T_{\text{v}}s(T_{\text{C}}^2s^2+2\zeta_{\text{C}}T_{\text{C}}s+1)}\tag{9.59}$$

对应于 PI 控制器串联一个二阶系统。使用根轨迹方法设计控制器参数如下。

假设已知与带宽 ω_{V} 和阻尼系数 ζ_{V} 相关的 v_0 动态响应的详细参数。以这种方式，确定主极点位置为 $p=-\zeta_{\text{V}}\omega_{\text{V}}+\text{j}\omega_{\text{V}}\sqrt{1-\zeta_{\text{V}}^2}$。这要求根轨迹穿过极点 p，对应

于配置的带宽和过冲。控制器参数的计算遵循一个相当费力的步骤，需要复杂的分析工具（d'Azzo 等，2003）；或者，可以使用专用的软件工具，如 MATLAB®的控制工具箱 rltool。

总结来说，控制结构包含三个控制回路，在图 9.22 中可以看到。最内层的控制回路实际上包括极点配置以及使用局部状态反馈；用这种方式，配置所需电流的动态 i_d 和 i_q。中间回路依赖于使用积分控制器，目的是跟踪所需有功电流 i_d 达到功率平衡。最后，最外层控制回路负责直流电压调节，即通过使用 PID 控制器。用根轨迹法设计后两种控制回路。在图 9.24 说明了与图 9.21 中变换器结合的全局控制结构。

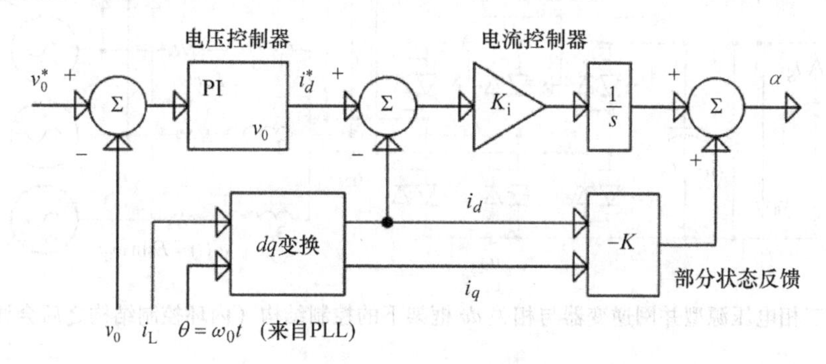

图 9.24　图 9.21 单相全波变换器的控制结构

9.5　案例研究：PWM 三相并网逆变器 *dq* 控制

考虑三相电压源型逆变器为理想交流电网供电（见图 9.25）。

它从受控直流电流源接收能量，并且必须将全部可用的直流功率注入交流电网中。输出无功功率必须为零（即电网电流与对应电网电压反相位）。

电感参数 $L=2.2\text{mH}$，$r=0.1\Omega$，电容参数 $C=4700\mu\text{F}$，$R_C=47\text{k}\Omega$。直流源的额定功率为 2025W，其额定电压为 $v_0^*=450\text{V}$。电网电压幅值 $E=180\text{V}$（方均根值是 127V），其频率为 $\omega_0=50\text{Hz}$。

设计 *dq* 坐标系的控制结构，实现既定控制目标。包括整体动态性能的要求，在直流电源电压的单位阶跃变化时，该直流电压的变化不超过 1%，并且其瞬态持续最多 0.25s。算法 9.1 用于达成设计目的。

9.5.1　系统建模

建模基本遵循 9.2 节介绍的步骤。但不像在所引用部分中的情况，开关函数在集合 {−1; 1} 中取值。因此，三相控制输入 β_{123} 在 [−1, 1] 区间内，并考虑在 *dq* 坐标下电流测量是可行的，该电路平均模型结果是［见第 5 章式 (5.80)］

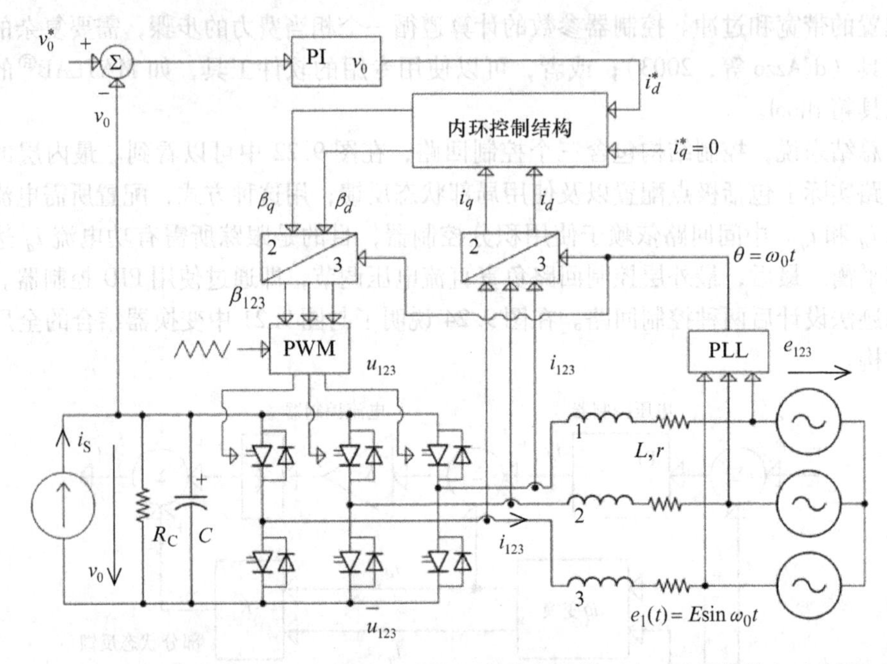

图 9.25 三相电压源型并网逆变器与相关 dq 框架下的控制结构（内环控制结构之后会详细说明）

$$
\begin{cases}
L\dot{i}_d = \omega L i_q - \dfrac{v_0}{2}\beta_d + E - r i_d \\
L\dot{i}_q = -\omega L i_d - \dfrac{v_0}{2}\beta_q - r i_q \\
C\dot{v}_0 = \dfrac{3}{4}(i_d\beta_d + i_q\beta_q) - \dfrac{v_0}{R_C} + i_S
\end{cases}
\tag{9.60}
$$

注意，直流电流源是可控的；因此，电流 i_S 仅依赖于与电源相关联的控制输入，而不是直流电压值 v_0。电流 i_S 将进一步被视为干扰。现在，这种模型可能实现全状态反馈控制结构或级联控制结构的选择，如 9.2 节所提出的。下面考虑后一种情况。

通过置零时间导数并设置 $i_{qe}=0\text{A}$ 和 $v_{0e}=v_0^*=450\text{V}$，稳态模型由式（9.60）产生。此外，可以忽略电感和电容的损耗（$r=0$ 和 $R_C=\infty$）。所以，在稳态工作点可以得到

$$
\beta_{de}=\frac{2E}{v_0^*},\ \beta_{qe}=-\frac{2\omega L i_d}{v_0^*},\ i_{de}=-\frac{4i_S}{3\beta_{de}}
$$

而唯一变化的值是 i_{de}，因为它依赖于实际的直流电流。

9.5.2 所采用控制结构的评述

所提出的控制结构（在 9.2 节）如图 9.25 所示。注入电网的功率控制假设由

电感电流的控制完成。因此，控制内环与电感电流相关。注意，主控制回路是直流侧的功率平衡（由直流源供给的全部直流功率必须输送到交流电路）。由于直流电压作为功率不平衡的传感器，这个要求相当于保持直流母线电压恒定在额定值。在单相电压源型变换器的情况下（见 9.2.1 节），直流母线输出的电流主要取决于电网有功电流分量 i_d。这进一步意味着，电压调节作用于有功电流参考 i_d。注入电网中的无功功率与电流分量 i_q 成正比。改变控制器的输出以达到 d 和 q 通道之间的解耦。PI 控制器分别用于每个控制变量（i_d，i_q 和 v_0）。预滤波器是必要的，用来补偿由使用这类控制器引入的零点。这些结论在 9.2 节得到，并产生图 9.25 所示的控制结构。

9.5.3 内环（电流）控制器设计

围绕静态工作点的线性化模型是

$$\begin{cases} L\dot{\tilde{i}}_d = \omega L\tilde{i}_q - \dfrac{v_{0e}}{2}\tilde{\beta}_d - \dfrac{\beta_{de}}{2}\tilde{v_0} - r\tilde{i}_d \\ L\dot{\tilde{i}}_q = -\omega L\tilde{i}_d - \dfrac{v_{0e}}{2}\tilde{\beta}_q - \dfrac{\beta_{qe}}{2}\tilde{v_0} - r\tilde{i}_q \\ C\dot{\tilde{v}}_0 = \dfrac{3\beta_{de}}{4}\tilde{i}_d + \dfrac{3\beta_{qe}}{4}\tilde{i}_q + \dfrac{3i_{de}}{4}\tilde{\beta}_d + \dfrac{3i_{qe}}{4}\tilde{\beta}_q - \dfrac{1}{R_C}\tilde{v_0} + \tilde{i}_S \end{cases} \tag{9.61}$$

考虑在电流方程中直流电压是恒定的，同样由外环控制回路维持在所需的值（$v_{0e} \equiv v_0^*$）。电流（内环）被控对象成为

$$\begin{cases} L\dot{\tilde{i}}_d = \omega L\ \tilde{i}_q - \dfrac{v_{0e}}{2}\tilde{\beta}_d - r\ \tilde{i}_d \\ L\dot{\tilde{i}}_q = -\omega L\ \tilde{i}_d - \dfrac{v_{0e}}{2}\tilde{\beta}_q - r\ \tilde{i}_q \end{cases} \tag{9.62}$$

在式（9.62）的第一个式子中认为 $\tilde{i}_q$ 是扰动（dq 解耦结构下其进一步显著减少）。这同样适用于式（9.62）的第二式子中的 $\tilde{i}_d$。因此，d 和 q 通道都可以通过传递函数描述。

$$H_C(s) = -\frac{v_0^*}{2r}\cdot\frac{1}{rLs+1} = K_C\cdot\frac{1}{T_Cs+1} \tag{9.63}$$

使用以下的参数值：由 $H_C(s)$ 的增益得到 $K_C = 2250\text{A}$，时间常数 $T_C = 22\text{ms}$。因为使用 PI 控制器 $H_{PIC}(s) = K_{pC}\left(1+\dfrac{1}{T_{iC}s}\right)$ 建立电流控制回路，所以闭环传递函数为

$$H_{0C}(s) = \frac{H_{PIC}(s)\cdot H_Cs}{1-H_{PIC}(s)\cdot H_C(s)} = \frac{T_{iC}s+1}{\dfrac{T_CT_{iC}}{K_CK_{pC}}s^2 + T_{iC}\left(\dfrac{1}{K_CK_{pC}}+1\right)s+1}$$

通过将闭环传递函数写为以下形式：

$$H_{0C}(s)=\frac{T_{iC}s+1}{T_{0C}^2s^2+2\zeta_C T_{0C}s+1}$$

并将式中的项与所配置的阻尼系数 ζ_C 和时间常数 T_{0C} 对照，得到

$$T_{iC}=2\zeta_C T_{0C}-\frac{T_{0C}^2}{T_C},\ K_{pC}=\frac{T_C T_{iC}}{K_C T_{0C}^2} \tag{9.64}$$

配置闭环动态比初始电流被控对象快 10 倍，$T_{0C}=T_C/10\text{ms}=2.2\text{ms}$，阻尼 $\zeta_C=0.7$。利用式（9.64），可以得到

$$T_{iC}=2.9\text{ms},\ K_{pC}=5.8\text{mA}^{-1}$$

图 9.26 详细说明了内环控制结构。

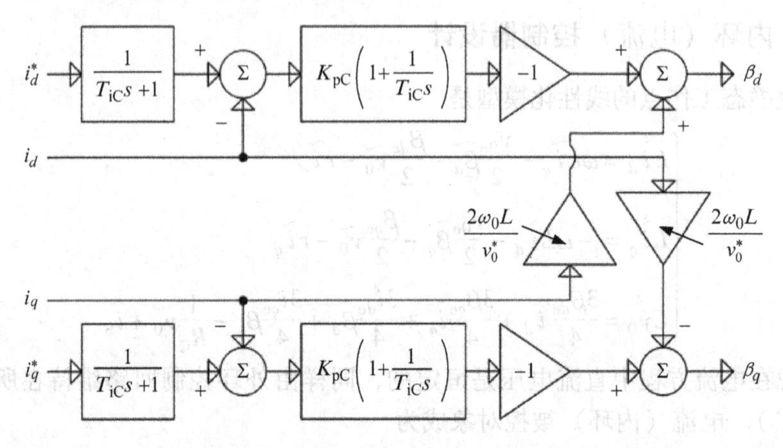

图 9.26　内环控制结构（如果 i_q^* 保持恒定，i_q 预滤波器可能不是必要的）

注意，K_{pC}的值相当小，因为回路已经有 K_C 给出的一个高增益（对于 $T_{0C}=T_C/10$，总回路增益必须是 $K_{pC}K_C\approx10$）。因为式（9.63）适用于两个通道 d 和 q，所以对于两个电流 i_d 和 i_q，PI 参数是相同的。

用于电流参考的预滤波器具有如下传递函数：

$$H_{PF}(s)=\frac{1}{T_{iC}s+1}$$

需要注意的是，假设电感参数 L 和 r 均为常数时，被控对象是不变的，闭环不随着工作点改变其参数。

9.5.4 内环仿真结果

在 MATLAB® - Simulink®实现式（9.65）给出的在静止坐标下该变换器的非线性平均模型，其中交流三相控制输入 β_{123} 在区间［−1；1］内（见第 5 章）。采用直接和反 Park 变换转换三相变量为 dq 变量，反之亦然。为达到这个目的，使用理想的 PLL 提供电网相角。

$$\begin{cases} L\dot{i}_k = e_k - \dfrac{v_0 \cdot \beta_k}{2} + \dfrac{v_0}{6}\sum_{k=1}^{3}\beta_k,\ k=1,2,3 \\ C\dot{v}_0 = \dfrac{1}{2}\sum_{k=1}^{3} i_k \cdot \beta_k - \dfrac{v_0}{R_C} + i_S \end{cases} \tag{9.65}$$

为了测试电流控制器，式（9.65）的第二个式子的积分器被“冻结”在值 $v_0 = v_0^* = 450\text{V}$。在这种方式下，内环被控对象的增益［见式（9.63）］保持不变，不考虑直流电压不平衡。

图 9.27a 给出了有功电流 i_d 在参考 i_d^* 单位阶跃时的响应；可以看到，稳定时间和过冲对应于所配置的动态性能。图 9.27b 表明，如果缺少解耦结构，i_d 动态是稍有改变的。此外，在这种情况下，i_d 变化会引起 i_q 相当显著的瞬态。

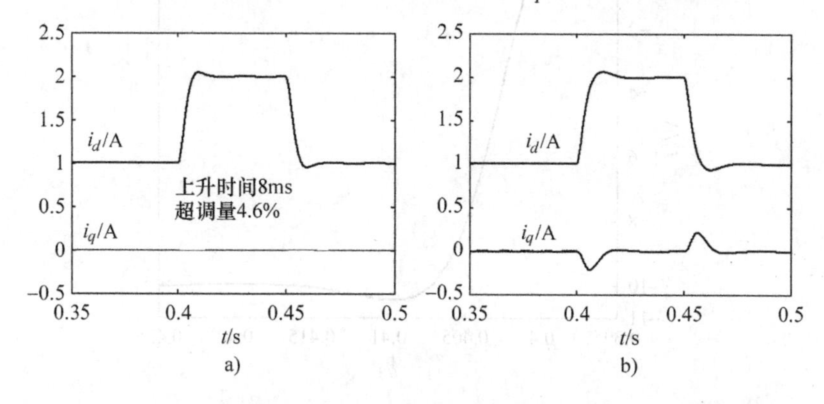

图 9.27　响应有功电流参考 i_d^* 单位阶跃的 i_d 和 i_q 变化：a）dq 解耦结构有效；b）无 dq 解耦结构

图 9.28a 给出了有功电流 i_q 在参考 i_q^* 单位阶跃时的响应；这里稳定时间和过冲再次满足所配置的动态性能。图 9.28b 表明，如果缺少解耦结构，i_q 动态是稍有

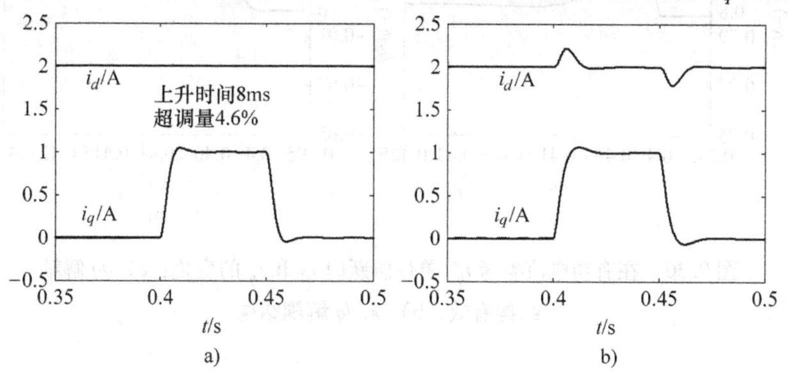

图 9.28　在有功电流参考 i_q^* 单位阶跃时 i_d 和 i_q 的变化：a）dq 解耦结构有效；b）无 dq 解耦结构

改变的。此外，在这种情况下，i_q 变化会引起 i_d 相当显著的瞬态。图 9.29 给出了系统对有功电流参考值 i_d^* 大的阶跃时的响应，而电流 i_q 保持不变。该系统是线性不变的，因为大信号变化具有相同的动态性能，如在图 9.27a 中所描述的情况。

注意，电网电流包络线根据电流 i_d 的形状改变，如图 9.29 所示。

电流 i_d 的负值对应于交流电网注入的有功功率。图 9.30 中 β_d 和 β_q 的变化描述了相应的控制措施（其在 dq 坐标系下是控制输入）。需要注意的是 β_d 是相当大的，其稳态理想值为 $\beta_{de}=2E/v_0^*\approx0.8$（忽略电感损耗）。相反，$\beta_q$ 是非常小的，对应的稳态理想值 $\beta_{qe}=-2\omega_0 Li_d/v_0^*\approx0.03$（忽略电感损耗）。

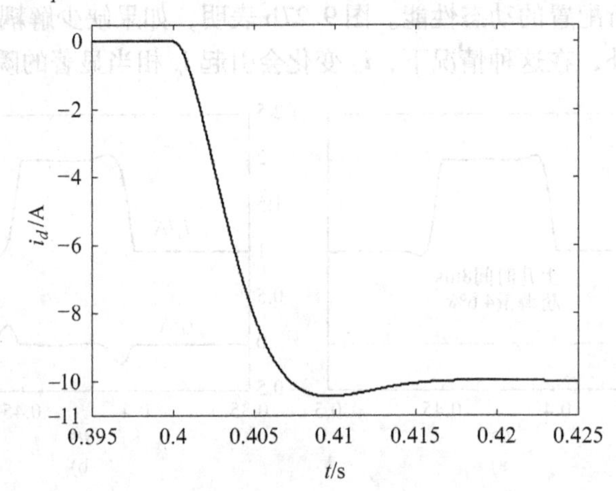

图 9.29　响应有功电流参考 10A 阶跃的电流 i_d 的变化

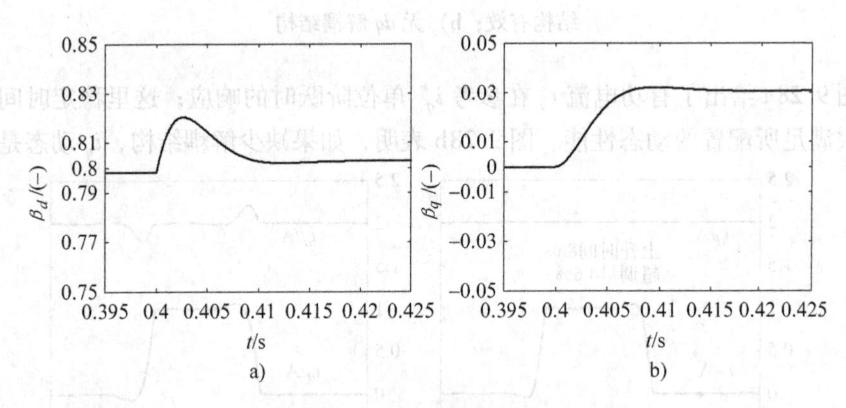

图 9.30　在有功电流参考 i_q^* 单位阶跃时 i_d 和 i_q 的变化：a）dq 解耦结构有效；b）无 dq 解耦结构

9.5.5　外环（电压）控制器设计

考虑模式分离在被控对象中的是有效的并设计外控制回路。在这个环路中忽略

i_d动态（即$\widetilde{i}_d \equiv \widetilde{i_d^*}$）并调节$i_q$至零，线性模型（9.61）的第三个式子成为

$$C\dot{\widetilde{v_0}} = \frac{3\beta_{de}}{4}\widetilde{i_d^*} + \frac{3i_{de}}{4}\widetilde{\beta_d} - \frac{1}{R_C}\widetilde{v_0} + \widetilde{i_S} \tag{9.66}$$

正如本章前面已详细叙述的（例如，见9.2.1节），在外环设计中可以忽略内环控制输入$\widetilde{\beta_d}$的影响：因为内环系统实际上是一个积分器，所以β_d在i_d^*阶跃时具有非常狭窄的类似导数的变化，并且对dv_0/dt没有影响。因此可以写为

$$C\dot{\widetilde{v_0}} = \frac{3\beta_{de}}{4}\widetilde{i_0^*} - \frac{1}{R_C}\widetilde{v_0} + \widetilde{i_S} \tag{9.67}$$

因此，从有功电流分量到直流电压v_0的传递函数是

$$H_V(s) = \frac{\widetilde{v_0}}{\widetilde{i_0^*}} = \frac{3R_C\beta_{de}}{4} \cdot \frac{1}{CR_Cs+1} \tag{9.68}$$

对于所选择的参数值，$H_V(s)$的增益为$K_V = 28000\text{V/A}$，时间常数为$T_V = 221\text{s}$。使用PI控制器$H_{PIV}(s) = K_{pV}\left(1 + \frac{1}{T_{iV}s}\right)$建立电压控制回路。用于内环(见9.5.3节)的原则也适用于这里。电压闭环传递函数为

$$H_{0V}(s) = \frac{T_{iV}s+1}{\frac{T_VT_{iV}}{K_VK_{pV}}s^2 + T_{iV}\left(\frac{1}{K_VK_{pV}}+1\right)s+1}$$

使其等于

$$H_{0V}(s) = \frac{T_{iV}s+1}{T_{0V}^2s^2 + 2\zeta_VT_{0V}s+1}$$

通过系数对照，配置阻尼系数ζ_V和时间常数T_{0V}，得到

$$T_{iV} = 2\zeta_VT_{0V} - \frac{T_{0V}^2}{T_V}, \quad K_{pV} = \frac{T_VT_{iV}}{K_VT_{0V}^2} \tag{9.69}$$

需要注意的是，外环被控对象的时间常数非常大。事实上，因为电阻R_C大，被控对象表现得更像积分器。在这种情况下，必须利用足够小的闭环时间常数，以便实现良好的电压响应（围绕设定点小的变化）。让我们考虑，例如，$T_{0V} = 47\text{ms}$(即比原被控对象快4700倍)，阻尼$\zeta_V = 0.7$。利用式（9.69），可以得到

$$T_{iV} = 65.8\text{ms}, \quad K_{pV} = 0.23\text{A/V} \tag{9.70}$$

如果想改变电压的设定值，必须在电压参考中嵌入预滤波器

$$H_{PF}(s) = \frac{1}{T_{iV}s+1}$$

需要注意的是，对于常规控制目的，β_{de}是恒定的，由式（9.68）描述的被控对象是不变的。

9.5.6 外环仿真结果

为了测试外环控制，使用与9.5.4节相同的设置，这次是完整系统（9.65）。

此外，使用先前设计的电流内环，以便提供有效的电压控制器命令。

图9.31给出了在基准值单位阶跃时直流电压的变化（在额定值 v_0 的附近），在满负荷（即 $i_S=4.5A$）时，使用由式（9.70）给出参数的控制器。响应具有约5%的过冲（对应于0.7的阻尼）和0.18s的上升时间，对应于所配置的闭环时间常数 $T_{0V}=0.47s$。该控制的作用在图9.31b中是显而易见的，可以看到它处在满负载 $i_{de}=-4i_S/3\beta_{de}\approx7.5A$ 状态。动态过程持续约0.4s，这可能对于某些应用太长。

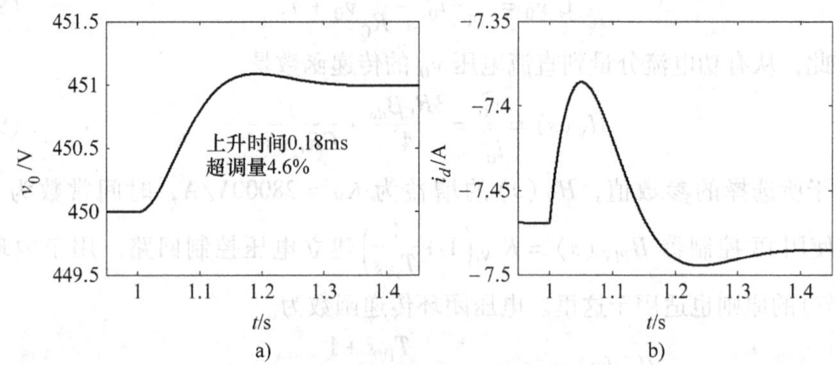

图9.31 a）基准 v_0^* 单位阶跃时直流电压的变化；b）相关的控制 $i_d^*\approx i_d$

接着，采用一组新的动态要求，即 $\zeta_V=0.7$ 和 $T_{0V}=25ms$。利用式（9.69），可以得到

$$T_{iV}=35ms,\ K_{pV}=0.44A/V \tag{9.71}$$

因此，控制器表现更有力，如在图9.32a中可以看出。此图显示了在满负载状态附近，直流电源电流单位阶跃时电压的变化（即从3.5～4.5A以及反向阶跃）。需要注意的是稳态电压误差为零，则动态过程相对于前面的情况花费较少的时间（约0.2s），并且电压偏差也较小（约0.6%）。在图9.32b中可以看到相关控制的作用（稳态有功电流为 $i_{de}=-4i_S/3\beta_{de}\approx5.8A$，$i_S=3.5A$）。

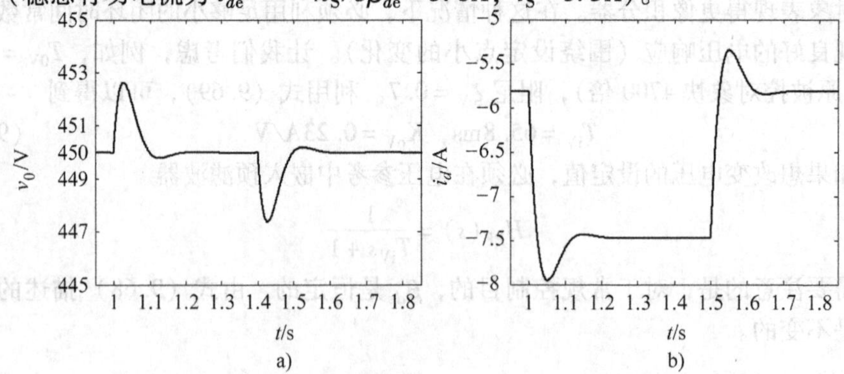

图9.32 a）在直流电源电流 i_S 围绕额定值单位阶跃时直流电压 v_0 的变化；

b）相关控制 $i_d^*\approx i_d$

控制结构必须包含每个回路控制输入的限制。除了内环原有的限制（β_d和β_q的绝对值不能超过1），为了安全考虑，电流基准i_d^*也必须限制。抗饱和结构在处于限制状态时禁用控制器积分，其可以证明是一个很好的解决方案，用来实现在重载或启动时平滑的行为。在后一种情况下，内环和外环被控对象的增益比额定负载时要小，并且动态行为与设计偏差较大。在这种情况下，考虑控制器参数的在线调整（自适应控制）以达到良好的闭环行为。

9.6 本章小结

在稳态误差和闭环带宽方面，关于一个或多个控制目标，本章介绍了一些线性控制设计技术，用于操纵和调节带交流单元的电力电子变换器的平均动态行为。这些系统的具体特点是，交流和直流的动态是可分离的，这自然可以使用级联环控制。

在dq坐标系下研究了关于大多数PWM变换器的控制，使有功和无功交流功率分量分别控制。这些控制结构假设电网同步幅度解调，其转换交流变量为直流变量，并且能够使用用于DC-DC变换器的控制模式和方法（见第8章）。这些对大多数具有两个动态状态的AC-DC变换器非常有用。

也可以设计静止坐标控制结构。广义积分器（谐振元件）能够在某些频率引入非常大的增益（在一般情况下是电网频率的倍数），因此在跟踪正弦参考期间得到零稳态误差。复合dq静止控制结构可用于AC-DC变换器的整体控制。

而且也了解了全波运行整流器的控制。这种控制器的动态可以通过极点配置方法进行操纵，并且采用积分控制器或PI控制器可以实现输出变量调节。

本章详细处理了多个类型变换器的控制律的建立，重点是控制结构的组成和控制器参数的计算。虽然是概述，但是这些控制结构基于线性变换器模型，可能是非常有效的，特别是当电路工作点不显著变化的时候。当不是这种情况时，可以有效地利用基于PI的控制结构固有的鲁棒性，因为要限制控制输入为一定的值（由于结构或安全的原因），抗饱和结构必须用于这种控制器。

设计这些线性控制器以满足对特定工作点的控制要求。由于变换器模型一般随着负载和输入电源变化，控制设计必须符合一定的鲁棒性要求，以确保在整个工作范围内可接受的性能。当单个控制器在整个工作范围内不能产生令人满意的行为时，可以使用增益规划或其他自适应技术。虽然在本章给出的应用实例主要涉及电压源型逆变器的控制，但是提出的技术可以容易地“导出”并应用到电流源型逆变器的控制。

关于离散时间控制器使用的讨论不是本章的主要目的；然而，它们用于AC-DC变换器可能是有效的，或者通过离散化以前获得的连续时间控制器，或通过在离散时间对被控对象建模，然后进行离散时间控制器直接合成。

此外，本章提出的控制方法和原理可以很容易地应用到其他类型的与电能质量相关的应用中，如 STATCOM 和有源电力滤波器（Buso 等，1998），交流驱动器（Cárdenas 和 Peña，2004），多级变换器（Vazquez 等，2009），或可再生能源系统（Andreica Vallet 等，2011）。

思考题

问题 9.1　单相并联有源电力滤波器控制

图 9.33 给出了一个理想的单相电网为一个非线性负载（二极管整流器和电阻性负载 R——在图的左侧）供电。其电流 i_R 严重失真——它包含丰富的频谱并带有显著的高次谐波含量。该电路还包含有源电力滤波器（APF），全控整流器在直流侧具有电容 C（图的右边）。根据电容中的能量累积，APF 必须从公共节点吸收补充电流 i_F 来补偿由非线性负载引入的高次谐波。在这样的方式下，从电网得到的总电流 i_G 保持正弦（Miret 等，2009）。合适的电路运行的一个重要方面是，直流电压 v_C（电容 C 上的）必须保持在一定的水平 v_C^*。电路参数如图 9.33 所示。

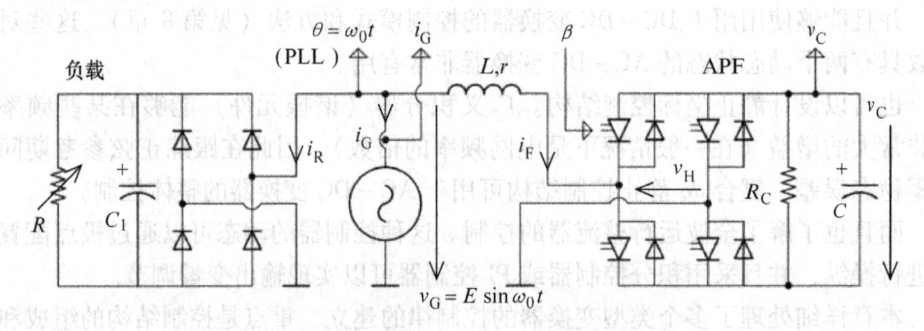

图 9.33　单相并联有源电力滤波器框图

设计控制结构来保证上面介绍的 APF 功能。认为交流和直流变量之间的模式分离成立；因此能够构想级联回路控制结构。更详细地说，以下几点是必需的：

1）建立平均内环交流电流动态（被控对象）的模型，条件是所述外环被控对象（v_C）的输出被调节到一个恒定值。

2）在内环被控对象快得多的情况下，对外环直流电压动态进行建模。

3）对 1）和 2）中的被控对象提出级联环路控制结构，满足上述的控制目标。提出旨在控制电网电流 i_G 的间接控制 APF 的设想。此外，通过考虑负载 R 引入的寄生高频（R 含有开关装置），时间常数为 T_{fC} 的补充测量滤波器被认为作用于 i_G。注意，PLL 可用于测量在耦合节点电网电压的电角度。

4）设计作为 PR 控制器的内环（电流）控制器；提出替代方案。

5）设计作为 PI 控制器的外环（电压）控制器；提出替代方案。

1. 内环交流被控对象建模

APF 正常运行时假设从耦合节点吸收的电流 i_F 是非线性的，所以 AC - DC 变换器的 dq 模型不再适合其动态行为的描述。因此，必须使用静止坐标建模以描述 APF 的交流侧行为。然而，该模型状态是描述电路中能量累积的变量：电感电流 i_F 和电容电压 v_C。

APF 平均电流动态描述为

$$L\frac{\mathrm{d}i_F}{\mathrm{d}t} = v_{AC} - v_H - r \cdot i_F = v_{AC} - \beta \cdot v_C - r \cdot i_F \tag{9.72}$$

因为开关电压 $v_H = \beta \cdot v_C$（见第 5 章 AC - DC 耦合方程）。并且

$$Ls \cdot i_F + r \cdot i_F = -\beta \cdot v_C + E \cdot \sin\omega_0 t$$

如果考虑到电容电压变化很慢，由于控制行为（根据控制目标），v_C^* 几乎保持不变，APF 电流为

$$i_F = \underbrace{\frac{-v_C^*}{r} \cdot \frac{1}{L/r \cdot s + 1} \cdot \beta}_{控制} + \underbrace{\frac{E}{r} \cdot \frac{1}{L/r \cdot s + 1}}_{干扰} \cdot \sin\omega_0 t \tag{9.73}$$

在耦合节点可以写为

$$i_G = i_F + i_R$$

因此，可用图 9.34 来描述交流电流被控对象。

备注：正如在需求中已经指出的，间接 APF 控制的主要目标假设电网电流 i_G 控制为正弦变量，与电压电网 v_{AC} 同相位（这就是为什么要将 i_G 作为图 9.34 中内环被控对象的输出）。此外，外环被控对象必须为这个电流输出适当的参考，即 $i_G^* = I_G^* \sin\omega_0 t$，这满足了二次调控的目标——直流电压 v_C 的调节。变量 v_C 充当了电网、非线性负载和 APF 之间功率不平衡的传感器。因此，外环必须提供电流幅值合适的 I_G^*，能够不考虑负载 R 变化地保持功率平衡。

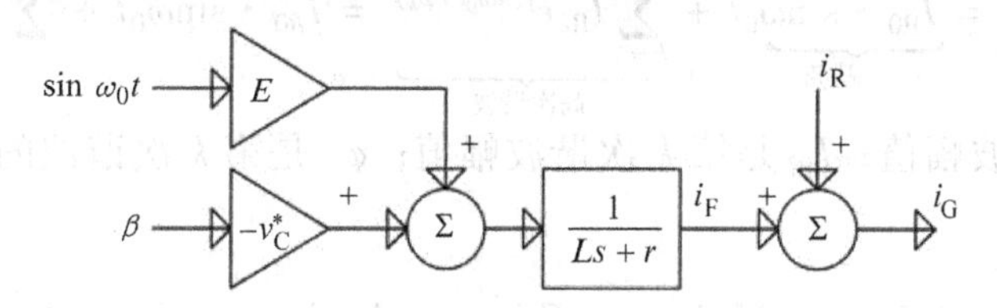

图 9.34　交流电流被控对象图

2. 外环直流被控对象建模

直流被控对象描述为

$$C\frac{\mathrm{d}v_C}{\mathrm{d}t} = i_{DC} - \frac{v_C}{R_C} = \beta i_F - \frac{v_C}{R_C} \tag{9.74}$$

因为 $i_{DC} = \beta \cdot i_F$（见第 5 章）。假设交流电流被控对象相对于直流电压被控对象是

非常快的（满足模式分离条件），即在电压控制中认为内环控制的电流瞬时变化，也就是说，$i_G \equiv i_G^*$（事实上 i_G 具有大得多的带宽）。此外，这允许了置零式（9.72）的电感电流动态：

$$0 = E\sin\omega_0 t - \beta v_C$$

忽视电感损失，这意味着 $v_H \approx E\sin\omega_0 t$。这是自然的，因为想要控制电流流出/流入节点，那么平均电压 v_H 的值必须是比耦合节点的电压值略低/高。这表明，在典型的工作点，$v_C \neq 0$，占空比几乎是正弦的（尽管电流 i_F 具有高阶谐波）：

$$\beta = \frac{E}{v_C} \cdot \sin\omega_0 t$$

然后式（9.74）接着变换为

$$C\frac{dv_C}{dt} = \frac{E\sin\omega_0 t}{v_C} i_F - \frac{v_C}{R_C} = \frac{E\sin\omega_0 t}{v_C}(i_G^* - i_R) - \frac{v_C}{R_C}$$

并且，通过乘以 v_C 可以得到

$$Cv_C \frac{dv_C}{dt} E\sin\omega_0 t \cdot (i_G^* - i_R) - \frac{v_C^2}{R_C}$$

或者,等价地,有

$$\frac{C}{2} \cdot \frac{dv_C^2}{dt} = E\sin\omega_0 t \cdot (i_G^* - i_R) - \frac{v_C^2}{R_C}$$

这表示了一个非线性系统。由于 $x_{DC} = v_C^2$ 是表示直流电源的变量，可以得到线性被控对象如下：

$$\frac{C}{2} \cdot \frac{dx_{DC}}{dt} = E\sin\omega_0 t \cdot (I_G^* - i_R) - \frac{x_{DC}}{R_C} \quad (9.75)$$

此外，推导式（9.75）中的电流。电网电流 $i_G = I_G \sin\omega_0 t$，其幅度记为 I_G。负载电流 i_R 含有用 Σ_k 表示的多次谐波：

$$i_R = \underbrace{I_{R0} \cdot \sin\omega_0 t}_{\text{基波}} + \underbrace{\sum_{k=1}^{\infty} I_{Rk} e^{j(k\omega_0 t + \varphi_k)}}_{\text{高次谐波}} = I_{R0} \cdot \sin\omega_0 t + \sum{}_k$$

式中，I_{R0}是基波幅值；I_{Rk}是第 k 次谐波幅值；φ_k 是第 k 次谐波的相位滞后。式（9.75）变为

$$\frac{C}{2} \cdot \frac{dx_{DC}}{dt} = E\sin\omega_0 t \cdot I_G^* \sin\omega_0 t - E\sin\omega_0 t \cdot I_{R0}\sin\omega_0 t - E\sin\omega_0 t \cdot \sum{}_k - \frac{x_{DC}}{R_C}$$

或

$$\left(\frac{C}{2}s + \frac{1}{R_C}\right) \cdot x_{DC} = (EI_G^* - EI_{R0}) \cdot \sin^2\omega_0 t - E\sin\omega_0 t \cdot \sum{}_k$$

应用三角恒等式 $\sin^2\omega_0 t = (1 - \cos 2\omega_0 t)/2$ 可以得到

$$\left(\frac{C}{2}s+\frac{1}{R_C}\right)\cdot x_{DC}=\underbrace{\frac{E}{2}\ (I_G^*-I_{R0})}_{\text{直流分量}}-\underbrace{\left[\frac{E}{2}\ (I_G^*-I_{R0})\ \cos 2\omega_0 t-E\sin\omega_0 t\cdot\sum\nolimits_k\right]}_{\text{高频分量}} \tag{9.76}$$

式（9.76）最后一项仅包含交流高频分量，并且仅引起“局部”变化，对长时间尺度下的直流电压 v_C 没有影响。进一步只考虑直流分量

$$x_{DC}=\underbrace{\frac{ER_C}{2}\cdot\frac{1}{\frac{CR_C}{2}s+1}}_{\text{控制通道}}\cdot I_G^*-\underbrace{\frac{ER_C}{2}\cdot\frac{1}{\frac{CR_C}{2}s+1}}_{\text{干扰通道}}\cdot I_{R0} \tag{9.77}$$

注意系统（9.77）在 x_{DC} 处是线性的；因此，建立直流电压外环时必须计算和使用 $x_{DC}=v_{DC}^2$ 作为反馈。式（9.77）表明，$I_{R0}I_G^*$ 的适当取值（取决于负载 R）可以驱动变量 x_{DC}（因此驱动 v_{DC} 的值）在期望的水平。

3. 控制结构

上述结论和建模行为表明控制结构可以是在图 9.35 呈现的那一个（与图 9.33 的电路图结合进行闭环运行）。

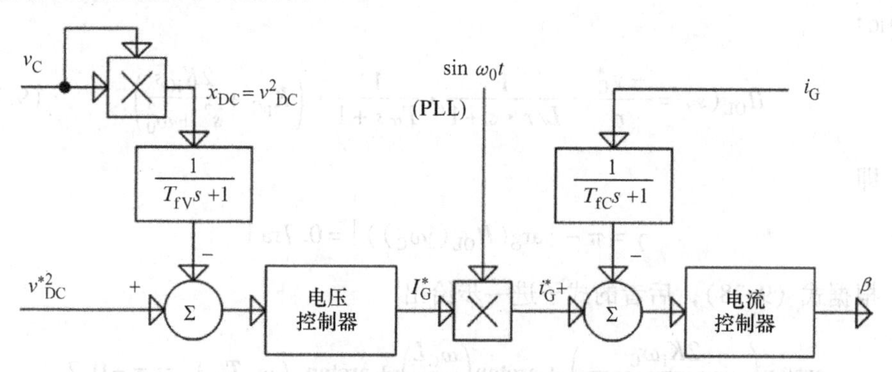

图 9.35　图 9.33 中有源电力滤波器控制结构图

如已经指出的那样，外环控制器输出从电网吸收的所需的电流幅值，以建立功率平衡。PLL 提供电网相位以形成适当的电流基准（涉及零无功功率）用于内环。在直流电容电压中插入补充滤波器，以减少高频电压变化［由于高频电流分量——见式（9.76）］。如果没有这种滤波器，v_{DC} 测量值的二次方运算将引入高振幅、高频率成分，这将进一步影响控制器的输出 I_G^*，并且因此引入电流失真。

4.（交流电流）内环设计

图 9.34 和式（9.73）提供了设计电流控制器的基础，可用 9.3.2 节和 9.3.6 节的内容加以解决。因为被控对象是一阶系统并且回路参考是正弦的，$i_G^*=I_G^*\sin\omega_0 t$，所以 PR 控制器可能是一个很好的解决方案（参见内模控制原理）。考虑

它的传递函数为

$$H_{PR}(s)=K_{pC}+\frac{2K_{iC}}{s^2+\omega_0^2}$$

接着，使用回路成形方法以确定参数 K_{pC} 和 K_{iC}。首先，忽略广义积分器的影响；当已配置开环带宽后，这可以帮助确定 K_{pC}（见 9.3.2 节和 9.3.6 节）。简化开环传递函数是

$$H_{OL}^{S}(s)=\frac{-K_{pC}v_C^*}{r}\cdot\frac{1}{L/r\cdot s+1}\cdot\frac{1}{T_{fC}s+1} \tag{9.78}$$

为了设置电流回路的响应速度，可以设置截止频率在合适的值 ω_C（这几乎是闭环带宽）。然后，可以通过求解如下方程得到 K_{pC} 相应的值：

$$|H_{OL}^{S}(j\omega_C)|=0$$

此外，可通过配置足够的相位裕量（例如，40°）到开环传递函数中来获得参数 K_{iC}：

$$H_{OL}(s)=\frac{-v_C^*}{r}\cdot\frac{1}{L/r\cdot s+1}\cdot\frac{1}{T_{fC}s+1}\cdot\left(K_{pC}+\frac{2K_{iC}s}{s^2+\omega_0^2}\right) \tag{9.79}$$

即

$$\gamma=\pi-|\arg(H_{OL}(j\omega_C))|=0.7\text{rad}$$

根据式（9.78），后者的式子进一步给出

$$\arctan\left(\frac{2K_i\omega_C}{K_p(\omega_C^2-\omega_0^2)}\right)+\arctan\left(\frac{\omega_C L}{r}\right)+\arctan(\omega_C T_{fC})=\pi-0.7$$

这使得积分增益 K_{iC} 能够计算得到。

可以用滞后或滑模控制器替代电流控制器；这些解决方案确保了足够大的内环闭环带宽，并且控制实现难度尚可接受，因此，也保证了能够跟踪带有较小时间滞后的正弦参考。

5.（直流电压）外环设计

模式分离成立，即 ω_C 比预计的电压带宽 ω_V 高得多，电流环路可以考虑为没有动态，电压被控对象的传递函数由式（9.77）给出。假设电压参考是恒定的，并且该被控对象本质上是一个一阶滤波器，PI 电压控制器可以认为是

$$H_{PI}(s)=K_{pV}\left(1+\frac{1}{T_{iV}s}\right)$$

由表达式$H_V(s)=\frac{ER_C}{2}\cdot\frac{1}{CR_C/2\cdot s+1}$[见式(9.77)]，闭环传递函数可以写成

$$H_{CL}(s)=\frac{H_{PI}(s)\cdot H_V(s)}{1+H_{PI}(s)\cdot H_V(s)} \tag{9.80}$$

并且，因此得到结果为2阶系统。此外，根据阻尼和带宽配置合适的闭环传递函数参数。阻尼系数ζ_{0V}通常介于0.7和0.9之间，时间常数$T_{0V}=10/\omega_C$，即它相对于内环时间常数是足够大的。最后，通过找出系统（9.80）的时间常数及阻尼与T_{0V}和ζ_{0V}对应，分别计算比例增益和积分时间常数K_{pV}和T_{iV}，如先前在9.2节和9.5.5节所示。

需要注意的是，对于直流电压调节来说，良好的动态性能不是强制的（它只需要电压保持在某些相当大的限制范围之内）。控制外环的稳态误差在这样的应用中不是关键；因此也可以选择使用一个简单的比例控制器。

请读者解决以下问题。

问题9.2　单相孤岛运行的PWM逆变器谐振交流电压控制

图9.36中离网逆变器为可变电阻供电。其参数是$E=300\text{V}$，$L=5\text{mH}$和$C=6.8\mu\text{F}$。额定负载电压为$v_{AC}^*=127\text{V}$（有效值），额定频率为$f_0=50\text{Hz}$，电阻在$R_{max}=1\text{k}\Omega$和$R_{min}=25\Omega$之间变化（电感和电容损耗忽略不计）。

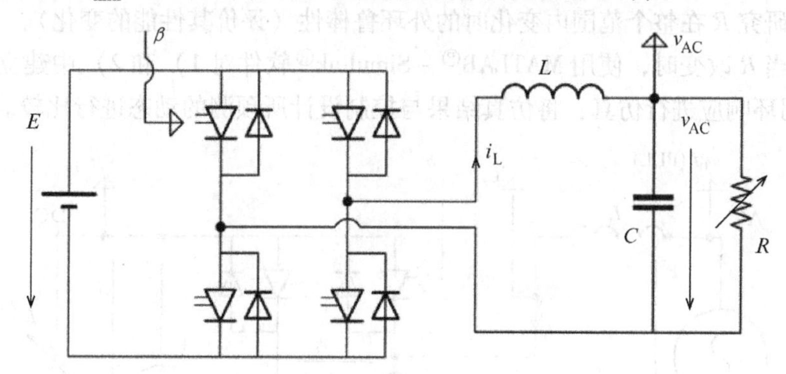

图9.36　孤岛运行的PWM逆变器谐振控制

设计基于PR控制器的控制结构，以确保在交流负载上电压幅值的稳定。选择PR控制器参数，使得电压闭环带宽为20kHz。

问题9.3　用于感应加热电流源型逆变器的平均控制

电流源型逆变器（之前在第3章3.2节介绍过，在第5章5.7节分析过）带可变负载全波运行。其参数为$L_f=6\text{mH}$，$r=0.01\Omega$，$C=6\mu\text{F}$，$L=100\mu\text{H}$和$U_{d0}=300\text{V}$（见图3.3）。负载电阻R在10Ω和0.5Ω之间变化。总控制目标是控制输出电压，闭环带宽为$f_{AC}=1\text{kHz}$。

考虑开关频率作为控制输入，解决以下几点。

1）推导出变换器的线性平均模型，并通过使用 MATLAB®软件绘制零极点图。

2）构建内环的部分状态反馈结构（通过忽略输出电压）并适当配置系统极点（主时间常数必须小于等于 $10\pi \cdot f_{AC}$）。

3）通过使用积分控制器构建外环电压回路，并通过使用根轨迹方法（在 MATLAB®中函数 rltool）选择积分增益。

4）在负载 R 阶跃变化时仿真变换器的响应，并与控制设计所预测的动态进行比较。

问题 9.4　单相 PWM 整流器控制

图 9.37 所示的整流逆变器为可变电阻负载供电。它的参数是 $E=340\text{V}$，$\omega_0=100\pi\text{rad/s}$，$L=2.2\text{mH}$ 和 $C=820\mu\text{F}$。额定负载电压 $v_0^*=450\text{V}$，负载电阻在 $R_{max}=20\text{k}\Omega$ 和 $R_{min}=100\Omega$ 之间变化（忽略不计电感和电容损耗）。

主要的控制目标是调节直流电压 v_0 到其额定值。外环闭环带宽必须是 1kHz。第二个目标是在 0～0.3P 范围内吸收可控无功功率 Q，P 为实际的有功功率。

1）建立 dq 坐标系下的控制结构，满足既定目标。

2）在复合 dq 静止坐标系下建立控制结构，满足既定目标。

3）研究 R 在整个范围内变化时的外环鲁棒性（评价其性能的变化）。

4）当 R 改变时，使用 MATLAB® – Simulink®软件对 1）和 2）中建立的控制结构的闭环响应进行仿真；将仿真结果与控制设计所预测的动态进行比较。

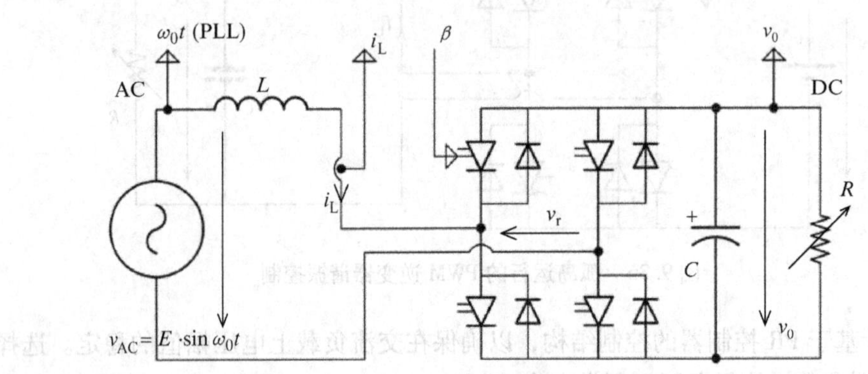

图 9.37　为可变负载供电的单相整流器

参考文献

Andreica Vallet M, Bacha S, Munteanu I, Bratcu AI, Roye D (2011) Management and control of operating regimes of cross-flow water turbines. IEEE Trans Ind Electron 58(5):1866–1876

Bacha S, Brunello M, Hassan A (1994) A general large signal model for DC-DC symmetric switching converters. Electr Mach Power Syst 22(4):493–510

Blaabjerg F, Teodorescu R, Liserre M, Timbus AV (2006) Overview of control and grid synchronization for distributed power generation systems. IEEE Trans Ind Electron 53(5):1398–1409

Blasko V, Kaura V (1997) A new mathematical model and control of a three-phase AC-DC voltage source converter. IEEE Trans Power Electron 12(1):116–123

Bose BK (2001) Modern power electronics and AC drives. Prentice-Hall, Upper Saddle River

Buso S, Malesani L, Mattavelli P (1998) Comparison of current control techniques for active filter applications. IEEE Trans Ind Electron 45(5):722–729

Cárdenas R, Peña R (2004) Sensorless vector control of induction machines for variable-speed wind energy applications. IEEE Trans Energy Convers 19(1):196–205

d'Azzo JJ, Houpis CH, Sheldon SN (2003) Linear control system analysis and design with MATLAB, 5th edn. Marcel-Dekker, New York

Esselin M, Robyns B, Berthereau F, Hautier JP (2000) Resonant controller based power control of an inverter transformer association in a wind generator. Electromotion 7(4):185–190

Etxeberria-Otadui I (2003) On the power electronics systems dedicated to electrical energy distribution (in French: "Sur les systèmes d'électronique de puissance dédiés à la distribution électrique"). Ph.D. thesis, Grenoble Institute of Technology, Grenoble

Etxeberria-Otadui I, López de Heredia A, Gaztañaga H, Bacha S, Reyero MR (2006) A single synchronous frame hybrid (SSFH) multifrequency controller for power active filters. IEEE Trans Ind Electron 53(5):1640–1648

Etxeberria-Otadui I, Viscarret U, Caballero M, Rufer A, Bacha S (2007) New optimized PWM VSC control structures and strategies under unbalanced voltage transients. IEEE Trans Ind Electron 54(5):2902–2914

Francis BA, Wonham WM (1976) Internal model principle in control theory. Automatica 12 (5):457–465

Fukuda S, Imamura R (2005) Application of a sinusoidal internal model to current control of three-phase utility-interface converters. IEEE Trans Ind Electron 52(2):420–426

Fukuda S, Yoda T (2001) A novel current-tracking method for active filters based on a sinusoidal internal model. IEEE Trans Ind Appl 37(3):888–895

Gaztañaga H, Lopez de Heredia A, Etxeberria I, Bacha S, Roye D, Guiraud J, Reyero R (2005) Multi-resonant state feedback current control structure with pole placement approach. In: Proceedings of the European Conference on Power Electronics and Applications – EPE 2005. Dresden, Germany, pp 10–26

Kaura V, Blasko V (1997) Operation of a phase locked loop system under distorted utility conditions. IEEE Trans Ind Appl 33(1):58–63

Kazmierkowski MP, Malesani L (1998) Current control techniques for three-phase voltage-source PWM converters: a survey. IEEE Trans Ind Electron 45(5):691–703

Kazmierkowski MP, Malinowski M, Bech M (2002) Pulse width modulation techniques for three-phase voltage source converters. In: Kazmierkowski MP, Krishnan R, Blaabjerg F, Irwin JD (eds) Control in power electronics: selected problems, Academic Press series in engineering. Academic/Elsevier, San Diego/London, pp 89–160

Lindgren M (1998) Modelling and control of voltage source converters. Ph.D. thesis, Chalmers University of Technology, Göteborg

Ma L, Luna A, Rocabert J, Munoz R, Corcoles F, Rodriguez P (2011) Voltage feed-forward performance in stationary reference frame controllers for wind power applications. In: Proceedings of the 2011 international conference on power engineering, energy and electrical drives, POWERENG 2011. Torremolinos, Malaga, Spain, pp 1–5

Malesani L, Tomasin P (1993) PWM current control techniques of voltage source converters – A survey. In: Proceedings of the international conference on Industrial Electronics, Control and Instrumentation – IECON 1993. Maui, Hawaii, USA, vol 2, pp 670–675
Miret J, Castilla M, Matas J, Guerrero JM, Vasquez JC (2009) Selective harmonic-compensation control for single-phase active power filter with high harmonic rejection. IEEE Trans Ind Electron 56(8):3117–3127
Naslin P (1968) Practical technology and computation of controlled systems (in French: Technologie et calcul pratique des systèmes asservis), 3rd edn. Dunod, Paris, ch. 11
Oppenheim AV, Willsky AS, Nawab SH (1996) Signals and systems, 2nd edn. Prentice-Hall, Upper Saddle River
Petitclair P, Bacha S, Rognon JP (1996) Averaged modelling and nonlinear control of an ASVC (Advanced Static VAR Compensator). In: Proceedings of the 27th annual IEEE Power Electronics Specialists Conference – PESC 1996. Baveno, Italy, vol 1, pp 753–758
Roshan A (2006) A DQ rotating frame controller for single phase full-bridge inverters used in small distributed generation systems. M.Sc. thesis, Faculty of the Virginia Polytechnic Institute and State University, Blacksburg
Sato Y, Ishizuka T, Nezu K, Kataoka T (1998) A new control strategy for voltage-type PWM rectifiers to realize zero steady-state control error in input current. IEEE Trans Ind Appl 34(3):480–486
Tan L (2007) Digital signal processing: fundamentals and applications. Academic, San Diego
Teodorescu R, Blaabjerg F, Liserre M, Loh PC (2006) Proportional-resonant controllers and filters for grid-connected voltage-source converters. IEEE proceedings – Electric power applications 153(5):750–762
Timbuş AV, Ciobotaru M, Teodorescu R, Blaabjerg F (2006) Adaptive resonant controller for grid-connected converters in distributed power generation systems. In: Proceedings of the 21st annual IEEE Applied Power Electronics Conference and Exposition – APEC 2006. Dallas, Texas, pp 1601–1606
Timbuş A, Liserre M, Teodorescu R, Rodriguez P, Blaabjerg F (2009) Evaluation of current controllers for distributed power generation systems. IEEE Trans Power Electron 24(3):654–664
Vazquez S, Leon JI, Franquelo LG, Padilla JJ, Carrasco JM (2009) DC-voltage ratio control strategy for multilevel cascaded converters fed with a single DC source. IEEE Trans Ind Electron 56(7):2513–2521
Yepes AG (2011) Digital resonant current controllers for voltage source converters. Ph.D. thesis, University of Vigo, Vigo
Yin Y, Zane R, Glaser J, Erickson RW (2002) Small-signal analysis of frequency-controlled electronic ballasts. IEEE Trans Circuits Syst I Fundam Theory Appl 50(8):1103–1110
Yuan X, Merk W, Stemmler H, Allmeling J (2002) Stationary-frame generalized integrators for current control of active power filters with zero steady-state error for current harmonics of concern under unbalanced and distorted operating conditions. IEEE Trans Ind Appl 38(2):523–532
Zmood DN, Holmes DG (2003) Stationary frame current regulation of PWM inverters with zero steady-state error. IEEE Trans Power Electron 18(3):814–822
Zmood DN, Holmes DG, Bode GH (2001) Frequency-domain analysis of three-phase linear current regulators. IEEE Trans Ind Appl 37(2):601–610

第 10 章　非线性控制数学工具概述

考虑到电力电子变换器的非线性变结构本质特点及其工作的特殊限制，需要采用由非线性控制理论提供的一些功能强大的工具。显然，通常它们都比线性方法更合适处理非线性和不可避免的不确定性问题。接下来的三个章节将详细说明一些非线性控制方法，它们用于电力电子变换器获得了很好的控制效果。本章旨在回顾这些方法中最常使用的概念和规范化的结果，同时确定它们之间的关系和一些共同的特征。

10.1　问题和基本概念

本节将简要介绍非线性控制使用的一些基本概念的数学定义和推导，如李（Lie）导数、相对阶数、范式和零点动态。这有助于在不同非线性控制形式的框架内理解电力电子变换器动态行为。

10.1.1　微分几何要素

要获得关于适用于电力电子变换器非线性控制的主要结果，不可避免需要引入李代数，而在这之前，有必要先讨论一些基本的概念，像开关函数、向量场和李导数等。

本书的第一部分介绍了开关函数的概念，专用于电力电子变换器建模（见第 3 章）。仍旧使用之前引入的符号，任何功率变换器都可以由广义非线性数学模型来描述：

$$\frac{\mathrm{d}\boldsymbol{x}}{\mathrm{d}t}=\boldsymbol{f}(\boldsymbol{x})+\boldsymbol{g}(\boldsymbol{x})\cdot\boldsymbol{u} \tag{10.1}$$

式中，$\boldsymbol{x}$ 是 n 维列状态向量。函数 $\boldsymbol{u}$ 控制电路状态切换（结构变化），称为开关函数。在多变量情况下，表示为 $\boldsymbol{u}=[u_1 \quad u_2 \cdots u_p]^{\mathrm{T}}$，其中每个函数 u_i 在离散值集合 $\{u_{i-};\ u_{i+}\}$ 中取值。所选定的开关曲面决定了函数 $\boldsymbol{u}$ 的变化。式（10.1）中函数 $\boldsymbol{f}(\boldsymbol{x})$ 称为向量场，函数 $\boldsymbol{g}(\boldsymbol{x})$ 是 $n\times p$ 矩阵向量场。若 $\boldsymbol{f}(\boldsymbol{x})$ 和 $\boldsymbol{g}(\boldsymbol{x})$ 不显性依赖于时间，则称它们是时不变的（或自治）。否则，则称它们是时变的（或非自治）。式（10.1）中的向量场完全是时不变的。

在线形情况下：

$$\begin{cases}\boldsymbol{f}(\boldsymbol{x})=\boldsymbol{A}\cdot\boldsymbol{x}\\ \boldsymbol{g}(\boldsymbol{x})=\boldsymbol{B}\end{cases} \tag{10.2}$$

式中，$\boldsymbol{A}$ 为 $n\times n$ 矩阵；$\boldsymbol{B}$ 是 $n\times p$ 矩阵。在双线性情况下：

$$\begin{cases}\boldsymbol{f}(\boldsymbol{x})=\boldsymbol{A}\cdot\boldsymbol{x}\\ \boldsymbol{g}(\boldsymbol{x})=\boldsymbol{x}\cdot\boldsymbol{b}^{\mathrm{T}}+\boldsymbol{\delta}\end{cases}\tag{10.3}$$

式中，$\boldsymbol{A}$ 为 $n\times n$ 矩阵；$\boldsymbol{b}$ 是 p 维列向量；$\boldsymbol{\delta}$ 是 $n\times p$ 矩阵。如果以图 10.1 的 buck 变换器为例，选择开关函数 u，如果 H 关断，$u=0$；如果 H 导通，$u=1$。变换器模型为

$$\dot{\boldsymbol{x}}=\boldsymbol{f}(\boldsymbol{x})+\boldsymbol{g}(\boldsymbol{x})\cdot u$$

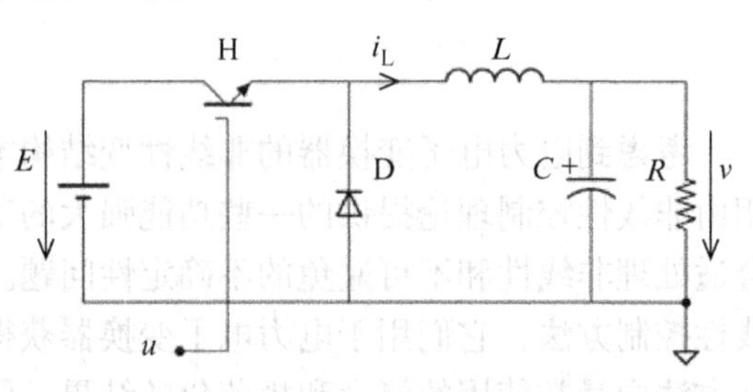

图 10.1　buck DC－DC 变换器电路

式中，$\boldsymbol{x}=[i_{\mathrm{L}}\quad v_{\mathrm{C}}]^{\mathrm{T}}$，对应于线性情况的向量场

$$\boldsymbol{f}(\boldsymbol{x})=\begin{bmatrix}-v_{\mathrm{C}}/L\\ i_{\mathrm{L}}/C-v_{\mathrm{C}}/(RC)\end{bmatrix}=\underbrace{\begin{bmatrix}0 & -1/L\\ 1/C & -1/(RC)\end{bmatrix}}_{\boldsymbol{A}}\cdot\boldsymbol{x}\cdot\boldsymbol{g}(\boldsymbol{x})=\begin{bmatrix}E/L\\ 0\end{bmatrix}=\boldsymbol{B}$$

以类似的方式，通过已定义的开关函数，可以确定开关向量场。因此，向量场 $\boldsymbol{g}(\boldsymbol{x})$ 在不同状态间切换：

$$\boldsymbol{g}^{-}(\boldsymbol{x})=\boldsymbol{g}(\boldsymbol{x})\cdot u^{-}\text{ 和 }\boldsymbol{g}^{+}(\boldsymbol{x})=\boldsymbol{g}(\boldsymbol{x})\cdot u^{+}$$

而式（10.1）所定义的向量场也在两种状态间切换：

$$\boldsymbol{f}(\boldsymbol{x})+\boldsymbol{g}(\boldsymbol{x})\cdot u^{-}\text{ 和 }\boldsymbol{f}(\boldsymbol{x})+\boldsymbol{g}(\boldsymbol{x})\cdot u^{+}$$

接着，介绍李导数的概念。考虑向量 $\bar{f}$，它对应一个特定点，并具有相对于单位向量 $\bar{d}$ 的方向角 α，如图 10.2 所示。向量 $\bar{f}$ 在 $\bar{d}$ 方向的投影相当于两个向量标量（内）积，记为 $\bar{f}\cdot\bar{d}$，同时定义 $f\cdot d=f^{\mathrm{T}}\cdot d$。

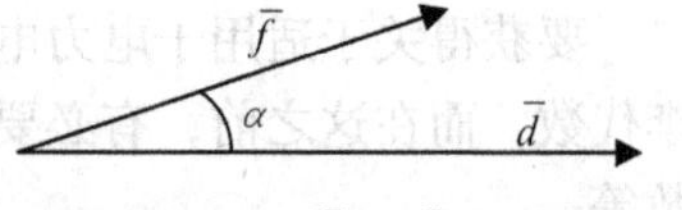

图 10.2　向量 $\bar{d}$ 和 $\bar{f}$ 的示意图

类似的，定义向量场 $\boldsymbol{s}(\boldsymbol{x})$ 随时间的变化量时，有

$$\frac{\mathrm{d}\boldsymbol{s}(\boldsymbol{x})}{\mathrm{d}t}=\frac{\partial\boldsymbol{s}(\boldsymbol{x})}{\partial\boldsymbol{x}}\cdot\frac{\mathrm{d}\boldsymbol{x}}{\mathrm{d}t}\tag{10.4}$$

$\partial s(x)/\partial\boldsymbol{x}$ 是 $\boldsymbol{s}(\boldsymbol{x})$ 的雅可比矩阵。一般情况下，对于函数 $\boldsymbol{s}$：$\boldsymbol{R}^{\mathrm{n}}\rightarrow\boldsymbol{R}^{\mathrm{p}}$，其雅可比矩阵可表示为

$$\frac{\partial\boldsymbol{s}(\boldsymbol{x})}{\partial\boldsymbol{x}}=\begin{bmatrix}\dfrac{\partial s_1}{\partial x_1} & \cdots & \dfrac{\partial s_1}{\partial x_n}\\ \vdots & \ddots & \vdots\\ \dfrac{\partial s_p}{\partial x_1} & \cdots & \dfrac{\partial s_p}{\partial x_n}\end{bmatrix}\tag{10.5}$$

如果 s 是标量线性函数，其雅可比矩阵是垂直于 $s(\boldsymbol{x})=0$ 所表示曲面的向量。

记为

$$\boldsymbol{ds}=\left[\frac{\partial s}{\partial x_1}\quad\cdots\quad\frac{\partial s}{\partial x_n}\right]$$

它表示函数 s 的梯度向量。

现在，再回到状态方程的形式

$$\dot{\boldsymbol{x}}=\boldsymbol{f}(\boldsymbol{x})+\boldsymbol{g}(\boldsymbol{x})\cdot\boldsymbol{u}$$

有

$$\frac{\mathrm{d}\boldsymbol{s}(\boldsymbol{x})}{\mathrm{d}t}=\frac{\partial\boldsymbol{s}(\boldsymbol{x})}{\partial\boldsymbol{x}}\cdot\boldsymbol{f}(\boldsymbol{x})+\left(\frac{\partial\boldsymbol{s}(\boldsymbol{x})}{\partial\boldsymbol{x}}\cdot\boldsymbol{g}(\boldsymbol{x})\right)\cdot\boldsymbol{u}\tag{10.6}$$

式（10.6）可以进一步简化为

$$\frac{\mathrm{d}\boldsymbol{s}(\boldsymbol{x})}{\mathrm{d}t}=L_{\mathrm{f(x)}}\boldsymbol{s}(\boldsymbol{x})+L_{\mathrm{g(x)}}\boldsymbol{s}(\boldsymbol{x})\cdot\boldsymbol{u}\tag{10.7}$$

式中，$L_{\mathrm{f(x)}}\boldsymbol{s}(\boldsymbol{x})$定义为

$$L_{\mathrm{f(x)}}\boldsymbol{s}(\boldsymbol{x})\frac{\partial\boldsymbol{s}(\boldsymbol{x})}{\partial\boldsymbol{x}}\cdot\boldsymbol{f}(\boldsymbol{x})\tag{10.8}$$

称为 s 沿向量场 $\boldsymbol{f}$ 的李导数。式（10.7）可以进一步写为

$$\frac{\mathrm{d}\boldsymbol{s}(\boldsymbol{x})}{\mathrm{d}t}=\boldsymbol{L}_{\mathrm{f(x)+g(x)\cdot u}}\boldsymbol{s}(\boldsymbol{x})\tag{10.9}$$

在单输入单输出的情况下——函数 u 和 $s(\boldsymbol{x})$是标量——沿向量场 $\boldsymbol{f}$ 计算 $s(\boldsymbol{x})$的李导数为

$$L_{\mathrm{f}}\boldsymbol{s}=\boldsymbol{ds}\cdot\boldsymbol{f}=\sum_{i=1}^{n}\left(\frac{\partial s}{\partial x_{\mathrm{i}}}\cdot f_{\mathrm{i}}(\boldsymbol{x})\right)\tag{10.10}$$

式中，$\boldsymbol{f}=[f_1\quad f_2\cdots f_n]^{\mathrm{T}}$。

备注：有时使用“李括号”，其被定义为

$$[\boldsymbol{f},\boldsymbol{g}]=\boldsymbol{L}_{\mathrm{g}}\boldsymbol{f}-\boldsymbol{L}_{\mathrm{f}}\boldsymbol{g}\tag{10.11}$$

线性系统在两种状态（$\boldsymbol{f}_1=\boldsymbol{A}_1\boldsymbol{x}$ 和 $\boldsymbol{f}_2=\boldsymbol{A}_2\boldsymbol{x}$）之间切换的情况下，对向量场对 $\boldsymbol{f}_1$ 和 $\boldsymbol{f}_2$ 进行李括号运算：

$$[\boldsymbol{f}_1,\boldsymbol{f}_2]=(\boldsymbol{A}_1\cdot\boldsymbol{A}_2-\boldsymbol{A}_2\cdot\boldsymbol{A}_1)\cdot\boldsymbol{x}\tag{10.12}$$

式（10.12）含有矩阵表达式（$\boldsymbol{A}_1\cdot\boldsymbol{A}_2-\boldsymbol{A}_2\cdot\boldsymbol{A}_1$），在矩阵 $\boldsymbol{A}_1$ 和 $\boldsymbol{A}_2$ 为非交换阵的情况下，给出了平均模型一阶近似的精确表达［见第 4 章式（4.31）］。

10.1.2　相对阶数和零动态

1. 单输入单输出（SISO）情况

SISO 非线性系统的形式

$$\begin{cases}\dot{\boldsymbol{x}}=\boldsymbol{f}(\boldsymbol{x})+\boldsymbol{g}(\boldsymbol{x})\cdot u\\ y=h(\boldsymbol{x})\end{cases}\tag{10.13}$$

如果对于所有 $\boldsymbol{x}^0$ 附近的点 $\boldsymbol{x}$，都有 $\boldsymbol{L}_g\boldsymbol{L}_f^k h(\boldsymbol{x})=0$；同时，对于所有的 $k<r-1$，$\boldsymbol{L}_g\boldsymbol{L}_f^{r-1}h(\boldsymbol{x}^0)=0$，就称为在点 $\boldsymbol{x}^0$ 处有相对阶数 r（Isidori，1989）。

推导系统相对阶数的实用方法是，将输出变量 y 对时间求导，直到表达式显性包含输入量 u；相应的时间导数阶数就是相对阶数。例如，在反激式变换器控制输出电压的情况下（在第4章问题4.1已给出模型推导），相对阶数为 $r=1$，因为输入 u 显性出现在输出电压 v_C 的一阶导数表达式中［见式（4.42)］。

需要注意的是非线性系统相对阶数的概念是在线性系统概念上的扩展，即系统对应传递函数的极点数目和零点数目之间的差。对于相对阶数比系统阶数 n 小（$r<n$）的非线性系统，可以定义一个概念，起到类似于传递函数零点的作用。即零动态，与解决输出归零的问题有关。具体构想如下：找到包含初始状态 $\boldsymbol{x}^0$ 和输入函数 $u^0(t)$ 的所有组合（定义于 $t=0$ 邻域），使得相应系统输出 $y(t)=0$（在 $t=0$ 邻域）。

状态空间向量可以划分成两个部分，即与相对阶数对应的 r 个状态变量组成的向量和剩余 $n-r$ 个状态变量组成的向量：

$$\boldsymbol{\xi}=[z_1 \cdots z_r]^{\mathrm{T}},\ \boldsymbol{\eta}=[z_{r+1} \cdots z_n]^{\mathrm{T}}$$

其中

$$\begin{cases} y(t)=z_1(t),\ \dot{z}_1=z_2,\ \dot{z}_2=z_3,\ \cdots,\ \dot{z}_{r-1}=z_r \\ \dot{z}_r=b(\boldsymbol{\xi},\boldsymbol{\eta})+a(\boldsymbol{\xi},\boldsymbol{\eta})u \\ \dot{\boldsymbol{\eta}}=\boldsymbol{q}(\boldsymbol{\xi},\boldsymbol{\eta}) \end{cases} \tag{10.14}$$

式（10.14）引入所谓的范式（Isidori，1989）。如果输出 $y(t)=0$，则必然 $\dot{z}_1(t)=\dot{z}_2(t)=\cdots=\dot{z}_r(t)=0$，所以对所有的时刻 t，$\boldsymbol{\xi}(t)=0$。因此，为了让输出为零，必须设置系统的初始状态为 $\boldsymbol{\xi}(0)=0$，同时可以任意选择 $\boldsymbol{\eta}(0)=\boldsymbol{\eta}^0$。由此得到零输出问题的解

$$u(t)=-\frac{b(0,\boldsymbol{\eta}(t))}{a(0,\boldsymbol{\eta}(t))}$$

$\boldsymbol{\eta}(t)$是微分方程的解

$$\dot{\boldsymbol{\eta}}(t)=\boldsymbol{q}(0,\boldsymbol{\eta}(t)),\ \boldsymbol{\eta}(0)=\boldsymbol{\eta}^0 \tag{10.15}$$

式（10.15）表示目标非线性系统的零动态；之所以被称为零动态，是因为它们描述系统的“内部”行为，所对应的输入和初始条件，会限制输出保持为零（Isidori，1989）。

2. 多输入多输出（MIMO）情况

在SISO情况下获得的零动态和相对阶数定义的公式，可以很自然地扩展到一类特殊的MIMO动态系统。所谓特殊，指的是系统输入数量等于输出数量。下面简要介绍这些扩展（Isidori，1989）。动态系统的状态空间表述为

$$
\begin{cases} \dot{\boldsymbol{x}} = \boldsymbol{f}(\boldsymbol{x}) + \sum_{i=1}^{m} \boldsymbol{g}_i(\boldsymbol{x}) \cdot u_i \\ y_1 = h_1(\boldsymbol{x}), \cdots, y_m = h_m(\boldsymbol{x}) \end{cases} \tag{10.16}
$$

式中，m 是输入和输出的项数；$\boldsymbol{f}(\boldsymbol{x})$，$\boldsymbol{g}_1(\boldsymbol{x})$，…，$\boldsymbol{g}_m(\boldsymbol{x})$ 是平滑向量场；$h_1(\boldsymbol{x}),\cdots,h_m(\boldsymbol{x})$是平滑函数，都定义在 $\boldsymbol{R}^n$ 的开集。如果同时满足两个条件，那么在点 $\boldsymbol{x}^0$ 处有向量相对阶数$\{r_1, \cdots, r_m\}$，即：

1）对于所有 $1 \leqslant j \leqslant m$、所有 $1 \leqslant i \leqslant m$、所有 $k < r_i - 1$ 和所有在 $\boldsymbol{x}^0$ 附近的 $\boldsymbol{x}$，都有 $\boldsymbol{L}_{g_j}\boldsymbol{L}_{\mathrm{f}}^k h_i(\boldsymbol{x}) = 0$；同时

2）$m \times m$ 矩阵

$$
\boldsymbol{A}(\boldsymbol{x}) = \begin{bmatrix} \boldsymbol{L}_{g_1}\boldsymbol{L}_{\mathrm{f}}^{r_1-1}h_1(\boldsymbol{x}) & \cdots & \boldsymbol{L}_{g_m}\boldsymbol{L}_{\mathrm{f}}^{r_1-1}h_1(\boldsymbol{x}) \\ \boldsymbol{L}_{g_1}\boldsymbol{L}_{\mathrm{f}}^{r_2-1}h_2(\boldsymbol{x}) & \cdots & \boldsymbol{L}_{g_m}\boldsymbol{L}_{\mathrm{f}}^{r_2-1}h_2(\boldsymbol{x}) \\ \vdots & \ddots & \vdots \\ \boldsymbol{L}_{g_1}\boldsymbol{L}_{\mathrm{f}}^{r_m-1}h_m(\boldsymbol{x}) & \cdots & \boldsymbol{L}_{g_m}\boldsymbol{L}_{\mathrm{f}}^{r_m-1}h_m(\boldsymbol{x}) \end{bmatrix} \tag{10.17}
$$

在 $\boldsymbol{x} = \boldsymbol{x}^0$ 处非奇异。

对这样非线性系统的零动态定义与 SISO 情况非常类似，始终与求解零输出问题相关。如果输出 $\boldsymbol{y}(t)$必须为零，则对于任意 $\boldsymbol{\eta}(0) = \boldsymbol{\eta}^0$，都有系统的初始状态为 $\boldsymbol{\xi}(0) = 0$。由此得到零输出问题存在解

$$
\boldsymbol{u}(t) = -[\boldsymbol{A}(0, \boldsymbol{\eta}(t))]^{-1}\boldsymbol{b}(0, \boldsymbol{\eta}(t))
$$

式中，矩阵 $\boldsymbol{A}$ 的定义在式（10.17）中给出，同时

$$
\boldsymbol{b}(\boldsymbol{x}) = \begin{bmatrix} \boldsymbol{L}_{\mathrm{f}}^{r_1}h_1(\boldsymbol{x}) \\ \boldsymbol{L}_{\mathrm{f}}^{r_2}h_2(\boldsymbol{x}) \\ \vdots \\ \boldsymbol{L}_{\mathrm{f}}^{r_m}h_m(\boldsymbol{x}) \end{bmatrix}
$$

并且，$\boldsymbol{\eta}(t)$作为微分方程的解，定义了零动态

$$
\dot{\boldsymbol{\eta}}(t) = \boldsymbol{q}(0, \boldsymbol{\eta}(t)) - \boldsymbol{p}(0, \boldsymbol{\eta}(t)) \cdot [\boldsymbol{A}(0, \boldsymbol{\eta}(t))]^{-1}, \boldsymbol{b}(0, \boldsymbol{\eta}(t)), \boldsymbol{\eta}(0) = \boldsymbol{\eta}^0 \tag{10.18}
$$

10.1.3　李雅普诺夫方法

在李雅普诺夫方法中，若

$$
\begin{cases} \alpha \| \boldsymbol{x} \| \leqslant V(\boldsymbol{x}, u, t) \leqslant \beta \| \boldsymbol{x} \| \\ V(\boldsymbol{x}, t) = 0 \quad 如果\ \boldsymbol{x} = 0 \end{cases}
$$

函数 $V(\boldsymbol{x}, u, t)$被称为李雅普诺夫候选函数。其中，α 和 β 是 K 类函数。而所谓的 K 类函数，可以理解为定义在非负实数域 R^+ 中、$\boldsymbol{R}^+$、连续、单调非减、在原点为零，同时幅角无限增大的一类函数。

让我们回顾一下。

定理（李雅普诺夫稳定性） 对于系统 $\boldsymbol{x}=\boldsymbol{f}(\boldsymbol{x})+\boldsymbol{g}(\boldsymbol{x})\cdot u$，给定李雅普诺夫函数 $V(\boldsymbol{x},t)$，其时间导数为

$$\frac{\mathrm{d}}{\mathrm{d}t}V(\boldsymbol{x},t)=L_{\mathrm{f}(\mathbf{x})}V(\boldsymbol{x},t)+u\cdot g(\boldsymbol{x})\cdot V(\boldsymbol{x},t)+\frac{\partial}{\partial t}V(\boldsymbol{x},t)$$

1）如果李雅普诺夫函数的时间导数满足 $\frac{\mathrm{d}}{\mathrm{d}t}V(\boldsymbol{x},t)\leqslant 0\ \forall \boldsymbol{x},t$，则目标系统是稳定的，但平衡点可以不在状态空间的原点。

2）若 $\frac{\mathrm{d}}{\mathrm{d}t}V(\boldsymbol{x},t)\leqslant -\gamma\cdot\|\boldsymbol{x}\|\ \forall \boldsymbol{x},t$，其中 γ 是 K 类函数，则目标系统是稳定的，并且已经位于零平衡点（在状态空间中）。

虽然从能量的观点看，通过寻找李雅普诺夫函数来表征一个给定的非线性系统，这种方法并不总是系统化的一种方法，但是李雅普诺夫函数的概念对稳定性分析至关重要（Khalil，2011）；并且，对于设计出能够代表着“最小化系统能量”的控制目标的控制律而言也是十分重要的（所谓的李雅普诺夫设计；Freeman 和 Kokotović，2011）

10.2 电力电子变换器非线性控制方法概述

这里介绍接下来三章的内容概要；这些章节分别介绍应用于电力电子变换器的三种非线性控制方法。

对于下述控制方法，一种可能的分类方法是根据控制律的类型：连续和不连续（变结构）的非线性控制方法。所有这些方法广泛使用类似相对阶数和零动态的概念，用于表征功率变换器作为动态系统的结构特性。

这些方法的另一个共同特征是，它们所得到的控制律一般依赖于系统工作点和/或对参数变化敏感。当工作点覆盖整个范围时，几乎都需要采用补充测量或参数估计的自适应方法，以防止控制性能显著下降。因此，针对各种情况的一般控制算法，可以利用调校较好的参数在线估计方法来增强性能。

1. 连续控制方法

第 11 章聚焦反馈线性化控制方法，提出要克服由变换器本质的非线性和对工作点依赖所引发的不期望行为（Isidori，1989）。该方法的成果是非线性状态反馈，其能够确保纯积分输入输出行为，系统阶数等于在 SISO 情况下系统的相对阶数。线性化降低了控制结构的复杂性，提高了被控对象的鲁棒性。

基于能量的电力电子变换器控制方法是第 12 章的主题。分析了两种基于能量概念的控制方法：基于李雅普诺夫方法的稳定控制（Sanders 和 Verghese，1992）；为达到控制目的而利用系统某些特定结构性质的无源控制（Ortega 等，1998，2001）。主导电力变换器行为的现象，被自然地以通过功率流描述能量处理过程的方法来表征。基于能量控制的基本思路在于调整能量耗散过程的速度，以确保系统收敛到稳态运行

点（Stanković等，2001）。能源增量的概念（Sanders，1989；Sanders 和 Verghese，1992）对于表征动态行为和以全面的方式设计控制律来说是极其重要的。

基于能量的控制方法表现出的最显著的缺点是它们的复杂性和对于难以测量的变量参数的依赖，例如负载特性。功率变换器的时间临界性使情况变得更坏。基于能量的控制方法可以与线性控制技术相结合（Pérez 等，2004），也可以与其他非线性控制方法配合，例如，反馈线性化技术（Sira - Ramírez 和 Prada - Rizzo，1992）或变结构控制（Sira - Ramírez 等，1996；Ortega 等，1998）——从而提高系统整体控制性能。

2. 变结构控制方法

第 13 章，也是本书的最后一章，介绍了变结构或滑模控制（Filippov，1960；Emelyanov，1967；Utkin，1972）。由于被控电路在多种状态间切换，这看起来是对于系统鲁棒控制的合理方式。电力变换器提供了这类控制方法很好的应用领域，因为它们是由等式右边不连续的微分方程描述的（如，输入不连续）（Sira - Ramírez 和 Silva - Ortigoza，2006；Tan 等，2011）。滑动平面和等价控制的概念是这章的基础。在这种情况下，可以确保良好的控制性能，例如较大的带宽，因为可以直接得到开关状态，而无需任何其他形式的补充调制；因此也可以保证最快的闭环响应。开关控制得益于固有的鲁棒性，对可能发生在电力电子变换器工作点和/或工作模式改变时的不确定性表现出较低的敏感性。

参考文献

Emelyanov SV (1967) Variable structure control systems (in Russian). Nauka, Moscow

Filippov AF (1960) Differential equations with discontinuous right hand side. Am Math Soc Transl 62:199–231

Freeman RA, Kokotović PV (2011) Lyapunov design. In: Levine WS (ed) The control handbook, 2nd edn. CRC Press/Taylor & Francis Group, Boca Raton, pp 49-1–49-14

Isidori A (1989) Nonlinear control systems, 2nd edn. Springer, Berlin

Khalil H (2011) Lyapunov stability. In: Levine WS (ed) The control handbook, 2nd edn. CRC Press/Taylor & Francis Group, Boca Raton, pp 43-1–43-10

Ortega R, Loría A, Nicklasson PJ, Sira-Ramírez H (1998) Passivity-based control of Euler-Lagrange systems. Springer, London

Ortega R, van der Schaft AJ, Mareels I, Maschke B (2001) Putting energy back in control. IEEE Control Syst Mag 21(2):18–33

Pérez M, Ortega R, Espinoza JR (2004) Passivity-based PI control of switched power converters. IEEE Trans Control Syst Technol 12(6):881–890

Sanders SR (1989) Nonlinear control of switching power converters. Ph.D. thesis, Massachusetts Institute of Technology

Sanders SR, Verghese GC (1992) Lyapunov-based control for switched power converters. IEEE Trans Power Electron 7(1):17–24

Sira-Ramírez H, Prada-Rizzo MT (1992) Nonlinear feedback regulator design for the Ćuk converter. IEEE Trans Autom Control 37(8):1173–1180

Sira-Ramírez H, Silva-Ortigoza R (2006) Control design techniques in power electronics devices. Springer, London

Sira-Ramírez H, Escobar G, Ortega R (1996) On passivity-based sliding mode control of switched DC-to-DC power converters. In: Proceedings of the 35th Conference on Decision and Control – CDC 1996. Kobe, Japan, pp 2525–2526

Stanković AM, Escobar G, Ortega R, Sanders SR (2001) Energy-based control in power electronics. In: Banerjee S, Verghese GC (eds) Nonlinear phenomena in power electronics: attractors, bifurcations, chaos and nonlinear control. IEEE Press, Piscataway, pp 25–37
Tan S-C, Lai Y-M, Tse C-K (2011) Sliding mode control of switching power converters: techniques and implementation. CRC Press/Taylor & Francis Group, Boca Raton
Utkin VA (1972) Equations of sliding mode in discontinuous systems. Autom Remote Control 2 (2):211–219

第 11 章 电力电子变换器反馈线性化控制

反馈线性化是一个功能强大的工具，可以通过非线性反馈将一般非线性被控对象模型转换成线性模型，从而消除原对象的非线性。通常目标对象是一个纯积分器；因此，可以通过一个简单的比例控制器（零稳态误差）控制（Isidori，1989）。然而，这个特性也伴随有缺点：线性化系统可能对参数的变化和/或工作点敏感，因为非线性反馈来自系统模型。

这种控制结构输出连续信号，需要再补充调制环节（如，PWM），以应用于电力电子开关。对于单输入单输出（SISO）和多输入多输出（MIMO）的电力电子变换器，都可以通过其平均模型，构建反馈线性化，但本章主要聚焦于第一种类型。

考虑主要控制目标，可以定义直接控制，其线性化动态对应于被控变量；或间接控制，其线性化动态输出不同的变量（Sira - Ramírez 和 Silva - Ortigoza，2006）。在后者情况下，控制结构更复杂，因为需要补充外部控制回路，以实现主要控制目标（Jung 等，1999；Song 等，2009）。因为在这种情况下，外环控制通常是基于一个非线性对象来构建，所以它的设计可能需要被控对象近似线性化（采用本书第 8 章和第 9 章详细介绍的技术），或者采用鲁棒非线性控制方法（例如，见第 12 章和第 13 章）。在这两种情况下，系统的零动态成为一个很难处理的问题，除非系统的相对阶数正好等于系统的阶数或者系统零动态不存在（在这种情况下反馈线性化称为精确的）。

采用第 10 章提出的一些数学工具，本章介绍了通用变换器的反馈线性化方法和用于控制律设计的算法。本章的结尾是一些示例、案例研究、思考题和相应解答。最后，邀请读者解决其他几个思考题。

11.1 反馈线性化基础知识

Isidori 在 1989 年提出反馈线性化控制基础理论，包含 SISO 和 MIMO；它们是基于非线性控制系统理论中的微分几何方法。本节旨在给出这一主题和具体求解工具的概述。

11.1.1 问题描述

反馈线性化方法的目标是获得控制律的表达式，它可以借助于反馈和坐标变换，从而将非线性系统转化为线性和可控的。这种方法的主要优势在于，通过它可以进一步使用简单而直观的线性控制设计方法，与此同时，系统鲁棒易于实现。

11.1.2 主要结论

本节简要地提出了在 SISO 以及特殊情况下的 MIMO 动态系统中，关于如何求解线性化反馈控制问题的主要思想。本节只是为解决应用问题提供必要的工具。具体技术细节、完整的证明和深入的解释可以在 Isidori 于 1989 年发表的论文中找到。

给定 SISO 非线性系统，由以下模型描述：

$$\begin{cases}\dot{\boldsymbol{x}}=\boldsymbol{f}(\boldsymbol{x})+\boldsymbol{g}(\boldsymbol{x})\cdot u\\ y=h(\boldsymbol{x})\end{cases} \tag{11.1}$$

模型在点 $\boldsymbol{x}^0$ 处相对阶次为 r，其中 $r\leqslant n$，n 是系统的阶数。第 10 章已经介绍了，$\boldsymbol{L}_{\mathrm{f}}$ 是沿着向量场 $\boldsymbol{f}$ 的函数的李导数。这意味着 $\boldsymbol{L}_{\mathrm{g(x)}}\boldsymbol{L}_{\mathrm{f(x)}}^{r-1}h(\boldsymbol{x})\neq 0$，同时可以得到状态反馈为

$$u=\frac{1}{\boldsymbol{L}_{\mathrm{g(x)}}\boldsymbol{L}_{\mathrm{f(x)}}^{r-1}h(\boldsymbol{x})}\left(-\boldsymbol{L}_{\mathrm{f}(x)}^{r}h(\boldsymbol{x})+v\right) \tag{11.2}$$

对系统（11.1）进行变换，使其输入-输出行为与具有如下传递函数的 r 阶积分器相同：

$$H(s)=\frac{Y(s)}{V(s)}=\frac{1}{s^r}$$

式中，$V(s)$ 和 $Y(s)$ 分别是信号 v 和 y 的拉普拉斯变换。进一步采用坐标变换 $\boldsymbol{z}=\boldsymbol{F}(\boldsymbol{x})$ 可得

$$\begin{cases}\dot{z}_1=z_2,\ \dot{z}_2=z_3,\ \cdots,\ \dot{z}_{r-1}=z_r\\ \dot{z}_r=v,\ \dot{z}_{r+1}=q_{r+1}(z),\ \cdots,\ \dot{z}_n=q_n(z),\ y=z_1\end{cases}$$

可以注意初始系统被分解为两部分：唯一决定输入输出行为的 r 阶线性子系统，以及可能的维度为 $n-r$ 的非线性子系统，其动态特性不影响输出，如图 11.1 所示。后者的动态就是所谓的零动态，已经在第 10 章 10.1.2 节给出定义。

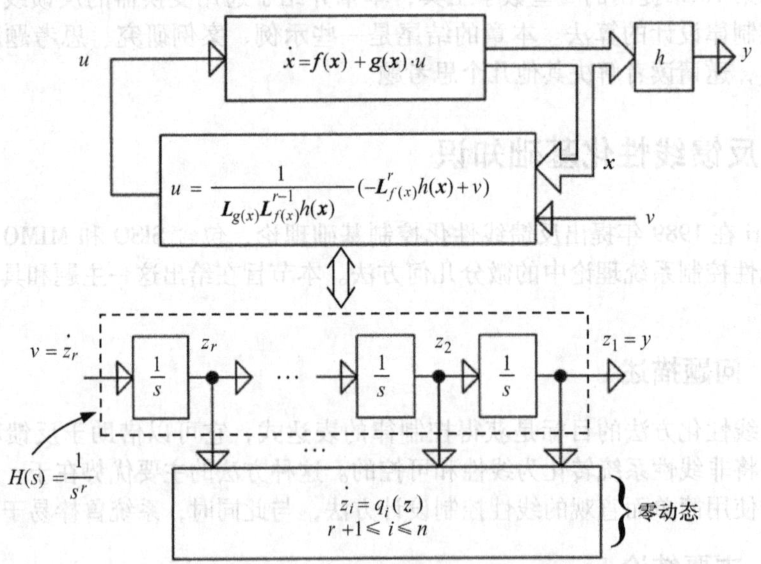

图 11.1　通过线性化反馈将 SISO 非线性系统分解成线性子系统和代表零动态的非线性子系统

非线性子系统在许多情况下所起的作用类似于线性系统传递函数的零点。它对应于“内部”行为，不表现在输出行为中。

Isidori（1989）研究表明 SISO 系统所获得结果经简单扩展后也适用于 MIMO 系统的特例，所谓特例，指的是系统输入和输出数量相同。在这种情况下，一个有趣的问题是使用反馈获得等效系统用来表示（至少从输入输出的角度）独立 SISO 通道的集合。这就是所谓的无交互控制问题。

回到在第 10 章式（10.16）提出的 MIMO 非线性系统的模型，带有 m 个输入和 m 个输出：

$$\{\dot{\boldsymbol{x}} = \boldsymbol{f}(\boldsymbol{x}) + \sum_{i=1}^{m} \boldsymbol{g}_i(\boldsymbol{x}) \cdot u_i y_1 = h_1(\boldsymbol{x}), \cdots y_m = h_m(\boldsymbol{x}) \tag{11.3}$$

假设对所有 $1 \leqslant j \leqslant m$、$1 \leqslant i \leqslant m$ 和所有 $\boldsymbol{x}^0$ 附近的 $\boldsymbol{x}$，$\boldsymbol{L}_{g_j}\boldsymbol{L}_{\mathrm{f}}^{k}h_i$（$\boldsymbol{x}$）$=0$，对所有 $1 \leqslant i \leqslant m$、$[\boldsymbol{L}_{g_1}\boldsymbol{L}_{\mathrm{f}}^{r_i-1}h_i(\boldsymbol{x}^0)\cdots\boldsymbol{L}_{g_m}\boldsymbol{L}_{\mathrm{f}}^{r_i-1}h_i(\boldsymbol{x}^0)] \neq [0\cdots0]$，当且仅当矩阵 $\boldsymbol{A}(\boldsymbol{x})$［定义在第 10 章式（10.17）给出］为

$$\boldsymbol{A}(\boldsymbol{x}) = \begin{bmatrix} \boldsymbol{L}_{g_1}\boldsymbol{L}_{\mathrm{f}}^{r_1-1}h_1(\boldsymbol{x}) & \cdots & \boldsymbol{L}_{g_m}\boldsymbol{L}_{\mathrm{f}}^{r_2-1}h_1(\boldsymbol{x}) \\ \boldsymbol{L}_{g_1}\boldsymbol{L}_{\mathrm{f}}^{r_2-1}h_2(\boldsymbol{x}) & \cdots & \boldsymbol{L}_{g_m}\boldsymbol{L}_{\mathrm{f}}^{r_2-1}h_2(\boldsymbol{x}) \\ \vdots & \ddots & \vdots \\ \boldsymbol{L}_{g_1}\boldsymbol{L}_{\mathrm{f}}^{r_m-1}h_m(\boldsymbol{x}) & \cdots & \boldsymbol{L}_{g_m}\boldsymbol{L}_{\mathrm{f}}^{r_m-1}h_m(\boldsymbol{x}) \end{bmatrix} \tag{11.4}$$

在点 $\boldsymbol{x}^0$ 非奇异，无交互控制问题存在解。计算状态反馈

$$\boldsymbol{u} = -\boldsymbol{A}^{-1}(\boldsymbol{x}) \cdot \boldsymbol{b}(\boldsymbol{x}) + \boldsymbol{A}^{-1}(\boldsymbol{x}) \cdot \boldsymbol{v} \tag{11.5}$$

其中

$$\boldsymbol{b}(\boldsymbol{x}) = \begin{bmatrix} \boldsymbol{L}_{\mathrm{f}}^{r_1}h_1(\boldsymbol{x}) \\ \boldsymbol{L}_{\mathrm{f}}^{r_2}h_2(\boldsymbol{x}) \\ \vdots \\ \boldsymbol{L}_{\mathrm{f}}^{r_m}h_m(\boldsymbol{x}) \end{bmatrix} \tag{11.6}$$

将系统（11.3）转换成线性系统，其输入 - 输出行为由传递函数的矩阵形式描述：

$$\boldsymbol{H}(s) = \begin{bmatrix} \frac{1}{s^{r_1}} & 0 & \cdots & 0 \\ 0 & \frac{1}{s^{r_2}} & \cdots & 0 \\ \vdots & \vdots & \ddots & \vdots \\ 0 & 0 & \cdots & \frac{1}{s^{r_m}} \end{bmatrix}$$

式（11.4）给出的矩阵 $\boldsymbol{A}$ 也被称为解耦矩阵，因为它将各个输入 - 输出通道分离。它在点 $\boldsymbol{x}^0$ 处的非奇异性意味着 MIMO 非线性系统（11.3）在点 $\boldsymbol{x}^0$ 处存在向

量相对阶数 $\{r_1, \cdots, r_m\}$（见第10章10.1.2节定义）。可以注意到，类似于SISO情况，如果 $r=r_1+r_2+\cdots+r_m$ 小于系统维度 n，则闭环系统中存在一个不可观测部分，对输出没有影响；这部分对应于零动态。图11.2给出了这种分解的示意图。这种方法的优点是每个输入 v_i 通过一系列 r_i 积分器控制对应的输出 y_i。通过形式（11.5）的反馈解决无交互控制问题，被称为标准非交互反馈（Isidori，1989）。

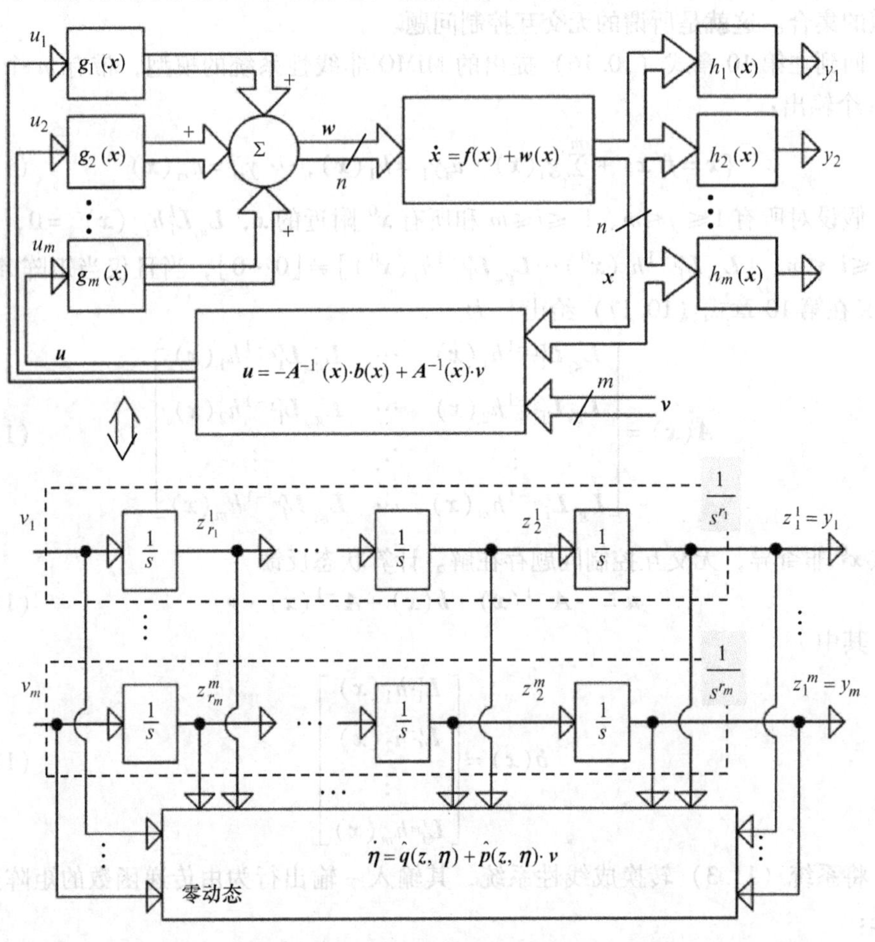

图11.2　线性化反馈解决无交互控制问题——MIMO $m\times m$ 非线性系统分解成一组线性子系统和表示零动态的非线性子系统

11.2　电力电子变换器的应用

11.2.1　反馈线性化控制律计算

考虑SISO功率变换器平均模型在其状态空间的双线性表示（消去时间参数）：

$$\begin{cases}\dot{x}=f(x)+g(x)\cdot\alpha \\ y=h(x)\end{cases} \tag{11.7}$$

式中，状态向量 x 属于 n 维空间 X；α 是输入；y 是输出。令系统（11.7）的相对阶数为 r，$r\leqslant n$；因此下列关系关于李导数有

$$L_{g(x)}L_{f(x)}^{r-1}h(x)\neq 0$$

用 v 表示输出函数的 r 阶时间导数，$y\equiv h$：

$$v\triangleq\frac{\mathrm{d}^r y}{\mathrm{d}t}$$

注意，通过对函数 h 连续求导直到输入 u 显性出现，可以得到 r 的值。如果像式（11.2）一样定义控制输入 α，也就是说

$$\alpha\equiv\boldsymbol{\Phi}(x,\ v)\triangleq\frac{v-L_{f(x)}^{r}h(x)}{L_{g(x)}L_{f(x)}^{r-1}h(x)} \tag{11.8}$$

那么它将在反馈线性化控制中起作用，因为它保证了非线性系统（11.7）在从 v 到 y 的传输通道上会表现得像一个 r 阶积分器；图 11.3 给出了这个等价关系的描述。关系式（11.8）强调线性化控制律作为局部状态反馈的一般特性，即对系统参数的依赖。这进一步增加了控制律实现时嵌入参数估计的必要性（Sira－Ramirez 等，1995）。

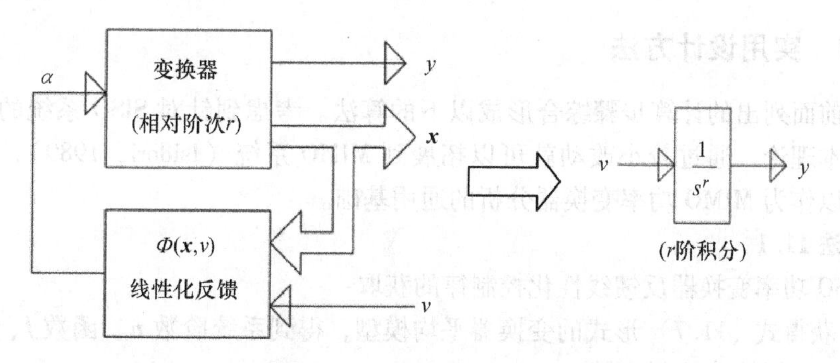

图 11.3　通用 SISO 功率变换器反馈线性化原理

通过这种方式，可以对输出向量 y 采用简单的比例控制。图 11.4 提供了这种通过控制输入确保动态等效于线性系统的方法的细节，其中符号

$$F(x)\triangleq L_{f(x)}^{r}h(x),\ G(x)\triangleq L_{g(x)}L_{f(x)}^{r-1}h(x)$$

通过这些来详细说明函数 $\boldsymbol{\Phi}(v,x)$ 的实现（图中灰色背景强调部分）。通过 $n-r$ 变量表示所谓的自由变量动态或者零动态，在图 11.4 中用 $\dot{z}=\boldsymbol{\psi}(v,\ y)$ 表示。尽管这些变量不影响系统的输出，但无论采用哪种控制方法来控制另外的 r 变量，都需要通过适当选择 r 变量来确保零动态稳定，从而保证由此产生的零动态是稳定的。在某些情况下，控制零动态是可能的（Lee，2003）；例如说，在控制目标定义中添加一个附加自由度，便可能使最终不稳定的零动态保持稳定（Petitclair，

1997)。通过这种方式，也可以避免控制输入饱和等问题。

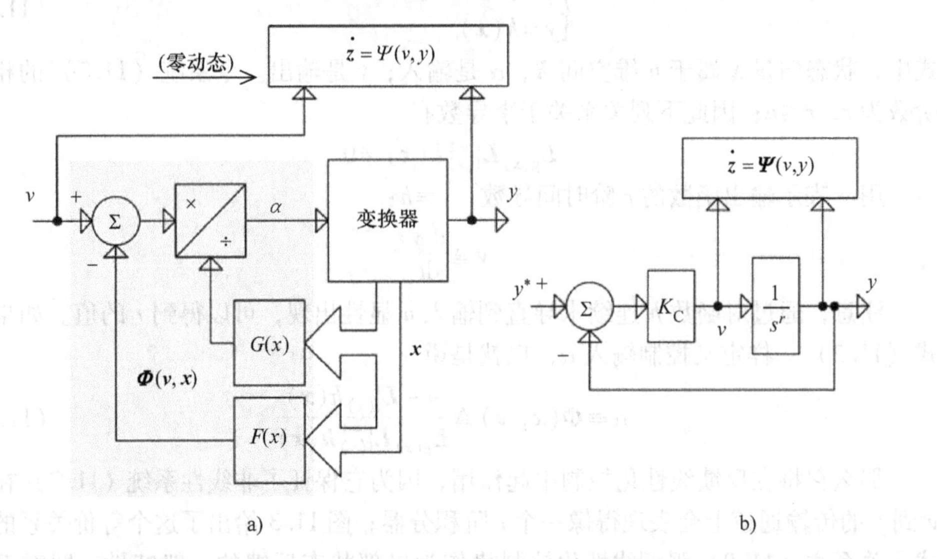

图 11.4　反馈线性化控制示意图：将通用 SISO 电力电子变换器建模为一个比例控制的非线性被控对象：a）不受控线性化反馈系统模型；b）比例控制等效线性系统

11.2.2　实用设计方法

将前面列出的计算步骤综合形成以下的算法。考虑到针对 SISO 系统的线性化反馈基本理论，通过较小改动就可以拓展到 MIMO 系统（Isidori，1989），下面的算法可以作为 MIMO 功率变换器分析的通用基础。

算法 11.1

SISO 功率变换器反馈线性化控制律的获取：

#1 获得式（11.7）形式的变换器平均模型，得到系统阶数 n、函数 $\boldsymbol{f}$、$\boldsymbol{g}$ 和 h。根据控制目标构建控制变量。

#2 计算系统的相对阶数 r，连续将控制变量对时间求导，直到控制输入 α 显性出现。

#3 根据关系式（11.8），计算反馈线性化控制输入，包括李导数计算。

#4 将变换器模型中的变量替换为控制目标所要求的值（如，系统整定时的目标值），从而求解（$n-r$）阶零动态。

#5 分析上一步计算的一般非线性零动态稳定性。

#6 如果零动态不稳定，选择一种方法：或者采用间接控制方法，通过“自由”变量，实现第一步所构建的控制目标，或者在控制目标中增加维持稳定的自由度，从而稳定零动态。

#7 选择控制器增益，确保 r 阶积分器等效系统达到期望的闭环性能。

#8 研究控制律对参数变化的敏感性。设计合适的参数估计器。

#9 进行闭环数值仿真，再次进行控制器的增益选择和/或参数估计，优化系统性能。

11.2.3　示例：boost DC-DC 变换器和 buck DC-DC 变换器

为了说明通过算法 11.1 求解反馈线性化控制输入表达式的实际应用，考虑两个例子，即 boost DC-DC 变换器（其相对阶数低于系统阶数）和由弱源供电的 buck DC-DC 变换器。在此实例说明中，系统相对阶数等于系统阶数，因此不会出现零动态。

示例 1　第 3 章 3.2.3 节给出了 boost 变换器电路；同时，式（3.11）给出了连续导通情况下的系统平均模型

$$\begin{cases} \dot{i}_L = -(1-\alpha)v_C/L + E/L \\ \dot{v}_C = (1-\alpha)i_L/C - v_C/(RC) \end{cases} \tag{11.9}$$

式中，使用常用符号，α 是开关函数 u 的平均值。控制目标是调节输出电压 $y \equiv v_C$，其设定值用 v_C^* 表示。

（1）输出电压控制——直接控制

式（11.9）表明控制输入 α 显式出现在目标变量 v_C 的时间导数表达式中；因此相对阶数 $r=1$。采用符号 $v=\dot{y}\equiv\dot{v}_C$ 之后，式（11.9）中第二个方程可以通过线性化反馈表示为

$$\alpha = \frac{i_L - v_C/R - C\cdot v}{i_L} \tag{11.10}$$

使用控制输入（11.10）可以让变换器等效为从输入 v 到输出 y 的积分器，因此可以通过一个简单的比例控制，在图 11.5 闭环系统中用 K_C 表示。一般情况下，需要注意控制律对系统参数的依赖。

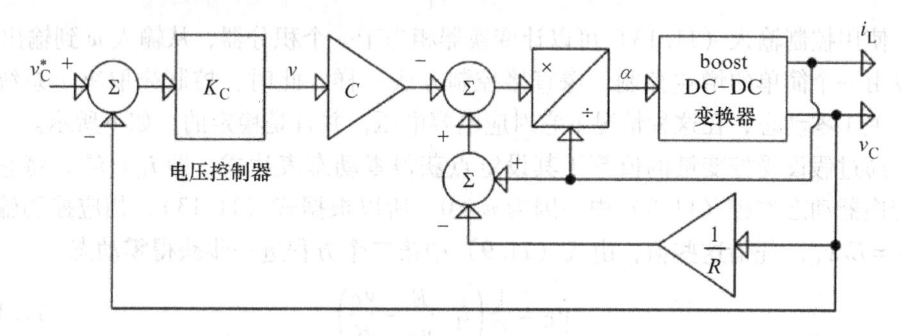

图 11.5　boost DC-DC 变换器基于反馈线性化直接电压控制的闭环示意图；对应于电感电流的零动态不稳定

在这个实例中，除了一阶可控动态，一阶零动态也存在。这指的是其他变量的

动态，即电感电流 i_L。要对其展开研究，可以假设受控变量的值等于其设定点，即 $v_C = v_C^*$，并代入变换器动态方程（11.9）。首先注意 $v=0$，所以根据式（11.10）可求得相应的控制输入值 $\alpha = 1 - v_C^*/(Ri_L)$。由此，从式（11.9）中第一个方程可以进一步获得零动态

$$\dot{i}_L = \frac{1}{L}\left(E - \frac{v_C^{*2}}{Ri_L}\right) \tag{11.11}$$

在 $v_C = v_C^*$ 所对应的平衡点对系统进行线性化，可以研究式（11.11）所表达的非线性动态的稳定性。将式（11.11）电感电流的时间导数置零，可得

$$i_{Le} = \frac{v_C^{*2}}{ER} \tag{11.12}$$

进一步，相应的扰动项为

$$\dot{\tilde{i}}_L = \frac{v_C^{*2}}{RLi_{Le}^2}\tilde{i}_L$$

这表明零动态不稳定，因为 $\dot{\tilde{i}}_L \cdot \tilde{i}_L > 0$。在这种情况下，可以仍旧采用图 11.5 中的控制框图，研究通过改变控制参考值的表达式来确保零动态稳定的可能性。另一种可能的解决方案是改变控制方法，从直接控制换到间接控制，即控制电感电流而不是电容电压。

（2）电感电流控制——间接控制

在这种情况下电流的设定点用 i_L^* 表示，由式（11.12）给出，因为它必须对应于所需的目标电压 v_C^*。式（11.9）表明控制输入 α 显式出现在控制变量 i_L 的时间导数中；因此，在这种情况下相对阶数 $r=1$。令 $w = \dot{y} \equiv \dot{i}_L$，由式（11.9）中第一个方程得到线性化控制输入的表达式为

$$\alpha = \frac{Lw - E + v_C}{v_C} \tag{11.13}$$

使用控制输入（11.13）可以让变换器相当于一个积分器，从输入 w 到输出 y，可以由一个简单的增益控制，像直接控制方法一样。此时，控制律取决于系统参数。关于零动态，在这种情况下它对应电容电压，并且是稳定的，如下所示。

通过假设受控变量的值等于其设定点获得零动态表达式，即 $i_L = i_L^*$，将它代到变换器动态方程（11.9）中。因为 $w=0$，所以根据式（11.13），相应控制输入值 $\alpha = E/v_C$。凭借这些值，由式（11.9）中第二个方程进一步获得零动态

$$\dot{v}_C = \frac{1}{C}\left(i_L^* \frac{E}{v_C} - \frac{v_C}{R}\right) \tag{11.14}$$

式（11.14）对应于非线性动态。在这种情况下也可以通过线性化研究稳定性，但一个更简单的方法在于，如果把式（11.14）乘以 v_C，获得变量 v_C^2 的动态，则是一阶线性和稳定的：

$$\dot{v}_C^2 = -\frac{v_C^2}{RC} + \frac{1}{C} i_L^* E \tag{11.15}$$

最后，通过添加外部电压控制回路到电流控制回路，可以得到控制图，如图 11.6 所示。请注意，基于式（11.15）对于 v_C^2 的控制，或基于式（11.15）线性化版本对于 v_C 的控制，这样的设置都是有效的。

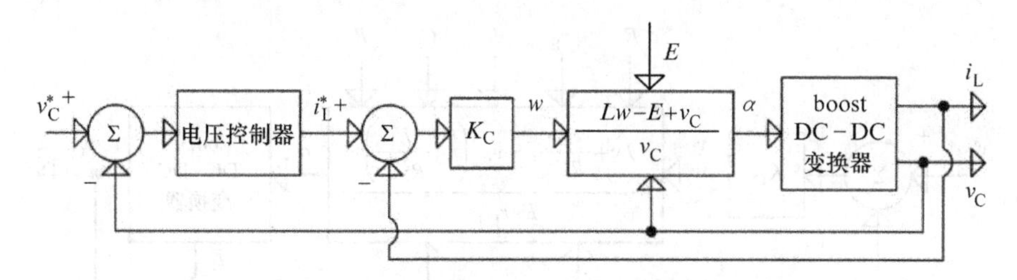

图 11.6　boost DC－DC 变换器基于反馈线性化间接电压控制闭环框图；通过外环控制电容器电压的零动态

示例 2　图 11.7 提供了 buck 变换器的电路，由弱电压源供电，其中 r_E 表示电压源不可忽视的内阻，其他符号是常用符号，由上下文可获得其明确含义。在前面的示例中，调整输出电压 $y \equiv v_C$，其设定点用 v_C^* 表示。

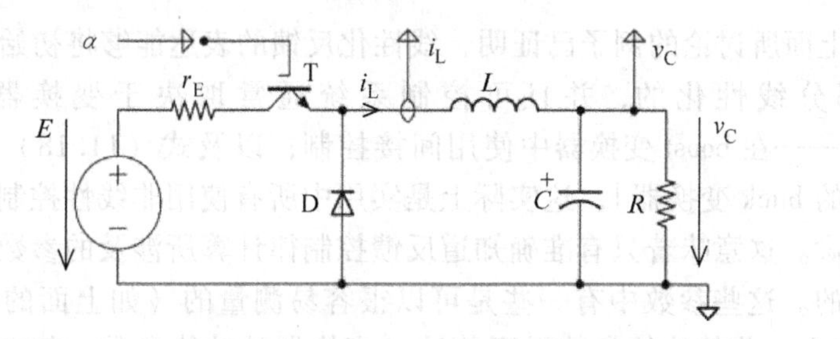

图 11.7　电压源供电的 buck 变换器电路，内阻抗 r_E 不可忽略

连续导通情况下 buck 变换器的平均模型如下：

$$\begin{cases} \dot{i}_L = (E - r_E i_L) \cdot \alpha / L - v_C / L \\ \dot{v}_C = i_L / C - v_C / (RC) \end{cases} \tag{11.16}$$

式（11.16）表明，控制输入 α 没有明确出现在控制变量 v_C 对时间的导数中，但计算变量二阶导数使 α 明确出现：

$$\ddot{v}_C = \dot{i}_L - \frac{\dot{v}_C}{R} = \frac{E - r_E i_L}{L} \cdot \alpha - \frac{i_L}{RC} - v_C\left(\frac{1}{L} + \frac{1}{R^2 C}\right) \tag{11.17}$$

总之，相对阶数是 $r = 2$，等于系统的阶数。这意味着，不同于第一个例子，在这个例子中没有零动态。令 $v = \ddot{y} \equiv \ddot{v}_C$，式（11.17）使得线性化控制输入的表达式可以用全状态反馈表示：

$$\alpha = \frac{Lv + Li_{\mathrm{L}}/(RC) - v_{\mathrm{C}}[1 + L/(R^2C)]}{E - r_{\mathrm{E}}i_{\mathrm{L}}} \tag{11.18}$$

控制输入（11.18）可以让变换器等效于从输入 v 到输出 y 的双积分器，这样，可以进一步由增益控制器 K_{C} 控制。图 11.8 给出了闭环框图，其中强调了线性化控制律对变换器参数的依赖。

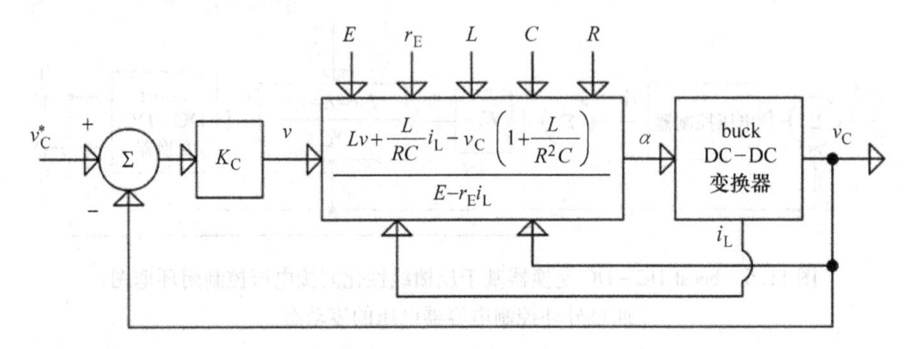

图 11.8　buck DC－DC 变换器基于反馈线性化电压控制的闭环框图；缺少零动态

11.2.4　参数不确定性处理

通过上面所讨论的例子已证明，线性化反馈的表达能够将初始非线性变换器转换成部分线性化的，并且可控制系统通常取决于变换器参数［见式（11.13）——在 boost 变换器中使用间接控制；以及式（11.18）——带有非理想电压源的 buck 变换器］。这实际上是实用中所有使用非线性控制方法的功率变换器的通病。这意味着只有准确知道反馈控制律计算所涉及的参数，精确线性化才是有效的。这些参数中有一些是可以很容易测量的（如上面的例子中的电压源 E），也有一些其他的参数需要估计（变换器的功能参数，如电感 L 和电容 C 或负载电阻 R）。

参数估计有时可能很难实现，尤其是对临界时间系统，如功率变换器，因为必须既保证非常快的估计收敛速度，还要保证足够的估计精度（Petitclair 和 Bacha，1997）。做出决定前，参数估计器的使用是不可避免的；为了评估每个参数的变化对线性化质量的影响，初步灵敏度分析是必要的。如果证明各参数的影响是很重要的，即可完成估计器的有效设计。在这种情况下必须采用自适应方法。

11.3　案例研究：反激式变换器反馈线性化控制

这里考虑功率单向流动的反激式变换器的情况，其通过变压器实现隔离升压；其电路如第 4 章问题 4.1 图 4.24 所示，并且在图 11.9 中再次出现。

对于这一变换器，控制问题是输出电压调节到设定值 v_{C}^*；接下来说明利用反馈线性化的解决方案。

11.3.1 线性反馈设计

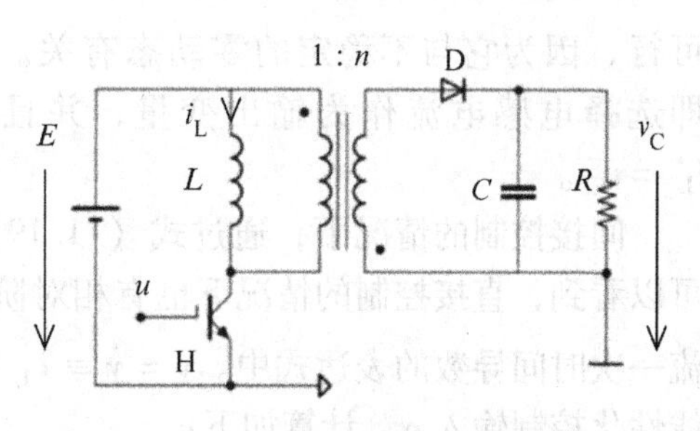

图 11.9 反激式变换器的电路，包括变压器模型

由第 4 章式（4.42），通过用占空比 α 替换开关函数 u，得到反激式变换器的平均模型；所以

$$\begin{cases} L\dot{i}_L = -(1-\alpha)\dfrac{v_C}{n} + \alpha E \\ C\dot{v}_C = (1-\alpha)\dfrac{i_L}{n} - \dfrac{v_C}{R} \end{cases} \tag{11.19}$$

式中，使用之前的常用符号，n 为变压器变压比；E 为电压源；占空比 α 为输入。

为了推导出系统的相对阶数，选择输出电压作为输出变量 $y \equiv v_C$，首先着眼于式（11.19）中的第二个式子，注意到输入 α 明显出现。因此，相对阶数是 $r=1$。令 $v=\dot{y}\equiv\dot{v}_C$，则线性化控制输入 α 基于式（11.19）中的第二个式子计算为

$$\alpha = \frac{nCv - i_L + nv_C/R}{i_L} \tag{11.20}$$

结果是一阶零动态存在，其中包含其他的变量，即电感电流 i_L。必须进一步检查这个动态是否稳定；为此，考虑条件 $y \equiv v_C^*$（因此，$v \equiv \dot{y} = 0$）。式（11.20）提供控制输入相应的表达式为

$$\alpha_1 = \frac{i_L - nv_C^*/R}{i_L} \tag{11.21}$$

进一步代入式（11.19）中的第一个式子，得到

$$L\dot{i}_L i_L = i_L E - \frac{v_C^{*2}}{R} - \frac{nv_C^* E}{R}$$

或者

$$\frac{1}{2}L\dot{i}_L^2 = i_L E - \frac{v_C^{*2}}{R} - \frac{nv_C^* E}{R} \tag{11.22}$$

式（11.22）描述了非线性一阶零动态（电感电流 i_L 的），其平衡点

$$i_{Le} = \frac{v_C^*(v_C^* + nE)}{RE} \tag{11.23}$$

是不稳定的。事实上，如果在点（11.23）处线性化式（11.22），则可得到如下不稳定增量模型

$$Li_{Le}\dot{\tilde{i}}_L - E\tilde{i}_L = 0$$

式中，$\tilde{i}_L$ 为围绕 i_{Le} 电流的变化量。可以得出结论：直接反馈线性化控制方法不

可行，因为它与不稳定的零动态有关。因此，我们会青睐于间接的控制方法，即选择电感电流作为输出变量，并且由式（11.23）给出的设定值校准它，$i_L^* = i_{Le}$。

间接控制的情况下，通过式（11.19）的第一个式子计算相对阶数。事实上，可以看到，直接控制的情况下也有相对阶数 $r=1$，因为输入 α 显式出现在电感电流一次时间导数的表达式中。$v = \dot{y} \equiv \dot{i}_L$ 使得可以基于式（11.19）的第一个式子线性化控制输入 α，计算如下：

$$\alpha = \frac{Lv + v_C/n}{v_C/n + E} \tag{11.24}$$

现在又出现了一个一阶零动态，表达式中包含电容电压 v_C。为了检查这个动态是否稳定，考虑条件 $y \equiv i_L^*$（因此 $v \equiv \dot{y} = 0$）。根据式（11.24），得到相应的控制输入表达式为

$$\alpha_1 = \frac{v_C/n}{v_C/n + E} \tag{11.25}$$

将其进一步代入式（11.19）中的第二个式子后得到

$$C\dot{v}_C = \frac{E}{v_C + nE} i_L^* - \frac{1}{R} v_C$$

一些简单的变换后，零动态的表达式可以写成

$$\frac{C}{2n}\dot{v}_C^2 + \frac{v_C^2}{nR} + CE\dot{v}_C + \frac{E}{R}v_C = E\frac{i_L^*}{n} \tag{11.26}$$

式（11.26）表达的零动态是非线性的；在围绕平衡点线性化式（11.26）后，可以推导其平衡点 $v_{Ce} = v_C^*$ 的稳定性。相应的用变化量表示的线性动态方程为

$$\frac{C}{n}(v_C^* + nE)\dot{\tilde{v}}_C + \frac{2v_C^* + nE}{nR}\tilde{v}_C = 0 \tag{11.27}$$

式中，$\widetilde{v_C}$为围绕 v_C^* 的电压变化量。式（11.27）描述了一个稳定动态。结论是间接控制是可行的，可用于输出电压调节。

通过总结上述结果，从电感电流的角度看，控制输入（11.24）作为输入的被控对象的行为像一个积分器，而其他变量，即电容电压表示出一个稳定的零动态。注意控制输入（11.24）并不依赖于负载电阻 R，也不依赖于工作点，而只依赖于系统参数 L、E 和 n。

原来的控制任务——在工作点 v_C^* 调节电压——最后可以通过图 11.10 中描绘的双环控制结构完成，这两个环路是由线性控制器驱动的。的确，因为内环被控对象是一个积分器，可以选择其控制器为简单的增益 K_C。反过来，可以以不同的方式选择外环控制器，最简单的是使用线性化，然后使用线性设计技术，并且假设所

需的工作点是稳定的。

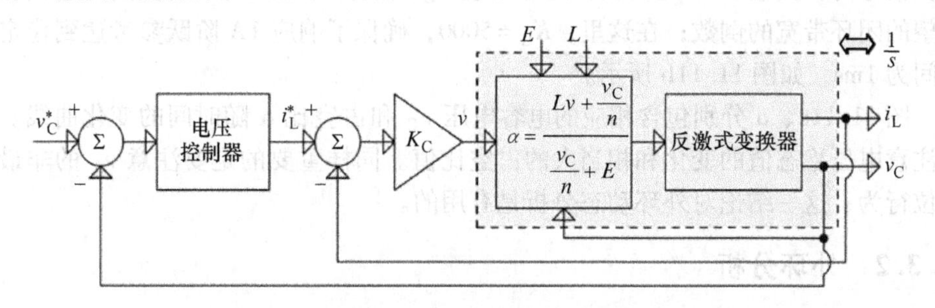

图 11.10　使用基于反馈线性化间接控制的反激式变换器输出电压调节

对于数值仿真考虑以下的基本参数值：电感电感 $L = 2\text{mH}$，电容容量 $C = 860\mu\text{F}$，电压源 $E = 9\text{V}$，变压器变压比 $n = 2$，额定负载 $R = 10\Omega$。

图 11.11a 表明，在开环时内环确实表现得像一个积分器，当其输入 $v \equiv \dot{i}_L$ 是

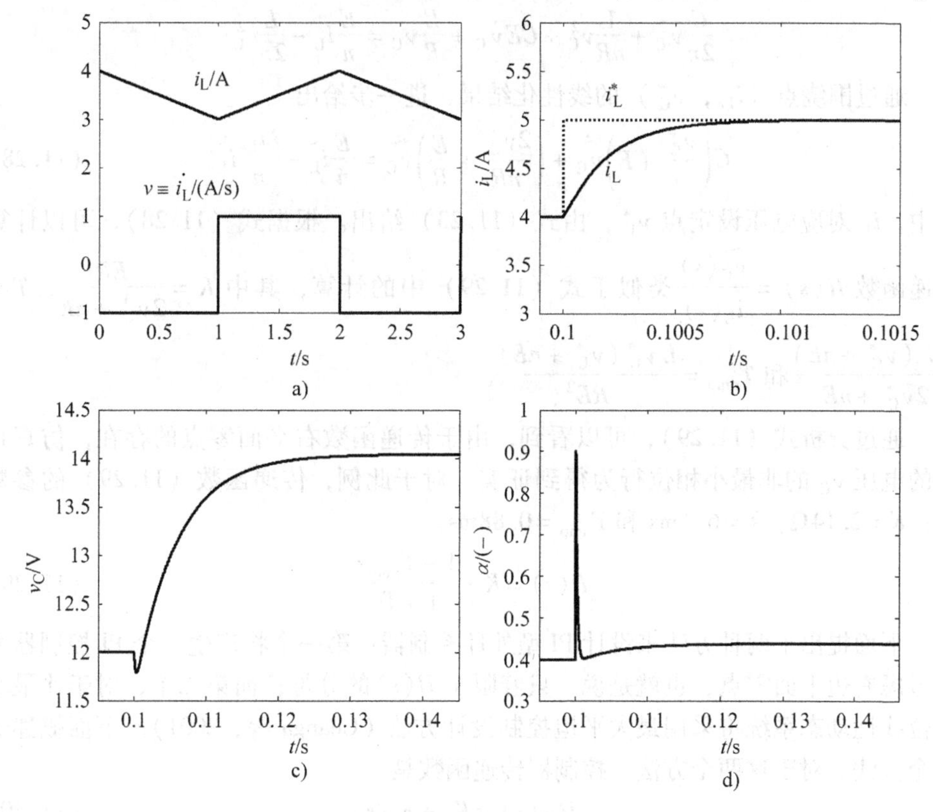

图 11.11　考虑内环（电感电流）动态的数值测试：a）类积分器开环行为；b）在系统工作点（$i_L = 4$，$v_C = 12\text{V}$）处对于 1A 阶跃参考的闭环电流响应；c）相应的强调非最小相位的电容电压变化；d）相应占空比变化

阶跃信号时，其输出 i_L 是斜坡。内环增益 K_C 的选择是显而易见的，因为它代表了期望的闭环带宽的倒数；在这里，$K_C=5000$，确保了响应 1A 阶跃参考达到稳定的时间为 1ms，如图 11.11b 所示。

图 11.11c、d 分别包含相应的电容电压 v_C 和占空比 α 随时间的变化曲线。可以注意电压稳态值的变化和相当大的占空比值。同样重要的是要注意 v_C 的非最小相位行为；这一结论对外环动态分析是有用的。

11.3.2 外环分析

关于外环控制器，下面说明两种可能的设计方法。首先，当变换器输入是由式（11.24）给出的线性化反馈 α 时，尝试描述电感电流和电容电压之间的传递关系。仿真结果已经可以看到非最小相位行为（见图 11.11c），下面将对其特征进行分析。将式（11.24）代入到式（11.19）的第二个式子中，得到电感电流与电容电压非线性的关联，即

$$\frac{C}{2n}\dot{v}_C^2+\frac{1}{nR}v_C^2+CE\dot{v}_C+\frac{E}{R}v_C=\frac{E}{n}i_L-\frac{L}{2n}\dot{i}_L^2$$

通过围绕点（i_{Le}，v_C^*）的线性化结果，进一步给出

$$C\left(\frac{v_C^*}{n}+E\right)\dot{\tilde{v}}_C+\left(\frac{2v_C^*}{nR}+\frac{E}{R}\right)\tilde{v}_C=\frac{E}{n}\tilde{i}_L-\frac{Li_{Le}}{n}\dot{\tilde{i}}_L \tag{11.28}$$

式中，i_{Le}对应电压设定点 v_C^*，由式（11.23）给出。根据式（11.28），可以计算传递函数 $H(s)=\dfrac{\tilde{v}_C(s)}{\tilde{i}_L(s)}$类似于式（11.29）中的计算，其中 $K=\dfrac{ER}{2v_C^*+nE}$，$T=\dfrac{RC\left(v_C^*+nE\right)}{2v_C^*+nE}$和 $T_{nmp}=\dfrac{L\,v_C^*\left(v_C^*+nE\right)}{RE^2}$。

通过分析式（11.29），可以看到，由于传递函数右平面零点的存在，仿真预期的电压 v_C 的非最小相位行为得到证实。对于此例，传递函数（11.29）的参数为：$K=2.14\Omega$，$T=6.1\text{ms}$ 和 $T_{nmp}=0.88\text{ms}$。

$$H(s)=K\cdot\frac{1-T_{nmp}s}{1+Ts} \tag{11.29}$$

下面提出了两种方法来设计 PI 型外环控制器：第一个将产生一个 PI 控制器而不考虑右边平面零点，也就是说，只着眼于 $H(s)$的分母；而第二个，对于非最小相位线性动态系统将采用最大平坦控制设计方法（Ceanga 等，2001）。下面概述这两个方法。对于这两个方法，控制器传递函数是

$$H_{PI}(s)=K_p+K_i/s \tag{11.30}$$

11.3.3 不考虑右半平面零点的外环 PI 设计

根据这种方法，只关注被控对象的分母，而忽视右半平面零点的存在。

因此闭环由增益为 K 的一阶滤波器、时间常数 T［见式（11.29）］和一个 PI 控制器组成。简单的代数计算得到了二阶闭环传递函数

$$H_{0C}(s)=\frac{\dfrac{K_p}{K_i}s+1}{\dfrac{T}{K_iK}s^2+\dfrac{K_p}{K_i}\left(1+\dfrac{1}{K_pK}\right)s+1}$$

对于该传递函数，所关心的性能指标是阻尼系数 ζ_{0v} 和决定带宽的时间常数 T_{0v}。进一步求解控制器的参数

$$K_p=\frac{T}{KT_{0v}^2}\left(2\zeta_{0v}T_{0v}-\frac{T_{0v}^2}{T}\right),\ K_i=\frac{T}{KT_{0v}^2}$$

对于上述情况，$\zeta_{0v}=0.75$ 和 $T_{0v}=2\text{ms}$ 代表闭环行为的合理选择，在此参数下，外环动态比内环动态快 10 倍，并有轻微的超调。图 11.12 表示了围绕稳态点（$i_L=4\text{A}$，$v_C=12\text{V}$），外环响应电压阶跃参考的跟踪性能。图 11.12a 中的动态响应表明，设计要求得到满足。

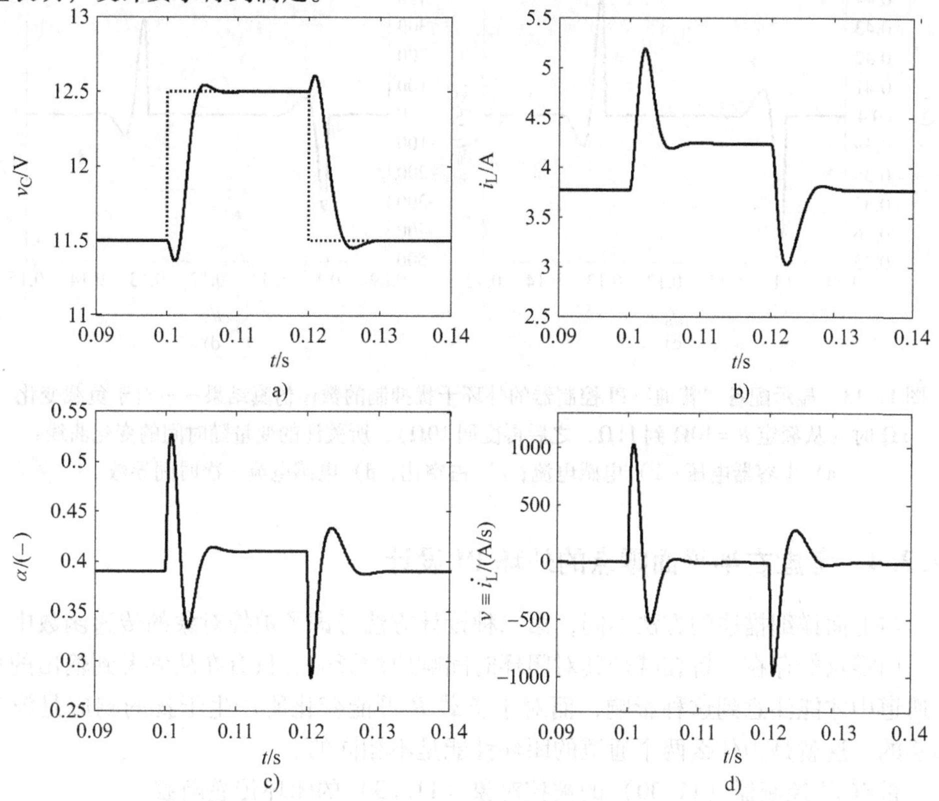

图 11.12　显示配备“普通”PI 控制器的外环跟踪性能的数值仿真结果——对于 1V 的电压参考变化量，所关注的变量随时间的变化情况：

a）电容器电压；b）电感电流；c）占空比；d）电感电流一次时间导数

图 11.13 给出了外环如何抑制由负载电阻变化带来的干扰。这里，考虑相对于 $R = 10\Omega$ 的额定值，1Ω 负载的变化。注意瞬态持续时间与图 11.13a 强调的跟踪情况相同（约 10ms）。

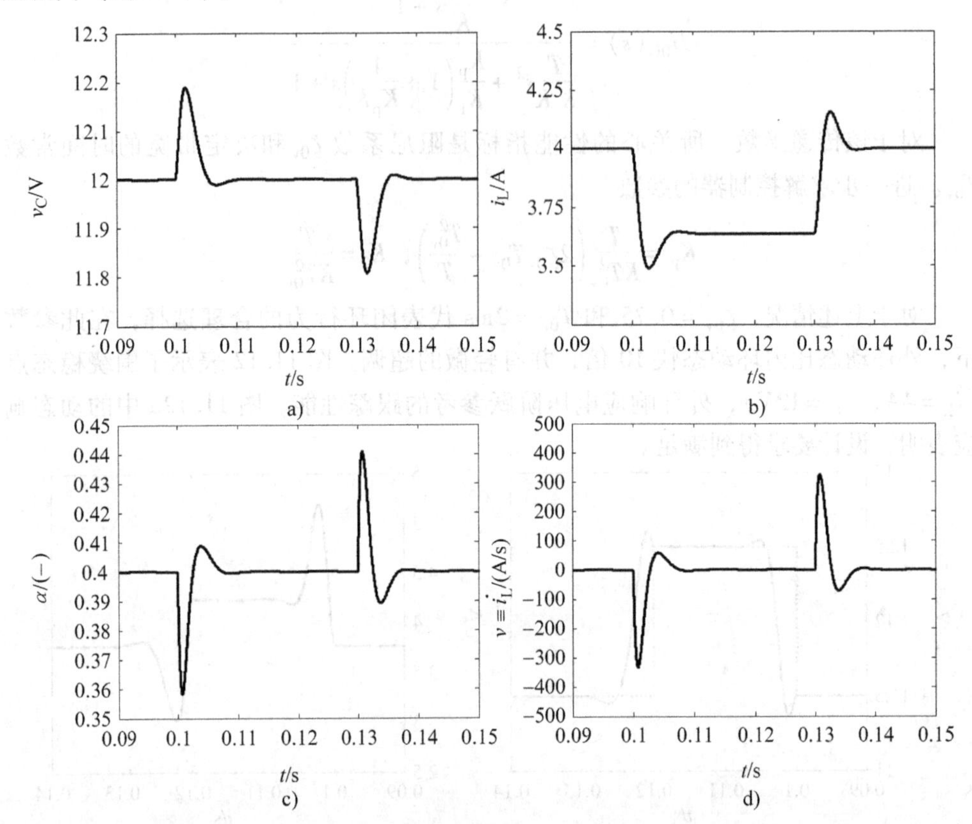

图 11.13　显示配备“普通”PI 控制器的外环干扰抑制的数值仿真结果——对于负载变化 1Ω 时（从额定 $R = 10\Omega$ 到 11Ω，之后再变回 10Ω），所关注的变量随时间的变化曲线：a）电容器电压；b）电感电流；c）占空比；d）电感电流一次时间导数

11.3.4　考虑右半平面零点的外环 PI 设计

与上面详细描述的方法不同，第二种设计方法考虑了被控对象的传递函数中右半平面零点的存在，旨在减轻其对闭环时间响应的影响。只有在从参考到输出的传输通道中才能注意到这种影响，而对于负载 R 可能变化所产生干扰的响应是没有影响的。这就是为什么两个通道的闭环性能是不相同的。

带有 PI 控制器（11.30）的被控对象（11.29）的闭环传递函数

$$H_0(s)=\frac{-\frac{K_pT_{nmp}}{K_i}s^2+\left(\frac{K_p}{K_i}-T_{nmp}\right)s+1}{\left(\frac{T}{K_iK}-\frac{K_pT_{nmp}}{K_i}\right)s^2+\left(\frac{K_p}{K_i}-T_{nmp}+\frac{1}{K_iK}\right)s+1} \tag{11.31}$$

对任意大的频率范围，传递函数（11.31）必须有单位增益，即对于 $\omega\leqslant\omega_0$，$|H_0(j\omega)|=1$，ω_0 定义一个合适选择的带宽。在这种特殊情况下，ω_0 必须至少是内环带宽的五分之一。为了方便计算采用以下符号：

$$a=-\frac{K_pT_{nmp}}{K_i},\ b=\frac{K_p}{K_i}-T_{nmp} \tag{11.32}$$

通过这种方式，闭环被控对象的频率响应为

$$H_0(j\omega)=\frac{1-a\omega^2+jb\omega}{1-[a+T/(K_iK)]\omega^2+j[b+1/(K_iK)]\omega}$$

并且它的增益是

$$|H_0(j\omega)|=\frac{a^2\omega^4+(b^2-2a)\omega^2+1}{[a+T/(K_iK)]^2\omega^4+[(b+1/(K_iK))^2-2(a+T/(K_iK))]\omega^2+1} \tag{11.33}$$

基于式（11.33），$\omega\leqslant\omega_0$ 时，$|H_0(j\omega)|=1$ 的目标变为：除了 ω^4 的系数之外，要求分子多项式系数与分母相同。事实上，要求 $[a+T/(K_iK)]^2$ 接近 a^2 实际上是等效地配置了闭环带宽。这要求通过正系数 μ 使 $T/(K_iK)$ 项与 a 的绝对值产生关联，μ 的有效选择可以通过数值仿真说明。最后，得到以下等式：

$$\frac{T}{K_iK}=\mu|a|,\ b^2-2a=\left(b+\frac{1}{K_iK}\right)^2-2\left(a+\frac{T}{K_iK}\right)$$

考虑到式（11.32）中 a 和 b 的表达式，进一步得到控制器系数的计算关系

$$K_p=\frac{T}{\mu KT_{nmp}},\ K_i=\frac{2T+\mu T_{nmp}}{2K(T+T_{nmp})} \tag{11.34}$$

图 11.14 给出了根据后者方法设计电压控制器时，验证外环跟踪性能的结果；已得到 $\mu=10$ 对应的结果。在电压变化（图 11.14）中可以注意到，如预期一样，几乎没有超调。非最小相位的影响仍然存在，但相对于前面的设计案例有所减少。确实，比较图 11.14a 和图 11.12a（在“普通”的 PI 控制器的情况下给出了同一变量——电压 v_C 的变化），对于第一个，能看到不太明显的非最小相位影响，而且响应时间长。较好的折中与 μ 的选择相关。

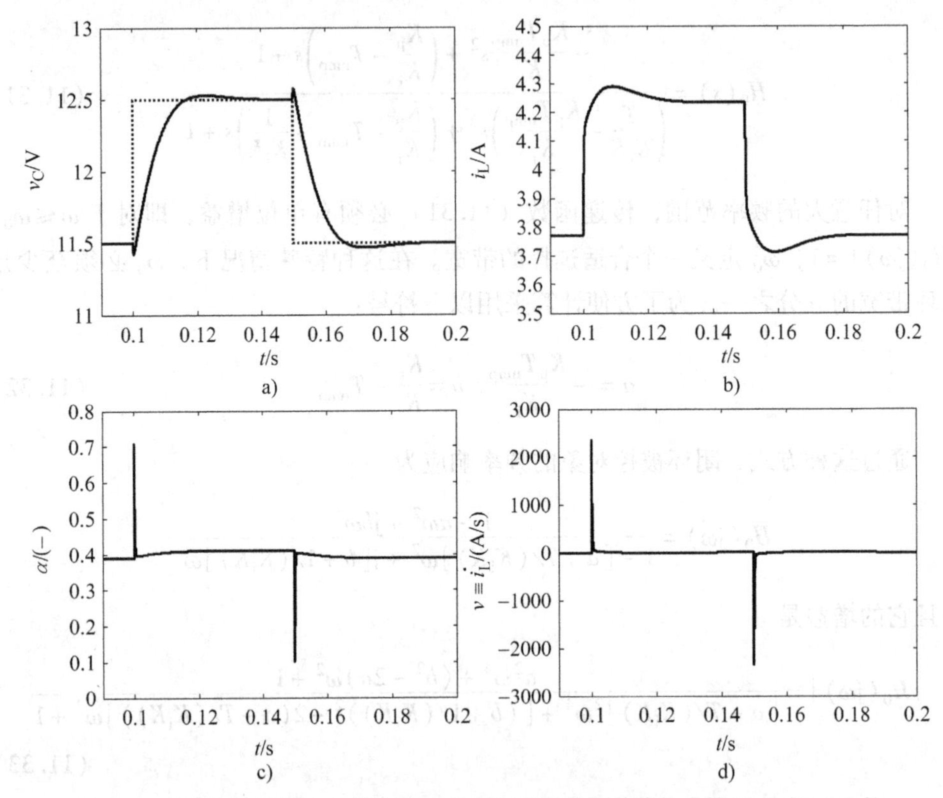

图 11.14 配备最大平坦 PI 控制器的外环跟踪性能的数值仿真结果；对于 1V 的电压参考变化量，所关注的变量随时间的变化情况：a）电容器电压；b）电感电流；c）占空比；d）电感电流一次时间导数

11.4 本章小结

本章找到一种控制技术，能设法克服由于内在的非线性行为，以及对工作点依赖性产生的不期望的变换器行为。线性化的目的是为了降低控制结构的复杂性，提高被控对象的鲁棒性。这与非线性状态反馈有关，非线性状态反馈确保了纯积分器输入输出行为，即在 SISO 的情况下其阶数等于系统的相对阶数，很容易控制。这种技术可以应用于任何类型的变换器。在 MIMO 的情况下，通过反馈线性化，将各个输入 - 输出通道等效为积分器组是可能的；这些技术的应用之一是带交流单元的功率变换器的 MIMO 反馈线性化控制（Lee 等，2000）。

难以察觉的零动态（可能被视为这种技术不合需要的副作用）必须保持稳定，以便提供线性化系统合适的行为。例如，在某些情况下，变换器表现“boost”作用，使用直接控制这可能不能实现，所以需要间接控制方法。后一种情况涉及控制外环的使用，来实现主要控制目标。在这种情况下设置相关的控制器可能不是一个微不足道的任务，因为被控对象表现出非最小相位行为的影响（Jain 等，2006）。

在专门的文献中可以找到这个问题高级的解决方法，其使用鲁棒的和复杂的非线性方法，如无源或滑模控制（Sira – Ramírez 和 Ilic – Spong，1989；Escobar 等，1999；Matas 等，2008）。如已经给出的，线性化反馈可能对变换器的工作点和参数变化敏感，因此为了在整个变换器工作范围内保持控制质量，可能需要采用辅助措施或参数估计的自适应方法（Sira – Ramírez 等，1997）。

思考题

问题 11.1　串联谐振变换器输出电压反馈线性化控制

考虑串联谐振功率变换器，图 11.15 给出其电路图，其中主电源为电压源 E。谐振滤波器组包括电感 L、电容 C 和等效电阻 r_L。

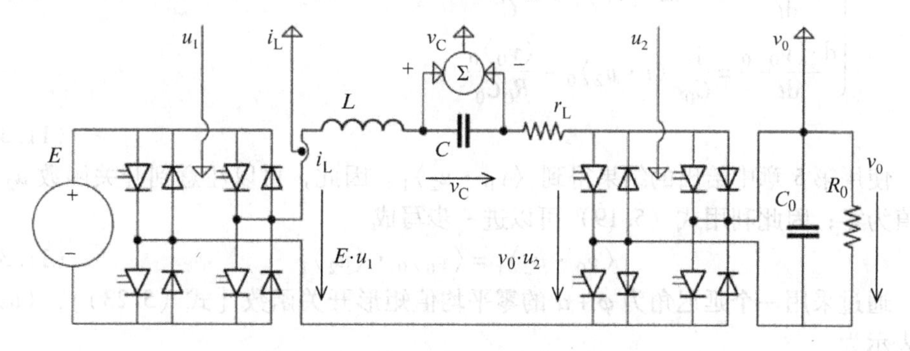

图 11.15　串联谐振功率变换器电路图

使用电容 C_0 对输出电压滤波。考虑输出电阻 R_0 是常数并且已知。信号 u_1 和 u_2 是频率固定和占空比为 0.5 的矩形波，用来开关直流变量 E 和 v_0。输入变量是这两个开关信号之间的相位滞后 φ，u_1 被认为是相位原点。

输出电压 v_0 的控制是既定目标。为此，可以获得控制输入 φ 的表达式，该式是 v_0 作为输出的被控对象的线性化表示。

解决方案　图 11.16 给出了信号 u_1 和 u_2 波形，并强调它们之间的滞后角 φ，在这个应用中作为控制输入。相对于信号 u_1，电流 i_L 滞后角度 α。

考虑对应于电路中能量积累的状态变量，给出变换器开关状态空间模型（见 5.7.2 节）。

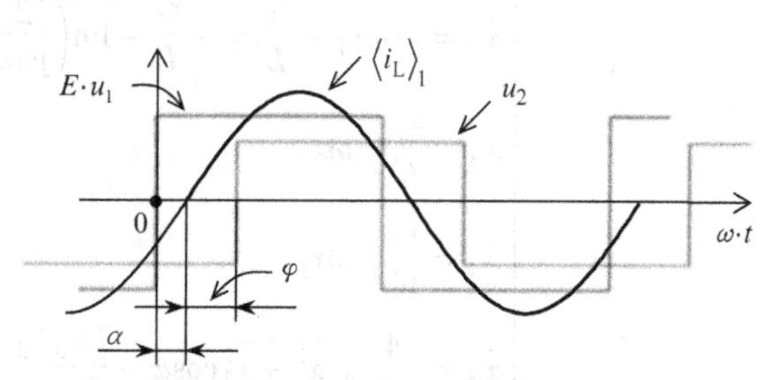

图 11.16　串联谐振变换器中矩形波开关信号

$$\begin{cases} L\dfrac{\mathrm{d}i_{\mathrm{L}}}{\mathrm{d}t}=E\cdot u_1-v_{\mathrm{C}}-r_{\mathrm{L}}i_{\mathrm{L}}-v_0\cdot u_2 \\ C\dfrac{\mathrm{d}v_{\mathrm{C}}}{\mathrm{d}t}=i_{\mathrm{L}} \\ C_0\dfrac{\mathrm{d}v_0}{\mathrm{d}t}=i_{\mathrm{L}}u_2-\dfrac{v_0}{R_0} \end{cases} \tag{11.35}$$

可以得到以下有关状态变量的一阶分量平均值表达式：

$$\langle i_{\mathrm{L}}\rangle_1=x_1+\mathrm{j}x_2,\ \langle v_{\mathrm{C}}\rangle_1=x_3+\mathrm{j}x_4,\ \langle v_0\rangle_0=x_5 \tag{11.36}$$

通过求取状态空间表达式的一阶分量平均值，得到（根据第5章提出研究）

$$\begin{cases} \dfrac{\mathrm{d}\ \langle i_{\mathrm{L}}\rangle_1}{\mathrm{d}t}=-\mathrm{j}\omega\ \langle i_{\mathrm{L}}\rangle_1-\dfrac{r_{\mathrm{L}}}{L}\ \langle i_{\mathrm{L}}\rangle_1-\dfrac{\langle v_{\mathrm{C}}\rangle_1}{L}+\dfrac{E}{L}\ \langle u_1\rangle_1-\dfrac{\langle v_0\cdot u_2\rangle_1}{L} \\ \dfrac{\mathrm{d}\ \langle v_{\mathrm{C}}\rangle_1}{\mathrm{d}t}=-\mathrm{j}\omega\ \langle v_{\mathrm{C}}\rangle_1+\dfrac{\langle i_{\mathrm{L}}\rangle_1}{C} \\ \dfrac{\mathrm{d}\ \langle v_0\rangle_0}{\mathrm{d}t}=\dfrac{1}{C_0}\ \langle i\cdot u_2\rangle_0-\dfrac{\langle v_0\rangle_0}{R_0C_0} \end{cases} \tag{11.37}$$

使用第5章中给出的结果得到 $\langle v_0\cdot u_2\rangle_1$。因此，可以注意到开关函数 u_2 平均值为零；因此利用式（5.19）可以进一步写成

$$\langle v_0\cdot u_2\rangle_1=\langle v_0\rangle_0\cdot\langle u_2\rangle_1 \tag{11.38}$$

通过采用一个延迟角为 $\varphi+\alpha$ 的零平均值矩形开关函数［式（5.23）］，$\langle u_2\rangle_1$ 可表示为

$$\langle u_2\rangle_1=\frac{2}{\pi\mathrm{j}}\mathrm{e}^{-(\varphi+\alpha)} \tag{11.39}$$

进一步，通过将式（11.36）、式（11.38）和式（11.39）代入式（11.37）中，并通过分开实部和虚部，得到

$$\begin{cases} \dot{x}_1=-\dfrac{r_{\mathrm{L}}}{L}x_1+\omega x_2-\dfrac{x_3}{L}-\mathrm{Re}\left(\dfrac{2}{\mathrm{j}\pi L}\langle v_0\rangle_0\mathrm{e}^{-\mathrm{j}(\varphi+\alpha)}\right) \\ \dot{x}_2=-\omega x_1-\dfrac{r_{\mathrm{L}}}{L}x_1-\dfrac{x_4}{L}-\mathrm{Im}\left(\dfrac{2}{\mathrm{j}\pi L}\ \langle v_0\rangle_0\mathrm{e}^{-\mathrm{j}(\varphi+\alpha)}\right) \\ \dot{x}_3=\dfrac{x_1}{C}+\omega x_4 \\ \dot{x}_4=\dfrac{x_2}{C}-\omega x_3 \\ \dot{x}_5=\dfrac{4}{\pi C_0}\sqrt{x^2+x_2^2}\cos\varphi-\dfrac{\langle v_0\rangle_0}{R_0C_0} \end{cases} \tag{11.40}$$

引入新的控制变量 $w=\mathrm{d}\langle v_0\rangle_0/\mathrm{d}t=\dot{x}_5$。可以注意到式(11.40)最后一个式子包含控制输入的显式表达式；因此，相对阶数是 $r=1$。最后方程可以写成

$$w=\frac{4}{\pi C_0}\sqrt{x_1^2+x_2^2}\cos\varphi-\frac{\langle v_0\rangle_0}{R_0C_0}$$

这使得角度 φ 能够作为线性化控制输入进行计算：

$$\varphi=\arccos\left(\frac{\pi}{4}\cdot\frac{wC_0+x_5/R_0}{\sqrt{x_1^2+x_2^2}}\right)\tag{11.41}$$

已知 $i_L(t)\approx 2(x_1\cos\omega t-x_2\sin\omega t)$ [见第 5 章式 (5.29)]，量值 $\sqrt{x_1^2+x_2^2}$ 可以表示为 $I_L/2$，其中 I_L 代表了电流 i_L 一阶分量的幅值。因此，反馈线性化最终表示为

$$\varphi=\arccos\left(\frac{\pi}{2}\cdot\frac{vC_0+\langle v_0\rangle_0/R_0}{I_L}\right)\tag{11.42}$$

在声明式（11.42）就是所寻求的线性化反馈之前，必须分析零动态的稳定性。注意必须对式（11.40）前 4 个式子组成的 4 阶动态进行分析。为此，在式（11.41）中代入 $w=\dot{x}_5=0$ 和 $x_5\equiv\langle v_0\rangle_0^*$ 来获取要进一步代换到这些方程中的控制输入的表达式为

$$\varphi_0=\arccos\left(\frac{\pi}{4R_0}\cdot\frac{\langle v_0\rangle_0^*}{\sqrt{x_1^2+x_2^2}}\right)\tag{11.43}$$

4 阶非线性零动态的最终结果是

$$\begin{cases}\dot{x}_1=-\dfrac{r_L}{L}x_1+\omega x_2-\dfrac{x_3}{L}-\mathrm{Re}\left(\dfrac{2}{\mathrm{j}\pi L}\langle v_0\rangle_0^*\mathrm{e}^{-\mathrm{j}(\varphi_0+\alpha)}\right)\\ \dot{x}_2=-\omega x_1-\dfrac{r_L}{L}x_2-\dfrac{x_4}{L}-\mathrm{Im}\left(\dfrac{2}{\mathrm{j}\pi L}\langle v_0\rangle_0^*\mathrm{e}^{-\mathrm{j}(\varphi_0+\alpha)}\right)\\ \dot{x}_3=\dfrac{x_1}{C}+\omega x_4\\ \dot{x}_4=\dfrac{x_2}{C}-\omega x_3\end{cases}\tag{11.44}$$

通过李雅普诺夫方法分析非线性动态系统（11.44）的稳定性。用符号 $\boldsymbol{y}=[x_1\quad x_2\quad x_3\quad x_4]^{\mathrm{T}}$ 来表示对应零动态的状态向量。下面定义李雅普诺夫候选函数为状态 $\boldsymbol{y}$ 的二次型：

$$V(\boldsymbol{y})=\frac{1}{2}\boldsymbol{y}^{\mathrm{T}}\boldsymbol{Q}\boldsymbol{y}\tag{11.45}$$

$\boldsymbol{Q}$ 是对称正定矩阵，包含电路中能量积累元件的特征值（分别为电感的感抗和电容的容量）：

$$\boldsymbol{Q}=\begin{bmatrix}L&0&0&0\\0&L&0&0\\0&0&C&0\\0&0&0&C\end{bmatrix}$$

如果它的时间导数是负的，不管状态 $\boldsymbol{y}$ 的值是什么，声明函数（11.45）为李雅普诺夫函数或者能量函数，下面将证明。通过时间导数表达式（11.45）得到

$$\frac{\mathrm{d}V(\boldsymbol{y})}{\mathrm{d}t}=Lx_1\dot{x}_1+Lx_2\dot{x}_2+Cx_3\dot{x}_3+Cx_4\dot{x}_4 \tag{11.46}$$

为了简化书写，采用符号

$$z=\frac{2}{\mathrm{j}\pi L}\langle v_0\rangle_0^*\,\mathrm{e}^{-\mathrm{j}(\varphi_0+\alpha)} \tag{11.47}$$

通过使用式（11.44）给出的状态变量时间导数表达式，进一步研究式（11.46）；经过一些简单的代数计算，它变为

$$\frac{\mathrm{d}V(\boldsymbol{y})}{\mathrm{d}t}=-r_{\mathrm{L}}x_1^2-r_{\mathrm{L}}x_2^2-Lx_1\mathrm{Re}(z)-Lx_2\mathrm{Im}(z) \tag{11.48}$$

现在必须得到 $\mathrm{Re}(z)$ 和 $\mathrm{Im}(z)$ 的表达式。根据式（11.47），变量 z 可以写成

$$z=-\frac{2}{\pi L}\langle v_0\rangle_0^*\sin(\varphi_0+\alpha)-\mathrm{j}\frac{2}{\pi L}\langle v_0\rangle_0^*\cos(\varphi_0+\alpha)$$

因此

$$\mathrm{Re}(z)=-\frac{2}{\pi L}\langle v_0\rangle_0^*\sin(\varphi_0+\alpha),\ \mathrm{lm}(z)=-\frac{2}{\pi L}\langle v_0\rangle_0^*\cos(\varphi_0+\alpha) \tag{11.49}$$

此时，我们将建立电感电流一阶分量 x_1 和 x_2 的复数分量以及滞后角 α 之间的关联。第5章5.5.1节已做的研究［与通用平均模型（GAM）的分量时变信号提取有关］正是用于这一目的。因此，根据式（5.33），考虑到 $\alpha\in(0,\ \pi/2)$ 是滞后角（因此 $\alpha=-\psi$），以下等式成立：

$$\sin(-\alpha)=-\sin\alpha=\frac{x_1}{\sqrt{x_1^2+x_2^2}},\ \cos(-\alpha)=\cos\alpha=-\frac{x_2}{\sqrt{x_1^2+x_2^2}}$$

因此作为复数的一阶分量实部和虚部分别可以表示为

$$x_1=-\sin\alpha\cdot\sqrt{x_1^2+x_2^2},\ x_2=-\cos\alpha\cdot\sqrt{x_1^2+x_2^2} \tag{11.50}$$

最后，将式（11.49）和式（11.50）代入到式（11.48）中，得到函数 V 的时间导数为

$$\begin{aligned}\dot{V}(\boldsymbol{y})=&-r_{\mathrm{L}}x_1^2-r_{\mathrm{L}}x_2^2\\&-\frac{2}{\pi}\langle v_0\rangle_0^*\sqrt{x_1^2+x_2^2}\cdot\sin\alpha\cdot\sin(\varphi_0+\alpha)\\&-\frac{2}{\pi}\langle v_0\rangle_0^*\sqrt{x_1^2+x_2^2}\cdot\cos\alpha\cdot\cos(\varphi_0+\alpha)\end{aligned}$$

或者，等效于

$$\dot{V}(\boldsymbol{y})=-r_{\mathrm{L}}x_1^2-r_{\mathrm{L}}x_2^2-\frac{2}{\pi}\langle v_0\rangle_0^*\sqrt{x_1^2+x_2^2}\cdot\cos\varphi_0 \tag{11.51}$$

将控制输入 φ_0 的表达式（11.43）代入式（11.51）产生最终的表达式

$$\dot{V}(y) = -r_L x_1^2 - r_L x_2^2 - \frac{\langle v_0 \rangle_0^{*2}}{2R_0} < 0 \tag{11.52}$$

式（11.52）表明，该能量函数定义为一个二次型零动态状态向量［见式(11.45)］，是严格随着时间减小的，据此得到结论：在这种情况下零动态稳定。

一旦找到式（11.42）必要的相位滞后作为线性化反馈，它将被用于获取 u_2。事实上，通过将 u_1 延迟式（11.42）给出的相位滞后 φ，可得到 u_2。

利用反馈线性化的控制框图在图 11.17 中给出，表明现在增益 K_C 满足控制输出电压 v_0。

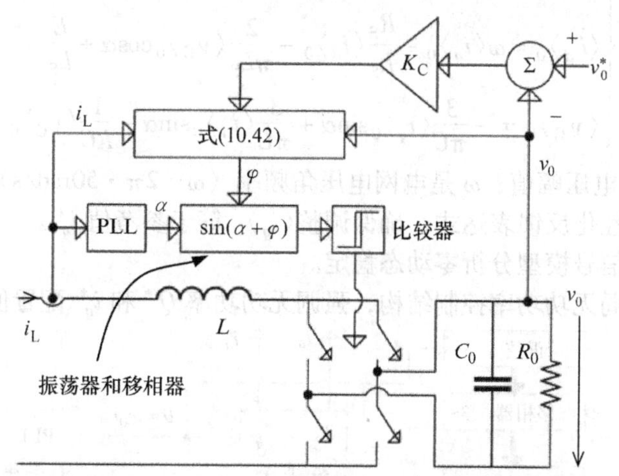

图 11.17　基于反馈线性化和增益控制的串联谐振变换器输出电压控制框图

以下问题留给读者来解决。

问题 11.2　使用反馈线性化控制 buck - boost 变换器实现电压调节

给出为电阻负载 R 供电的 buck - boost DC - DC 变换器的电路（在第 4 章图 4.12 给出），相同章节中式（4.34）给出其模型

$$\begin{cases} L\dot{i}_L = E_u - v_C(1-u) - r_L i_L \\ C\dot{v}_C = -i_L(1-u) - \dfrac{v_C}{R} \end{cases}$$

式中，r_L 是电感的电阻；其他符号保留它们通常的意义。解决以下几点：

1）设计反馈线性化控制来调节输出电压 v_C。基于零动态分析，决定直接或间接控制方法是否合适。

2）用数值 $L = 3\text{mH}$，$C = 1200\mu\text{F}$，$r_L = 0.1\Omega$，$E = 12\text{V}$ 和额定 $R = 100\Omega$ 计算线性控制器，确保电压闭环带宽 50rad/s。

3）为了验证应用于 2）部分闭环行为，在 Simulink®仿真软件中实现数值仿真框图。分析响应负载阶跃变化的动态行为。

问题 11.3　使用线性化反馈的 STATCOM 无功功率控制

图 11.18 给出了运行在全波的静止无功补偿器（STATCOM）电路。电阻 R_S 代

表单相的电感电阻，负载电阻 R 包括电源开关损耗。

对一阶分量而言，通过使用 dq 模型获得无功功率控制，即通过调节三相电流 q 分量在参考值为 i_q^* 时的平均值。输出电压 v_C 是不受控制的。控制输入是 α 以及开关函数 u_1 与作为相原点的首相电网电压 e_1 之间的相位滞后。

1）使用第5章中给出的方法——有关通用平均模型（GAM）的计算——证明 STATCOM 的一阶分量 dq 模型如下（Petitclair 等，1996）：

$$\begin{cases}\langle \dot{i}_q\rangle_0 = -\dfrac{R_S}{L_S}\langle i_q\rangle_0 - \omega\langle i_d\rangle_0 + \dfrac{2}{\pi L_S}\langle v_C\rangle_0\sin\alpha\\ \langle \dot{i}_d\rangle_0 = \omega\langle i_q\rangle_0 - \dfrac{R_S}{L_S}\langle i_d\rangle_0 - \dfrac{2}{\pi L_S}\langle v_C\rangle_0\cos\alpha + \dfrac{E}{L_S}\\ \langle \dot{v}_C\rangle_0 = -\dfrac{3}{\pi C}\langle i_q\rangle_0\sin\alpha + \dfrac{3}{\pi C}\langle i_d\rangle_0\sin\alpha - \dfrac{1}{RC}\langle v_C\rangle_0\end{cases}$$

式中，E 是电网电压幅值；ω 是电网电压角频率（$\omega = 2\pi\cdot 50\text{rad/s}$）。

2）获得线性化反馈表达式，确保调整 $\langle i_q\rangle_0$ 等于参考值 i_q^*。

3）利用小信号模型分析零动态稳定。

4）提供全局无功功率控制结构，强调无功功率 Q^* 和 i_q^* 配置值之间的关系。

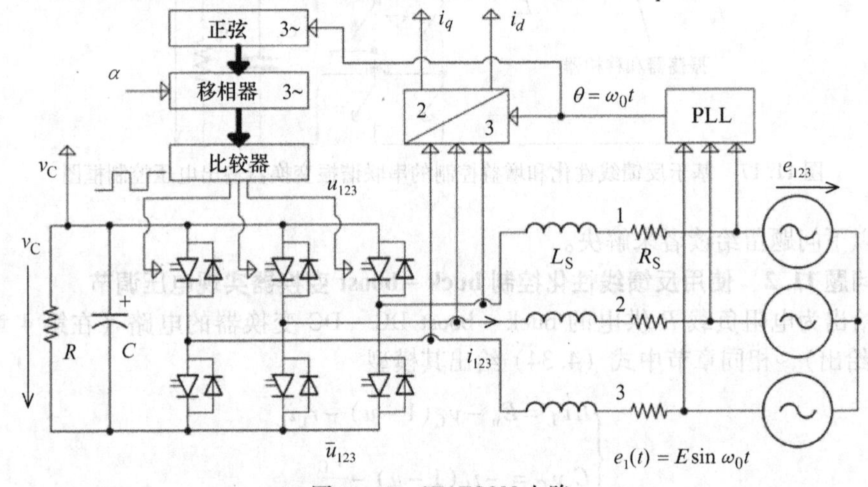

图 11.18 STATCOM 电路

问题 11.4 由反馈线性化控制的 Watkins – Johnson DC – DC 变换器

Watkins – Johnson 变换器的电路在第 4 章图 4.37 已经给出，并在第 8 章问题 8.1 图 8.34 中重复提出，需要调节其输出电压到设置点 v_C^*。其平均模型在第 8 章式（8.38）给出：

$$\begin{cases}L\dot{i}_L = (2\alpha - 1)E - \alpha v_C\\ C\dot{v}_C = \alpha i_L - \dfrac{v_C}{R}\end{cases}$$

式中，符号使用它们常用的意义；占空比 α 是控制输入；R 是负载电阻。解决以下问题。

1）对应于电压给定点 v_C^*，推断电流值 i_L^*。

2）计算由间接控制方法引出的反馈线性化控制律表达式，也就是说，由调节电流 i_L 到 1）中计算的设定值 i_L^* 引出的。

3）已知输出电压工作范围是 $[-3E, E]$，设计一个双环控制结构，其外环通过 PI 控制器调节输出电压 v_C，内环负责电流 i_L 控制。设计内环控制器，以便对于整个工作范围闭环带宽至少 10 倍于电压被控对象带宽。在对应的工作点 $v_C = 0V$ 处，外环 PI 控制器将产生 2 倍于电压被控对象带宽的闭环带宽。

参考文献

Ceangă E, Protin L, Nichita C, Cutululis NA (2001) Theory of control systems (in French: Théorie de la commande des systèmes). Technical Publishing House, Bucharest

Escobar G, Ortega R, Sira-Ramírez H, Vilain J-P, Zein I (1999) An experimental comparison of several nonlinear controllers for power converters. IEEE Control Syst J 19(1):66–82

Isidori A (1989) Nonlinear control systems, 2nd edn. Springer, Berlin

Jain A, Joshi K, Behal A, Mohan N (2006) Voltage regulation with STATCOMs: modeling, control and results. IEEE Trans Power Deliv 21(2):726–735

Jung J, Lim S, Nam K (1999) A feedback linearizing control scheme for a PWM converter-inverter having a very small DC-link capacitor. IEEE Trans Ind Appl 35(5):1124–1131

Lee T-S (2003) Input-output linearization and zero-dynamics control of three-phase AC/DC voltage-source converters. IEEE Trans Power Electron 18(1):11–22

Lee D-C, Lee G-M, Lee K-D (2000) DC-bus voltage control of three-phase AC/DC PWM converters using feedback linearization. IEEE Trans Ind Appl 36(3):826–833

Matas J, de Vicuña LG, Miret J, Guerrero JM, Castilla M (2008) Feedback linearization of a single-phase active power filter via sliding mode control. IEEE Trans Power Electron 23(1):116–125

Petitclair P (1997) Modelling and control of FACTS (Flexible Alternative Current Transmission System): application to STACOM (STATic Compensator) (in French: "Modélisation et commande de structures FACTS: Application au STACOM"). Ph.D. thesis, Grenoble Institute of Technology, France

Petitclair P, Bacha S (1997) Optimized linearization via feedback control law for a STATCOM. In: Proceedings of the 32nd IEEE Industry Applications Society annual meeting – IAS 1997. New Orleans, Louisiana, USA, vol 2, pp 880–885

Petitclair P, Bacha S, Rognon JP (1996) Averaged modelling and nonlinear control of an ASVC (Advanced Static Var Compensator). In: Proceedings of the 27th annual IEEE Power Electronics Specialists Conference – PESC 1996. Baveno, Italy, pp 753–758

Sira-Ramírez H, Ilic-Spong M (1989) Exact linearisation in switched-mode DC-to-DC power converters. Int J Control 50(2):511–524

Sira-Ramírez H, Silva-Ortigoza R (2006) Control design techniques in power electronics devices. Springer, London

Sira-Ramírez HJ, Rios-Bolivar M, Zinober ASI (1995) Adaptive input-output linearization for PWM regulation of DC-to-DC power converters. In: Proceedings of the American control conference – ACC 1995. Seattle, Washington, USA, vol 1, pp 81–85

Sira-Ramírez HJ, Rios-Bolivar M, Zinober ASI (1997) Adaptive dynamical input-output linearization of DC to DC power converters: a backstepping approach. Int J Robust Nonlinear Control 7:279–296

Song E, Lynch AF, Dinavahi V (2009) Experimental validation of nonlinear control for a voltage source converter. IEEE Trans Control Syst Technol 17(5):1135–1144

第12章 基于能量的电力电子变换器控制方法

本章旨在给出电力电子变换器基于能量控制方法的基本思想和主要观点。因此，这里将详细说明基于能量概念的两种控制方法：①基于李雅普诺夫控制设计方法的稳定控制；②依赖特定的结构性质（例如，无源性和耗散度）并利用这些性质的无源控制。

和大多数工程系统一样，电力电子变换器建模与控制目标密切相关。在这种情况下，需要采用功率流描述能量处理，这是潜在现象的自然表示。此外，相关数学推导会利用目标系统的一些显著特性。基于能量的控制方法本质在于利用电力电子变换器通过耗散能量达到稳态运行这一事实，即控制能量耗散速度（Stanković等，2001）。

能量增量的概念（Sanders，1989）对于DC－DC变换器控制律综合设计是至关重要的；因此选择buck－boost和boost DC－DC变换器作为本章分析讨论的基础对象。但基于能量的控制方法并不只对DC－DC变换器有效；作为一种通用方法，将其应用于具有交流环节的变换器（Komurcugil和Kukrer，1998；Escobar等，2001；Mattavelli等，2001），以及应用于多电平变换器（Liserre，2006；Noriega－Pineda和Espinosa－Pérez，2007）都有报道。

本章首先介绍基于能量的控制方法的一些基本概念。首先，在非线性情况下详细说明了稳定控制方法，然后在线性的情况中讨论并用一个例子来阐述。接下来，介绍用欧拉形式建模电力电子变换器，强调无源性质。使用这个性质给出其名称为基于无源的控制方法，进一步详细说明。提供通用设计方法后，考虑在线参数估计的必要性，得到通用控制算法的自适应版本。选择buck－boost变换器作为案例来说明基于无源控制的方法。

简要回顾基于能量的控制方法和其他非线性控制方法之间的联系。在这一章的结束提出一些带解决方案的问题和一些尚未解决的问题。

12.1 基本定义

在这里简要回顾一下一些基本的概念，其与系统能量处理的基本性质的形式有关，即存储一部分，耗散其余的部分。

令Σ是系统的一般状态空间表示

$$\Sigma:\begin{cases}\dot{\boldsymbol{x}}=\boldsymbol{f}(\boldsymbol{x},\boldsymbol{u})\\ \boldsymbol{y}=\boldsymbol{g}(\boldsymbol{x},\boldsymbol{u})\end{cases} \tag{12.1}$$

其状态 $\boldsymbol{x}$ 属于 n 维空间 $\boldsymbol{X}$。系统 $\boldsymbol{\Sigma}$ 是耗散的，与能量流 $w(t)$ 有关，条件是存在非负连续函数 H：$\boldsymbol{X} \rightarrow \mathbb{R}$ 满足

$$H(\boldsymbol{x}(t)) - H(\boldsymbol{x}(0)) \leqslant \int_0^t w(\tau)\mathrm{d}\tau \tag{12.2}$$

注意到不等式（12.2）的右边具有能量量纲，因为它是作为能量流的时间积分（或功率）获得的。结果是 H 作为存储能量的函数，代表在给定时刻状态 $\boldsymbol{x}$ 的能量；因此，这个函数被称为（能量）存储函数。式（12.2）的左边代表了能量储存。如果假设流 $w(t)$ 是系统 $\boldsymbol{\Sigma}$ 的一个输入，那么式（12.2）表明能量流 $w(t)$ 并不完全转移到系统——它的一部分被耗散。

集总参数系统与其环境通过端口功率共轭变量 $u \in \mathbb{R}^m$ 和 $\boldsymbol{y} \in \mathbb{R}^m$ 联系（其乘积具有功率量纲），并且关于能量流 $w(\boldsymbol{u},\boldsymbol{y}) = \boldsymbol{u}^{\mathrm{T}}\boldsymbol{y}$ 是耗散的，即

$$H(\boldsymbol{x}(t)) - H(\boldsymbol{x}(0)) \leqslant \int_0^t \boldsymbol{u}^{\mathrm{T}}(\tau)\boldsymbol{y}(\tau)\mathrm{d}\tau \tag{12.3}$$

存储函数满足 $H(0) = 0$ 时则称为无源的。式（12.3）给出了关于无源系统稳定性的信息。因此，如果令 $\boldsymbol{u}^{\mathrm{T}} = 0$，那么根据式（12.3），无论 $\boldsymbol{\Sigma}$ 的轨迹如何，$H(\boldsymbol{x})$ 都会衰减，这表明拥有正定储能函数的无源系统在李雅普诺夫意义上是稳定的。还请注意，置零输出（$y=0$），系统仍保留稳定的零动态。

12.2 电力电子变换器稳定控制

根据电力电子的标准控制目标，尽管参数扰动通常由负载和输入电压引入，仍想保持一些变量，如输出电压，在期望值 $\boldsymbol{x}_{\mathrm{d}}$。稳态值 $\boldsymbol{x}_{\mathrm{d}}$ 一般是已知的；接下来首先假设完整的状态或者它的一个子集是可以测量的。

$$\widetilde{\boldsymbol{x}} = \boldsymbol{x} - \boldsymbol{x}_{\mathrm{d}}$$

表示实际状态 $\boldsymbol{x}$ 与稳态工作点 $\boldsymbol{x}_{\mathrm{d}}$ 的偏差。稳定控制方法会用到变量 $\widetilde{\boldsymbol{x}}$ 的二次型

$$V(\widetilde{\boldsymbol{x}}) = \frac{1}{2} \cdot \widetilde{\boldsymbol{x}}^{\mathrm{T}} \cdot \boldsymbol{Q} \cdot \widetilde{\boldsymbol{x}} \tag{12.4}$$

式中，$\boldsymbol{Q}$ 是对称正定矩阵。式（12.4）类型的函数能够形象地表明系统当前的运行点距离表示系统最小能量的平衡点有多远。这样的二次函数通常用于定义李雅普诺夫候选函数，该函数用于推导能够保持 $\boldsymbol{x}_{\mathrm{d}}$ 处稳定运行的控制律。

在电力电子变换器中，表达系统能量最自然的方式是累加其能量积累，即

$$V = \frac{1}{2}\left(\sum_{j=1}^{n_{\mathrm{L}}} L_j \widetilde{i_{\mathrm{L}j}}^2 + \sum_{k=1}^{n_{\mathrm{C}}} C_k \widetilde{v_{\mathrm{C}k}}^2\right) \tag{12.5}$$

式中，L_j 是电感器 n_{L} 的电感；C_k 是电容器 n_{C} 的电容；$\widetilde{i_{\mathrm{L}j}}$ 和 $\widetilde{v_{\mathrm{C}k}}$ 是电感电流和电容电压关于各自的稳态值 $i_{\mathrm{L}jd}$ 和 $v_{\mathrm{C}kd}$ 的变化量。形如式（12.5）被称为能量增量（Sanders 和 Verghese，1992）。在这种情况下，状态向量 $\boldsymbol{x}$ 由电流 $i_{\mathrm{L}j}$ 和电压 $v_{\mathrm{C}k}$ 组成：

$$\boldsymbol{x} = [\, i_{\text{L1}} \quad i_{\text{L2}} \quad \cdots \quad i_{\text{L}n_{\text{L}}} \quad v_{\text{C1}} \quad v_{\text{C2}} \quad \cdots \quad v_{\text{C}n_{\text{C}}} \,]^{\text{T}} \tag{12.6}$$

式（12.5）给出的函数明显可以表示为式（12.4）形式的二次型，其中矩阵 $\boldsymbol{Q}$ 可由其主对角线定义，其中包含了功率变换器储能元件的特征值；因此，它可以像在式（12.7）中一样进行配置。形如式（12.5）的李雅普诺夫候选函数，伴有形如式（12.7）的矩阵 $\boldsymbol{Q}$，通常用于稳定控制律设计。在非线性和线性化情况下设计过程的细节将在接下来的两个部分中分别给出。

$$\boldsymbol{Q} = \begin{bmatrix} L_1 & & & & & \\ & \ddots & & & 0 & \\ & & L_{n_{\text{L}}} & & & \\ & & & C_1 & & \\ & 0 & & & \ddots & \\ & & & & & C_{n_{\text{C}}} \end{bmatrix} \tag{12.7}$$

12.2.1 通用非线性实例

可以认为电力电子变换器的一般状态空间描述是非线性系统，系统的重点是状态向量 $\boldsymbol{x}$ 的动态通常由式（12.6）和输入 $\boldsymbol{u}$ 构成，其在一般情况下是占空比的向量。稳态向量 $\boldsymbol{x}_{\text{d}}$ 有表达式

$$\boldsymbol{x}_{\text{d}} = [\, i_{\text{L1d}} \quad i_{\text{L2d}} \quad \cdots \quad i_{\text{L}n_{\text{L}}\text{d}} \quad v_{\text{C1d}} \quad v_{\text{C2d}} \quad \cdots \quad v_{\text{C}n_{\text{C}}\text{d}} \,]^{\text{T}}$$

则偏差的向量为

$$\widetilde{\boldsymbol{x}} = \boldsymbol{x} - \boldsymbol{x}_{\text{d}} = [\, \widetilde{i}_{\text{L1}} \quad \widetilde{i}_{\text{L2}} \quad \cdots \quad \widetilde{i}_{\text{L}n_{\text{L}}} \quad \widetilde{v}_{\text{C1}} \quad \widetilde{v}_{\text{C2}} \quad \cdots \quad \widetilde{v}_{\text{C}n_{\text{C}}} \,]^{\text{T}} \tag{12.8}$$

获得系统通用非线性形式的数学增量模型总是可行的：

$$\dot{\widetilde{\boldsymbol{x}}} = \boldsymbol{f}(\widetilde{\boldsymbol{x}}) + \boldsymbol{g}(\widetilde{\boldsymbol{x}}) \cdot \boldsymbol{u} \tag{12.9}$$

式中，非线性函数 $\boldsymbol{f}$ 还取决于稳态值 $\boldsymbol{x}_{\text{d}}$。$\boldsymbol{Q}$ 是对称正定的，函数

$$V(\widetilde{\boldsymbol{x}}) = \frac{1}{2} \cdot \widetilde{\boldsymbol{x}}^{\text{T}} \cdot \boldsymbol{Q} \cdot \widetilde{\boldsymbol{x}} \tag{12.10}$$

被选为李雅普诺夫候选函数。显然，$V(\widetilde{\boldsymbol{x}}) > 0$。找到合适的控制输入 $\boldsymbol{u}$，确保能量函数 $V(\widetilde{\boldsymbol{x}})$ 随着时间减小。$\boldsymbol{u}$ 应当由设置 $\text{d}V(\widetilde{\boldsymbol{x}})/\text{d}t < 0$ 得到。考虑到式（12.8）和式（12.9），可以写为

$$\begin{aligned} \frac{\text{d}V(\widetilde{\boldsymbol{x}})}{\text{d}t} &= \frac{\partial V}{\partial \widetilde{\boldsymbol{x}}} \cdot \dot{\widetilde{\boldsymbol{x}}} = \frac{\partial V}{\partial \widetilde{\boldsymbol{x}}} \cdot (\boldsymbol{f}(\widetilde{\boldsymbol{x}}) + \boldsymbol{g}(\widetilde{\boldsymbol{x}}) \cdot \boldsymbol{u}) \\ &= \widetilde{\boldsymbol{x}}^{\text{T}} \boldsymbol{Q} \cdot \boldsymbol{f}(\widetilde{\boldsymbol{x}}) + \widetilde{\boldsymbol{x}}^{\text{T}} \boldsymbol{Q} \cdot \boldsymbol{g}(\widetilde{\boldsymbol{x}}) \cdot \boldsymbol{u} \end{aligned} \tag{12.11}$$

式中，$\partial V / \partial \widetilde{\boldsymbol{x}} = \widetilde{\boldsymbol{x}}^{\text{T}} \cdot \boldsymbol{Q}$。李雅普诺夫函数的时间导数一定是负的：

$$\frac{\text{d}V(\boldsymbol{x})}{\text{d}t} < 0 \tag{12.12}$$

从而由控制动作迫使能量函数减小。通过结合式(12.11)和式(12.12)，获得

$$\tilde{\boldsymbol{x}}^{\mathrm{T}}\boldsymbol{Q}\cdot\boldsymbol{f}(\tilde{\boldsymbol{x}})+\tilde{\boldsymbol{x}}^{\mathrm{T}}\boldsymbol{Q}\cdot\boldsymbol{g}(\tilde{\boldsymbol{x}})\cdot\boldsymbol{u}<0$$

两项都为负是式（12.12）成立的充分条件。因此，必须找到对称正定矩阵 $\boldsymbol{Q}$，以及一个适当选择的对称半正定矩阵 $\boldsymbol{P}$，以确保第一项是负的。一旦找到了矩阵 $\boldsymbol{Q}$，就可以定义一个控制律

$$\boldsymbol{u}=-\lambda\cdot\boldsymbol{g}(\tilde{\boldsymbol{x}})^{\mathrm{T}}\boldsymbol{Q}\cdot\tilde{\boldsymbol{x}}\tag{12.13}$$

λ 是一个适当选择的正标量，为了确保函数 V 的时间导数为负，系统收敛到原点，这相当于完成了控制目标。这里 λ 与收敛速度有关，它的值可以由数值仿真精细调节。式（12.13）表明，得到的稳定控制方法利用了系统增量模型的非线性全状态反馈，从而依赖于预设的稳态工作点。也可以注意限制条件 $\boldsymbol{u}$——由开关函数的平均组成，一般局限于［0，1］或［-1，1］——假设常数 λ 是合适的。

12.2.2　线性化实例

线性化实例指的是在稳定控制设计中使用平均模型；它允许使用线性工具设计，也因此更加直观。在本书第 4 章中已对平均方法进行了讲解。围绕被选为控制目标的稳态工作点线性化非线性模型。接下来，仍使用符号 $\boldsymbol{x}_{\mathrm{d}}$ 表示这一点；让 $\boldsymbol{u}_{\mathrm{d}}$ 对应 $\boldsymbol{x}_{\mathrm{d}}$ 的输入值。通过这种方式，得到包含变量变化量的线性模型。考虑这样一个众所周知形式的模型

$$\dot{\tilde{\boldsymbol{x}}}=\boldsymbol{A}\cdot\tilde{\boldsymbol{x}}+\boldsymbol{B}\cdot\tilde{\boldsymbol{u}}\tag{12.14}$$

式中，$\tilde{\boldsymbol{x}}=\boldsymbol{x}-\boldsymbol{x}_{\mathrm{d}}$；$\tilde{\boldsymbol{u}}=\boldsymbol{u}-\boldsymbol{u}_{\mathrm{d}}$；矩阵 $\boldsymbol{A}$ 和 $\boldsymbol{B}$ 依赖于工作点（$\boldsymbol{x}_{\mathrm{d}}$，$\boldsymbol{u}_{\mathrm{d}}$）。可以选择形如式（12.10）的李雅普诺夫候选函数

$$V(\tilde{\boldsymbol{x}})=\frac{1}{2}\cdot\tilde{\boldsymbol{x}}^{\mathrm{T}}\cdot\boldsymbol{Q}\cdot\tilde{\boldsymbol{x}}\tag{12.15}$$

该式是表示增量能量的能量函数，此时，只需要矩阵 $\boldsymbol{Q}$ 是对称和正定的（也就是说，无须具有式（12.7）给出的形式）。$\boldsymbol{Q}$ 的元素将由配置函数 V 成为李雅普诺夫函数产生。为此，要求 $\mathrm{d}V(\tilde{\boldsymbol{x}})/\mathrm{d}t<0$。用式（12.14）和式（12.15）计算 V 的时间导数；然后给出

$$\frac{\mathrm{d}V(\tilde{\boldsymbol{x}})}{\mathrm{d}t}=\frac{1}{2}(\dot{\tilde{\boldsymbol{x}}}^{\mathrm{T}}\cdot\boldsymbol{Q}\cdot\tilde{\boldsymbol{x}}+\tilde{\boldsymbol{x}}^{\mathrm{T}}\cdot\boldsymbol{Q}\cdot\dot{\tilde{\boldsymbol{x}}})=\frac{1}{2}(\boldsymbol{A}\tilde{\boldsymbol{x}}+\boldsymbol{B}\tilde{\boldsymbol{u}})^{\mathrm{T}}\boldsymbol{Q}\tilde{\boldsymbol{x}}+\frac{1}{2}\cdot\tilde{\boldsymbol{x}}^{\mathrm{T}}\boldsymbol{Q}(\boldsymbol{A}\tilde{\boldsymbol{x}}+\boldsymbol{B}\tilde{\boldsymbol{u}})$$

$$=\frac{1}{2}\cdot\tilde{\boldsymbol{x}}^{\mathrm{T}}\cdot(\boldsymbol{A}^{\mathrm{T}}\boldsymbol{Q}+\boldsymbol{Q}\boldsymbol{A})\cdot\tilde{\boldsymbol{x}}+\frac{1}{2}(\tilde{\boldsymbol{u}}^{\mathrm{T}}\boldsymbol{B}^{\mathrm{T}}\cdot\boldsymbol{Q}\tilde{\boldsymbol{x}}+\tilde{\boldsymbol{x}}^{\mathrm{T}}\boldsymbol{Q}\cdot\boldsymbol{B}\tilde{\boldsymbol{u}})\tag{12.16}$$

通过分析最后两项可以进一步改写式（12.16）。因此，基于矩阵转置性质以及 $\boldsymbol{Q}$ 是对称的事实，即 $\boldsymbol{Q}=\boldsymbol{Q}^{\mathrm{T}}$，得到

$$\tilde{\boldsymbol{u}}^{\mathrm{T}}\boldsymbol{B}^{\mathrm{T}}\cdot\boldsymbol{Q}\tilde{\boldsymbol{x}}=(\boldsymbol{B}\tilde{\boldsymbol{u}})^{\mathrm{T}}\cdot\boldsymbol{Q}\tilde{\boldsymbol{x}}=((\boldsymbol{Q}\tilde{\boldsymbol{x}})^{\mathrm{T}}\cdot\boldsymbol{B}\tilde{\boldsymbol{u}})^{\mathrm{T}}=(\tilde{\boldsymbol{x}}^{\mathrm{T}}\boldsymbol{Q}^{\mathrm{T}}\cdot\boldsymbol{B}\tilde{\boldsymbol{u}})^{\mathrm{T}}=(\tilde{\boldsymbol{x}}^{\mathrm{T}}\boldsymbol{Q}\cdot\boldsymbol{B}\tilde{\boldsymbol{u}})^{\mathrm{T}}$$

因此式（12.16）最后两项是相等的，因为它们实际上是标量。据此，式（12.16）变换为

$$\frac{\mathrm{d}V(\tilde{\boldsymbol{x}})}{\mathrm{d}t}=\frac{1}{2}\cdot\tilde{\boldsymbol{x}}^{\mathrm{T}}\cdot(\boldsymbol{A}^{\mathrm{T}}\boldsymbol{Q}+\boldsymbol{Q}\boldsymbol{A})\cdot\tilde{\boldsymbol{x}}+\tilde{\boldsymbol{x}}^{\mathrm{T}}\boldsymbol{Q}\cdot\boldsymbol{B}\tilde{\boldsymbol{u}}\tag{12.17}$$

由式（12.17）可知，为了保证 V 的时间导数是负的，应当要求 $\mathrm{d}V(\widetilde{\boldsymbol{x}})/\mathrm{d}t<0$ 为负。用这种方式，通过求解李雅普诺夫方程得到 $\boldsymbol{Q}$ 的元素：

$$\boldsymbol{A}^{\mathrm{T}}\boldsymbol{Q}+\boldsymbol{Q}\boldsymbol{A}=-\boldsymbol{P} \tag{12.18}$$

$\boldsymbol{P}$ 是适当选择的对称半正定矩阵。为了获得式（12.17）中表示的李雅普诺夫函数的负时间导数，并考虑式（12.18），式（12.17）的第二项也必须是负的：

$$\widetilde{\boldsymbol{x}}^{\mathrm{T}}\boldsymbol{Q}\boldsymbol{B}\widetilde{\boldsymbol{u}}<0 \tag{12.19}$$

为了满足式（12.19），应选择控制输入为下式：

$$\widetilde{\boldsymbol{u}}=-\lambda\cdot\boldsymbol{B}^{\mathrm{T}}\boldsymbol{Q}\cdot\widetilde{\boldsymbol{x}} \tag{12.20}$$

λ 是正标量，在非线性情况下起相同的作用［见式（12.13）］。可以注意到，对于所得控制解 $\widetilde{\boldsymbol{u}}$ 是系统线性增量全状态反馈的形式，并且明显依赖于设定点 $\boldsymbol{x}_{\mathrm{d}}$，$\widetilde{\boldsymbol{u}}=\boldsymbol{K}\cdot\widetilde{\boldsymbol{x}}$，其中矩阵 $\boldsymbol{K}$ 为

$$\boldsymbol{K}=-\lambda\cdot\boldsymbol{B}^{\mathrm{T}}\boldsymbol{Q} \tag{12.21}$$

注意，太大的 λ 值可以对控制输入值产生负面影响，其平均值限于［0，1］或［-1，1］之间。显然，获得总稳定控制为 $\boldsymbol{u}=\boldsymbol{u}_{\mathrm{d}}+\widetilde{\boldsymbol{u}}$。

在这种情况下，通过分析使用控制律（12.21）［即特征值矩阵 $\boldsymbol{A}+\boldsymbol{B}\cdot\boldsymbol{K}$，其中 $\boldsymbol{K}$ 是由式（12.21）给出的稳定反馈矩阵增益］的闭环系统极点的偏移（Sanders 和 Verghese，1992），可以指导 λ 的选择。即使是对低阶变换器，最好也借助数值仿真进行分析。需要注意的是，矩阵 $\boldsymbol{Q}$ 也会影响闭环极点的分布。

12.2.3 稳定控制设计方法

综合上述提出的问题，在线性化情况下对给定电力电子变换器实现稳定控制方法可以遵循算法 12.1 的一般步骤。非线性的情况可以遵循算法 12.2 总结的步骤。

12.2.4 示例：boost DC-DC 变换器稳定控制设计

12.2.4.1 基本稳定控制设计

将在这里说明线性化的情况下 boost 变换器稳定控制律的设计。其大信号双线性模型已经在第 3 章 3.2.3 节给出：

$$\begin{bmatrix}\dot{i}_{\mathrm{L}}\\ \dot{v}_{\mathrm{C}}\end{bmatrix}=\begin{bmatrix}0 & -1/L\\ 1/C & -1/(RC)\end{bmatrix}\cdot\begin{bmatrix}i_{\mathrm{L}}\\ v_{\mathrm{C}}\end{bmatrix}+\begin{bmatrix}0 & 1/L\\ -1/C & 0\end{bmatrix}\begin{bmatrix}i_{\mathrm{L}}\\ v_{\mathrm{C}}\end{bmatrix}\cdot u+\begin{bmatrix}E/L\\ 0\end{bmatrix}$$

迄今为止，符号采用其常用意义。如在第 4 章 4.5.3 节中详细说明的，采用符号 $x_1=\langle i_{\mathrm{L}}\rangle_0$ 和 $x_2=\langle v_{\mathrm{C}}\rangle_0$ 分别表示两个状态变量的平均值。假设控制任务为调节输出电压 x_2 的平均值为 $v_{\mathrm{Cd}}\equiv x_{2\mathrm{d}}$。注意，由相应的占空比 α_{d} 及 $x_{2\mathrm{d}}=E/(1-\alpha_{\mathrm{d}})$ 可得到

$$\alpha_{\mathrm{d}}=1-E/v_{\mathrm{Cd}} \tag{12.22}$$

算法 12.1

使用平均线性化模型电力电子变换器稳定控制设计的步骤

#1　写出变换器的开关模型，然后获得其平均模型。

#2　围绕所选工作点 $\boldsymbol{x}_{\mathrm{d}}$ 线性化平均模型，如果这涉及校准工作，通常对应于控制目标。用 $\boldsymbol{u}_{\mathrm{d}}$ 表示相应的输入值。

#3　将线性化模型整理为状态模型形式，从而确定对应的矩阵 $\boldsymbol{A}$ 和 $\boldsymbol{B}$。

#4　选择对角线半正定矩阵 $\boldsymbol{Q}$，并找到符合李雅普诺夫方程（12.18）的矩阵 $\boldsymbol{P}$。不失一般性，可以选择形如式（12.7）的矩阵 $\boldsymbol{Q}$，其主对角线为电路储能元件的特征值。

#5　选择能够加速输出误差收敛到零的正标量 λ（这一步的选择是任意的，在闭环极点数值分析后会说明）。

#6　根据式（12.20）计算稳定控制输入变化量 $\widetilde{\boldsymbol{u}}$。

#7　对不同的 λ 值执行线性闭环系统极点数值分析，即对闭环矩阵的 $\boldsymbol{A}-\lambda\boldsymbol{B}^{\mathrm{T}}\boldsymbol{Q}$ 特征值进行分析。根据合适的闭环极点配置重新选择 λ 的值。

#8　计算总稳定控制输入 $\boldsymbol{u}=\boldsymbol{u}_{\mathrm{d}}+\widetilde{\boldsymbol{u}}$ 并对非线性闭环系统进行数值仿真。

#9　分析控制参数变化的鲁棒性。设计适合大多数变量参数的参数估计器——将会嵌入在闭环系统中。如，使用本章中进一步详细介绍的方法（12.4.3 节）。

算法 12.2

使用非线性模型的电力电子变换器稳定控制设计步骤

#1　写出变换器的开关模型。选择运行点 $\boldsymbol{x}_{\mathrm{d}}$，如果涉及校准工作，通常对应于控制目标。

#2　在点 $\boldsymbol{x}_{\mathrm{d}}$ 附近获得形如式（12.9）的非线性增量模型，强调函数 $\boldsymbol{f}$ 和 $\boldsymbol{g}$。

#3　找到矩阵 $\boldsymbol{Q}$，并适当选择矩阵 $\boldsymbol{P}$ 对称半正定后，满足 $\boldsymbol{Q}\cdot\boldsymbol{f}(\widetilde{\boldsymbol{x}})=-\boldsymbol{P}\cdot\widetilde{\boldsymbol{x}}$。提示：首先验证矩阵 $\boldsymbol{Q}$ 是否满足式（12.7）——其主对角线为电路储能元件的特征值则符合要求。

#4　选择能够加速输出误差收敛到零的正标量 λ（如线性化的情况下，这一步的选择是任意的，可进一步通过数值仿真说明）。

#5　根据式（12.13）计算稳定控制输入 $\boldsymbol{u}$。

#6　对不同的 λ 值进行非线性闭环系统数值仿真，并选择对应于最合适闭环动态性能的值。

#7　分析控制参数变化的鲁棒性。设计适用于大多数变量参数的嵌入到闭环系统中的参数估计器。

同样，考虑到 $i_{\mathrm{Ld}}\equiv x_{1\mathrm{d}}=E/((1-\alpha_{\mathrm{d}})^2R)$，对应的电感电流的期望值为

$$i_{\mathrm{Ld}}\equiv x_{1\mathrm{d}}=v_{\mathrm{Cd}}^2/(ER) \tag{12.23}$$

采用以下符号：$\boldsymbol{x}=[x_1 \quad x_2]$，$\boldsymbol{x}_{\mathrm{d}}=[x_{1\mathrm{d}} \quad x_{2\mathrm{d}}]$，$\widetilde{\boldsymbol{x}}=\boldsymbol{x}-\boldsymbol{x}_{\mathrm{d}}$ 和 $\widetilde{\boldsymbol{\alpha}}=\alpha-\alpha_{\mathrm{d}}$。然后

得到线性化模型如下：

$$\dot{\tilde{x}} = A \cdot \tilde{x} + B \cdot \tilde{\alpha} \tag{12.24}$$

式中，矩阵

$$A = \begin{bmatrix} 0 & -(1-\alpha_d)/L \\ (1-\alpha_d)/C & -1/(RC) \end{bmatrix},\ B = \begin{bmatrix} E/(L(1-\alpha_d)) \\ -E/((1-\alpha_d)^2 RC) \end{bmatrix} \tag{12.25}$$

下一步关注矩阵 P 的选择，其必须是对称半正定的并且 λ 为正常数。当对闭环系统的极点进行分析时，这些选择将变得更清楚；暂时假设 P 和 λ 是已知的。

如果矩阵 P 已知，为了获得对称正定矩阵 Q，进一步求解李雅普诺夫方程（12.18）得

$$Q = \begin{bmatrix} q_1 & 0 \\ 0 & q_2 \end{bmatrix} \tag{12.26}$$

为此，可以使用 MATLAB® 函数 lyap 作为数值求解工具。找到矩阵 Q 的简单方法是采用式（12.7）的形式。在这种情况下，对应的 Q 被选为

$$Q = \begin{bmatrix} L & 0 \\ 0 & C \end{bmatrix} \tag{12.27}$$

此外，一旦找到矩阵 Q，可以基于式（12.20）计算出稳定控制解决方案

$$\tilde{u} = -\lambda \cdot B^{T} Q \cdot \tilde{x} \tag{12.28}$$

式中，λ 为适当选择的正标量。使用矩阵的表达式 B 和 Q [式（12.25）和式（12.26）]，式（12.28）对应于我们此处的情况，有

$$\tilde{\alpha} = -\lambda \left[\frac{q_1 E}{L(1-\alpha_d)} (x_1 - x_{1d}) - \frac{q_2 E}{(1-\alpha_d)^2 RC} (x_2 - x_{2d}) \right] \tag{12.29}$$

式中，$x_{2d} \equiv v_{Cd}$ 是输出电压设定值；α_d 由式（12.22）给出；$x_{1d} \equiv i_{Ld}$ 由式（12.25）给出。如果依据式（12.27）选择矩阵 Q，表达式（12.29）简化为

$$\tilde{\alpha} = -\frac{\lambda E}{1-\alpha_d} \left[(x_1 - x_{1d}) - \frac{1}{R(1-\alpha_d)} (x_2 - x_{2d}) \right] \tag{12.30}$$

其可以变换为

$$\tilde{\alpha} = \underbrace{\left[-\frac{\lambda E}{(1-\alpha_d)} \ \frac{\lambda E}{R(1-\alpha_d)^2} \right]}_{K} \cdot \tilde{x} \tag{12.31}$$

这使得式中出现稳定反馈增益 K 的表达式。可以注意到标量 λ 通过 $A^{-1}V^{-1}$ 度量。图 12.1 给出了基于稳定控制闭环系统的框图。

现在，可以重新回到选择 λ 的问题。为此，必须分析闭环极点分布，也就是说，闭环状态矩阵的特征值 $A + B \cdot K$，对应已在式（12.27）中得到的矩阵 Q，K 由式（12.31）给出。执行这个分析最方便的方式是通过专门的软件工具对每个特定的情况进行数值分析，例如，MATLAB®。

考虑下面的适用于 boost 变换器的数值实例：$L = 500\mu H$，$C = 1000\mu H$，$R =$

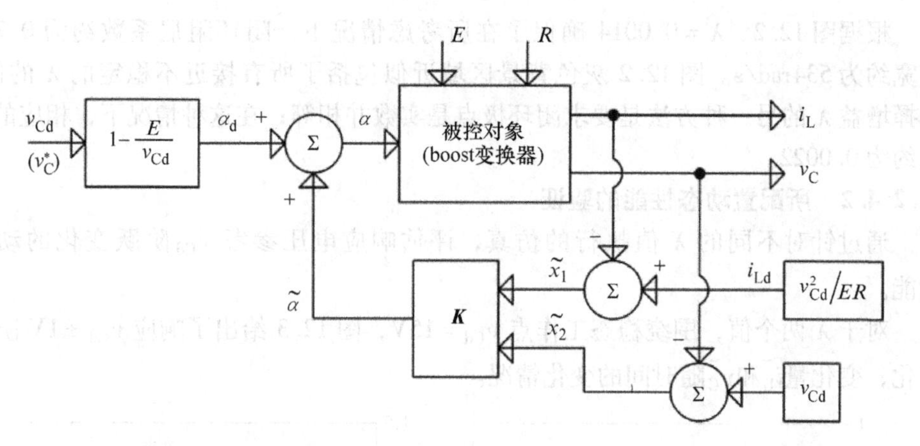

图 12.1　boost 变换器输出电压稳定控制，依赖于式（12.31）形式的用变化量表示的全状态反馈

10Ω，$E=5V$，$v_{Cd}=15V$。式（12.22）给出了相应的“期望”占空比 $\alpha_d=0.66$。图 12.2 表示了对应于 λ 增量复平面闭环系统极点的偏移，从 $0.00015A^{-1}V^{-1}$ 开始。

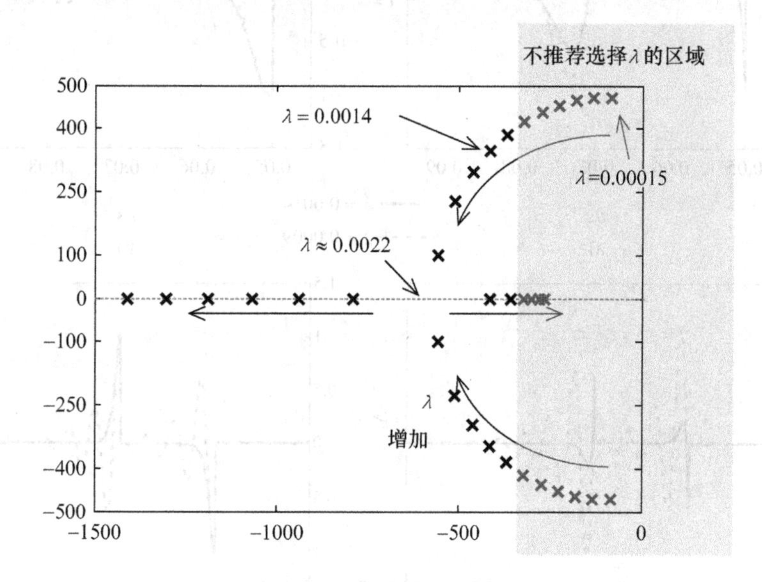

图 12.2　boost 变换器线性化增量模型的极点分布，针对参数 λ 不同的值，由形如式（12.31）的稳定控制律控制

可以注意到，配置为 0.0022 的 λ 值已经决定了在这种情况下极点性质的改变：它们是实数而不是共轭复数，具有一个到另一个越来越远的趋势。可能发生较小值的 λ 不确保闭环稳定的情况（存在两个实数部分为正的共轭复数极点），而很大的值会导致极点中一个变得不稳定。此外，λ 的值太大可能导致控制输入饱和。可以使用数值仿真表明运行在所谓的饱和区域是稳定的。

根据图 12.2，$\lambda=0.0014$ 确保了在所考虑情况下，闭环阻尼系数约为 0.71，带宽约为 534rad/s。图 12.2 灰色背景区域近似包括了所有接近不稳定的 λ 的值。选择增益 λ 的另一种方法是要求闭环极点是实数并相等；在这种情况下，相应的 λ 值约为 0.0022。

12.2.4.2 所配置动态性能的验证

通过针对不同的 λ 值执行的仿真，评估响应电压参考 v_{Cd} 阶跃变化的动态性能。

对于 λ 两个值，围绕稳态工作点 $v_{Cd}=15V$，图 12.3 给出了响应 $v_{Cd}\pm 1V$ 阶跃变化，变化量$\widetilde{i_L}$和$\widetilde{v_C}$随时间的变化情况。

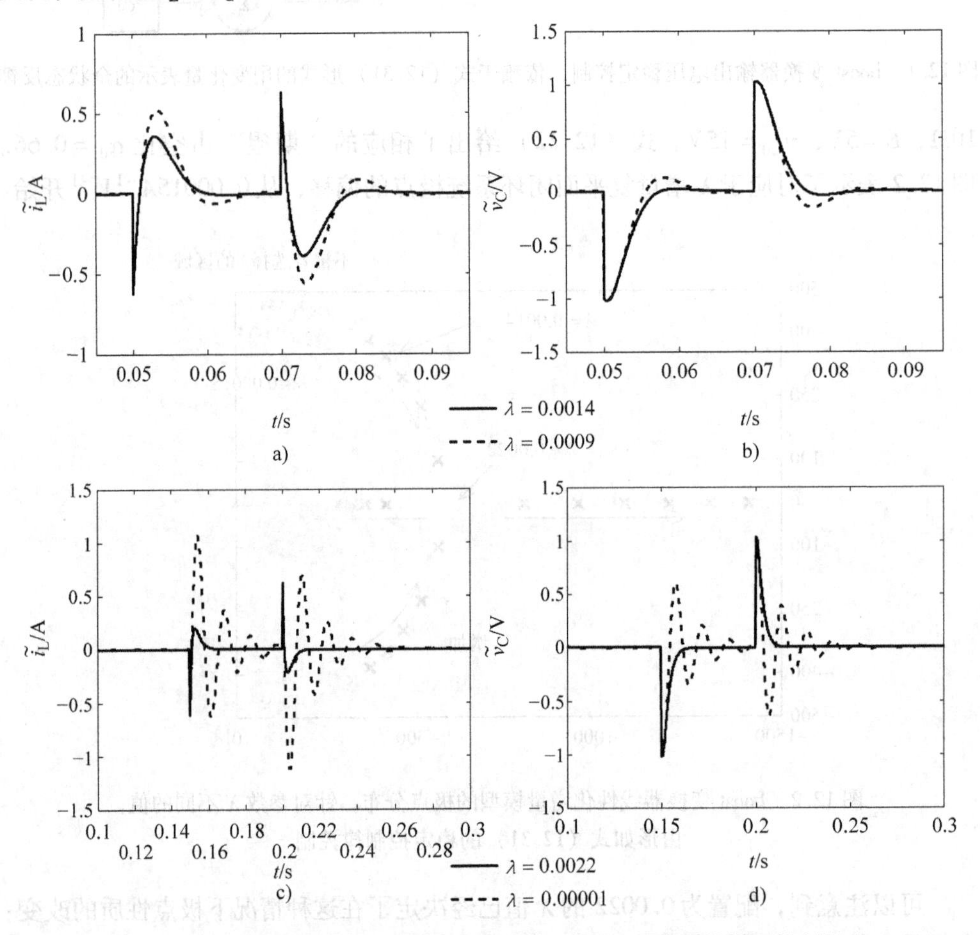

图 12.3 对应于系数 λ 的 4 个值，受控于式（12.31）的系统闭环控制行为：响应电压设定值的阶跃变化，状态变量变化量随时间的变化

在图 12.3a、b 中可注意到，$\lambda=0.0014$（图中表示为实线的曲线），这两个变量的稳定时间与相应的带宽一致（534rad/s），轻微的超调反映了阻尼系数约为

0.7。较小的 λ 值对应于弱阻尼和较小的带宽（$\lambda=0.0009$ 时，随时间的变化由虚线在图 12.3 中表示）。图 12.3c、d 给出了类似的比较，即 λ 另外两个值，一个对应于实数，几乎等于极点（$\lambda=0.0022$）；另一个较小并且决定了振荡行为（$\lambda=0.00001$）。

12.2.4.3　控制输入饱和问题

现在让我们回到所考虑例子中控制输入饱和的问题。假设发生了一个事件，可以产生平均控制输入饱和（例如，参考电压的突变）。运行进入了饱和区域，平均控制输入上限值为 α_{sat}（通常约为 0.9）。因此，线性化增量系统（12.24）采用自动动态系统形式，因为 $\widetilde{\alpha}=0$：

$$\dot{\widetilde{\boldsymbol{x}}}_{sat}=\boldsymbol{A}_{sat}\cdot\widetilde{\boldsymbol{x}}_{sat} \tag{12.32}$$

式中，状态矩阵

$$\boldsymbol{A}_{sat}=\begin{bmatrix}0 & -(1-\alpha_{sat})/L\\(1-\alpha_{sat})/C & -1/(RC)\end{bmatrix} \tag{12.33}$$

在这种情况下，形如式（12.15）的李雅普诺夫函数有形如式（12.16）的时间导数，但只保留第一项：

$$\frac{\mathrm{d}V(\widetilde{\boldsymbol{x}})}{\mathrm{d}t}=\frac{1}{2}\widetilde{\boldsymbol{x}}_{sat}^{\mathrm{T}}(\boldsymbol{A}_{sat}^{\mathrm{T}}\boldsymbol{Q}+\boldsymbol{Q}\boldsymbol{A}_{sat})\widetilde{\boldsymbol{x}}_{sat} \tag{12.34}$$

选择形如式（12.27）的 $\boldsymbol{Q}$，容易证明 $\mathrm{d}V(\widetilde{\boldsymbol{x}})/\mathrm{d}t<0$。因此，通过代换式（12.27）和式（12.33）到式（12.34）中，得到

$$\frac{\mathrm{d}V(\widetilde{\boldsymbol{x}})}{\mathrm{d}t}=\frac{1}{2}\cdot\widetilde{\boldsymbol{x}}_{sat}^{\mathrm{T}}\cdot\begin{bmatrix}0 & 0\\0 & -2/R\end{bmatrix}\cdot\widetilde{\boldsymbol{x}}_{sat}=-\frac{\widetilde{\boldsymbol{x}}_{sat}^{2}}{R}=\frac{\widetilde{v_{C}}^{2}}{R}<0 \tag{12.35}$$

当系统带有饱和控制输入运行时，李雅普诺夫函数是严格减小的，通过这个事实可预测：闭环系统将很快离开饱和区域，进入不饱和区域。

情况确实是如此，如图 12.4 和图 12.5 的仿真所示。这两个图描述了在系统平衡点处（$\widetilde{i_L}=0$，$\widetilde{v_C}=0$）设置电压设定点 v_{Cd} 大幅阶跃的情况——从 25V 到 30V。这决定了相当短的时间间隔内系统会运行在饱和区域，如包含占空比变化的图 12.4a 所示。在这种情况下，选择上饱和值为 $\alpha_{sat}=0.85$。图 12.5a、b 分别给出了电流 $\widetilde{i_L}$ 和电压 $\widetilde{v_C}$ 随时间的变化。图 12.4b 包含在相平面（$\widetilde{i_L}$，$\widetilde{v_C}$）执行的感兴趣的分析结果，如图中所示，如果控制输入继续饱和，闭环状态轨迹 *ABC* 与系统状态轨迹 *CD* 在一段时间内重合，由此可得到系统状态轨迹。因此，*AB* 段对应于事件发生后的时间间隔；*BC* 段描述了当控制输入饱和时系统的变化。可以注意到系统在常量 α 运行时是稳定的，但它的平衡点（*D*）不是原点。

12.2.4.4　自适应稳定控制

式（12.31）的稳定控制表明，稳定控制包含反馈增益，单独存在时无法保证扰动的抑制。图 12.6 给出了在平衡点设置系统负载 R $\pm1\Omega$ 的阶跃变化获得的仿

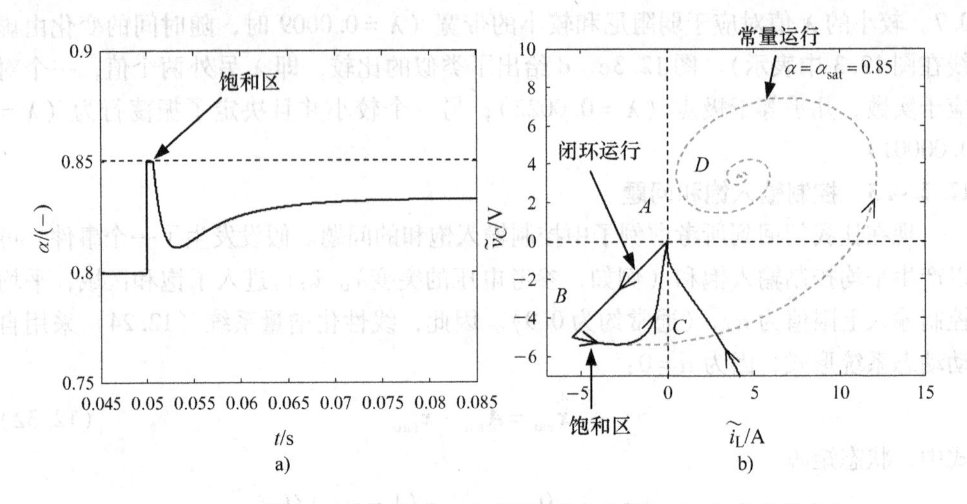

图 12.4　闭环系统运行在饱和区，之后重返非饱和区：a）占空比的变化；b）系统增量状态轨迹的变化

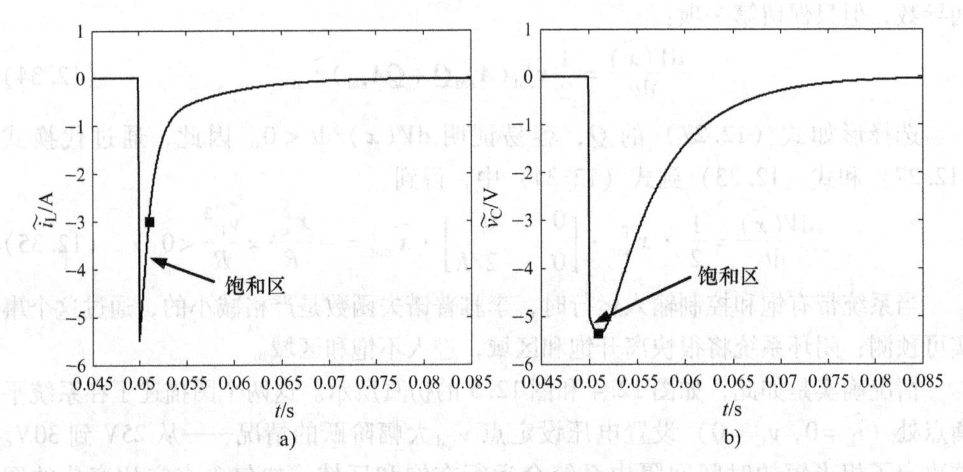

图 12.5　闭环线性化系统运行在饱和区，之后重返非饱和区：a）电流的变化；b）电压的变化

真结果。注意电流的“期望”值（这里将视为类似一个“内部”变量）也由于负载阶跃变化发生了突然变化［见式（12.23）］。注意电流和电压随时间变化时存在非零稳态误差。

显而易见，从最后的仿真结果看出，采用参数估计器对稳定控制实时实现的必要性，尤其是负载估计器。有关如何设计这样的观测器去实现自适应控制律的细节，将在本章进一步给出，即与无源性控制相关（12.4.3 节）。

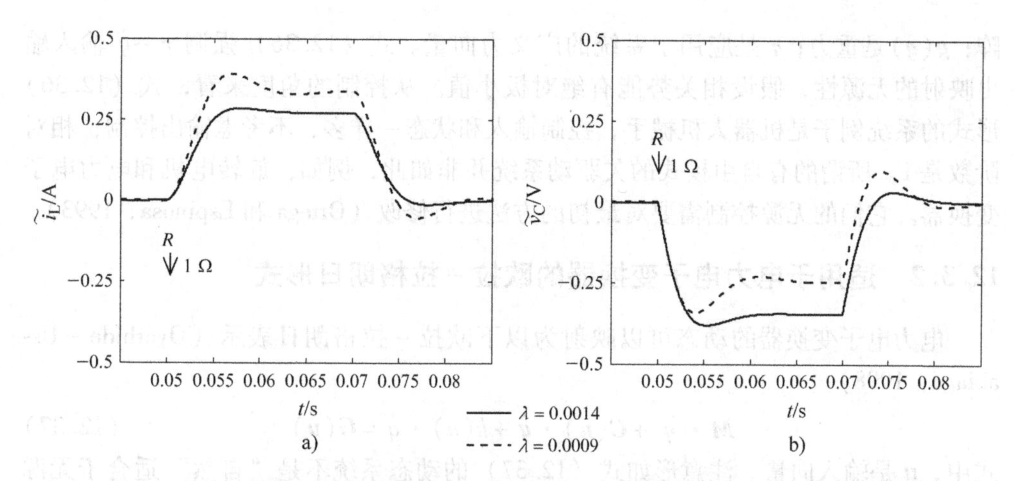

图 12.6 无负载扰动抑制的全状态反馈增益稳定控制律（12.31）：电流（图 a）和电压（图 b）随时间变化的曲线（稳态误差不等于零）

12.3 无源控制方法，动态系统的欧拉－拉格朗日通用表示

设计基于无源控制器的行为常常被比喻为“能量成形”行为。首先，对于所考虑系统必须适当地定义能量函数。然后必须找到一个动态系统（即控制器）和一个互连模式，以确保全体能量函数采用期望的形式。有关无源控制可以定义两个主要的方向（Ortega 等，2001），即标准方法——基于先前定义的作为李雅普诺夫候选函数的储能函数，以及所谓的互连和阻尼分配（IDA）。而后者方法允许能量函数以系统的方式获得（Maschke 等，2000；Ortega 等，2002；Ortega 和 García－Canseco，2004；Kwasinski 和 Krein，2007）。后者是标准的无源控制方法，依赖欧拉－拉格朗日（E－L）形式的使用，具有更直观的应用。因此，选后者的方法作为本章接下来讨论的框架（Ortega 等，1998；Rodríguez 等，1999）。

描述机械系统动态的欧拉－拉格朗日方程一直是进一步发展新的控制方法的起点，新的方法旨在利用它们的无源特性稳定这种系统（Takegaki 和 Arimoto，1981；Ortega 和 Spong，1989）。下一步，为了设计通用无源控制算法，可以推导通用欧拉形式应用于任何类型的无源动态系统（Ortega 等，1998）。

12.3.1 机械系统欧拉－拉格朗日原型

动态机械系统的欧拉－拉格朗日表示为（van der Schaft，1996）

$$\boldsymbol{M}(\boldsymbol{q})\cdot\ddot{\boldsymbol{q}}+\boldsymbol{C}(\boldsymbol{q}\,\dot{\boldsymbol{q}})\cdot\dot{\boldsymbol{q}}+\boldsymbol{g}(\boldsymbol{q})=\boldsymbol{\tau} \tag{12.36}$$

式中，$\boldsymbol{q}$ 是广义坐标的向量；$\boldsymbol{M}(\boldsymbol{q})$是广义惯量；$\boldsymbol{C}(\boldsymbol{q},\dot{\boldsymbol{q}})$是离心力和科里奥利力矩

阵；$\boldsymbol{g}(\boldsymbol{q})$是重力；$\boldsymbol{\tau}$是应用于系统的广义力向量。式（12.36）强调 $\boldsymbol{\tau}\rightarrow\dot{\boldsymbol{q}}$ 输入输出映射的无源性，假设相关势能有绝对极小值。从控制的角度来看，式（12.36）形式的系统例子是机器人机械手，控制输入和状态一样多，不考虑输出控制，相对阶数是1。所谓的有自由模式的欠驱动系统并非如此，例如，旋转电机和电力电子变换器。它们的无源控制需要对最初的方法进行修改（Ortega 和 Espinosa，1993）。

12.3.2 适用于电力电子变换器的欧拉－拉格朗日形式

电力电子变换器的动态可以映射为以下欧拉－拉格朗日表示（Oyarbide－Usabiaga，1998）：

$$\boldsymbol{M}\cdot\ddot{q}+\boldsymbol{C}(\boldsymbol{u})\cdot\dot{\boldsymbol{q}}+k(u)\cdot\dot{q}=\boldsymbol{G}(\boldsymbol{u}) \tag{12.37}$$

式中，$\boldsymbol{u}$ 是输入向量。注意形如式（12.37）的动态系统不是“自然”适合于无源控制方法，因为控制向量的大小几乎总是小于系统阶数，在微分方程的右侧，控制输入不能作为公因子提取。

对于电力电子变换器通用无源控制公式的修改已经由 Sira－Ramírez 等（1997）提出。这种“改进的”无源控制依赖于系统合适的欧拉－拉格朗日表示，在推导能够将系统稳定到一个平衡点的控制输入表达式时，恰好能够利用系统可能的无源性。

事实上，下面提出的电力电子变换器的欧拉－拉格朗日表示对于一类动态系统是通用的，这类系统与其所在环境交换能量，存储一部分能量，另一部分耗散。这种行为被形式化地描述为（Oyarbide－Usabiaga，1998）

$$\boldsymbol{H}\cdot\dot{\boldsymbol{x}}+\boldsymbol{F}(\boldsymbol{u})\cdot\boldsymbol{x}+\boldsymbol{K}(\boldsymbol{u})\cdot\boldsymbol{x}=\boldsymbol{G}(\boldsymbol{u},\boldsymbol{E}) \tag{12.38}$$

式中，$\boldsymbol{x}$ 是 n 维状态向量；$\boldsymbol{u}$ 是 m 维输入向量；$\boldsymbol{E}$ 是施加于系统的外源向量（如，在机械情况下的作用力，在电气情况下的电压源或电流源）；$\boldsymbol{G}(\boldsymbol{u},\boldsymbol{E})$是施加这些行为的方式的模型（即能量输入）。矩阵 $\boldsymbol{H}$、$\boldsymbol{F}(\boldsymbol{u})$和 $\boldsymbol{K}(\boldsymbol{u})$与能量交换有关；因此，$\boldsymbol{H}$ 是一个与系统不同元件存储的能量相关的正定矩阵（这就是为什么它被称为存储函数），$\boldsymbol{F}(\boldsymbol{u})$考虑了“内部”系统的能量，$\boldsymbol{K}(\boldsymbol{u})$是一个半正定矩阵，提供关于能量损耗率的信息。图12.7给出了根据式（12.38）形式化的系统的直观图形表示。

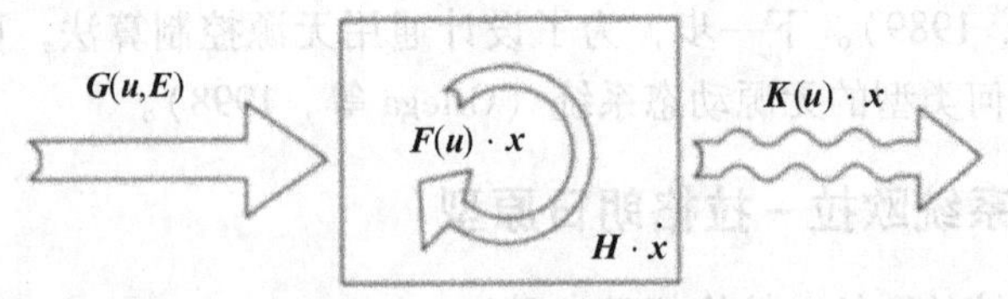

图12.7 处理能量的动态系统；识别具有式（12.38）形式的部分（Oyarbide 和 Bacha，2000）

形如式（12.38）的系统是无源的必要条件是其内部能量为零，这就是数学上

所描述的 $\boldsymbol{x}^{\mathrm{T}}\cdot\boldsymbol{F}(\boldsymbol{u})\cdot\boldsymbol{x}=0$。这一假设的有效性与无源系统的配置有关。对于电力电子变换器，该性质的验证会在在下一节进一步给出。

12.3.3　电力电子变换器作为无源动态系统的通用表示

考虑普通变换器，像第 3 章图 3.1 那样象征性地表示，其中包含 k 个电感、m 个电容、n 个理想开关、q 个电压源和 p 个电流源。这些元件的相互连接定义了各种配置。

令 $\boldsymbol{E}=[E_1\cdots E_q]^{\mathrm{T}}$ 是电压源向量，$\boldsymbol{I}=[I_1\cdots I_p]^{\mathrm{T}}$ 电流源向量，$\boldsymbol{u}=[u_1\cdots u_n]^{\mathrm{T}}$ 是给出开关状态的向量。$\boldsymbol{I}_{\mathrm{L}}=[i_{\mathrm{L1}}\cdots i_{\mathrm{L}k}]^{\mathrm{T}}$ 是 k 个电感电流的向量，$V_{\mathrm{C}}=[v_{\mathrm{C1}}\cdots v_{\mathrm{C}m}]^{\mathrm{T}}$ 是 m 个电容电压的向量。这个系统有 $k+m$ 个状态，分别是电感电流和电容电压，其状态向量为

$$\boldsymbol{x}=[\boldsymbol{I}_{\mathrm{L}}\quad \boldsymbol{V}_{\mathrm{C}}]=[i_{\mathrm{L1}}\cdots i_{\mathrm{L}k}\quad v_{\mathrm{C1}}\cdots v_{\mathrm{C}m}]^{\mathrm{T}} \tag{12.39}$$

每个电流和电压的动态根据所有电压源和电流源的影响获得，各个电源的权重按相应开关状态的线性组合计算。因此，电感电流 i 的动态通过将电感表示为等效戴维南电压得到，可以写成

$$L_i\dot{i}_{\mathrm{L}i}=\underbrace{\boldsymbol{T}_{\mathrm{SEL}_i}(\boldsymbol{u})\cdot\boldsymbol{E}+\boldsymbol{T}_{\mathrm{SIL}_i}(\boldsymbol{u})\cdot\boldsymbol{I}+\boldsymbol{T}_{\mathrm{IL}_i}(\boldsymbol{u})\cdot\boldsymbol{I}_{\mathrm{L}}+\boldsymbol{T}_{\mathrm{VL}_i}(\boldsymbol{u})\cdot\boldsymbol{V}_{\mathrm{C}}}_{\text{戴维南电压}i}-R_{\mathrm{L}i}(\boldsymbol{u})\cdot i_{\mathrm{L}i} \tag{12.40}$$

式中，$R_{\mathrm{L}i}(\boldsymbol{u})$是戴维南等效电阻，所有 $\boldsymbol{T}$ 向量的元素是开关状态 $\boldsymbol{u}$ 的线性组合。因此，向量 $\boldsymbol{T}_{\mathrm{SEL}_i}(\boldsymbol{u})$和 $\boldsymbol{T}_{\mathrm{SIL}_i}(\boldsymbol{u})$分别模拟电压源和电流源对电感电流 i 动态的影响，然而 $\boldsymbol{T}_{\mathrm{IL}_i}(\boldsymbol{u})$和 $\boldsymbol{T}_{\mathrm{VL}_i}(\boldsymbol{u})$分别代表所有电流 $\boldsymbol{I}_{\mathrm{L}}$ 和电压 $\boldsymbol{V}_{\mathrm{C}}$（所有状态变量）对相同动态的影响。可以注意 $\boldsymbol{T}_{\mathrm{IL}_i}$（$\boldsymbol{u}$）第 i 个元素是空，因为戴维南电压 i 与电流 $i_{\mathrm{L}i}$不相关。

相同的形式用于表达电容电压 j 的动态，这可由其等效诺顿电源表示：

$$C_j\dot{v}_{\mathrm{C}j}=\underbrace{\boldsymbol{T}_{\mathrm{SEC}_j}(\boldsymbol{u})\cdot\boldsymbol{E}+\boldsymbol{T}_{\mathrm{SIC}_j}(\boldsymbol{u})\cdot\boldsymbol{I}+\boldsymbol{T}_{\mathrm{IC}_j}(\boldsymbol{u})\cdot\boldsymbol{I}_{\mathrm{L}}+\boldsymbol{T}_{\mathrm{VC}_j}(\boldsymbol{u})\cdot\boldsymbol{V}_{\mathrm{C}}}_{\text{诺顿电流}j}-\frac{v_{\mathrm{C}j}}{R_{\mathrm{C}j}(\boldsymbol{u})} \tag{12.41}$$

式中，$R_{\mathrm{C}j}(\boldsymbol{u})$是诺顿等效电阻；向量 $\boldsymbol{T}_{\mathrm{SEC}_j}(\boldsymbol{u})$和 $\boldsymbol{T}_{\mathrm{SIC}_j}(\boldsymbol{u})$分别是电压源和电流源对电容电压 j 动态影响的模型；$\boldsymbol{T}_{\mathrm{IC}_j}(\boldsymbol{u})$和 $\boldsymbol{T}_{\mathrm{VC}_j}(\boldsymbol{u})$分别代表所有电流 I_{L} 和电压 V_{C} 对相同动态的影响。同样如上所述，可以注意到 $T_{\mathrm{VC}_j}(\boldsymbol{u})$的第 j 个元素必须为零，因为诺顿电流 j 与电压 $v_{\mathrm{C}j}$不相关。

通过合并式（12.40）所有 k 个动态方程和式（12.41）所有 m 个动态方程，通用变换器的动态可以用欧拉形式（12.38）表示，其中 q 个电压源和 p 个电流源构成外部激励：

$$\boldsymbol{H}\cdot\dot{\boldsymbol{x}}+\boldsymbol{F}(\boldsymbol{u})\cdot\boldsymbol{K}(\boldsymbol{u})\cdot x=\boldsymbol{G}(\boldsymbol{u},\boldsymbol{E},\boldsymbol{I}) \tag{12.42}$$

式中，$\boldsymbol{x}$ 是由式（12.39）给出的状态向量，相关矩阵为

$$H=\begin{bmatrix} L_1 & & & & & \\ & \ddots & & 0 & & \\ & & L_k & & & \\ & & & C_1 & & \\ & 0 & & & \ddots & \\ & & & & & C_m \end{bmatrix},\ \boldsymbol{F}(\boldsymbol{u})=\begin{bmatrix} \boldsymbol{T}_{\mathrm{IL}_1}(\boldsymbol{u}) & \boldsymbol{T}_{\mathrm{VL}_1}(\boldsymbol{u}) \\ \vdots & \vdots \\ \boldsymbol{T}_{\mathrm{IL}_k}(\boldsymbol{u}) & \boldsymbol{T}_{\mathrm{VL}_k}(\boldsymbol{u}) \\ \boldsymbol{T}_{\mathrm{IC}_1}(\boldsymbol{u}) & \boldsymbol{T}_{\mathrm{VC}_1}(\boldsymbol{u}) \\ \vdots & \vdots \\ \boldsymbol{T}_{\mathrm{IC}_m}(\boldsymbol{u}) & \boldsymbol{T}_{\mathrm{VC}_m}(\boldsymbol{u}) \end{bmatrix} \tag{12.43}$$

$$\boldsymbol{K}(\boldsymbol{u})=\begin{bmatrix} R_{\mathrm{L1}}(\boldsymbol{u}) & & & & & \\ & \ddots & & 0 & & \\ & & R_{\mathrm{L}k}(\boldsymbol{u}) & & & \\ & & & \dfrac{1}{R_{\mathrm{C1}}(\boldsymbol{u})} & & \\ & 0 & & & \ddots & \\ & & & & & \dfrac{1}{R_{\mathrm{C}m}(\boldsymbol{u})} \end{bmatrix} \tag{12.44}$$

$$\boldsymbol{G}(\boldsymbol{u},\boldsymbol{E},\boldsymbol{I})=\begin{bmatrix} T_{\mathrm{SEL}_1}(u)\cdot E+T_{\mathrm{SIL}_i}(u)\cdot I \\ \vdots \\ T_{\mathrm{SEL}_k}(u)\cdot E+T_{\mathrm{SIL}_k}(u)\cdot I \\ T_{\mathrm{SEC}_1}(u)\cdot E+T_{\mathrm{SIC}_1}(u)\cdot I \\ \vdots \\ T_{\mathrm{SEC}_m}(u)\cdot E+T_{\mathrm{SIC}_m}(u)\cdot I \end{bmatrix} \tag{12.45}$$

式中，矩阵 $\boldsymbol{G}(\boldsymbol{u},\boldsymbol{E},\boldsymbol{I})$ 定义了外源 $(\boldsymbol{E},\boldsymbol{I})$ 施加于通用变换器的方式；$\boldsymbol{F}(\boldsymbol{u})$ 考虑了允许电感和电容之间能量交换的配置；$\boldsymbol{H}$ 包含的项与储存在电感和电容内的能量有关；$\boldsymbol{K}(\boldsymbol{u})$表示能量耗散矩阵。

为了使式（12.42）对应于欧拉形式，必须验证性质 $\boldsymbol{x}^{\mathrm{T}}\boldsymbol{F}(\boldsymbol{u})\boldsymbol{x}=0$。在文献中，这个性质通常与矩阵 $\boldsymbol{F}(\boldsymbol{u})$ 的不对称相关——即 $\boldsymbol{F}(\boldsymbol{u})=-\boldsymbol{F}(\boldsymbol{u})^{\mathrm{T}}$，这在电路的情况下不是必需的。事实上，通过使用基尔霍夫网络的某些性质可以验证这个性质（Penfield 等，1970），即其电流和电压的子空间正交。特别是，乘积 $\boldsymbol{F}(\boldsymbol{u})\boldsymbol{x}$ 属于子空间，其与状态空间 $\boldsymbol{x}$ 是正交的。此外，在通常的变换中，$\boldsymbol{x}^{\mathrm{T}}\boldsymbol{F}(\boldsymbol{u})\boldsymbol{x}=0$ 的性质能够保留下来，如在 Park 变换中、在 Concordia 变换中，或是在得到通用平均模型（GAM）的变换中（Oyarbide－Usabiaga，1998）。

12.3.4 欧拉－拉格朗日形式的变换器建模示例

接下来，给出两个例子以便说明欧拉－拉格朗日建模和在通常变换中无源性质的不变性。首先考虑 buck－boost 变换器，强调矩阵 $\boldsymbol{F}(\boldsymbol{u})$的不对称；然后给出电压逆变器的情况和在 Park 变换下其欧拉形式性质的不变性。

为负载 R 供电的 buck－boost 变换器的电路如第 4 章图 4.12 所示，其开关模型由同一章式（4.34）给出：

$$\begin{cases}\dot{i}_{\mathrm{L}}=\dfrac{1}{L}[Eu-v_{\mathrm{C}}(1-u)-ri_{\mathrm{L}}]\\ \dot{v}_{\mathrm{C}}=\dfrac{1}{C}\left[-i_{\mathrm{L}}(1-u)-\dfrac{v_{\mathrm{C}}}{R}\right]\end{cases}\tag{12.46}$$

式中，符号保留它们通常的意义。有一个单相电压源 E，没有电流源。$\boldsymbol{x}=[i_{\mathrm{L}}\quad v_{\mathrm{C}}]^{\mathrm{T}}$ 表示状态向量，由电感电流 i_{L} 和电容电压 v_{C} 组成，整理式（12.46）符合欧拉模型（12.42），其中不同的矩阵是

$$\boldsymbol{H}=\begin{bmatrix}L&0\\0&C\end{bmatrix},\ \boldsymbol{K}=\begin{bmatrix}r&0\\0&1/R\end{bmatrix},\ \boldsymbol{G}=\begin{bmatrix}uE\\0\end{bmatrix},\ \boldsymbol{F}(\boldsymbol{u})=\begin{bmatrix}0&(1-u)\\-(1-u)&0\end{bmatrix}$$

注意矩阵 $\boldsymbol{F}(\boldsymbol{u})$ 是不对称的。

第二个建模的例子包括为负载 R 供电的三相电压逆变器的情况，其电路如第 5 章图 5.28 所示。基于这个变换器的开关模型［同一章式（5.67）提出］可以推导其欧拉表示（12.42），其中与额外直流单元交换的电流是 $i_{\mathrm{S}}=v_0/R$。

$$\begin{cases}\boldsymbol{H}=\begin{bmatrix}L&&&0\\&L&&\\&&L&\\0&&&C\end{bmatrix}\quad \boldsymbol{K}=\begin{bmatrix}r&&&0\\&r&&\\&&r&\\0&&&1/R\end{bmatrix}\\ \boldsymbol{G}=\begin{bmatrix}e_1\\e_2\\e_3\\0\end{bmatrix}\quad \boldsymbol{F}(\boldsymbol{u})=\begin{bmatrix}0&0&0&(2u_1-u_2-u_3)/6\\0&0&0&(-u_1+2u_2-u_3)/6\\0&0&0&(-u_1-u_2+2u_3)/6\\-u_1/2&-u_2/2&-u_3/2&0\end{bmatrix}\end{cases}$$

上式为相关的矩阵，$\boldsymbol{x}=[i_1\quad i_2\quad i_3\quad v_0]^{\mathrm{T}}$ 是状态向量。首先，注意矩阵 $\boldsymbol{F}(\boldsymbol{u})$ 不再是不对称的，但假如 $i_1+i_2+i_3=0$，可以验证性质 $\boldsymbol{x}^{\mathrm{T}}\boldsymbol{F}(\boldsymbol{u})\boldsymbol{x}=0$ 仍然成立。接下来说明无源性质在由 Park 变换定义新的状态空间中仍然存在，Park 变换保存了交换的能量，在 dq 旋转坐标系中变换式为［见第 5 章式（5.74）］

$$\begin{bmatrix}f_q\\f_d\end{bmatrix}=\sqrt{\frac{2}{3}}\cdot\begin{bmatrix}\cos\omega t&\cos(\omega t-2\pi/3)&\cos(\omega t+2\pi/3)\\ \sin\omega t&\sin(\omega t-2\pi/3)&\sin(\omega t+2\pi/3)\end{bmatrix}\cdot\begin{bmatrix}f_1\\f_2\\f_3\end{bmatrix}$$

新状态向量是 $\boldsymbol{x}=[i_q\quad i_d\quad v_0]^{\mathrm{T}}$。如果逆变器全波运行，控制输入为电源电压 e_i 和相应电压 v_i 之间相位滞后，用 α 表示，在 dq 坐标中这个变换器的通用平均模型（GAM）包含以下的欧拉－拉格朗日矩阵：

$$\begin{cases}\boldsymbol{H}=\begin{bmatrix}L&0&0\\0&L&0\\0&0&C\end{bmatrix}\quad \boldsymbol{K}=\begin{bmatrix}r&0&0\\0&r&0\\0&0&1/R\end{bmatrix}\\ \boldsymbol{G}=\begin{bmatrix}E_q\\E_d\\0\end{bmatrix}\quad \boldsymbol{F}(\boldsymbol{u})=\begin{bmatrix}0&\omega L&-\sqrt{6}\sin\alpha/\pi\\-\omega L&0&\sqrt{6}\cos\alpha/\pi\\ \sqrt{6}\sin\alpha/\pi&-\sqrt{6}\cos\alpha/\pi&0\end{bmatrix}\end{cases}$$

矩阵符合式（12.42）中的形式，$\boldsymbol{F}(\boldsymbol{u})$是不对称的。

12.4 电力电子变换器无源控制

12.4.1 理论背景

系统状态模型整理为式（12.42）的形式，为了控制目的可以利用系统的无源性质。我们希望系统（12.42）可以稳定在轨迹 $\boldsymbol{x}_{\mathrm{d}}$ 附近，$\widetilde{\boldsymbol{x}}=\boldsymbol{x}-\boldsymbol{x}_{\mathrm{d}}$ 是关于该轨迹的状态误差。然后式（12.42）可以重新写为

$$\boldsymbol{H}\cdot\dot{\widetilde{\boldsymbol{x}}}+\boldsymbol{F}(\boldsymbol{u})\cdot\widetilde{\boldsymbol{x}}+\boldsymbol{K}(\boldsymbol{u})\cdot\widetilde{\boldsymbol{x}}=\boldsymbol{G}(\boldsymbol{u},\boldsymbol{E},\boldsymbol{I})-\{\boldsymbol{H}\cdot\dot{\boldsymbol{x}}_{\mathrm{d}}+\boldsymbol{F}(\boldsymbol{u})\cdot\boldsymbol{x}_{\mathrm{d}}+\boldsymbol{K}(\boldsymbol{u})\cdot\boldsymbol{x}_{\mathrm{d}}\} \tag{12.47}$$

假设存在能够置零式（12.47）右侧的控制输入 $\boldsymbol{u}_{\mathrm{C}}$，并且可以计算得到；因此该输入满足

$$\boldsymbol{G}(\boldsymbol{u}_{\mathrm{C}},\boldsymbol{E},\boldsymbol{I})-\{\boldsymbol{H}\cdot\dot{\boldsymbol{x}}_{\mathrm{d}}+\boldsymbol{F}(\boldsymbol{u}_{\mathrm{C}})\cdot\boldsymbol{x}_{\mathrm{d}}+k(u_{\mathrm{C}})\cdot\boldsymbol{x}_{\mathrm{d}}\}=0 \tag{12.48}$$

在这些假设下，给出误差动态

$$\boldsymbol{H}\cdot\dot{\widetilde{\boldsymbol{x}}}+\boldsymbol{F}(\boldsymbol{u})\cdot\widetilde{\boldsymbol{x}}+\boldsymbol{K}(\boldsymbol{u})\cdot\widetilde{\boldsymbol{x}}=0 \tag{12.49}$$

通过提出 $V(\widetilde{\boldsymbol{x}})=1/2\cdot\widetilde{\boldsymbol{x}}^{\mathrm{T}}\boldsymbol{H}\,\widetilde{\boldsymbol{x}}$ 为候选李雅普诺夫函数以及利用性质 $\widetilde{\boldsymbol{x}}^{\mathrm{T}}\boldsymbol{F}(\boldsymbol{u})\widetilde{\boldsymbol{x}}=0$ ［该性质也适用于状态误差，即 $\widetilde{\boldsymbol{x}}^{\mathrm{T}}\boldsymbol{F}(\boldsymbol{u})\widetilde{\boldsymbol{x}}=0$］证明了所考虑系统在所配置轨迹 $\boldsymbol{x}_{\mathrm{d}}$ 的渐近稳定性（Oyarbide - Usabiaga，1998；Oyarbide 和 Bacha，1999；Oyarbide 等，2000）。

如果在能计算控制输入 $\boldsymbol{u}_{\mathrm{C}}$ 的式（12.48）中添加补充项，可以更快实现向 $\boldsymbol{x}_{\mathrm{d}}$ 的收敛。添加项的作用是增加耗散度矩阵 $\boldsymbol{K}(\boldsymbol{u})$的一些元素，也就是说，增加能量流出系统的速度。因此对角矩阵定义为 $\boldsymbol{Ki}=\mathrm{diag}(k_1,\cdots,k_n)$，$k_j\geqslant 0$，$n$ 是系统的阶数，此矩阵也称为阻尼注入矩阵。因此，式（12.48）的新形式为

$$\boldsymbol{G}(\boldsymbol{u}_{\mathrm{C}},\boldsymbol{E},\boldsymbol{I})-\{\boldsymbol{H}\cdot\dot{\boldsymbol{x}}_{\mathrm{d}}+\boldsymbol{F}(\boldsymbol{u}_{\mathrm{C}})\cdot\boldsymbol{x}_{\mathrm{d}}+\boldsymbol{K}(\boldsymbol{u}_{\mathrm{C}})\cdot\boldsymbol{x}_{\mathrm{d}}\}+\boldsymbol{Ki}\cdot\widetilde{\boldsymbol{x}}=0 \tag{12.50}$$

此式用来计算稳定控制 $\boldsymbol{u}_{\mathrm{C}}$。

有效计算 $\boldsymbol{u}_{\mathrm{C}}$ 的问题取决于系统是否完全可控，即控制输入向量的大小与状态向量的大小是否一样。电力电子变换器属于第二类，所谓表现出自由模式的欠驱动系统。

为了计算稳定控制输入 $\boldsymbol{u}_{\mathrm{C}}$，根据状态向量 $\boldsymbol{x}$ 的划分，$\boldsymbol{x}=[\boldsymbol{x}_{\mathrm{C}}\quad\boldsymbol{x}_{\mathrm{F}}]$，$\boldsymbol{x}_{\mathrm{C}}$ 包含“控制”状态，$\boldsymbol{x}_{\mathrm{F}}$ 包含自由状态，n 阶系统（12.42）可以分解成两个子系统。m 为 $\boldsymbol{x}_{\mathrm{C}}$ 的大小；因此，$n-m$ 是自由模式的数量。假设耗散度矩阵 $\boldsymbol{K}(\boldsymbol{u})$是对角矩阵，系统（12.42）相应的分解是

$$\begin{cases}\boldsymbol{H}_{\mathrm{C}}\cdot\dot{\boldsymbol{x}}_{\mathrm{C}}+\boldsymbol{F}_{\mathrm{C}}(\boldsymbol{u})\cdot\boldsymbol{x}_{\mathrm{C}}+\boldsymbol{K}_{\mathrm{C}}(\boldsymbol{u})\cdot\boldsymbol{x}_{\mathrm{C}}+\boldsymbol{F}_{\mathrm{CF}}(\boldsymbol{u})\cdot\boldsymbol{x}_{\mathrm{F}}=\boldsymbol{G}_{\mathrm{C}}(\boldsymbol{u},\boldsymbol{E},\boldsymbol{I})\\ \boldsymbol{H}_{\mathrm{F}}\cdot\dot{\boldsymbol{x}}_{\mathrm{F}}+\boldsymbol{F}_{\mathrm{F}}(\boldsymbol{u})\cdot\boldsymbol{x}_{\mathrm{F}}+\boldsymbol{K}_{\mathrm{F}}(\boldsymbol{u})\cdot\boldsymbol{x}_{\mathrm{F}}+\boldsymbol{F}_{\mathrm{FC}}(\boldsymbol{u})\cdot\boldsymbol{x}_{\mathrm{C}}=\boldsymbol{G}_{\mathrm{F}}(\boldsymbol{u},\boldsymbol{E},\boldsymbol{I})\end{cases}$$

式中，下标 C 指与控制状态 $\boldsymbol{x}_{\mathrm{C}}$ 有关的变量；下标 F 指与自由状态有关的变量。

令 $\boldsymbol{x}_{\mathrm{dC}}$ 为对应于受控状态的期望的轨迹，$\boldsymbol{x}_{\mathrm{dF}}$ 是该轨迹对应的自由状态。令 $\widetilde{\boldsymbol{x}_{\mathrm{C}}}=\boldsymbol{x}_{\mathrm{C}}-\boldsymbol{x}_{\mathrm{dC}}$ 和 $\widetilde{\boldsymbol{x}_{\mathrm{F}}}=\boldsymbol{x}_{\mathrm{F}}-\boldsymbol{x}_{\mathrm{dF}}$ 为对应的状态误差。式（12.50）使得控制输入的计算也可以被分解为

$$
\begin{cases}
\boldsymbol{G}_{\mathrm{C}}(\boldsymbol{u}_{\mathrm{C}},\boldsymbol{E},\boldsymbol{I})-\{\boldsymbol{H}_{\mathrm{C}}\cdot\dot{\boldsymbol{x}}_{\mathrm{dC}}+\boldsymbol{F}_{\mathrm{C}}(\boldsymbol{u}_{\mathrm{C}})\cdot\boldsymbol{x}_{\mathrm{dC}}+\boldsymbol{K}_{\mathrm{C}}(\boldsymbol{u}_{\mathrm{C}})\cdot\boldsymbol{x}_{\mathrm{dC}}+\boldsymbol{F}_{\mathrm{CF}}(\boldsymbol{u}_{\mathrm{C}})\cdot\boldsymbol{x}_{\mathrm{dF}}\}+\boldsymbol{Ki}_{\mathrm{C}}\cdot\widetilde{\boldsymbol{x}}_{\mathrm{C}}=0\\
\boldsymbol{G}_{\mathrm{F}}(\boldsymbol{u}_{\mathrm{C}},\boldsymbol{E},\boldsymbol{I})-\{\boldsymbol{H}_{\mathrm{F}}\cdot\dot{\boldsymbol{x}}_{\mathrm{dF}}+\boldsymbol{F}_{\mathrm{F}}(\boldsymbol{u}_{\mathrm{C}})\cdot\boldsymbol{x}_{\mathrm{dF}}+\boldsymbol{K}_{\mathrm{F}}(\boldsymbol{u}_{\mathrm{C}})\cdot\boldsymbol{x}_{\mathrm{dF}}+\boldsymbol{F}_{\mathrm{FC}}(\boldsymbol{u}_{\mathrm{C}})\cdot\boldsymbol{x}_{\mathrm{dC}}\}+\boldsymbol{Ki}_{\mathrm{F}}\cdot\widetilde{\boldsymbol{x}}_{\mathrm{F}}=0
\end{cases}
\tag{12.51}
$$

注意，为了有效调节，$\dot{\boldsymbol{x}}_{\mathrm{dC}}=0$ 成立。式（12.51）表示一个 $\boldsymbol{x}_{\mathrm{dC}}$ 作为输入的动态系统，其自由模式动态（所谓的零动态 $\boldsymbol{x}_{\mathrm{dF}}$）和控制输入 $\boldsymbol{u}_{\mathrm{C}}$ 能够计算。形式上表达为

$$
\boldsymbol{u}_{\mathrm{C}}=\mathrm{function}(\boldsymbol{x}_{\mathrm{dC}},\boldsymbol{x}_{\mathrm{dF}},\boldsymbol{E},\boldsymbol{I},\boldsymbol{Ki}_{\mathrm{C}}\widetilde{\boldsymbol{x}_{\mathrm{C}}})
\tag{12.52}
$$

$$
\dot{\boldsymbol{x}}_{\mathrm{dF}}=\boldsymbol{H}_{\mathrm{F}}^{-1}\cdot[\boldsymbol{G}_{\mathrm{F}}(\boldsymbol{u}_{\mathrm{C}},\boldsymbol{E},\boldsymbol{I})-\boldsymbol{F}_{\mathrm{F}}(\boldsymbol{u}_{\mathrm{C}})\boldsymbol{x}_{\mathrm{dF}}-\boldsymbol{K}_{\mathrm{F}}(\boldsymbol{u}_{\mathrm{C}})\boldsymbol{x}_{\mathrm{dF}}-\boldsymbol{F}_{\mathrm{FC}}(\boldsymbol{u}_{\mathrm{C}})\boldsymbol{x}_{\mathrm{dC}}+\boldsymbol{Ki}_{\mathrm{F}}\widetilde{\boldsymbol{x}_{\mathrm{F}}}]
\tag{12.53}
$$

还可以表示为如图 12.8 中所示的框图。如果控制变量有单位相对阶数，式（12.52）允许以直接的方式计算控制输入 $\boldsymbol{u}_{\mathrm{C}}$；否则，所提出的方法不再有效，间接控制方法是必要的。还要注意，为了满足全局稳定，所采用的 $\boldsymbol{u}_{\mathrm{C}}\rightarrow\boldsymbol{x}_{\mathrm{dF}}$ 必须是无源的。当 $n=m$ 时，显然不再存在零动态，系统是全局稳定的。

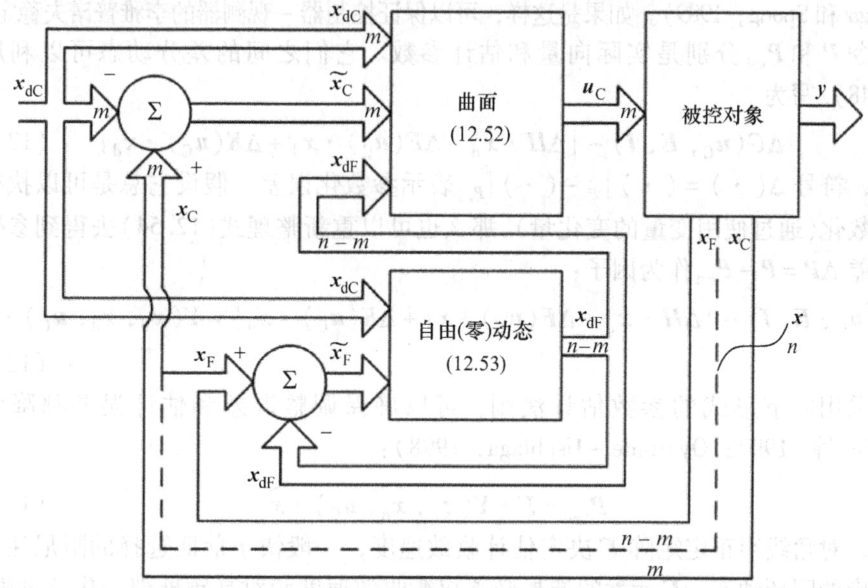

图 12.8　基于所期望自由状态动态的无源控制输入计算执行框图（Oyarbide 等，2000）

现在，讨论阻尼注入矩阵 $\boldsymbol{Ki}_{\mathrm{F}}$ 和 $\boldsymbol{Ki}_{\mathrm{C}}$ 的选择。因为它们只是间接地参与控制输入计算，见式（12.52），所以对应于自由变量 $\boldsymbol{Ki}_{\mathrm{F}}$ 的阻尼注入可以增加到任意大的值。相反，与受控状态有关的阻尼注入必须符合最大可及动态，其计算又必须考虑

结构限制、控制输入饱和、某些变量的梯度限制等。例如，可以将$\boldsymbol{Ki}_{\mathrm{C}}$与受控变量的最小响应时间相关联，响应时间可以与开关频率有关。至于$\boldsymbol{Ki}_{\mathrm{F}}$，其值可以由自由变量$\boldsymbol{x}_{\mathrm{F}}$收敛产生，其收敛速度比受控变量$\boldsymbol{x}_{\mathrm{C}}$的收敛速度适当快一些。这些问题的详细分析可以在 Oyarbide 等（2000）的成果中找到。

12.4.2 无源控制的局限性

对于非单位相对阶数，当零动态或自由模态$\boldsymbol{x}_{\mathrm{dF}}$存在时，无源控制方法失去其固有稳定的卓越特性。因此，关于$\boldsymbol{u}_{\mathrm{C}}\rightarrow\boldsymbol{x}_{\mathrm{dF}}$是无源的要求存在局限性，因为它需要局部稳定性分析，不能应用一般分析方法。依赖于每个特定结构和约束，能够找到一种确保零动态稳定性的特定方式。

另一个限制与控制结构对系统参数的强烈依赖有关，其消极地影响鲁棒性。事实上，根据式（12.52）进行的控制输入计算表明了测量或估计一些系统参数的必要性。在 DC - DC 变换器的情况下，例如，电压源E和负载R都是典型值。变量难以测量的情况下，必须将估计器嵌入在控制结构中，控制结构因此成为自适应的。

12.4.3 参数估计：自适应无源控制

与基于估计的经典控制解决方案不同，在自适应无源控制的情况下控制器设计和观测器设计是统一的。如果可以确保系统关于估计参数是线性的，这就是可能的（Ortega 和 Spong，1989）。如果是这样，可以保证控制器 - 观测器的李雅普诺夫稳定性。

令$\boldsymbol{P}$和$\boldsymbol{P}_{\mathrm{est}}$分别是实际向量和估计参数。它们之间的差分动态可以利用式（12.48）写为

$$\Delta\boldsymbol{G}(\boldsymbol{u}_{\mathrm{C}},\boldsymbol{E},\boldsymbol{I})-\{\Delta\boldsymbol{H}\cdot\dot{\boldsymbol{x}}_{\mathrm{d}}+\Delta\boldsymbol{F}(\boldsymbol{u}_{\mathrm{C}})\cdot\boldsymbol{x}_{\mathrm{d}}+\Delta\boldsymbol{K}(\boldsymbol{u}_{\mathrm{C}})\cdot\boldsymbol{x}_{\mathrm{d}}\} \tag{12.54}$$

式中，符号$\Delta(\cdot)=(\cdot)|_{\boldsymbol{P}}-(\cdot)|_{\boldsymbol{P}_{\mathrm{est}}}$表示参数化误差。假设它总是可以执行线性参数化(通过使用变量的变化量),那么也可以重新整理式(12.54)去得到参数估计误差$\Delta\boldsymbol{P}=\boldsymbol{P}-\boldsymbol{P}_{\mathrm{est}}$作为因子：

$$\Delta\boldsymbol{G}(\boldsymbol{u}_{\mathrm{C}},\boldsymbol{E},\boldsymbol{I})-\{\Delta\boldsymbol{H}\cdot\dot{\boldsymbol{x}}_{\mathrm{d}}+\Delta\boldsymbol{F}(\boldsymbol{u}_{\mathrm{C}})\cdot\boldsymbol{x}_{\mathrm{d}}+\Delta\boldsymbol{K}(\boldsymbol{u}_{\mathrm{C}})\cdot\boldsymbol{x}_{\mathrm{d}}\}=\boldsymbol{Y}(\dot{\boldsymbol{x}}_{\mathrm{d}},\boldsymbol{x}_{\mathrm{d}},\boldsymbol{u}_{\mathrm{C}})\cdot\Delta\boldsymbol{P} \tag{12.55}$$

采用以下形式的参数估计法则，可以确保调整误差和估计误差都降为零（Bacha 等，1997；Oyarbide - Usabiaga，1998）：

$$\dot{\boldsymbol{P}}_{\mathrm{est}}=\boldsymbol{\Gamma}\cdot\boldsymbol{Y}(\dot{\boldsymbol{x}}_{\mathrm{d}},\boldsymbol{x}_{\mathrm{d}},\boldsymbol{u}_{\mathrm{C}})\cdot\widetilde{\boldsymbol{x}} \tag{12.56}$$

式中，对角线半正定矩阵$\boldsymbol{\Gamma}$决定估计收敛速度，一般快于前面选择的阻尼注入矩阵对应的闭环动态。$\boldsymbol{\Gamma}$元素的选择必须权衡收敛速度和对高频外部变化的灵敏度。数值仿真对每个特定情况下确定最佳的权衡是有用的。

12.4.4 无源控制设计算法

下面列出给定的电力电子变换器实现无源控制方法的主要步骤。

12.4.5　示例：boost DC－DC 变换器无源控制

考虑 boost 变换器为电阻负载 R 供电的情况，其电路在第 3 章图 3.5 中已经给出了。这个变换器的开关模型——最初在第 3 章式（3.11）提过——这里再次给出

$$\begin{cases} L\dot{i}_L = -(1-u)v_C + E \\ C\dot{v}_C = (1-u)i_L - v_C/R \end{cases} \tag{12.57}$$

式中，电感电流i_L和电容器电压v_C是两个状态；E 是电压源的值，代表了施加于系统的外部能量的贡献。参数选择为：$L=5\text{mH}$，$C=470\mu\text{F}$，$R=10\Omega$，$E=15\text{V}$，开关频率$f=20\text{kHz}$。

12.4.5.1　基本控制设计

下面按照算法 12.3 的步骤，由无源控制解决调整输出电压的控制目标。为此，可以用欧拉形式（12.57）表示模型（12.42），使我们能够确定相关的矩阵：

$$\underbrace{\begin{bmatrix} L & 0 \\ 0 & C \end{bmatrix}}_{H} \cdot \underbrace{\begin{bmatrix} \dot{i} \\ \dot{v}_C \end{bmatrix}}_{\dot{x}} + \underbrace{\begin{bmatrix} 0 & 1-u \\ -(1-u) & 0 \end{bmatrix}}_{F(u)} \cdot \underbrace{\begin{bmatrix} i_L \\ v_C \end{bmatrix}}_{x} + \underbrace{\begin{bmatrix} 0 & 0 \\ 0 & 1/R \end{bmatrix}}_{K} \cdot \underbrace{\begin{bmatrix} i_L \\ v_C \end{bmatrix}}_{x} = \underbrace{\begin{bmatrix} E \\ 0 \end{bmatrix}}_{G(E)} \tag{12.58}$$

算法 12.3

电力电子变换器无源控制的设计步骤：

#1　写出变换器的开关模型，重新整理欧拉－拉格朗日形式，并确定相应的分量。

#2　得出存在零动态的结论（自由模态）。如果存在，确定控制状态子向量$\boldsymbol{x}_C$和剩余自由状态子向量$\boldsymbol{x}_F$；推导出它们的大小。

#3　验证控制变量$\boldsymbol{x}_C$的相对维度是否等于控制输入向量 $\boldsymbol{u}$ 的维度。如果是这样，那么无源控制是可以实现的。

#4　选择控制变量$\boldsymbol{x}_{dC}$所需的参考值。

#5　考虑最大可及动态和其他运行约束，选择阻尼注入矩阵$\boldsymbol{Ki}_C$和$\boldsymbol{Ki}_F$的值。

#6　用式（12.52）计算控制输入$\boldsymbol{u}_C$，再将这个值代入到式（12.53）中，该式描述了“期望的”自由状态$\boldsymbol{x}_{dF}$的动态。

#7　围绕对应于参考$\boldsymbol{x}_{dC}$的平衡工作点产生的闭环系统进行小信号稳定性分析。通过这种方式，可以确保自由变量$\boldsymbol{x}_F$收敛到它们的“期望的”值$\boldsymbol{x}_{dF}$。

#8　数值仿真闭环系统，最后重新选择阻尼注入矩阵来提高动态性能。

#9　分析所得到的参数变化控制的鲁棒性。设计适用大多数变量的参数估计器。例如，通过使用嵌入闭环系统的式（12.56）。

每个 DC – DC 变换器都具有 boost 能力，所考虑的变换器表现出控制输入 u 和输出电压v_C 之间的非最小相位行为。这就是使用间接控制的原因，即调节电感电流i_L 的值为i_L^*，对应于设置的输出电压v_C^*。这些参考值之间的关系具有平衡点的特征，并通过使用模型（12.57）获得。这是开关模型，在这种情况下，除了控制输入和状态变量的性质之外，都和平均模型一样。因此，通过将其平均值 α 代入式（12.57）的开关函数 u 得到平均模型

$$\begin{cases} L\dot{i}_L = -(1-\alpha)v_C + E \\ C\dot{v}_C = (1-\alpha)i_L - v_C/R \end{cases} \tag{12.59}$$

此外，平衡以零状态导数为特征。通过置零式（12.59）中的第一个式子中i_L的导数，可以推导得到的平衡值为$\alpha_e = 1 - E/v_C^*$。将v_C的导数也置零，并将α_e平衡值代入到式（12.59）中的第二个式子中。正如本章所示，在说明 boost DC – DC 变换器稳定控制律设计的例子中（见 12.2.3 节），关于两个参考值的式子为

$$i_L^* = \frac{v_C^{*2}}{ER} \tag{12.60}$$

因此，控制变量是$\boldsymbol{x}_C \equiv i_L$；$\boldsymbol{x}_F \equiv v_C$是具有单位相对阶数的自由变量，等于控制向量的阶数。因此无源控制是可行的。参考（期望）值分别是$\boldsymbol{x}_{dC} \equiv i_L^*$和$\boldsymbol{x}_{dF} \equiv v_{dC}$。误差变量是$\tilde{\boldsymbol{x}}_C = i_L - i_L^*$和$\tilde{\boldsymbol{x}}_F = v_C - v_{dC}$。注意输出电压参考$v_C^*$在平常工作情况下是常数，“理想”输出直流电压值$v_{dC}$表现的动态取决于控制输入，注意两者的区别。最后，请注意如果v_C^*是常数，则$\boldsymbol{x}_{dC} \equiv i_L^*$是常数，因此$\dot{\boldsymbol{x}}_{dC} \equiv \dot{i}_L^* = 0$。

已经确定了无源控制形式的所有元素，并假设已经选择好阻尼注入矩阵$\boldsymbol{Ki}_C$和$\boldsymbol{Ki}_F$，现在详细写出能够计算无源控制输入的式子。因此，式（12.51）在这种情况下为

$$\begin{cases} \boldsymbol{G}_C(u_C,\boldsymbol{E}) - \{\boldsymbol{F}_C(u_C)\cdot i_L^* + \boldsymbol{K}_C(u_C)\cdot i_L^* + \boldsymbol{F}_{CF}(u_C)\cdot v_{dC}\} + \boldsymbol{Ki}_C\cdot(i_L - i_L^*) = 0 \\ \boldsymbol{G}_F(u_C,\boldsymbol{E}) - \{\boldsymbol{H}_F\cdot\dot{v}_{dC} + \boldsymbol{F}_F(u_C)\cdot v_{dC} + \boldsymbol{K}_F(u_C)\cdot v_{dC} + \boldsymbol{F}_{FC}(u_C)\cdot i_L^*\} \\ + \boldsymbol{Ki}_F\cdot(v_C - v_{dC}) = 0 \end{cases} \tag{12.61}$$

其中

$$\boldsymbol{G}_C(u_C, E) = E,\ \boldsymbol{F}_C(u_C) = 0,\ \boldsymbol{K}_C(u_C) = 0,\ \boldsymbol{F}_{CF}(u_C) = 1 - u_C \tag{12.62}$$

$$\begin{cases} \boldsymbol{G}_F(u_C, E) = 0,\ \boldsymbol{H}_F = C,\ \boldsymbol{F}_F(u_C) = 0 \\ \boldsymbol{K}_F(u_C) = 1/R,\ \boldsymbol{F}_{FC}(u_C) = -(1-u_C) \end{cases} \tag{12.63}$$

在这种情况下，注意矩阵$\boldsymbol{Ki}_C$和$\boldsymbol{Ki}_F$是标量。通过将式（12.62）给出的元素代入式（12.61）中的第一个式子，得到

$$E - (1-u_C)v_{dC} + Ki_C(i_L - i_L^*) = 0$$

这进一步得到无源控制输入的计算为

$$u_C = \alpha = 1 - \frac{E + Ki_C(i_L - i_L^*)}{v_{dC}} \tag{12.64}$$

接下来，通过代换式（12.63）给出的元素到式（12.61）中的第二个式子，得到

$$-C\dot{v}_{dC} - \frac{1}{R}\cdot v_{dC} + (1-u_C)i_L^* + Ki_F(v_C - v_{dC}) = 0 \tag{12.65}$$

基于已计算出的控制输入u_C，通过上式能够计算期望的自由状态值v_{dC}的动态。闭环系统的图示在图 12.9 中给出，其中详细说明了图 12.8 作为 boost DC－DC 变换器的情况。

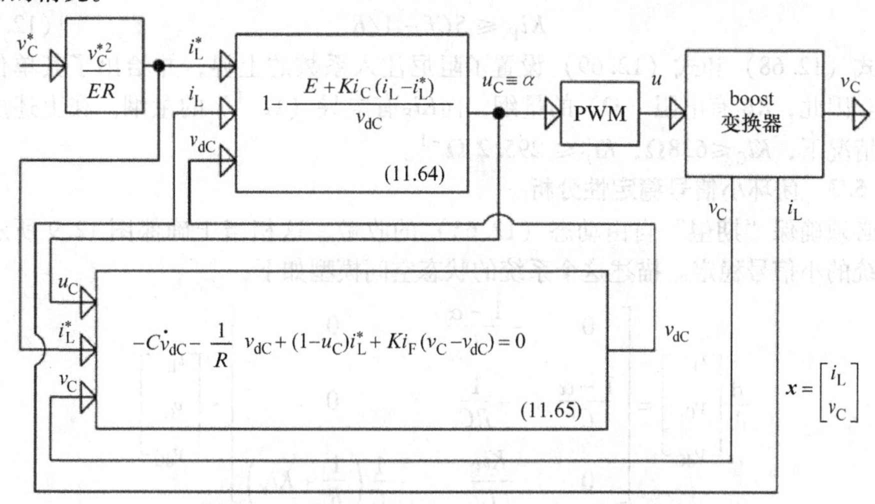

图 12.9　无源控制的 boost DC－DC 变换器框图

12.4.5.2　阻尼注入系数的边界

至于注入阻尼值的选择，可以从开关频率f开始，考虑它为控制变量设置了一个时间常数下界，即电感电流的下界，因此

$$\tau_C \geqslant 1/f \tag{12.66}$$

式中，频率f的单位为 rad/s。

关于自由变量v_C的动态，当零动态存在时，可以得到一些所有情况下都成立的结论。“自由”动态由两部分组成：第一部分可以通过选择Ki_F调节，而第二部分事实上是控制变量的动态，其通过Ki_C调节。一般来说，可调动态需要比控制变量的动态快。这意味着，一些最初的快速变化后，自由变量将跟随控制变量的变化。总之，自由变量v_C的收敛无法呈现比控制变量更快的收敛速度。

令τ_F是自由变量动态可调部分的时间常数。根据上述结论，通常设置τ_F小于τ_C；例如，五分之一大小：

$$\tau_F \geqslant 1/(5f) \tag{12.67}$$

现在，闭环时间常数τ_C和τ_F必须与电路元件值相关。注意，首先将式（12.64）换成式（12.59）中的第一个式子，则受控变量的闭环时间常数可以表示

为$\tau_C = L/Ki_C$。式（12.66）的结果为

$$Ki_C \leqslant L \cdot f \tag{12.68}$$

关于描述自由变量动态可调部分特征的时间常数τ_F，如果假设自由和受控变量动态是解耦的，也就是说，如果u_C是常数，可以由式（12.65）推导出它的表达式。通过这种方式，得到

$$\tau_F = \frac{1}{1/(RC) + Ki_F/C}$$

结合（12.67），给出

$$Ki_F \leqslant 5Cf - 1/R \tag{12.69}$$

式（12.68）和式（12.69）设置了阻尼注入系数的上界，并给出了其单位的信息。因此，Ki_C有电阻（Ω）的量纲，而Ki_F有电导（Ω^{-1}）的量纲。在上述所考虑的情况下，$Ki_C \leqslant 628\Omega$，$Ki_F \leqslant 295.2\ \Omega^{-1}$。

12.4.5.3 闭环小信号稳定性分析

必须确保“期望”自由动态（12.65）的收敛。这相当于确保图 12.9 所示闭环系统的小信号稳定。描述这个系统的状态空间模型如下：

$$\frac{\mathrm{d}}{\mathrm{d}t}\begin{bmatrix} i_L \\ v_C \\ v_{dC} \end{bmatrix} = \begin{bmatrix} 0 & -\frac{1-\alpha}{L} & 0 \\ \frac{1-\alpha}{C} & -\frac{1}{RC} & 0 \\ 0 & \frac{Ki_F}{C} & -\frac{1}{C}\left(\frac{1}{R} + Ki_F\right) \end{bmatrix} \cdot \begin{bmatrix} i_L \\ v_C \\ v_{dC} \end{bmatrix} + \begin{bmatrix} 0 \\ 0 \\ \frac{1-\alpha}{C} \end{bmatrix} \cdot i_L^* + \begin{bmatrix} \frac{E}{L} \\ 0 \\ 0 \end{bmatrix} \tag{12.70}$$

这涉及双线性系统，因为状态矩阵依赖于控制输入α，反过来，根据式（12.64），控制输入又取决于系统的状态。通过在平衡点进行线性化可推导出系统（12.70）的小信号模型，平衡点由系统输入i_{Le}^*的平衡值得到。令$\boldsymbol{x}_{SS} = [i_L\ v_C\ v_{dC}]^T$为系统（12.70）的状态，$\boldsymbol{x}_{SSe} = [i_{Le}\ v_{Ce}\ v_{dCe}]^T$作为其平衡值，$\tilde{\boldsymbol{x}}_{SS} = \boldsymbol{x}_{SS} - \boldsymbol{x}_{SSe}$作为状态向量在稳态$\boldsymbol{x}_{SSe}$附近的变化。令$\tilde{i}_L^* = i_L^* - i_{Le}^*$表示输入在其稳态值$i_{Le}^*$附近的变化，$\alpha_e$是相关的控制输入稳态值。小信号模型描述了静态工作点附近用变化量表示的动态

$$\dot{\tilde{\boldsymbol{x}}}_{SS} = \boldsymbol{A}_{SS} \cdot \tilde{\boldsymbol{x}}_{SS} + \boldsymbol{B}_{SS} \cdot \tilde{i}_L^*$$

式中，相关矩阵为

$$\boldsymbol{A}_{SS} = \left.\frac{\partial(\dot{\boldsymbol{x}}_{SS})}{\partial \boldsymbol{x}_{SS}}\right|_{\substack{\alpha=\alpha_e \\ x_{SS}=x_{SSe} \\ i_L^*=i_{Le}^*}},\quad \boldsymbol{B}_{SS} = \left.\frac{\partial(\dot{\boldsymbol{x}}_{SS})}{\partial i_L^*}\right|_{\substack{\alpha=\alpha_e \\ x_{SS}=x_{SSe} \\ i_L^*=i_{Le}^*}}$$

从稳定性的角度来看，只对状态矩阵$\boldsymbol{A}_{SS}$感兴趣。一些代数计算后，获得其解析表达式

$$\boldsymbol{A}_{SS}=\left.\begin{bmatrix} -\dfrac{Ki_C(E+v_C)}{L(E+v_{dC})} & -\dfrac{(1-\alpha)}{L} & \dfrac{(E+v_C)(E+Ki_C(i_L-i_L^*))}{L(E+v_{dC})^2} \\ \dfrac{1-\alpha}{C}+\dfrac{i_L Ki_C}{C(E+v_{dC})} & -\dfrac{1}{RC} & -\dfrac{i_L(E+Ki_C(i_L-i_L^*))}{C(E+v_{dC})^2} \\ \dfrac{i_L^* Ki_C}{C(E+v_{dC})} & \dfrac{Ki_F}{C} & -\dfrac{1}{C}\left(\dfrac{1}{R}+Ki_F\right)-\dfrac{i_L^*(E+Ki_C(i_L-i_L^*))}{C(E+v_{dC})^2} \end{bmatrix}\right|_{\substack{\alpha=\alpha_e \\ x_{SS}=x_{SSe} \\ i_L^*=i_{Le}^*}}$$

针对不同的阻尼注入系数值Ki_C和Ki_F，对矩阵$\boldsymbol{A}_{SS}$的特征值进行数学分析，假定电压源E和负载R为常数且已知。注意输出电压参考v_C^*（为简单起见假定为常数）与i_{Le}^*通过式（12.60）相关，这点很容易验证：

$$v_{Ce}=v_{dCe}=v_C^*,\ i_{Le}=i_{Le}^*=v_C^{*2}/(ER),\ \alpha_e=1-E/v_C^*$$

可以将矩阵$\boldsymbol{A}_{SS}$整理为式（12.71）的形式。

当输出电压设定点为$v_C^*=45\text{V}$，数值分析为大范围变化的Ki_C和Ki_F提供了稳定的特征值集合；因此，自由动态是稳定的。图 12.10a、b 给出了分别随Ki_C和Ki_F变化时三个特征值的变化情况。在每种情况中，所有三个特征值都是实数，并只有一个改变其位置。可以注意到，在两种情况下，可移动的特征值都是远离虚轴的，也就是说，受控变量Ki_C的阻尼注入增加（见图 12.10a），自由变量Ki_F的阻尼注入也增加（见图 12.10b）。这表明注入阻尼增加了系统的稳定裕度。

$$\boldsymbol{A}_{SS}=\begin{bmatrix} -\dfrac{Ki_C}{L} & -\dfrac{E}{v_C^* L} & \dfrac{E}{L(E+v_C^*)} \\ \dfrac{E}{v_C^* C}+\dfrac{v_C^{*2}Ki_C}{E(E+v_C^*)RC} & -\dfrac{1}{RC} & -\dfrac{v_C^{*2}}{RC(E+v_C^*)^2} \\ \dfrac{v_C^{*2}Ki_C}{E(E+v_C^*)RC} & \dfrac{Ki_F}{C} & -\dfrac{1}{C}\left(\dfrac{1}{R}+Ki_F\right)-\dfrac{v_C^{*2}}{RC(E+v_C^*)^2} \end{bmatrix} \tag{12.71}$$

12.4.5.4　参数估计

控制设计过程的最后一步与参数变化的敏感性分析有关。通常，大多数情况下变量参数是E和R，已知控制律的性能取决于这些参数。可以按照 12.4.3 节给出的指导和式（12.56）设计参数估计器。首先要注意，由于线性的原因，对参数$Y=1/R$（负载导纳而不是负载电阻）的估计是更容易的。因此，参数向量为$\boldsymbol{P}=[E\ Y]^{\mathrm{T}}$。

采用$\Delta E=E-E_{est}$和$\Delta Y=Y-Y_{est}$表示参数估计误差，下一步是确定因ΔE和ΔY产生的欧拉－拉格朗日表式（12.58）中矩阵的变化。根据式（12.58）得到

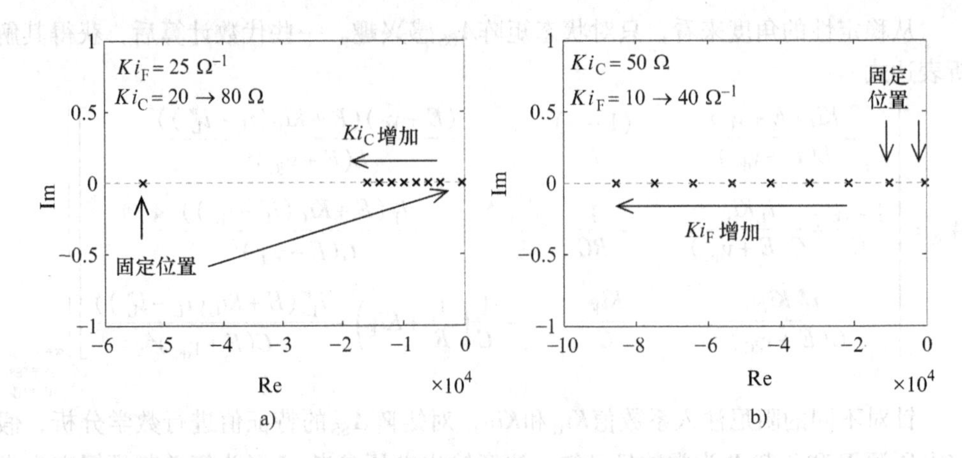

图 12.10　无源控制的 boost 变换器自适应闭环小信号稳定性分析（$E = 15\text{V}$，$v_C^* = 45\text{V}$）：a）当电流阻尼注入（受控变量）增大时，极点在复平面的迁移；b）当电压阻尼注入（自由变量）增大时，极点在复平面的迁移

$$\Delta \boldsymbol{H} = 0,\ \Delta \boldsymbol{F} = 0,\ \Delta \boldsymbol{K} = \begin{bmatrix} 0 & 0 \\ 0 & \Delta Y \end{bmatrix},\ \Delta \boldsymbol{G} = \begin{bmatrix} \Delta E \\ 0 \end{bmatrix}$$

则式（12.55）具体如下：

$$\Delta \boldsymbol{G} - \Delta \boldsymbol{K} \cdot \begin{bmatrix} i_L^* \\ v_{dC} \end{bmatrix} = \begin{bmatrix} \Delta E \\ -\Delta Y \cdot v_{dC} \end{bmatrix} = \boldsymbol{Y}(\dot{\boldsymbol{x}}_d,\ \boldsymbol{x}_d,\ \boldsymbol{u}_C) \cdot \begin{bmatrix} \Delta E \\ \Delta Y \end{bmatrix}$$

考虑到$\boldsymbol{x}_d = [\, i_L^* \quad v_{dC} \,]^T$和$\Delta \boldsymbol{P} = [\, \Delta E \quad \Delta Y \,]^T$。由最后一式可推导得到

$$\boldsymbol{Y}(\dot{\boldsymbol{x}}_d,\ \boldsymbol{x}_d,\ \boldsymbol{u}_C) = \begin{bmatrix} 1 & 0 \\ 0 & -v_{dC} \end{bmatrix}$$

最后，式（12.56）给出参数估计动态为

$$\frac{d}{dt}\begin{bmatrix} E_{est} \\ Y_{est} \end{bmatrix} = \begin{bmatrix} \gamma_1 & 0 \\ 0 & \gamma_2 \end{bmatrix} \cdot \begin{bmatrix} 1 & 0 \\ 0 & -v_{dC} \end{bmatrix} \cdot \begin{bmatrix} i_L - i_L^* \\ v_C - v_C^* \end{bmatrix} \tag{12.72}$$

式中，γ_1和γ_2是正标量，定义了估计误差收敛到零的速度。可以通过数值仿真来精细地调整这两个系数至最佳性能，并验证自适应控制结构不会使跟踪系统（电流环）不稳定。最后，基于参数估计的无源控制结构如图 12.11 所示。

12.5　案例研究：boost DC－DC 变换器无源控制

这个案例研究涉及为电阻负载 R 供电的 buck－boost 变换器无源控制设计，它的电路在第 3 章问题 3.5 图 3.26 中给出。控制目标是调节输出电压到设定点v_C^*。设计遵循算法 12.3 的步骤。这个变换器的开关模型运行在连续导通模式（CCM）——在之前第 4 章 4.6 节案例研究中提出过，本章式（12.46）重复给出

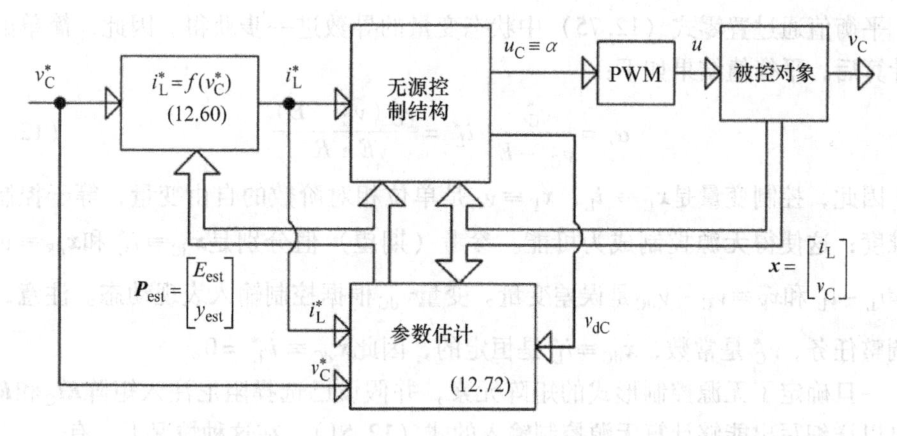

图 12.11　基于电流跟踪和输出电压调节的 boost 变换器自适应无源控制结构

过——下面给出（忽视电感电阻 r）

$$\begin{cases} L\dot{i}_L = Eu + v_C(1-u) \\ C\dot{v}_C = -i_L(1-u) - v_C/R \end{cases} \tag{12.73}$$

式中，电感电流i_L和电容电压v_C是两个状态；E 是电压源，代表了施加到系统的外部能量。注意电压在这里是负值。参数 $L = 2.5\text{mH}$，$C = 220\mu\text{F}$，开关频率 $f = 20\text{kHz}$，电压源 E 在 5 ~ 45V 之间变化，额定 $R = 10\Omega$，电压设定点为$v_C^* = -20\text{V}$。

12.5.1　基本无源控制设计

在模型（12.73）中，可以通过欧拉 - 拉格朗日一般形式（12.42）确定各矩阵

$$\underbrace{\begin{bmatrix} L & 0 \\ 0 & C \end{bmatrix}}_{H} \cdot \underbrace{\begin{bmatrix} \dot{i} \\ \dot{v}_C \end{bmatrix}}_{x} + \underbrace{\begin{bmatrix} 0 & -(1-u) \\ 1-u & 0 \end{bmatrix}}_{F(u)} \cdot \underbrace{\begin{bmatrix} i_L \\ v_C \end{bmatrix}}_{x} + \underbrace{\begin{bmatrix} 0 & 0 \\ 0 & 1/R \end{bmatrix}}_{K} \cdot$$

$$\underbrace{\begin{bmatrix} i_L \\ v_C \end{bmatrix}}_{x} = \underbrace{\begin{bmatrix} E \cdot u \\ 0 \end{bmatrix}}_{G(u,E)} \tag{12.74}$$

作为具有 boost 能力的 DC - DC 变换器，考虑变换器在控制输入 u 和输出电压 v_C之间表现出非最小相位行为。同样，对于 boos 变换器，推荐间接控制。因此，对应设置的输出电压v_C^*，调整电感电流i_L为i_L^*。这些参考值之间的关系是根据平均模型决定的。在这种情况下，开关模型和平均模型具有相同的形式，用平均值 α 代入式（12.74）中的开关函数 u 得到

$$\begin{cases} L\dot{i}_L = (1-\alpha)v_C + E\alpha \\ C\dot{v}_C = -(1-\alpha)i_L - v_C/R \end{cases} \tag{12.75}$$

平衡值通过置零式（12.75）中状态变量的导数进一步获得。因此，简单的代数计算后，平衡值结果如下：

$$\alpha_{\mathrm{e}}=\frac{v_{\mathrm{C}}^{*}}{v_{\mathrm{C}}^{*}-E},\ i_{\mathrm{L}}^{*}=\frac{v_{\mathrm{C}}^{*}\left(v_{\mathrm{C}}^{*}-E\right)}{E\cdot R} \tag{12.76}$$

因此，控制变量是$\boldsymbol{x}_{\mathrm{C}}\equiv i_{\mathrm{L}}$，$\boldsymbol{x}_{\mathrm{F}}\equiv v_{\mathrm{C}}$是单位相对阶数的自由变量，等于控制向量维度；这使得无源控制成为可能。参考（期望）值分别是$\boldsymbol{x}_{\mathrm{dC}}\equiv i_{\mathrm{L}}^{*}$和$\boldsymbol{x}_{\mathrm{dF}}\equiv v_{\mathrm{dC}}$，$\tilde{\boldsymbol{x}}_{\mathrm{C}}\equiv i_{\mathrm{L}}-i_{\mathrm{L}}^{*}$和$\tilde{x}_{\mathrm{F}}\equiv v_{\mathrm{C}}-v_{\mathrm{dC}}$是误差变量。变量$v_{\mathrm{dC}}$根据控制输入表现动态。注意，对于调整任务，$v_{\mathrm{C}}^{*}$是常数，$\boldsymbol{x}_{\mathrm{dC}}\equiv i_{\mathrm{L}}^{*}$是恒定的，因此$\dot{\boldsymbol{x}}_{\mathrm{dC}}\equiv \dot{i}_{\mathrm{L}}^{*}=0$。

一旦确定了无源控制形式的矩阵元素，并假设已选择阻尼注入矩阵$\boldsymbol{Ki}_{\mathrm{C}}$和$\boldsymbol{Ki}_{\mathrm{F}}$，就可以详细写出能够计算无源控制输入的式（12.51）。在这种情况下，有

$$\begin{cases}\boldsymbol{G}_{\mathrm{C}}(u_{\mathrm{C}},\boldsymbol{E})-\{\boldsymbol{F}_{\mathrm{C}}(u_{\mathrm{C}})\cdot i_{\mathrm{L}}^{*}+\boldsymbol{K}_{\mathrm{C}}(u_{\mathrm{C}})\cdot i_{\mathrm{L}}^{*}+\boldsymbol{F}_{\mathrm{CF}}(u_{\mathrm{C}})\cdot v_{\mathrm{dC}}\}+\boldsymbol{Ki}_{\mathrm{C}}\cdot(i_{\mathrm{L}}-i_{\mathrm{L}}^{*})=0\\ \boldsymbol{G}_{\mathrm{F}}(u_{\mathrm{C}},\boldsymbol{E})-\{\boldsymbol{H}_{\mathrm{F}}\cdot\dot{v}_{\mathrm{dC}}+\boldsymbol{F}_{\mathrm{F}}(u_{\mathrm{C}})\cdot v_{\mathrm{dC}}+\boldsymbol{K}_{\mathrm{F}}(u_{\mathrm{C}})\cdot v_{\mathrm{dC}}+\boldsymbol{F}_{\mathrm{FC}}(u_{\mathrm{C}})\cdot i_{L}^{*}\}\\ +\boldsymbol{Ki}_{\mathrm{F}}\cdot(v_{\mathrm{C}}-v_{\mathrm{dC}})=0\end{cases} \tag{12.77}$$

其中

$$\boldsymbol{G}_{\mathrm{C}}(u_{\mathrm{C}},E)=Eu_{\mathrm{C}},\ \boldsymbol{F}_{\mathrm{C}}(u_{\mathrm{C}})=0,\ \boldsymbol{K}_{\mathrm{C}}(u_{\mathrm{C}})=0,\ \boldsymbol{F}_{\mathrm{CF}}(u_{\mathrm{C}})=-(1-u_{\mathrm{C}}) \tag{12.78}$$

$$\begin{cases}\boldsymbol{G}_{\mathrm{F}}(u_{\mathrm{C}},E)=0,\ \boldsymbol{H}_{\mathrm{F}}=C,\ \boldsymbol{F}_{\mathrm{F}}(u_{\mathrm{C}})=0\\ \boldsymbol{K}_{\mathrm{F}}(u_{\mathrm{C}})=1/R,\ \boldsymbol{F}_{\mathrm{FC}}(u_{\mathrm{C}})=1-u_{\mathrm{C}}\end{cases} \tag{12.79}$$

注意在这种情况下，矩阵$\boldsymbol{Ki}_{\mathrm{C}}$和$\boldsymbol{Ki}_{\mathrm{F}}$是标量。通过代换式（12.78）给出的元素到式（12.77）中的第一个式子中，可得

$$Eu_{\mathrm{C}}+(1-u_{\mathrm{C}})v_{\mathrm{dC}}+Ki_{\mathrm{C}}(i_{\mathrm{L}}-i_{\mathrm{L}}^{*})=0$$

由此得到无源控制输入的表达式为

$$u_{\mathrm{C}}\equiv\alpha=\frac{v_{\mathrm{dC}}+Ki_{\mathrm{C}}(i_{\mathrm{L}}-i_{\mathrm{L}}^{*})}{v_{\mathrm{dC}}-E} \tag{12.80}$$

最后，通过代换式（12.79）给出的元素到式（12.77）中的第二个式子中，得到

$$-C\,\dot{v}_{\mathrm{dC}}-1/R\cdot v_{\mathrm{dC}}-(1-u_{\mathrm{C}})i_{\mathrm{L}}^{*}+Ki_{\mathrm{F}}(v_{\mathrm{C}}-v_{\mathrm{dC}})=0 \tag{12.81}$$

上式描述了依赖于已计算出的控制输入u_{C}的期望自由状态值v_{dC}的动态。图12.12给出了闭环系统的框图，详细说明了图12.8给出的通用图用于buck－boost DC－DC变换器的情况。

12.5.2 阻尼注入调整

如本章12.4.1节的解释和12.4.5节的说明，选择阻尼注入值与开关频率f有

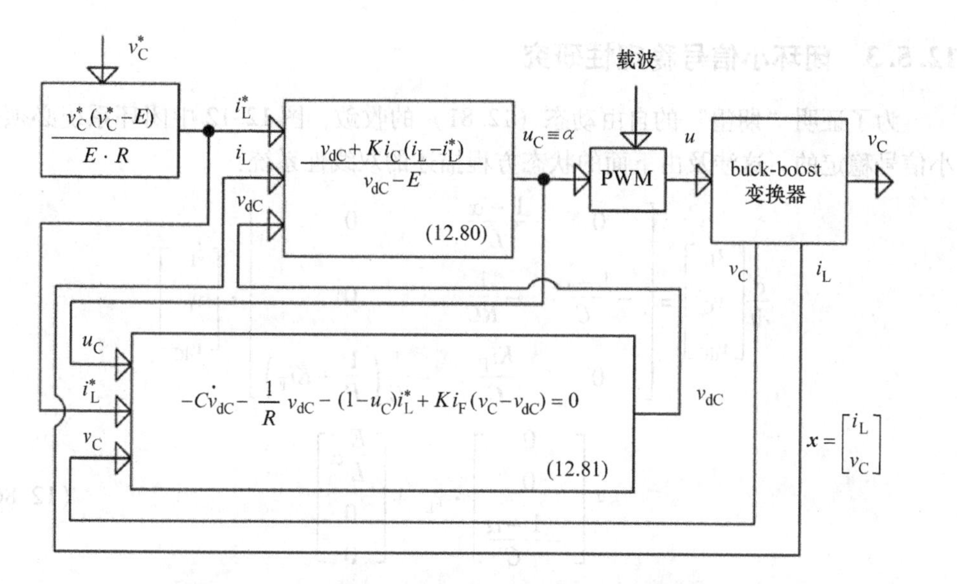

图 12.12　无源控制的 buck－boost DC－DC 变换器框图

关，假设后者设置了对于控制变量电感电流i_L的时间常数下界。结果是

$$\tau_C \geqslant 1/f \tag{12.82}$$

式中，频率f的单位为 rad/s。关于自由变量v_C的收敛，适合于 boost 变换器的情况同样适用于 buck－boost 变换器。因此，“自由”动态包括两个部分，其中一个实际上是控制变量的动态，另一个可以通过Ki_F调整。设置后者比控制变量的动态快 5 倍，得到

$$\tau_F \geqslant 1/(5f) \tag{12.83}$$

另一方面，将变换器动态（12.75）中的第一个式子中的控制输入表达式（12.80）替换，控制变量的闭环时间常数可以表示为$\tau_C = L/Ki_C$。考虑式（12.82）得

$$Ki_C \leqslant Lf \tag{12.84}$$

决定自由变量动态可调部分的时间常数的表达式可由自由状态的期望动态（12.81）推导出，假设u_C动态为常数，即

$$\tau_F = \frac{1}{1/(RC)+Ki_F/C}$$

结合式（12.83），进一步给出

$$Ki_F \leqslant 5Cf - 1/R \tag{12.85}$$

式（12.84）和式（12.85）设置了阻尼注入系数上界。注意，能够在已得到结果的 boost 变换器的情况中看到同样的分析［分别见式（12.68）和式（12.69）］。在所考虑的 buck－boost 情况下，$Ki_C \leqslant 314\Omega$，$Ki_F \leqslant 138.13\ \Omega^{-1}$。

12.5.3 闭环小信号稳定性研究

为了证明“期望”的自由动态（12.81）的收敛，图12.12中闭环系统必须是小信号稳定的。这涉及由下面的状态方程描述的双线性系统：

$$\frac{\mathrm{d}}{\mathrm{d}t}\begin{bmatrix} i_L \\ v_C \\ v_{dC} \end{bmatrix} = \begin{bmatrix} 0 & \dfrac{1-\alpha}{L} & 0 \\ -\dfrac{1-\alpha}{C} & -\dfrac{1}{RC} & 0 \\ 0 & \dfrac{Ki_F}{C} & -\dfrac{1}{C}\left(\dfrac{1}{R}+Ki_F\right) \end{bmatrix} \cdot \begin{bmatrix} i_L \\ v_C \\ v_{dC} \end{bmatrix} + \begin{bmatrix} 0 \\ 0 \\ -\dfrac{1-\alpha}{C} \end{bmatrix} \cdot i_L^* + \begin{bmatrix} \dfrac{E}{L}\alpha \\ 0 \\ 0 \end{bmatrix} \tag{12.86}$$

式中，α是根据式（12.80）计算的无源控制输入。引入α的表达式（12.80）到式（12.86）中后，推导出闭环系统围绕平衡点线性化的小信号模型，所选平衡点对应于系统输入i_{Le}^*的平衡值。$\boldsymbol{A}_{SS}$是线性系统的状态矩阵，从稳定性的角度来看，该矩阵值得关注。遵循12.4.5节小信号稳定性分析的步骤（关于boost变换器情况的应用实例）并采用类似的符号。对于buck - boost变换器，经过一些明显的处理后，原来这个矩阵表达式变为

$$\boldsymbol{A}_{SS} = \left.\begin{bmatrix} \dfrac{Ki_C(E-v_C)}{L(v_{dC}-E)} & \dfrac{1-\alpha}{L} & \dfrac{(E-v_C)(i_L^* Ki_C - E)}{L(v_{dC}-E)^2} \\ -\dfrac{(1-\alpha)}{C}+\dfrac{i_L Ki_C}{C(v_{dC}-E)} & -\dfrac{1}{RC} & -\dfrac{i_L(E+Ki_C(i_L-i_L^*))}{C(v_{dC}-E)^2} \\ \dfrac{i_L^* Ki_C}{G(v_{dC}-E)} & \dfrac{Ki_F}{C} & -\dfrac{1}{C}\left(\dfrac{1}{R}+Ki_F\right)-\dfrac{i_L^*(E+Ki_C(i_L-i_L^*))}{C(v_{dC}-E)^2} \end{bmatrix}\right|_{\substack{\alpha=\alpha_e \\ x_{SS}=x_{SSe} \\ i_L^*=i_{Le}^*}}$$

首先假设电压源E和负载R是常数，对于不同的阻尼注入系数值Ki_C和Ki_F，对$\boldsymbol{A}_{SS}$的特征值进行数值计算，Ki_C和Ki_F按照先前确定的范围配置，也就是说，$Ki_C \leqslant 314\Omega$和$Ki_F \leqslant 138.13\ \Omega^{-1}$。为了简化计算，以下表达式［见式（12.76)]：

$$v_{Ce} = v_{dCe} = v_C^*,\ i_{Le} = i_{Le}^* = \frac{v_C^*(v_C^*-E)}{E \cdot R},\ \alpha_e = \frac{v_C^*}{v_C^*-E}$$

在$\boldsymbol{A}_{SS}$的表达式中被替换掉，重写为

$$
\boldsymbol{A}_{\mathrm{SS}}=\begin{bmatrix}
-\dfrac{Ki_{\mathrm{C}}}{L} & -\dfrac{E}{L(v_{\mathrm{C}}^{*}-E)} & -\dfrac{v_{\mathrm{C}}^{*}Ki_{\mathrm{C}}}{ERL}+\dfrac{E}{L(v_{\mathrm{C}}^{*}-E)} \\
\dfrac{v_{\mathrm{C}}^{*}Ki_{\mathrm{C}}}{ERC}+\dfrac{E}{C(v_{\mathrm{C}}^{*}-E)} & -\dfrac{1}{RC} & -\dfrac{v_{\mathrm{C}}^{*}}{RC(v_{\mathrm{C}}^{*}-E)} \\
\dfrac{v_{\mathrm{C}}^{*}Ki_{\mathrm{C}}}{ERC} & \dfrac{Ki_{\mathrm{F}}}{C} & -\dfrac{1}{C}\left(\dfrac{1}{R}+Ki_{\mathrm{F}}\right)-\dfrac{v_{\mathrm{C}}^{*}}{RC(v_{\mathrm{C}}^{*}-E)}
\end{bmatrix}
\tag{12.87}
$$

对 boost 运行首先进行了数值分析，即控制目标$v_{\mathrm{C}}^{*}=-20\mathrm{V}$，电压源$E=15\mathrm{V}$。这为在大范围内变化的$Ki_{\mathrm{C}}$和$Ki_{\mathrm{F}}$提供了稳定的特征值集合，可以得到自由动态稳定的结论。因此，图 12.13a 展示了当Ki_{C}变化、Ki_{F}固定时三个特征值的偏移。这涉及两个会移动的共轭复数特征值，第三个特征值是实数且保持不变。图中给出了Ki_{C}的值，在这种情况下，$Ki_{\mathrm{C}}=34\Omega$，为此两个复特征值成为相等的实数。进一步提高Ki_{C}只会让一个特征值移动，即增加其绝对值。

图 12.13a 包含的信息有助于为注入阻尼系数Ki_{C}选择合适的值。可以看到所展示的案例没有一个引起超调，实际上是由于阻尼系数大于 0.8。合适的值可以是这样的，例如，该值对应两个成为实数并近似相等的复数特征值（即在这种情况下$Ki_{\mathrm{C}}=34\Omega$）。

图 12.13b 展示了当Ki_{F}不同、Ki_{C}固定时三个特征值的偏移。这里也是关于两个共轭复数特征值和一个实数特征值，三个都会移动。注意Ki_{F}的值，在这种情况下，$Ki_{\mathrm{F}}=13\ \Omega^{-1}$，两个复特征值几乎不再移动；第三个继续移动，绝对值增加。在所有展示的情况中，一对复数特征值不在动态响应中引起超调，因为其阻尼系数大于 0.9。

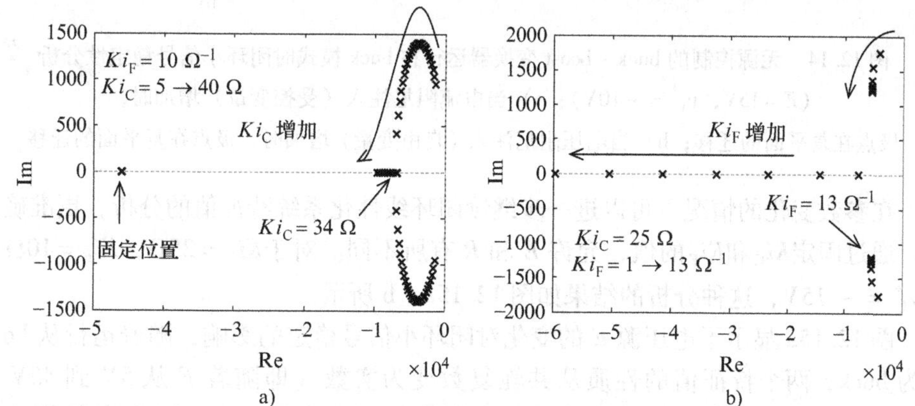

图 12.13 无源控制的 buck - boost 变换器工作在 boost 模式时闭环小信号稳定性分析（$E=15\mathrm{V}$，$v_{\mathrm{C}}^{*}=-20\mathrm{V}$）：a）当电流阻尼注入（受控变量）增加时，极点在复平面的迁移；b）当电压阻尼注入（自由变量）增加时，极点在复平面的迁移

上述结论表明，当系统 boost 运行时，在受控动态或自由动态的阻尼注入都会提高系统的稳定裕度。

对 buck 运行也进行数值分析，即控制目标$v_C^* = -10V$，电压源$E = 15V$。在这种情况下，对于Ki_C和Ki_F在先前确定的界限内变化，自由动态也是收敛的，也就是说，$Ki_C \leqslant 314\Omega$ 和$Ki_F \leqslant 138.13\ \Omega^{-1}$，如图 12.14a、b 所示。

图 12.14a 展示了当Ki_C变化、Ki_F固定时三个特征值的偏移。这三个特征值遵循在 boost 运行的情况下类似的运动情况，即有两个会移动的共轭复数极点和一个固定的实数极点。在Ki_C值约为 5.8Ω 这种情况下，两个复数特征值成为相等的实数。进一步提高Ki_C使其中一个极点继续增加它的绝对值，而另一个向相反的方向移动，直到一个固定的位置。

图 12.14b 展示了当Ki_F变化、Ki_C固定时三个特征值的偏移。现在这三个特征值都是实数，其中一个移动而另两个保持大约相同的位置不变。移动的那个极点远离虚轴。这表明系统的稳定裕度随着在自由变量动态中注入阻尼而增加。

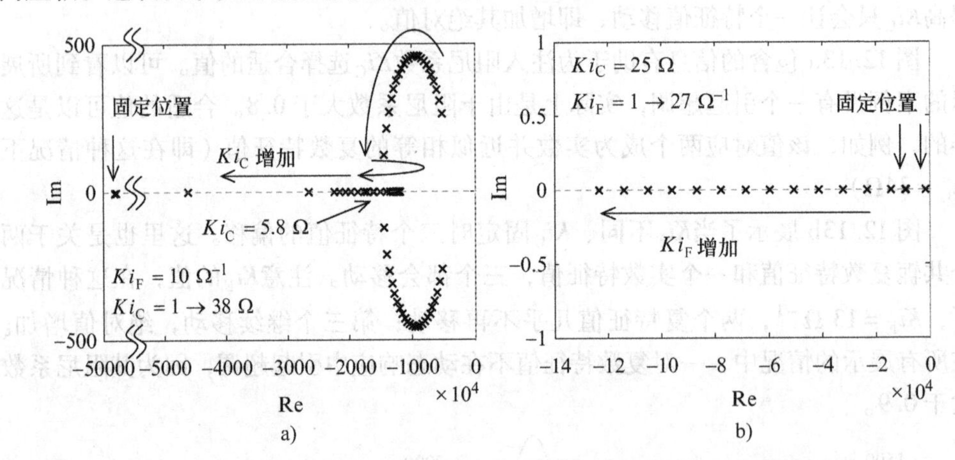

图 12.14 无源控制的 buck－boost 变换器运行在 buck 模式时闭环小信号稳定性分析（$E = 15V$，$v_C^* = -10V$）：a）当电流阻尼注入（受控变量）增加时，极点在复平面的迁移；b）当电压阻尼注入（自由变量）增加时，极点在复平面的迁移

在参数变化的情况下可以进一步继续闭环线性化系统特征值的分析，更准确地说，通过固定Ki_C和Ki_F的值，允许 E 和 R 有所不同。对于$Ki_C = 25\Omega$，$Ki_F = 10\Omega^{-1}$和$v_C^* = -15V$，这种分析的结果如图 12.15a、b 所示。

图 12.15a 显示了电压源 E 的变化对闭环小信号稳定的影响，随着运行从 boost 变为 buck，两个特征值的性质从共轭复数变为实数（即随着 E 从 5V 到 45V 增加）。图 12.15b 表明负载变化几乎没有影响闭环小信号稳定，因为当负载 R 在 10～1000Ω 之间变化时，三个均为实数的特征值位置变化非常小。

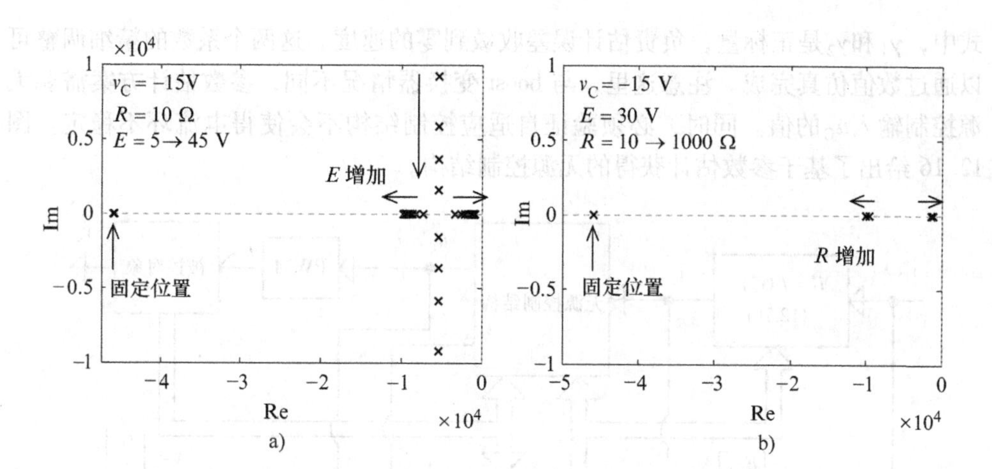

图 12.15　受限于参数变化的无源控制 buck－boost 变换器闭环小信号稳定性分析（$v_C^* = -15V$）：
a）当电压源 E 变化、负载 R 恒定时，极点在复平面的迁移；
b）当电压源 E 恒定、负载 R 变化时，极点在复平面的迁移

12.5.4　自适应无源控制设计

前一节以小信号稳定的观点下参数变化的敏感性分析结束。可以设计对于大部分变量参数 E 和 R 适用的参数估计器，按照 12.4.3 节给出的指导以及式（12.56），由于线性的原因，参数估计为 $Y = 1/R$（负载导纳而不是负载电阻）。

参数向量用 $\boldsymbol{P} = [E \quad Y]^{\mathrm{T}}$ 表示。$\Delta E = E - E_{est}$ 和 $\Delta Y = Y - Y_{est}$ 是参数估计误差。由于 ΔE 和 ΔY 而在 buck－boost 变换器的欧拉表示（12.74）中产生的矩阵的变化由以下表达式决定：

$$\Delta \boldsymbol{H} = 0,\ \Delta \boldsymbol{F} = 0,\ \Delta \boldsymbol{K} = \begin{bmatrix} 0 & 0 \\ 0 & \Delta Y \end{bmatrix},\ \Delta \boldsymbol{G} = \begin{bmatrix} \Delta E \cdot u_C \\ 0 \end{bmatrix}$$

考虑到$\boldsymbol{x}_d = [i_L^* \quad v_{dC}]^{\mathrm{T}}$和 $\Delta \boldsymbol{P} = [\Delta E \quad \Delta Y]^{\mathrm{T}}$，代入后一个表达式到式（12.55）中，得到

$$\Delta \boldsymbol{G} - \Delta \boldsymbol{K} \cdot \begin{bmatrix} i_L^* \\ v_{dC} \end{bmatrix} = \begin{bmatrix} \Delta E \cdot u_C \\ -\Delta Y \cdot v_{dC} \end{bmatrix} = \boldsymbol{Y}(\dot{\boldsymbol{x}}_d,\ \boldsymbol{x}_d,\ \boldsymbol{u}_C) \cdot \begin{bmatrix} \Delta E \\ \Delta Y \end{bmatrix}$$

进一步确定矩阵 $\boldsymbol{Y}$ 的表达式

$$\boldsymbol{Y}(\dot{\boldsymbol{x}}_d,\ \boldsymbol{x}_d,\ \boldsymbol{u}_C) = \begin{bmatrix} u_C & 0 \\ 0 & -v_{dC} \end{bmatrix}$$

最后，式（12.56）给出的参数估计动态为

$$\frac{\mathrm{d}}{\mathrm{d}t}\begin{bmatrix} E_{est} \\ Y_{est} \end{bmatrix} = \begin{bmatrix} \gamma_1 & 0 \\ 0 & \gamma_2 \end{bmatrix} \cdot \begin{bmatrix} u_C & 0 \\ 0 & -v_{dC} \end{bmatrix} \cdot \begin{bmatrix} i_L - i_L^* \\ v_C - v_C^* \end{bmatrix} \tag{12.88}$$

式中，γ_1和γ_2是正标量，负责估计误差收敛到零的速度。这两个系数的精细调整可以通过数值仿真完成。注意这里，与 boost 变换器情况不同，参数估计方案需要无源控制输入u_C的值。同时，必须验证自适应控制结构不会使得电流环不稳定。图 12.16 给出了基于参数估计获得的无源控制结构。

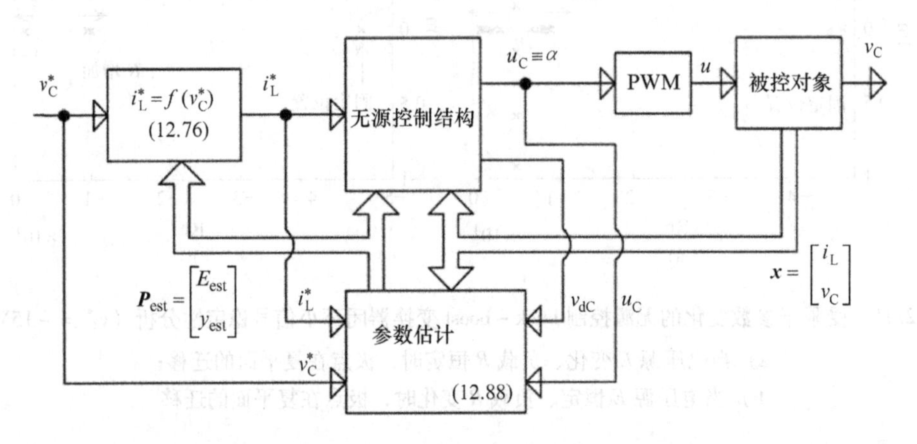

图 12.16　基于电流跟踪和输出电压调节的 buck – boost 变换器自适应无源控制结构

12.5.5　数值仿真结果

本节致力于说明所考虑的 buck – boost 变换器的动态性能，其由先前设计的无源控制律控制。非线性平均模型已用于此目的。研究了围绕 boost 模式稳态点的运行，即输出电压设定值$v_C^* = -20\text{V}$，电压源 $E < 20\text{V}$，首先是常数，然后是变量。这种类型的运行在表现出非最小相位行为的角度看更具挑战性，并且也是更重要的、导致较大的跟踪误差的非线性现象。

图 12.17 展示了当参数负载 R 和电压源 E 假定为常数并已知，也就是说，没有在闭环系统中嵌入参数估计器时，图 12.12 中基本无源控制律的动态性能。图 12.17a、b 分别评估了自由变量和控制变量的闭环动态响应。图 12.17c 给出了占空比u_C的变化，因为它反映了控制输入的作用。

控制变量的闭环时间常数τ_C可以在图 12.17b 中，给定对应的阻尼注入系数值Ki_C，通过测量变量i_L的稳定时间估计得到。例如，对于$Ki_C = 5\Omega$，稳定时间大约是 2ms，这使得$\tau_C \approx 0.5$，这与对表达式$\tau_C = L/Ki_C$进行估值是一致的。自由变量的时间常数τ_F可以在图 12.17d 中，给定对应的阻尼注入系数Ki_F的值，通过测量误差$v_C - v_{dC}$的稳定时间得到。例如，对于$Ki_F = 2\ \Omega^{-1}$，稳定时间大约是 2.5ms。考虑自由变量遵循受控变量的动态，对于“可调”自由动态，得到稳定时间为 2.5ms – 2ms = 0.5ms。另外，这意味着时间常数$\tau_F \approx 0.1\text{ms}$，这与对表达式$\tau_F = 1/(1/(RC) + Ki_F/C)$进行估值是一致的。

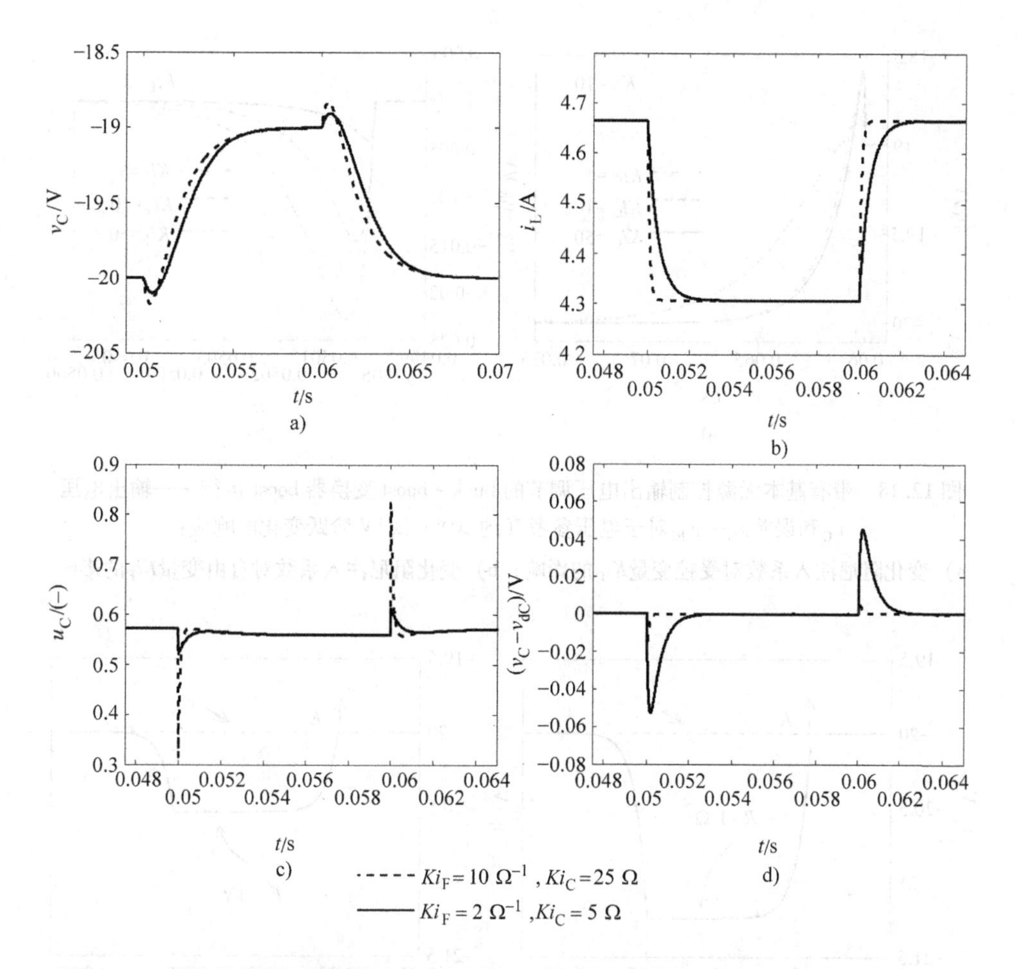

图 12.17　带有基本无源控制输出电压调节的 buck－boost 变换器 boost 运行——对于两对阻尼注入系数（Ki_C和Ki_F）值，感兴趣的变量对于电压参考v_C^*（约 20V）±1V 阶跃的响应：a）输出电压；b）电感电流；c）占空比（控制输入）；d）输出电压之间的误差及其“理想”值v_{dC}

图 12.18 包含的仿真结果强调了阻尼注入系数Ki_C和Ki_F不同选择的影响。图 12.18a 是Ki_F值固定、Ki_C取不同值的情况；输出电压响应时间随着Ki_C增加而减小，非最小相位的影响也是一样随之减弱。图 12.18b 是Ki_C值固定、Ki_F取不同值的情况；自由变量误差v_C-v_{dC}的响应时间随着Ki_F的增加而减小，误差幅度也是一样随之减小。

图 12.19 给出了由基本无源控制律控制的 buck－boost 变换器感兴趣的变量在参数变化时的变化情况。图 12.19a 是负载 R 的变化，图 12.19b 是源电压 E 的变化。两图表明，稳态误差大于负载变化的情况；因此，对于自适应控制律，嵌入参数估计是有必要的。

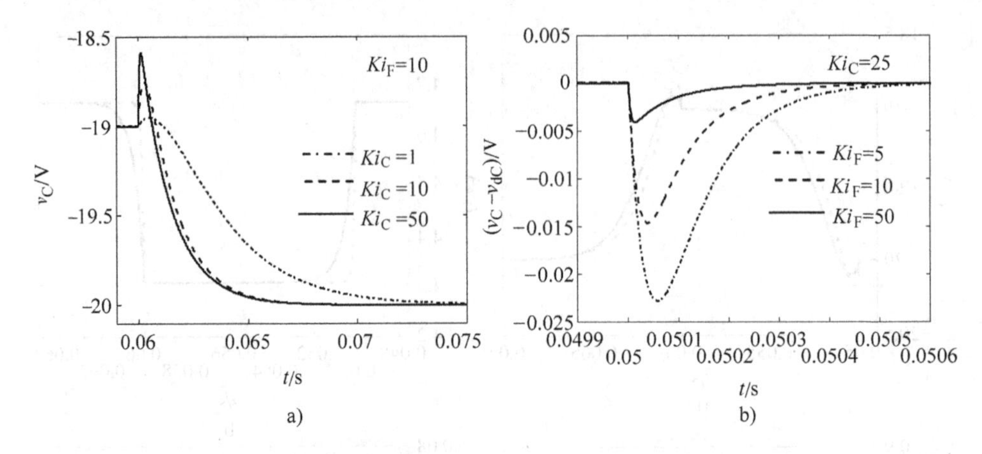

图 12.18 带有基本无源控制输出电压调节的 buck - boost 变换器 boost 运行——输出电压 v_C和误差$v_C - v_{dC}$对于电压参考（约 20V）±1V 阶跃变化的响应：

a）变化阻尼注入系数对受控变量Ki_C的影响；b）变化阻尼注入系数对自由变量Ki_F的影响

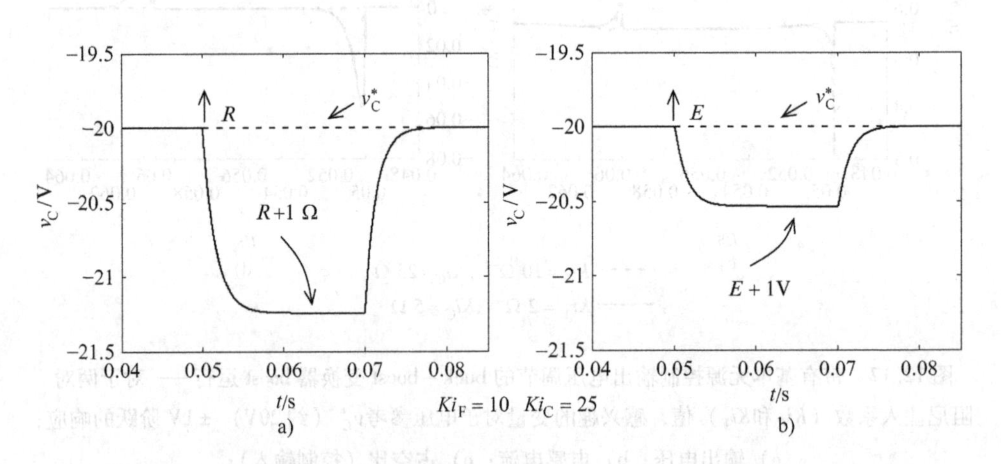

图 12.19 带有基本无源控制输出电压调节的 buck - boost 变换器 boost 运行——变量变化（负载 R 和电压源 E）对于完成控制目标的影响：

a）由于负载 1Ω 变化产生的稳态误差；b）由于电压源 1V 变化产生的稳态误差

图 12.20 和图 12.21 包含了在图 12.16 中给出的使用自适应无源控制结构的仿真结果。合适的参数估计器系数值γ_1 = 40000 和γ_2 = 0.12（决定估计收敛速度）由仿真得到。

图 12.20a 表明，尽管负载发生变化，带有合理的动态误差，控制目标仍然能够实现。负载变化也引起了第二个参数 E 估计值的偏差，如图 12.20d 所示。因此，参数估计效果很好，可以看到估计收敛速度取决于工作点，如图 12.20c 所示。控

制变量i_L的稳态值变化响应参数变化，如式（12.76）所预测的（见图 12.20b）。

图 12.21a 给出了尽管电源电压存在变化，实现控制目标的方法。在这种情况下，合理的动态误差也会发生。电压源的变化决定了第一个参数 R 估计值的偏差，可以在图 12.21c 中看到。类似前面的情况，参数估计在这种情况也适用，并且动态取决于工作点，如图 12.21d 所示。图 12.21b 给出了响应参数变化受控变量i_L稳态值的变化。

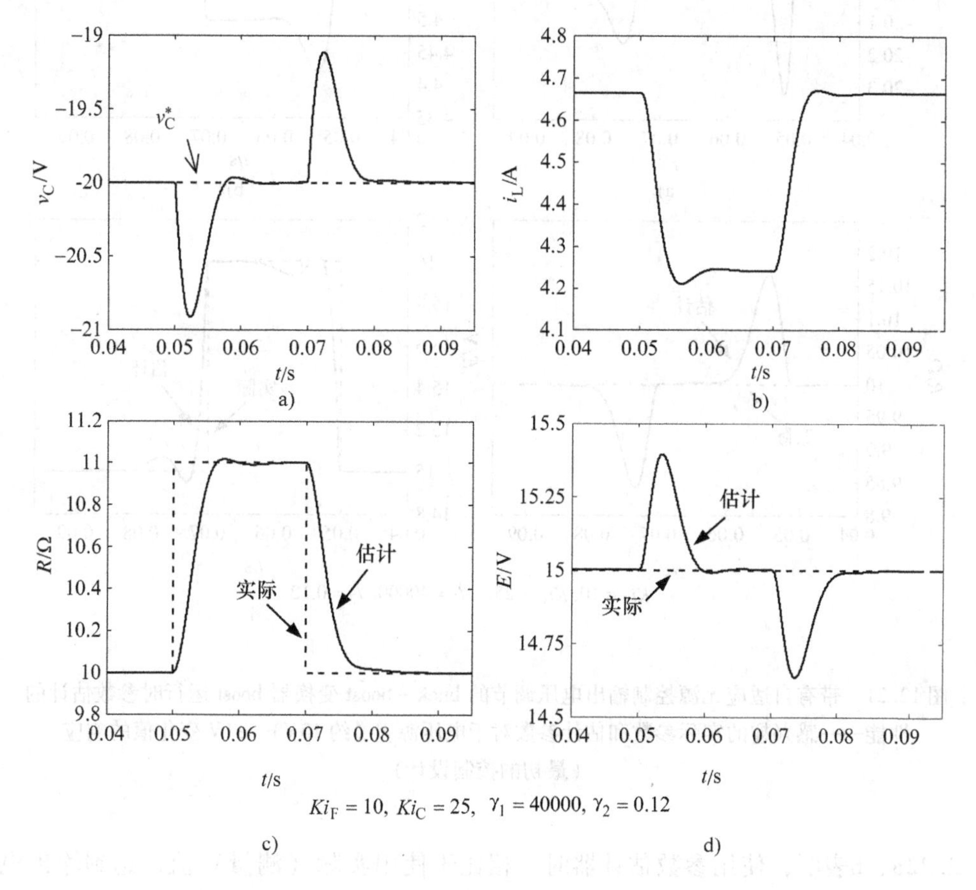

图 12.20　带有自适应无源控制输出电压调节的 buck－boost 变换器 boost 运行时参数估计的性能——感兴趣的实际参数和估计参数对于负载 R（约 10Ω）±1Ω 变化值的响应（最初的控制设计）

可以看到获得满意的负载估计比电压源估计更重要，因为后者能够测量的可能性是非常大的，而前者的情况并非如此。此外，电压源的变化一般不会很突然，但负载会突然发生变化。

最后，图 12.22 做出了比较，比较当电压源电压变化时，自适应无源控制应用在所考虑的 buck－boost 变换器 boost 模式下和 buck 模式下的不同。图

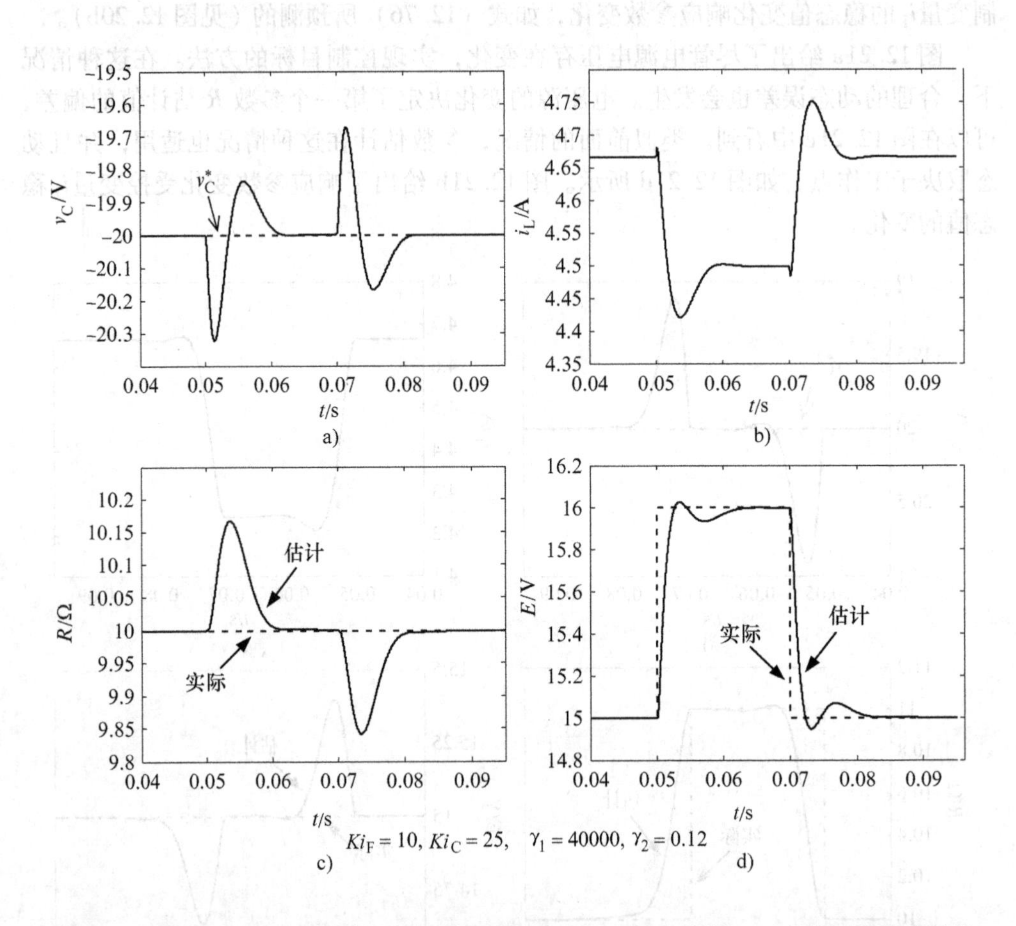

图 12.21 带有自适应无源控制输出电压调节的 buck－boost 变换器 boost 运行时参数估计的性能——感兴趣的实际参数和估计参数对于电压源 E（约 15V） ±1V 变化值的响应（最初的控制设计）

12.22a、b表明，使用参数估计器时，相比于使用实际（测量）值，达到输出电压设定值更慢，并带有更大的动态误差（假设这样测量是可行的）。这样的误差直观明显；它们可以由仿真结果帮助估计。注意，即使基本无源控制律的设计基于 $E = 15\text{V}$，即 boost 模式运行，在 boost 模式运行时由于 E 变化产生的动态误差更大；因此，这个模式控制输入（占空比）与 buck 模式相比更大（见图 12.22b 与图 12.22d 比较）。

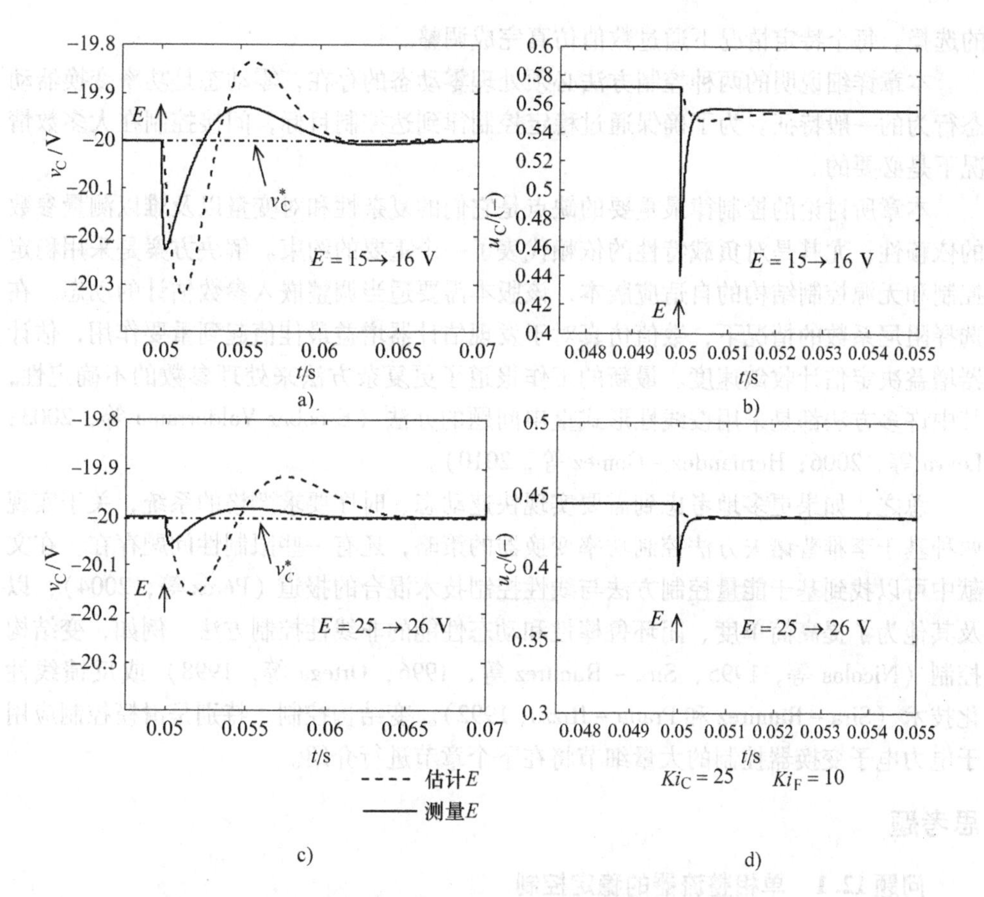

图 12.22　当电压源围绕典型值发生 1V 变化时，比较 boost 运行（图 a 和图 b）和 buck 运行（图 c 和图 d），无源控制的动态性能。每种情况都展示了使用真正（测量）值（实线）和估计值（虚线）的对比

12.6　本章小结

本章考虑了两种控制技术，它们都利用了电力电子变换器关于能量处理的一般特性。假设使用能量函数，两种方法（稳定控制和无源控制）自然地要借助于李雅普诺夫方法进行理论研究。强调了功率变换器会耗散一部分接收到的能量的性质；这个性质进一步与收敛到稳定工作点有关，并且应用于控制目的。更准确地说，通过所谓的阻尼注入可以控制收敛速度。技术上来说，稳定控制和无源控制依赖于能够容易地选择一些阻尼注入系数，其闭环行为等效于改变线性系统极点的状态反馈的行为。

需要设计用于精细调整阻尼系数的系统步骤，然而，可以计算上限来指导它们的选择。每个特定情况下通过数值仿真完成调整。

本章详细说明的两种控制方法必须处理零动态的存在，零动态是功率变换器动态行为的一般特征。为了确保通过稳定控制律到达控制目标，间接控制在大多数情况下是必要的。

本章所讨论的控制律最重要的缺点是它们的复杂性和对变量以及难以测量参数的依赖性；尤其是对负载特性的依赖代表了一个重要的约束。解决方案是采用稳定控制和无源控制结构的自适应版本，该版本需要适当调整嵌入参数估计的动态。在选择阻尼系数的情况下，数值仿真对于发现估计器增益最佳值起到重要作用，估计器增益决定估计收敛速度。最新的工作报道了更复杂方法来处理参数的不确定性，其中许多方法都是采用按线性形式重申问题的办法（Escobar Valderrama 等，2003；Leyva 等，2006；Hernandez - Gomez 等，2010）。

总之，如果更多地考虑到需要实现快速动态、时序要求严格的系统，关于实现两种基于李雅普诺夫方法控制功率变换器的策略，还有一些限制性问题存在。在文献中可以找到基于能量控制方法与线性控制技术混合的报道（Pérez 等，2004），以及其他为了提高简单度、闭环鲁棒性和动态性能的非线性控制方法，例如，变结构控制（Nicolas 等，1995；Sira - Ramírez 等，1996；Ortega 等，1998）或反馈线性化技术（Sira - Ramirez 和 Prada - Rizzo，1992）。变结构控制，特别是滑模控制应用于电力电子变换器控制的大量细节将在下个章节进行介绍。

思考题

问题 12.1　单相整流器的稳定控制

图 12.23 给出了单相整流电路，其中 ω 是角频率，E 是正弦电网电压的幅值，C 是直流母线电容的容量，L 是电网电感的电感值，其他符号有它们通常的意义。R 代表可变直流负载。设计旨在调节输出电压到设定点 v_0^* 的稳定控制律；这是主要目标，次要的是零无功功率的要求。为了这一目的，会使用在同步旋转 dq 坐标系中的整流器平均模型。

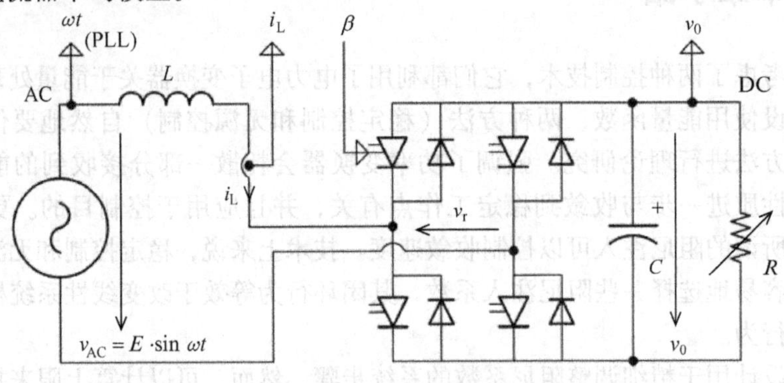

图 12.23　单相整流电路

解决方案　回想一下在同步旋转 dq 坐标系中，这个电路的通用平均模型（GAM）由下式给出［见第5章式（5.63）］：

$$\begin{cases}L\dot{i}_d = \omega L i_q + E - v_0\beta_d \\ L\dot{i}_q = -\omega L i_d - v_0\beta_q \\ C\dot{v}_0 = \dfrac{1}{2}(i_d\beta_d + i_q\beta_q) - \dfrac{v_0}{R}\end{cases} \tag{12.89}$$

$\boldsymbol{u}=[\beta_d \quad \beta_q]^{\mathrm{T}}$是输入向量，由占空比 β 的 d 分量和 q 分量组成；$\boldsymbol{x}=[i_d \quad i_q \quad v_0]^{\mathrm{T}}$是状态向量。式（12.89）使得所考虑的 AC - DC 变换器，从控制的观点可以如同 DC - DC 变换器一样对待。还要注意，dq 建模已经改变最初的单输入系统为多输入系统。为了达到规定的控制目标，将根据 12.2.3 节给出算法 12.1 的步骤，计算稳定控制输入。

在期望的工作点线性化模型（12.89），也就是说，从相应的输出电压设定点 v_0^* 到负载值 R，假设设定点位置已知并且是常数，以及从相应的输出电压设定点到电流i_q的稳态值为零（因为应用无功功率为零）。其他描述这个工作点的值，用下标 e 表示，可由置零式（12.89）的导数得到。很容易验证

$$i_{de}=\frac{2v_0^{*2}}{ER},\ i_{qe}=0,\ \beta_{de}=\frac{E}{v_0^*},\ \beta_{qe}=-\frac{2\omega L v_0^*}{ER} \tag{12.90}$$

下一步是围绕式（12.90）描述的工作点获得模型（12.89）的线性化版本。采用符号 ~ 表示围绕所选稳态点的变化量，然后写为

$$\begin{cases}L\dot{\tilde{i}}_d = \omega L\tilde{i}_q - v_0^*\tilde{\beta}_d - \beta_{de}\tilde{v}_0 \\ L\dot{\tilde{i}}_q = -\omega L\tilde{i}_d - v_0^*\tilde{\beta}_q - \beta_{qe}\tilde{v}_0 \\ C\dot{\tilde{v}}_0 = \dfrac{1}{2}(i_{de}\tilde{\beta}_d + \beta_{de}\tilde{i}_d + i_{qe}\tilde{\beta}_q + \beta_{qe}\tilde{i}_q) - \dfrac{\tilde{v}_0}{R}\end{cases}$$

代换表达式（12.90），最终得到

$$\begin{cases}L\dot{\tilde{i}}_d = \omega L\tilde{i}_q - \dfrac{E}{v_0^*}\tilde{v}_0 - v_0^*\tilde{\beta}_d \\ L\dot{\tilde{i}}_q = -\omega L\tilde{i}_d + \dfrac{2\omega L v_0^*}{ER}\tilde{v}_0 - v_0^*\tilde{\beta}_q \\ C\dot{\tilde{v}}_0 = \dfrac{E}{2v_0^*}\tilde{i}_d - \dfrac{\omega L v_0^*}{ER}\tilde{i}_q - \dfrac{1}{R}\tilde{v}_0 + \dfrac{v_0^{*2}}{ER}\tilde{\beta}_d\end{cases} \tag{12.91}$$

线性化增量模型的表达式（12.91）进一步写为更紧凑的形式

$$\dot{\tilde{\boldsymbol{x}}} = \boldsymbol{A}\cdot\tilde{\boldsymbol{x}} + \boldsymbol{B}\cdot\tilde{\boldsymbol{u}} \tag{12.92}$$

式中，$\tilde{\boldsymbol{x}}=[\tilde{i}_d \quad \tilde{i}_q \quad \tilde{v}_0]^{\mathrm{T}}$是状态向量；$\tilde{\boldsymbol{u}}=[\tilde{\beta}_d \quad \tilde{\beta}_q]^{\mathrm{T}}$是输入向量；确定状态和输入矩阵如下：

$$A=\begin{bmatrix}0 & \omega & -\dfrac{E}{v_0^* L}\\ -\omega & 0 & \dfrac{2\omega v_0^*}{ER}\\ \dfrac{E}{2v_0^* C} & -\dfrac{\omega L v_0^*}{ERC} & -\dfrac{1}{RC}\end{bmatrix},\ B=\begin{bmatrix}-\dfrac{v_0^*}{L} & 0\\ 0 & -\dfrac{v_0^*}{L}\\ \dfrac{v_0^{*2}}{ERC} & 0\end{bmatrix} \tag{12.93}$$

李雅普诺夫候选函数为

$$V(\tilde{x})=\frac{1}{2}\tilde{x}^{\mathrm{T}}Q\tilde{x} \tag{12.94}$$

式中，选择矩阵 Q 使得函数 V 代表能量增量；因此

$$Q=\begin{bmatrix}L & 0 & 0\\ 0 & L & 0\\ 0 & 0 & C\end{bmatrix} \tag{12.95}$$

很容易验证 $A^{\mathrm{T}}Q+QA$ 是对称和负定的。假设能够容易地选择正标量 λ，则可以根据式（12.20）有效地计算稳定控制律

$$\tilde{u}=-\lambda\cdot B^{\mathrm{T}}Q\cdot\tilde{x}$$

考虑分别由式（12.93）和式（12.95）给出的矩阵 B 和 Q 的表达式，在案例中引入以下稳定控制输入变化量的状态反馈形式：

$$\tilde{u}=-\lambda\cdot\begin{bmatrix}-v_0^* & 0 & \dfrac{v_0^{*2}}{ER}\\ 0 & -v_0^* & 0\end{bmatrix}\cdot\tilde{x} \tag{12.96}$$

代换表达式（12.96）中的 $\tilde{u}=[\tilde{\beta}_d\ \ \tilde{\beta}_q]^{\mathrm{T}}$ 和 $\tilde{x}=[\tilde{i}_d\ \ \tilde{i}_q\ \ \tilde{v}_0]^{\mathrm{T}}$，后者可以写为分量形式，从而强调占空比 d 和 q 分量的表达式

$$\begin{cases}\tilde{\beta}_d=\lambda v_0^*\tilde{i}_d-\lambda\dfrac{v_0^{*2}}{ER}\tilde{v}_0\\ \tilde{\beta}_q=\lambda v_0^*\tilde{i}_q\end{cases} \tag{12.97}$$

可以看到标量 λ 的量纲是 $\mathrm{A}^{-1}\mathrm{V}^{-1}$；其有效的选择由复平面闭环系统极点的数值分析得到，如 12.2.4 节详细说明的示例所示。占空比分量表达式显然分别为 $\beta_d=\beta_{de}+\tilde{\beta}_d$ 和 $\beta_q=\beta_{qe}+\tilde{\beta}_q$，其中稳态值 β_{de} 和 β_{qe} 由式（12.90）给出，变化量 $\tilde{\beta}_d$ 和 $\tilde{\beta}_q$ 由式（12.97）给出：

$$\begin{cases}\beta_d=\dfrac{E}{v_0^*}+\lambda v_0^*\tilde{i}_d-\lambda\dfrac{v_0^{*2}}{ER}\tilde{v}_0\\ \beta_q=-\dfrac{2\omega L v_0^*}{ER}+\lambda v_0^*\tilde{i}_q\end{cases} \tag{12.98}$$

式（12.98）表明获得稳定控制的表达式依赖于电压源 E 和负载值 R。如果在某些应用场景中前者不恒定，或者它是未知的，后者在大多数应用场景中通常以不可预知的方式变化。这是控制律有效性很重要的限制，因为实际应用必须依赖于参数估计。

以下问题留给读者来解决。

问题 12.2　无源控制的双向电流 DC – DC 变换器

图 12.24 给出了二象限 DC – DC 变换器的电路——之前在第 8 章图 8.8 给出——其中 E 是恒定幅值的电压源，R_C 是变化的直流负载，其他符号有其通常的意义。这里忽略电感的损耗（即$R_L=0$）。

需要获得变换器的欧拉 – 拉格朗日模型——12.3 节给出了一般形式（12.38）——然后使用它来计算无源控制律的表达式，旨在调节输出电压至设定点v_C^*。

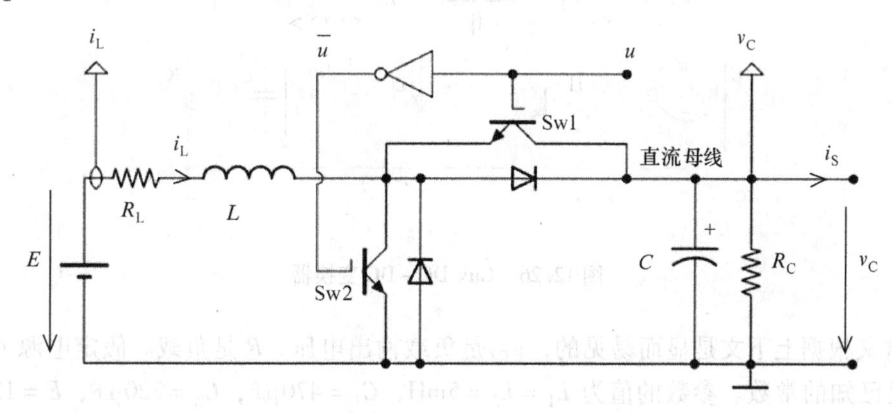

图 12.24　双向电流 DC – DC 变换器，$E<v_C$

问题 12.3　buck 功率单元稳定控制

图 12.25 给出了 buck DC – DC 变换器电路，以前用于第 3 章问题 3.5（见图 3.26）。符号有其通常含义，R 是直流负载。E 和 R 是假定已知的常数。参数的值为 $E=12\text{V}$，$L=1\text{mH}$，$C=680\mu\text{F}$ 和 $R=3\Omega$。

解决以下几点：

1）获得变换器的平均模型。如何描述其线性化模型？

2）使用变换器的线性化模型去获得稳定控制律的表达，旨在调节输出电压在设定点v_C^*。为此按照算法 12.1 的步骤，选择形如式（12.7）中的矩阵 $\boldsymbol{Q}$。

3）为了用上面计算的稳定控制律的表达式验证系数 λ 的选择，在$v_C^*=9\text{V}$ 时进行闭环系统极点的数值分析。

问题 12.4　Ćuk 变换器稳定控制

考虑图 12.26 提出的Ćuk 变换器的电路（重复第 3 章问题 3.1 图 3.17）。符号

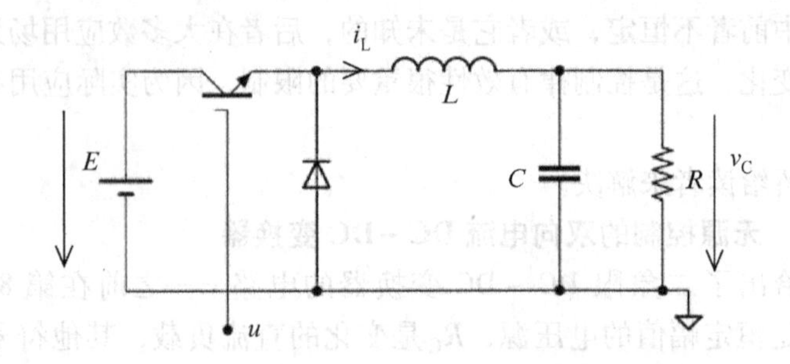

图 12.25 buck DC－DC 变换器

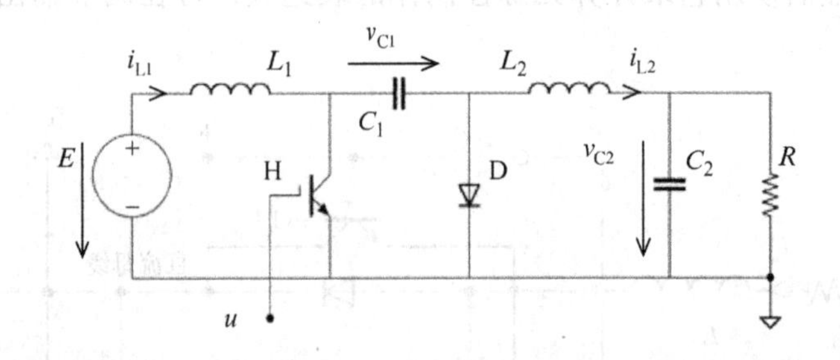

图 12.26 Ćuk DC－DC 变换器

的含义根据上下文是显而易见的，v_{C2}是负载输出电压，R 是负载。假定电源 E 和 R 是已知的常数。参数的值为 $L_1 = L_2 = 5\text{mH}$，$C_1 = 470\mu\text{F}$，$C_2 = 220\mu\text{F}$，$E = 12\text{V}$，$R = 15\Omega$。

解决以下几个问题：

1）获得变换器的平均模型及其线性化模型。

2）使用变换器的线性化模型来计算稳定控制律的表达式，针对设定点v_{C2}^*调节输出电压。为此遵循算法 12.1 步骤，选择形如式（12.7）中的矩阵 $\boldsymbol{Q}$。

3）在$v_{C2}^* = 15\text{V}$ 执行闭环线性化系统极点的数值分析，选择系数 λ 的值，用上述计算的稳定控制律表达，以确保二阶主动态阻尼系数为 0.7。

4）在 Simulink ®中建立非线性闭环系统数值仿真图。通过参考电压的阶跃变化激励系统进行仿真，以验证在期望的工作点处系统的动态性能（对应于设定点v_{C2}^*）。

问题 12.5 boost DC－DC 变换器基于无源自适应控制

让我们回到为电阻负载 R 供电的 boost 变换器的情况，已在 12.4.5 节例子中详细给出。其参数 $L = 5\text{mH}$，$C = 470\mu\text{F}$，$R = 10\Omega$，$E = 15\text{V}$，开关频率$f = 20\text{kHz}$。第 3 章图 3.5 中给出了其电路，其开关模型可以在式（12.57）找到。控制任务是调

节输出电压为v_C^*。

要求基于式（12.72）设计参数估计器，并且通过使用示例给出的推导，数值地实现图 12.11 提出的自适应无源控制方案。执行估计器的动态性能分析，其取决于系数γ_1和γ_2。

问题 12.6　使用非线性模型的 buck – boost DC – DC 变换器稳定控制

这里再次考虑 12.5 节提出的 buck – boost 变换器案例研究的情况，有相同的参数和相同的调节输出电压的控制目标。式（12.73）给出其开关模型。首先获得形如式（12.9）的变换器非线性模型，然后通过使用这种模型计算稳定控制律，也就是说，通过应用本章之前 12.2.3 节详细说明的算法 12.2。

参考文献

Bacha S, Georges D, Oyarbide E, Rognon JP (1997) Some results on nonlinear control in power electronics applications. In: Proceedings of the IFAC conference on Control of Industrial Systems – CIS 1997, Belfort, pp 75–83

Escobar G, Chevreau D, Ortega R, Mendes E (2001) An adaptive passivity-based controller for a unity power factor rectifier. IEEE Trans Control Syst Technol 9(4):637–644

Escobar Valderrama G, Stanković AM, Mattavelli P (2003) Dissipativity-based adaptive and robust control of UPS in unbalanced operation. IEEE Trans Power Electron 18(4):1056–1062

Hernandez-Gomez M, Ortega R, Lamnabhi-Lagarrigue F, Escobar G (2010) Adaptive PI stabilization of switched power converters. IEEE Trans Control Syst Technol 18(3):688–698

Komurcugil H, Kukrer O (1998) Lyapunov-based control of three-phase PWM AC/DC voltage-source converters. IEEE Trans Power Electron 13(5):801–813

Kwasinski A, Krein T (2007) Passivity-based control of buck converters with constant-power loads. In: Proceedings of the Power Electronics Specialists Conference – PESC 2007, Orlando, pp 259–265.

Leyva R, Cid-Pastor A, Alonso C, Queinnec I, Tarbouriech S, Martinez-Salamero L (2006) Passivity-based integral control of a boost converter for large-signal stability. IEE Proc Control Theor Appl 153(2):139–146

Liserre M (2006) Passivity-based control of single-phase multilevel grid connected active rectifiers. Bull Pol Acad Sci Tech Sci 54(3):341–346

Maschke B, Ortega R, van der Schaft A (2000) Energy-based Lyapunov functions for forced Hamiltonian systems with dissipation. IEEE Trans Autom Control 45(8):1498–1502

Mattavelli P, Escobar G, Stanković AM (2001) Dissipativity-based adaptive and robust control of UPS. IEEE Trans Ind Electron 48(2):334–343

Nicolas B, Fadel M, Cheron Y (1995) Sliding mode control of DC-DC converters with input filter based on the Lyapunov-function approach. In: Proceedings of the 6th European conference on Power Electronics and Applications – EPE 1995, Sevilla, pp 1338–1343

Noriega-Pineda D, Espinosa-Perez G (2007) Passivity-based control of multilevel cascade inverters: high-performance with reduced switching frequency. In: Proceedings of the 2007 I.E. International Symposium on Industrial Electronics – ISIE 2007, Mexico, pp 3403–3408

Ortega R, Espinosa G (1993) Torque regulation of induction motors. Automatica 29(3):621–633

Ortega R, Garcia-Canseco E (2004) Interconnection and damping assignment passivity-based control: a survey. Euro J Control 10:432–450

Ortega R, Spong M (1989) Adaptive motion control of rigid robots: a tutorial. Automatica 25(6):877–888

Ortega R, Loria A, Nicklasson PJ, Sira-Ramirez H (1998) Passivity-based control of Euler-Lagrange systems. Springer, London

Ortega R, van der Schaft AJ, Mareels I, Maschke B (2001) Putting energy back in control. IEEE Control Syst Mag 21(2):18–33
Ortega R, van der Schaft A, Maschke B, Escobar G (2002) Interconnection and damping assignment passivity–based control of port–controlled Hamiltonian systems. Automatica 38(4):585–596
Oyarbide E, Bacha S (1999) Experimental passivity-based adaptive control of a three-phase voltage source inverter. In: Proceedings of the 8th European conference on Power Electronics and Applications – EPE 1999. Lausanne, Suisse
Oyarbide E, Bacha S (2000) Passivity-based control of power electronics structures. Part I: Generalization of structural properties associated to Euler-Lagrange formalism (in French: Commande passive des structures de l'électronique de puissance. Partie I: Généralisation des propriétés structurelles associées au formalisme d'Euler-Lagrange). Revue Internationale de Génie Électrique 3(1):39–57
Oyarbide E, Bacha S, Georges D (2000) Passivity-based control of power electronics structures. Part II: Application to three-phase voltage inverter (in French: Commande passive des structures de l'électronique de puissance. Partie II: Application à l'onduleur de tension triphasé). Revue Internationale de Génie Électrique 3(1):59–80
Oyarbide-Usabiaga E (1998) Passivity-based control of power electronics structures (in French: "Commande passive des structures de l'électronique de puissance"). Ph.D. thesis, Grenoble Institute of Technology, France
Penfield P, Spence R, Duinker S (1970) Telleghen's theorem and electrical networks, Research monograph 58. The M.I.T. Press, Cambridge
Perez M, Ortega R, Espinoza JR (2004) Passivity-based PI control of switched power converters. IEEE Trans Control Syst Technol 12(6):881–890
Rodriguez H, Ortega R, Escobar G (1999) A robustly stable output feedback saturated controller for the boost DC-to-DC converter. In: Proceedings of the 38th conference on decision and control – CDC 1999. Phoenix, Arizona, USA, pp 2100–2105
Sanders SR (1989) Nonlinear control of switching power converters. Ph.D. thesis, Massachusetts Institute of Technology
Sanders SR, Verghese GC (1992) Lyapunov-based control for switched power converters. IEEE Trans Power Electron 7(1):17–24
Sira-Ramírez H, Prada-Rizzo MT (1992) Nonlinear feedback regulator design for the Ćuk converter. IEEE Trans Autom Control 37(8):1173–1180
Sira-Ramírez H, Escobar G, Ortega R (1996) On passivity-based sliding mode control of switched DC-to-DC power converters. In: Proceedings of the 35th conference on decision and control – CDC 1996. Kobe, Japan, pp 2525–2526
Sira-Ramírez H, Pérez-Moreno RA, Ortega R, Garcia-Esteban M (1997) Passivity-based controllers for the stabilization of DC-to-DC power converters. Automatica 33(4):499–513
Stanković AM, Escobar G, Ortega R, Sanders SR (2001) Energy-based control in power electronics. In: Banerjee S, Verghese GC (eds) Nonlinear phenomena in power electronics: attractors, bifurcations, chaos and nonlinear control. IEEE Press, Piscataway, pp 25–37
Takegaki M, Arimoto S (1981) A new feedback method for dynamic control of manipulators. ASME J Dynam Syst Meas Control 102:119–125
van der Schaft A (1996) L_2-Gain and passivity techniques in nonlinear control, Lecture notes in control and information sciences 218. Springer, London

第13章 电力电子变换器变结构控制

关心变结构控制，是由于目标系统存在状态切换时，必须保持控制系统的鲁棒性。电力电子变换器便属于这类系统，因为描述它们的微分方程等式右侧通常是不连续变量（例如，不连续的输入量）。此外，它们表现出非线性行为，可能在某些应用中并不适用标准线性控制方法。采用变结构控制时，求解开关函数不依赖于其他任何形式的补充调制（脉宽调制，Σ－Δ 调制），因此可以实现良好的控制性能，如确保较大带宽。

通过在电力电子领域中一些常用的案例，本章首先介绍了一些针对变结构控制的基本概念。接下来，作为变结构控制设计过程通用算法的支撑，概述了相关数学分析。以 buck 和 boost DC－DC 变换器作为基准，通过两个案例研究说明了变结构控制的方法：第一个是单相功率因数校正变换器（PFCC）；第二个是三相电压源型变换器作为 PFCC，被认为是多输入多输出（MIMO）系统。强调了变结构控制和其他非线性控制方法之间的联系。本章结尾给出了两个已解决的习题和一些留给读者解决的问题。

13.1 本章简介

变结构控制理论起源于 Filippov（1960）和 Emelyanov（1967）早期的工作，研究工作涉及用微分方程描述的非线性系统，微分方程等号右边的项不连续，可能表现出滑动模式。在许多其他工作中这一理论得到进一步研究，如 Utkin（1972）和 Itkis（1976）。这种方法已经成熟（Utkin，1977；Hung 等，1993；Sira－Ramírez，1993；Young 等，1999；Levant，2007；Sabanovic 等，2004），而它的鲁棒性使得它延伸应用到许多工程和技术领域中；因此，变结构控制系统特别适用于非线性和/或时变系统，如机器人机械手（Slotine 和 Sastry，1983）、运动控制、电气传动（Utkin，1993；Šabanovic，2011）和可再生能源系统（Battista 等，2000）。

相关的文献在电力电子变换器控制领域是相当丰富的，如 Venkataramanan 等（1985）、Sira－Ramírez（1987，1988）、Malesani 等（1995）、Spiazzi 等（1995）、Carpita 和 Marchesoni（1996）、Mattavelli 等（1997）、Carrasco 等（1997），Martínez－Salamero 等（1998）、Guffon 等（1998）、Sira－Ramírez（2003）和 Tan 等（2005）的文章，这些只是一些文献所提供的参考内容。也有一些著名的教科书，例如 Sira－Ramírez 和 Silva－Ortigoza（2006）及 Tan 等（2011）的著作，书中提供了对于发展电力电子变换器的控制结构有用的理论和实践观点。

13.2 滑模曲面

滑模曲面的概念是与变结构控制有关的基本概念之一；它通过图 13.1 给出的 boost 变换器引入。这一结构的控制目标即调节电流i_L在参考值i_L^*。可以通过以下方式操作开关 H 实现：

$$H=\begin{cases}1, & i_L^* \geqslant i_L\\0, & i_L^* < i_L\end{cases} \tag{13.1}$$

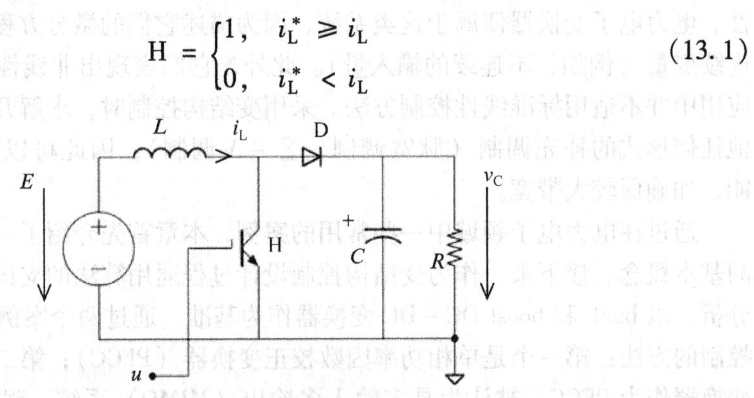

图 13.1 boost 变换器的电路

可以看到，电路在两种结构之间切换，它根据式（13.1）表达式的信号（见图 13.2b、c）改变结构：

$$s(x)=i_L^*-i_L \tag{13.2}$$

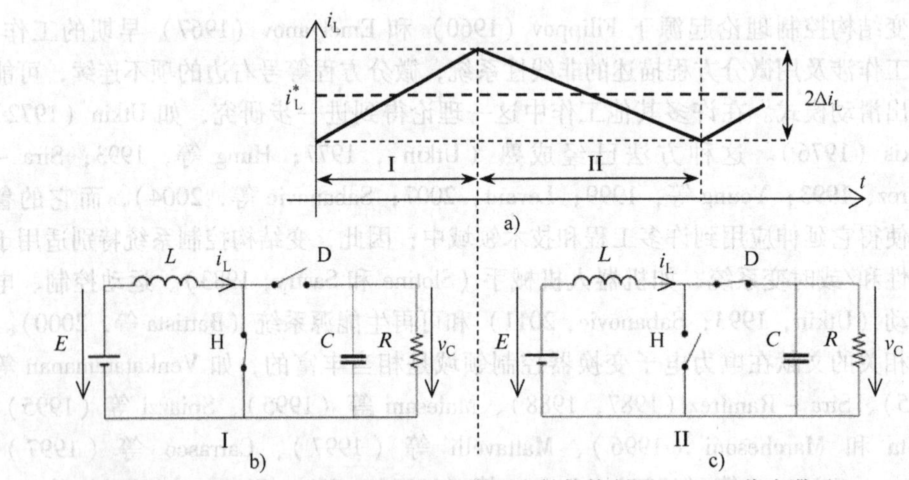

图 13.2 通过 boost 变换器电流调节说明变结构控制原理（Δi_L代表滞后）

这种结构的改变将这样一个系统命名为“变结构控制”。由于非瞬时开关，滞后也被考虑在内。这方面将在稍后讨论。

如果关注（v_C，i_L）状态空间行为，可以观察到电流i_L将在由曲线$i_L = i_L^*$（图 13.3）划分的两个区域之间切换，该区域被称为开关曲面。在一般的线性情况下，它与线性应用的内核相关，即一个超平面。

在图 13.3 中开关频率是有限的；在理论情况下，这个频率是任意大的（无限大）。因此，假设电流i_L瞬间开关，然后状态空间轨迹滑过定义为$i_L = i_L^*$的曲面。这个曲面上的动态被称为相应的滑动模态。相应的开关曲面叫作滑动曲面（Utkin, 1972）。

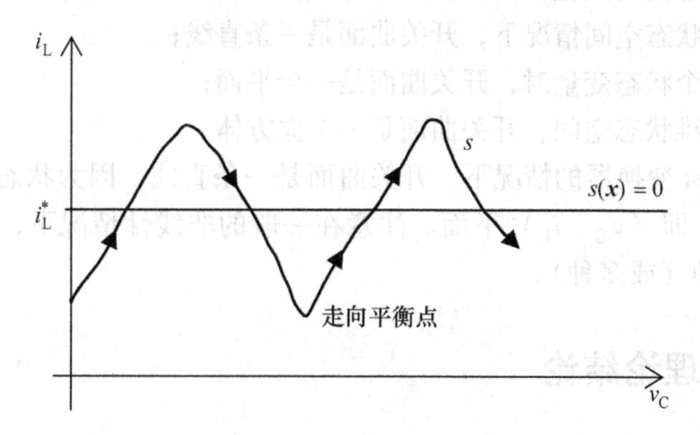

图 13.3　状态空间轨迹

图 13.4 给出了几种类型的开关曲面以及相关的状态空间轨迹。

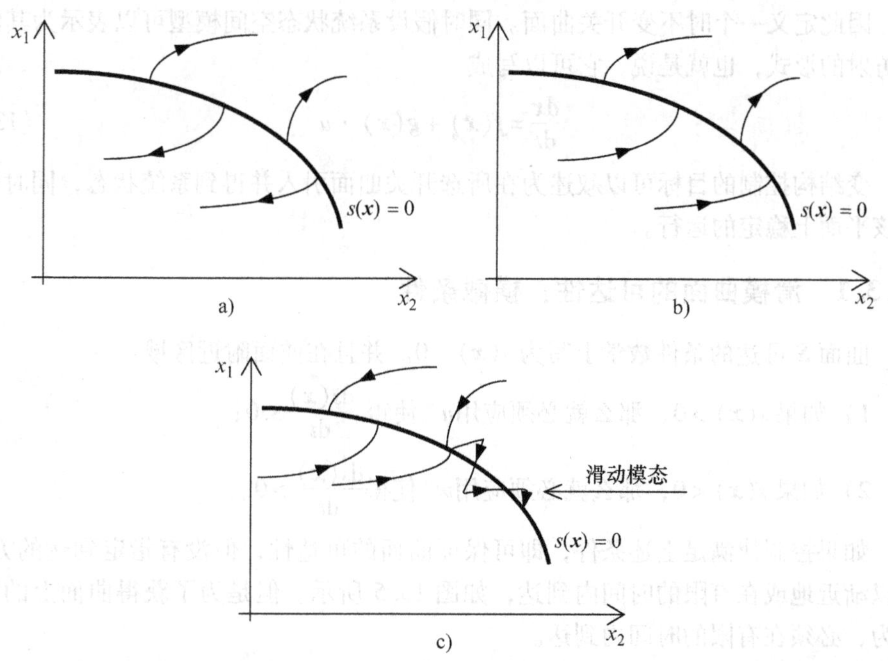

图 13.4　开关曲面类型举例：a）排斥曲面；b）折射曲面；c）滑动曲面和相关的滑动模态

单输出的情况下，对于n维状态空间，开关曲面维度是（$n-1$）。因此，在线性情况下，开关曲面是一个超平面，其数学上定义为线性形式的内核。例如，在$\mathbb{R}^n$中，开关曲面是关于n维子集$\boldsymbol{x}$的，x的特性是存在标量α_k，$k=1$，$2\cdots$，n，这样$s(\boldsymbol{x})=\sum_{k=1}^{n}\alpha_k x_k=0$。

如下是一些开关曲面为超曲面的特定情况：

1）如果状态空间只包含一个状态变量，开关曲面是一个点；

2）在二维状态空间情况下，开关曲面是一条直线；

3）当有三个状态变量时，开关曲面是一个平面；

4）对于四维状态空间，开关曲面是一个立方体。

在上述 boost 变换器的情况下，开关曲面是一条直线，因为状态空间实际上是一个状态平面，即（v_C，i_L）平面。注意在一般的非线性情况下，开关曲面是非线性形式的一种（或多种）。

13.3 通用理论结论

为了简单起见，让我们首先处理单输入单输出（SISO）情况以及时不变函数s：$\mathbb{R}^n\to\mathbb{R}$。集合$\boldsymbol{S}$定义为

$$\boldsymbol{S}=\{\boldsymbol{x}\in\mathbb{R}^n\text{有}\ s(\boldsymbol{x})=0\} \tag{13.3}$$

因此定义一个时不变开关曲面。同时假设系统状态空间模型可以表示为其输入量仿射的形式，也就是说，它可以写成

$$\frac{\mathrm{d}\boldsymbol{x}}{\mathrm{d}t}=\boldsymbol{f}(\boldsymbol{x})+\boldsymbol{g}(\boldsymbol{x})\cdot u \tag{13.4}$$

变结构控制的目标可以叙述为在所选开关曲面引入并得到系统状态，同时保证在该平面上稳定的运行。

13.3.1 滑模曲面的可达性：横截条件

曲面$\boldsymbol{S}$可达的条件数学上写为$s(\boldsymbol{x})=0$。并且在曲面附近区域：

1）如果$s(\boldsymbol{x})>0$，那么就必须应用u^+使得$\frac{\mathrm{d}s(\boldsymbol{x})}{\mathrm{d}t}<0$；

2）如果$s(\boldsymbol{x})<0$，那么就必须应用u^-使得$\frac{\mathrm{d}s(\boldsymbol{x})}{\mathrm{d}t}>0$。

如果控制律满足上述条件，即可保证曲面的可达性，但没有指定到达的方式。可以渐近地或在有限的时间内到达，如图 13.5 所示。但是为了获得曲面上的滑动行为，必须在有限的时间内到达。

渐近收敛意味着在无限的时间内到达曲面$\boldsymbol{S}$，可以解释为

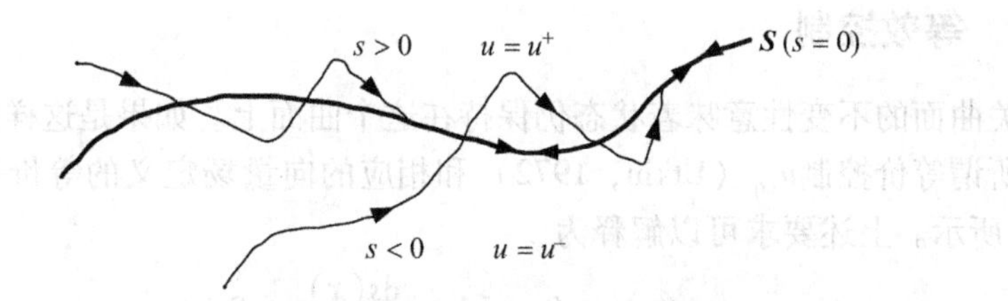

图 13.5 在有限的时间内曲面 **S** 可达性的直观平面表示

$$\lim_{s \to 0^+} \frac{ds(\boldsymbol{x})}{dt} = 0 \quad 和 \quad \lim_{s \to 0^-} \frac{ds(\boldsymbol{x})}{dt} = 0 \tag{13.5}$$

渐近收敛的例子是一个一阶系统：渐近达到其平衡点，并且在任何情况下不会有过冲。

更强的条件为在有限时间内到达曲面，在 **S** 附近时间导数 $\frac{ds(\boldsymbol{x})}{dt}$ 一定不能为零。在其附近，局部的，条件（13.5）为

$$\lim_{s \to 0^+} \frac{ds(\boldsymbol{x})}{dt} < 0 \quad 和 \quad \lim_{s \to 0^-} \frac{ds(\boldsymbol{x})}{dt} < 0 \tag{13.6}$$

通过使用第 10 章中定义的李导数，并且考虑系统动态，条件（13.6）变为

$$\lim_{s \to 0^+} (L_f s + u \cdot L_g s) < 0 \quad 和 \quad \lim_{s \to 0^+} (L_f s + u \cdot L_g s) > 0. \tag{13.7}$$

通过适当选择控制律得到

$$u = \begin{cases} u^+ & 如果\ s(\boldsymbol{x}) > 0 \\ u^- & 如果\ s(\boldsymbol{x}) < 0 \end{cases} \tag{13.8}$$

然后条件（13.7）可以重新写为

$$(L_f s + u^+ \cdot L_g s) < 0 \quad 和 \quad (L_f s + u^- \cdot L_g s) > 0 \tag{13.9}$$

观察到，由于向量场 $\boldsymbol{g}(\boldsymbol{x})$ 通过开关函数 u 切换，$\frac{ds(\boldsymbol{x})}{dt}$ 的符号发生变化。如果 $L_g s = 0$，不能保证条件（13.9）成立。达到开关曲面必要不充分条件是所谓的横截（或截击）条件

$$L_g s \neq 0 \tag{13.10}$$

图 13.6 中是上述条件直观的说明。事实上，$L_g s = 0$ 等效于 $\boldsymbol{ds} \cdot \boldsymbol{g} = 0$；后者标量积为零表示向量 $\boldsymbol{g}$ 和向量 $\boldsymbol{ds}$ 的正交性，$\boldsymbol{ds}$ 与 **S** 曲面垂直。换句话说，$\boldsymbol{g}$ 在 **S** 法线上没有分量。因此这个曲面没有呈现系统状态，也就是说，**S** 是不可到达的。

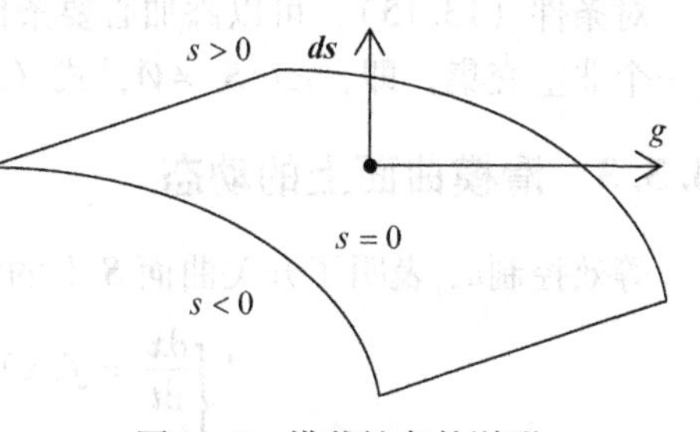

图 13.6 横截性条件说明

13.3.2 等效控制

开关曲面的不变性意味着状态仍保持在这个曲面上。如果是这样的话，状态会表现用所谓等价控制u_{eq}（Utkin，1972）和相应的向量场定义的等价平均行为，如图13.7所示。上述要求可以解释为

$$s(\boldsymbol{x}) = 0 \quad 和 \quad \frac{\mathrm{d}s(\boldsymbol{x})}{\mathrm{d}t} = 0 \tag{13.11}$$

这进一步等价为

$$L_f s + u_{eq} \cdot L_g s = 0 \tag{13.12}$$

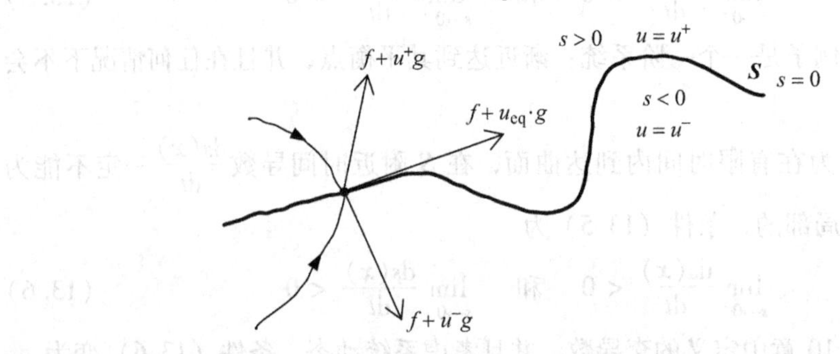

图13.7 根据Filippov（1960）曲面S上的等效平均行为

式（13.12）可以让我们得到等效控制的表达式

$$u_{eq} = -\frac{L_f s}{L_g s} = -\frac{\boldsymbol{ds}\cdot\boldsymbol{f}}{\boldsymbol{ds}\cdot\boldsymbol{g}} \tag{13.13}$$

这表明，等效控制存在与否取决于横截条件是否满足，即$L_g s \neq 0$。注意，在多变量的情况下，式（13.13）为

$$u_{eq} = \left(\frac{\partial s}{\partial \boldsymbol{x}}\cdot \boldsymbol{g}(\boldsymbol{x})\right)^{-1}\cdot\left(\frac{\partial s}{\partial \boldsymbol{x}}\cdot \boldsymbol{f}(\boldsymbol{x})\right) \tag{13.14}$$

滑动模态存在的充分必要条件表示为［可以在Sira－Ramírez（1988）找到证明］

$$\min\{u^-, u^+\} < u_{eq} < \max\{u^-, u^+\} \tag{13.15}$$

对条件（13.15），可以添加必要条件，满足条件（13.15）的区域$\boldsymbol{R}$与曲面$\boldsymbol{S}$有一个非空交集，即，$\boldsymbol{R}\cap\boldsymbol{S}\neq\emptyset$，式（13.3）定义了集合$\boldsymbol{S}$。

13.3.3 滑模曲面上的动态

等效控制u_{eq}表明了开关曲面$\boldsymbol{S}$上的滑模行为。通过系统动态描述系统为

$$\begin{cases}\dfrac{\mathrm{d}\boldsymbol{x}}{\mathrm{d}t} = \boldsymbol{f}(\boldsymbol{x}) + u_{eq}\cdot\boldsymbol{g}(\boldsymbol{x}) \\ s(\boldsymbol{x}) = 0\end{cases} \tag{13.16}$$

最后，需要闭环系统保持在曲面 $\boldsymbol{S}$ 上并且具有稳定的动态。因此，必须计算式（13.16）的平衡点，并验证它们是稳定的，且位于滑模存在的区域内。

以上提出的一般结果与理想滑模行为相关，假设了一个无限大开关频率。在实际应用中，滞后控制律的存在使得开关频率是有限的。这并不需要要重建理论基础，但应该考虑所谓的颤动现象，即在滑动曲面上的振荡行为（Levant，2010）。

13.4 变结构控制设计

13.4.1 通用算法

下面的算法描述了构建变结构控制律的步骤。它适用于 SISO 系统；不过对于多变量解耦结构，该方法是相同的。作为解释，将通过一个例子逐步地执行该算法。

13.4.2 应用实例

考虑图 13.8 中给出的 buck DC－DC 功率单元。为了构建一个可控电流源，控制目标为调节电感电流i_L。为此，采用以下符号：x_1是电感电流i_L，x_2是输出电压v_C。接下来，应用前面所述的算法。

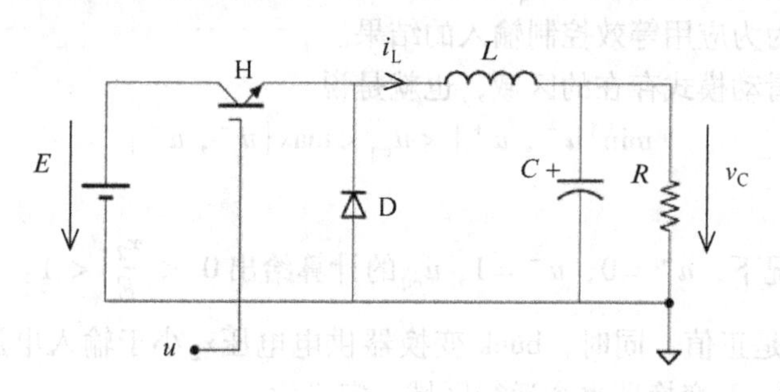

图 13.8　buck DC－DC 功率单元图

第一步　描述系统为

$$\frac{\mathrm{d}\boldsymbol{x}}{\mathrm{d}t}=\boldsymbol{f}(\boldsymbol{x})+\boldsymbol{g}(\boldsymbol{x})\cdot u$$

其中

$$\boldsymbol{f}(\boldsymbol{x})=\left[-\frac{v_C}{L}\quad \frac{i_L}{C}-\frac{v_C}{RC}\right]^{\mathrm{T}},\ \boldsymbol{g}(\boldsymbol{x})=\left[\frac{E}{L}\quad 0\right]^{\mathrm{T}}$$

并且 u 给出了受控开关 H 的状态：如果 $u=0$，H 导通；如果 $u=1$，H 关断。

第二步　调节电流到给定值i_L^*，得到开关曲面 $\boldsymbol{S}$，定义为

$$\boldsymbol{S}=\{(x_1,x_2)有\ s(x_1,x_2)=x_1-i_L^*=0\}$$

第三步 计算得到 $\boldsymbol{ds}=[1\ \ 0]$。

计算标量积 $\boldsymbol{ds}\cdot\boldsymbol{g}$ 得到

$$\boldsymbol{ds}\cdot\boldsymbol{g}=L_{g}s=[1\ \ 0]\cdot[E/L\ \ 0]^{\mathrm{T}}=E/L\neq 0$$

该式验证了横截条件。

第四步 s 的时间导数有

$$L_{f}s+u\cdot L_{g}s=\boldsymbol{ds}\cdot\boldsymbol{f}+u\cdot(\boldsymbol{ds}\cdot\boldsymbol{g})$$

展开该式得到

$$\frac{\mathrm{d}s}{\mathrm{d}t}=\frac{1}{L}\cdot(u\cdot E-x_2)$$

已知在 buck 变换器中输入电压 E 总是小于输出电压 v_{C}（即 x_2），选择控制输入 u 如下：

$$u=\begin{cases}0 & \text{如果 } s>0(x_1>i_{L}^{*})\text{，给出 } \mathrm{d}s/\mathrm{d}t<0\\ 1 & \text{如果 } s>0(x_1<i_{L}^{*})\text{，给出 } \mathrm{d}s/\mathrm{d}t>0\end{cases}\tag{13.17}$$

式（13.17）定义了滑模控制律。

第五步 得到等效控制输入为

$$u_{eq}=-\frac{L_{f}s}{L_{g}s}=\frac{x_2}{E}$$

要注意的是等效控制输入 u_{eq} 由占空比所表示。这说明在开关曲面 $\boldsymbol{S}$ 上，闭环系统的平均行为为应用等效控制输入的结果。

第六步 滑动模式存在的区域，也就是说

$$\min\{u^{-},u^{+}\}<u_{eq}<\max\{u^{-},u^{+}\}$$

是确定的。

在这种情况下，$u^{+}=0$，$u^{-}=1$，u_{eq} 的计算给出 $0<\dfrac{x_2}{E}<1$。已知电压 x_2 和 E 是正值，u_{eq} 总是正值。同时，buck 变换器供电电压 x_2 小于输入电压 E。最后，滑动模式存在于 buck 变换器整个运行区域，定义为

$$\boldsymbol{R}=\{(x_1,x_2)\text{有 }0<x_2<E\}$$

通过研究图 13.9 中（x_1，x_2）平面上区域 $\boldsymbol{R}$ 的表示，可以证明 $\boldsymbol{R}\cap\boldsymbol{S}\neq\varnothing$。

第七步 这一步涉及曲面 $\boldsymbol{S}$ 上的稳定性评估。

由式（13.12）给出曲面 $\boldsymbol{S}$ 上的系统动态，对所考虑的情况详细说明，给出

$$x_1=i_{L}^{*}\ \text{和}\ \frac{\mathrm{d}\boldsymbol{x}}{\mathrm{d}t}=\boldsymbol{f}(\boldsymbol{x})+u_{eq}\cdot\boldsymbol{g}(\boldsymbol{x})$$

由上式可得

$$\frac{\mathrm{d}x_2}{\mathrm{d}t}=\frac{i_{L}^{*}}{C}-\frac{x_2}{RC}\tag{13.18}$$

平衡点由 $x_{10}=i_{L}^{*}$ 和 $\dot{x}_2=0$ 给出，得到 $x_{20}=R\cdot i_{L}^{*}$。曲面 $\boldsymbol{S}$ 上的动态由式

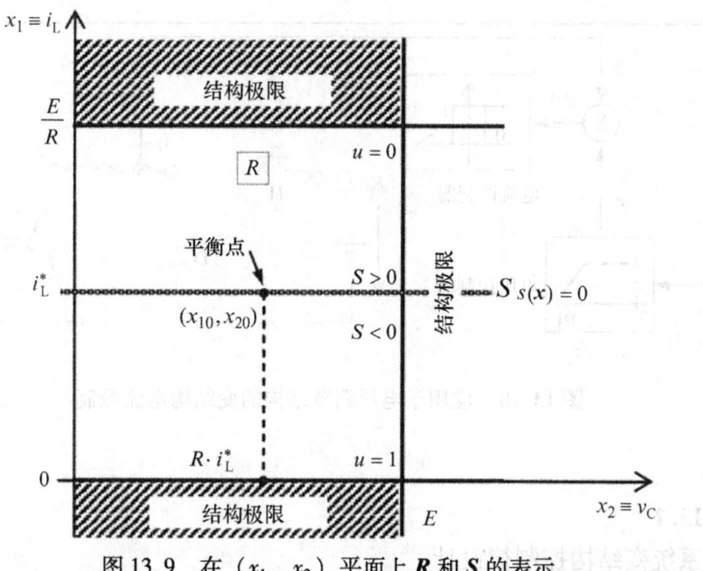

图 13.9 在（x_1，x_2）平面上 $\boldsymbol{R}$ 和 $\boldsymbol{S}$ 的表示

（13.18）定义，并且总是稳定的，因为它描述了一个时间常数等于 RC 的一阶系统。

备注：对电感电流i_L^*，配置任何值的平衡点都是不可能的。例如，如果$x_{20} = R \cdot i_L^* > E$，则位于一个滑动模式存在的区域之外。在任何情况下，选择电流参考都要遵守变换器结构上的限制：

1）i_L^* 必须小于 E/R；

2）i_L^* 必须是正值（x_{20}也必须是正值），这是一个不重要的条件。

这个阶段结束，可以认为问题已经得到解决。

如果考虑以相同方式控制输出电压v_C（即x_2）的可能性，会出现一个新的问题。如果定义开关曲面 $\boldsymbol{S}$ 为 $s(x) = v_C^* - x_2$，注意没有考虑横截条件，因为 $\boldsymbol{ds} = [0 \quad 1]$，已知 $\boldsymbol{g} = [E/L \quad 0]^T$，那么 $\boldsymbol{ds} \cdot \boldsymbol{g} = 0$。因此，通过变结构控制设计调节电压是不可能的。然而，还有一些可能的解决方案如下：

① 改变曲面 $\boldsymbol{S}$，因此横截条件保持成立（其表达式仍然包含参考值v_C^*）；

② 在v_C电压控制结构中，将先前研究的电感电流控制作为内环。

图 13.10 中的解决方案②给出了变结构控制设计的简单实现。除了已有的控制律，可以注意到，式（13.17）给出的电流控制律已修改为包括滞后模块；模块限制了器件 H 的开关频率。基于 PI 控制器的外环控制回路用于电压调节的目的，控制对象由式（13.18）给出。

13.4.3 实用设计方法

考虑系统的属性，可以简化算法 13.1 应用的步骤，得到实用设计方法，下面

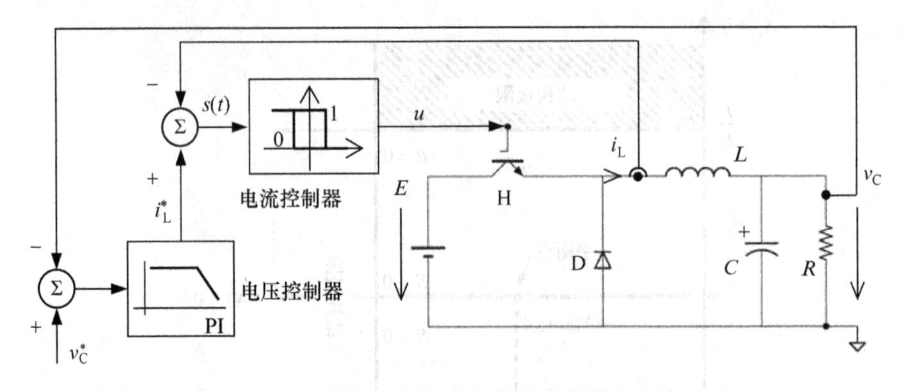

图 13.10　应用于电压调节结构的变结构电流控制

详细说明。

算法 13.1

SISO 系统变结构控制律设计

#1　通过强调开关函数写出开关模型，即将模型用一般形式表示为

$$\frac{\mathrm{d}\boldsymbol{x}}{\mathrm{d}t}=\boldsymbol{f}(\boldsymbol{x})+\boldsymbol{g}(\boldsymbol{x})\cdot u$$

#2　定义开关曲面 $\boldsymbol{S}$（基于参考需求）。

#3　验证横截条件

$$L_{\mathrm{g}}s=\boldsymbol{ds}\cdot\boldsymbol{g}\neq 0$$

#4　定义控制输入 u 满足以下关系：

$$(L_{\mathrm{f}}s+u^{+}\cdot L_{\mathrm{g}}s)<0 \quad 和 \quad (L_{\mathrm{f}}s+u^{-}\cdot L_{\mathrm{g}}s)>0$$

#5　计算等效控制输入

$$u_{\mathrm{eq}}=-\frac{L_{\mathrm{f}}s}{L_{\mathrm{g}}s}=-\frac{\boldsymbol{ds}\cdot\boldsymbol{f}}{\boldsymbol{ds}\cdot\boldsymbol{g}}$$

#6　定义区域 $\boldsymbol{R}$，$\min\{u^{-},u^{+}\}<u_{\mathrm{eq}}<\max\{u^{-},u^{+}\}$，并验证其与开关曲面 $\boldsymbol{S}$ 具有非空交集。

#7　在曲面 $\boldsymbol{S}$ 上评估等效动态并验证：

1）在 $\boldsymbol{S}$ 上系统稳定，

2）平衡点确实是位于 $\boldsymbol{R}\cap\boldsymbol{S}$ 交集内。

在曲面 $\boldsymbol{S}$ 上的等效动态不稳定的情况下，通过选择其他开关曲面找到一个稳定的解决方案。

13.4.3.1　横截条件

开关曲面时间导数的表达式［见第 10 章式（10.7）］为

$$\frac{\mathrm{d}s(\boldsymbol{x})}{\mathrm{d}t}=L_{\mathrm{f}(\mathrm{x})}s(\boldsymbol{x})+L_{\mathrm{g}(\mathrm{x})}s(\boldsymbol{x})\cdot u \tag{13.19}$$

在所分析的情况中，如果控制输入 u 明确地出现在 $\mathrm{d}s/\mathrm{d}t$ 的表达式中，那么显然$L_g s \neq 0$，这验证了横截条件。

因此，在前一个例子中 $s = x_1 - i_L^*$ 和 $\mathrm{d}s/\mathrm{d}t = \dot{x}_1 = -v_C/L + u \cdot E/L$。注意到，$u$ 明确出现；因此满足横截条件。

13.4.3.2 等效控制

由式（13.13）和式（13.19）发现，等效控制是方程 $\mathrm{d}s/\mathrm{d}t = 0$ 的解。

因此，在前面的例子中$u_{eq} = v_C/E$，与#5 提供的结果一样。

13.4.3.3 滑模曲面上的动态

在滑模曲面上，以下关系成立：$u = u_{eq}$ 和 $s = 0$。如果在式（13.4）给出的系统动态 $\mathrm{d}\boldsymbol{x}/\mathrm{d}t$ 中代入这些关系式，然后新的状态向量出现，其动态$\dot{z} = f(z, u_{eq})$描述了滑模曲面上的系统行为。

在前面的例子中，通过令 $u = u_{eq}$ 抵消了第一个状态（电流i_L）的动态，$s = 0$ 使得$i_L = i_L^*$，此式已代入 $\mathrm{d}\boldsymbol{x}/\mathrm{d}t$ 的第二个式子中。滑模曲面上的行为由电压方程唯一地给出：

$$\frac{\mathrm{d}v_C}{\mathrm{d}t} = \frac{i_L^*}{C} - \frac{v_C}{RC}$$

这与式（13.18）是相同的。

13.5 补充事项

本节致力于应对需要特别研究的更复杂的案例，提出变结构控制设计算法的具体步骤，即将重点关注：

1）如何处理时变开关曲面的情况，例如，正弦参考下的情况；

2）如何设计一个有吸引力的开关曲面；

3）当选择不明朗时，如何确定开关函数；

4）如何确保有限的开关频率。

13.5.1 时变开关曲面案例

不变的动态系统是一个动态不明显依赖于时间的系统。线性系统可能不是不变的，例如，buck 变换器用其开关模型描述：其结构在运行周期内变化；相反，相同变换器的平均模型提供了线性时不变结构。

在电力电子环境下，例如，在功率因数校正 PWM 整流器或有源滤波器的情况下，可以提出时间依赖开关曲面。在这些情况下，参考信号是正弦信号，或是含谐波污染的电流和其基波之间的差值。

$s(t)$的表达式可能不再包含参考，而是一个参考模型或跟踪模型。在这两种情况下，开关曲面取决于时间。

为了能够使用上面提到的方法和算法，必须

1）假定参考是常数，因此要研究对应于这些参考值的各种情况。

2）在系统中添加一个有常量导数的新状态变量；应用这种技巧，通过曲面表达式可以消除时间变量。

为了说明这些方法，确保单位功率因数，PWM 整流器将在 13.6 节作为第一个研究案例。

13.5.2 开关曲面的选择

确定达到开关曲面的条件强烈依赖于曲面本身的选择。下面描述获得开关曲面的三种方法，即直接法、李雅普诺夫方法和到达动态配置法。接下来的结果也适用于多变量的情况。

直接法来源于横截条件（算法 13.1 第四步总结）；这是针对前面关于 buck 变换器的例子做出的选择。这个非常简单的方法基于

$$\begin{cases} u = u^- \text{ 且 } \mathrm{d}s/\mathrm{d}t > 0 \text{ 如果 } s(\boldsymbol{x}) < 0 \\ u = u^+ \text{ 且 } \mathrm{d}s/\mathrm{d}t < 0 \text{ 如果 } s(\boldsymbol{x}) > 0 \end{cases} \tag{13.20}$$

如果写得更简洁，式（13.20）变为

$$s(\boldsymbol{x}) \cdot \frac{\mathrm{d}s(\boldsymbol{x})}{\mathrm{d}t} < 0 \tag{13.21}$$

必须记住式（13.20）或式（13.21）所表达的条件是全局性的，但它并不能保证在有限的时间内曲面的可达性。在多变量的情况下，再次使用式（13.20）或式（13.21），关于各种开关曲面列举s_i，组成$\boldsymbol{s} = [s_1 \quad s_2 \quad \cdots s_p]^{\mathrm{T}}$。

可以应用第 10 章叙述的李雅普诺夫稳定性定理去寻找变结构控制律的开关曲面。因此，一般（多变量）的情况下通过选择 $V(\boldsymbol{x}, t) = \boldsymbol{s}^{\mathrm{T}}\boldsymbol{s}$，在标量情况下这使得 $V(\boldsymbol{x}, t) = s^2$，可以验证 V 是李雅普诺夫函数。时间导数$\dot{V}(\boldsymbol{x}, t)$的计算给出了在第一种情况下的 $2\boldsymbol{s}^{\mathrm{T}}\dot{\boldsymbol{s}}$ 和在第二种情况下的 $2s\dot{s}$。然后，现有条件足以用来选择控制输入 $\boldsymbol{u}$（或 u）为

$$\frac{\mathrm{d}}{\mathrm{d}t}V(\boldsymbol{x}, t) \leqslant -K \cdot \|\boldsymbol{x}\| \ \forall \boldsymbol{x}, t$$

式中，为了确保限定时间收敛，K 是一个正增益。注意，如果状态空间的原点被当作平衡点，结果仍具有普遍性，因为它足以使状态变量充分变化。

选择开关曲面的第三种方法不仅假设在有限时间内到达曲面 $\boldsymbol{S}$，而且还假设了到达这个曲面的方式。这是由所谓的收敛规则定义的；这就是为什么这个方法可以被称为可控收敛方法。在这种情况下，曲面 $\boldsymbol{S}$ 可以被定义为一个不变函数 $\boldsymbol{s}(\boldsymbol{x})$。

如 Hung 等（1993）所述，收敛规律可以是：

1）在恒定速度时：

$$\frac{\mathrm{d}}{\mathrm{d}t}\boldsymbol{s}(\boldsymbol{x}) = -\boldsymbol{K}\cdot\mathrm{sgn}(\boldsymbol{s}(\boldsymbol{x})) \tag{13.22}$$

式中，定义 sgn 函数为

$$\mathrm{sgn}(s(\boldsymbol{x})) = [\,\mathrm{sgn}(s_1(\boldsymbol{x}))\quad \mathrm{sgn}(s_2(\boldsymbol{x}))\quad \cdots\quad \mathrm{sgn}(s_p(\boldsymbol{x}))\,]^{\mathrm{T}}$$

如果其参数是正的，sgn 函数取 1，否则取值 -1；$\boldsymbol{K}$ 是 $p\times p$ 对角矩阵，元素均为正值。

2）在速度为变量时（根据到 $\boldsymbol{S}$ 距离）：

$$\frac{\mathrm{d}}{\mathrm{d}t}\boldsymbol{s}(\boldsymbol{x}) = -\boldsymbol{K}\cdot\mathrm{sgn}(\boldsymbol{s}(\boldsymbol{x}) - \lambda\cdot\boldsymbol{s}(\boldsymbol{x})) \tag{13.23}$$

3）在以 $s_i(\boldsymbol{x})$ 幂的形式表示的受控速度时：

$$\frac{\mathrm{d}}{\mathrm{d}t}s_i(\boldsymbol{x}) = -k_{\mathrm{i}}\cdot|s_i(\boldsymbol{x})^r|\cdot\mathrm{sgn}(s_i(\boldsymbol{x})) - \lambda\cdot s_i(\boldsymbol{x}),\ i = 1,2,\cdots,p,0 < r < 1 \tag{13.24}$$

备注：式（13.22）是式（13.23）的特殊情况。在式（13.23）中 $\boldsymbol{K}$ 为零矩阵，不保证有限时间内向 $\boldsymbol{S}$ 收敛，因此没有滑动模态。直接方法的情况，即式（13.20）或式（13.21），是式（13.22）的特殊情况。

最后，对于变结构控制性能，开关曲面好的选择是至关重要的。它的表达式必须嵌入控制目标，如输出设定点，但必须通过实现简单的非线性运算来确保横截性条件，比如延时函数。通常，在实际中，开关曲面具有测量状态的功能（Buhler, 1986；Malesani 等，1995；Tan 等，2011）；为了保持一些内部状态变量（如电感电流）在合理的范围内，可能会对其进行改变。

13.5.3　开关函数的选择

一旦建立了 $\boldsymbol{s}$ 的表达式，必须找到开关函数（s）保证其能够实施。在先前研究的案例中这个很简单，但在多变量情况下这种选择可能会难得多。

假设已应用受控收敛方法得到变速开关曲面；因此，定义它为

$$\frac{\mathrm{d}}{\mathrm{d}t}\boldsymbol{s}(\boldsymbol{x}) = -\boldsymbol{K}\cdot\mathrm{sgn}(\boldsymbol{s}(\boldsymbol{x})) - \lambda\cdot\boldsymbol{s}(\boldsymbol{x})$$

并且，一方面已知系统动态，另一方面已知曲面的时间导数

$$\frac{\mathrm{d}\boldsymbol{s}(\boldsymbol{x})}{\mathrm{d}t} = \frac{\partial\boldsymbol{s}(\boldsymbol{x})}{\partial\boldsymbol{x}}\cdot\boldsymbol{f}(\boldsymbol{x}) + \left(\frac{\partial\boldsymbol{s}(\boldsymbol{x})}{\partial\boldsymbol{x}}\cdot\boldsymbol{g}(\boldsymbol{x})\right)\cdot\boldsymbol{u}$$

然后选择控制输入 $\boldsymbol{u}$ 为

$$\boldsymbol{u}(\boldsymbol{x}) = -\left(\frac{\partial\boldsymbol{s}(\boldsymbol{x})}{\partial\boldsymbol{x}}\cdot\boldsymbol{g}(\boldsymbol{x})\right)^{-1}\cdot\left(\frac{\partial\boldsymbol{s}(\boldsymbol{x})}{\partial\boldsymbol{x}}\cdot\boldsymbol{f}(\boldsymbol{x}) + \boldsymbol{K}\cdot\mathrm{sgn}(\boldsymbol{s}(\boldsymbol{x})) + \lambda\cdot\boldsymbol{s}(\boldsymbol{x})\right) \tag{13.25}$$

如果使用李雅普诺夫方法，由 $\boldsymbol{s}(\boldsymbol{x}) = 0$ 定义的曲面有助于构建李雅普诺夫函数 $V(\boldsymbol{x},t) = 2\,\boldsymbol{s}^{\mathrm{T}}\dot{\boldsymbol{s}}$；选择 $\boldsymbol{u}$，进而得到

$$\frac{\mathrm{d}}{\mathrm{d}t}V(\boldsymbol{x},t) \leqslant -\gamma \cdot \|\boldsymbol{x}\| \ \forall \boldsymbol{x}, t$$

或者

$$2 \cdot \boldsymbol{s}^{\mathrm{T}} \cdot \left(\frac{\partial \boldsymbol{s}(\boldsymbol{x})}{\partial \boldsymbol{x}} \cdot \boldsymbol{f}(\boldsymbol{x}) + \frac{\partial \boldsymbol{s}(\boldsymbol{x})}{\partial \boldsymbol{x}} \cdot \boldsymbol{g}(\boldsymbol{x}) \cdot \boldsymbol{u}\right) \leqslant -\gamma \cdot \|\boldsymbol{x}\|, \ \forall \boldsymbol{x}, t \tag{13.26}$$

备注：如果受控系统的确为变结构控制，这意味着开关函数取离散值，更容易理解式（13.26）。对于式（13.25），情况不是这样的，它提供了控制输入向量 $\boldsymbol{u}$ 的连续值。只有在后一种情况下，基于连续时间系统的推断才能完成，$\boldsymbol{u}$ 可以取无限多值，这是适合于 bang - bang 类型的方法。

因此，所做推断必须适应经典变结构控制问题。例如，一个带有变增益继电器的解耦系统的情况，其中，通过取 $\boldsymbol{u}$ 的分量$u_i(\boldsymbol{x})$解决问题

$$u_i(\boldsymbol{x}) = \begin{cases} k_i^+ & 如果\ s_i(\boldsymbol{x}) > 0 \\ k_i^- & 如果\ s_i(\boldsymbol{x}) < 0 \end{cases} \tag{13.27}$$

选择继电器增益$k_i^+(\boldsymbol{x})$和$k_i^-(\boldsymbol{x})$满足式（13.25）。

通过选择控制输入的形式为 $\boldsymbol{u} = \boldsymbol{u}_{\mathrm{eq}} + \Delta \boldsymbol{u}$，可以“局部”构建控制连续时间系统的“非自然”方法，借助于变结构控制设计，这样的推断又回到已经提出的经典方法和算法（DeCarlo 等，2011）。

在多变量的情况下得到（$n-p$）维开关曲面，该曲面是不同曲面分量s_i之间的交集。

在系统自然解耦情况下，变结构控制问题简化为标量情况：无论 p 取值如何变化，曲面都是可独立达到的。在 DC 电路里带电容分压器的三相四线逆变器是说明这种情况的例子。

相反地，如果系统没有解耦，必须是以下两者之一：

1）使变量改变，使得任何开关函数只影响单个开关函数；

2）找到初步解耦控制律 $\boldsymbol{u} = \boldsymbol{F}(\boldsymbol{x}, \boldsymbol{u}')$，函数$u'_i$仅影响其分别对应的曲面$s_i$。

考虑一个说明无法解耦情况的案例研究：基于三相电压源型逆变器（没有中性线）。

曲面s_i可以依次到达；因此，单个控制输入u_i每次都会开关。这种方法也可以是全局性的。在这种情况下，选择不同的函数u_i，使得得到向量场产生的状态直接去合成开关曲面，即分量s_i的交集。

13.5.4 开关频率的局限性

上述结果假设了一个无限频率的开关函数；因此，向量从曲面一边到另一边瞬间开关。在实际中系统并不是无限快的，即使电力电子开关性能越来越好，它们的动作也总会引入延迟，将或多或少地改变状态空间系统轨迹。

图 13.11 表示在二阶系统状态平面上的理想滑模轨迹。可以认为，向量场在曲

面 S 上产生状态轨迹，然后将轨迹引向平衡点（这里任意选为原点）。

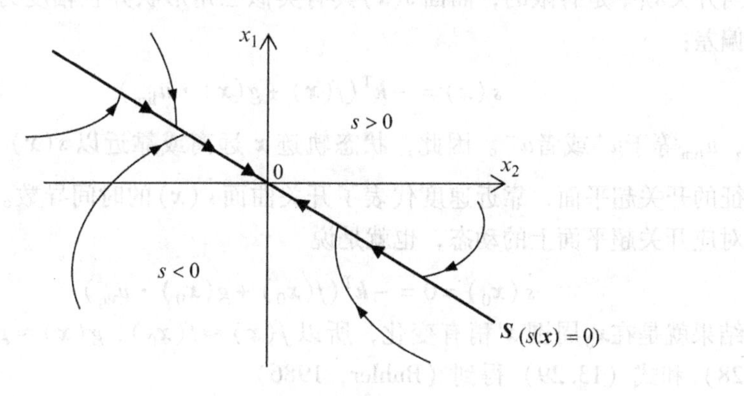

图 13.11　没有滞后的状态轨迹

很多方法都能用来减小开关频率到一个合适的值，下面以两种方法为例进行介绍。

图 13.12 显示了宽度设置为 Δ 的滞后的影响。围绕曲面 S 在间隔 Δ 中进行开关串联。围绕从未到达的平衡点出现了一个现象——状态平面轨迹聚拢在这一点上形成一个极限环。这是一种不好的现象，必须减小；它被称为颤动。然而，变换器开关速度越快，极限环的曲面越小，则周围曲面 S 的振荡也越小。

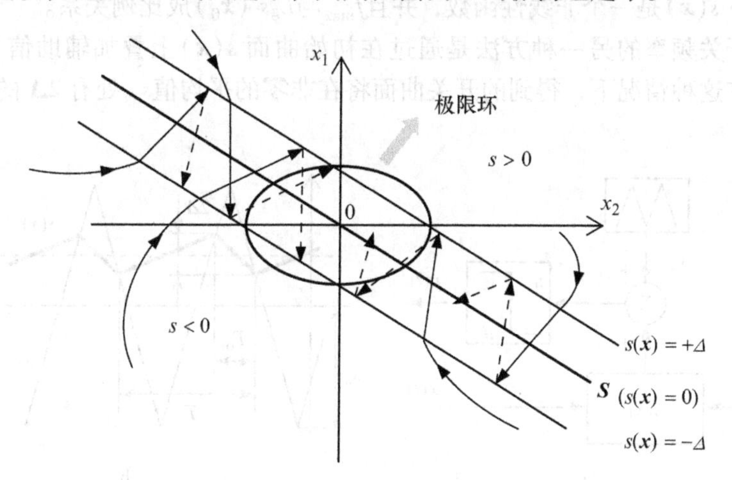

图 13.12　带有滞后的状态轨迹

在电力电子变结构控制实践中，必须允许一些电流和电压的幅度变化，从而得到合理的高开关频率。

例如，获得的滑模曲面为采用反馈向量$\boldsymbol{k}^{\mathrm{T}}$的状态的线性组合。因此

$$\dot{s}(\boldsymbol{x})=-\boldsymbol{k}^{\mathrm{T}}\dot{\boldsymbol{x}}$$

当开关频率是有限的，曲面$s(\boldsymbol{x})$具有类似三角形状并且幅度为Δ，$\dot{s}(\boldsymbol{x})$与零稍有偏差：

$$\dot{s}(\boldsymbol{x}) = -\boldsymbol{k}^{\mathrm{T}}(f(\boldsymbol{x}) + g(\boldsymbol{x}) \cdot u_{\lim}) \tag{13.28}$$

式中，$u_{\lim}$等于u^+或者u^-。因此，状态轨迹$\boldsymbol{x}$远离或靠近以$s(\boldsymbol{x})=0$和$\dot{s}(\boldsymbol{x})=0$为特征的开关超平面，靠近速度代表了开关曲面$\dot{s}(\boldsymbol{x})$的时间导数。令状态向量$\boldsymbol{x}_0$的值对应开关超平面上的动态，也就是说

$$\dot{s}(\boldsymbol{x}_0) = 0 = -\boldsymbol{k}^{\mathrm{T}}(f(\boldsymbol{x}_0) + g(\boldsymbol{x}_0) \cdot u_{\mathrm{eq}}) \tag{13.29}$$

结果就是在$\boldsymbol{x}_0$周围$\boldsymbol{x}$稍有变化，所以$f(\boldsymbol{x}) \approx f(\boldsymbol{x}_0)$，$g(\boldsymbol{x}) \approx g(\boldsymbol{x}_0)$。结合式（13.28）和式（13.29）得到（Buhler，1986）

$$\dot{s}(\boldsymbol{x}) = -\boldsymbol{k}^{\mathrm{T}} g(\boldsymbol{x}_0)(u_{\lim} - u_{\mathrm{eq}}) \tag{13.30}$$

通过分别用u^+和u^-代替$u_{\lim}$，用式（13.30）计算子区间时间间隔T_{on}和T_{off}的值。因此，控制律中引入宽度为$\boldsymbol{\Delta}$的滞后是限制开关频率的一种方式（Buhler，1986）：

$$f_{\max} = \frac{\boldsymbol{k}^{\mathrm{T}} g(\boldsymbol{x}_0)}{8\boldsymbol{\Delta}}(u^+ - u^-) \tag{13.31}$$

上式表明，可以通过选择滞后值或状态反馈向量$\boldsymbol{k}^{\mathrm{T}}$影响开关频率。请注意，在一般情况下$s(\boldsymbol{x})$是一个非线性函数，并且$f_{\max}$与$L_g s(\boldsymbol{x}_0)$成比例关系。

限制开关频率的另一种方法是通过在初始曲面$s(\boldsymbol{x})$上叠加辅助信号，例如，三角波。在这种情况下，得到的开关曲面将在非零的平均值s_{av}处有$2\boldsymbol{\Delta}$的纹波（见图13.13）。

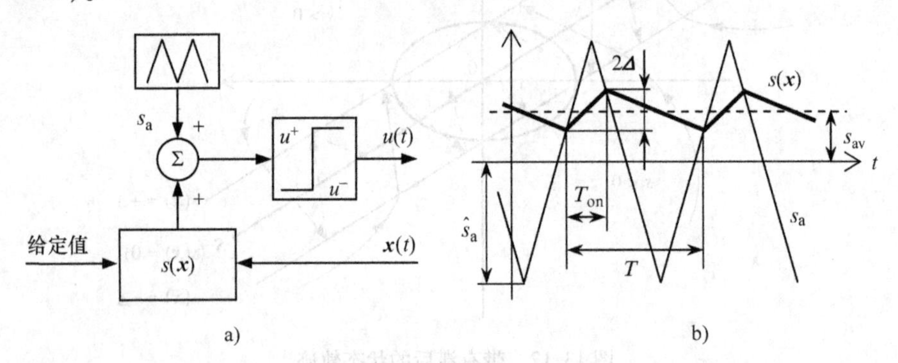

图13.13 在开关曲面叠加辅助信号：a）框图；b）相关波形

如前面的情况一样，假设开关曲面是通过线性状态反馈获得的。因此，$\dot{s}(\boldsymbol{x})$由式（13.30）得到，用于计算子区间T_{on}和T_{off}，然后是开关频率f。设置开关频率上界$f_{\max}$，将决定滞环宽度的下限，因此这些变量的关联如下式所示（Buhler，1986）：

$$\Delta = \boldsymbol{k}^{\mathrm{T}} g(\boldsymbol{x}_0) \cdot \frac{(u^{+} - u_{\mathrm{eq}})(u_{\mathrm{eq}} - u^{-})}{u^{+} - u^{-}} \cdot \frac{1}{2f}$$

根据实际的运行点，开关曲面平均值s_{av}可能在$-\hat{s}_{\mathrm{a}}$和$+\hat{s}_{\mathrm{a}}$之间取值（见图 13.13b）。一旦选定开关频率，必须考虑到这一事实，为了确保正确的运行，在最不利的条件下，辅助信号s_{a}的斜率必须大于开关曲面$s(\boldsymbol{x})$的斜率。经过一些代数运算之后，这个条件转换为三角波开关频率和振幅$\hat{s}_{\mathrm{a}}$之间的关系（Buhler，1986）：

$$\hat{s}_{\mathrm{a}} > \frac{\boldsymbol{k}^{\mathrm{T}} g(\boldsymbol{x}_0)(u^{+} - u^{-})}{4f_{\max}}$$

用这种方法可以有效地设计辅助信号参数。

图 13.13a 的另一个版本通过用滞后代替符号函数产生。相关的波形如图 13.14 所示（Spiazzi 等，1995）。在这种情况下，对开关频率约束的限制较少。

注意，上面提到的限制开关频率的技术列表并不详尽。例如，也可以用锁相环来控制滞环宽度（Malesani 等，1996；Guffon，2000）。

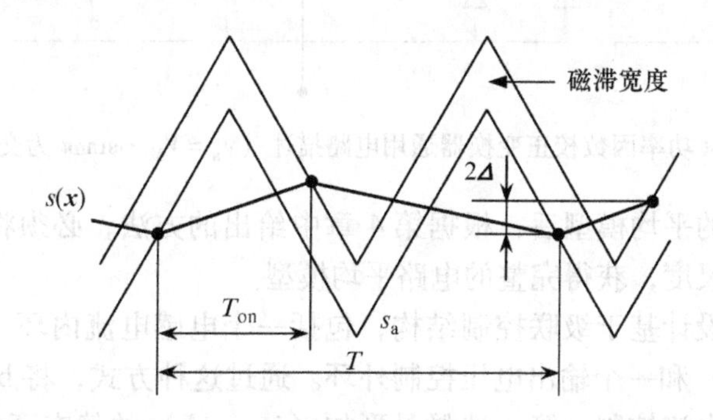

图 13.14　在带有滞后控制的曲面叠加辅助信号：相关波形

13.6　案例分析

电力电子变换器为变结构控制提供了丰富的应用领域。增加运行频率和开关功率适用于各种应用，包括功率因数校正整流、有源滤波、无功补偿、可再生能源变换系统控制。

主要的好处在于改善闭环响应时间和鲁棒性。选择以下案例研究的原因是，从教学的角度来看它们具有代表性。

13.6.1　单相 boost 功率因数校正变换器变结构控制

考虑图 13.15 所示变换器。其目标是输出一个恒定的直流电压，同时减少从电网吸收的电流的谐波含量，并确保在单位功率因数运行。

主要控制目标是调节输出电压，（在一个可接受的功率范围内）不考虑负载。一个约束条件是保持交流电流i_a为正弦，与电网电压v_a同相位。用以实现这两个需求的单相控制输入为：boost 变换器中开关导通/截止控制信号 u（见图 13.15）。

为了实现上述目标，必须通过写出以下几项的开关函数来获得每一个子电路的开关模型：

1）采用一个恒定正电压 E 的 boost 变换器；

2）电压v_a作为输入，E 作为输出电压的二极管整流器；

3）各个变量之间存在耦合的整个电路。

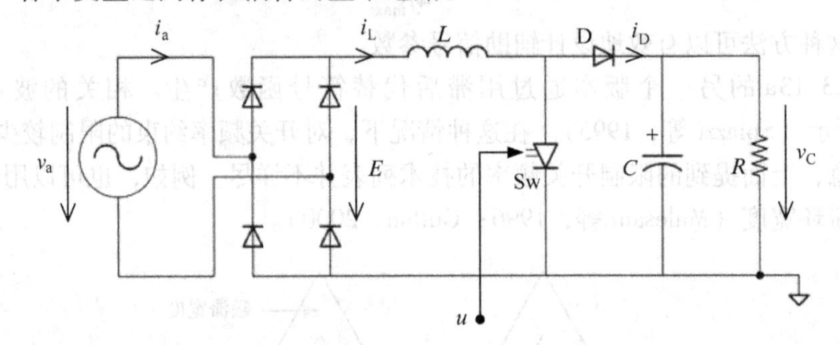

图 13.15　boost 功率因数校正变换器通用电路描述（$v_a = V_M \cdot \sin\omega t$ 为交流电网电压）

建立整流器的平均模型后，根据第 4 章中给出的方法，必须将模型带回 boost 变换器开关时间尺度，获得完整的电路平均模型。

变结构控制设计基于级联控制结构，包括一个电感电流内环（假设电压 E 是常量来计算电流）和一个输出电压控制外环。通过这种方式，将 boost 变换器与整流器解耦。对于电流控制，第一选择是形如（$i_L - i_L^*$）的静态开关曲面，然后是动态开关曲面$i_L^* = I_M|\sin\omega t|$，$v_a$被认为是相原点，从而允许从电网得到一个正弦输入电流。然后，可以推断得到当到达开关曲面时输出电压的平均行为。最后，可以对电压外环建议一个解决方案。

接下来将分三个部分讲述上述问题相关的研究，分别针对建模、带恒定开关曲面的滑模控制和用于单位功率因数运行的带可变开关曲面的滑模控制。

1. 建模

由第 3 章指示的步骤，可以获得 boost 功率变换器的开关模型

$$\frac{\mathrm{d}}{\mathrm{d}t}\boldsymbol{x} = \boldsymbol{f}(\boldsymbol{x}) + \boldsymbol{g}(\boldsymbol{x}) \cdot u$$

式中，$\boldsymbol{x} = [i_L \quad v_C]^T$为状态向量；有

$$\boldsymbol{f}(\boldsymbol{x}) = \begin{bmatrix} 0 & -\dfrac{1}{L} \\ \dfrac{1}{C} & -\dfrac{1}{RC} \end{bmatrix} \cdot \begin{bmatrix} x_1 \\ x_2 \end{bmatrix} + \begin{bmatrix} \dfrac{E}{L} \\ 0 \end{bmatrix},\ \boldsymbol{g}(\boldsymbol{x}) = \begin{bmatrix} \dfrac{x_2}{L} \\ -\dfrac{x_1}{C} \end{bmatrix} \tag{13.32}$$

二极管整流器具有如下特性：其输出电压 E 等于交流电压 v_a 的绝对值。这同样适用于直流电流 i_L 与从交流电网获取的电流 i_a。因为电流 i_a 的符号决定哪些二极管导通，所以直流变量的表达式分别是 $E = v_a \cdot \mathrm{sgn}(i_a)$ 和 $i_L = i_a \cdot \mathrm{sgn}(i_a)$；已经定义函数“sgn”为

$$\mathrm{sgn}(x) = \begin{cases} 1 & \text{如果} \quad x \geqslant 0 \\ -1 & \text{如果} \quad x < 0 \end{cases}$$

通过证实上面的结果并展开式（13.32），可以得到

$$\begin{cases} \dot{x}_1 = -\dfrac{1}{L}(V_M \cdot \sin(\omega t) \cdot \mathrm{sgn}(i_a) - x_2 \cdot u) \\ \dot{x}_2 = \dfrac{1}{C}\left(x_1 - \dfrac{x_2}{R} - x_1 \cdot u\right) \end{cases} \tag{13.33}$$

这是已经获得的全局电路开关模型。请注意，由于在单位功率因数运行，$\mathrm{sgn}(i_a) = \mathrm{sgn}(\sin\omega t)$。

二极管整流器平均模型没有动态，因为它不包含储能元件。因此，当它的输出电流 i_L 非零，采用 $E = |v_a|$，也意味着信号 i_a 和 v_a 是同相的。这意味着二极管整流器在一个周期（电网电压）内输出的平均值是

$$\langle E \rangle_0 = \frac{2}{\pi} \cdot V_M$$

boost 变换器时间尺度下完整的电路平均模型假设在第一阶段电压 E 为常数；因此，采用式（13.32）给出的模型为初步计算的基础。

2. 恒定开关曲面情况

（1）变结构控制设计

变结构控制可以由几个结论验证：

1）控制动作必须确保非常准确的电流基准跟踪；这意味着闭环系统带宽必须非常大。

2）由一个二进制开关信号操作静态开关 Sw。

3）boost 功率变换器非线性行为取决于运行点。

注意控制 i_L 也意味着控制 i_a，因为两个信号之间是直接代数联系的，也就是说，$i_a = i_L \cdot \mathrm{sgn}(i_a)$。推导变结构控制律时，可以使用数学方法（也就是说，遵循算法 13.1 的步骤）或者实用方法。

给出 boost 功率单元的开关模型和开关曲面，数学方法首先验证横截条件（$L_g s \neq 0$）。已知 $s(\boldsymbol{x}) = x_1 - i_L^*$ 和 $\boldsymbol{g}(\boldsymbol{x}) = [x_2/L \quad -x_1/C]^T$，可以获得

$$L_g s = \boldsymbol{ds} \cdot \boldsymbol{g}(\boldsymbol{x}) = [1 \quad 0] \cdot [x_2/L \quad -x_1/C]^T = x_2/L$$

考虑横截条件意味着 $x_2 \neq 0$（非零输出电压），与 boost 电路运行的情况相符。

使用实用方法，可以直接选择控制输入 u，以确保能 $s(\boldsymbol{x}) \cdot s(\dot{\boldsymbol{x}}) < 0$，或者说等价于 $\mathrm{sgn}(s(\dot{\boldsymbol{x}})) = -\mathrm{sgn}(s(\boldsymbol{x}))$。计算揭示了以下内容：

1）如果 $s(\boldsymbol{x})>0$，那么选择 u 使得 $E+(1-u)x_2<0$；

2）如果 $s(\boldsymbol{x})<0$，那么选择 u 使得 $E+(1-u)x_2>0$。

已知在正常运行状态下，boost 输出电压x_2大于 E，u 的选择为

1）如果 $s(\boldsymbol{x})>0$，那么 $u=u^+=0$；

2）如果 $s(\boldsymbol{x})<0$，那么 $u=u^-=1$。

在电路图（图 13.15）中可以快速验证：当执行条件$i_L>i_L^*$［等效于条件 $s(\boldsymbol{x})>0$］时，如果开关导通（这意味着 $u=u^+=0$），电流i_L将开始减小，导致 $ds/dt<0$。同样方法可以验证条件$i_L<i_L^*$最终会导致 $s(\boldsymbol{x})$的梯度增大。

（2）等效控制输入

等效控制输入u_{eq}的计算给出：

$$u_{eq}=1-\frac{E}{x_2}$$

注意到，这个变量正是 boost 变换器的占空比。

滑模存在的区域是由（x_1，x_2）所描述的几何轨迹，由 $0<u_{eq}<1$ 定义，也就是相当于 $0<E<x_2$。当 boost 变换器正常运行时，满足后者的不等式。滑动区域提供了一个非空交集，所选开关曲面 $\boldsymbol{S}$ 位于其中。

（3）滑模曲面上的动态

现在可以分析 $\boldsymbol{S}$ 上的动态。因为已经到达曲面 $\boldsymbol{S}$，$x_1=i_L^*$，$u=u_{eq}$，所以给出系统等效动态为

$$\frac{d}{dt}x_2=\frac{1-u_{eq}}{C}\cdot i_L^*-\frac{x_2}{RC}$$

经过一些整理后得到

$$\frac{d}{dt}x_2=\frac{E}{C}\cdot\frac{1}{x_2}\cdot i_L^*-\frac{x_2}{RC} \tag{13.34}$$

基于式（13.34），推导出平衡点如下：

$$x_{20}=\pm\sqrt{R\cdot i_L^*\cdot E}$$

显然，只考虑正平衡点$x_{20}=\sqrt{R\cdot i_L^*\cdot E}$。

关于曲面 $\boldsymbol{S}$ 上的稳定性评估，可在两个方面处理，即：

1）研究在平衡点x_{20}处小信号系统模型传递函数的极点；

2）研究能量函数$V(x_2)=\dfrac{1}{2}Cx_2^2$ 的动态。

如果使用第一种方法，点x_{20}周围的小信号模型为

$$\frac{d}{dt}\widetilde{x}_2=\frac{1}{C}\sqrt{\frac{E}{R\cdot I_L^*}}\cdot\widetilde{i}_L^*-2\frac{\widetilde{x}_2}{RC} \tag{13.35}$$

式中，$\widetilde{i_L^*}=x_1-i_L^*$，$\widetilde{x_2}=x_2-x_{20}$；等效于$\widetilde{x_2}/\widetilde{i_L^*}$的传递函数用一阶稳态传递函数

描述，其具有时间常数 $RC/2$，因此曲面 $\boldsymbol{S}$ 上的小信号动态是稳定的。

第二种方法是利用能量函数的导数

$$\frac{\mathrm{d}}{\mathrm{d}t}V = -2\frac{V}{RC} + E \cdot i_{\mathrm{L}}^{*} \tag{13.36}$$

注意式（13.36）给出的大信号模型是线性的和稳定的，这也证实了先前的结果。

（4）滑动模态存在的区域

滑动模态存在的区域（之前推导过）是 $0 < E < x_2$。在这区域内，包含平衡点的条件是

$$x_{20} = \sqrt{R \cdot i_{\mathrm{L}}^{*} \cdot E} > E$$

使得电流参考满足$i_{\mathrm{L}}^{*} > E/R$。图13.16给出了曲面 $\boldsymbol{S}$ 上滑动模态存在的区域。

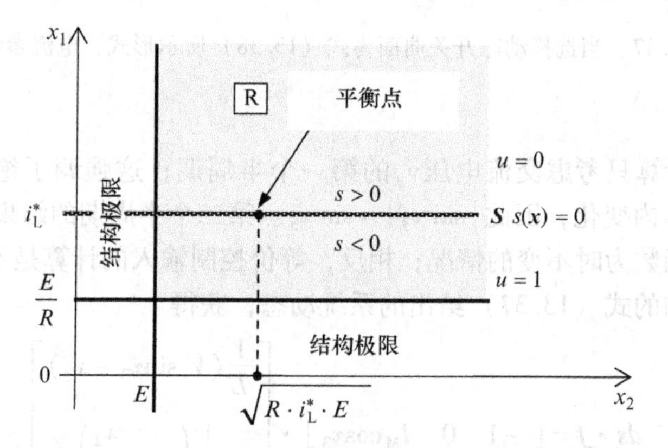

图13.16 boost功率因数校正变换器滑动模态存在的区域

3. 在单位功率因数运行时动态开关曲面的选择

下面，考虑动态曲面，也就是说，i_{L}不再是一个常数，而是随时间变化的（见图13.17）：

$$s(\boldsymbol{x}) = |I_{\mathrm{M}}\sin\omega t| - x_1$$

通过引入人工状态，$x_3 \equiv \omega t$，式（13.33）变为

$$\begin{cases} \dot{x}_1 = -\dfrac{1}{L}(V_{\mathrm{a}}|\sin x_3| - x_2 + x_2 \cdot u) \\ \dot{x}_2 = \dfrac{1}{C}\left(x_1 - \dfrac{x_2}{R} - x_1 \cdot u\right) \\ \dot{x}_3 = \omega \end{cases} \tag{13.37}$$

$s(\boldsymbol{x})$可以写成

$$s(\boldsymbol{x}) = |I_{\mathrm{M}}\sin x_3| - x_1 \tag{13.38}$$

这一设置确保了电流从交流电网获取，并且i_{a}是正弦的，与电网电压相位v_{a}同

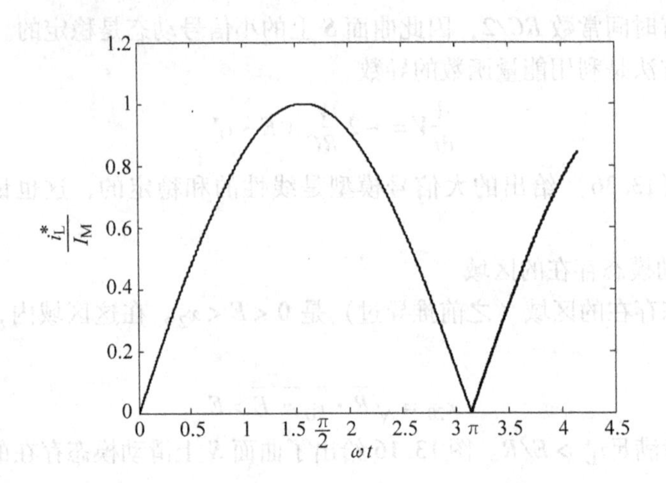

图 13.17　当选择动态开关曲面为式（13.38）所示形式，电流参考i_L^*相位。

接下来的计算只考虑交流电压v_a的第一个半周期；这强调了绝对值函数的使用。x_3在$[0, \pi)$内变化，因此$|\sin x_3| = \sin x_3$。第二个半周期的结果是相等的。

选择开关函数为时不变的情况；相反，等价控制输入的计算是不同的。使用它的定义式和已知的式（13.37）给出的系统动态，获得

$$\boldsymbol{ds} \cdot \boldsymbol{f} = [\,-1 \quad 0 \quad I_M \cos x_3\,] \cdot \begin{bmatrix} \dfrac{1}{L}(V_a \sin x_3 - x_2) \\ \dfrac{1}{C}\left(x_1 - \dfrac{x_2}{R}\right) \\ \omega \end{bmatrix}$$

$$\boldsymbol{ds} \cdot \boldsymbol{g} = [\,-1 \quad 0 \quad I_M \cos x_3\,] \cdot \begin{bmatrix} x_2/L \\ -x_1/C \\ 0 \end{bmatrix}$$

因此，等效控制输入写成

$$u_{eq} = -\frac{\boldsymbol{ds} \cdot \boldsymbol{f}}{\boldsymbol{ds} \cdot \boldsymbol{g}} = 1 - \frac{V_a \sin x_3 - L\omega \cdot I_M \cos x_3}{x_2} \tag{13.39}$$

由于滑动模态的存在条件没有改变，$0 < u_{eq} < 1$，变量x_2是正的，由于结构性问题，前面的不等式可以写成

$$x_2 > V_a \sin x_3 - L\omega \cdot I_M \cos x_3 > 0$$

或者，等价于

$$x_2 > V_a \left(\sin x_3 - \frac{L\omega \cdot I_M}{V_a} \cdot \cos x_3 \right) > 0 \tag{13.40}$$

因为$L\omega \cdot I_M / V_a$代表一个正实数，所以存在$\alpha \in [0, \pi/2)$，这样正切值为

$$\tan\alpha = \frac{L\omega \cdot I_M}{V_a} \tag{13.41}$$

使得式（13.40）变成

$$x_2 > \frac{V_a}{\cos\alpha}\sin(x_3 - \alpha) > 0$$

从式（13.41）可以推导出 $\cos\alpha = V_a/\sqrt{V_a^2 + (L\omega \cdot I_M)^2}$，最终得到

$$x_2 > \sqrt{V_a^2 + (L\omega \cdot I_M)^2} \cdot \sin(x_3 - \alpha) > 0 \tag{13.42}$$

式（13.42）给出了滑动模态存在的区域，提供了关于如何设计功率因数校正变换器组件的信息；它还帮助理解了为什么闭环电路在开始的每半周期不工作。事实上，条件 $\sqrt{V_a^2 + (L\omega \cdot I_M)^2} \cdot \sin(x_3 - \alpha) > 0$ 对于正弦函数的参数设置到 0 ~ π 之间是有效的。这等于说当x_3的值介于 0 ~ α 之间时条件（13.42）不满足，所以在v_a每个周期的开始，滑动模态不出现在第一个 α/ω 秒。

除了这方面，在满足不等式$x_2 > \sqrt{V_a^2 + (L\omega \cdot I_M)^2}$的同时，还需要考虑实际电路设计中要求的$x_2 \equiv v_C$（输出电压）。例如，当$v_C$太小时，若没有因此降低$V_a$的值，并相应减小电感 L，电路将不能正常工作。

（1）开关曲面上的等效动态

所选可变滑动曲面上等效动态描述为

$$\frac{dx_2}{dt} = \frac{x_1}{C} \cdot (1 - u_{eq}) - \frac{x_2}{RC}$$

式中，u_{eq}由式（13.39）给出；x_1由式（13.38）给出；$s(\boldsymbol{x}) = 0$。因此，此动态为

$$\frac{dx_2}{dt} = \frac{V_a \cdot I_M}{x_2 C}(\sin x_3)^2 - \frac{L\omega \cdot I_M^2}{x_2 C}\sin x_3 \cos x_3 - \frac{x_2}{RC} \tag{13.43}$$

注意，整流器的主要目标是提供一个常数和无噪声的输出电压（因此选择电容 C）；因此，关注的变量之一是x_2的平均值。如果对式（13.43）在v_a的一个周期内取平均（这意味着x_3变化从 0 ~ π），获得

$$\frac{d\langle x_2 \rangle_0}{dt} = \frac{V_a \cdot I_M}{2\langle x_2 \rangle_0 C} - \frac{\langle x_2 \rangle_0}{RC} \tag{13.44}$$

依照前面时不变开关曲面的情况，式（13.43）的动态是稳定的，可以用来设计输出电压控制。

（2）输出电压控制

为了提出输出电压控制解决方案，注意由式（13.43）给出的曲面 **S** 上x_2的平均行为是非线性的，因为这是取决于工作点的。经典解决方案将建立一个基于线性化（小信号）模型的控制器。这个解决方案有一个重要的缺点是当输出电压参考变化时它不能提供所需的性能。

另一个很简洁的解决方案在于不再跟踪电路输出电压，而是跟踪其二次方值。

事实上，根据式（13.44），x_2的平均值和二次方的动态是一阶的：

$$\frac{\mathrm{d}\langle x_2\rangle_0^2}{\mathrm{d}t}=\frac{V_\mathrm{a}}{C}\cdot I_\mathrm{M}-2\frac{\langle x_2\rangle_0^2}{RC}$$

如在图 13.18 中提出的，上式使得带常数参数的经典 PI 控制器的使用变得有趣。然而，必须承认，固有噪声叠加在输出电压二次方中可能引入控制回路的问题，因为二次方算子显著放大了高频噪声。

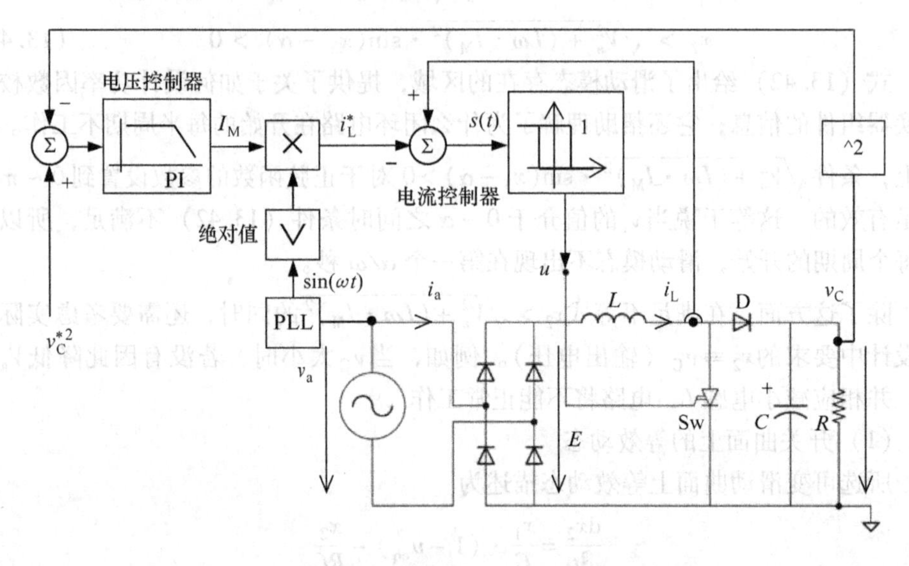

图 13.18 所提出的功率因数校正变换器完整控制结构

接下来，会给出一些这个案例说明性的仿真结果。电路参数：$V_\mathrm{a}=12\mathrm{V}$，$\omega=100\pi\mathrm{rad/s}$，$v_\mathrm{C}^*=24\mathrm{V}$，$L=1\mathrm{mH}$，$C=3600\mu\mathrm{F}$，额定功率为75W。图 13.19 给出了抵御负载变化的总体系统性能。图 13.19 中电压v_C的变化表明瞬态状态持续约0.1s。相应的外环控制输入I_M是交流电流的包络线（见图 13.19b）。

图 13.20 显示了交流电流的一阶分量确实与交流电压同相。图 13.20b 显示了电感电流参考的跟踪。注意，一开始电网电压的每个半周期内这个跟踪不能保证，因为滑模实际上并没有发生。这也反映于在角度$\omega t=\pi$时交流电流形状是非正弦的。

保持相同的条件，图 13.21 表明了等效控制输入是控制变量u的低通滤波版本。注意在$\omega t=\pi$周围滑模不会发生，因为，若非如此，等效控制u_eq会大于 1。图 13.22 显示了在有点极端的条件下电流参考的跟踪，即使用大电感L和大负载值对应大的I_M值。闭环系统执行糟糕，滑模存在区域减小［见式（13.41）］。

13.6.2 作为 MIMO 系统的三相整流器变结构控制

图 13.23 中的电压源型逆变器（整流器）是一个三相电路，以各种线电流之

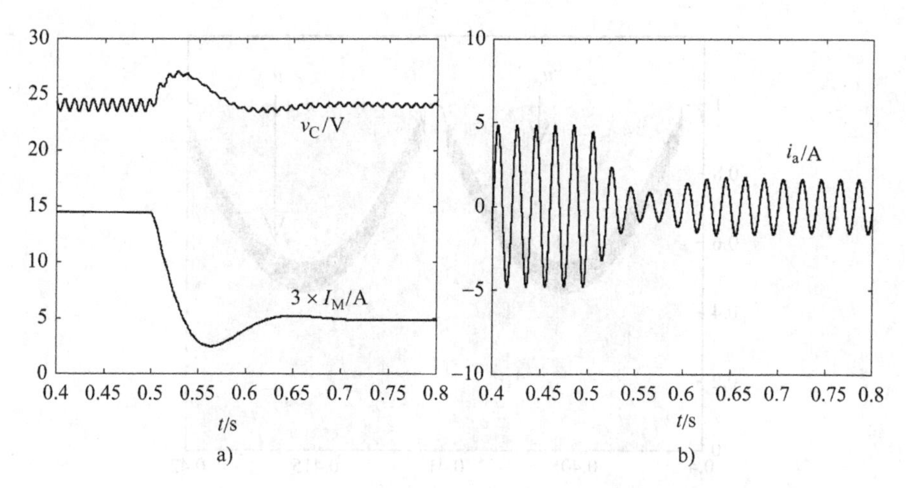

图 13.19 从 20 ~ 60Ω 负载阶跃变化时的闭环行为（滞环宽度 $\Delta=0.1$A）：a）v_C和 $3\times I_M$；b）电网电流i_a

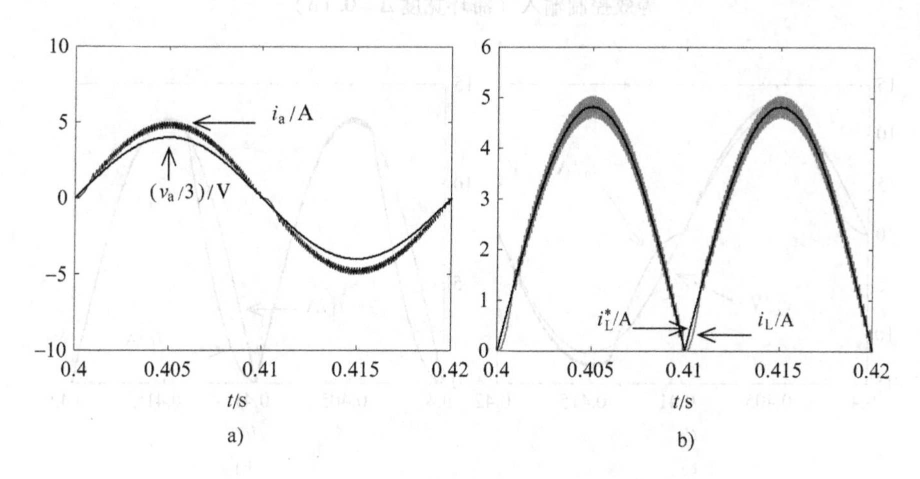

图 13.20 恒定负载为 20Ω 时的闭环系统行为（滞环宽度 $\Delta=0.2$A）：a）电网电流i_a和$v_a/3$ 电网电压的图像；b）电感电流及其参考

间的耦合为特征。在这项研究中提出的电路只能作为在单位功率因数运行的正弦输入电流整流器。线电流必须跟踪正弦参考，与线电压同相位。

首先，建立如图 13.23 所示结构的原始开关模型。用 u_i 表示对应开关H_i的开关函数。如果开关闭合，函数值为 1，否则为 0。合适的变量变化值将用于在 dq 坐标系中表示模型，假设电网平衡，电压v_1为相位参考。

必须最大化电路功率因数，与电网交换的无功功率应该调整到零。正如第 5 章和第 9 章所讨论的，这意味着调整交轴电流分量i_q等于零。此外，整流器运行时假设直流电压的输出可调，这可以通过相同坐标中调整i_d直流分量为不同数值实现。

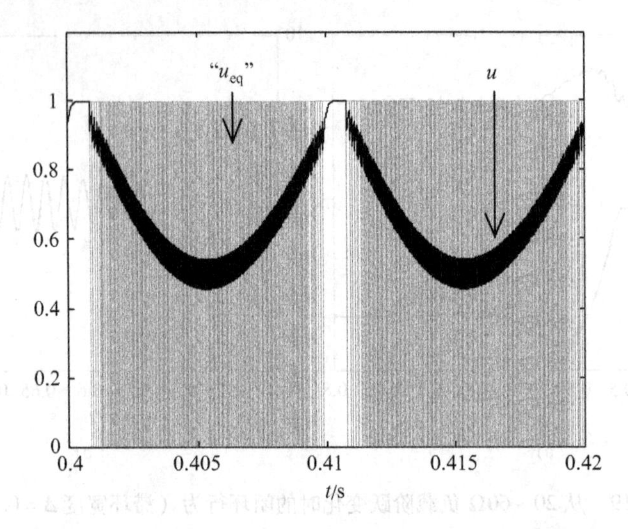

图 13.21　在负载等于 20Ω 时对控制输入 u 低通滤波得到的等效控制输入（滞环宽度 $\Delta=0.1$A）

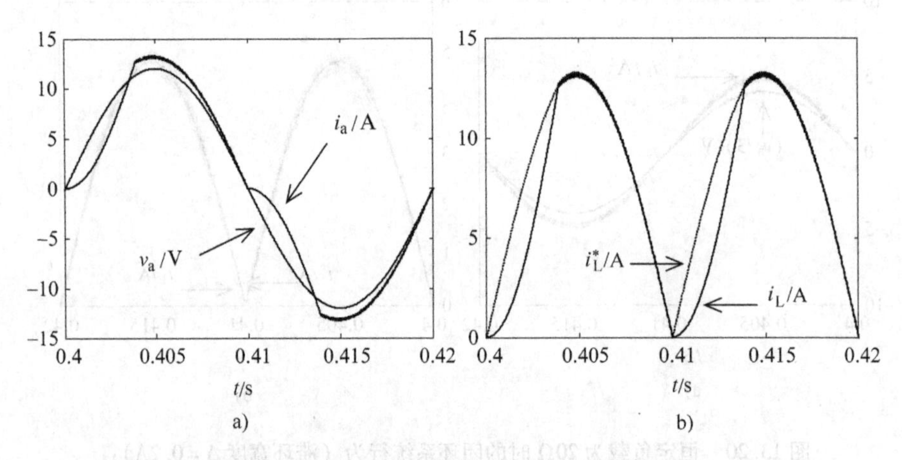

图 13.22　恒定负载为 8Ω 时的闭环系统行为（滞环宽度 $\Delta=0.1$A）：a）电网电流i_a和电网电压v_a；b）$L=2$mH 时电感电流及其参考

下面将定义开关曲面，并计算等效控制输入电流i_d和i_q。还会计算当达到参考（开关曲面）时它们的等效动态。

最后，提出完整的控制框图，包括电流和电压控制回路（Guffon，2000）。

13.6.2.1　建模

通过采用电压v_1作为相位参考，电网电压表示为$v_i=v\sin(\omega t-2\pi/3\cdot(i-1))$。变换器模型可以整理为解耦形式（见第 5 章 5.7.4 节）

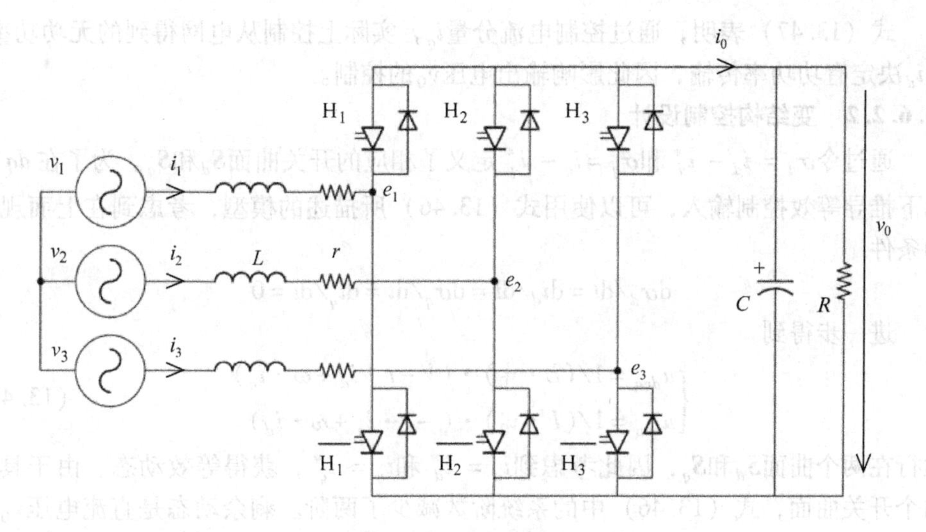

图 13.23　三相整流器框图

$$
\begin{cases}
\dfrac{\mathrm{d}}{\mathrm{d}t}i_1 = \dfrac{1}{L}(v_1 - \tilde{u}_1 \cdot v_0 - r \cdot i_1) \\
\dfrac{\mathrm{d}}{\mathrm{d}t}i_2 = \dfrac{1}{L}(v_2 - \tilde{u}_2 \cdot v_0 - r \cdot i_2) \\
\dfrac{\mathrm{d}}{\mathrm{d}t}i_3 = \dfrac{1}{L}(v_3 - \tilde{u}_3 \cdot v_0 - r \cdot i_3) \\
\dfrac{\mathrm{d}}{\mathrm{d}t}v_0 = \dfrac{1}{C}\left(\sum_{i=1}^{3}\tilde{u}_i \cdot i_i - \dfrac{v_0}{R}\right)
\end{cases}
\tag{13.45}
$$

其中

$$
\begin{bmatrix} \tilde{u}_1 \\ \tilde{u}_2 \\ \tilde{u}_3 \end{bmatrix} = \frac{1}{3} \cdot \begin{bmatrix} 2 & -1 & -1 \\ -1 & 2 & -1 \\ -1 & -1 & 2 \end{bmatrix} \cdot \begin{bmatrix} u_1 \\ u_2 \\ u_3 \end{bmatrix}
$$

式（13.45）中的系统是解耦的，但不能基于中间变量$\tilde{u}_i$获得控制输入u_i。详见第 5 章 5.7.4 节，给出图 13.23 电路在 dq 坐标系下的开关模型

$$
\begin{cases}
\dfrac{\mathrm{d}}{\mathrm{d}t}i_d = \dfrac{1}{L}(V - u_d \cdot v_0 - r \cdot i_d + \omega \cdot i_q) \\
\dfrac{\mathrm{d}}{\mathrm{d}t}i_q = \dfrac{1}{L}(-u_q \cdot v_0 - r \cdot i_q - \omega \cdot i_d) \\
\dfrac{\mathrm{d}}{\mathrm{d}t}v_0 = \dfrac{3}{2C}(u_d \cdot i_d + u_q \cdot i_q) - \dfrac{v_0}{R}
\end{cases}
\tag{13.46}
$$

分别描述与电网交换的有功和无功功率分量

$$
P = 3/2 \cdot V \cdot i_d,\ Q = 3/2 \cdot V \cdot i_q \tag{13.47}
$$

式（13.47）表明，通过控制电流分量i_q，实际上控制从电网得到的无功功率，而i_d决定有功功率传输，因此影响输出电压v_0的控制。

13.6.2.2 变结构控制设计

通过令$\sigma_d = i_d - i_d^*$和$\sigma_q = i_q - i_q^*$定义了相应的开关曲面$\boldsymbol{S}_d$和$\boldsymbol{S}_q$。为了在dq坐标下推导等效控制输入，可以使用式（13.46）所描述的模型，考虑到在上面规定的条件

$$\mathrm{d}\sigma_d/\mathrm{d}t = \mathrm{d}i_d/\mathrm{d}t = \mathrm{d}\sigma_q/\mathrm{d}t = \mathrm{d}i_q/\mathrm{d}t = 0$$

进一步得到

$$\begin{cases} u_{\mathrm{deq}} = 1/(L \cdot v_0) \cdot (V - r \cdot i_d + \omega \cdot i_q) \\ u_{\mathrm{qeq}} = 1/(L \cdot v_0) \cdot (-r \cdot i_q + \omega \cdot i_d) \end{cases} \tag{13.48}$$

运行在两个曲面$\boldsymbol{S}_d$和$\boldsymbol{S}_q$，因此考虑到$i_d = i_d^*$和$i_q = i_q^*$，获得等效动态。由于具有两个开关曲面，式（13.46）中的系统阶数减少了两阶。剩余动态是直流电压v_0的动态。

用参考值代替式（13.48）中的电流i_d和i_q，推导出等效控制输入表达式；接下来，引入后者到模型（13.46）中，最终获得在曲面$\boldsymbol{S}_d$和$\boldsymbol{S}_q$的交集上v_0的等效动态

$$\frac{\mathrm{d}}{\mathrm{d}t}v_0 = \frac{3}{2C} \cdot \frac{1}{v_0}\left[V \cdot i_d^* - r(r_d^{*2} + i_q^{*2}) - \frac{v_0}{RC}\right] \tag{13.49}$$

如果忽略关于电压v_0在电感电阻r上的压降，然后找到一种类似于前面案例研究中获得的单相整流器的等效动态的形式，也就是说

$$\frac{\mathrm{d}}{\mathrm{d}t}v_0 = \frac{3V \cdot i_d^*}{2C} \cdot \frac{1}{v_0} - \frac{v_0}{RC}$$

因此，可以控制输出电压的二次方，其等效动态关于控制输入$i_d = i_d^*$是线性的。也可以尝试在典型的工作点线性化上述系统，并继续进行线性控制回路的设计。

由一些直接关系给出向滑模曲面收敛的条件，$\sigma_d \cdot \dot{\sigma}_d < 0$和$\sigma_q \cdot \dot{\sigma}_q < 0$。考虑式（13.48）和式（13.46）的前两个，得到

$$\dot{\sigma}_d = v_0/L \cdot (u_{\mathrm{deq}} - u_d), \dot{\sigma}_q = v_0/L \cdot (u_{\mathrm{qeq}} - u_q)$$

因此，收敛条件简化为

$$\mathrm{sgn}(u_d - u_{\mathrm{deq}}) = \mathrm{sgn}(\sigma_d), \ \mathrm{sgn}(u_q - u_{\mathrm{qeq}}) = \mathrm{sgn}(\sigma_q) \tag{13.50}$$

现在的问题是，为了确保由式（13.50）给出的收敛条件，如何选择向量场（或开关命令u_i）。对于这个问题，可以选择三个可用表达方式中的一个：实数、一致曲线、变换。一旦选择dq控制输入u_d和u_q，应该通过这些坐标向后退，直到获得实数控制变量u_i。表13.1给出了这些控制输入之间的关系。八个可能的向量，其中两个为零（$\boldsymbol{A}$和$\boldsymbol{H}$），在图13.24的$\alpha\beta$坐标中典型地表示出来。

表 13.1　不同坐标下控制输入之间的关系

$(u_1,\ u_2,\ u_3)$	$(\widetilde{u}_1,\ \widetilde{u}_2,\ \widetilde{u}_3)$	$(u_\alpha,\ u_\beta)$	向量
(0, 0, 0)	(0, 0, 0)	(0, 0)	A
(0, 0, 1)	(−1/3, −1/3, 2/3)	$(-1/3,\ -1/\sqrt{3})$	B
(0, 1, 0)	(−1/3, 2/3, −1/3)	$(-1/3,\ 1/\sqrt{3})$	C
(0, 1, 1)	(−2/3, 1/3, 1/3)	(−2/3, 0)	D
(1, 0, 0)	(2/3, −1/3, −1/3)	(2/3, 0)	E
(1, 0, 1)	(1/3, −2/3, 1/3)	$(1/3,\ -1/\sqrt{3})$	F
(1, 1, 0)	(1/3, 1/3, −2/3)	$(1/3,\ 1/\sqrt{3})$	G
(1, 1, 1)	(0, 0, 0)	(0, 0)	H

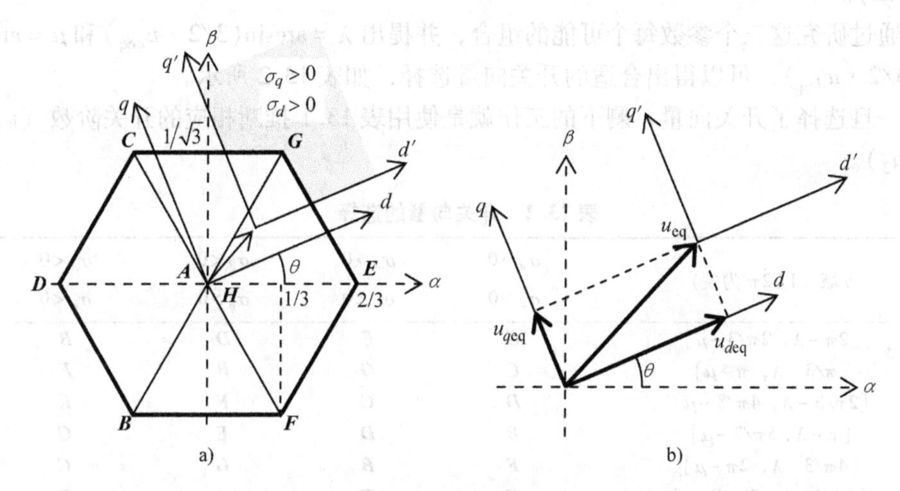

图 13.24　a）向量u_{eq}可能的八个位置在$\alpha\beta$坐标中的表示以及选择控制输入向量的例子；b）图 a 的细节

在这个表中没有表示控制输入u_d和u_q，因为它们是在旋转坐标系中定义的，所以它们是ωt的函数：

$$u_d = \cos\theta \cdot u_\alpha + \sin\theta \cdot u_\beta, u_\theta = -\sin\theta \cdot u_\alpha + \cos\theta \cdot u_\beta \tag{13.51}$$

考虑到一个事实，即等效控制输入u_{deq}和u_{qeq}必须分别以控制量u_d和u_q的最大和最小值为界，从式（13.51）中可以提取滑动模态的存在区域。控制量u_α和u_β以±2/3 为界，范数$\|\boldsymbol{u}_{eq}\| = \sqrt{u_{deq}^2 + u_{qeq}^2}$必须小于范数$\|\boldsymbol{u}_{\alpha\beta}\| = \sqrt{u_\alpha^2 + u_\beta^2}$，这意味着向量$\boldsymbol{u}_{eq}$位于图 13.24a 中所描述的六边形内。充分条件规定等效控制是以±2/3 为界的。

下一阶段对选择合适的向量必不可少，需要向期望的滑模曲面收敛——见条件（13.50）。

为表示变量（$u_d - u_{deq}$）和（$u_q - u_{qeq}$），必须将表达式变到另一个旋转坐标

$d'q'$下，关于初始坐标 dq 转化，d 轴u_{deq}的值和 q 轴u_{qeq}的值，如图 13. 24b 所示。根据工作点所在的象限直接推导出变量（$u_d - u_{deq}$）和（$u_q - u_{qeq}$）的符号。

图 13. 24a 描述的例子可以帮助更好地理解这种方法。假设表达式σ_d和σ_q是正的，给定角 θ 的值（取任意值为例）。式（13. 50）给出的收敛条件需要表达式（$u_d - u_{deq}$）和（$u_q - u_{qeq}$）是正的，这可能只有在$d'q'$坐标的第一象限成立。保证这种情况唯一的解向量是向量 $\boldsymbol{G}$。使用表 13. 1 中所描述的转换，由向量 $\boldsymbol{G}$ 可得对于相应的开关，控制输入的阶数（u_1，u_2，u_3）。

总之，开关阶数的选择（u_1，u_2，u_3）取决于向量（$\boldsymbol{B}$，$\boldsymbol{C}$，…，$\boldsymbol{F}$），向量的选择反过来取决于σ_d和σ_q的符号，由i_d^* 和i_q^* 给出的所需的向量$\boldsymbol{u}_{eq}$，并且取决于角 θ(即 ωt)。

通过研究这三个参数每个可能的组合，并提出 $\lambda = \arcsin(3/2 \cdot u_{qeq})$和 $\mu = \arccos(3/2 \cdot u_{deq})$，可以得出合适的开关向量选择，如表 13. 2 所示。

一旦选择了开关向量，剩下的工作就是使用表 13. 1 推断相应的开关阶数（u_1，u_2，u_3）。

表 13. 2　开关向量的选择

θ 域（以 2π 为模）	$\sigma_d>0$ $\sigma_q>0$	$\sigma_d>0$ $\sigma_q<0$	$\sigma_d<0$ $\sigma_q>0$	$\sigma_d<0$ $\sigma_q<0$
$[2\pi-\lambda,\ 2\pi/3-\mu]$	***G***	***E***	***D***	***B***
$[\pi/3-\lambda,\ \pi-\mu]$	***C***	***G***	***B***	***F***
$[2\pi/3-\lambda,\ 4\pi/3-\mu]$	***D***	***C***	***F***	***E***
$[\pi-\lambda,\ 5\pi/3-\mu]$	***B***	***D***	***E***	***G***
$[4\pi/3-\lambda,\ 2\pi-\mu]$	***F***	***B***	***G***	***C***
$[5\pi/3-\lambda,\ 7\pi/3-\mu]$	***E***	***F***	***C***	***D***

13. 6. 2. 3　全局控制图

接下来，提出包括连续电压二次方的控制回路框图（图 13. 25），在最里面的电流控制回路是前面已经描述的。"开关组合"框图内包含图 13. 25 中的滞后。它呈现更实际的转换过程，事实上是不能瞬时完成的。

基于电流整流器开关模型执行给出的仿真。记住，目标是调节连续电压v_0使其只从电网提取正弦电流。事实上，这些电流是由其基波分量决定的，包含的高频谐波可以很容易地过滤掉。

对以下参数执行仿真：$L=3\text{mH}$，$r=0\Omega$，$C=1\text{mF}$，$R=30\Omega$ 和 $V=100\text{V}$。选择参考$i_q^*=0$（没有无功功率）和$v_0^*=500\text{V}$。

图 13. 26 表示线电流i_1和电压v_0的瞬态，σ_d和σ_q带有 3A 的滞环宽度。通过线电流获得正弦电流参考良好的跟踪性能，总谐波失真（THD）为 6%。图 13. 27 给出了相同的情况，但这一次的滞环宽度为 10A，对应于 THD 为 17%。

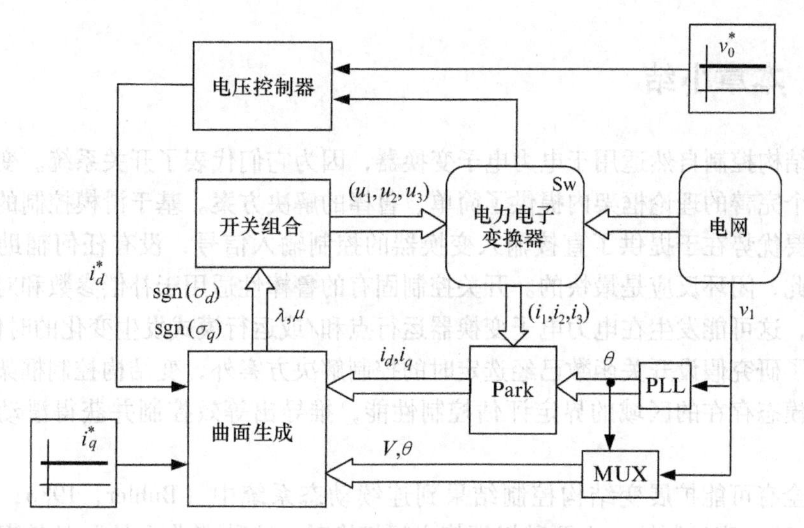

图 13.25　图 13.23 电路的全局控制框图

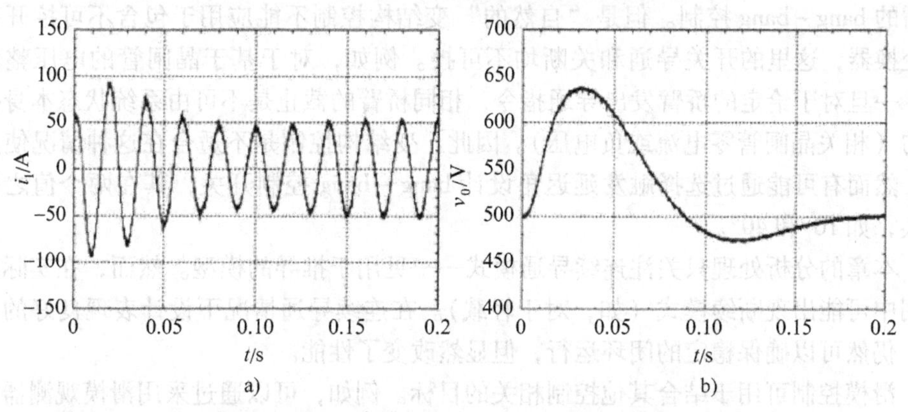

图 13.26　对于曲面σ_d和σ_q，当滞环宽度为 3A 时图 13.23 中变换器的闭环行为：

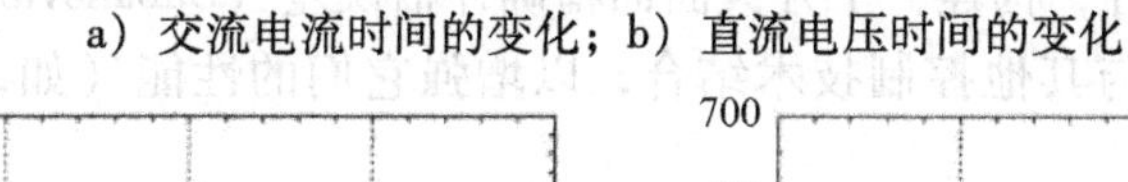

a）交流电流时间的变化；b）直流电压时间的变化

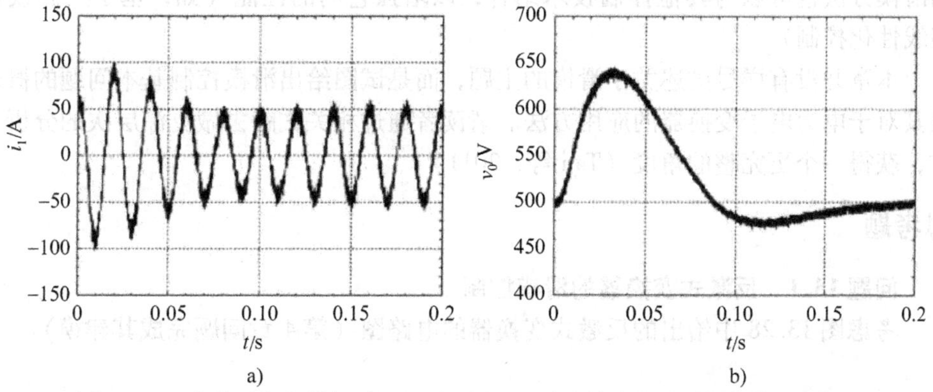

图 13.27　当滞环宽度增加到 10A 时，图 13.26 中给出的随时间变化的比较：

a）交流电流时间的变化；b）直流电压时间的变化

13.7 本章小结

变结构控制自然适用于电力电子变换器，因为它们代表了开关系统。变结构控制在一个完善的理论框架内提供了简单、鲁棒的解决方案。基于滑模控制的解决方案的主要优势在于提供了直接输入变换器的控制输入信号，没有任何辅助调制操作。因此，闭环反应是最快的。开关控制固有的鲁棒性适用于补偿参数和对不确定性建模，这可能发生在电力电子变换器运行点和/或运行模式发生变化的时候。

除了研究假设开关函数已经选定时的控制解决方案外，变结构控制框架还允许以滑动模态存在的区域的界定评估控制性能，推导出等效控制并获得滑动面上的动态。

完全有可能扩展变结构控制结果到连续动态系统中（Buhler，1986；DeCarlo等，2011）；当控制输入在两种极端值之间切换时，这种“非自然”的情况对应于所谓的 bang - bang 控制。但是“自然的”变结构控制不能应用于包含不可控开关的变换器，这里的开关导通和关断均不可控。例如，对于基于晶闸管的电压整流器，一旦对于给定的桥臂发出导通指令，相同桥臂的截止是不可由系统状态本身控制的（相关晶闸管零电流或负电压）。因此，变结构控制是不适合在这种情况使用的。然而有可能通过选择触发延迟角设计 bang - bang 控制开关，其在两个值之间切换，如10°和40°。

本章的分析处理只关注连续导通模式——见用于推导的模型。然而，在实际的应用中可能出现断续模式（如，对于轻载）。在连续导通情况下设计表现良好的控制，仍然可以确保稳定的闭环运行，但显然改变了性能。

滑模控制可用于结合其他控制相关的目标。例如，可以通过采用滑模观测器进行不可测状态的估计，构建一个开关曲面精确评估误差（Sabanovic 等，2004）。使用滑模方法也可以与其他控制技术结合，以增强它们的性能（如，基于无源或反馈线性化控制）。

本章并没有详尽讲述关于滑模的主题，而是试图给出滑模控制基本问题的概述及其对于电力电子变换器的应用方法。请读者通过相关文献去做更深层次的分析工作，获得一个更完整的角度（Tan 等，2011）

思考题

问题 13.1　反激式变换器的滑模控制

考虑图 13.28 中给出的反激式变换器的电路图（第 4 章问题完成其建模）。

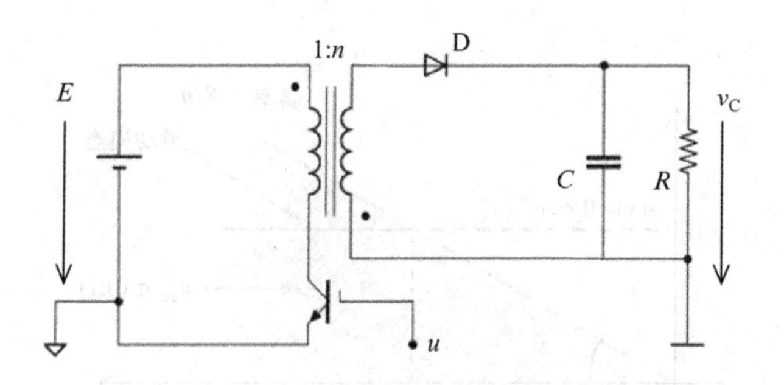

图 13.28 反激式变换器示意图

通过使用在$u^-=0$和$u^+=1$之间切换的函数u，设计滑模控制律来调节输出电压v_C在参考值v_C^*。

解决方案给出反激式变换器的开关模型如下：

$$\begin{cases} L\cdot \dot{i}_L=-(1-u)\dfrac{v_C}{n}+u\cdot E \\ C\cdot \dot{v}_C=(1-u)\dfrac{i_L}{n}-\dfrac{v_C}{R} \end{cases} \tag{13.52}$$

式中，使用通常的符号；n是变压比。状态向量是$\boldsymbol{x}=[i_L \quad v_C]^T$。曲面定义为$s(\boldsymbol{x})=0$，其中

$$s(\boldsymbol{x})=v_C-v_C^* \tag{13.53}$$

v_C^*是常数，这一曲面对于滑模控制设计的开始是一个合适的选择，滑模控制旨在调节输出电压：

$$u=\begin{cases} u^+=1 & \text{如果} \quad s(\boldsymbol{x})<0 \\ u^-=0 & \text{如果} \quad s(\boldsymbol{x})>0 \end{cases}$$

设计的第一步是验证横截条件是否满足。从实用的角度来看，这意味着检查$\dot{s}$表达式中的系数乘以u是否非零。考虑到式（13.52），得到结果

$$\dot{s}(\boldsymbol{x})=\dot{v}_C=(1-u)\frac{i_L}{nC}-\frac{v_C}{RC}=\frac{i_L}{nC}-\frac{v_C}{RC}-\frac{i_L}{nC}\cdot u \tag{13.54}$$

式中，$i_L/(nC)$乘以u显然不是零，因为$i_L>0$。

在第二步中，必须计算等效控制。通过解方程$\dot{s}(\boldsymbol{x})=0$获得$u$。根据式(13.54)，给出$(1-u)\cdot i_L/n-v_C/R=0$，因此

$$u_{eq}=1-v_C\cdot n/(R\cdot i_L) \tag{13.55}$$

利用$0=u^-<u_{eq}<u^+=1$，可以推断出滑模存在的区域。条件$u_{eq}>0$给出$v_C\cdot n/(R\cdot i_L)>0$，这是成立的，因为在任何工作点$v_C>0$和$i_L>0$。由条件$u_{eq}<1$得到$i_L>v_C\cdot n/R$，其对应于图 13.29 中的阴影部分。注意在这个图中获得的滑动模态存在区域为等效控制存在区域和$s(\boldsymbol{x})=0$定义的开关曲面$v_C=v_C^*$之间

的非空交集。

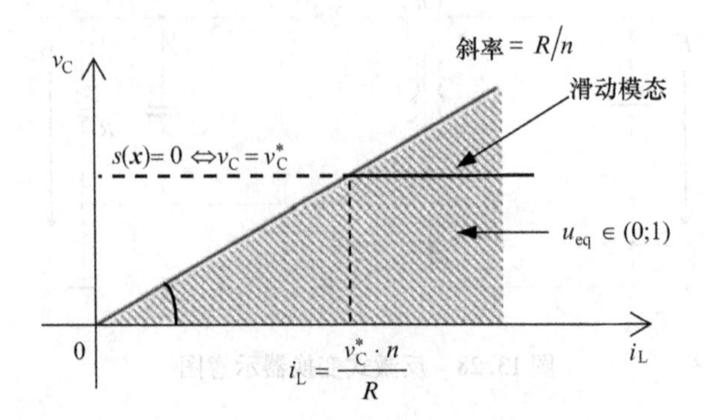

图 13.29 滑模调节输出电压的反激式变换器选择开关曲面$v_C = v_C^*$时，滑动模态存在的区域

第三个设计步骤在于推导滑动模态下的等效动态。为此，将式（13.55）代入变换器式（13.52），同时考虑到$s(\boldsymbol{x}) = 0$（$v_C = v_C^*$）和$s(\boldsymbol{x}) = 0$。因此，等效电感电流的动态是

$$L\cdot \dot{i}_L = -(1-u_{eq})\cdot v_C^*/n + u_{eq}\cdot E$$

使用式（13.55）并进行一些简单变换后得到

$$L\cdot \dot{i}_L = \frac{v_C^*(nE-v_C^*)}{R\cdot i_L}+E \tag{13.56}$$

上式描述电流i_L的动态为$\dot{i}_L = h(i_L, v_C^*)$表示的非线性函数。为了评估这一动态的本质，可以通过围绕给定工作点线性化进行。让i_{eq0}电流值对应于通过调节电压v_C到一定参考值v_{C0}^*而确保的稳态工作点；因此置零电流时间导数得到i_{eq0}，令$v_C = v_{C0}^*$。结果为

$$i_{eq0} = v_{C0}^*(v_{C0}^*-nE)/(ER) \tag{13.57}$$

注意保证i_{eq0}的正值，当且仅当$v_{C0}^* > nE$。让$\widetilde{i}_L = i_L - i_{eq0}$和$\widetilde{v_C^*} = v_C^* - v_{C0}^*$是围绕运行点（$i_{eq0}$，$v_{C0}^*$）状态变量的很小变化。在这一点上系统（13.56）线性化

$$\dot{\widetilde{i}}_L = \underbrace{\left(\frac{\partial h}{\partial i_L}\right)\Bigg|_{(i_{eq0},\, v_{C0}^*)}}_{a}\cdot \widetilde{i}_L + \underbrace{\left(\frac{\partial h}{\partial v_C^*}\right)\Bigg|_{(i_{eq0},\, v_{C0}^*)}}_{b}\cdot \widetilde{v_C^*}$$

一些代数之后可以获得a和b的值

$$a = \frac{E^2}{Lv_{C0}^*(v_{C0}^*-nE)},\ b = \frac{E}{L(v_{C0}^*-nE)}\left(\frac{nE}{v_{C0}^*}-2\right)$$

注意因为$v_{C0}^* > nE$，$a>0$，所以电感电流i_L的线性化动态是不稳定的，因为传递函数$\widetilde{V_C^*}(s)/\widetilde{I}_L(s)$——其中$\widetilde{V_C^*}(s)$和$\widetilde{I}_L(s)$分别是$\widetilde{v_C^*}$和$\widetilde{i_L}$拉普拉斯变换——在右半曲面有极点。总之，等效动态是不稳定的。

为了稳定滑动曲面上的等效动态，可以建立一个状态反馈K以便闭环动态稳

定。此外，也可以调整这种动态，以确保所需的性能，即稳定时间。因此，通过设置T_0为所期望稳定时间常数，K值的结果为

$$K=-\frac{a+1/T_0}{b}$$

嵌入等效动态稳定的闭环滑模控制图如图 13.30 所示。可以认为该控制律的最终形式等价于所选择的开关曲面，嵌入项依赖于电流i_L: $s(\boldsymbol{x})=v_C-v_C^*+K\cdot(i_L-i_{eq})$，式（13.57）给出$i_{eq}$的值。注意，根据后者的表达式，$i_{eq}$值取决于负载值$R$，这通常是未知的。因此，实现图 13.30 中的控制图需要一个负载估计器，其设计基于电路一些可靠的测量。

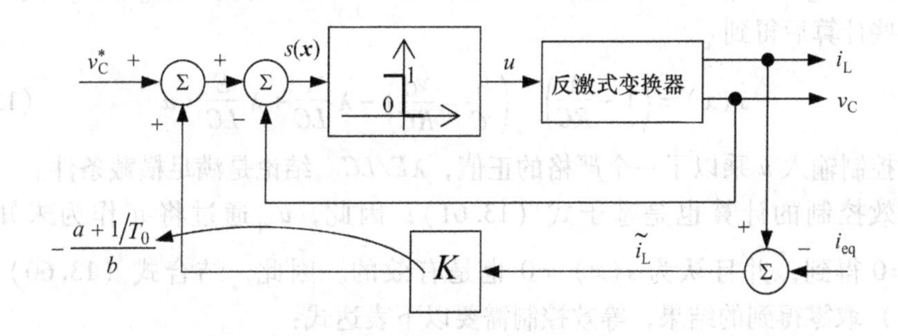

图 13.30　基于滑模电压控制和等效动态反馈稳定的反激式 DC－DC 变换器闭环框图

问题 13.2　buck 变换器的滑模控制

考虑图 13.31 中给出的 buck 变换器框图。通过使用在$u^-=0$和$u^+=1$之间切换的函数u，设计滑模控制律来调节输出电压v_C在参考值v_C^*。

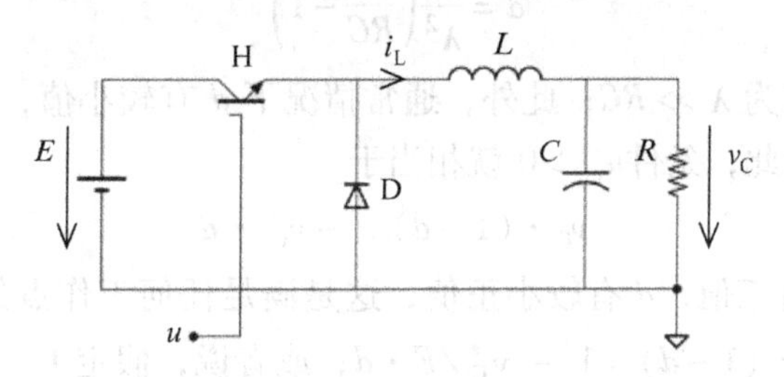

图 13.31　buck 变换器框图

解决方案　buck 变换器的开关模型如下：

$$\begin{cases}L\cdot\dot{i}_L=-v_C+u\cdot E\\C\cdot\dot{v}_C=i_L-v_C/R\end{cases}\tag{13.58}$$

式中，使用通常的符号。状态向量是$\boldsymbol{x}=[i_L\quad v_C]^T$。请注意，选择开关曲面$s(\boldsymbol{x})=v_C-v_C^*$，给出$L_g s(\boldsymbol{x})=0$，因此滑模控制是不可能的。令$s(\boldsymbol{x})=0$，其中

$$s(\boldsymbol{x}) = v_{\mathrm{C}} - v_{\mathrm{C}}^{*} + \lambda(\dot{v}_{\mathrm{C}} - \dot{v}_{\mathrm{C}}^{*}) \tag{13.59}$$

式中，v_{C}^{*}是常数；$\lambda>0$有一个较大的值——$s(\boldsymbol{x})$是开关曲面，为了调节输出电压，控制输入取决于该曲面：

$$u=\begin{cases}u^{+}=1 & \text{如果}\quad s(\boldsymbol{x})<0\\ u^{-}=0 & \text{如果}\quad s(\boldsymbol{x})>0\end{cases}$$

检查横截条件并假设$\dot{s}(\boldsymbol{x})$的表达式计算为

$$\dot{s}(\boldsymbol{x}) = \dot{v}_{\mathrm{C}} - \dot{v}_{\mathrm{C}}^{*} + \lambda(\ddot{v}_{\mathrm{C}} - \ddot{v}_{\mathrm{C}}^{*}) \tag{13.60}$$

考虑到$\dot{v}_{\mathrm{C}}^{*}=\ddot{v}_{\mathrm{C}}^{*}=0$，基于变换器模型（13.58）替换掉$\dot{v}_{\mathrm{C}}$和$\ddot{v}_{\mathrm{C}}$的表达式，进行一些计算后得到

$$\dot{s}(\boldsymbol{x}) = \left(1-\frac{\lambda}{RC}\right)\cdot\left(\frac{i_{\mathrm{L}}}{C}-\frac{v_{\mathrm{C}}}{RC}\right)-\lambda\frac{v_{\mathrm{C}}}{LC}+\lambda\frac{E}{LC}\cdot u \tag{13.61}$$

式中，控制输入u乘以了一个严格的正值，$\lambda E/LC$。结论是满足横截条件。

等效控制的计算也是基于式（13.61）；因此，u_{eq}通过将u作为未知数解$\dot{s}(\boldsymbol{x})=0$得到，并且认为$s(\boldsymbol{x})=0$也是有效的。因此，结合式（13.60）和式（13.61）取零得到的结果，等效控制需要以下表达式：

$$u_{\mathrm{eq}}=\frac{v_{\mathrm{C}}}{E}-\left(1-\frac{\lambda}{RC}\right)\cdot\frac{(v_{\mathrm{C}}-v_{\mathrm{C}}^{*})LC}{E\lambda^{2}} \tag{13.62}$$

现在必须确保$0=u^{-}<u_{\mathrm{eq}}<u^{+}=1$。首先，因为假定$\lambda$取一个大数值，所以认为$\lambda \gg RC$是合理的。采用表达式

$$d=\frac{LC}{\lambda^{2}}\left(\frac{\lambda}{RC}-1\right) \tag{13.63}$$

注意$d>0$，因为$\lambda \gg RC$；此外，通常情况下d有较小值，它们越小，选择λ越大（$d \gg 1$）。因此，条件$u_{\mathrm{eq}}>0$就相当于

$$v_{\mathrm{C}}\cdot(1-d)>-v_{\mathrm{C}}^{*}\cdot d$$

假如v_{C}和v_{C}^{*}有正值，d有较小正值，这是满足任何工作点的。至于条件$u_{\mathrm{eq}}<1$，据此得到$v_{\mathrm{C}}/E\cdot(1-d)<1-v_{\mathrm{C}}^{*}/E\cdot d$，或者说，假定$1-d>0$，得

$$v_{\mathrm{C}}<\frac{E-v_{\mathrm{C}}^{*}\cdot d}{1-d}$$

最后，对于输出电压的等效控制存在，输出电压满足

$$0<v_{\mathrm{C}}<\frac{E-v_{\mathrm{C}}^{*}\cdot d}{1-d} \tag{13.64}$$

注意，根据式（13.63），$\lambda\to\infty$时$d\to 0$；因此，根据式（13.64），选择较大的λ，等效控制存在区域的上限接近E。图13.32阴影面积表示了等效控制存在的区域。在同一个图中，对于两个λ值表示了由式（13.59）给出的$s(\boldsymbol{x})$和曲面

（线）$s(\boldsymbol{x})=0$。注意，实线部分代表阴影部分和线 $s(\boldsymbol{x})=0$ 之间非空交集，随着 λ 增加，斜率变小；对于 $\lambda=\infty$，它是叠加在横坐标线段（0，E）上的。后面的部分是滑动模态存在的区域。

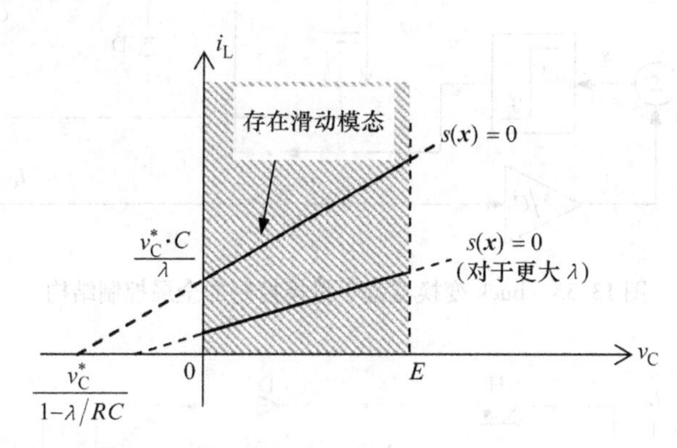

图 13.32 对于滑模调节输出电压 buck 变换器，当选择开关曲面 $v_C=v_C^*-\lambda(\dot{v}_C-\dot{v}_C^*)$ 时滑动模态存在的区域

可以得出这样的结论：在变换器整个运行范围内（$0<v_C<E$），较大的 λ 值保证了滑动模态的存在。

设计的第三步涉及滑动曲面上等效动态的计算。通过代换等效控制方程（13.62）到变换器方程（13.58）中得到。简单的代数运算后，最终得到下面的状态方程

$$\begin{cases}\dot{i}_L=-\left(\dfrac{\lambda}{RC}-1\right)\dfrac{C}{\lambda}\cdot v_C+\left(\dfrac{\lambda}{RC}-1\right)\dfrac{C}{\lambda}\cdot v_C^*\\ \dot{v}_C=\dfrac{i_L}{C}-\dfrac{1}{RC}\cdot v_C\end{cases}\tag{13.65}$$

方程描述了 $\lambda>>RC$ 假设下稳定的线性动态（状态矩阵极点有负实数部分的证明留给读者）。

最后，在图 13.33 给出了变结构控制结构。注意，根据电容电流 i_C 的测量计算输出电压导数。

请读者来解决以下问题。

问题 13.3 buck－boost 功率单元变结构控制研究

图 13.34 中变换器有 $L=0.5\text{mH}$，$C=1000\mu\text{F}$，$E=100\text{V}$，额定负载值 $R=2\Omega$。控制目标是维持一个恒定输出电压，$v_C^*=-100\text{V}$。开关函数 u 在离散集 $\{0;1\}$ 取值。以下几点必须加以解决。

1）开关曲面是 $s_1(x)=v_C-v_C^*$，其中 v_C^* 为输出电压设定值。

① 验证截击条件并计算对应于上述定义的开关曲面的等效控制输入 u_{eq}。

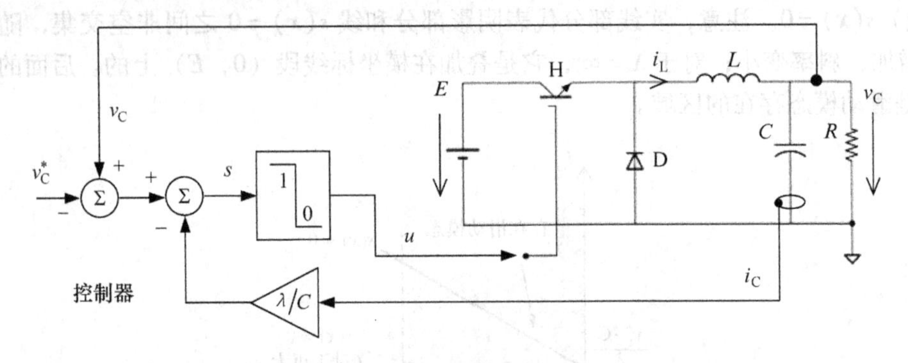

图 13.33 buck 变换器基于滑模控制的全局控制结构

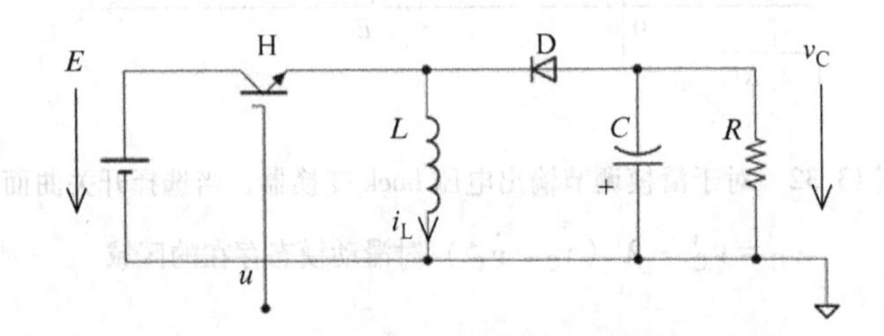

图 13.34 buck－boost DC－DC 功率单元图

② 在平面（i_L，v_C）上给出滑模存在区域，以及与曲面$s_1(x)$的交集。

③ 计算等效动态。通过评估系统的稳定性解释结果。

2）开关曲面$s_2(x) = i_L - i_L^*$，其中i_L^*是电流参考。

① 验证截止条件并计算对应曲面$s_2(x)$的等效控制输入u_{eq}。

② 在平面（i_L，v_C）上给出滑模存在区域，以及与曲面$s_2(x)$的交集。

③ 计算等效动态。评价稳定性并评估其主要的时间常数。使用 MATLAB®－Simulink®在不同的负载值对系统进行仿真，验证获得的理论结果。验证运行点外不能到达滑模存在区域。找到一个解决方案来减小开关频率到 100kHz。

3）考虑在电压控制外环内的控制器$H_C(s) = \dfrac{K_C}{T_C s + 1}$。

① 寻找控制器参数确保电压稳定时间为 0.1s。

② 当电路在额定值负载的情况下计算稳态电压误差。仿真验证结果。

③ 研究消除稳态电压误差的解决方案。

问题 13.4 使用变结构控制的电压调节 boost DC－DC 功率单元研究

图 13.35 中的变换器有以下电路参数：$L = 0.5\text{mH}$，$C = 1000\mu\text{F}$，$E = 100\text{V}$，额定负载值 $R = 2\Omega$。控制范围是维持一个期望的恒定输出电压，$v_C^* = 250\text{V}$。

需要回答与问题 13.3 同样的问题。

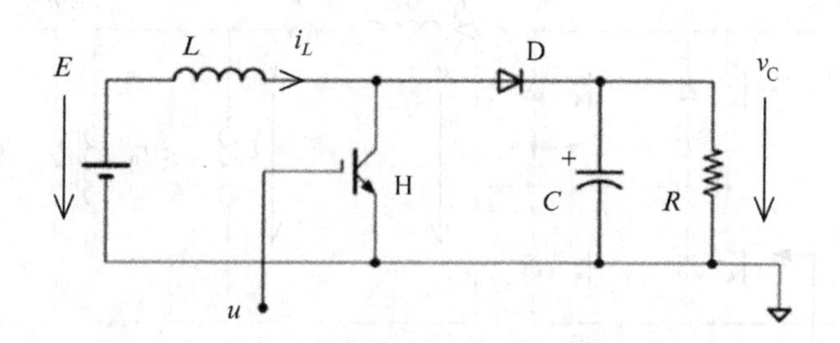

图 13.35 boost DC－DC 功率单元图

问题 13.5 电压源型逆变器的直接滑模控制

图 13.36 中的逆变器是根据连续电压 E 产生一个正弦电压。

通过滑动模态找到输出电压调节控制方案，不考虑可变负载 R。选择开关曲面 $s(\boldsymbol{x}) = v_C - v_C^* + \lambda \cdot (\dot{v}_C - \dot{v}_C^*)$，其中$v_C^* = V_{Cmax} \cdot \sin\omega t$，$\lambda > 0$（$V_{Cmax}$和 ω 都是常数）。开关函数 u 在离散集合｛－1；1｝取值。

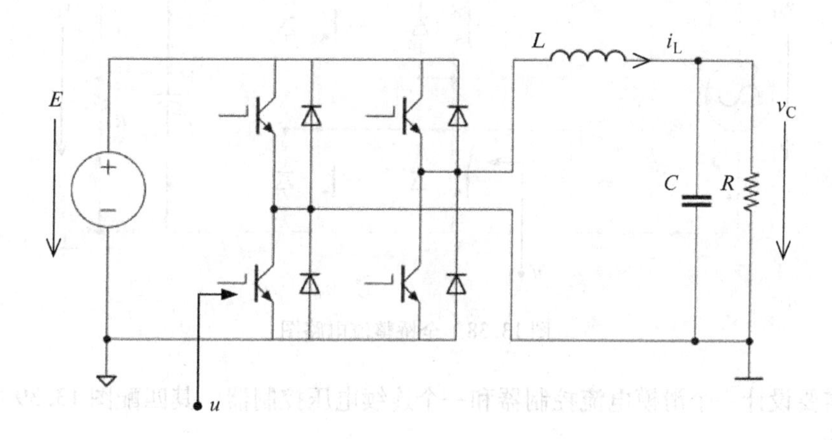

图 13.36 独立电压源型逆变器图

问题 13.6 电压源型逆变器的间接滑模控制

考虑图 13.37 中变换器，通过滑动模态获得输出电压的控制解决方案。作用域的控制结构是所谓的间接控制，开关曲面是 $s(\boldsymbol{x}) = i_L - i_L^*$。电压控制回路有参考 $v_C^* = V_{Cmax} \cdot \sin\omega t$，其中 V_{Cmax}和 ω 有固定值。开关函数 u 在离散集合｛－1；1｝取值。

问题 13.7 用于功率因数校正的全桥单相整流器变结构控制

使用变结构控制技术控制图 13.38 中的 AC－DC 变换器，实现两个目标：

1）保持恒定期望输出电压，不考虑负载值（在可接受范围内）；

2）吸收与电网电压同相的正弦电流。

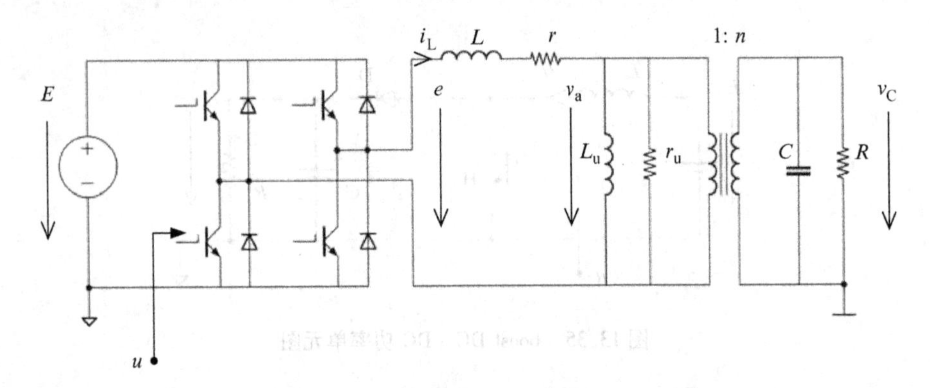

图 13.37　独立绝缘电压源型逆变器图

开关函数 u 在离散集合{ -1; 1}内取值，并且选择开关曲面为 $s = i_L - i_L^*$，其中 $i_L^* = I_{Lmax}\sin\omega t$，$\omega t$ 是电网相位。

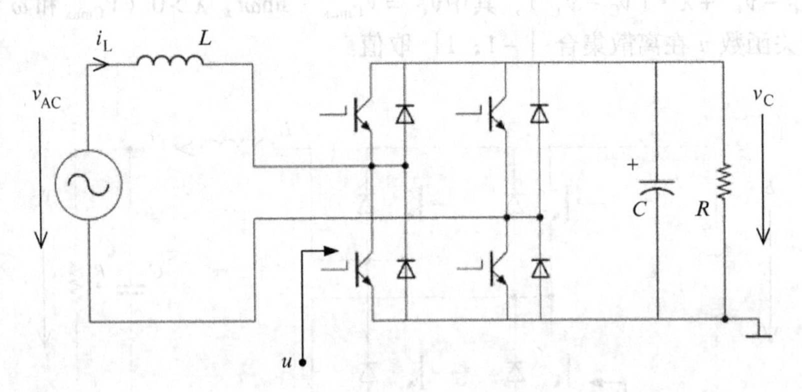

图 13.38　全桥整流电路图

需要设计一个滑模电流控制器和一个连续电压控制器，其匹配图 13.39 中的控制结构。

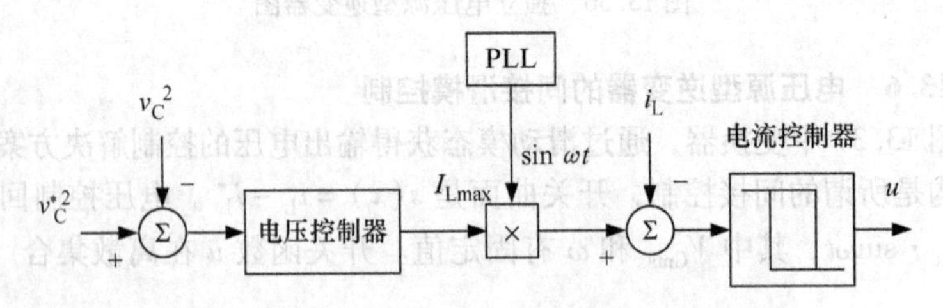

图 13.39　图 13.38 中单相桥式整流器控制结构

参考文献

Buhler H (1986) Sliding mode control (in French: Réglage par mode de glissement). Presses Polytechniques Romandes, Lausanne

Carpita M, Marchesoni M (1996) Experimental study of a power conditioning system using sliding mode control. IEEE Trans Power Electron 11(5):731–742

Carrasco JM, Quero JM, Ridao FP, Perales MA, Franquelo LG (1997) Sliding mode control of a DC/DC PWM converter with PFC implemented by neural networks. IEEE Trans Circuit Syst I Fundam Theor Appl 44(8):743–749

DeBattista H, Mantz RJ, Christiansen CF (2000) Dynamical sliding mode power control of wind driven induction generators. IEEE Trans Energy Convers 15(4):728–734

DeCarlo RA, Żak SH, Drakunov SV (2011) Variable structure, sliding mode controller design. In: Levine WS (ed) The control handbook—control system advanced methods. CRC Press, Taylor & Francis Group, Boca Raton, pp 50-1–50-22

Emelyanov SV (1967) Variable structure control systems. Nauka, Moscow (in Russian)

Filippov AF (1960) Differential equations with discontinuous right hand side. Am Math Soc Transl 62:199–231

Guffon S (2000) Modelling and variable structure control for active power filters (in French: "Modélisation et commandes à structure variable de filtres actifs de puissance"). Ph.D. thesis, Grenoble Institute of Technology, France

Guffon S, Toledo AS, Bacha S, Bornard G (1998) Indirect sliding mode control of a three-phase active power filter. In: Proceedings of the 29th annual IEEE Power Electronics Specialists Conference – PESC 1998. Kyushu Island, Japan, pp 1408–1414

Hung JY, Gao W, Hung JC (1993) Variable structure control: a survey. IEEE Trans Ind Electron 40(1):2–22

Itkis U (1976) Control systems of variable structure. Wiley, New York

Levant A (2007) Principles of 2-sliding mode design. Automatica 43(4):576–586

Levant A (2010) Chattering analysis. IEEE Trans Autom Control 55(6):1380–1389

Malesani L, Rossetto L, Spiazzi G, Tenti P (1995) Performance optimization of Ćuk converters by sliding-mode control. IEEE Trans Power Electron 10(3):302–309

Malesani L, Rossetto L, Spiazzi G, Zuccato A (1996) An AC power supply with sliding mode control. IEEE Ind Appl Mag 2(5):32–38

Martinez-Salamero L, Calvente J, Giral R, Poveda A, Fossas E (1998) Analysis of a bidirectional coupled-inductor Ćuk converter operating in sliding mode. IEEE Trans Circuit Syst I Fundam Theor Appl 45(4):355–363

Mattavelli P, Rossetto L, Spiazzi G (1997) Small-signal analysis of DC–DC converters with sliding mode control. IEEE Trans Power Electron 12(1):96–102

Šabanovic A (2011) Variable structure systems with sliding modes in motion control—a survey. IEEE Trans Ind Inform 7(2):212–223

Šabanovic A, Fridman L, Spurgeon S (2004) Variable structure systems: from principles to implementation, IEE Control Engineering Series. The Institution of Engineering and Technology, London

Sira-Ramírez H (1987) Sliding motions in bilinear switched networks. IEEE Trans Circuit Syst 34 (8):919–933

Sira-Ramírez H (1988) Sliding mode control on slow manifolds of DC to DC power converters. Int J Control 47(5):1323–1340

Sira-Ramírez H (1993) On the dynamical sliding mode control of nonlinear systems. Int J Control 57(5):1039–1061

Sira-Ramírez H (2003) On the generalized PI sliding mode control of DC-to-DC power converters: a tutorial. Int J Control 76(9/10):1018–1033

Sira-Ramírez H, Silva-Ortigoza R (2006) Control design techniques in power electronics devices. Springer, London

Slotine JJE, Sastry SS (1983) Tracking control of non-linear systems using sliding surface, with application to robot manipulators. Int J Control 38(2):465–492

Spiazzi G, Mattavelli P, Rossetto L, Malesani L (1995) Application of sliding mode control to switch-mode power supplies. J Circuit Syst Comput 5(3):337–354

Tan S-C, Lai YM, Cheung KHM, Tse C-K (2005) On the practical design of a sliding mode voltage controlled buck converter. IEEE Trans Power Electron 20(2):425–437

Tan S-C, Lai Y-M, Tse C-K (2011) Sliding mode control of switching power converters: techniques and implementation. CRC Press, Taylor & Francis Group, Boca Raton

Utkin VA (1972) Equations of sliding mode in discontinuous systems. Autom Remote Control 2 (2):211–219

Utkin VA (1977) Variable structure systems with sliding mode. IEEE Trans Autom Control 22 (2):212–222

Utkin V (1993) Sliding mode control design principles and applications to electric drives. IEEE Trans Ind Electron 40(1):23–36

Venkataramanan R, Šabanovic A, Ćuk S (1985) Sliding mode control of DC-to-DC converters. In: Proceedings of IEEE Industrial Electronics Conference – IECON 1985. San Francisco, California, USA, pp 251–258

Young KD, Utkin VI, Ozguner U (1999) A control engineer's guide to sliding mode control. IEEE Trans Control Syst Technol 7(3):328–342

本书总结

现在电力电子变换器在各种各样的应用中扮演关键角色，在现代社会完成重要功能，比如可再生能源转换系统、电动汽车的应用或电力传输设备，本书所介绍的只是少数。功率变换器运行在非常苛刻的环境下，需要在严格的实时性限制下确保达到一系列性能指标，因此提出良好的控制结构十分重要。

本书探讨了最典型的电力电子变换器控制方法，采用直流和交流功率单元。为此，在这本书的第一部分（前5章）详细给出一个统一的建模框架，并在第二部分（后7章）将其进一步应用于控制设计方法。

第一部分开发的建模工具提供足够的概述，应用于（可能有细微调整）任何类型的开关变换器。在第二部分提出控制方法首先对小信号模型提供见解——基于线性控制，其简单直观，但依赖于近似，因此它缺乏鲁棒性。非线性控制方法的第二类旨在改善这个缺点；这些主要使用大信号非线性模型，并用于非常复杂的控制结构中（如反馈线性化或基于无源的控制结构）或者是在复杂变结构滑模控制器中。

提出的讨论针对的学生是已经掌握电力电子电路和控制系统基础理论的学生。可以使用提供的见解，为了以模拟或数字形式实现控制律，并且分析开环和闭环电力电子变换器的行为。虽然提出的讨论主要是针对教学目标，但是问题中也还包含一些有待进一步研究的内容。

通常，每个章节开始于内容简介，然后是一个反映系统化的方式算法来解决所述问题。每个章节的核心包括应用示例和案例研究，其帮助读者弄清主要问题。最后，通过章节最末提供的一组已解决和未解决的问题，邀请读者通过实践获得知识。

本书介绍和研究的目的不是详尽覆盖电力电子变换器控制的主题。下面提到的一些建模和控制方法可以进一步考虑。

建模方面进一步研究可能集中应用于数字控制的更深层次的采样数据模型（Brown 和 Middlebrook，1981）。关于控制方法，则需要关注使用电力电子变换器离散模型直接设计数字控制器——从而获得离散 PID、RST 或直进式控制器（Timbuş等，2009）。自适应控制（Morroni 等，2009），预测控制（Rodriguez 和 Cortes，2012），平坦型控制，模糊控制（Mattavelli 等，1997）或无模型控制（Michel 等，2010）等控制结构可能是值得探索的。

本书所介绍电流型开关变换器只是工作在平均电流模式下；而峰（谷）值电流模式同样值得关注（Middlebrook，1987）。

和许多工程系统一样，没有任何一个现有的功率变换器控制方法可以宣称是“最好”的。任何方法的选择都必须针对实际应用的基础数据，再基于成本（例如复杂度）和性能（例如控制性能和鲁棒性）进行折中考虑。

参考文献

Brown AR, Middlebrook RD (1981) Sampled-data modeling of switching regulators. In: Proceedings of the IEEE Power Electronics Specialists Conference – PESC 1981. Boulder, Colorado, USA, pp 349–369

Mattavelli P, Rossetto L, Spiazzi G, Tenti P (1997) General-purpose fuzzy controller for DC-DC converters. IEEE Trans Power Electron 12(1):79–86

Michel L, Join C, Fliess M, Sicard P, Chériti A (2010) Model-free control of dc/dc converters. In: Proceedings of the 12th IEEE workshop on Control and Modeling for Power Electronics – COMPEL 2010, CDROM, Boulder

Middlebrook RD (1987) Topics in multiple-loop regulators and current mode programming. IEEE Trans Power Electron 2(2):109–124

Morroni J, Zane R, Maksimović D (2009) Design and implementation of an adaptive tuning system based on desired phase margin for digitally controlled DC-DC converters. IEEE Trans Power Electron 24(2):559–564

Rodriguez J, Cortes P (2012) Predictive control of power converters and electrical drives. Wiley, New York

Timbuş A, Liserre M, Teodorescu R, Rodriguez P, Blaabjerg F (2009) Evaluation of current controllers for distributed power generation systems. IEEE Trans Power Electron 24(3):654–664